Excel

2013 实战技巧 精粹

Excel Home 编著

人民邮电出版社

北京

图书在版编目（ＣＩＰ）数据

Excel 2013实战技巧精粹 / Excel Home编著. -- 北京：人民邮电出版社，2015.2（2020.10重印）
ISBN 978-7-115-37791-3

Ⅰ．①E… Ⅱ．①E… Ⅲ．①表处理软件 Ⅳ.①TP391.13

中国版本图书馆CIP数据核字（2014）第282299号

内 容 提 要

本书以 Excel 2013 为蓝本，通过对 Excel Home 技术论坛中上百万个提问的分析与提炼，汇集了用户在使用 Excel 2013 过程中最常见的需求，通过几百个实例的演示与讲解，将 Excel 高手的过人技巧手把手地教给读者，并帮助读者发挥创意，灵活有效地使用 Excel 来处理工作中的问题。书中介绍的 Excel 应用技巧覆盖了 Excel 的各个方面，全书共分为 7 篇 25 章，内容涉及 Excel 基本功能、Excel 数据分析、函数与公式应用、图表与图形、VBA 应用等内容，附录中还提供了 Excel 限制和规范、Excel 常用快捷键等内容，方便读者随时查看。

本书内容丰富、图文并茂，可操作性强且便于查阅，能有效帮助读者提高 Excel 的使用水平，提升工作效率。本书主要面向 Excel 的初、中级用户以及 IT 技术人员，对于 Excel 高级用户也具有一定的参考价值。

◆ 编　　著　Excel Home
　　责任编辑　马雪伶
　　责任印制　杨林杰

◆ 人民邮电出版社出版发行　　北京市丰台区成寿寺路 11 号
　　邮编　100164　　电子邮件　315@ptpress.com.cn
　　网址　http://www.ptpress.com.cn
　　固安县铭成印刷有限公司印刷

◆ 开本：787×1092　1/16
　　印张：47
　　字数：1 267 千字　　　　　　　　2015 年 2 月第 1 版
　　印数：22 501 — 22 900 册　　　　2020 年 10 月河北第 14 次印刷

定价：88.00 元（附光盘）

读者服务热线：(010)81055410　印装质量热线：(010)81055316
反盗版热线：(010)81055315
广告经营许可证：京东市监广登字20170147号

前言

写作背景

作为知名的华语 Office 技术社区，在最近的几年中，我们致力于打造适合于中国用户阅读和学习的"宝典"，先后出版了"应用大全"系列、"实战技巧精粹"系列、"高效办公"系列和"别怕"系列等经典学习教程。

这些图书的成功不仅来源于 Excel Home 论坛近 300 万会员和广大 Office 爱好者的支持，更重要的原因在于我们的作者专家们拥有多年实战所积累的丰富经验，他们比其他任何人都更了解中国用户的困难和需求，也更了解如何以适合中国用户的理解方式来展现 Office 的丰富技巧。

Excel 2013 是 Excel 发展历程中又一个里程碑级的作品，相较于 Excel 2010，它提供了数项令人眼前一亮的新功能，同时也更适应于当下"大数据"和"云"特点下的数据处理工作。

为了让广大用户尽快了解和掌握 Excel 2013，我们组织了多位来自 Excel Home 的中国资深 Excel 专家，从数百万技术交流帖中挖掘出网友们最关注或最迫切需要掌握的 Excel 应用技巧，重新演绎、汇编，打造出这部全新的《Excel 2013 实战技巧精粹》。

本书秉承了 Excel Home "实战技巧精粹"系列图书简明、实用和高效的特点，以及"授人以渔"式的分享风格。同时，通过提供大量的实例，并在内容编排上尽量细致和人性化，在配图上采用 Excel Home 图书特色的"动画式演绎"，让读者能方便而又愉快地学习。

本书内容概要

本书着重以 Excel 2013 为软件平台，同时面向由 Excel 2003、Excel 2007 和 Excel 2010 升级而来的老用户以及初次接触 Excel 的新用户。在介绍 Excel 2013 的各项应用与特性的同时，兼顾早期版本的使用差异和兼容性问题，使新老用户都能够快速地掌握 Excel 应用技巧，分享专家们所总结的经验。

本书共包括 7 篇 25 章，绪论以及 3 则附录，从 Excel 的工作环境和基本操作开始介绍，逐步深入地揭示了数据处理和分析、函数与公式应用、图表和图形的使用以及 VBA 和宏的应用等各个部分的实战经验技巧。全书共为读者提供了 360 多个具体实例，囊括了数据导入、数据区域转换、排序、筛选、分类汇总、合并计算、数据验证、条件格式和数据透视表等常用的 Excel 功能板块，还包括了函数公式、图表图形、VBA 和 Power BI 等高级功能板块的使用介绍和具体案例分析。

绪论向读者揭示了最佳的 Excel 学习方法和经验，是读者在 Excel 学习之路上的一盏指路明灯。

第一篇　基础应用

本篇主要向读者介绍有关 Excel 的一些基础应用，包括 Excel 的工作环境、对工作表和工作簿的操作技巧以及数据的录入与表格的格式化处理方面的内容。了解和掌握相关的基本功能与操作，不仅可以提高工作效率，也为读者在后续的 Excel 高级功能、函数、图表及 VBA 编程的学习打下坚实的基础。

第二篇　数据分析

本篇主要介绍在 Excel 中进行数据分析的多种技巧，重点介绍了排序、筛选、数据透视表、方案、敏感分析、规划求解等功能的运用技巧，对 Excel 2013 新增的 Power BI 的应用也做了介绍。通过对本篇知识点的学习，期望读者能够运用 Excel 的分析功能满足不同的数据处理与分析需求，并且能够更加得心应手。

第三篇　函数公式导读

本篇主要讲解函数的结构组成、分类和公式的基本使用方法，以及引用、数据类型、运算符、数组、数组公式等一些基本概念。理解并掌握这些概念对进一步学习和使用函数与公式解决实际问题会有很大的帮助。

第四篇　常用函数介绍

本篇使用大量应用实例向读者介绍不同类别的 Excel 常用函数的使用技巧，主要包括信息与逻辑、文本处理、日期与时间计算、数学与三角计算、查找与引用、统计分析以及财务函数。通过对本篇的学习，读者能够逐步熟悉 Excel 常用函数的使用方法和应用场景，并有机会深入了解这些函数不为人知的一些特性。

第五篇　高级公式技巧应用

本篇探讨了 Excel 函数和公式的许多种高级应用技巧，并且对如何通过学习提高函数与公式的综合运用能力进行了探讨。通过学习这些技巧，可以帮助用户创建能够解决复杂问题的公式，并让读者对 Excel 函数与公式的理解与应用到达一个新的高度。

第六篇　数据可视化技术

数据时代来临，如何将纷杂、枯燥的数据以图形的形式表现出来，并从不同的维度观察和分析显得尤为重要。本篇将重点介绍数据可视化技术：Excel 的条件格式功能和强大的 Excel 图表功能。

第七篇　VBA 实例与技巧

即使不是一个专业的程序开发员，掌握一些简单的 VBA 技巧仍将受用无穷。越来越多的实践证明，支持二次开发的软件能够拥有更强大的生命力。掌握一些 VBA 的技巧，可以使用户完成一些常规方法下无法做到的事情。本篇简单介绍了 Excel 中有关宏和 VBA 的使用技巧。

附录

附录主要包括 Excel 2013 规范与限制、Excel 2013 常用快捷键和 Excel 2013 简繁英文词汇对照表。

当然，要想在一本书里罗列出 Excel 的所有技巧是不可能的事情。所以我们只能尽可能多地把最通用和实用的一部分挑选出来，展现给读者，尽管这些仍只是冰山一角。对于我们不得不放弃的其他技巧，读者可以登录 Excel Home 网站，在海量的文章库和发帖中搜索自己所需要的技巧。

读者对象

本书面向的读者群是 Excel 的初、中级用户以及 IT 技术人员，因此，希望读者在阅读本书以前具备 Windows XP 以及更高版本、Excel 2003 以及更高版本的使用经验，了解键盘与鼠标在 Excel 中的使用方法，掌握 Excel 的基本功能和对菜单命令的操作方法。

本书约定

在正式开始阅读本书之前，建议读者花几分钟时间来了解一下本书在编写和组织上使用的一些惯例，这会对您的阅读有很大的帮助。

软件版本

本书的写作基础是安装于 Windows 7 操作系统上的中文版 Excel 2013。尽管如此，除了少数特别注明的部分以外，本书中的技巧也适用于 Excel 的早期版本，如 Excel 2010、Excel 2007 和 Excel 2003。

菜单指令

我们会这样来描述在 Excel 或 Windows 以及其他 Windows 程序中的操作，比如在讲到对某张 Excel 工作表进行隐藏时，通常会写成：在 Excel 功能区中单击【开始】选项卡中的【格式】下拉按钮，在其扩展菜单中依次选择【隐藏和取消隐藏】→【隐藏工作表】。

鼠标指令

本书中表示鼠标操作的时候都使用标准方法："指向"、"单击"、"右击或右键单击"、"拖动"、"双击"等，您可以很清楚地知道它们表示的意思。

键盘指令

当读者见到类似<Ctrl+F3>这样的键盘指令时，表示同时按<Ctrl>键和<F3>键。<Win>表示 Windows 键，就是键盘上画着□的键。本书还会出现一些特殊的键盘指令，表示方法相同，但操作方法会稍有不同，有关内容会在相应的技巧中详细说明。

Excel 函数与单元格地址

本书中涉及的 Excel 函数与单元格地址将全部使用大写，如 SUM()、A1:B5。但在讲到函数的参数时，为了和 Excel 中显示一致，函数参数全部使用小写，如 SUM (number1, number2, ...)。

阅读技巧

本书的章节顺序原则上按照由浅入深的功能板块划分，但这并不意味着读者需要逐页阅读。读者完全可以凭着自己的兴趣和需要，选择其中的某些技巧来读。

当然，为了保证对将要阅读到的技巧能够做到良好的理解，建议读者可以从难度较低的技巧开始。万一遇到读不懂的地方也不必着急，可以先"知其然"而不必"知其所以然"，参照我们的示例文件把技巧应用到练习或者工作中，以解决燃眉之急。然后在空闲的时间，通过阅读其他相关章节的内容，或者按照本书中提供的学习方法把自己欠缺的知识点补上，那么就能逐步理解所有的技巧了。

致谢

本书由 Excel Home 周庆麟策划并组织编写，第 1、第 2 章及第 4 章由王鑫编写，第 3、第 5 章及第 21 章由胡建学编写，第 6 章由周庆麟编写，第 7、第 8 章由杨彬编写，第 9 ~第 14 章及第 18 ~ 第 20 章由方骥编写，第 15 ~ 第 17 章由朱明编写，第 22 ~ 第 24 章由盛杰编写，第 25 章由郗金甲编写，最后由杨彬完成统稿。

感谢 Excel Home 全体专家作者团队成员对本书的支持和帮助，尤其是本书 2003～2010 版本的原作者——王建发、陈国良和李幼义，他们为本系列图书的出版贡献了重要的力量。

Excel Home 论坛管理团队和 Excel Home 免费在线培训中心教管团队长期以来都是 Excel Home 图书的坚实后盾，他们是 Excel Home 中最可爱的人。最为广大会员所熟知的代表人物有朱尔轩、林树珊、吴晓平、刘晓月、祝洪忠、赵刚、赵文妍、黄成武、孙继红、王建民、周元平、陈军、顾斌等，在此向这些最可爱的人表示由衷的感谢。

衷心感谢 Excel Home 论坛的百万会员，是他们多年来不断的支持与分享，才营造出热火朝天的学习氛围，并成就了今天的 Excel Home 系列图书。

衷心感谢 Excel Home 微博的所有粉丝和 Excel Home 微信的所有好友，你们的"赞"和"转"是我们不断前进的新动力。

后续服务

在本书的编写过程中，尽管我们的每一位团队成员都未敢稍有疏虞，但纰缪和不足之处仍在所难免。敬请读者能够提出宝贵的意见和建议，您的反馈将是我们继续努力的动力，本书的后继版本也将会更臻完善。

您可以访问 Excel Home 网站，我们开设了专门的板块用于本书的讨论与交流。您也可以发送电子邮件到 book@excelhome.net，我们将尽力为您服务。

同时，欢迎您关注我们的官方微博和微信，这里会经常发布有关图书的更多消息，以及大量的 Excel 学习资料。

目录

绪论　最佳 Excel 学习方法　　　　　　　　　　　　　　　　　　　　　1

　　1　数据分析报告是如何炼成的　　　　　　　　　　　　　　　　　1

　　2　成为 Excel 高手的捷径　　　　　　　　　　　　　　　　　　　5

　　3　通过互联网获取学习资源和解题方法　　　　　　　　　　　　　9

第一篇　基础应用　　　　　　　　　　　　　　　　　　　　　　　　15

　　第 1 章　优化 Excel 环境　　　　　　　　　　　　　　　　　　　16

　　技巧 1　借助兼容包在 Excel 2003 及更早期版本中打开 2013 工作簿文件　　16

　　技巧 2　与早期版本的 Excel 在文件格式上的差异　　　　　　　　　18

　　技巧 3　转换早期版本工作簿为 2013 文件格式　　　　　　　　　　19

　　技巧 4　设置最近使用文档的显示与位置　　　　　　　　　　　　　21

　　技巧 5　设置默认的文件保存类型　　　　　　　　　　　　　　　　24

　　技巧 6　快速定位文件夹　　　　　　　　　　　　　　　　　　　　27

　　技巧 7　使用键盘执行 Excel 命令　　　　　　　　　　　　　　　　28

　　技巧 8　调整功能区的显示方式　　　　　　　　　　　　　　　　　30

　　技巧 9　自定义快速访问工具栏　　　　　　　　　　　　　　　　　31

　　技巧 10　移植自定义快速访问工具栏　　　　　　　　　　　　　　34

　　技巧 11　查看工作簿路径　　　　　　　　　　　　　　　　　　　35

　　技巧 12　自定义默认工作簿　　　　　　　　　　　　　　　　　　37

　　技巧 13　自定义默认工作表　　　　　　　　　　　　　　　　　　40

　　技巧 14　快速关闭多个工作簿并退出程序　　　　　　　　　　　　41

　　技巧 15　繁简转换不求人　　　　　　　　　　　　　　　　　　　42

　　技巧 16　外语翻译助手　　　　　　　　　　　　　　　　　　　　44

　　技巧 17　保护工作簿文件　　　　　　　　　　　　　　　　　　　45

　　技巧 18　为工作簿"减肥"　　　　　　　　　　　　　　　　　　　47

　　技巧 19　修复受损的 Excel 文件　　　　　　　　　　　　　　　　50

　　技巧 20　另存为 PDF 文档　　　　　　　　　　　　　　　　　　　52

　　技巧 21　快速合并和拆分多个工作簿数据　　　　　　　　　　　　53

　　技巧 22　使用 OneDrive 保存并编辑工作簿　　　　　　　　　　　56

　　技巧 23　快速创建在线调查表　　　　　　　　　　　　　　　　　61

　　技巧 24　检查工作簿中的私密信息　　　　　　　　　　　　　　　64

第 2 章　数据录入与导入　　　　　　　　　　　　　　　　　　　　67

技巧 25　控制单元格指针　　　　　　　　　　　　67

技巧 26　在单元格区域中遍历单元格　　　　　　68

技巧 27　查看大表格的技巧　　　　　　　　　　69

技巧 28　多窗口协同工作　　　　　　　　　　　72

技巧 29　定义自己的序列　　　　　　　　　　　73

技巧 30　自动填充的威力　　　　　　　　　　　74

技巧 31　巧用右键和双击填充　　　　　　　　　78

技巧 32　输入分数的方法　　　　　　　　　　　79

技巧 33　控制自动超链接　　　　　　　　　　　81

技巧 34　删除现有的超链接　　　　　　　　　　82

技巧 35　提取超链接信息　　　　　　　　　　　84

技巧 36　快速输入特殊字符　　　　　　　　　　86

技巧 37　快速输入身份证号码　　　　　　　　　88

技巧 38　自动更正的妙用　　　　　　　　　　　89

技巧 39　快速导入 Web 数据　　　　　　　　　91

技巧 40　快速导入文本数据　　　　　　　　　　93

技巧 41　快速导入 Access 数据表　　　　　　　96

技巧 42　快速对比两份报表的差异　　　　　　　97

第 3 章　数据处理与编辑　　　　　　　　　　　　　　　　　　　　99

技巧 43　控制单元格指针的技巧　　　　　　　　99

技巧 44　选取单元格区域的高招　　　　　　　　101

技巧 45　省心省力的重复操作　　　　　　　　　106

技巧 46　快速插入矩形单元格区域　　　　　　　107

技巧 47　快速插入多个行或列　　　　　　　　　109

技巧 48　快速调整至最合适的列宽　　　　　　　110

技巧 49　间隔插入空行的技巧　　　　　　　　　110

技巧 50　以空行间隔非空行　　　　　　　　　　112

技巧 51　快速删除所有空行和空列　　　　　　　114

技巧 52　快速改变行列次序　　　　　　　　　　117

技巧 53　快速定位目标工作表　　　　　　　　　119

技巧 54　控制工作表的可编辑区域　　　　　　　120

技巧 55　锁定与隐藏单元格中的公式　　　　　　123

技巧 56　单元格区域权限分配　　　　　　　　　124

技巧 57　隐藏工作表内的数据　　　　　　　　　126

技巧 58　隐藏与绝对隐藏工作表　　　　　　　　127

技巧 59　神奇的选择性粘贴　　　　　　　　　　129

技巧 60　Excel 的摄影功能　　　　　　　　　　134

技巧 61　快速删除重复记录　　　　　　　　　　136

技巧 62　快速填充区域内的空白单元格　138

技巧 63　批量删除换行符　140

技巧 64　模糊匹配查找数据　141

技巧 65　按单元格格式进行查找　142

技巧 66　雕琢式替换单元格格式　144

技巧 67　神奇有效的 F5 定位功能　146

技巧 68　出神入化的"分列"功能　152

技巧 69　完胜"分列"功能的智能快速填充　156

技巧 70　用"快速填充"合并多列数据　159

技巧 71　用"快速填充"识别文本中的数字　160

技巧 72　用"快速填充"分离中英文字符　162

技巧 73　对大表格进行多层次的浏览　163

技巧 74　在受保护的工作表中调整分级显示视图　165

技巧 75　由多张明细表快速生成汇总表　166

技巧 76　快速核对多表之间的数值　168

技巧 77　快速理清多组清单的共有私有项　170

第 4 章　表格数据格式化　172

技巧 78　快速套用单元格样式　172

技巧 79　单元格样式的自定义与合并　175

技巧 80　轻轻松松设置数字格式　177

技巧 81　奇妙的自定义数字格式　178

技巧 82　自定义数字格式的经典应用　182

技巧 83　随心所欲设置日期格式　186

技巧 84　保留自定义格式的显示值　188

技巧 85　单元格内的文字换行　189

技巧 86　巧妙制作斜线表头　191

技巧 87　合并单元格后保留所有内容　195

技巧 88　使用工作表背景　197

第 5 章　数据验证　201

技巧 89　限制输入空格　201

技巧 90　限定输入指定范围内的日期　202

技巧 91　限制重复数据的录入　204

技巧 92　创建下拉列表，提高输入效率　206

技巧 93　自动剔除已输入项的验证序列　210

技巧 94　创建二级联动下拉列表　212

技巧 95　创建多级联动下拉列表　216

技巧 96　带提示功能的下拉列表实现多列快速录入　219

技巧 97　规范电话号码的输入　220

技巧 98　限定输入身份证号码 223
技巧 99　圈释无效数据 226

第二篇　数据分析 229

第 6 章　排序与筛选 230
　　技巧 100　创建智能的"表格" 230
　　技巧 101　按多个关键字进行排序 233
　　技巧 102　按照特定的顺序排序 235
　　技巧 103　按笔划排序 238
　　技巧 104　按行来排序 239
　　技巧 105　按颜色排序 240
　　技巧 106　按字符数量排序 244
　　技巧 107　随机排序 245
　　技巧 108　排序字母与数字的混合内容 245
　　技巧 109　返回排序前的表格 247
　　技巧 110　灵活筛选出符合条件的数据 247
　　技巧 111　取消筛选菜单中的日期分组状态 252
　　技巧 112　根据目标单元格的值或特征进行超快速筛选 253
　　技巧 113　筛选利润最高的 20% 的产品 254
　　技巧 114　在受保护的工作表中使用筛选 255
　　技巧 115　根据复杂的条件来筛选 256
　　技巧 116　根据多个条件进行筛选 257
　　技巧 117　筛选表格中的不重复值 259
　　技巧 118　筛选两个表格中的重复值 262
　　技巧 119　模糊筛选 263
　　技巧 120　将筛选结果输出到其他位置 265

第 7 章　数据透视表 268
　　技巧 121　销售回款率分析 268
　　技巧 122　利用数据透视表制作教师任课时间表 270
　　技巧 123　制作现金流水账簿 272
　　技巧 124　预算差额分析 274
　　技巧 125　共享切片器实现多个数据透视表联动 277
　　技巧 126　利用日程表分析各门店不同时期商品的销量 280
　　技巧 127　利用数据透视表进行销售综合分析 282
　　技巧 128　汇总不同工作簿下的多张数据列表 286
　　技巧 129　利用 SQL 语句编制考勤刷卡汇总表 289
　　技巧 130　利用方案生成数据透视表盈亏平衡分析报告 292

技巧 131　制作带有本页小计和累计的数据表　296

第 8 章　高级数据查询与分析　300
技巧 132　使用 Microsoft Query 制作收发存汇总表　300
技巧 133　使用模拟运算表制作贷款还款模型　305
技巧 134　使用单变量求解状态求解关键数据　307
技巧 135　利用规划求解测算营运总收入　308
技巧 136　利用 PowerPivot for Excel 综合分析数据　311
技巧 137　Power View 让你的数据会说话　317
技巧 138　利用 Power Query 快速管理商品目录　324
技巧 139　利用 Power Map 创建 3D 地图可视化数据　329
技巧 140　为报表工作簿创建导航　334

第三篇　函数公式导读　339

第 9 章　函数与公式基础介绍　340
技巧 141　什么是公式　340
技巧 142　公式中的运算符　341
技巧 143　引用单元格中的数据　342
技巧 144　引用不同工作表中的数据　348
技巧 145　公式的快速批量复制　349
技巧 146　公式的自动扩展　350
技巧 147　自动完成公式　351
技巧 148　公式中的结构化引用　352
技巧 149　慧眼识函数　355
技巧 150　妙用函数提示　356
技巧 151　函数参数的省略与简写　358
技巧 152　理解公式中的数据　359
技巧 153　计算规范与限制　360
技巧 154　以显示的精度进行计算　362
技巧 155　将文本型数字转换为数值　364
技巧 156　逻辑值与数值的互换　367
技巧 157　正确区分空文本与空单元格　369

第 10 章　数组公式入门　371
技巧 158　什么是数组　371
技巧 159　多项计算和数组公式　372
技巧 160　多单元格数组公式　374
技巧 161　数组的直接运算　375

技巧 162　数组公式中的逻辑运算　　378

第四篇　常用函数介绍　　381

第 11 章　逻辑判断与信息获取　　382
　　技巧 163　用 IF 函数做选择题　　382
　　技巧 164　逻辑关系的组合判断　　383
　　技巧 165　屏蔽公式返回的错误值　　384
　　技巧 166　数据类型的检验　　386
　　技巧 167　获取当前工作表的名称和编号　　387
　　技巧 168　从互联网上获取数据　　389

第 12 章　文本处理　　394
　　技巧 169　字符定位技巧　　394
　　技巧 170　字符串的提取和分离　　397
　　技巧 171　字符串的合并　　399
　　技巧 172　在文本中替换字符　　400
　　技巧 173　计算字符出现的次数　　401
　　技巧 174　字符串比较　　403
　　技巧 175　清理多余字符　　404
　　技巧 176　字符转换技巧　　404
　　技巧 177　数值的强力转换工具　　407
　　技巧 178　神奇的 TEXT 函数　　408

第 13 章　日期与时间计算　　411
　　技巧 179　认识日期和时间数据　　411
　　技巧 180　日期与数字格式的互换　　413
　　技巧 181　自动更新的当前日期和时间　　414
　　技巧 182　隐秘函数 DATEDIF　　415
　　技巧 183　与星期相关的计算　　416
　　技巧 184　与月份相关的运算　　418
　　技巧 185　与季度相关的函数运算　　418
　　技巧 186　与闰年有关的运算　　420
　　技巧 187　工作日和假期计算　　420
　　技巧 188　节日计算　　423
　　技巧 189　时间值的换算　　424

第 14 章　数学与三角计算　　425
　　技巧 190　常见的数学运算公式　　425

技巧 191　舍入和取整技巧　　　　　　　　　　426

技巧 192　四舍六入五单双　　　　　　　　　　430

技巧 193　余数计算的妙用　　　　　　　　　　430

技巧 194　生成随机数的多种方法　　　　　　　433

技巧 195　角度格式显示及转换计算　　　　　　436

技巧 196　使用公式进行线性预测　　　　　　　438

技巧 197　排列与组合的函数运算　　　　　　　439

技巧 198　利用 MMULT 函数实现数据累加　　　440

技巧 199　矩阵法求解多元一次方程组　　　　　442

第 15 章　查找与引用函数　　　　　　　　　　　443

技巧 200　认识 INDIRECT 函数　　　　　　　　443

技巧 201　深入了解 OFFSET 函数　　　　　　　445

技巧 202　MATCH 函数应用技巧 4 则　　　　　448

技巧 203　根据首行或首列查找记录　　　　　　451

技巧 204　为股票名称编制拼音简码　　　　　　452

技巧 205　根据部分信息模糊查找数据　　　　　454

技巧 206　妙用 LOOKUP 函数升序与乱序查找　456

技巧 207　多条件筛选　　　　　　　　　　　　459

技巧 208　根据查找结果建立超链接　　　　　　461

技巧 209　使用 FORMULATEXT 函数　　　　　462

第 16 章　统计分析函数　　　　　　　　　　　　464

技巧 210　统计总分前 N 名的平均成绩　　　　　464

技巧 211　按指定条件计算平均值　　　　　　　464

技巧 212　按指定条件计数　　　　　　　　　　466

技巧 213　认识 COUNTA 与 COUNTBLANK 函数　469

技巧 214　应用 SUMPRODUCT 函数计算　　　　470

技巧 215　按指定条件求和　　　　　　　　　　472

技巧 216　FREQUENCY 函数技巧二则　　　　　476

技巧 217　RANK 函数排名技巧　　　　　　　　478

技巧 218　计算百分位排名　　　　　　　　　　480

技巧 219　剔除极值，计算平均得分　　　　　　481

技巧 220　筛选和隐藏状态下的统计　　　　　　482

技巧 221　众数的妙用　　　　　　　　　　　　483

技巧 222　用内插法计算油品实际体积　　　　　484

第 17 章　财务金融函数　　　　　　　　　　　　486

技巧 223　固定利率下混合现金流的终值计算　　486

技巧 224　变动利率下混合现金流的终值计算　　487

技巧 225　固定资产投资的动态回收期计算　　　　　487
技巧 226　现金流不定期条件下的决策分析　　　　　488
技巧 227　银行承兑汇票贴现利息的计算　　　　　490
技巧 228　债券发行价格的计算　　　　　491
技巧 229　每年付息债券的持有收益率计算　　　　　492
技巧 230　折旧计算函数　　　　　492

第五篇　高级公式技巧应用　　　　　497

第 18 章　函数公式高级技巧　　　　　498
技巧 231　自动重算和手动重算　　　　　498
技巧 232　易失性函数　　　　　499
技巧 233　循环引用和迭代计算　　　　　500
技巧 234　公式的查错　　　　　504
技巧 235　公式的审核和监控　　　　　507
技巧 236　分步查看公式结果　　　　　508
技巧 237　名称的奥秘　　　　　510
技巧 238　多种方法定义名称　　　　　512
技巧 239　名称的规范与限制　　　　　515
技巧 240　使用通配符进行模糊匹配　　　　　516

第 19 章　典型公式应用案例　　　　　518
技巧 241　统计不重复数据个数　　　　　518
技巧 242　取排名第几的数　　　　　519
技巧 243　从二维区域中提取信息　　　　　520
技巧 244　单列求取不重复值列表　　　　　521
技巧 245　多行多列取不重复值列表　　　　　522
技巧 246　中国式排名的几种实现方式　　　　　522
技巧 247　按百分比排名划分等级　　　　　523
技巧 248　分组内排名　　　　　524
技巧 249　多字段排名　　　　　525
技巧 250　根据身份证提取生日　　　　　526
技巧 251　根据身份证判别性别　　　　　526
技巧 252　根据身份证判别所属地域　　　　　527
技巧 253　从混排文字中提取数值　　　　　528
技巧 254　从混排文字中提取连续字母　　　　　529
技巧 255　从混排文字中提取连续中文　　　　　529
技巧 256　多个工作表中相同位置汇总　　　　　530
技巧 257　多个工作表中相同类别汇总　　　　　531

技巧 258　人民币金额大写公式 532

技巧 259　批量生成工资条 533

技巧 260　考勤相关统计 534

技巧 261　个人所得税计算 535

第 20 章　函数与公式综合能力提升 538

技巧 262　使用逻辑思维方式 538

技巧 263　选择合适的函数组合 541

技巧 264　巧用逆向思维 542

技巧 265　条条大路通罗马 544

技巧 266　错误值的利用 546

技巧 267　冗余数据的运用 547

技巧 268　加权和组合的运用 549

技巧 269　使用辅助操作简化问题 551

第六篇　数据可视化技术 553

第 21 章　使用智能格式化表达数据分析结果 554

技巧 270　用"数据条"样式指示业务指标缺口 554

技巧 271　双向标记与平均值的偏离值 556

技巧 272　用"色阶"样式指示财务数据状态 557

技巧 273　用"红绿灯"指示财务数据状态 559

技巧 274　超标数据预警 560

技巧 275　标记低于平均值的数据 562

技巧 276　标记下月生日的员工清单 563

技巧 277　使用多种图标凸显极值 564

技巧 278　用"三向箭头"样式标记数据发展趋势 566

技巧 279　用"5 个框"等级图标标记资源利用率 567

技巧 280　条件自定义格式标记晋升结果 568

技巧 281　轻松屏蔽公式返回的错误值 569

技巧 282　标记带"时钟"或"卫星"字样的告警 570

技巧 283　点菜式控制条件格式规则 572

技巧 284　标记单字段重复记录 573

技巧 285　标记多条件重复记录 575

技巧 286　标记出错的身份证号码 576

技巧 287　清除或屏蔽条件格式 577

第 22 章　数据图表常用技巧 580

技巧 288　选择合适的图表类型 580

9

技巧 289　设置合理的图表布局　581

技巧 290　快速应用图表样式　582

技巧 291　图表字体的使用原则　583

技巧 292　巧用主题统一图表风格　584

技巧 293　保存和使用图表模板　585

技巧 294　复制图表格式　587

技巧 295　组合图　588

技巧 296　迷你图　589

技巧 297　快速添加数据系列　590

技巧 298　换个方向看 XY 散点图　592

技巧 299　隐藏数据也能创建图表　593

技巧 300　空单元格的三种折线图样式　594

技巧 301　将图表复制到 PPT 中　595

技巧 302　妙用坐标轴交叉点　596

技巧 303　多层分类轴　596

技巧 304　巧设时间刻度单位　597

技巧 305　适时使用对数刻度　599

技巧 306　为图表添加误差线　600

技巧 307　为图表添加系列线　602

技巧 308　垂直线与高低点连线　602

技巧 309　使用涨跌柱线凸显差异　604

技巧 310　使用移动平均线进行趋势预估　605

技巧 311　使用趋势线进行各种预测　607

技巧 312　图片美化图表背景　608

技巧 313　图片美化数据点　609

技巧 314　按条件显示颜色的图表　610

技巧 315　条件格式标签　611

技巧 316　温度计图　612

技巧 317　瀑布图　614

技巧 318　断层图　615

技巧 319　旋风图　616

技巧 320　帕累托图　618

技巧 321　控制图　619

技巧 322　复合条饼图　620

技巧 323　双层饼图　621

技巧 324　股价与指数组合图　622

技巧 325　堆积柱状对比图　623

技巧 326　排列对比柱形图　625

技巧 327　M 行 N 列对比图　626

第 23 章　动态图表与图表自动化　　　　　　　　　628

技巧 328　筛选法动态图表　　　　　　628

技巧 329　公式法动态图表　　　　　　630

技巧 330　定义名称法动态图表　　　　631

技巧 331　动态选择数据系列　　　　　633

技巧 332　动态对比图　　　　　　　　635

技巧 333　动态扩展数据点　　　　　　637

技巧 334　动态移动数据点　　　　　　639

技巧 335　工程进度图（甘特图）　　　642

技巧 336　求任意点的坐标　　　　　　644

技巧 337　任意函数曲线图　　　　　　647

技巧 338　批量绘图　　　　　　　　　648

技巧 339　南丁格尔玫瑰图　　　　　　652

技巧 340　利用加载宏输出图表　　　　654

第 24 章　非数据类图表技巧　　　　　　　　　　656

技巧 341　媲美专业软件的图片处理　　656

技巧 342　剪贴画组合图表　　　　　　657

技巧 343　文本框美化图表　　　　　　659

技巧 344　绘制形状流程图　　　　　　660

技巧 345　SmartArt 组织结构图　　　　662

技巧 346　SmartArt 时间线图　　　　　664

技巧 347　SmartArt 照片墙　　　　　　666

技巧 348　无线信号形状图表　　　　　668

技巧 349　艺术字图表　　　　　　　　670

技巧 350　条形码　　　　　　　　　　672

第七篇　VBA 实例与技巧　　　　　　　　　　675

第 25 章　借助 VBA 大幅提高工作效率　　　　　676

技巧 351　全面掌握 Excel 2013 中 VBA 的工作环境　　676

技巧 352　快速学会录制宏和运行宏　　687

技巧 353　批量转换 03 工作簿为新格式文件　　692

技巧 354　合并多个工作簿中的工作表　　698

技巧 355　自动用邮件发送数据报告　　704

技巧 356　自动将数据输出到 Word 文档　　707

技巧 357　自动将数据报表输出到 PowerPoint　　709

技巧 358　快速创建文件列表　　　　　711

技巧 359　人民币大写转换自定义函数　　715

技巧 360　自动定时读取数据库　　　716

附录

附录 A　Excel 2013 规范与限制　　　722

附录 B　Excel 2013 常用快捷键　　　725

附录 C　Excel 2013 简繁英文词汇对照表　　　729

绪论　最佳 Excel 学习方法

本部分内容并不涉及具体的 Excel 应用技巧，但如果读者阅读本书的真正目的是为了提高自己的 Excel 水平，那么本部分则是技巧中的技巧，是全书的精华。我们强烈建议您认真阅读并理解本章中所提到的内容，它们都是根据我们的亲身体会和无数 Excel 高手的学习心得总结而来的。

在多年的在线答疑和培训活动中，我们一直强调不但要"授人以鱼"，更要"授人以渔"，我们希望通过展示一些例子，教给读者正确的学习方法和思路，从而能让读者举一反三，通过自己的实践来获取更大的进步。

基于以上这些原因，我们决定把这部分内容作为全书的首篇，希望能在读者今后的 Excel 学习之路上成为一盏指路灯。

1　数据分析报告是如何炼成的

在这个信息爆炸的时代，人们每天都面对着巨量的并且不断快速增长的数据，各行各业中都有越来越多的人从事与数据处理和分析相关的工作。大到商业组织的市场分析、生产企业的质量管理、金融机构的趋势预测，小到普通办公文员的部门考勤报表，几乎所有的工作都依赖对大量的数据进行处理分析以后形成的数据报告。

数据分析工作到底在做些什么？数据报告究竟是如何炼成的呢？

从专业角度来讲，数据分析是指用适当的统计分析方法对收集来的数据进行分析，以求理解数据并发挥数据的作用。数据分析工作通常包含 5 大步骤：需求分析、数据收集、数据处理、数据分析和数据展现。

数据分析 5 大步骤

不要把数据分析想象得太复杂和神秘。其实做数据报告和裁缝做衣服是一样的，都是根据客户的需求和指定的材料，制作出对客户有价值的产品。

1.1　需求分析

裁缝做衣服之前最重要的事情，就是了解客户的想法和需求并测量客户的身形，如在什么场合和季节穿、需要什么样的款式风格、有没有特别的要求等。这个过程必须非常认真仔细，如果不能真正了解客户想要什么，就难以做出客户满意的衣服；如果把客人的身材量错了，那做出来的衣服一定是一个"杯具"。

同样，需求分析是制作数据报告的必要和首要环节。首先我们必须了解报告阅读者的需求，才能确定数据分析的目标、方式和方法。

在实际工作中，如果有新的数据报告任务，最好先了解这个报告的用途、形式、重点目标和完成时限。即使给您提供了草样，也不要立即按框填数，而是要通过了解报告需求来确定报告的制作方式。原因很简单，首先，您才是为这份报告内容的负责人，只有您最清楚如何让报告满足需求；其次，也许那份草样并没有考虑到所有细节，与其事后修补不如一开始就按您的思维走。

不要抱着"多一事不如少一事"的态度，省掉这个环节。要知道，报告不合格，最后无论是挨批还是返工，倒霉的人还是您。

了解需求

1.2　数据采集

在确定好目标和设计方案之后，裁缝接下来就要开始去安排布料和辅料，并且保证这些材料的数量和质量都能够满足制衣的需求。

与此类似，在完成前期的需求分析过程之后，就要开始收集原始数据材料。数据采集就是收集相关原始数据的过程，为数据报告提供了最基本的素材来源。在现实中，数据的来源方式可能有很多，比如网站运营时在服务器数据库中所产生的大量运营数据、企业进行市场调查活动所收集的客户反馈表、公司历年经营产生的财务报表等。这些生产经营活动都会产生大量的数据信息，数据采集工作所要做的就是获取和收集这些数据，并且集中统一地保存到合适的文档中，用于后期的处理。

收集数据

采集数据的数量要足够多，否则可能不足以发现有价值的数据规律；此外，采集的数据也要符合其自身的科学规律，虚假或错误的数据都无法最终生成可信且可行的数据报告。这就要求在数据收集的过程中不仅需要科学而严谨的方法，而且对异常数据也要具备一定的甄别能力。例如通过市场调研活动收集数据，就必须事先对调研对象进行合理的分类和取样。

1.3　数据处理

方案和布料都已准备妥当，接下来裁缝就要根据设计图纸来剪裁布料了，将整幅布料裁剪成前片、后片、袖子、领子等一块块用于后期缝制拼接的各个部件。布料只有经过一道道加工处理才能被用来缝制衣服，制作数据报告也是如此。

采集到的数据要继续进行加工整理，才能形成合理的规范样式，用于后续的数据分析运算，因此数据处理是整个过程中一个必不可少的中间步骤，也是数据分析的前提和基础。数据经过加工处理，可以提高可读性，更方便运算；反之，如果跳过这个环节，不仅会影响到后期的运算分析效率，更有可能造成错误的分析结果。

例如在收集到客户的市场调查反馈数据以后，所得到的数据都是对问卷调查的答案选项，这些 ABCD 的选项数据并不能直接用于统计分析，而是需要进行一些加工处理，比如将选项文字转换成对应的数字，这样才能更好地进行后续的数据运算和统计。

处理数据

1.4　数据分析

剪裁完成后的工作主要是缝制和拼接等成衣工序，在前期方案和材料都已经准备妥当的情况下，这个阶段的工作就会比较顺利，按部就班依照既定的方法就可以实现预定目标。

同样，经过加工处理之后的数据可用于进行运算统计分析，通过一些专门的统计分析工具以及数据挖掘技术，可以对这些数据进行分析和研究，从中发现数据的内在关系和规律，获取有价值有意义的信息。例如通过市场调查分析，可以获知产品的主要顾客及其消费习惯、潜在竞争对手等一系列有利于进行产品市场定位决策的信息。

对数据进行分析

数据分析过程需要进行大量的统计和计算，因此通常都需要借助科学的统计方法和专门的软件来实现，例如 Excel 就包含了大量的函数公式以及专门的统计分析模块来处理这些需求。

1.5　数据展现

衣服缝制完成后要向客户进行成果展现，或是让客户直接试穿，或是使用模特进行展示。衣服的整体穿着效果、鲜明的设计特点以及为客户量身定做的价值所在是这个展示的主要目标。

同样，数据分析的结果最终要形成结论，这个结论要通过数据报告的形式展现给决策者和客户。数据报告中的结论要简洁鲜明，一目了然，同时还要有足够的论据支持，这些论据就包括分析的数据以及分析的方法。

因此，在最终形成的数据报告中，表格和图形是两种常见的数据展现方式。通常情况下，图形图表的效果优于普通的数据表格。因为，对于数据来说，使用图形图表的展现方式是最具说服力的，图表具有直观而形象的特点，可以化冗长为简洁，化抽象为具体，使数据和数据关系得到最直接有效地表达。例如要表现一个公司经营状况的趋势性结论，使用一串枯燥的数字远不如一个柱形图的排列更能说明问题。

结论的展现

经过上面这几个步骤的操作，一份完整的数据报告就可以形成，其中的价值将会在决策和实践中得到体现。

1.6　数据分析工具

进行数据分析工作离不开专用的数据分析工具，我们所处的时代比当年"拿着算盘造原子弹"的科学家们的已经进步了许多，现在有很多功能强大的数据分析软件可供选择，常用的包括 SPSS、SAS、水晶易表和 Excel 等。

SPSS，全称 Statistical Product and Service Solutions，意为"统计产品与服务解决方案"。它是世界上最早的，也是世界上应用最广泛的专业统计软件之一。SPSS 的基本功能包括数据管理、统计分析、图表分析、输出管理等，最突出的特点就是操作界面极为友好，输出结果美观漂亮。目前 SPSS 已出至版本 19.0，且更名为 PASW Statistics。

SAS，全称 Statistical Analysis System，意为"统计分析系统"。SAS 是一个模块化、集成化的大型应用软件系统，它由数十个专用模块构成，功能包括数据访问、数据存储及管理、应用开发、图形处理、数据分析、报告编制、运筹学方法、计量经济学与预测等。相对 SPSS，SAS 功能更强大，但同时也比较难学。

水晶易表，英文名为 Crystal Xcelsius，是一个可视化的报表工具，强调数据的可视化展现和交互式的动态展现。水晶易表可以通过简单操作，不需要任何额外的编程就可以导入 Excel 数据表格，创建交互式可视化分析、图表、图像、财务报表和商业计算器等。其结果还可以直接嵌入到 PowerPoint、PDF 文件、Outlook 和 Web 上。

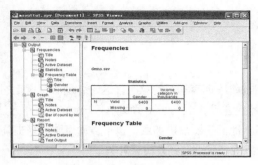 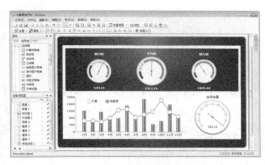

SPSS 软件界面　　　　　　　　　　　　　　水晶易表制作的交互式报表

　　Excel 作为全球应用最广泛的办公软件之一，相对于其他数据分析工具软件来说，它的最大优势是功能全面且强大，操作学习简单。因此，Excel 是许多专业数据分析人员常用的入门工具之一。掌握了 Excel，就好比拥有了一个数据剪裁的利器，可以让数据分析工作变得轻松而又简单。即便有许多 Excel 使用者并未从事与专业数据分析直接相关的工作，但通过掌握 Excel 的数据处理和分析技巧，也可以极大地提升数字办公的工作效率，从枯燥繁重的机械式劳动中解放出来。

2　成为 Excel 高手的捷径

　　作为在线社区的版主或者培训活动的讲师，我们经常会面对这样的问题："我对 Excel 很感兴趣，可是不知道从何学起？""有没有什么方法能让我快速成为 Excel 高手？""你们这些高手是怎么练成的？"……这样的问题看似简单，回答起来却远比解决一两个实际的技术问题复杂得多。

　　到底有没有传说中的"成为 Excel 高手的捷径"呢？回答是：有的。

　　这里所说的捷径，是指如果能以积极的心态、正确的方法和持之以恒的努力相结合，并且主动挖掘学习资源，那么就能在学习过程中尽量不走弯路，从而用较短的时间获得较大的进步。但不要把这个捷径想象成武侠小说里面的情节——某某凡人无意中得到一本功夫秘笈，转眼间就天下第一了。如果把功夫秘笈看成学习资源的话，虽然优秀的学习资源肯定存在，但绝对没有什么神器能让新手在三两天里一跃而成为顶尖高手。

成为 Excel 高手的必备条件

　　下面，从心态、方法和资源 3 个方面来详细讨论如何成为一位 Excel 高手。

2.1　心态积极，无往不利

能够愿意通过读书来学习 Excel 的人，至少在目前阶段拥有学习的意愿，这一点是值得肯定的。我们见到过许多 Excel 用户，虽然水平很低，但从来不会主动去进一步了解和学习 Excel 的使用方法，更不要说去找些书来读了。面对日益繁杂的工作任务，他们宁愿加班加点，也不肯动点脑筋来提高的水平，偶尔闲下来就上网聊天、逛街、看电视，把曾经的辛苦都抛到九霄云外去了。

人们常说，兴趣是最好的老师，压力是前进的动力。要想获得一个积极的心态，最好能对学习对象保持浓厚的兴趣，如果暂时实在是提不起兴趣，那么请重视来自工作或生活中的压力，把它们转化为学习的动力。

下面罗列了一些 Excel 的优点，希望对提高学习积极性有所帮助。

1. 一招鲜，吃遍天

Excel 是个人电脑普及以来用途最广泛的办公软件之一，也是 Microsoft Windows 平台下最成功的应用软件之一。说它是普通的软件可能已经不足以形容它的威力，事实上，在很多公司，Excel 已经完全成为了一种生产工具，在各个部门的核心工作中发挥着重要的作用。无论用户身处哪个行业、所在公司有没有实施信息系统，只要需要和数据打交道，Excel 几乎是不二的选择。

Excel 之所以有这样的普及性，是因为它被设计成一个数据计算与分析的平台，集成了最优秀的数据计算与分析功能，用户完全可以按照自己的思路来创建电子表格，并在 Excel 的帮助下出色地完成工作任务。

如果能熟练使用 Excel，就能做到"一招鲜，吃遍天"，无论在哪个行业哪家公司，高超的 Excel 水平都能在职场上助您成功。

2. 不必朝三暮四

在电子表格软件领域，Excel 唯一的竞争对手就是自己。基于这样的绝对优势地位，Excel 已经成为事实上的行业标准。因此，您大可不必花时间去关注别的电子表格软件。即使需要，以 Excel 的功底去学习其他同类软件，学习成本会非常低。如此，学习 Excel 的综合优势就很明显了。

3. 知识资本的保值

尽管自诞生以后历经多次升级，而且每次升级都带来新的功能，但 Excel 极少抛弃旧功能。这意味着不同版本中的绝大部分功能都是通用的。所以，无论您现在正在使用哪个版本的 Excel，都不必担心现有的知识会很快被淘汰掉。从这个角度上讲，把时间投资在学习 Excel 上，是相当保值的。

4. 追求更高的效率

在软件行业曾有这样一个二八定律，即 80% 的人只会使用一个软件 20% 的功能。在我们看来，Excel 的利用率可能更低，它最多仅有 5% 的功能被人们所常用。为什么另外 95% 的功能都没有被使用上呢？有三个原因：

一是不知道有那 95% 的功能；二是知道还有别的功能，但不知道怎么用；三是觉得自己现在所会的够用了，其他功能暂时用不上。很难说清楚这三种情况的比例，但如果属于前两种情况，那么请好好地继续学习。先进的工作方法一定能带给你丰厚的回报——无数的人在学到某些对他们有帮助的 Excel 技巧后会感叹，"这一下，原来要花几天时间完成的工作，现在只要几分钟了……"

如果您属于第三种情况，嗯——您真的认为自己属于第三种情况吗？

2.2　方法正确，事半功倍

学习任何知识都是讲究方法的，学习 Excel 也不例外。正确的学习方法能使人不断进步，而且是以最快的速度进步；错误的方法则会使人止步不前，甚至失去学习的兴趣。没有人天生就是 Excel 专家，下面总结了一些典型的学习方法：

1. 循序渐进

我们把 Excel 用户大致分为新手、初级用户、中级用户、高级用户和专家 5 个层次，如图所示。

对于 Excel 新手，我们建议先从扫盲做起。首先需要买一本 Excel 的入门教程或权威教程，有条件的可以参加正规培训机构的初级班。在这个过程里，学习者需要大致了解 Excel 的基本操作方法和常用功能，如输入数据，查找替换，设置单元格格式，排序、汇总、筛选和保存工作簿。如果学习者有其他的应用软件使用经验，特别是其他 Office 组件的使用经验，这个过程会很短。

但是要注意，现在的任务只是扫盲，不要期望过高，更不要以为知道了 Excel 的全部功能菜单就是精通 Excel 了。别说在每项菜单命令后都隐藏着无数的玄机，仅是 Excel 的精髓——函数，学习者都还没有深入接触到。当然，经过这个阶段的学习，学习者应该可以开始在工作中运用 Excel 了，比如建立一个简单的表格，甚至画一张简单的图表。这就是人们常说的初级用户水平。

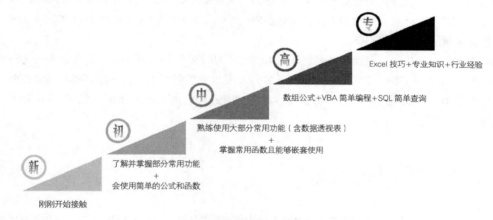

Excel 用户水平的 5 个层次

接下来，要向中级用户进军。成为中级用户有 3 个标志：一是理解并熟练使用各个 Excel 菜单命令；二是熟练使用数据透视表；三是至少掌握 20 个常用函数以及函数的嵌套运用，必须掌握的函数有 SUM 函数、IF 函数、SUMIFS 函数、VLOOKUP 函数、INDEX 函数、MATCH 函数、OFFSET 函数、TEXT 函数等。当然，还有些中级用户会使用简单的宏——这个功能看起来很了不起，即使如此，我们还是认为他们仍是中级用户。

我们接触过很多按上述标准评定的"中级用户"，他们在自己的部门甚至公司里已经是 Excel 水平最高的人。高手是寂寞的，所以他们都认为 Excel 也不过如此了。一个 Excel 的中级用户，应该已经有能力解决绝大多数工作中遇到的问题，但是，这并不意味着 Excel 无法提供更优的解决方案。

成为一个高级用户，需要完成 3 项知识的升级，一是熟练运用数组公式，也就是那种用花括号包围起来的，必须用<Ctrl + Shift + Enter>组合键才能完成录入的公式；二是能够利用 VBA 编写不是特别复杂的自定义函数或过程；三是掌握简单的 SQL 语法以便完成比较复杂的数据查询任务。如果进入了这 3 个领域，学习者会发现另一片天空，以前许多看似无法解决的问题，现在都是多么的容易。

那么，哪种人可以被称作是 Excel 专家呢？这很难用指标来衡量。如果把 Excel 的功能细分来看，精通全部的人想必寥寥无几。Excel 是应用性非常强的软件，这意味着一个没有任何工作经验的普通学生是很难成为 Excel 专家的。从某种意义上来说，Excel 专家也必定是某个或多个行业的专家，他们都拥有丰富的行业知识和经验。高超的 Excel 技术配合行业经验来共同应用，才有可能把 Excel 发挥到极致。同样的 Excel 功能，不同的人去运用，效果将是完全不同的。

能够在某个领域不断开发出新的 Excel 的用法的人，可以被称作是专家。在 Excel Home 网站上，那些受人尊敬的、可以被称为 Excel 专家的版主与高级会员，无一不是各自行业中的出类拔萃者。所以，如果希望成为 Excel 专家，就不能只单单学习 Excel 了。

2. 挑战习惯，与时俱进

如果您是从 Excel 2007 或更高的版本开始接触 Excel 电子表格的，那么值得恭喜，因为您一上手就使用到了微软公司花费数年时间才研发出的全新程序界面，它将带来非凡的用户体验。

对于已经习惯 Excel 2003 或更早版本的用户而言，要从旧有的习惯中摆脱出来迎接一个完全陌生的界面，确非易事。很多用户都难以理解为何从 Excel 2007 开始要改变界面，甚至有一些用户因为难以适应新界面而选择仍然使用 Excel 2003。

微软公司是一家成熟而且成功的软件公司，没有理由无视用户的需求自行其事。改变程序界面的根本原因只有一个，就是用更先进和更人性化的方式来组织不断增加的功能命令，让用户的操作效率进一步提高。对于这一点，包括本书作者团队在内的所有已经升级到 Excel 最新版本的 Excel Home 会员，因为亲身经历都深信不疑。

创新必定要付出代价，但相较升级到新版本 Excel 所得到的更多新特性，花费最多一周时间来熟悉新界面是值得的。从微软公司公布的 Office 软件发展计划可以看出，这一程序界面将会在以后的新版本中继续沿用，Excel 2003 的程序界面将逐渐成为历史。因此，过渡到新界面的使用将是迟早的事情，既然如此，何不趁早行动？

2.3　善用资源，学以致用

除了少部分 Excel 发烧友（别怀疑，这种人的确存在）以外，大部分人学习 Excel 的目的是为了解决自己工作中的问题和提升工作效率。问题，常常是促使人学习的一大动机。如果您还达不到初级用户的水平，建议按前文中所讲先扫盲；如果您已经具有初级用户的水平，带着问题学习，不但进步快，而且很容易对 Excel 产生更多的兴趣，从而获得持续的成长。

遇到问题的时候，如果知道应该使用什么功能，但是对这个功能不太会用，此时最好的办法是用 <F1> 调出 Excel 的联机帮助，集中精力学习这个需要掌握的功能。这一招在学习 Excel 函数的时候特别适用，因为 Excel 有几百个函数，想用人脑记住全部函数的参数与用法几乎是不可能的事情。Excel 的联机帮助是最权威、最系统也是最优秀的学习资源之一，而且在一般情况下，它都随同 Excel 软件一起被安装在电脑上，所以也是最可靠的学习资源——如果你上不了网，也没办法向别人求助。

如果对所遇问题不知从何下手，甚至不能确定 Excel 能否提供解决方法，可以求助于他人。此时，如果身边有一位 Excel 高手，或者能马上联系到一位高手，那将是件非常幸运的事情。如果没有这样的受助机会，也不用担心，还可以上网搜索解决方法，或者到某些 Excel 网站上去寻求帮助。关于如何利用互联网来学习 Excel，请参阅 3。

当利用各种资源解决了自己的问题时，一定很有成就感，此时千万不要停止探索的脚步，争取把解决方法理解得更透彻，做到举一反三。

Excel 实在是博大精深，在学习的过程中如果遇到某些知识点暂时用不着，不必深究，但一定要了解，而不是简单地忽略。或许哪天需要用到的某个功能 Excel 里面有，可是您却不知道，以致影响寻找答案的速度。在学习 Excel 函数的过程中，这一点也是要特别注意的。比如，作为一名财会工作者，可能没有必要花很多精力去学习 Excel 的工程函数，而只需要了解，Excel 提供了很多的工程函数，就在函数列表里面。当有一天需要用到它们时，可以在函数列表里面查找适合的函数，并配合查看帮助文件来快速掌握它。

2.4　多阅读，多实践

多阅读 Excel 技巧或案例方面的文章与书籍，能够拓宽你的视野，并从中学到许多对自己有帮助的知识。在互联网上，介绍 Excel 应用的文章很多，而且可以免费阅读，有些甚至是视频文件或者动画教程，这些都是非常好的学习资源。比网上教程更系统和专业的是图书，所以多花时间在书店，也是个好主意。对于朋友推荐或者经过试读以后认为确实对自己有帮助的书，可以买回家仔细研读。

我们经常遇到这样的问题"学习 Excel，什么书比较好"——如何挑选一本好书，真是个比较难回答的问题，因为不同的人，需求是不一样的，适合一个人的书，不见得适合另一个人。另外，从专业的角度来看，Excel 图书的质量良莠不齐，有许多看似精彩，实则无用的书。所以，选书之前，除了听取别人的推荐，或到网上书店查看书评以外，最好还是能够自己翻阅一下，先读前言与目录，然后再选择书中您最感兴趣的一章来读。

学习 Excel，阅读与实践必须并重。只有亲自在电脑上实践几次，才能把阅读的知识真正转化为自己的知识。通过实践，还能够举一反三，即围绕一个知识点，做各种假设来测试，以验证自己的理解是否正确和完整。

我们所见过的很多高手，实践的时间远远大于阅读的时间，因为 Excel 的基本功能是有限的，不需要太多文字去介绍。而真正的成长来源于如何把这些有限的功能不断排列组合以创新用法。伟人说"实践出真知"，在 Excel 里，不但实践出真知，而且实践出技巧，比如本书中的大部分技巧，都是大家"玩"出来的。

一件非常有意思的事情是，当微软公司 Excel 产品组的工作人员见到由用户发现的某些绝妙的技巧时，也会感觉非常新奇。设计者自己也无法预料他的程序会被他人衍生出多少奇思妙想的用法，由此可见 Excel 是多么值得去探索啊！

3　通过互联网获取学习资源和解题方法

如今，善于使用各种搜索功能在互联网上查找资料，已经成为信息时代的一项重要生存技能。因为互联网上的信息量实在是太大了，大到即使一个人 24 小时不停地看，也永远看不完。而借助各式各样的搜索工具，人们可以在海量信息中查找到自己所需要的部分来阅读，以节省时间，提高学习效能。

本技巧主要介绍如何在互联网上寻找 Excel 学习资源，以及寻找 Excel 相关问题的解决方法。

3.1　搜索引擎的使用

　　搜索引擎，是近年来互联网上迅猛发展的一项重要技术，它的使命是帮助人们在互联网上寻找自己需要的信息。作为中国网民，最熟悉的搜索引擎莫过于 Google（http://www.google. com）和百度（http://www.baidu.com），也就是大家常说的谷哥和度娘。

　　为了准确而快速地搜索到想要的内容，向搜索引擎提交关键词是最关键的一步。以下是几个注意事项：

　　1. 关键词的拼写一定要正确

　　搜索引擎会严格按照使用者所提交的关键词进行搜索，所以，关键词的正确性是获得准确搜索结果的必要前提。比如，明明要搜索 Excel 相关的内容，可是输入的关键词是"excle"，结果可想而知。

　　2. 多关键词搜索

　　搜索引擎大都支持多关键词搜索，提交的关键词越多，搜索结果越精确，当然，前提是使用者所提交的关键词能够准确地表达目标内容的意思，否则就会适得其反——本应符合条件的搜索结果被排除了。比如，想要查找 Excel 数组公式方面的技术文章，可以提交关键词为"Excel 数组公式"。如何更好地构建关键词，需要利用搜索引擎多多实践，熟能生巧。

　　3. 定点搜索

　　如今，互联网上的信息量正趋向"泛滥"，即使借助搜索引擎，也往往难以轻松地找到需要的内容。而且，由于互联网上信息复制的快速性，导致在搜索引擎中搜索一个关键词，虽然有大量结果，但大部分的内容都是相差无几的。

限制搜索范围为 Excel Home 论坛

　　如果在搜索的时候限制搜索范围，对一些知名或熟悉的网站进行定点搜索，就可以在一定程度上解决这个问题。假设要指定在拥有数百万 Excel 讨论帖的 Excel Home 技术论坛中搜索内容，可以在搜索引擎的搜索框中先输入关键字，然后输入：site:club.excelhome.net 即可，如图所示。

虽然各搜索引擎的页面和特长不同，但它们的用法都相差无几。更多的搜索技巧，不在本书的讨论范围之内，您可以在搜索引擎里面提交"搜索引擎 技巧"这样的关键词去查找相关的文章。

3.2　搜索业内网站的内容

基于搜索引擎的技术特点，一般情况下它只能查找互联网上完全开放的网页。如果目标网页所采用的技术与搜索引擎的机器人不能很好地沟通（这常表现在动态网站上），或者目标网页没有完全向公众开放，那么就可能无法被搜索引擎找到。而后者往往都拥有大量专业的技术资料，且其自身也提供非常精细化的搜索功能，是我们不能忽略的学习资源。

对于这种网站，可以先利用搜索引擎找到它的入口，然后设法成为它的合法用户，那么就可以享用其中的资源了。比如想知道 Excel 方面有哪些这样的网站系统，可以用"Excel 网站"作为关键词在搜索引擎中搜索，出现在前几页的网站一般都是比较热门的网站。互联网上诸多领域的专业 BBS，都属于这种网站。

3.3　在新闻组或 BBS 中学习

新闻组或 BBS 是近年来互联网上非常流行的一种网站模式，它的主要特点是每个人在网站上都有充分的交互权力，可以自由讨论技术问题，同时网站的浏览结构和所属功能非常适合资料的整理归集和查询。

虽然网络是虚拟的，但千万不要因此就在上面胡作非为，真实社会中的文明礼貌在网络上同样适用。如何在新闻组或 BBS 里面正确地求助与学习，是成为技术高手的必修课。

本书不讨论 BBS 或新闻组的具体操作方法，只介绍通用的行为规则。作为全球知名的 Excel 技术社区的管理人员之一，我曾见到很多网友在 BBS 上因为有不正确的态度或行为，导致不但没有获取帮助，甚至成为大家厌恶的对象。下面节选一篇我们在 BBS 上长期置顶，并且广受欢迎的文章——"Excel Home 最佳学习方法"，原文网址为 http://club. excelhome. net/thread-117862-11.html，可扫描下面的二维码前往阅读。

在 Excel Home，当提出一个问题，能够得到怎样的答案，取决于解出答案的难度，同样取决于您提问的方法。本文旨在帮助您提高发问的技巧，以获取您最想要的答案。

发帖提问之前

在本 BBS 提出问题之前，检查您有没有做到以下几点：

（1）查看 Excel 自带的帮助文件。

（2）查看精华帖、得分帖、推荐帖、置顶帖。

（3）使用论坛搜索功能。

如何发帖提问

如果您已经按照上述内容完成了提问之前的三个步骤，那么参照以下几个原则进行发帖提问会对您有所帮助。

（1）明白您所要达到的目的，并准确地表述。

漫无边际的提问近乎无休无止的时间黑洞，通常来说我们并没有太多

的时间去揣摩您要达到的目的。因此应该明白，您来到这里是要提出问题，而不是回答我们对您的问题所产生的问题。准确表述您的问题会使您更快地获得需要的答案。您提问的内容越明确，得到的答案也越具体，这一点至关重要。否则，您可能什么也得不到，甚至因此被我们的管理人员删除发帖。

（2）善于使用附件。

使用附件往往能带给您更大的帮助，而且也会显得更有诚意。在使用附件时，提问者一般会随机列举数字，这并不是一个很好的习惯。因为对于要解决的问题的复杂性，随机列数是很难全面反映出来的。建议提问者在上传附件时能够从工作文件中抽取数据而不是自己编制数据。

为了保证您保存在文件中的隐私资料不被泄露，您可以在文件上传前对其进行相应处理。

（3）使用含义丰富、描述准确的标题。

使用"救命"、"求助"、"跪求"、"在线等"之类的标题并不能够确保您的问题会得到我们更多的重视。在标题中简洁描述问题对我们以及希望通过搜索获取帮助的其他提问者都是一个很好的方法。糟糕的标题会严重影响您帖子的吸引眼球的能量，也符合被版主删除的条件。

（4）谨慎选择板块。

本论坛按技术领域划分了多个板块，每个板块只讨论各自相关的话题，所以并不是每个板块都能对您提出的问题作出反应。"休闲吧"的好心人或许会回答您如何在 Excel 里排序的问题，但是把"寻求邮件发送代码"的帖子发在"Excel 基础应用"板块的确是一个很糟糕的做法。当然，在探讨 Excel 程序开发的板块发帖请教函数应用也不是一个好的做法，反之亦然。

每个板块都有各自的说明，请一定要对号入座。如果在不正确的板块发表话题，最直接的后果将是可能没人理会您的问题，当然，您的发帖也可能会被管理人员移动到正确的板块，或者锁定、删除。

（5）绝对不要重复发帖。

重复发帖除了有害于您的形象之外，并不能保证您的问题能够得到解决。因此请做到：

不要在同一个板块发同样的帖子；

不要在不同板块发同样的帖子（我们并不只是在一个板块逗留）。

（6）谦虚有礼，及时反馈。

使用"谢谢"并不会花费很多时间，但的确能够吸引更多的人乐意帮助您解决问题。而使用挑衅式的语言，诸如"高手都去哪里了？""天下最难的问题""一个弱智的问题"或较粗鲁的文字只会让人反感。

认真地理解别人给出的答案

如果您得到了需要的答案，我们也为您感到高兴，如果您能够参照下面的几个做法，将会使更多的人从您的行为中获得益处：

（1）说声"谢谢"会让我们感到自己所做的努力是值得的，也会让其他人更乐于帮助您；

（2）简短的说明并介绍问题是如何解决的，会使他人能更容易从您的经验中获得帮助。

如果我们提供的答案不能解决您的问题，对此我们也感到非常遗憾，而且也衷心希望在您解决了问题之后，能够把您的方法与更多人共享。

无论您的问题是否得到解决，请把最新的进程和结果进行反馈，以便让大家（包括那些帮助您的人和其他正在研究同一问题的人）都能及时了解。

当您拥有了良好的学习心态、使用了正确的学习方法并掌握了充足的学习资源之后，通过不懈的努力，终有一天，您也能成为受人瞩目和尊敬的 Excel 高手，并能从帮助他人解决疑难中得到极大的满足和喜悦。

3.4　在视频网站中学习

随着上网速度的整体提高，视频这种最生动的媒介形式可以很方便地获取和在线观看。与图文形式的图书或网页相比，视频教程的学习效果无疑是更为出色的。

目前在国内知名的视频网站上，有许多有关 Excel 的学习教程，可以利用视频网站的搜索功能方便地找到它们。但值得注意的是，因为视频网站允许用户任意上传分享，所以很有可能出现一个视频 N 个版本以及看了上集找不到下集的情况。所以，应该找到视频的原创者的主页进行选择观看。

Excel Home 在最近几年时间里已经免费分享了数千分钟的视频学习教程，并都上传到各大视频网站供大家观看学习。以百度文库为例，只要进入 http://wenku.baidu.com/org/ view?org＝ExcelHome 就可以找到这些教程，如下图所示。

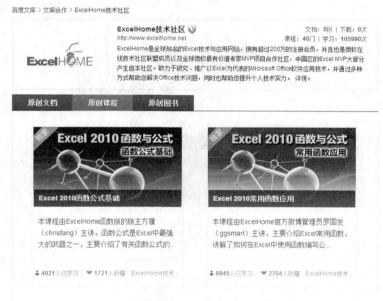

百度文库中的 Excel Home 社区

3.5　利用微博和微信学习

微博和微信是近两年来非常热门的社交媒体，随着越来越多传统网站和精英人物的加入，其中的学习资源也丰富起来。只需要登录自己的账号，然后关注那些经常分享 Excel 应用知识的微博，就可以源源不断地接受新内容推送。

微博和微信是移动互联网时代的主要媒体形式之一，其最大特点是每则消息都非常短小精致，因此非常适合时间碎片化的人群使用。但是因为其社交属性鲜明，内容过于分散，所以不利于系统详细地学习，需要与其他学习形式配合使用。

微博既可以在 PC 上使用，也可以在平板电脑和手机上使用。各大网站都推出了微博应用，其中以新浪和腾讯的微博应用最受欢迎。以新浪微博为例，如果是在 PC 上，可以访问 http://weibo.com，注册自己的账号，然后关注感兴趣的他人的账号，就可以方便地浏览对应的话题了。如果是在平板电脑或手机上，需要先安装新浪微博的 APP，然后就可以登录并使用了。

微信目前主要在手机上使用，其账号区分为个人账号、订阅号、服务号和企业号。普通用户的账号都是个人号，定位与 QQ 类似。订阅号、服务号和企业号则属于公众号，意味着其主要功能是面向大众提供资讯和服务。

下图展示了 Excel Home 官方微信（订阅号）的部分资讯推送记录。

Excel Home 官方微信推送记录

第一篇

基础应用

本篇主要向读者介绍有关 Excel 的一些基础应用，包括 Excel 的工作环境、对工作表和工作簿的操作技巧以及数据的录入与表格的格式化处理方面的内容。了解和掌握相关的基本功能与操作，不仅可以提高工作效率，也为读者后续的 Excel 高级功能、函数、图表及 VBA 编程的学习打下坚实的基础。

第 1 章　优化 Excel 环境

本章主要介绍优化 Excel 的工作环境，包括低版本 Excel 中兼容 Excel 2013、Excel 文件的特点、优化 Excel 操作界面、操作工作簿的方法及协同办公等。

本章学习重点如下：
1. 借助兼容包在低版本中兼容 Excel 2013
2. Excel 文件的特点
3. 优化 Excel 2013 的操作界面
4. Excel 工作簿的操作技巧
5. Excel 的协同办公

技巧 1　借助兼容包在 Excel 2003 及更早期版本中打开 2013 工作簿文件

Excel 2013 可以打开 Excel 2003 及早期版本创建的文件，而 Excel 2003 及早期版本却不能直接打开以 Excel 2013（或 Excel 2010/2007）格式保存的文件。由于用户安装的 Excel 版本不尽相同，如果日常工作中需要在 Excel 2003 及早期版本中打开 Excel 2013 格式的文件，可以安装微软公司为早期版本提供的兼容包程序来实现。

1.1　下载兼容包

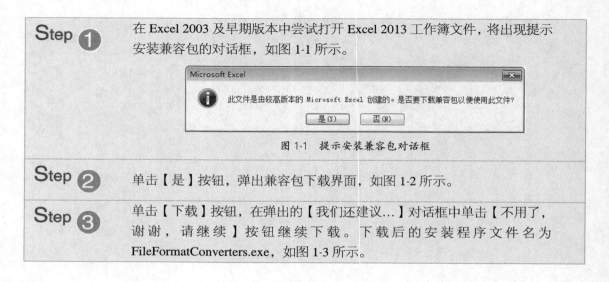

Step ① 在 Excel 2003 及早期版本中尝试打开 Excel 2013 工作簿文件，将出现提示安装兼容包的对话框，如图 1-1 所示。

Microsoft Excel

ℹ 此文件是由较高版本的 Microsoft Excel 创建的。是否要下载兼容包以便使用此文件？

是(Y)　　否(N)

图 1-1　提示安装兼容包对话框

Step ② 单击【是】按钮，弹出兼容包下载界面，如图 1-2 所示。

Step ③ 单击【下载】按钮，在弹出的【我们还建议...】对话框中单击【不用了，谢谢，请继续】按钮继续下载。下载后的安装程序文件名为 **FileFormatConverters.exe**，如图 1-3 所示。

图 1-2　兼容包下载界面

图 1-3　下载兼容包

1.2　安装兼容包

安装图 1-3 所示的兼容包安装文件，弹出【2007 Office system 兼容包】对话框，勾选【单击此处接受《Microsoft 软件许可条款》】的复选框，单击【继续】按钮，最后单击【确定】按钮完成安装。

注意　安装兼容包前，需要将 Office 2003 升级至最新的 SP3 版本。

安装兼容包后，使用 Excel 2003 及早期版本的 Excel 就能打开 Excel 2013 工作簿文件，并可以将工作簿另存为 Excel 2007~2013 的文件格式。

　　借助兼容包虽然能打开 Excel 2013 工作簿文件，但是打开的只是一个格式转换后的副本，许多 Excel 2013 的新增功能与增强特效将无法使用，因此安装 Excel 2013 软件才能从根本上解决工作簿文件版本兼容性问题。

技巧 2　　与早期版本的 Excel 在文件格式上的差异

2.1　不同的文件扩展名和图标

　　与之前的 Excel 97~2003 版工作簿相比，Excel 2013 版本的工作簿在文件格式上发生了较大改变，文件扩展名也有所不同。表 2-1 对不同版本的文件扩展名进行了对比。

表 2-1　　　　　　　　　　　不同版本的文件扩展名对比

文件类型	Excel 97 ~ 2003 版本扩展名	Excel 2007~2013 版本扩展名
工作簿	.xls	.xlsx
模板	.xlt	.xltx
加载宏	.xla	.xlam
工作区	.xlw	.xlw
启用宏的工作簿	无	.xlsm
启用宏的模板	无	.xltm
二进制工作簿	无	.xlsb

　　Excel 2013 与 Excel 2003 版本的常用文件类型图标如图 2-1 所示。

Excel 2013 二进制工作簿.xlsb　Excel 2013 工作簿.xlsx　Excel 2013 工作区.xlw　Excel 2013 加载宏.xlam　Excel 2013 模板.xltx　Excel 2013 启用宏的工作簿.xlsm　Excel 2013 启用宏的模板.xltm

Excel 2003 工作簿.xls　Excel 2003 工作区.xlw　Excel 2003 加载宏.xla　Excel 2003 模板.xlt

图 2-1　Excel 2013 与 Excel 2003 常用文件格式图标对比

2.2　新的文件封装技术

早期版本的工作簿基于二进制的文件格式，现在已越来越不能满足新的工作环境的挑战。从 Excel 2007 开始，引用了一种基于 XML 的新格式。这种被称为 "Office Open XML" 的新文件格式同时基于 XML 和 ZIP 存档技术。Excel 2013 仍然延续使用 "Office Open XML" 的新文件格式，并且支持 "Strict Open XML" 与 "Open Document Format（ODF）1.2" 电子表格文件格式的保存和打开。

新的文件格式改善了文件和数据管理功能，改进了受损文件的恢复以及与行业系统的互操作性功能。它们扩展了以前版本的二进制文件的功能。

Excel 2013 创建的文件实际上是一个压缩文档，存储相同容量的信息将占用较小的磁盘空间，通过重命名将 Excel 2013 的文件扩展名改为 "zip" 或 "rar"，然后使用任何一款通用的解压工具，就可以将其解压成一个遵循 XML 文件结构的文件包，如图 2-2 所示。

图 2-2　深度了解 Excel 2013 文件格式

技巧 3　转换早期版本工作簿为 2013 文件格式

在 Excel 2013 中打开早期版本的工作簿文件时，该文件将自动运行在兼容模式下，此时 Excel 2013 的新功能和新特性的使用会受到限制。如果不再希望在早期版本程序中使用该工作簿文件，可以将该工作簿转换为 Excel 2013 文件格式。转换格式后的工作簿就可以应用所有的 Excel 2013 新增功能和增强特性，而且文件也会变得更小。

下面介绍两种文件格式转化的方法。

3.1　使用 "另存为" 的方法

Step ❶　单击【文件】选项卡，在弹出的扩展菜单中依次单击【另存为】→【计算机】→【浏览】命令，弹出【另存为】对话框，如图 3-1 所示。也可以直接按<F12>功能键调出【另存为】对话框。

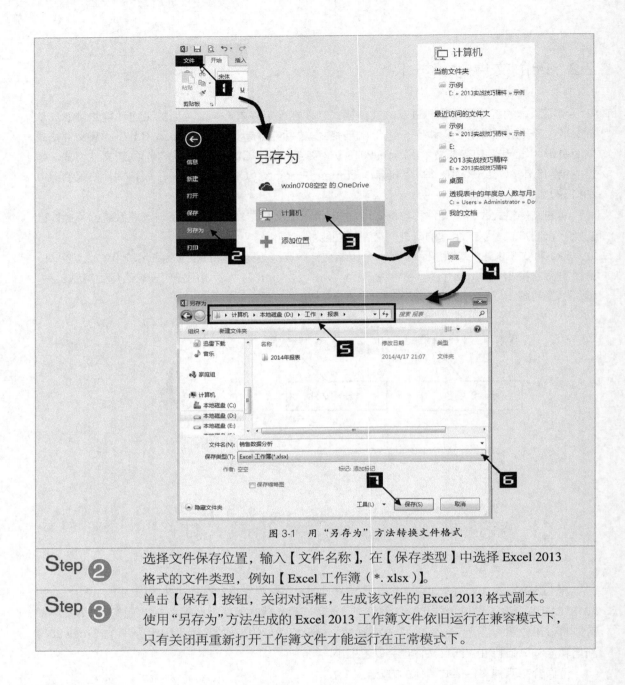

图 3-1　用"另存为"方法转换文件格式

Step ❷	选择文件保存位置，输入【文件名称】，在【保存类型】中选择 Excel 2013 格式的文件类型，例如【Excel 工作簿（*.xlsx）】。
Step ❸	单击【保存】按钮，关闭对话框，生成该文件的 Excel 2013 格式副本。使用"另存为"方法生成的 Excel 2013 工作簿文件依旧运行在兼容模式下，只有关闭再重新打开工作簿文件才能运行在正常模式下。

3.2　使用"转换"方法

Step	单击【文件】选项卡，在弹出的扩展菜单中依次单击【信息】→【转换】命令，在弹出的对话框中单击【确定】按钮完成格式转换。如果希望立即关闭并重新打开工作簿，单击【是】按钮关闭对话框，此时 Excel 程序重新打开转换格式后的 Excel 2013 工作簿，标题栏中"兼容模式"字样消失，工作簿运行在正常模式中。如图 3-2 所示。

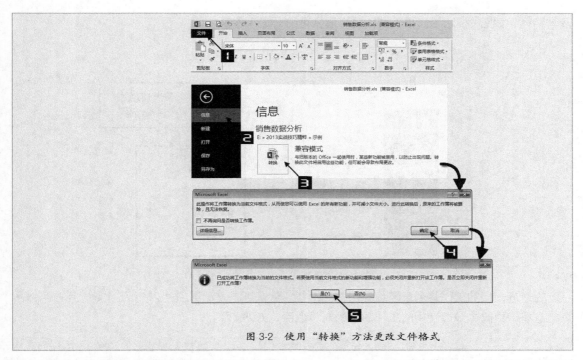

图 3-2　使用"转换"方法更改文件格式

虽然以上两种方法都可以转换早期工作簿为 Excel 2013 格式的工作簿文件，但它们是有区别的，如表 3-1 所示。

表 3-1　　　　　转换早期版本工作簿文件格式的两种方法对比

比较项目	"另存为"方法	"转换"方法
早期版本工作簿文件	不删除早期版本工作簿文件	删除早期版本工作簿文件
工作模式	兼容模式	正常模式
新工作簿文件格式	可以选择多种文件格式	Excel 工作簿（.xlsx）

3.3　VBA 操作方法

利用 VBA 程序操作的方法请参阅技巧 353。

技巧 4　设置最近使用文档的显示与位置

4.1　设置最近使用的文档的显示数目

单击【文件】选项卡中的【打开】命令，在扩展菜单的右侧将显示最近打开过的工作簿文件名及其路径，如图 4-1 所示。单击文件名可以快速打开该工作簿。

图 4-1　最近使用过的工作簿列表

在最近使用的工作簿列表区域中，Excel 2013 默认可以显示不超过 25 个工作簿，用户可以根据自身需求更改【最近使用的工作簿】的显示数目，方法如下。

Step ❶	单击【文件】选项卡，在弹出的扩展菜单中单击【选项】命令，弹出【Excel 选项】对话框。
Step ❷	单击【高级】选项卡，在右侧的【显示】区域中修改【显示此数目的"最近使用的工作簿"】的数目为"10"，单击【确定】按钮完成设置，如图 4-2 所示。在最近使用的工作簿列表中将只显示 10 个工作簿。

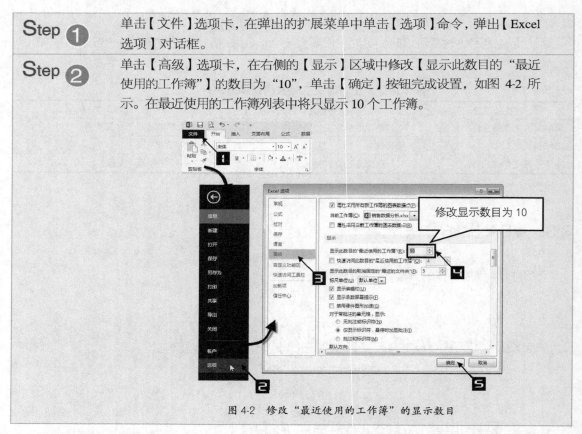

图 4-2　修改"最近使用的工作簿"的显示数目

修改显示数目的范围是小于或等于 50 的整数，也就是说，不能显示多于 50 个工作簿文件。当该值设置为 0 时，将清除【最近使用的工作簿】列表中的所有记录。

4.2　使用图钉将文件固定在最近使用的文档列表中

用户可以通过【最近使用的工作簿】列表快速打开最近使用过的工作簿。但是当打开很多个工作簿后，希望打开的某个工作簿可能已经不在【最近使用的工作簿】列表中，或者需要拖动滚动条滑块才能在列表中费力地找到它。此时可以通过使用图钉图标固定工作簿，使得无论打开多少个工作簿，目标文件始终在列表上方的位置，以打开"销售数据分析.xlsx"为例，操作步骤如下。

单击【文件】选项卡，在弹出的扩展菜单中单击【打开】命令，在【最近使用的工作簿】列表中单击"销售数据分析.xlsx"右侧的图钉图标 ⚲ ，如图 4-3 所示。

通过以上操作，目标文档已经被固定在【最近使用的工作簿】列表中，图钉图标显示在右侧，文件像是被钉在了文档列表中。

当鼠标悬停在【最近使用的工作簿】列表中的工作簿上时，工作簿右侧对应的图钉图标将显示出来，单击图钉图标，图钉将会在"将此项目固定在列表" ⚲ 和"在列表中取消对此项目的固定" ⚲ 之间切换。

图 4-3　使用图钉图标将工作簿固定在最近使用的文档列表中

4.3　清除最近访问的文件夹列表信息

用户可以依次单击【文件】选项卡→【打开】→【计算机】命令，在"最近访问的文件"列表中快速打开最近使用过的文件夹，以便对最近使用过的工作簿文件进行编辑管理。当出于某些隐私或保密问题考虑，不希望让他人知道自己最近访问过哪些文件夹时，可以对【Excel 选项】进行设置，清除"最近访问的文件夹"列表信息，具体方法如下。

Step ❶	依次单击【文件】选项卡→【选项】命令，弹出【Excel 选项】对话框。
Step ❷	单击【高级】选项卡，在右侧的【显示】区域中修改【显示此数目的取消固定的"最近的文件夹"】的数目为"0"，如图 4-4 所示。

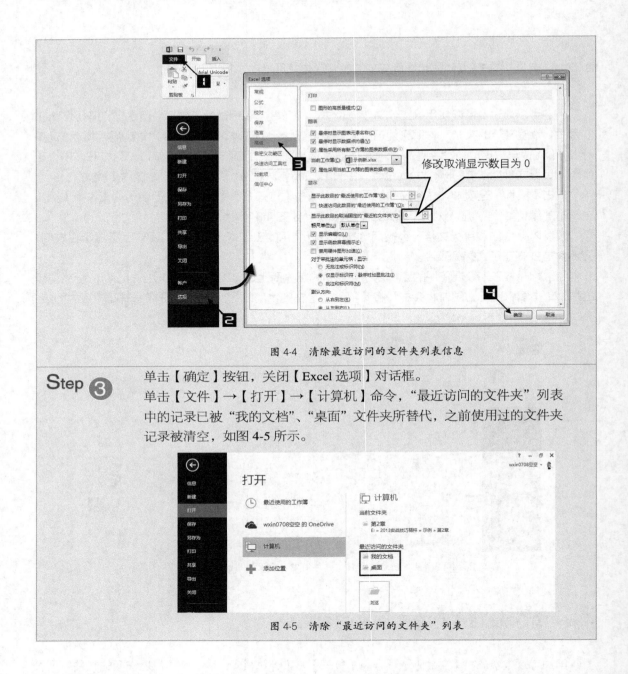

图 4-4　清除最近访问的文件夹列表信息

Step ❸　单击【确定】按钮，关闭【Excel 选项】对话框。

单击【文件】→【打开】→【计算机】命令，"最近访问的文件夹"列表中的记录已被"我的文档"、"桌面"文件夹所替代，之前使用过的文件夹记录被清空，如图 4-5 所示。

图 4-5　清除"最近访问的文件夹"列表

技巧 5　设置默认的文件保存类型

　　Excel 2013 的默认文件保存类型是"Excel 工作簿（*.xlsx）"。当需要和使用早期版本的 Excel 用户交互共享数据，或者需要经常制作含宏代码的工作簿文件时，可能更希望默认的文件保存类型为"Excel 97-2003 工作簿"（*.xls）或"Excel 启动宏的工作簿"（*.xlsm）。这可以通过改变 Excel 2013 的默认文件保存类型来实现，具体方法如下。

Step ①	单击【文件】选项卡,在弹出的扩展菜单中单击【选项】命令,弹出【Excel 选项】对话框。
Step ②	在【保存】选项卡中单击【将文件保存为此格式】的下拉按钮,在弹出的下拉列表中选择"Excel 97-2003 工作簿",如图 5-1 所示。

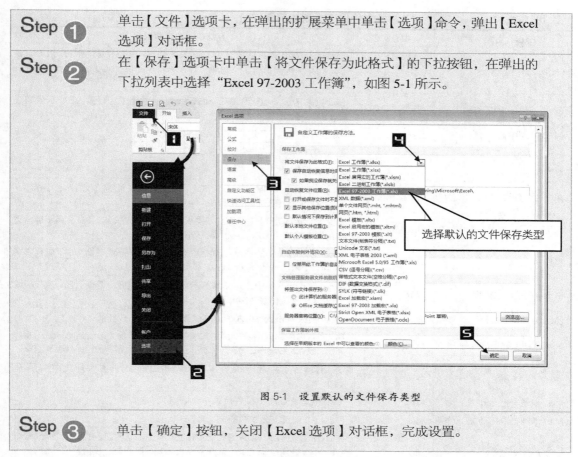

图 5-1　设置默认的文件保存类型

Step ③	单击【确定】按钮,关闭【Excel 选项】对话框,完成设置。

设置默认的文件保存类型后,在首次保存新建工作簿时,【另存为】对话框中的【保存类型】就会被预选为刚才设置的文件格式,如图 5-2 所示。

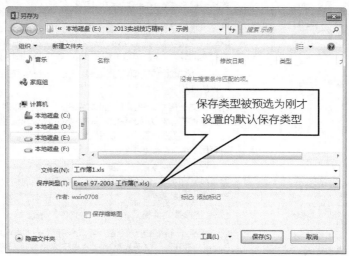

图 5-2　"保存类型"被预选为【Excel 选项】对话框中设置的默认保存类型

不同格式的 Excel 文件格式具有不同的扩展名、存储机制及限制,详见表 5-1。

表 5-1 　　　　　　　　　　　　各文件保存类型的简要说明

Excel 文件格式	扩展名	存储机制和限制说明
Excel 工作簿	.xlsx	Excel 2007/2013 默认基于 XML 的文件格式。不能存储 Microsoft Visual Basic for Applications （VBA）宏代码或 Microsoft Office Excel 4.0 宏工作表（.xlm）
Excel 启动宏的工作簿	.xlsm	Excel 2007/2013 基于 XML 和启用宏的文件格式。存储 VBA 宏代码或 Excel 4.0 宏工作表 （.xlm）
Excel 二进制工作簿	.xlsb	Excel 2007/2013 二进制文件格式 （BIFF12）
Excel 97-2003 工作簿	.xls	Excel 97/2003 的二进制文件格式（BIFF8）
XML 数据	.xml	XML 数据格式
单个文件网页	mht、.mhtm	单个文件网页（MHT 或 MHTML）。此文件格式集成嵌入图形、小程序、链接文档以及在文档中引用的其他支持项目
网页	htm、.html	超文本标记语言（HTML）。如果从其他程序复制文本，Excel 将不考虑文本的固有格式，而以 HTML 格式粘贴文本
模板	.xltx	Excel 2007/2013 的 Excel 模板默认文件格式。不能存储 VBA 宏代码或 Excel 4.0 宏工作表（.xlm）
Excel 启动宏的模板	.xltm	Excel 2007/2013 中 Excel 模板启用宏的文件格式。存储 VBA 宏代码或 Excel 4.0 宏工作表（.xlm）
Excel 97-2003 模板	.xlt	Excel 模板的 Excel 97/2003 的二进制文件格式（BIFF8）
文本文件（制表符分割）	.txt	将工作簿另存为以制表符分隔的文本文件，以便在其他 Microsoft Windows 操作系统上使用，并确保正确解释制表符、换行符或其他字符。仅保存活动工作表
Unicode 文本	.txt	将工作簿另存为 Unicode 文本，这是一种由 Unicode 协会开发的字符编码标准
XML 电子表格 2003	.xml	XML 电子表格 2003 文件格式（XMLSS）
Microsoft Excel 5.0/95 工作簿	.xls	Excel 5.0/95 二进制文件格式（BIFF5）
CSV（逗号分隔）	.csv	将工作簿另存为以制表符分隔的文本文件，以便在其他 Microsoft Windows 操作系统上使用，并确保正确解释制表符、换行符或其他字符。仅保存活动工作表
带格式文本文件（空格分隔）	.prm	Lotus 以空格分隔的格式。仅保存活动工作表
DIF（数据交换格式）	.dif	数据交换格式。仅保存活动工作表
SYLK（符号连接）	.slk	符号链接格式。仅保存活动工作表
Excel 加载宏	.xlam	Excel 2007/2013 基于 XML 和启用宏的加载项格式。加载项是用于运行其他代码的补充程序。支持使用 VBA 项目和 Excel 4.0 宏工作表（.xlm）
Excel 97-2003 加载宏	.xla	Excel 97/2003 加载项，即设计用于运行其他代码的补充程序。支持 VBA 项目的使用
PDF	.pdf	可移植文档格式（PDF）。此文件格式保留文档格式并允许文件共享。联机查看或打印 PDF 格式的文件时，该文件可保留预期的格式。无法轻易更改文件中的数据。对于要使用专业印刷方法进行复制的文档，PDF 格式也很有用
XPS 文档	.xps	XML 纸张规范（XPS）。此文件格式保留文档格式并允许文件共享。联机查看或打印 XPS 文件时，该文件可保留预期的格式，并且他人无法轻易更改文件中的数据
Strict Open XML 电子表格	.xlsx	Excel 工作簿文件格式（.xlsx）的 ISO 严格版本
Open Document 电子表格	.ods	OpenDocument 电子表格。可以保存 Excel 2010 文件，从而可在使用 OpenDocument 电子表格格式的电子表格应用程序（如 Google Docs 和 OpenOffice.org Calc）中打开这些文件。您也可以使用 Excel 2010 打开.ods 格式的电子表格。保存及打开.ods 文件时，可能会丢失格式设置

如果将默认的文件保存类型设置为 "Excel 97-2003 工作簿"，那么在 Excel 2013 中新建工作簿时将运行在【兼容模式】下，如图 5-3 所示。

设置默认文件类型为 "Excel 97-2003 工作簿" 时，Excel 将运行在兼容模式下

图 5-3　默认文件保存类型对 Excel 运行模式的影响

技巧 6　快速定位文件夹

当目标工作簿所处的文件夹深度较大时，要想快速定位到目标文件夹并不容易。例如，需要频繁地操作在 "D:\工作\报表\2014 年报表\销售报表\日报表" 路径下的文件，或是打开此文件夹下的工作簿，或是将工作簿文件保存到此文件夹时，通过以下方法快速定位到文件夹。

方法 1　将目标文件夹固定在【最近访问的文件夹】列表中。

Step ❶	单击【文件】选项卡，在弹出的扩展菜单中依次单击【打开】→【计算机】命令。
Step ❷	找到目标文件，单击图钉图标，将文件夹固定在【最近访问的文件夹】列表中，如图 6-1 所示。

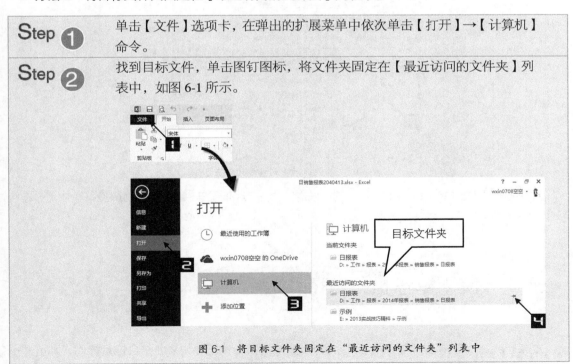

图 6-1　将目标文件夹固定在 "最近访问的文件夹" 列表中

完成以上操作，当需要频繁打开或保存工作簿到"日报表"文件夹时，就能快速在【最近访问的文件夹】列表中选中该目标文件夹。有关图钉图标的相关内容，请参阅技巧 4。

方法 2　将目标文件夹放到收藏夹下。

Step ①	双击"计算机"图标，定位到目标文件夹所在路径，如"D:\工作\报表\2014年报表\销售报表\日报表"。
Step ②	只需在【收藏夹】下找到该文件夹，单击鼠标右键，在弹出的快捷菜单中选择【将当前位置添加到收藏夹】命令，此时"日报表"文件夹已经显示在收藏夹中，如图 6-2 所示。

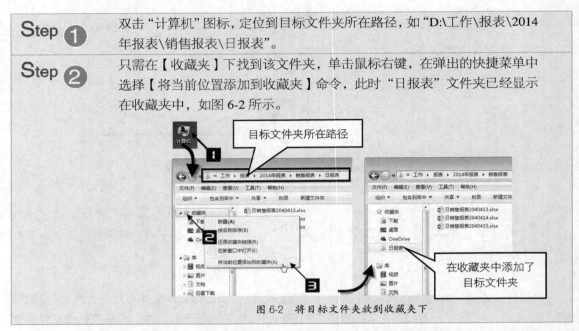

图 6-2　将目标文件夹放到收藏夹下

当再次双击"计算机"图标时，只需单击"日报表"，就会快速定位到目标文件夹，如图 6-3 所示。

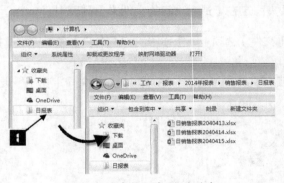

图 6-3　快速定位到目标文件夹

如果不需要收藏夹中的某个文件夹时，只需右键单击【收藏夹】，在弹出的快捷菜单中选择【删除】命令即可。

技巧 7　使用键盘执行 Excel 命令

在 Excel 2013 中，功能区中的命令都可以直接用鼠标执行，如果能结合键盘操作，则可进一步提高效率，不仅如此，使用键盘操作还能快速执行未在功能区中显示的命令。

7.1   使用访问键执行功能区命令

以对单元格执行"字体加粗"命令为例，可以使用访问键和组合键两种不同的键盘操作方式来实现。

Step ❶	选中需要字体加粗的单元格区域。
Step ❷	在 Excel 程序窗口中依次按<Alt>、<H>、数字<1>键，此时【选项卡】、【快速访问工具栏】会弹出相应的按键提示，如图 7-1 所示。

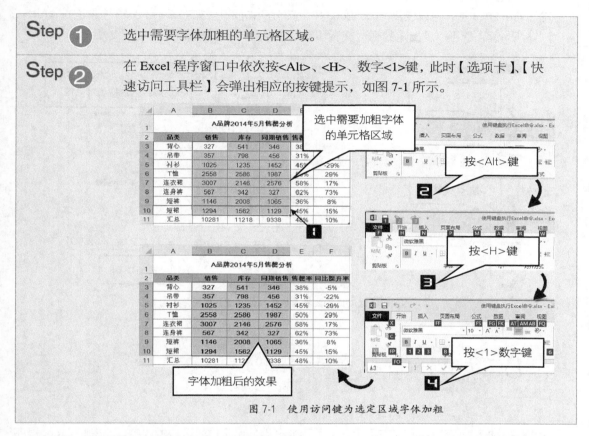

图 7-1   使用访问键为选定区域字体加粗

此外，选中需要字体加粗的单元格区域，按<Ctrl+B>组合键，也可以实现字体加粗效果。

提示！
【开始】选项卡的提示为<H>，按<H>键打开【开始】选项卡。此时【开始】选项卡中各命令弹出相应的按键提示。如果按<Esc>键，按键提示会返回刚按<Alt>键的状态，以便重新选择选项卡。访问键和功能区中的对象直接相关。以<Alt>键开始，根据功能区中的字母提示，再依次按相应的键，就可以执行目标命令。而组合键与功能区上的提示键没有关系。需同时按下几个特定的键，方能执行相应命令。更多的 Excel 组合键的用法，请参阅本书附录。

注意！
启动按键提示功能，除了使用<Alt>键外，也可以使用<F6>功能键或在单元格非编辑状态下按</>键。其区别在于：按<F6>功能键可循环激活程序窗口的各个窗口，所以只有当"功能区"窗格被激活时才会开启"按键提示"。

7.2　使用 Excel 2003 的访问键

在 Excel 2013 中，菜单与工具栏已经被功能区替代，如果用户是 Excel 2003 键盘操作的专家，一定很迫切地想知道是否还能使用 Excel 2003 的访问键。

在 Excel 2013 中，可以使用 Excel 2003 中大部分的访问键。如在 Excel 2013 中依次按<Alt>、<D>、<P>键，就可以调出【数据透视表和数据透视图向导】对话框，如图 7-2 所示。

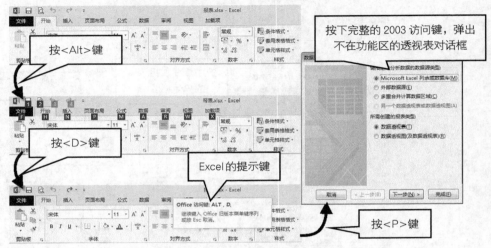

图 7-2　使用访问键调出【数据透视表和数据透视图向导】对话框

技巧8　调整功能区的显示方式

处理大数据时，有时候希望在显示器上尽可能多地显示工作表区域的内容，而忽略 Excel 程序界面中的其他部分，这时可以考虑使用以下几种方法调整功能区的显示方式。

8.1　隐藏功能区中的命令按钮

方法 1　双击 Excel 功能区中任意一个选项卡，即可隐藏功能区的命令按钮展示区。再次双击任意选项卡，则恢复显示命令按钮展示区。

方法 2　按<Ctrl+F1>组合键，实现功能区命令按钮的显示与隐藏。

方法 3　鼠标悬停在功能区任意选项卡，右击，在弹出的快捷菜单中选择【折叠功能区】命令。

方法 4　单击【折叠功能区】按钮，隐藏按钮展示区。如图 8-1 所示。

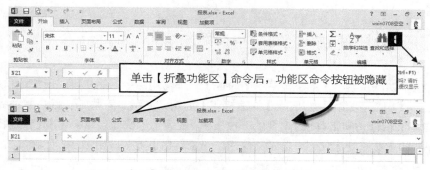

图 8-1　单击【折叠功能区】命令隐藏功能区命令按钮

8.2　隐藏整个功能区

依次单击【功能区显示选项】按钮→【自动隐藏功能区】命令，可以将 Excel 的整个功能区都隐藏起来，如图 8-2 所示。

图 8-2　隐藏整个功能区

此时鼠标单击标题栏将出现功能区，单击工作区时功能区将被隐藏。

此外，在【功能区显示选项】按钮中，还可以对功能区的【显示选项卡】、【显示选项卡和命令】进行设置。

技巧 9　自定义快速访问工具栏

【自定义快速访问工具栏】位于功能区上方，默认包含了【保存】、【撤消】和【恢复】3 个命令按钮。用户可以根据需要快速添加或删除其所包含的命令按钮。使用【自定义快速访问工具栏】可减少对功能区中命令的操作频率，提高常用命令的访问速度。下面介绍在【自定义快速访问工具栏】中添加/删除命令的几种常用方法。

9.1　在自定义快速访问工具栏中添加/删除内置命令

　　【自定义快速访问工具栏】的下拉菜单中内置了几项常用命令，用户可以便捷地添加到【自定义快速访问工具栏】，下面以添加/删除【快速打印】为例，演示如何添加/删除内置命令的方法。

　　单击【自定义快速访问工具栏】右侧的下拉按钮，在弹出的快捷菜单中单击【快速打印】命令，此时，【快速打印】按钮就添加到【自定义快速访问工具栏】上了，如图9-1所示。

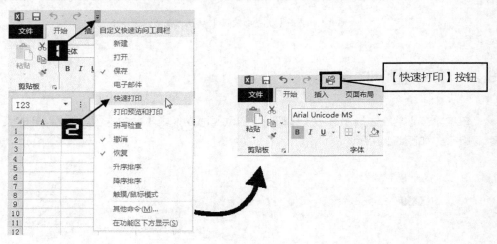

图9-1　在【快速访问工具栏】添加/删除内置命令

　　当需要在【自定义快速访问工具栏】上删除【快速打印】按钮时，可以再次进行以上操作。

9.2　通过快速访问自定义工具栏的"其他命令"添加/删除命令

　　除了预置的几项常用命令外，用户还可以使用【自定义快速访问工具栏】按钮下的【其他命令】，把不在功能区的命令添加到工具栏，将最常用的命令放在最顺手的地方。下面以添加【照相机】为例，介绍【其他命令】的用法。

Step ❶	单击【自定义快速访问工具栏】的下拉按钮，在弹出的快捷菜单中单击【其他命令】，弹出【自定义快速访问工具栏】对话框。
Step ❷	在左侧【从下列位置选择命令】下拉列表中选择【不在功能区中的命令】选项。
Step ❸	在命令列表中选中【照相机】选项，单击【添加】按钮，【照相机】命令即被添加到【自定义快速访问工具栏】中，如图9-2所示。
Step ❹	单击【确定】按钮关闭对话框，完成【照相机】按钮的添加。

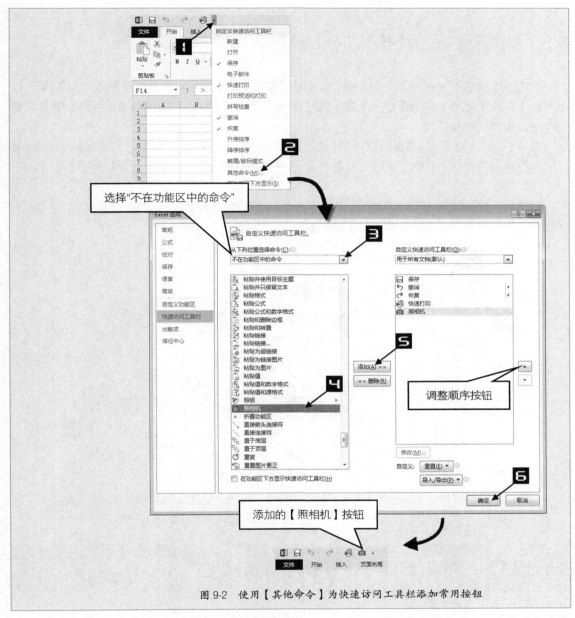

图 9-2　使用【其他命令】为快速访问工具栏添加常用按钮

　　要删除【自定义快速访问工具栏】上的命令按钮，可以参照以上步骤。在图 9-2 中的【自定义快速访问工具栏】命令列表中选中要删除的目标命令，单击【删除】→【确定】命令，关闭对话框，即可完成目标命令的删除。

　　在图 9-2 中单击【自定义快速访问工具栏】右侧的按钮，可以调整按钮在【自定义快速访问工具栏】中的排列顺序。

 注意　命令列表中的各命令是按照字母升序排列的，利用这一特点可以快速找到相应命令。

9.3   从其他位置为快速访问工具栏添加命令

功能区中的命令按钮、下拉列表中的命令甚至整个命令组都可以添加到【快速访问工具栏】。下面以【公式】选项卡中的【插入函数】按钮为例，演示向【自定义快速访问工具栏】中添加/删除功能区中命令的方法。

单击【公式】选项卡，将鼠标悬停在【插入函数】按钮上，右击，在弹出的快捷菜单中选择【添加到快速访问工具栏】命令，如图9-3所示，此时【插入函数】按钮即被添加到【快速访问工具栏】中。

若想从【自定义快速访问工具栏】中删除命令，只需将鼠标悬停在要删除的命令上，右击，在弹出的快捷菜单中选择【从快速访问工具栏删除】命令即可。

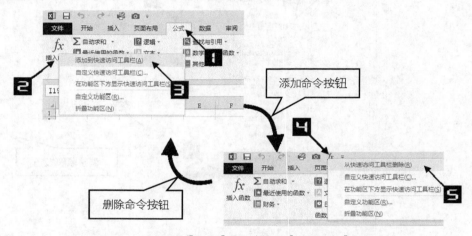

图 9-3　添加/删除【公式】选项卡中的【插入函数】按钮

通过以上几种方法，可以自定义快速访问工具栏，完成个性化工具栏的设置。

技巧10　移植自定义快速访问工具栏

用户设置好适合自己使用的快速访问工具栏之后，只能供自己使用，如果要在当前电脑的其他账户或其他电脑上也使用相同的配置，可以通过移植文件来实现。

编辑【自定义快速访问工具栏】后，Excel 程序会生成一个名为 Excel.officeUI 的文件，存放于用户配置文件夹中，在 Windows 7 操作系统中的路径通常为：

```
"C:\用户\Administrator\AppData\Local\Microsoft\OFFICE\"
```

将 Excel.officeUI 文件复制到另一台计算机对应的用户配置文件夹路径下，就实现了【自定义快速访问工具栏】配置从一台计算机到另一台计算机的移植。

将多个 Excel.officeUI 文件以不同的文件名存放于用户配置文件夹，将需要启动的【自定义快速访问工具栏】对应的配置文件重新命令为 Excel.officeUI，重启 Excel 程序后就启动了对应的【自定义快速访问工具栏】，这样就可以实现多个【自定义快速访问工具栏】之间的快速切换。

> Excel.officUI 文件中不仅包含快速访问工具栏的配置信息，还包括自定义功能区选项卡等用户信息，因此复制此文件会对整个用户界面产生影响。
>
> 在配置文件夹下删除 Excel.officeUI 文件，重新启动 Excel 程序可以恢复默认的快速访问工具栏和功能区选项卡等。

技巧 **11** 查看工作簿路径

Excel 标题栏中显示了活动工作簿的文件名，但并没有显示工作簿的存放路径。如果需要查看其存放路径，可以通过以下方式进行。

11.1 使用"文档属性"查看文件的路径

单击【文件】选项卡，在【信息】页面中单击【属性】→【显示文档面板】命令，此时 Excel【功能区】下方将显示【文档属性】窗格。当前工作簿的详细路径及文件名就显示在【文档属性】的【位置】文本框中，如图 11-1 所示。

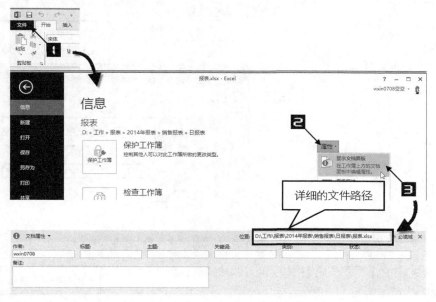

图 11-1　用"文档属性"查看文件路径

在【信息】页面中的报表下可以查看到该工作簿所存放的文件夹目录。

11.2 使用页面视图查看文档路径

Step ①	单击【视图】选项卡中的【页面布局】按钮，切换到"页面视图"状态下。
Step ②	单击【单击可添加页眉】，激活【页眉和页脚工具】选项卡，在【设计】选项卡中单击【文件路径】按钮。
Step ③	单击任意单元格，退出页眉设计状态，此时当前工作簿的保存路径就在页眉处显示，如图 11-2 所示。

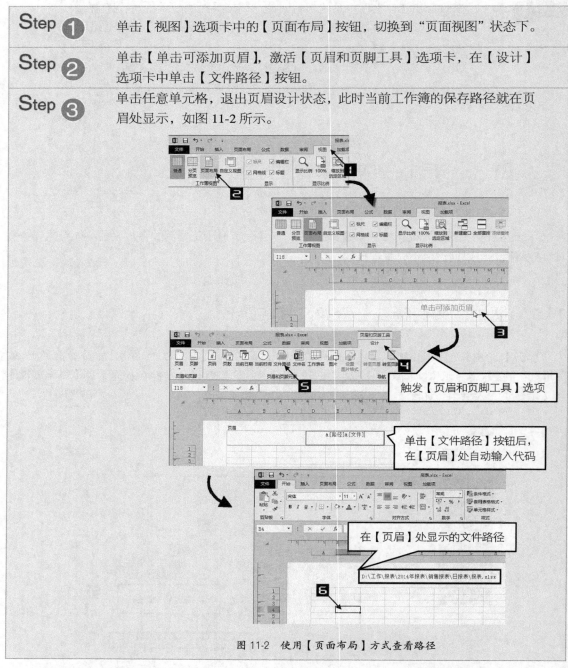

图 11-2　使用【页面布局】方式查看路径

单击状态栏中的【页面布局】按钮，也可以转换到【页面布局】视图状态，如图 11-3 所示。

图 11-3　状态栏中的【页面布局】按钮

11.3　使用信息函数查看文件路径

使用信息函数 CELL 同样可以查看当前工作簿的路径。在空白单元格中输入公式

```
=CELL("filename")
```

公式完成编辑按<Enter>键，即可返回当前工作簿的存储路径，如图 11-4 所示。

图 11-4　使用信息函数查看文件路径

技巧 **12**　自定义默认工作簿

12.1　启动 Excel 2013 时直接创建空白工作簿

启动 Excel 2013 时，默认会显示开始屏幕，开始屏幕左侧显示了最近使用的文档，右侧则显示了一些 Excel 模板文件，如图 12-1 所示。此时要新建一个空白工作簿，需要单击【空白工作簿】。每次启动 Excel 时，都需要新建一个空白工作簿，这样的操作稍显繁琐，如果一时用不上这些模板，希望启动 Excel 2013 时直接新建空白工作簿，可通过如下设置来跳过开始屏幕。

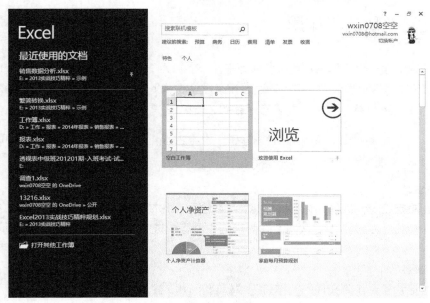

图 12-1　启动 Excel 显示的开始屏幕

Step ① 单击【文件】选项卡→【选项】命令。

Step ② 在弹出的【Excel 选项】对话框中找到【启动选项】，取消【此应用程序启动时显示开始屏幕】复选框的勾选。如图 12-2 所示。

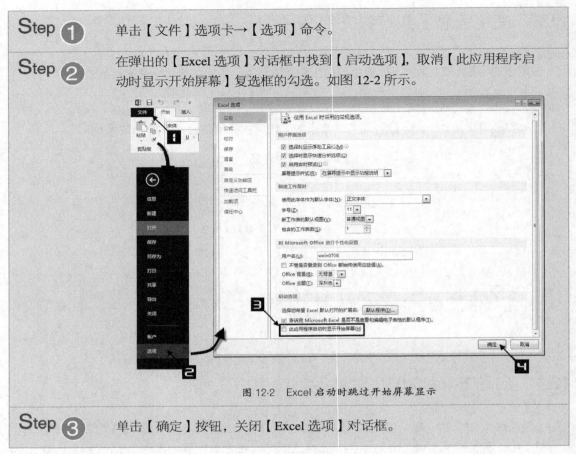

图 12-2　Excel 启动时跳过开始屏幕显示

Step ③ 单击【确定】按钮，关闭【Excel 选项】对话框。

再次启动 Excel 2013 时，将跳过开始屏幕，直接创建一个空白工作簿。

12.2　自定义默认工作簿

空白工作簿包含一个工作表，默认字体为宋体，字号为 11 号，行高和列宽分别为 13.5 和 8.38 等。如果需要经常修改这些设置，可以通过自定义默认工作簿的技巧来满足，方法是创建一个名为"工作簿.xltx"的 Excel 模板文件，并将它保存到 XLSTART 文件夹中。具体步骤如下。

Step　启动 Excel 程序，此时创建了一个空白工作簿，对该工作簿进行各种设置，例如文档主题、文档属性、页面设置等。

1. 文档主题
文档主题决定了工作簿的整体界面风格，可以根据工作需要设定适合的文档主题，在【页面布局】选项卡中单击【主题】下拉按钮，在弹出的主题库中选中对应的文档主题缩略图即可，如图 12-3 所示。

2. 文档属性
文档属性记录了工作簿文件的"作者"、"标题"、和"主题"等详细文档信息。

图 12-3　设置工作簿的文档主题

3. 页面设置

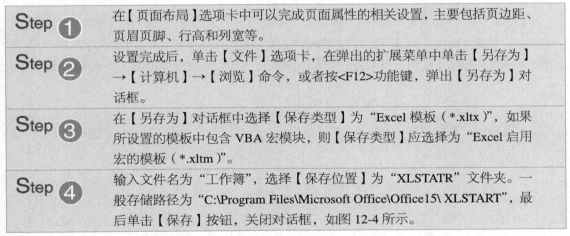

Step ①	在【页面布局】选项卡中可以完成页面属性的相关设置，主要包括页边距、页眉页脚、行高和列宽等。
Step ②	设置完成后，单击【文件】选项卡，在弹出的扩展菜单中单击【另存为】→【计算机】→【浏览】命令，或者按<F12>功能键，弹出【另存为】对话框。
Step ③	在【另存为】对话框中选择【保存类型】为 "Excel 模板（*.xltx）"，如果所设置的模板中包含 VBA 宏模块，则【保存类型】应选择为 "Excel 启用宏的模板（*.xltm）"。
Step ④	输入文件名为 "工作簿"，选择【保存位置】为 "XLSTATR" 文件夹。一般存储路径为 "C:\Program Files\Microsoft Office\Office15\ XLSTART"，最后单击【保存】按钮，关闭对话框，如图 12-4 所示。

设置完成后，每次启动 Excel 时，新建的空白工作簿或按<Ctrl+N>组合键创建的工作簿都将以刚创建的模板文件为蓝本。但是在该工作簿中插入新的工作表时，工作表还是保持最原始的设置状态，如果需要新建的工作表仍然具有该模板的特性，则需要创建一个名为 "sheet.xltx" 的 Excel 工作表模板文件，并将它保存到 "XLSTART" 文件夹中。自定义工作表模板的方法，请参阅技巧 13。

如果需要修改模板，可以先打开模板文件，修改后再重新保存到 "XLSTART" 文件夹。

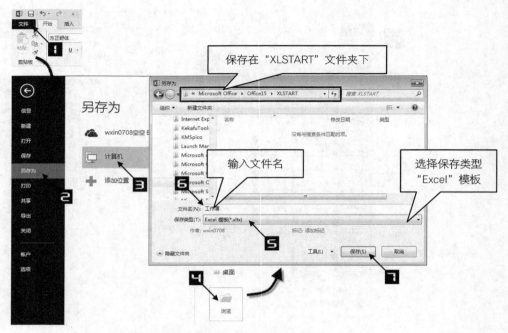

图 12-4　将当前工作簿保存为默认工作簿模板

> **注意**　直接双击模板文件打开的并不是模板文件本身，而是一个以它为蓝本的新工作簿文件。因此要修改模板，需要使用 Excel 的【打开】对话框来打开模板文件本身。
>
> 自定义默认工作簿后，Excel 选项中【新建工作簿】时的【包含工作表数】设置将会失效，只能通过修改"工作簿.xltx"模板中的工作表个数来改变。

　　如果希望某个新建工作簿不受这个模板影响，可以在 Excel 程序中单击【文件】选项卡，在弹出的扩展菜单中单击【新建】→【空白工作簿】命令，这样创建的新工作簿将不再受模板影响。

技巧 13　自定义默认工作表

　　Excel 除了可以自定义默认工作簿，还可以自定义默认工作表，自定义默认工作表后，新插入的工作表将以该工作表模板为蓝本创建。自定义默认工作表与自定义默认工作簿类似，将名为"sheet.xltx"的 Excel 模板文件保存到 XLSTART 文件夹中即可。具体步骤如下。

Step ①	新建一个工作簿，确保仅有一张工作表。
Step ②	对工作表进行相关设置，如行高、列宽、格式等。

Step ③　单击【文件】选项卡，在弹出的扩展菜单中单击【另存为】→【计算机】→【浏览】命令，或按<F12>功能键，打开【另存为】对话框，输入文件名为"sheet"，【保存类型】为"Excel 模板(*.xltx)"，选择路径为"C:\Program Files\Microsoft Office\Office15\XLSTART" 文件夹，如图 13-1 所示。

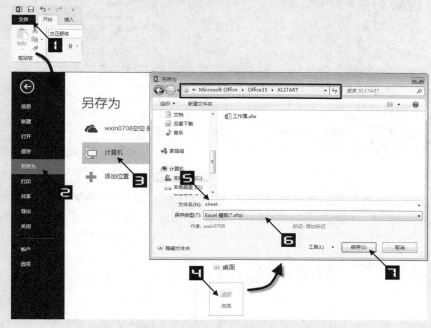

图 13-1　保存自定义工作表模板

Step ④　单击【保存】按钮，关闭对话框。

> **注意**　设置完成后，只要在工作簿中插入工作表，便是自定义的工作表样式。自定义的工作表模板并不会影响新建工作簿的工作表，因为新建工作簿时的工作表是由默认的工作簿决定的。

技巧 **14**　快速关闭多个工作簿并退出程序

　　同时打开多个 Excel 工作簿文件编辑，编辑结束时，要快速关闭多个工作簿并退出程序，在 Excel 2010 中，可以通过单击【文件】→【退出】命令实现。但在 Excel 2013 中，每个 Excel 工作簿都在一个独立的窗口中打开，单击【文件】选项卡后，弹出的扩展菜单中根本就找不到【退出】命令，而单击【文件】→【关闭】命令，只会关闭当前活动工作簿。

　　方法 1　只需将【退出】命令添加到快速访问工具栏即可。关于自定义快速访问工具栏的相关内容，请参阅技巧 9。

方法 2　按<Shift>键的同时单击 Excel 程序窗口右上角的程序关闭按钮，如图 14-1 所示。

图 14-1　Excel 程序关闭按钮

技巧 15　繁简转换不求人

使用 Excel 内置的繁简转换功能，可以快速实现简体中文和繁体中文之间的转换。使用该功能不仅可以对单元格区域进行繁简转换，也可以实现整个工作表甚至整个工作簿的转换。

15.1　加载"繁简转换"命令组

一般情况下，"繁简转换"命令组是默认加载的。单击【审阅】选项卡，如未看到"繁简转换"命令组，可对其进行加载，方法如下。

依次单击【开发工具】选项卡→【COM 加载项】，打开【COM 加载】对话框。勾选【Microsoft Chinese Conversion Addin】复选框，单击【确定】按钮完成加载，如图 15-1 所示。

调出【开发工具】选项卡的方法请参阅技巧 351.1。

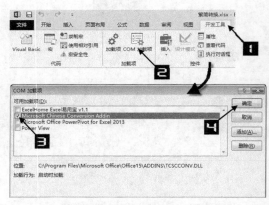

图 15-1　加载"繁简转化"命令组

15.2　转换单元格区域

Step ❶	选择需要转换的单元格区域，如 A3:A12，在【审阅】选项卡中单击【简转繁】按钮。
Step ❷	如果文件尚未保存，将弹出是否继续转换的询问框，单击【是】按钮完成转换，如图 15-2 所示。

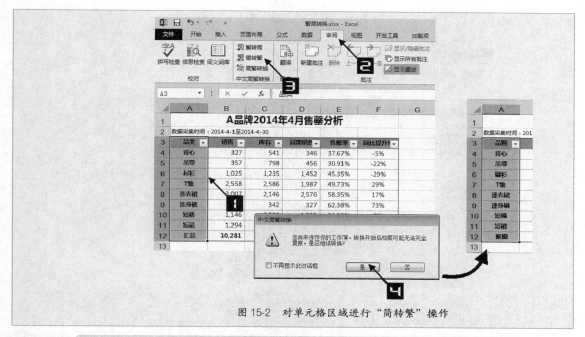

图 15-2　对单元格区域进行"简转繁"操作

> **注意** 　【繁转简】或【简转繁】命令执行后不可撤销，因此建议使用此功能前进行文件备份。

15.3　转换整张工作表

切换到待转换的工作表，单击工作表中任意一个单元格，然后在【审阅】选项卡中单击【简转繁】按钮，完成转换。

15.4　转换整个工作簿

先单击工作簿中的第一个工作表标签（如 Sheet1），按<Shift>键不放，再单击工作簿中最后一张工作表标签，选中所有工作表，然后再单击【审阅】选项卡中的【简转繁】按钮。

"繁转简"的操作可以按照相同的方法，只需在【审阅】选项卡中单击【繁转简】按钮即可。

> **注意** 　工作表中的名称和批注、工作簿中的宏代码，均不在转换范围之内。

15.5　自定义词典

单击【审阅】选项卡中的【简繁转换】按钮，在弹出的【中文简繁转换】对话框中单击【自定义词典】按钮，弹出【简体繁体自定义词典】对话框，如图 15-3 所示。用户可以在这个对话框中对词典进行维护。

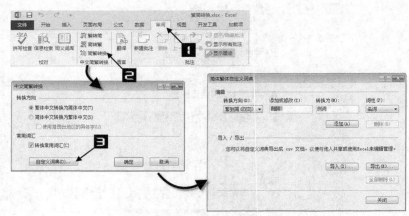

图 15-3　自定义词典

技巧 16　外语翻译助手

Excel 2013 内置了由微软公司提供的在线翻译功能，具备了多种外语词典的功能。它不仅可以实现单词翻译，也能进行简单的句子翻译。翻译单元格中的文本的具体步骤如下。

Step ❶	选中需要翻译的文本所在的单元格，单击【审阅】选项卡中的【翻译】命令，弹出【信息检索】窗格。
Step ❷	在【信息检索】窗格中选择待翻译的语言种类，再选择目标语言种类，即可在【信息检索】窗格下方出现翻译结果，如图 16-1 所示。

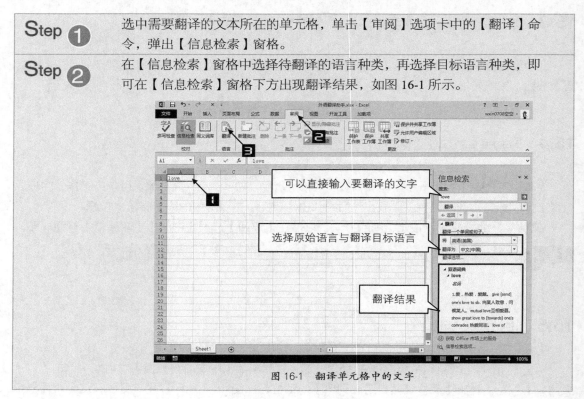

图 16-1　翻译单元格中的文字

使用翻译功能不仅可以将英文翻译成中文，或是将中文翻译成英文，而且可以自由地将一种语言翻译成另一种语言，只要在【翻译】窗格中进行原始语言与翻译目标语言的选择即可。

按<Alt>键的同时，单击【信息检索】窗格的关闭按钮，可关闭【信息检索】窗格。

 注意　要使用翻译功能，必须将计算机与互联网保持连接状态。

技巧 17　保护工作簿文件

如果 Excel 工作簿文件涉及公司内部机密或个人隐私，不希望他人查看文件的内容，可以设置打开权限密码，加密该文件，具体方法如下。

17.1　使用"用密码进行加密"保护工作簿

Step ❶ 依次单击【文件】选项卡→【信息】→【保护工作簿】→【用密码进行加密】命令。

Step ❷ 在弹出的【加密文档】对话框中输入密码，单击【确定】按钮。

Step ❸ 在【确认密码】对话框中再次输入密码，单击【确定】按钮，关闭对话框，如图 17-1 所示。

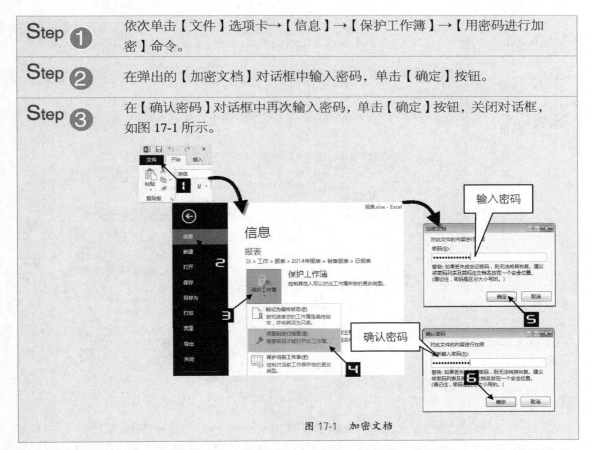

图 17-1　加密文档

经过加密的文档打开时，需要密码确认才能打开，如果密码输入错误，Excel 将禁止打开文件，如图 17-2 所示。

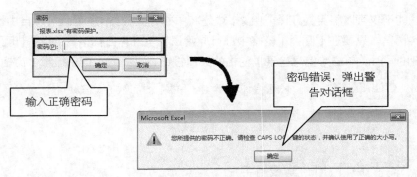

图 17-2　用密码进行加密的文档

17.2　设置"打开权限密码"

Step ❶	按<F12>功能键调出【另存为】对话框。
Step ❷	依次单击【工具】按钮→【常规选项】命令，弹出【常规选项】对话框。
Step ❸	在【打开权限密码】文本框中输入密码，单击【确定】按钮。
Step ❹	在【确认密码】对话框中重新输入密码，单击【确定】按钮，关闭对话框，完成设置。
Step ❺	单击【保存】按钮，保存工作簿文件并关闭【另存为】对话框，如图 17-3 所示。

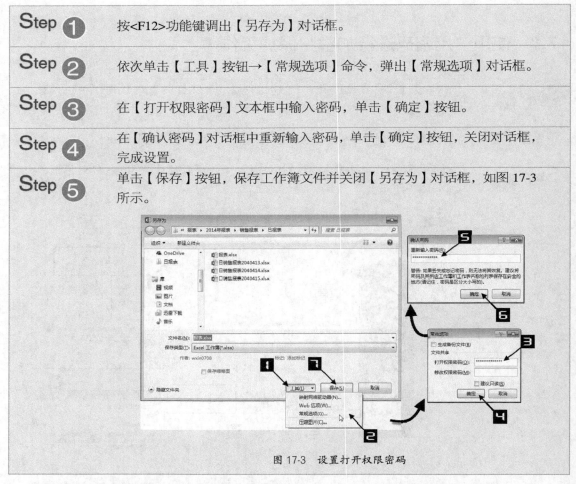

图 17-3　设置打开权限密码

　　设置"打开权限密码"后，未输入正确密码前，Excel 禁止用户打开该工作簿文件。

　　如果用户设置了【修改权限密码】，当要修改该文件时，还需正确输入【修改权限密码】，否则只能以【只读】方式打开该文件。

技巧 **18**　为工作簿 "减肥"

在长期使用过程中，Excel 工作簿会出现体积越来越大、响应越来越慢的情况，有时这些体积"臃肿"的工作簿文件里面却只有少量数据。造成 Excel 文件体积虚增的原因主要有以下几个方面。

18.1　工作表中存在大量的细小图形对象

工作表中存在大量的细小图形对象，那么文件体积就可能在用户毫不知情的情况下暴增，这是一种很常见的"Excel 肥胖症"。检查和处理工作表中大量图形对象方法如下。

1. 定位对象

Step 1　按<Ctrl+G>组合键或<F5>功能键，调出【定位】对话框。

Step 2　单击【定位条件】按钮，在弹出的【定位条件】对话框中选择【对象】选项按钮，单击【确定】按钮关闭对话框，如图 18-1 所示。

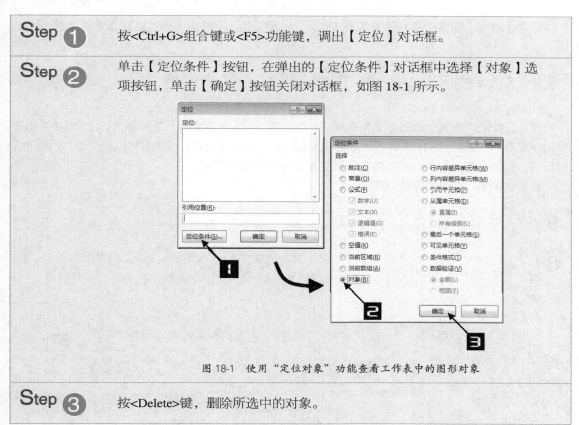

图 18-1　使用"定位对象"功能查看工作表中的图形对象

Step 3　按<Delete>键，删除所选中的对象。

如果在选中的对象中有需要保留的图形，则需要在删除前先保持<Ctrl>键按下，用鼠标单击需要保留的图形，然后再按下<Delete>键。

如果工作簿中有多张工作表，需要对每张工作表都进行上述操作。

2. 开启【选择】窗格

在【开始】选项卡中依次单击【查找和选择】→【选择窗格】命令，弹出【选择】窗格，如图 18-2 所示。

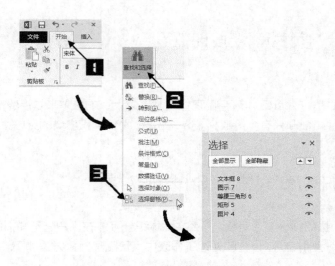

图 18-2　通过【选择】窗格查看图形对象

如果【选择】窗格中罗列了很多未知对象，说明工作簿文件因图形对象而虚增了体积。

18.2　较大的区域内设置了单元格格式和条件格式

当在工作表中设置大量的单元格格式或条件格式时，工作簿的体积也会增大。当工作表内的数据很少或没有数据，但工作表的滚动条滑块很短，并且拖动滑块向下或向右可以到达很大的行号或列标时，则说明有相当大一片区域被设置了单元格格式或条件格式。

针对这种情况，处理方法如下。

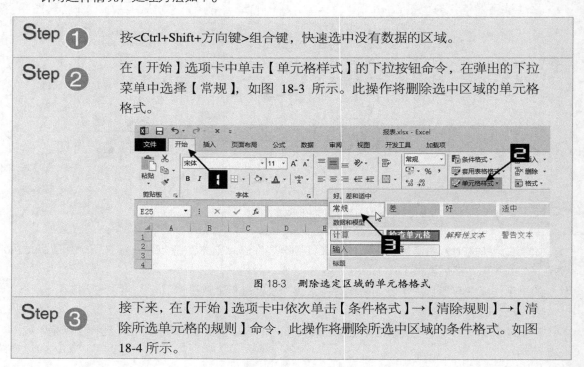

Step ①	按<Ctrl+Shift+方向键>组合键，快速选中没有数据的区域。
Step ②	在【开始】选项卡中单击【单元格样式】的下拉按钮命令，在弹出的下拉菜单中选择【常规】，如图 18-3 所示。此操作将删除选中区域的单元格格式。 图 18-3　删除选定区域的单元格格式
Step ③	接下来，在【开始】选项卡中依次单击【条件格式】→【清除规则】→【清除所选单元格的规则】命令，此操作将删除所选中区域的条件格式。如图 18-4 所示。

图 18-4 删除选定区域的条件格式

提示 ！
如果用户预先设置格式来满足日后增加数据的需要，可以选择整行或整列设置单元格式，而不是选定一部分区域进行设置，前者不会造成文件体积虚增，而后者会增加文件体积。

18.3 大量区域中包含数据验证

当工作表大量的单元格区域内设置了不必要的数据验证，也会造成文件体积增大，处理方法如下。

选中设置了多余数据验证的单元格区域，在【数据】选项卡中依次单击【数据验证】按钮→【数据验证】命令，弹出【数据验证】对话框，单击【全部清除】按钮，最后单击【确定】按钮关闭对话框，即可清除多余的数据验证，如图 18-5 所示。

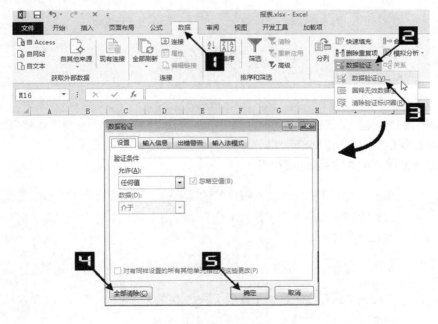

图 18-5 删除选定区域的数据验证

18.4　包含大量复杂公式

如果工作表中包含大量公式，而且每个公式又包含较多字符，那么文件体积巨大就在所难免。这种情况还往往伴随打开工作簿时程序响应迟钝的现象。这时就要对公式进行优化，尽量使用高效率的、能返回内存数组的数组公式，并使用多单元格公式输入方法，这样能大大提高计算效率，减少工作簿的体积。有关数组公式的相关内容，请参阅第 10 章。

18.5　工作表中含有大容量的图片元素

如果使用了较大容量的图片作为工作表的背景，或者把 BMP 和 TIFF 等大容量格式的图片插入到工作表中，也会造成文件体积增大。因此，当需要把图片素材添加到工作表中时，最好先对图片进行转换、压缩，比如转换为 JPG 等图片格式，再利用。

18.6　共享工作簿引起的体积虚增

很多长时间使用的共享工作簿文件体积也会有虚增的情况。由于多数人同时使用，产生了很多过程数据，这些数据被存放在工作簿中而没有及时清理。

对于这种情况，可以尝试取消共享工作簿，然后保存文件，通常就能起到恢复文件正常体积的效果。如果需要继续共享，再次开启共享工作簿功能即可。

技巧 19　修复受损的 Excel 文件

Excel 具备自动修复受损工作簿的功能。当 Excel 打开受损文件时，修复工作将自动执行。这个功能在很多时候很有效，可以修复大部分数据，但往往会丢失格式信息。

手动方式修复受损文件的具体步骤如下。

Step **1**	单击【文件】选项卡，在弹出的扩展菜单中单击【打开】命令，单击右下方的【恢复未保存的工作簿】命令，弹出【打开】对话框，选中需要修复的目标文件。
Step **2**	单击【打开】下拉按钮，在弹出的快捷菜单中选择【打开并修复】命令。
Step **3**	在弹出的对话框中单击【修复】按钮，关闭对话框，Excel 将在打开该工作簿文件时进行修复。

Step 4 修复完成后会弹出【修复到】对话框，单击【关闭】按钮关闭对话框，如图 19-1 所示，通过该对话框也可以查看修复的详细内容。

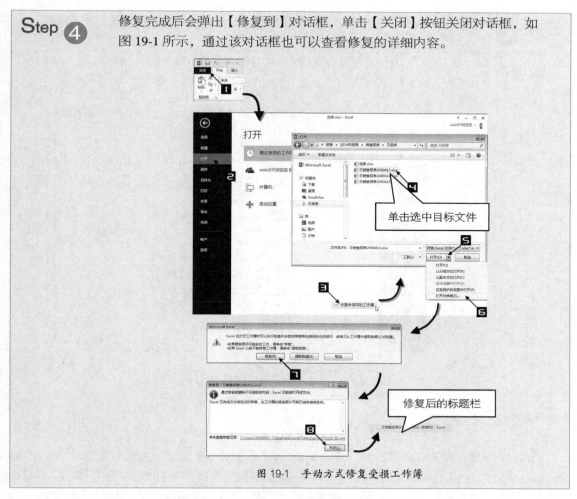

图 19-1 手动方式修复受损工作簿

修复完成后，标题栏工作簿名称后面会有"修复的"字样。

19.1 利用专业的修复软件

如果 Excel 自带的修复工具不能修复，则需要借助专业的修复软件，这里推荐两款。
Recover for Excel，下载地址：http://www.officerecovery.com/excel/。
EasyRecover，下载地址：http://www.ontrack.com/filerepair。
以上两个专业修复软件为商业软件，非注册版本只提供了有限的功能。

19.2 设置自动保存时间

用户可以调整 Excel 自动保存的时间间隔，以防止 Excel 意外退出时工作簿尚未保存所带来的损失。

Step ①	单击【文件】选项卡→【选项】命令，在弹出的【Excel 选项】对话框中单击【保存】选项卡。
Step ②	在【保存自动恢复信息时间间隔】中设置合适的时间，如图 19-2 所示。本例设置为 10 分钟，那么 Excel 将每隔 10 分钟自动保存一次。

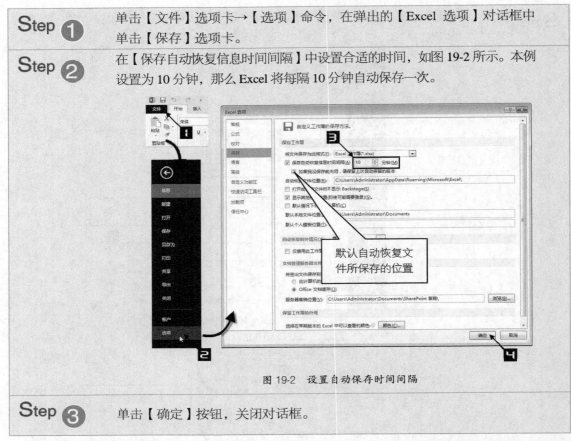

图 19-2　设置自动保存时间间隔

Step ③	单击【确定】按钮，关闭对话框。

　　通过以上设置，即使编辑工作簿时一直不进行"保存"操作，Excel 也会根据设置的时间间隔自动保存工作簿文件。当工作簿意外退出时，Excel 将自动以最近一次自动保存时的内容进行恢复，并且将恢复的工作簿文件保存在【自动恢复文件位置】所指定的路径下，该路径可根据需要自行更改。

> **注意**　如果在编辑过程中手动执行了"保存"操作，则之前的自动保存文件会被删除。因此不要过于依赖自动保存。对于重要的文件，应该及时备份并多做备份。

技巧 20　另存为 PDF 文档

　　PDF 全称为 Portable Document Format，是由 Adobe 公司设计开发的文件格式，主要特点如下。

（1）PDF 文档能在大多数计算机上打开时拥有相同的外观。

（2）以较小的文件体积存储，却能最大程度地还原源文件。

（3）文件中的内容不容易被修改。

　　现在，PDF 已经成为世界上安全可靠的分发和交互电子文档与表单的标准。Excel 支持工作簿另存为 PDF 格式，以便获得良好的交互性与文档安全性。操作方法如下。

打开【另存为】对话框，在【另存为】对话框中选择【保存类型】为【PDF】，单击【保存】按钮，即可得到 PDF 文档，如图 20-1 所示。

单击【文件】选项卡，在弹出的扩展菜单中单击【导出】→【创建 PDF/XPS 文档】命令，也可以将文档另存为 PDF 格式。

默认状态下，将 Excel 工作簿另存为 PDF 格式时，只针对当前活动工作表的内容。如果希望将整个工作簿另存为 PDF 格式，需要在【另存为】对话框中单击【选项】按钮，在弹出的【选项】对话框中进行相应的设置，如图 20-2 所示。

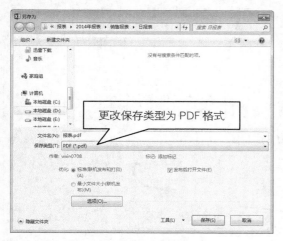

图 20-1　另存为 PDF 文件格式

图 20-2　设置更多的 PDF 发布选项

 　另存为 PDF 格式的工作簿，将无法再转换为 Excel 文件格式，除非使用专业软件。

技巧 21　快速合并和拆分多个工作簿数据

21.1　快速合并多个工作簿数据

为了便于集中管理，有时需要将多个工作簿中的数据合并到一个工作簿中，如某公司每月的销售数据分别存放在一个工作簿中，如图 21-1 所示。现需要将其 2014 年第一季度 1 月至 3 月的销售数据汇总到一张工作簿，操作方法如下。

图 21-1　需要合并的工作簿数据

　在【易用宝】选项卡中依次单击【工作簿管理】→【合并工作簿】命令。

Step ②	在弹出的【易用宝-合并工作簿】对话框中选择需要合并的工作簿所在路径。此时【可选工作簿】列表框中将显示该路径下所有非隐藏工作簿。
Step ③	在【可选工作簿】列表框中将要合并的工作簿移至【待合并工作簿】列表框中。
Step ④	对工作簿中存在的"空工作表"、"隐藏工作表"、"同名工作表"进行相应设置，最后单击【合并】按钮，如图 21-2 所示。

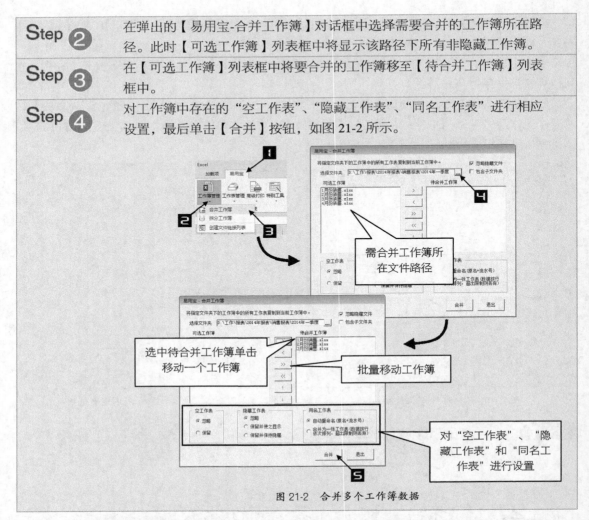

图 21-2　合并多个工作簿数据

此时，所需合并的多工作簿中的多个工作表将合并到一个新的工作簿中，如图 21-3 所示。

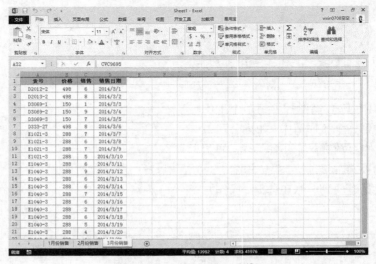

图 21-3　合并后的新工作簿

21.2　快速拆分工作簿

　　为了便于文件分发与交互，有时候需要将一个工作簿中的多个工作表拆分为多个独立的新工作簿，然后将它们分发给相关的部门或人员。下面以拆分某公司的客户订单为例，演示如何拆分工作簿，操作步骤如下。

Step ❶	打开需要拆分的工作簿文件。
Step ❷	在【易用宝】选项卡中依次单击【工作簿管理】→【拆分工作簿】命令。
Step ❸	在弹出的【易用宝-拆分工作簿】对话框中设置拆分后新工作簿存放的路径。
Step ❹	将【可选工作表】列表框中的工作表移动至【待拆分工作表】窗格中。
Step ❺	在【拆分选项】中对"隐藏工作表"、"空工作表"和"同名工作表"进行相应设置，单击【拆分】按钮完成拆分，如图 21-4 所示。

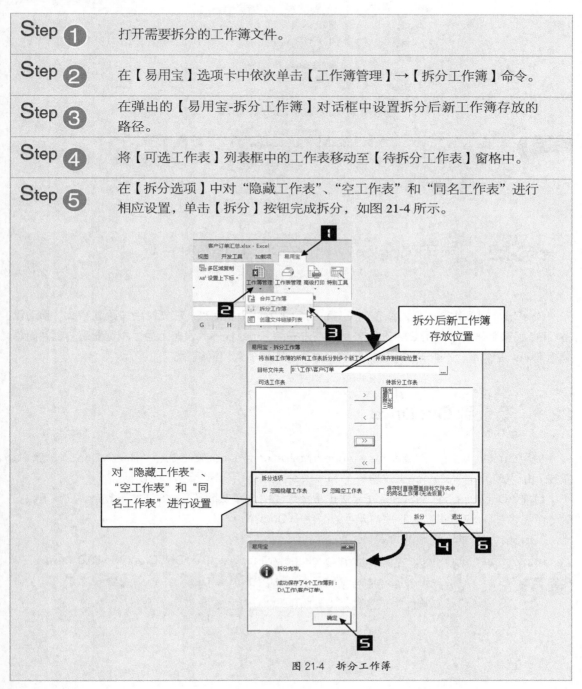

图 21-4　拆分工作簿

Step 6　弹出的拆分完毕提示框中显示了拆分后工作簿存放的文件夹。单击【确定】按钮，单击【退出】按钮，关闭【易用宝-拆分工作簿】对话框。

此时，目标文件夹下将生成新的工作簿。每个客户对应一张独立的电子订单，如图 21-5 所示。

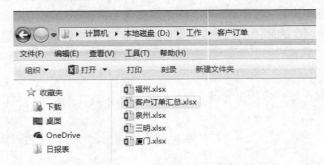

图 21-5　拆分后生成的新工作簿

注意！　当【忽略空工作表】复选框被勾选后，拆分工作簿将只对内容不为空的工作表进行拆分，即【可选工作表】列表框中仅显示有内容的工作表。

技巧 22　使用 OneDrive 保存并编辑工作簿

OneDrive 是微软新一代网络存储工具，由 SkyDrive 更名而来。它支持用户通过 Web、移动设备、PC 端等来访问。使用 OneDrive，可以在未安装 Excel 程序的设备上通过浏览器来查看并简单编辑 Excel 工作簿，还能与他人轻松共享工作簿，实现多人协同编辑。

22.1　登录到 OneDrive

使用 OneDrive 之前，需要在 https://onedrive.live.com/about/zh-cn/ 上注册一个 OneDrive 账户，或在 https://signup.live.com/ 上注册一个 Microsoft 账户，用于登录到 OneDrive。

目前，OneDrive 因 DNS 污染而无法正常登录使用，解决此问题的方法并不复杂，只需下载安装一个名为 "DNSCrypt" 的软件，即可继续使用 OneDrive。

"DNSCrypt" 的下载地址如下。

http://shared.opendns.com/dnscrypt/packages/windows-client/DNSCryptWin-v0.0.4.exe

　部分用户安装完成后需要重新启动计算机方可生效。用户的网速也将是影响能否正常登录 OneDrive 的因素之一。

22.2　将工作簿保存到 OneDrive

登录到 OneDriver 后，用户可以快捷地将工作簿保存到 OneDrive 上，方法如下。

单击【上传】命令，弹出【选择要加载的文件】对话框，定位到目标文件夹下，选择需要上传的工作簿，单击【打开】按钮，如图 22-1 所示。

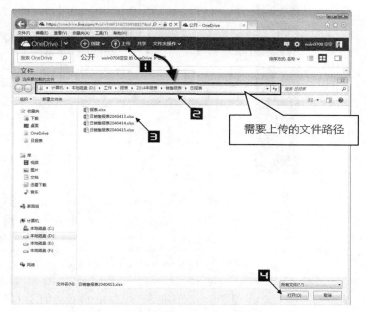

图 22-1　在 OneDrive 中上传工作簿文件

已经打开的工作簿文件同样可以方便地保存到 OneDrive 中，步骤如下。

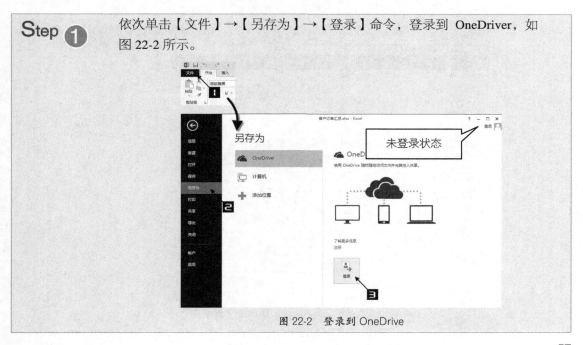

图 22-2　登录到 OneDrive

Step ② 扩展菜单右侧将显示 OneDrive 上的【最近访问的文件夹】，用户可以直接单击目标文件夹进行保存，也可以单击【浏览】命令，弹出【另存为】对话框，如图 22-3 所示。

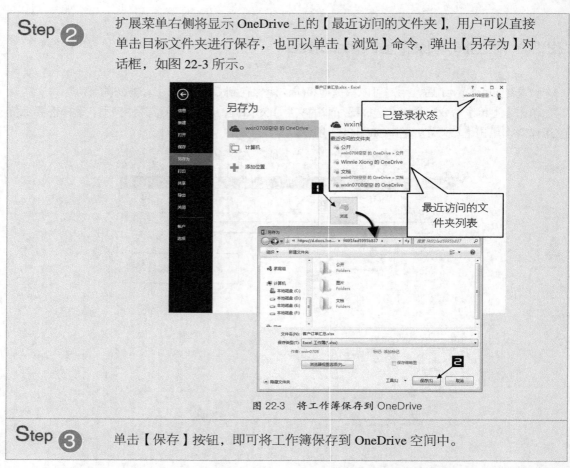

图 22-3　将工作簿保存到 OneDrive

Step ③ 单击【保存】按钮，即可将工作簿保存到 OneDrive 空间中。

保存完毕后，用户登录到 Microsoft OneDrive，即可在浏览器中看到网页文件夹中的工作簿。单击工作簿，将在 OneDrive 中打开该工作簿文件。如图 22-4 所示。

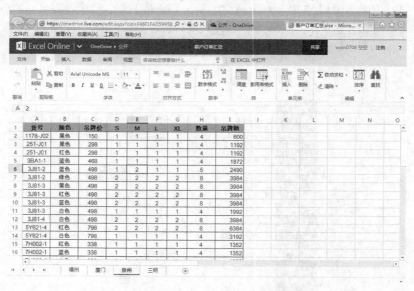

图 22-4　使用浏览器在 Excel Online 中查看工作簿

Microsoft OneDrive 是微软公司推出的免费服务，该服务允许用户上传文件到微软的网络服务器，并借助浏览器来浏览和使用这些文件。

22.3   使用 Excel Online 编辑工作簿

在 OneDrive 上，除了可以查看工作簿，还可以编辑工作簿，并可以使用 Excel 的一些常用功能。

在 OneDrive 中，选中目标文件，右击，在弹出的快捷菜单中可以看到【在 Excel 中打开】和【使用 Excel Online 打开】，根据需要选择在 Excel Online 中编辑或在本机的 Excel 程序中进行完全编辑，如图 22-5 所示。

图 22-5   在右键快捷菜单中选择打开方式

使用浏览器打开工作簿时，单击顶端工具栏上的【编辑工作簿】，在弹出的下拉菜单中有【在 Excel 中编辑】和【在 Excel Online 中编辑】两个选项，如图 22-6 所示。

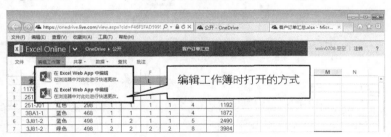

图 22-6   选择以何种方式编辑工作簿

单击【在 Excel Online 中编辑】选项后，工作簿顶端将出现类似 Excel 功能区的命令按钮，如图 22-7 所示。

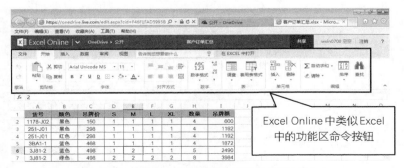

图 22-7   在 Excel Oneline 中类似 Excel 功能区的命令

Excel Online 提供了复制、粘贴、格式设置、排序和筛选等常用功能，同时也可以进行函数和图表的插入。使用 Excel Online 进行编辑时，所有更改将直接自动保存在工作簿中。

22.4　在 OneDrive 实现多人协同编辑工作簿

Excel Online 可实现多人协同编辑。只要对文件有编辑权限，无论该文件是否正在被他人编辑，用户都可以对工作簿进行修改。具体方法如下。

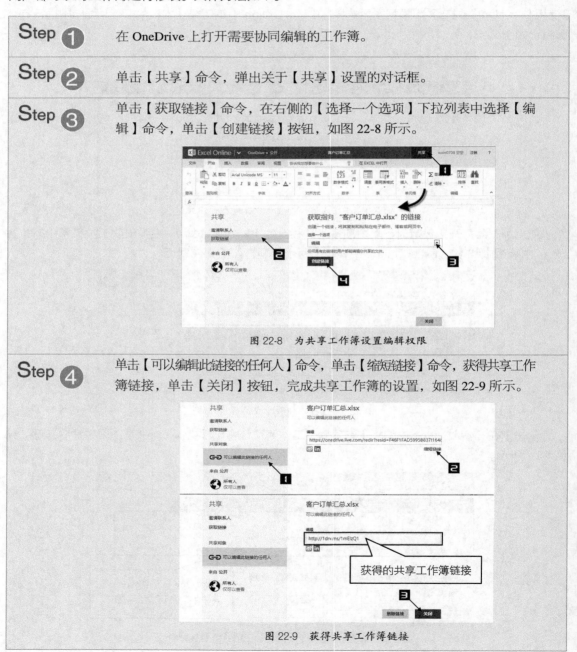

Step ❶	在 OneDrive 上打开需要协同编辑的工作簿。
Step ❷	单击【共享】命令，弹出关于【共享】设置的对话框。
Step ❸	单击【获取链接】命令，在右侧的【选择一个选项】下拉列表中选择【编辑】命令，单击【创建链接】按钮，如图 22-8 所示。

图 22-8　为共享工作簿设置编辑权限

Step ❹	单击【可以编辑此链接的任何人】命令，单击【缩短链接】命令，获得共享工作簿链接，单击【关闭】按钮，完成共享工作簿的设置，如图 22-9 所示。

获得的共享工作簿链接

图 22-9　获得共享工作簿链接

将获得的工作簿链接分发给需要协同工作的用户，用户不需要登录 OneDrive，即可在浏览器中打开该工作簿，此时 Excel Online 的右上角将显示正在编辑该工作簿的用户信息，如图 22-10 所示。

协同编辑时，每个用户都可以看到其他人的修改内容，这样可以减少协作者之间的修改冲突，当两个人同时修改了同一个单元格的内容时，服务器将根据提交时间来判定，以最后提交时间的内容为准。

图 22-10　协同编辑下的工作簿

技巧 23　快速创建在线调查表

在日常工作中，用户经常会接触到各类调查表，如员工满意度调查表、产品试销调查表等。传统的调查表不仅在分发执行时耗费大量的人力物力，后期统计的工作量也不容小觑。在高速发展的互联网时代，通过 OneDrive 不仅可以便捷、快速地创建在线调查表，还可以实时、高效地得到统计结果。以创建员工满意度调查表为例，操作步骤如下。

Step ①	登录到 OneDrive。
Step ②	依次单击【创建】→【Excel 调查】命令。
Step ③	在弹出的【编辑调查】对话框中输入调查标题、调查说明，在【编辑问题】窗格设置问题，【响应类型】可以根据需要修改。例如修改为【选择】，输入【选择】的内容，最后单击【完成】按钮完成问题的设置，单击【添加问题】按钮，继续编辑调查表下一项内容，如图 23-1 所示。

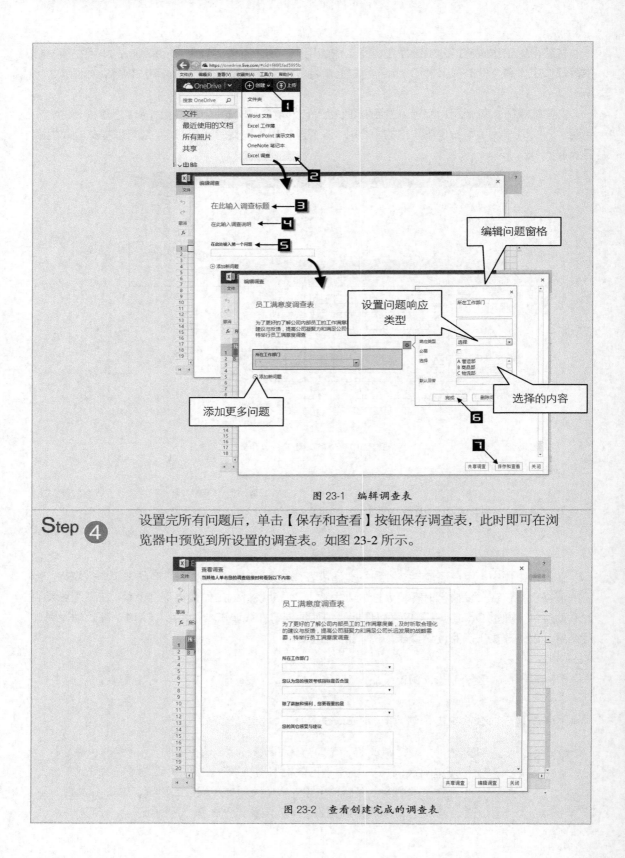

图 23-1 编辑调查表

Step ④ 设置完所有问题后，单击【保存和查看】按钮保存调查表，此时即可在浏览器中预览到所设置的调查表。如图 23-2 所示。

图 23-2 查看创建完成的调查表

Step 5　单击【共享调查】→【创建链接】→【缩短链接】命令，如图 23-3 所示。

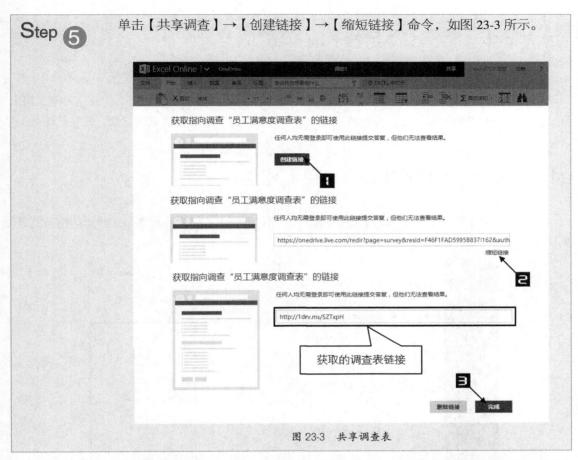

图 23-3　共享调查表

此时，处于联网状态的任何用户都可以使用电脑或移动设备，通过该链接完成调查表的填写，且无需登录 OneDrive。提交调查表后，所填信息将实时迅速地写入 Excel 中，如图 23-4 所示。

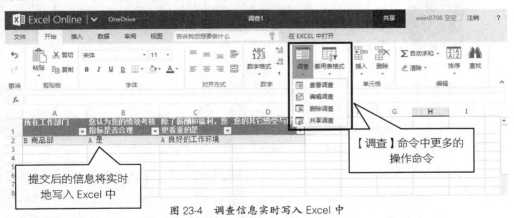

图 23-4　调查信息实时写入 Excel 中

技巧**24** 检查工作簿中的私密信息

Excel 文件除了包含工作表中的数据外，还包含很多其他信息，如标题、类别、作者等。如果用户要把一个文件传给其他人，可能需要在发出前对工作簿的私密信息进行检查，并将其删除。

24.1　使用"文档检查器"清除私密信息

单击【文件】选项卡→【信息】命令，在弹出的扩展菜单右侧会显示很多工作簿的相关信息，如图 24-1 所示。

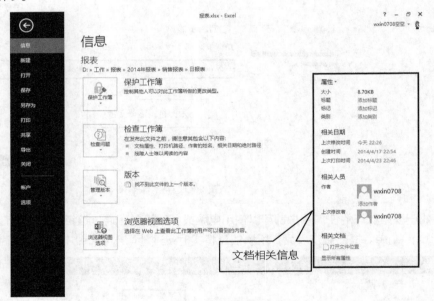

图 24-1　文档相关信息

图 24-1 中的一部分信息是只读的，例如文件大小、创建时间和上次修改时间等，另一部分信息是可编辑的，例如标题、类别、作者等。这些信息可以描述文件特征，在公司内部进行文件交互时，详细的文件特征描述将帮助用户快速了解该文件的情况。如果工作簿文件进行外部交互时，以上内容可能会泄露私密信息，应及时检查并删除。具体方如下。

Step **①**	单击【文件】选项卡，在弹出的扩展菜单中单击【检查问题】→【检查文档】命令，此时将执行"检查文档"功能。如果执行此功能前对工作簿做过修改但未保存，则会弹出对话框，询问是否需要保存，单击【是】按钮，指定存储路径即可。
Step **②**	在弹出的【文档检查器】对话框中默认进行全部检查，也可以根据需要进行选择，如图 24-2 所示。单击【检查】按钮即可进行检查。

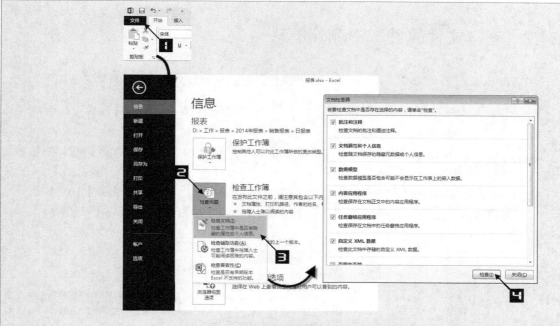

图 24-2　使用文档检查器检查私密信息

Step ③　检查完成后，在【文档检查器】对话框中显示检查结果，如果用户确认该检查结果内容需要删除，单击该项右侧的【全部删除】按钮即可，最后单击【关闭】按钮，如图 24-3 所示。

图 24-3　清除私密信息

 "全部删除"将一次删除该项中的所有文档信息，删除后无法撤销。

24.2　在"文件属性"中删除信息

在 Windows 7 操作系统下，可以在"文件属性"中删除部分文件信息，具体方法如下。

Step ①	右击需要清除信息的目标文件，在弹出的快捷菜单中选择【属性】命令，弹出【属性】对话框。
Step ②	单击【属性】对话框中的【详细信息】选项卡，再单击下方的【删除属性和个人信息】命令。
Step ③	在弹出的【删除属性】对话框中单击【从此文件中删除以下属性】单选按钮，选中要删除的信息，或者单击【全选】按钮选中全部信息，如图 24-4 所示。

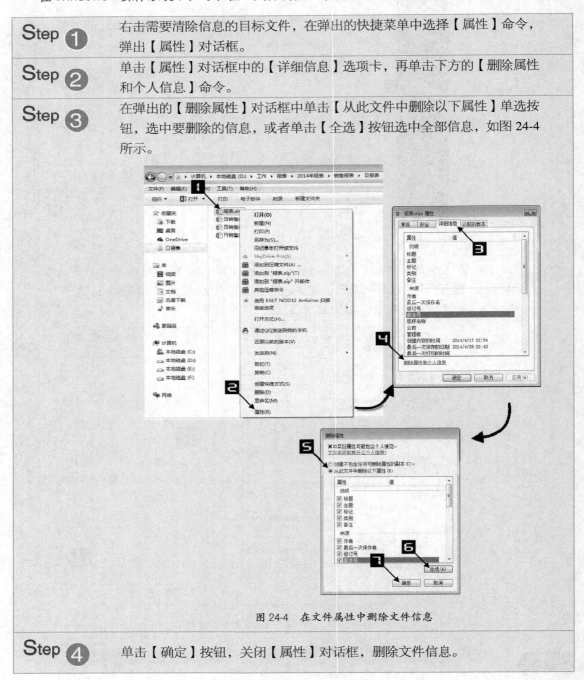

图 24-4　在文件属性中删除文件信息

Step ④	单击【确定】按钮，关闭【属性】对话框，删除文件信息。

第 2 章　数据录入与导入

本章介绍在 Excel 中录入各种类型的数据以及将外部数据源导入到 Excel 中。

合理正确地录入数据，对后续的数据处理与分析尤为重要，掌握科学的操作方法和技巧，可以有效提高工作效率，使枯燥、烦琐的数据录入工作变得简单易行。

Excel 为 Web、文本文件、数据库文件等不同类型的数据源提供了导入接口，用户可以将外部数据导入到 Excel，然后在 Excel 中使用熟悉的工具进行分析处理。

本章学习重点如下：

1. 各种类型数据的录入方法与技巧
2. 外部数据源的导入方法
3. 快速对比两份报表的差异

技巧 **25**　控制单元格指针

默认情况下，在工作表中输入数据并按<Enter>键后，单元格指针就会向下移动一个单元格，并且该单元格被自动激活，以便继续输入数据。

由于用户的操作习惯有所不同，不是所有人都希望从上向下输入数据，有的人希望从左向右输入数据，或者需要临时控制单元格指针移动的方向，因此需要控制单元格指针，下面就分别加以介绍。

25.1　通过 Excel 选项控制单元格指针

如果习惯从左向右输入数据，可以通过 Excel 选项控制单元格指针默认移动的方向，具体操作如下。

Step ❶	单击【文件】选项卡→【选项】命令，打开【Excel 选项】对话框。
Step ❷	单击【高级】选项卡，在右侧区域中默认【按 Enter 键后移动所选内容】复选框为勾选状态，单击【方向】下拉按钮，在弹出的下拉菜单中选择【向右】命令，如图 25-1 所示。

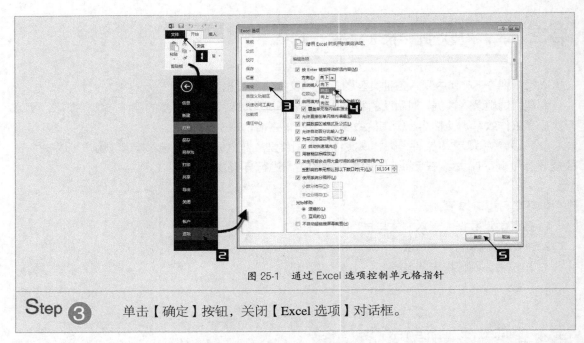

图 25-1　通过 Excel 选项控制单元格指针

Step ③　　单击【确定】按钮，关闭【Excel 选项】对话框。

此后，按<Enter>键，单元格指针会以设置的方向向右移动，即可以从左向右输入数据。如果取消勾选【按 Enter 键后移动所选内容】复选框，则输入数据后按<Enter>键，单元格指针将不会移动。

25.2　通过键盘临时控制单元格指针

可以使用键盘临时控制单元格的移动方向。

一种方法是用方向键代替<Enter>键，这种方式在频繁使用时会影响输入效率。

另一种方法是使用<Shift>键和<Tab>键。默认情况下，按<Enter>键单元格指针向下移动，按<Tab>键单元格指针向右移动，如果按<Shift>键的同时再按<Enter>键或<Tab>键，则能控制单元格指针向上或向左移动，从而灵活控制单元格指针向 4 个方向移动。与方向键相比，这种方法非常适合双手操作，效率更高。

<Shift>键配合键盘命令往往能开启一个新的功能，最简单的输入大写字母就是一个例子，记住这一点往往能发现新的功能。

技巧 **26**　在单元格区域中遍历单元格

当需要在一个矩形区域内录入数据时，通常的操作方式是在当前单元格中输入数据，然后按<Enter>键或左右方向键移动单元格指针，在新的活动单元格中继续录入数据，直到录完矩形区域的一行或一列，然后用鼠标定位新一行或一列继续录入，直到录完整个矩形区域。这种方法在键盘与鼠标之间不断切换，很不方便。下面介绍两种较为方便的方法。

方法 1　使用<Tab>键横向移动单元格指针，录完一行按<Enter>键，直接切换到下一行的左起单元格，如图 26-1 所示。

图 26-1　<Tab>键与<Enter>键配合使用

这比使用方向键移动单元格指针，录完一行按<Enter>键，单元格指针移动到下一个单元格要智能得多。

方法 2　先选定需要录入数据的矩形区域，然后按<Tab>键进行从左到右，从上到下的控制单元格指针，在整个区域内进行遍历；或者按<Enter>键进行从上到下，从右到左的控制单元格指针进行遍历，如图 26-2 所示。

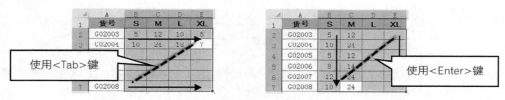

图 26-2　选定区域内<Tab>键和<Enter>键的不同遍历路径

这样只要按一个键就可以实现在单元格区域中的遍历，并且可以交叉使用<Tab>键和<Enter>键，以便更灵活地控制单元格指针。

当鼠标指针移动到单元格区域中的最后一个单元格时，继续按<Tab>键或<Enter>键，就会得到相反的遍历路径。如果按<Shift+Enter>组合键进行遍历，其遍历方向为：从下到上，向左换列，再从下到上。

技巧 27　查看大表格的技巧

在实际工作中，经常会遇到较大的数据表格，然而屏幕大小是有限的，通过拖动滚动条来查看屏幕以外的数据时，标题行或标题列又会被移到屏幕外，这给数据处理工作带来极大的不便。下面介绍两种方法来快速解决这个问题。

27.1　使用【冻结拆分窗格】功能

如图 27-1 所示，当拖动滚动条时，如果用户想让标题行、"款号"和"颜色"字段保持可见，可以通过下面的步骤实现。

Step ① 选中 C2 单元格，使其成为当前活动单元格。

Step ② 在【视图】选项卡中依次单击【冻结窗格】→【冻结拆分窗格】命令，如图 27-1 所示。此时，无论如何拖动工作表的滚动条，标题行和"款号"和"颜色"字段始终处于可见状态。

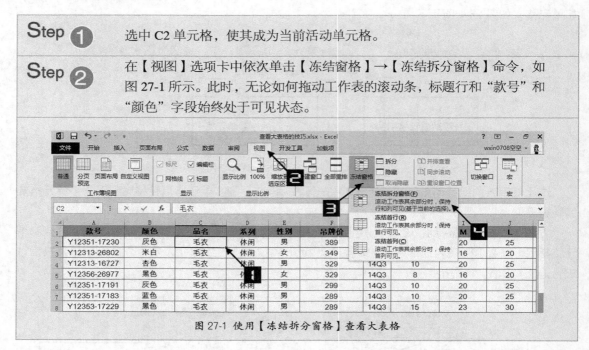

图 27-1 使用【冻结拆分窗格】查看大表格

执行【冻结拆分窗格】命令后，工作表窗口被分割成 4 个区域，其拆分的依据是根据当前活动单元格的位置，即以当前活动单元格的左边框和上边框为基准，对窗口进行分割。

如果要取消冻结窗格，可以在【视图】选项卡中依次单击【冻结窗格】→【取消冻结窗格】命令。

使用【冻结拆分窗格】功能的方式比较简单，分割后的界面也很清晰，但是有一个缺陷，比如需要固定显示的列本身处于屏幕很右侧时，分割后右侧可滚动的区域就会很狭窄，不便于浏览。尤其是当该列处于屏幕以外时，需要先拖动滚动条，将左侧的列移出屏幕后再冻结窗格，这时左侧移出的列将无法被浏览到了。

27.2　使用【拆分】功能

仍以保留标题行和"款号"和"颜色"字段来讲解【拆分】功能。

Step ① 选中 C5 单元格，使其成为当前活动单元格。

Step ② 单击【视图】选项卡中的【拆分】按钮，如图 27-2 所示。

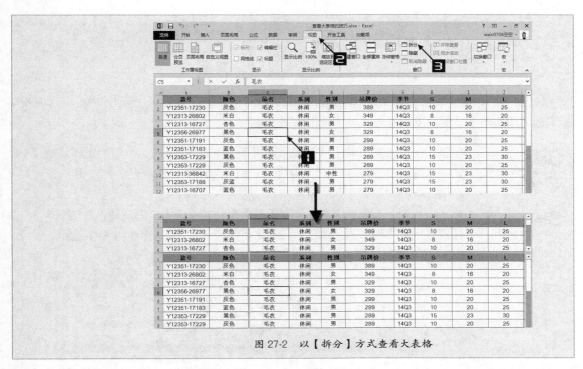

图 27-2   以【拆分】方式查看大表格

此时，工作表窗口将以 C5 单元格的左边框和上边框为基准拆分为 4 个窗口，每个窗口都可以通过滚动条灵活控制，以浏览不同的区域，这是比"冻结拆分窗格"方式优越的地方，但拆分后的界面略显复杂。

使用"冻结拆分窗格"方式和"拆分"方式的关键是选择合适的单元格作为当前活动单元格。窗口的分割和窗口的拆分都是以当前活动单元格的左边框和上边框为基准的。图 27-3 展示了 3 种基本的情况，将帮助用户更好地掌握"冻结拆分窗格"和"拆分"功能。

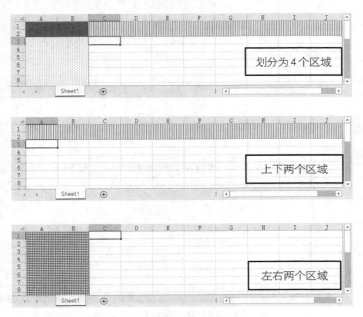

图 27-3   当前活动单元格对窗口划分的影响

技巧 28　多窗口协同工作

Excel 允许以多种模式查看和处理数据，使用【拆分】功能既可以同屏查看工作表的不同部分，也可以同屏查看工作簿的不同部分。具体操作如下。

Step ①	单击【视图】选项卡中的【新建窗口】命令，Excel 将为当前的工作簿新建一个窗口，在 Excel 标题栏中查看工作簿名称，将显示为以":1"和":2"结尾，以此来标识不同的窗口。
Step ②	单击【视图】选项卡中的【全部重排】命令，弹出【全部重排】对话框，选择【水平并排】单选按钮，勾选【当前活动工作簿的窗口】的复选框，如图 28-1 所示。

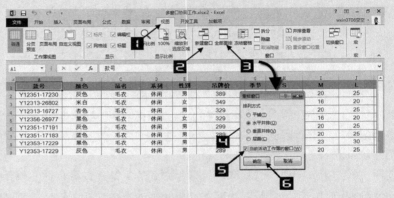

图 28-1　同屏查看工作簿的不同部分

Step ③	单击【确定】按钮，关闭【重排窗口】对话框。此时，同一个工作簿可以在两个 Excel 程序窗口显示，如图 28-2 所示。

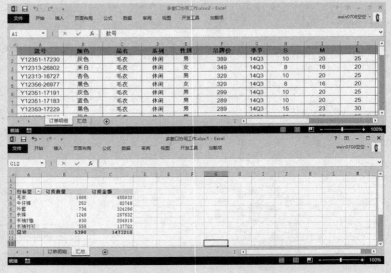

图 28-2　同屏查看工作簿中不同工作表的内容

进行以上操作后，在不同窗口中可以查看同一个工作簿的不同工作表区域，互不影响。同时，任何改动都将在两个窗口中实现同步更新。如果同时打开了其他工作簿，并且未在【重排窗口】对话框中勾选【当前活动工作簿的窗口】复选框，可以实现同时浏览不同工作簿的效果。

在【视图】选项卡中的【窗口】命令组中，尚有几个命令按钮未提及，如图 28-3 所示，下面稍作介绍。

图 28-3　【窗口】命令组的按钮

（1）隐藏/取消隐藏

单击【隐藏】按钮，将隐藏当前活动窗口；单击【取消隐藏】按钮，弹出【取消隐藏】对话框，在对话框中单击目标工作簿，则可以取消对目标工作簿的隐藏。

（2）并排查看

单击【并排查看】按钮，可以调出【并排查看】对话框，通过设置可以指定目标窗口与当前活动窗口并排查看。

（3）同步滚动

【同步滚动】按钮只有在【并排查看】按钮处于高亮时才有效。单击【同步滚动】按钮，使其处于高亮，拖动滚动条，处于【并排查看】状态的窗口将同步滚动。当该按钮处于非高亮状态时，拖拉滚动条只影响自身所在的窗口。

（4）重设窗口位置

【重设窗口位置】按钮只有在【并排查看】按钮处于高亮状态时才有效。单击【重设窗口位置】按钮，处于【并排查看】状态的窗口将重置成水平并排排列状态。

（5）切换窗口

单击【切换窗口】按钮，在弹出的下拉列表中单击目标工作簿窗口，即可切换为当前活动窗口。

技巧 29　定义自己的序列

Excel 内置了很多序列，这些序列在"自动填充"和"排序"功能中起着重要作用。但内置的序列有时仍然无法满足用户实际工作中的需求，此时可使用自定义序列来实现。下面以创建序列"大、中、小"为例，介绍自定义序列的一般步骤。

Step ①	在连续的单元格区域（如 A1:A3 单元格区域）中依次输入"大、中、小"，并将其选中。
Step ②	单击【文件】选项卡→【选项】命令，弹出【Excel 选项】对话框。

Step ③　单击【高级】选项卡，在右侧区域找到并单击【编辑自定义列表】按钮，弹出【自定义序列】对话框。

Step ④　此时，【导入】按钮右侧的编辑框中已经显示了步骤 1 中选中的单元格区域内容。单击【导入】按钮完成导入，如图 29-1 所示。

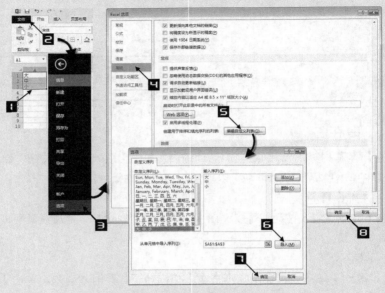

图 29-1　自定义自己的序列

Step ⑤　单击【确定】按钮，关闭【自定义序列】对话框。单击【确定】按钮，关闭【Excel 选项】对话框。

　　另外，在【输入序列】窗格中也可直接输入要定义的序列内容，每一项内容输入完成后，按<Enter>键结束，全部输入完毕后，单击【添加】按钮，也可完成自定义内容的增加。

　　自定义后的序列在拖动填充时将被识别，从而快速完成序列的填充，如图 29-2 所示。

　　如果要删除自定义序列，只要在【自定义序列】对话框中选中目标序列，然后单击【删除】按钮即可。

图 29-2　自定义序列在拖动填充时被识别

　　创建的自定义序列将被添加到计算机的注册表中，因此可以在本机的所有工作簿中使用。如果工作簿应用了基于某个自定义序列的排序，那么当该工作簿移动到其他计算机时，依然可以执行针对该自定义序列的排序。

技巧 30　自动填充的威力

　　掌握 Excel 的自动填充功能，可以有效提高数据录入效率，也是数据处理的必备技能之一。

30.1　开启自动填充功能

单击【文件】选项卡→【选项】命令，在弹出的【Excel 选项】对话框中单击【高级】选项卡，在【编辑选项】区域勾选【启用填充柄和单元格拖放功能】复选框，最后单击【确定】按钮，如图30-1 所示。

图 30-1　　开启自动填充功能

一般情况下，自动填充功能是默认开启的。关闭自动填充功能，只需撤选【启用填充柄和单元格拖放功能】复选框即可。

30.2　数值的填充

如果要在工作表中输入一列数字，如在 A1:A10 单元格区域输入 1 到 10，方法如下。

方法 1

Step ①	在 A1 和 A2 单元格输入"1"和"2"。
Step ②	选中 A1:A2 单元格区域，将鼠标移至 A2 单元格右下角，即鼠标指针指向填充柄，此时鼠标指针变成黑色十字。
Step ③	按住鼠标左键不放，向下拖曳，拖曳过程中右下方会显示一个数字浮块，代表鼠标当前位置的数值，当显示为 10 时，松开鼠标左键即可，如图 30-2 所示。

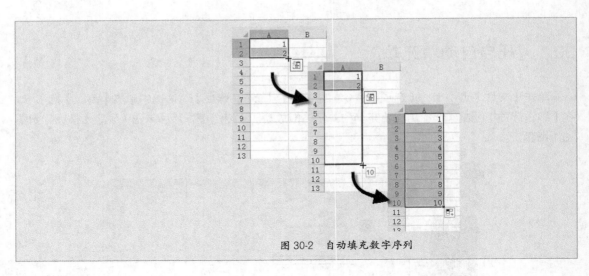

图 30-2　自动填充数字序列

方法 **2**

Step ①	在 A1 单元格中输入"1"。
Step ②	选中 A1 单元格，将鼠标指针移至 A1 单元格右下角，即指向填充柄，按下鼠标左键，拖曳鼠标指针到 A10 单元格，松开鼠标左键。
Step ③	单击右下角的【填充选项】→【填充序列】命令，如图 30-3 所示。

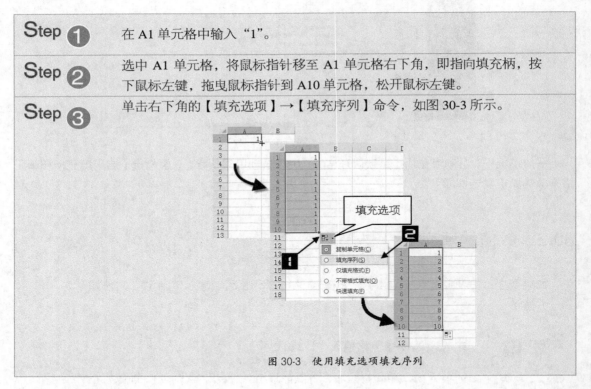

图 30-3　使用填充选项填充序列

方法 **3**

Step ①	在 A1 单元格中输入"1"。
Step ②	选中 A1 单元格，将鼠标移至填充柄，保持<Ctrl>键按下，同时按下鼠标左键，拖曳鼠标至 A10 单元格，松开<Ctrl>键和鼠标左键即可。

30.3   日期的自动填充

Excel 的自动填充功能非常智能，随着填充数据类型不同，填充选项也会随之改变。当起始单元格的内容为日期时，填充选项将变得更加丰富，如图 30-4 所示。

日期不但能按日填充，还可以按月、年和工作日填充。如果起始单元格为某月第一天，那么利用"以月填充"选项，即可得到所有月份的第一天，如图 30-4 所示。

图 30-4   丰富的日期填充选项

30.4   文本的自动填充

1. 普通文本的填充

对于普通文本而言，只需要输入需要填充的文本，选中单元格区域，拖曳填充柄向下填充即可。如果选中一个单元格拖曳填充，Excel 将复制这一个单元格的内容，如果选中多个单元格拖曳填充，Excel 将对选中的单元格区域进行循环复制，如图 30-5 所示。

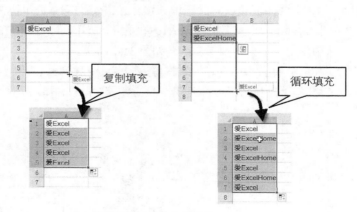

图 30-5   普通文本的填充

2. 特殊序列文本的填充

Excel 内置了一些特殊的文本序列，当起始单元格的内容与某一特殊文本序列中的内容相同时，Excel 将以序列的方式进行填充，如图 30-6 所示。

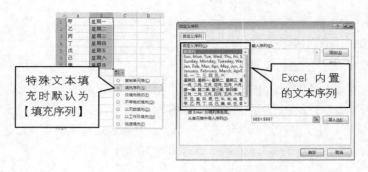

图 30-6　特殊序列文本的填充

Excel 允许自定义序列，用户自定义的序列与内置的序列一样，填充时将以序列的方式进行填充。关于自定义序列的相关内容，请参阅技巧 29。

技巧 31　巧用右键和双击填充

除技巧 30 介绍的自动填充外，右键菜单和双击填充柄都是自动填充的常用方法。

31.1　右键菜单

以在 A 列填充 1 到 10 的序列为例，介绍使用右键菜单进行填充的方法。

Step ①　在 A1 单元格输入 "1"。

Step ②　选中 A1 单元格，将鼠标指针移至 A1 单元右下角（即填充柄处），按住鼠标右键不放，向下拖曳到 A10 单元格，松开鼠标右键，在弹出的快捷菜单中单击【填充序列】命令，如图 31-1 所示。
如果在弹出的快捷菜单中单击【序列】命令，将弹出【序列】对话框，可以进行更多设置，例如等比序列填充、步长值更改等，如图 31-2 所示。

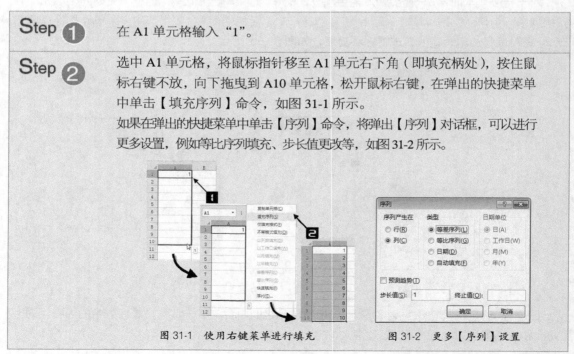

图 31-1　使用右键菜单进行填充　　　　图 31-2　更多【序列】设置

31.2　双击填充柄

双击填充柄可以更加快速地完成对某一列内容的填充，尤其对于公式的填充，双击填充柄显得更加快捷。

双击填充柄需要有一个前提条件，要完成填充，需要有一个参考列，填充动作能否达到最后一个单元格，取决于该列左侧相邻列中第一个空白单元格的位置。如图 31-3 所示，B 列双击填充柄填充时将终止于 B5 单元格，因为 A6 单元格为空白单元格。

图 31-3　双击填充柄填充需注意相邻列空白单元格的位置

技巧 **32**　输入分数的方法

在日常工作中，有时需要在单元格中输入分数，如 1/3、5/6 等，这样的输入往往会被 Excel 自动识别为日期格式或是文本格式。要想输入正确的分数，只需了解分数在单元格中的存储格式，然后照此规则输入即可。

分数在单元格中的存储格式如下。

整数部分+空格+分子+反斜杠（/）+分母

分数分为真分数、假分数、带分数 3 种类型，以下依次介绍这 3 种类型的分数输入方法。

32.1　输入真分数

真分数的值小于 1，即整数部分为零，分子比分母小，此时整数部分也需要输入 "0" 进行占位，方可正确输入分数，以输入 "1/3" 为例，如图 32-1 所示。

32.2　输入带分数

带分数的值大于 1，由整数部分和分数部分组成，且分数部分必须是真分数，以输入四又四分之一为例，只需要在单元格输入 "4 1/4"（4 和 1/4 之间输入一个空格），如图 32-2 所示。

图 32-1　输入真分数

图 32-2　输入带分数

默认情况下，在单元格中输入分数时，Excel 会自动对分数进行约分，并将假分数转换成带分数，如图 32-3 所示。当在单元格中输入"0 5/4"，Excel 自动转化为"1 1/4"，输入"0 2/4"，Excel 自动将分数约分为"1/2"。

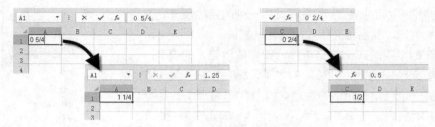

图 32-3　Excel 对分数进行的简化转换

32.3　输入假分数

如果确实需要输入假分数，可以通过设置单元格式来实现。

Step ①	选中已经输入分数的单元格，按<Ctrl+1>组合键，打开【设置单元格格式】对话框。
Step ②	单击【数字】选项卡，在【分类】列表中选中【自定义】选项，此时右侧的【类型】文本框中显示分数格式代码"# ？/？"，这就是分数的存储格式根源。将此处的数字格式代码修改为"？/？"，单击【确定】按钮完成设置，如图 32-4 所示。

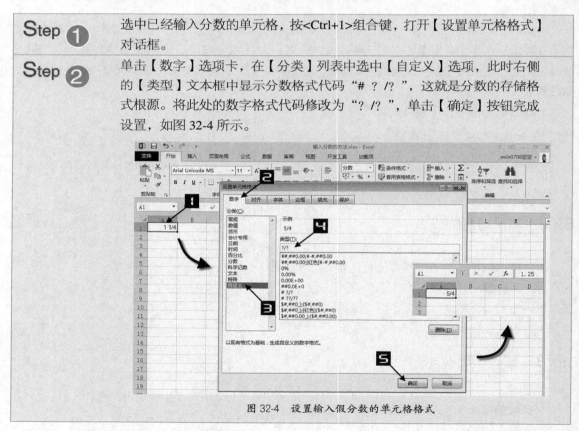

图 32-4　设置输入假分数的单元格格式

此后，在该单元格输入分数时，直接输入"分子+反斜杠（/）+分母"即可，并且不再转换成带分数的形式。

技巧 **33**　控制自动超链接

在 Excel 中输入邮件地址或是网址数据时，默认情况下，回车后 Excel 会自动将其转换为超链接的形式。当鼠标悬停在含有超链接的单元格时，会变成手的形状，如图 33-1 所示。此时单击鼠标，Excel 会自动启动相应程序，如在 IE 浏览器中打开网址。

图 33-1　含超链接的单元格

含有超链接的单元格很难被选中，很多时候并不需要这种转换，只希望输入的内容为普通文本，这样智能转换显得多此一举了。下面介绍几种取消超链接的方法。

33.1　解除和避免自动超链接转换

如果在单元格中输入的内容被自动转换为超链接，立刻按一次<Ctrl+Z>组合键，即可取消普通文本到超链接的转换，并且不会删除刚输入的内容，如图 33-2 所示。

另一种避免自动超链接转换的方法，是在输入内容前先输入一个英文状态半角单引号 "'"，如图 33-3 所示，以后 Excel 会将输入的内容将被当做普通文本，不会自动转化为超链接。

图 33-2　按<Ctrl+Z>组合键解除自动超链接转换

图 33-3　避免自动超链接转换

33.2　关闭自动超链接转换功能

如果都不需要自动超链接转换功能，可以关闭该功能，具体方法如下。

Step ❶	依次单击【文件】选项卡→【选项】命令，打开【Excel 选项】对话框。
Step ❷	单击【校对】选项卡，在右侧区域单击【自动更正选项】按钮，打开【自动更正】对话框。
Step ❸	单击【键入时自动套用格式】选项卡，取消对【Internet 及网络路径替换为超链接】复选框的勾选，如图 33-4 所示。

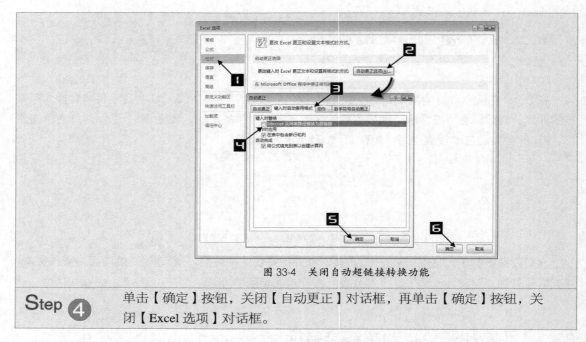

图 33-4　关闭自动超链接转换功能

Step 4　单击【确定】按钮，关闭【自动更正】对话框，再单击【确定】按钮，关闭【Excel 选项】对话框。

关闭自动超链接转换功能后，在单元格中输入电子邮件地址或网址数据时，将不再转换为超链接。

33.3　选定超链接单元格

如果要选中包含超链接的单元格，方法如下：

方法 1　单击单元格时，按住鼠标左键 2 秒以上，当鼠标指针由手形变成空心十字形时再松开。

方法 2　先使用鼠标右键单击单元格，再单击鼠标左键关闭开启的快捷菜单，并保持选中单元格。

方法 3　先选中附近的单元格，再用方向键移动到包含超链接的单元格。

方法 4　将鼠标指针尽可能地指向包含超链接单元格的空白区域，当指针变成空心十字时再单击。

技巧 34　删除现有的超链接

Excel 允许在单元格中存储具有超链接特性的内容，如果希望删除工作表中现有的超链接并转换为普通文本，可以使用以下几种方法。

34.1　使用快捷菜单取消超链接命令

要想删除现有超链接，只要先选中含有超链接内容的单元格或单元格区域，然后右击，在弹出的快捷菜单中选择【删除超链接】命令即可，如图 34-1 所示。

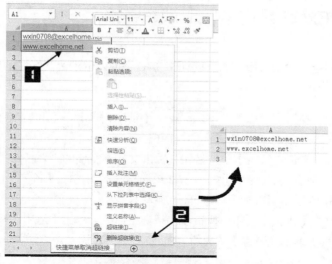

图 34-1　使用快捷菜单取消超链接

 注意　在 Excel 2007 以及之前版本中，此功能只能针对单元格，而无法对单元格区域使用。

34.2　使用"选择性粘贴"删除超链接

首先复制一个常规格式的空白单元格，然后选中含有超链接的单元格或单元格区域，接着执行【选择性粘贴】→【运算】→【加】，也可以批量删除超链接。有关选择性粘贴的内容，请参阅技巧 59。

34.3　使用 VBA 删除超链接

如果需要快速删除一个工作表中的所有超链接，也可以使用 VBA，方法如下。

Step 1	激活需要删除超链接的目标工作表。
Step 2	按<Alt+F11>组合键，打开 VBA 编辑器，按<Ctrl+G>组合键，调出【立即窗口】代码窗口。
Step 3	在【立即窗口】中输入以下代码，然后按<Enter>键执行代码。 `Cells.Hyperlinks.Delete`
Step 4	再次按<Alt+F11>组合键，返回 Excel 工作簿窗口。

 注意　在没有关闭自动超链接的情况下，使用以上几种方法取消现有超链接后，如果对单元格进行重新编辑，超链接还会重新生成。

34.4　使用"Excel 易用宝"取消超链接

借助"Excel 易用宝"可以更灵活地取消超链接，下面以取消选定区域的超链接为例介绍操作方法。

Step ①	在【易用宝】选项卡中依次单击【批量删除】→【取消超链接】命令，打开【易用宝-取消超链接】对话框。
Step ②	选择【选定区域】单选按钮，单击文本框右侧的折叠按钮，在弹出的对话框中选中目标区域（如 A1:A2 单元格区域），单击【确定】按钮，返回【易用宝-取消超链接】对话框。
Step ③	单击【确定】按钮，执行取消超链接命令，单击【退出】按钮，关闭【易用宝-取消超链接】对话框，如图 34-2 所示。

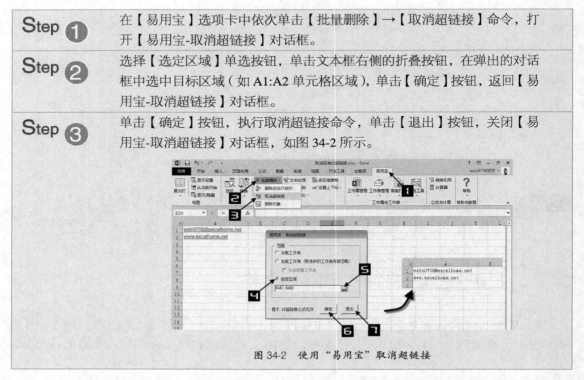

图 34-2　使用"易用宝"取消超链接

如果需要取消当前工作表或整个工作簿范围内的超链接，在【易用宝-取消超链接】对话框的【范围】区域中选择对应的选项即可。

如果需要取消多张工作表中的超链接，可以先隐藏需要保留超链接的工作簿，然后选择【当前工作簿（受保护的工作表将被忽略）】选项，并且取消勾选【包含隐藏工作表】筛选框。也可以通过执行工作表保护来忽略对特定工作表的取消超链接操作。

使用"Excel 易用宝"取消超链接，并不会意外取消由公式设置产生的超链接，因此可以放心使用。

技巧 **35**　提取超链接信息

当从网页或其他超文本中复制数据到 Excel 工作表时，得到的数据中可能含有大量的超文本链接，许多有价值的信息也被隐藏在这些超链接里，如图 35-1 所示。

	A	B
1	论坛ID	邮箱
2	james.wan	james.wan邮件地址
3	jacksonzeng	jacksonzeng邮件地址
4	fanjy	fanjy邮件地址
5	jssy	jssy邮件地址
6	kevin	kevin邮件地址

图 35-1　隐含信息的超链接

Excel 并没有提供用于提取超链接信息的功能，因此需要通过自定义函数的方式来实现，具体步骤如下。

Step 1	在 Excel 工作簿窗口中按<Alt+F11>组合键，打开 VBA 编辑器。
Step 2	在【工程】窗口中激活目标工作簿，然后依次单击【插入】→【模块】命令，插入一个新模块，默认情况下被命名为"模块 1"，如图 35-2 所示。

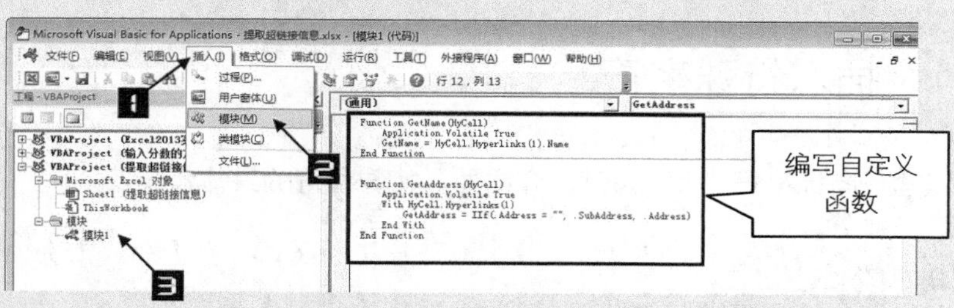

图 35-2　编写提取超链接信息的自定义函数

Step 3	双击"模块 1"，打开对应的代码窗口，在代码窗口中输入以下代码。

```
Function GetName(HyCell)
    Application.Volatile True
    GetName = HyCell.Hyperlinks(1).Name
End Function
Function GetAddress(HyCell)
    Application.Volatile True
    With HyCell.Hyperlinks(1)
        GetAddress = IIf(.Address = "", .SubAddress, .Address)
    End With
End Function
```

Step 4	按<Alt+F11>组合键返回 Excel 工作簿窗口。 这样就生成了两个自定函数，其中 GetName 函数用于提取超链接的名称，GetAddress 函数用于提取超链接的目标地址。它们可以像 Excel 内置函数一样，在工作表中直接使用。
Step 5	在 C2 单元格中输入以下公式 =GetName(B2)
Step 6	在 D2 单元格中输入以下公式 =GetAddress(B2)
Step 7	将 C2、D2 单元格的公式分别往下拖动填充，最终结果如图 35-3 所示。

图 35-3　自定义函数提取超链接信息

技巧 **36**　快速输入特殊字符

在实际工作中，经常需要在 Excel 中输入特殊字符，它们大都包含在【插入】选项卡【符号】按钮所对应的字符库中。下面通过几个例子熟练掌握输入它们的技巧。

36.1　插入特殊字符

以插入商标符号"™"为例，介绍插入特殊字符的具体步骤。

Step ❶	选中需要插入符号的单元格（如 A1），在【插入】选项卡中依次单击【符号】→【符号】命令，弹出【符号】对话框。
Step ❷	单击【特殊符号】选项卡，在【字符】列表框中选中目标符号，单击【插入】按钮完成插入。
Step ❸	单击【关闭】按钮，退出【符号】对话框，如图 36-1 所示。

图 36-1　插入特殊符号

直接双击【字符】列表框中的项目，也可以快速插入字符。

在【符号】对话框中的【符号】选项卡下选择不同的"字体"、"符号进制"，将会有不同的【子集】选项内容（有些字体无子集选项），以便快速找到更多的特殊符号，如图 36-2 所示。

"Wingdings"系列字体中有很多可爱有趣的字符，如图 36-3 所示。

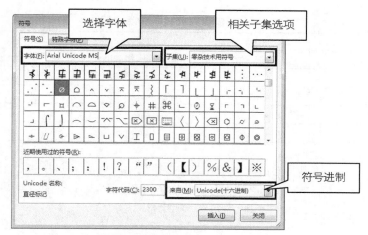

图 36-2　查看更多的特殊符号

图 36-3　"Wingdings" 字体中包含的特殊字符

 不同电脑上安装的字体可能不同,因此在一台电脑上输入的特殊符号可能在另一台电脑上无法显示。

36.2　用键盘输入常用字符

对于日常工作中需要频繁输入的符号,可以通过按<Alt+数字键>的方式快速输入,其中数字键为数字小键盘的数字。以快速输入对号为例,方法如下。

按住<Alt>键,然后用数字小键盘依次输入 41420,松开<Alt>键,即可完成对钩 "√" 的输入。

 使用笔记本电脑的用户必须切换到数字键盘模式下,英文半角状态下方能输入。

使用同样的方式,可以输入以下常用符号,如表 36-1 所示。

表 36-1　　　　　　　　　　　用键盘方式输入特殊字符

符号	名称	输入方式	内在关联
±	加减号	Alt+41408	Code("±")=41408
√	对号	Alt+41420	Code("√")=41420
×	错号	Alt+41409	Code("×")=41409
2	平方	Alt+178	无
3	立方	Alt+179	无

> **提示**
>
> 有些字符的输入是和其在本机当前所用字符集中的数字代码相吻合的，因此当看到某一特殊字符时，可以通过查看其数字代码（使用 CODE 函数）试探其键盘输入方式。

技巧 37　快速输入身份证号码

在单元格中输入身份证号码，有时会显示一些奇怪的数字，如图 37-1 所示。

图 37-1　输入身份证号码时出现的问题

这是因为 Excel 在处理数字时，超过 11 位的数字会自动以科学计数法的方式显示。并且 Excel 可以处理的数字精度最大为 15 位，高于 15 位的数字都将被当做 0 来存储。所以当输入身份证号码时，Excel 把它当做数字来存储，就会导致如图 37-1 所示的错误产生。

如果需要在单元格中正确显示身份证号码，可以用文本的方式来存储。在 Excel 中，有以下两种常用方法可以将数字强制转换成文本。

方法 1　在输入身份证号码前，先输入一个英文半角状态下的单引号 "'"。这个符号是一个标识符，告诉 Excel 此单元格以文本形式存储数据。如图 37-2 所示。

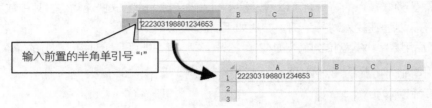

图 37-2　正确输入身份证号码

方法 2　选定待输入身份证号码的单元格或单元格区域，在【开始】选项卡中依次单击【数字格式】→【文本】命令，将单元格或单元格区域设置成文本格式，然后再输入身份证号码，如图 37-3 所示。

图 37-3　设置单元格格式为【文本】格式

提示！　　本技巧也适用于输入银行卡号、零件编号等较长的数字序列。

技巧 38　自动更正的妙用

Excel 的"自动更正"功能不仅能帮助用户更正常见错别字、修正英文拼写等错误，还可以更快速地输入一些短语、特殊字符。

38.1　添加新条目

以设置输入"EH"自动替换为"ExcelHome"为例添加新条目，步骤如下。

Step ①	调出【Excel 选项】对话框，在【校对】选项卡上单击右侧的【自动更正选项】按钮，弹出【自动更正】对话框。
Step ②	在【自动更正】选项卡中的【替换】文本框中输入"EH"，在【为】文本框中输入"ExcelHome"，单击【添加】按钮，完成新条目的添加，如图 38-1 所示。
Step ③	单击【确定】按钮，关闭【自动更正】对话框，再次单击【确定】按钮，关闭【Excel 选项】对话框。

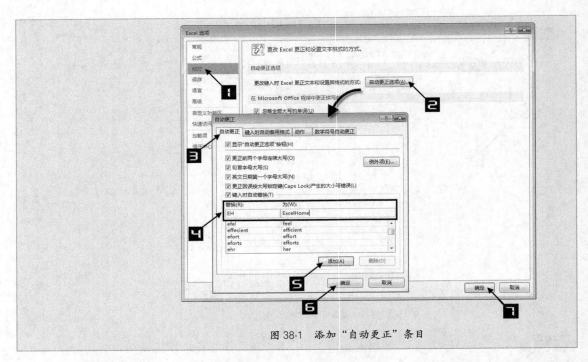

图 38-1　添加"自动更正"条目

此时，在工作表中输入"EH"，将自动替换成"ExcelHome"，如图 38-2 所示。这样，通过简化文本替换长文本可以大大提高输入效率。

图 38-2　自动更正效果演示

若要删除所添加的自动更正项目，只需在【自动更正】对话框项目列表中选中它，然后单击【删除】按钮即可。

 "自动更正"项目在所有 **Office** 组件中都是通用的，因此在 **Excel** 中添加的自定义更正项目，也会在 **Word**、**PowerPoint** 中发生作用。

38.2　存储公式

"自动更正"功能还可以被当成另类的定义名称来存储公式，可以用简化的文本来替代公式。

例如在【自动更正】对话框的【替换】文本框中输入"字符数"，在【为】文本框中输入公式"=len(A1)"，如图 38-3 所示。

此时，在单元格中输入"字符数"，按<Enter>键将自动转换为"=LEN(A1)"，并执行运算，如图 38-4 所示。

图 38-3　使用"自动更正"来存储公式

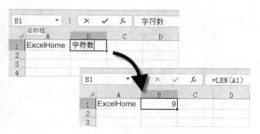

图 38-4　存储公式演示

38.3　共享自定义项目

"自动更正"的自定义项目都被保存在"MSO1033.acl"文件中，该文件位于用户配置文件夹中，如"C:\Users\Administrator\AppData\Roaming\Microsoft\Office"路径下。

如需多台计算机共享自定义项目，可以复制该文件，然后将其粘贴到目标计算机对应的用户配置文件夹中，替换原先的"MSO1033.acl"文件，即可实现自定义更正条目由一台计算机到另一台计算机的共享。

技巧 **39**　快速导入 Web 数据

图 39-1 所示是一份华东地区的天气预报数据，该数据是从 Web 页面导入的，打开工作簿或单击【数据】→【全部刷新】按钮，即可实时更新。将 Web 数据导入 Excel 中的方法如下。

	A	B	C	D	E	F	G	H
1	华东地区	城市	6月8日 白天			6月8日 夜间		
2			天气状况	风向风力	最高温度	天气状况	风向风力	最低温度
3	上海	上海	多云	东风 3-4 级	29 ℃	多云	东南风 3-4 级	22 ℃
4	江苏	南京	多云	东风 3-4 级	32 ℃	多云	东南风 3-4 级	21 ℃
5		镇江	多云	东风 3-4 级	30 ℃	多云	东南风 3-4 级	21 ℃
6		常州	多云	东南风 3-4 级	32 ℃	多云	东南风 3-4 级	22 ℃
7		无锡	多云	东风 3-4 级	32 ℃	多云	东南风 3-4 级	22 ℃
8		苏州	多云	东风 3-4 级	30 ℃	多云	东风 3-4 级	22 ℃
9		徐州	晴	东风 3-4 级	33 ℃	晴	东南风 3-4 级	22 ℃
10		连云港	多云	东南风 3-4 级	30 ℃	多云	东南风 3-4 级	18 ℃
11		淮安	多云	东风 3-4 级	31 ℃	多云	东南风 3-4 级	20 ℃
12		宿迁	多云	东风 3-4 级	31 ℃	阴	东南风 3-4 级	21 ℃
13		盐城	多云	东风 3-4 级	29 ℃	多云	东南风 3-4 级	19 ℃
14		扬州	多云	东南风 3-4 级	32 ℃	多云	东南风 3-4 级	22 ℃
15		泰州	多云	东风 3-4 级	31 ℃	多云	东风 3-4 级	21 ℃
16		南通	多云	东南风 3-4 级	30 ℃	多云	东南风 3-4 级	20 ℃
17	浙江	杭州	多云	微风 小于3 级	31 ℃	多云	微风 小于3 级	22 ℃
18		绍兴	多云	微风 小于3 级	31 ℃	多云	微风 小于3 级	23 ℃
19		湖州	多云	微风 小于3 级	30 ℃	多云	微风 小于3 级	23 ℃

图 39-1　从 Web 下载的天气预报数据

39.1　导入 Web 数据

Step ①	在【数据】选项卡中单击【自网站】命令，打开【新建 Web 查询】对话框。
Step ②	在【地址】文本框中输入网址 "http://weather.china.com.cn/forecast/1-2-1.html"。
Step ③	单击【转到】按钮，打开对应的网页页面。显示的页面中有多个组成部分，并在每一部分数据区域的左上角显示 ➡ 复选框，将鼠标悬停在 ➡ 复选框上时，显示出此部分内容所包含的数据内容范围。勾选目标箭头复选框，指定要下载的数据表区域，此时 ➡ 复选框变成 ✅ 状态。
Step ④	单击【导入】按钮，弹出【导入数据】对话框。
Step ⑤	勾选【现有工作表】单选按钮，在编辑框中输入 "=$A$1"，指定数据导入的起始单元格位置。单击【确定】按钮，关闭【导入数据】对话框，如图 39-2 所示。

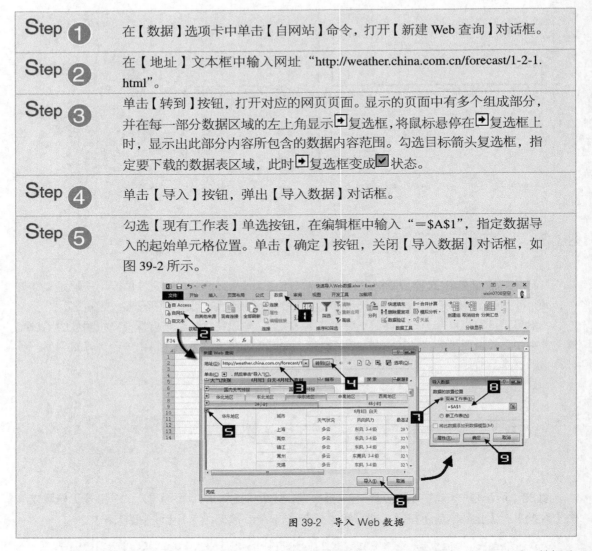

图 39-2　导入 Web 数据

此时，工作表 A1 单元格中会出现 "1-2-1：正在获取数据…" 的提示信息，几秒以后，数据将被导入到 Excel 中。

39.2　数据的刷新

通过单击【数据】→【全部刷新】按钮，可以实时刷新数据，在【属性】按钮下可以为工作簿设置打开时自动刷新数据，或者设置一个刷新频率，定时刷新数据，具体方法如下。

Step ①	选中数据区域中的任意单元格，如 C4 单元格。

Step ②	在【数据】选项卡中单击【属性】按钮，弹出【外部数据区域属性】对话框。
Step ③	勾选【刷新控件】区域【打开文件时刷新数据】的复选框，单击【确定】按钮，关闭【外部数据区域属性】对话框，如图 39-3 所示。

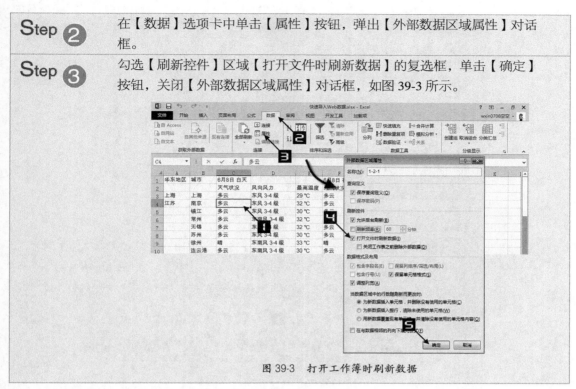

图 39-3　打开工作簿时刷新数据

此后，打开工作簿时就会自动刷新数据，得到当天的天气预报信息。

在【刷新控件】区域中勾选【刷新频率】复选框，设置频率为"60"分钟，如图 39-4 所示。则工作簿中的数据每小时更新一次。

图 39-4　定时刷新数据

技巧 40　快速导入文本数据

在日常工作中，往往需要在 Excel 中处理不同来源的数据，以文本文件格式（.txt 文件）来存储的数据就是其中一种，如图 40-1 所示。对于文本数据，可以将其导入到 Excel 中，形成数据列表，然后再对其进行加工处理，具体方法如下。

图 40-1　文本格式数据源

| Step ❶ | 在【数据】选项卡中单击【自文本】命令，在弹出的【导入文本文件】对话框中选择需要导入的文本文件，单击【导入】按钮，如图 40-2 所示。

图 40-2　导入文本数据 |
|---|---|
| Step ❷ | 在弹出的【文本导入向导-第 1 步，共 3 步】对话框中单击【分隔符】单选按钮，设置【导入起始行】为"1"，即导入时包含标题行，如不需要导入标题行，可将该值设置为"2"。 |
| Step ❸ | 单击【下一步】按钮，弹出【文本导入向导-第 2 步，共 3 步】对话框。 |
| Step ❹ | 设置【分隔符号】，根据数据源的实际情况选择【分隔符号】，如"分号"、"逗号"、"空格"及输入"其他"符号等。本例中保持默认的"Tab 键"作为分隔符，下方的【数据预览】区域出现分隔后的预览效果。 |
| Step ❺ | 单击【下一步】按钮，弹出【文本导入向导-第 3 步，共 3 步】对话框。 |
| Step ❻ | 分列后，每列默认的数据格式为常规型，通过【列数据格式】，可对每列数据进行格式设置，如选中"交货日期"，选择【日期】单选按钮，单击 |

【完成】按钮，弹出【导入数据】对话框。

Step 7 在【导入数据】对话框中选择【现有工作表】单选按钮，在下方的编辑框中输入导入数据起始存放的位置，如"＝$A$1"，如图 40-3 所示。

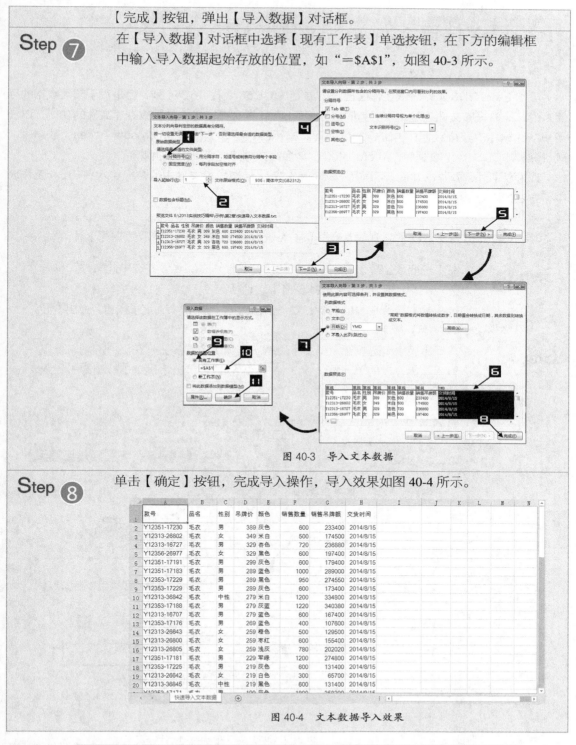

图 40-3　导入文本数据

Step 8 单击【确定】按钮，完成导入操作，导入效果如图 40-4 所示。

	A	B	C	D	E	F	G	H
1	款号	品名	性别	吊牌价	颜色	销售数量	销售吊牌额	交货时间
2	Y12351-17230	毛衣	男	389	灰色	600	233400	2014/8/15
3	Y12313-26802	毛衣	女	349	米白	500	174500	2014/8/15
4	Y12313-16727	毛衣	男	329	杏色	720	236880	2014/8/15
5	Y12356-26977	毛衣	女	329	黑色	600	197400	2014/8/15
6	Y12351-17191	毛衣	男	299	灰色	600	179400	2014/8/15
7	Y12351-17183	毛衣	男	289	蓝色	1000	289000	2014/8/15
8	Y12353-17229	毛衣	男	289	黑色	950	274550	2014/8/15
9	Y12353-17229	毛衣	男	289	灰色	600	173400	2014/8/15
10	Y12313-36842	毛衣	中性	279	米白	1200	334800	2014/8/15
11	Y12353-17188	毛衣	男	279	灰蓝	1220	340380	2014/8/15
12	Y12313-16707	毛衣	男	279	蓝色	600	167400	2014/8/15
13	Y12353-17176	毛衣	男	269	蓝色	400	107600	2014/8/15
14	Y12313-26643	毛衣	女	259	橙色	500	129500	2014/8/15
15	Y12313-26800	毛衣	女	259	枣红	600	155400	2014/8/15
16	Y12313-26805	毛衣	女	259	浅灰	780	202020	2014/8/15
17	Y12351-17181	毛衣	男	229	军绿	1200	274800	2014/8/15
18	Y12353-17225	毛衣	男	219	灰色	600	131400	2014/8/15
19	Y12313-26642	毛衣	女	219	白色	300	65700	2014/8/15
20	Y12313-36845	毛衣	中性	219	黑色	600	131400	2014/8/15

图 40-4　文本数据导入效果

 在【导入数据】对话框中单击【属性】按钮，在弹出的【连接属性】对话中也可设置刷新方式。

技巧 **41**　快速导入 Access 数据表

　　虽然 Excel 2013 工作表的工作区已经扩展到 1 048 567 行、16 384 列，但是对于超大数据的存储来说，比数据库文件还是处于劣势的。但是，Excel 具有直接导入常用数据库文件的功能，以便用户从数据库中获得数据，再进行加工处理。常用的数据库文件有 Microsoft Access 数据库、Microsoft SQL Server 数据库、Microsoft OLAP 多维数据集、dBase 数据库等。

　　通过获取外部数据的功能，可以将 Microsoft Access 数据库文件中的数据导入到 Excel 工作表中，方法如下。

Step ❶	在【数据】选项卡中单击【自 Access】按钮，弹出【选取数据源】对话框。
Step ❷	在【选取数据源】对话框中找到目标文件所在路径，并选中此文件，单击【打开】按钮，弹出【选择表格】对话框。
Step ❸	选择数据源所在表的名称，如"销售明细"，单击【确定】按钮，弹出【导入数据】对话框。
Step ❹	选择【表】单选按钮，单击【现有工作表】单选按钮，在下方的编辑框中输入数据存放的单元格位置，如"=$A$1"，单击【确定】按钮即可导入数据，如图 41-1 所示。

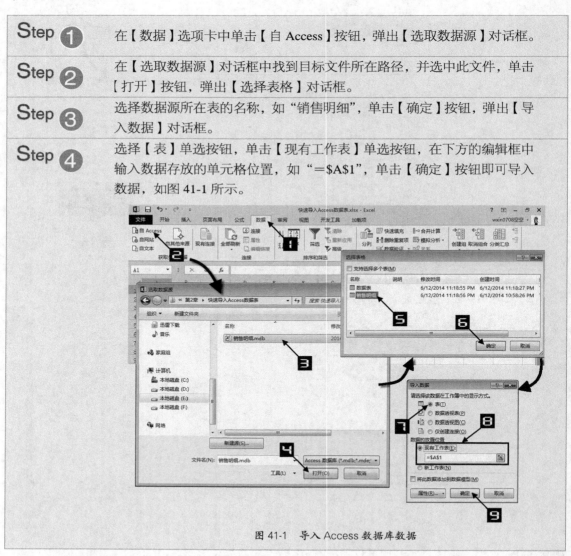

图 41-1　导入 Access 数据库数据

　　导入到 Excel 中的数据库文件如图 41-2 所示，用户可以对数据进行加工处理。

单据日期	门店名称	货号	支付方式代码	尺码	吊牌价	数量	货季	折扣	ID	颜色
2013/11/30	福州店	G01005	YHK03	L	239	1	13Q4	70	1	BC17花灰
2013/11/30	福州店	G01009	CZK	L	799	1	13Q3	68	2	NBA配色
2013/11/30	福州店	G01010	CZK	L	429	1	13Q4	68	3	金/白
2013/11/30	福州店	G01011	YHK03	L	449	1	13Q4	70	4	黑/(黑)
2013/11/30	福州店	G01012	YHK03	L	399	1	13Q4	70	5	麻灰
2013/11/30	福州店	G01020	CZK	M	1498	1	13FW	68	6	紫色

图 41-2　在 Excel 中导入的 Access 文件

 注意　如果 Access 文件中只含有一个表，则不会弹出【选择表格】对话框。

技巧 42　快速对比两份报表的差异

在日常工作中，Excel 报表经常遇到被修改的情况，往往修改了什么内容没有做标识，导致创建者并不知情。此时要把修改后和原始报表中的差异快速找出来，变得相当棘手，尤其是在表格较大、数据内容较多的情况下，对比起来费时费力，甚至可能因为疏漏而造成经济损失。

在 Excel 2013 中，可以借助一个强大的工具"Spreadsheet Compare 2013"，快速对比两份报表的差异。以核对某公司采购订单差异为例，介绍"Spreadsheet Compare 2013"的用法。

Step 1　依次单击【开始】按钮→【所有程序】→【Microsoft Office 2013】→【Office 2013 工具】→【Spreadsheet Compare 2013】命令，打开 Spreadsheet Compare，如图 42-1 所示。

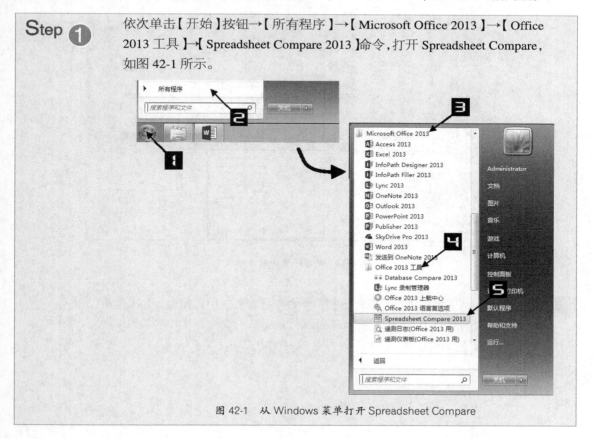

图 42-1　从 Windows 菜单打开 Spreadsheet Compare

Step ❷	打开【Spreadsheet Compare】界面，在【Home】选项卡中单击【Compare Files】命令，弹出【Compare Files】对话框。
Step ❸	在【Compare】和【to】编辑框中分别给出需要比较的文件路径，单击【OK】按钮，如图 42-2 所示。

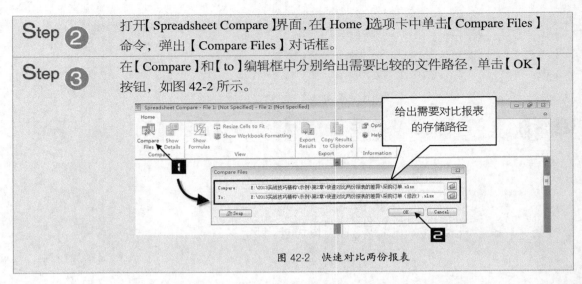

图 42-2　快速对比两份报表

此时，如图 42-3 所示，差异被标识出来，用户可以清晰地看到订单中被修改的内容。可以单击【Export Results】命令，导出差异明细报告，以便进行差异分析。

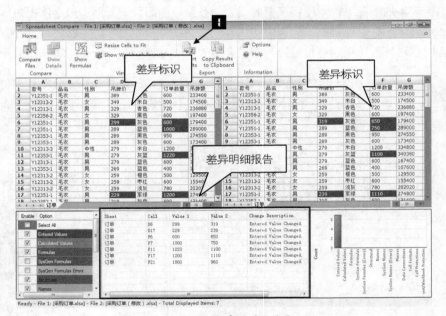

图 42-3　两份报表的对比结果

　本例中，两个需要对比的工作簿中只含有一个工作表，如工作簿有多个工作表时，"Spreadsheet Compare"会依据工作表名称依次进行对比。

第 3 章　数据处理与编辑

数据处理与编辑是 Excel 的基本要求，Excel 提供了各种操作与功能，帮助用户快捷便利地处理与编辑数据。本章从最基本的控制单元格指针开始介绍，以强大的比对多表数据及快速厘清多组清单中的共有私有项结束，囊括了各种简单的鼠标和键盘操作技巧，各种简单的命令，诸如"选择性粘贴"、"删除重复项"、"分列"，以及 Excel 2013 新增的超智能的"快速填充"功能。通过本章学习，熟练掌握本章技巧，数据处理与编辑能力将得到大幅提升。

技巧 **43**　控制单元格指针的技巧

若要在 Excel 中定位一个单元格，可以简单地用鼠标单击实现。然而，当目标单元格在屏幕之外，尤其相隔多个屏幕显示范围时，仅靠鼠标单击就会比较低效。此时，使用键盘，利用一些组合键会是一个更好的选择。

43.1　快速定位至同行 A 列

若要将活动单元格快速切换至同行 A 列，可以按<Home>键，如图 43-1 所示。此时，如果工作表执行了【冻结窗格】命令，那么按<Home>键将定位至同行垂直区域分割线的右侧列，如图 43-2 所示。

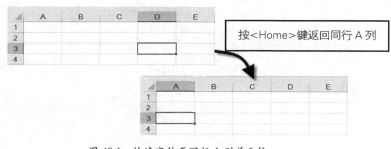

图 43-1　快速定位至同行 A 列单元格

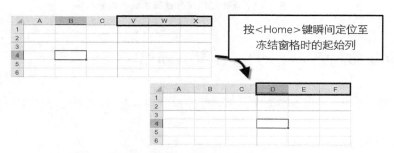

图 43-2　快速实现冻结窗口左右区域的无缝还原

43.2　快速定位 A1 单元格

若要快速返回至 A1 单元格，可以按<Ctrl+Home>组合键，如图 43-3 所示。但如果工作表已执行【冻结窗格】命令，那么按<Ctrl+Home>组合键将定位至右下区域的最左上单元格，其效果相当于无缝还原至设置【冻结窗格】的初始态。

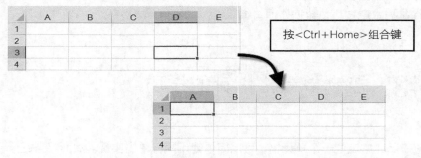

图 43-3　快速定位至 A1 单元格

43.3　快速定位同行数据区域始末端单元格

按<Ctrl+←>或<Ctrl+→>组合键可以快速定位至同行数据区域始末端单元格，如图 43-4 所示。

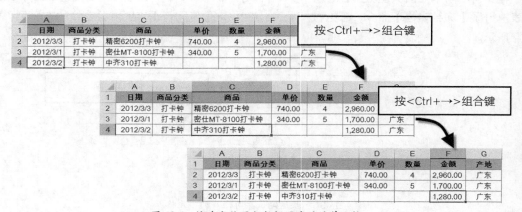

图 43-4　快速定位同行数据区域的端单元格

43.4　快速定位同列数据区域端单元格

按<Ctrl+↑>或<Ctrl+↓>组合键，可以快速定位到垂直方向数据区域的始末端单元格。

43.5 快速定位至已使用区域最右下单元格

按<Ctrl+End>组合键或依次按<End>键、<Home>键，可以快速定位至已使用区域的最右下角单元格，如图 43-5 所示。

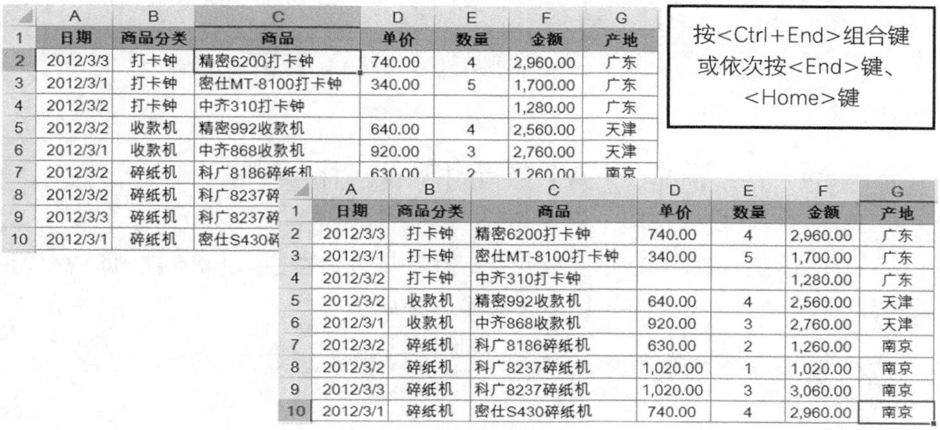

	A	B	C	D	E	F	G
1	日期	商品分类	商品	单价	数量	金额	产地
2	2012/3/3	打卡钟	精密6200打卡钟	740.00	4	2,960.00	广东
3	2012/3/1	打卡钟	密仕MT-8100打卡钟	340.00	5	1,700.00	广东
4	2012/3/2	打卡钟	中齐310打卡钟			1,280.00	广东
5	2012/3/2	收款机	精密992收款机	640.00	4	2,560.00	天津
6	2012/3/1	收款机	中齐868收款机	920.00	3	2,760.00	天津
7	2012/3/2	碎纸机	科广8186碎纸机	630.00	2	1,260.00	南京
8	2012/3/2	碎纸机	科广8237碎纸机	1,020.00	1	1,020.00	南京
9	2012/3/3	碎纸机	科广8237碎纸机	1,020.00	3	3,060.00	南京
10	2012/3/1	碎纸机	密仕S430碎纸机	740.00	4	2,960.00	南京

图 43-5　快速定位至已使用区域最右下单元格

43.6 快速定位行或列的顶端单元格

多次按<Ctrl+方向键>组合键，可以定位至当前行或列的顶端单元格。

技巧 44 选取单元格区域的高招

选取单元格区域与控制单元格指针的技巧密切相关。在很多情况下，对应的组合键只相差一个<Shift>键，比如从当前活动单元格返回至 A1 单元格，可以用<Ctrl+Home>组合键，与之对应，<Ctrl+Shift+Home>组合键可以选取当前活动单元格至 A1 单元格所限定的区域。下面介绍一些具体的技巧，帮助用户快速而准确地选取目标区域。

44.1 选取目标矩形区域

依次单击两个不同的单元格可以切换当前活动单元格（如图 44-1 上图所示），若在单击第 2 个单元格时按住<Shift>键，即可选中对应的矩形区域，如图 44-1 下图所示。

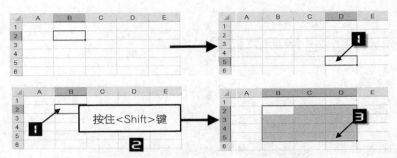

图 44-1　鼠标配合<Shift>键快速选取目标单元格区域

44.2　选取活动单元格与 A1 单元格限定的区域

按<Ctrl+Home>组合键，可以返回至 A1 单元格，若同时按住<Shift>键，即按<Ctrl+Shift+Home>组合键，即可选取相应的矩形区域，如图 44-2 所示。

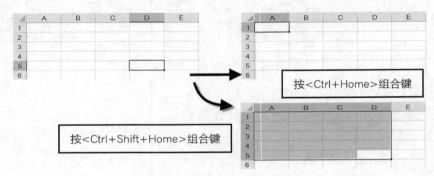

图 44-2　快速选定当前活动单元格与 A1 单元格限定的矩形区域

44.3　选取当前单元格至同行 A 列限定区域

按<Home>键可以返回至同行 A 列，若按<Shift+Home>组合键，即可选中相应的矩形区域，如图 44-3 所示。

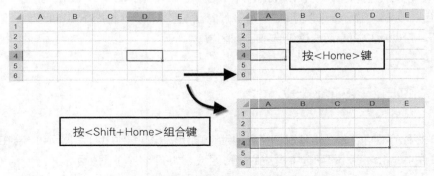

图 44-3　选取当前单元格至同行 A 列限定区域

44.4   以扩展方式选取数据区域

按<Ctrl+方向键>组合键,可以迅速定位至同行/同列数据区域的末端位置,若按<Ctrl+Shift+方向键>组合键,即可选中所对应的矩形区域,如图 44-4 所示。

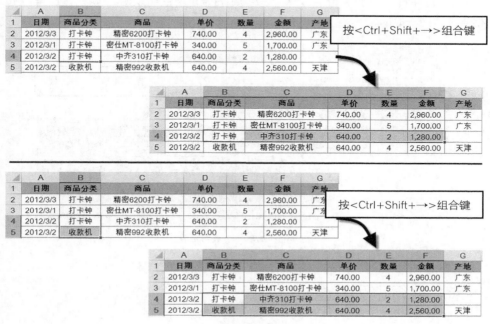

图 44-4   以扩展方式选取数据区域

44.5   调整已经选取的单元格区域

选中单元格区域后,按<Shift+方向键>组合键可以对其行列范围进行扩展和收缩。以调整列范围为例,如果活动单元格不在区域的边界列,那么按<Shift+左右方向键>组合键区域将沿箭头所指方向扩展 1 列。如果活动单元格位于边界列 (比如最左列),那么按<Shift+左右方向键>组合键区域将沿箭头所指方向扩展 1 列或收缩 1 列,如图 44-5 所示。

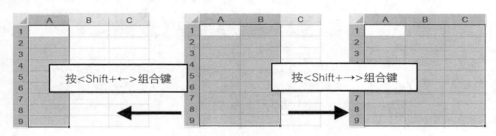

图 44-5   以活动单元格为基点进行扩展和收缩

44.6　选取当前数据区域

单击当前数据区域的任意一个单元格，然后按<Ctrl+A>或<Ctrl+Shift+8>组合键，即可选中当前数据区域，如图 44-6 所示。

A 为英文 All（所有）的首字母，与<Ctrl+A>组合键选取当前数据区域"所有"单元格具有语义上的相通性，便于记忆。

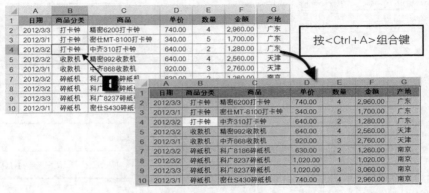

图 44-6　选取当前数据区域

44.7　选取整行整列及全选

单击行号即能选中目标行，选中行号后上下拖动鼠标即可选中多行。

单击行号选定一行，按住<Shift>键再次单击相应的行号，即可选取此两行之间的所有行，如图 44-7 所示。

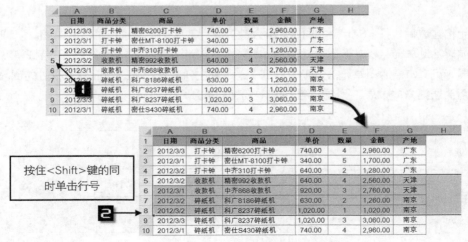

图 44-7　快速选中连续多行

单击行号的同时按住<Ctrl>键，可以选中不连续的多行。

对列的选取操作也可以参照以上方式。若要选取工作表中的所有单元格，可以直接单击工作区左上方列标行号相交处的"全选"按钮，如图 44-8 所示。

	A	B	C	D	E	F	G	H
1	日期	商品分类	商品	单价	数量	金额	产地	
2	2012/3/3	打卡钟	精密6200打卡钟	740.00	4	2,960.00	广东	
3	2012/3/1	打卡钟	密仕MT-8100打卡钟	340.00	5	1,700.00	广东	
4	2012/3/2	打卡钟	中齐310打卡钟	640.00	2	1,280.00	广东	
5	2012/3/2	收款机	精密992收款机	640.00	4	2,560.00	天津	
6	2012/3/1	收款机	中齐868收款机	920.00	3	2,760.00	天津	
7	2012/3/2	碎纸机	科广8186碎纸机	630.00	2	1,260.00	南京	
8	2012/3/2	碎纸机	科广8237碎纸机	1,020.00	1	1,020.00	南京	
9	2012/3/3	碎纸机	科广8237碎纸机	1,020.00	3	3,060.00	南京	
10	2012/3/1	碎纸机	密仕S430碎纸机	740.00	4	2,960.00	南京	
11								

	A	B	C	D	E	F	G	H
1	日期	商品分类	商品	单价	数量	金额	产地	
2	2012/3/3	打卡钟	精密6200打卡钟	740.00	4	2,960.00	广东	
3	2012/3/1	打卡钟	密仕MT-8100打卡钟	340.00	5	1,700.00	广东	
4	2012/3/2	打卡钟	中齐310打卡钟	640.00	2	1,280.00	广东	
5	2012/3/2	收款机	精密992收款机	640.00	4	2,560.00	天津	
6	2012/3/1	收款机	中齐868收款机	920.00	3	2,760.00	天津	
7	2012/3/2	碎纸机	科广8186碎纸机	630.00	2	1,260.00	南京	
8	2012/3/2	碎纸机	科广8237碎纸机	1,020.00	1	1,020.00	南京	
9	2012/3/3	碎纸机	科广8237碎纸机	1,020.00	3	3,060.00	南京	
10	2012/3/1	碎纸机	密仕S430碎纸机	740.00	4	2,960.00	南京	
11								

图 44-8　一键选取所有的单元格

44.8　分批次连续选取多个区域

分批次连续选取多个区域可以分解为两个动作，"选取区域"动作与"锁定已选区域"动作。"选取区域"可以使用以上介绍的各种方式，不仅限于鼠标拖拉，"锁定已选区域"可以按住<Ctrl>键的同时单击下一区域的任意单元格，然后继续使用各种方式"选取区域"。两者更替使用直至选取所有需要的区域，若要释放所有选中区域可以单击任意单元格，如图 44-9 所示。

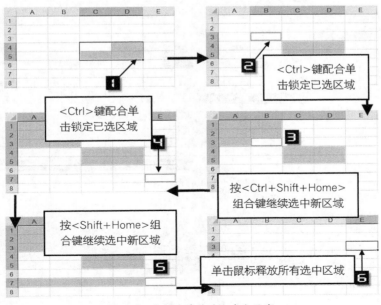

图 44-9　分批次连续选取多个区域

44.9 选取多个工作表中的相同区域

　　向多个工作表的相同单元格或区域录入数据、公式时，首先需要选取多个工作表。按<Ctrl>键的同时单击工作表标签，可以逐个选中工作表。如果工作表是连续的，那么单击选取第 1 个工作表后按住<Shift>键，再单击最后一个工作表，即可批量选取所有工作表，如图 44-10 和图 44-11 所示。

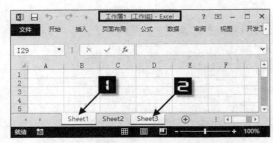
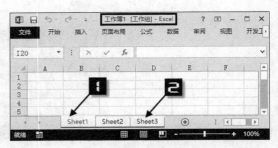

图 44-10　<Ctrl>键配合鼠标选取多个工作表　　　　图 44-11　<Shift>键配合鼠标批量选取连续工作表

　　选中多个工作表后，工作簿进入"工作组"状态，此时所做的操作将影响到"工作组"所包含的所有工作表。如图 44-12 所示，在"工作组"状态下，在 Sheet1 工作表中输入的文本是同时输入到 Sheet2 和 Sheet3 工作表的。

图 44-12　在工作组中编辑的内容同时作用于各个工作表

技巧 45　省心省力的重复操作

　　在工作中，有时需要重复某一操作，比如重复插入单元格、插入行和列，重复为不同单元格套用同一单元格样式,又或者重复删除单元格中的内容等。事实上,进行一次类似的操作后,按<F4>功能键即可重复该操作,即先前的一组动作被封装了,按<F4>功能键触发了该组动作。

如图 45-1、图 45-2 和图 45-3 所示,分别演示了用<F4>功能键重复 "插入单元格" 操作,重复 "套用同一个单元格样式",及重复 "删除单元格内容" 的操作。

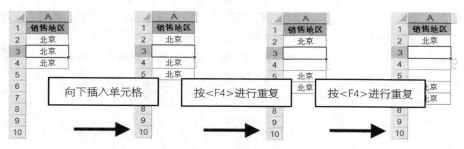

图 45-1 按<F4>功能键重复插入单元格操作

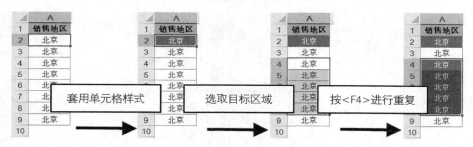

图 45-2 按<F4>功能键重复套用单元格样式操作

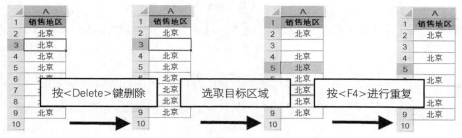

图 45-3 按<F4>功能键重复删除内容操作

以上仅举数例,事实上,<F4>功能键所能重复的操作远不止于此,比如删除行、删除列、复制粘贴等。总之,利用<F4>功能键的此项功能可以立竿见影地提升工作效率。

技巧 46 快速插入矩形单元格区域

如果选中一个单元格,那么单击【开始】选项卡中的【插入】按钮时只能插入一个单元格。如果选中多个单元格操作,就能插入多个单元格,并且其尺寸和形态与选中的单元格完全一致。下面介绍两种插入矩形单元格区域的技巧。

46.1　在目标区域插入单元格

选中需要插入单元格的区域，如 B3:C5 单元格区域，然后在【开始】选项卡中依次单击【插入】→【插入单元格】，打开【插入】对话框，选择【活动单元格右移】选项，单击【确定】按钮，关闭对话框，完成单元格的插入，如图 46-1 所示。

此时，选中的 B3:C5 单元格区域被新插入的单元格所取代，相应单元格右移。

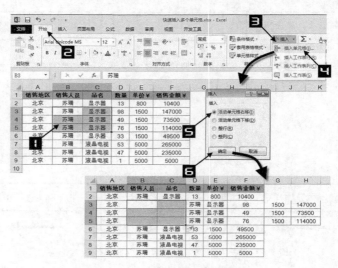

图 46-1　快速插入矩形单元格区域

如果事先选中了多个不连续的区域，执行【插入】命令时将一次性插入与之相应的多个不连续区域。

 　按<Ctrl+Shift+=>组合键可以快速开启【插入】对话框。"="，两横上下分离可以意会成中间有内容插入，以帮助记忆。

46.2　在目标区域周边插入单元格

Step ①	选中目标区域，如 B3:C3 单元格区域，按住<Shift>键，并将鼠标指向区域右下角的绿色小方块（填充柄），此时鼠标指针变为上下箭头的十字箭头。
Step ②	按住<Shift>键不放，同时向下拖曳鼠标至 B5:C5 单元格区域。
Step ③	释放鼠标左键，即可在 B3:C3 单元格区域的下方插入矩形单元格区域，即 B4:C5 单元格区域，如图 46-2 所示。

在步骤 2 中，拖曳鼠标的方向决定了即将插入的单元格在目标区域的方位。例如，向上拖曳鼠标即可在目标区域的上方插入单元格，其余以此类推。

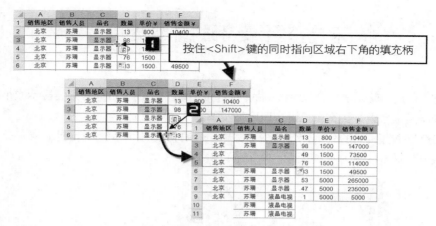

图 46-2　<Shift>键配合鼠标操作插入矩形单元格区域

技巧 **47**　快速插入多个行或列

因补充或扩展数据的需要，在 Excel 中插入行或列是一种常用的操作。当需要插入多行或多列时，如果没有一定的技巧，而采用笨拙的方式反复插入一行一列来实现，是非常低效和枯燥的。下面以插入多行为例，介绍两个技巧。

◆　<F4>功能键重复插入行操作。

选中需要插入多行的起始行，并插入一行，然后按<F4>功能键，以快捷方式重复插入一行，按多次<F4>功能键即可完成任务。

◆　选中多行再执行插入操作。

如果需要插入 100 行或更多，那么使用<F4>功能键的方式依然会显得很低效。此时可以先在需要插入的位置选中多行，然后按<Ctrl+Shift+=>组合键执行插入，如图 47-1 所示。

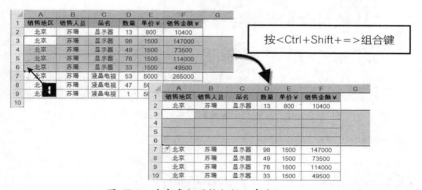

图 47-1　选中多行再执行插入命令

　如果选中的是单元格或区域，那么按**<Ctrl+Shift+=>**组合键可以开启【插入】对话框，如果选中的是整行或整列，那么按**<Ctrl+Shift+=>**组合键将直接插入行或列。

技巧 48　快速调整至最合适的列宽

列宽不足时，就无法完全显示该列的内容，而相应的数字、日期等则会显示成相应的错误。要想快速调整至最合适的列宽，可以参照以下步骤。

单击需要调整列宽的列标，选中整列数据。将鼠标指针指向列标分隔处，待光标变成左右双向十字箭头╬时双击，如图 48-1 所示。

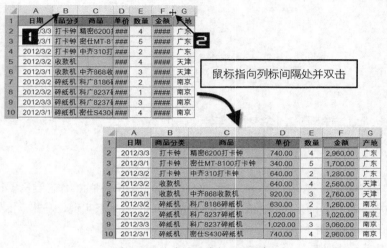

图 48-1　快速设置最合适的列宽

注意！ 如果某一列包含超长文本，调整至最合适的列宽后可能会导致整个屏幕被该列所占满，影响对整体表格的审阅，如图 48-2 所示。

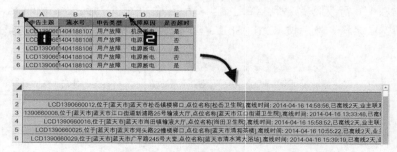

图 48-2　对于包含长文本的列，不宜直接调整至最合适的列宽

技巧 49　间隔插入空行的技巧

间隔插入空行的技巧主要在于序列值的构造及排序功能的运用。先构造合适的序列值，然后利用排序功能，即可轻松实现"隔行插入空行"。

49.1　隔行插入空行

如图 49-1 所示，若要在每条销售记录之间插入空行，可以参照以下步骤。

Step ❶	在销售数据右侧相邻列 **G2:G5** 单元格区域输入序列值 1、2、3……为每条记录分配一个数字。
Step ❷	复制 **G2:G5** 单元格区域并粘贴至 **G6:G9** 单元格区域，形成上下一致的两组数字序列。
Step ❸	在【数据】选项卡中单击【升序】按钮，在弹出的【排序提醒】对话框中选择【扩展选定区域】选项，单击【排序】按钮达到隔行间插空行的效果，如图 49-1 所示。

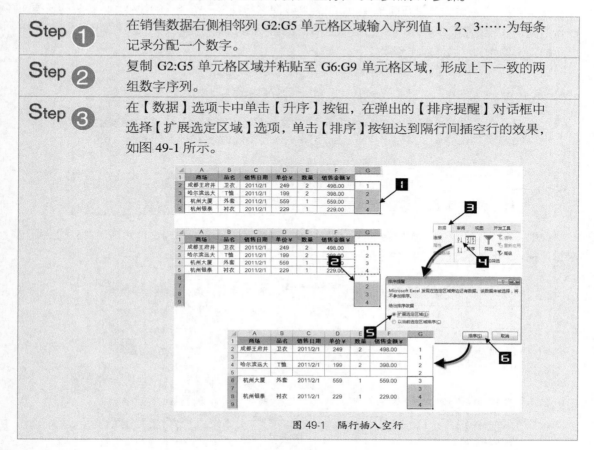

图 49-1　隔行插入空行

49.2　隔行插入多行空行

利用 49.1 介绍的技巧还可以轻松实现隔行插入多行空行的效果。技巧的关键是复制粘贴更多组数字序列，此时相同的数字中有多个数字对应空行，且位于下方，于是一经排序即达到了隔行插入多行空行的效果，如图 49-2 所示。

图 49-2　隔行插入两行

49.3　隔多行插入一行空行

参照 49.1 介绍的技巧进行简单变通，就能实现隔多行插入一行空行的效果。以每隔两行插入一行为例，即需要在第 2、4、6……行插入空格，于是只要新增序列值 2、4、6……即可。以图 49-3 所示的工资单为例，具体操作步骤如下。

Step ❶	在数据区域相邻列 F1:F8 单元格区域中输入序列值 1~8。
Step ❷	在 F9:F11 单元格区域中输入递增的等差数列 2、4、6。其中起始数字 2 与递增值 2 均对应"每隔两行插入一行"的两行，若要每隔 3 行插入一行则可以输入类似 3、6、9 的等差数列。
Step ❸	在【数据】选项卡中单击【升序】按钮，在弹出的【排序提醒】对话框中选择【扩展选定区域】选项，单击【排序】按钮。

此时，F9:F11 单元格区域新增的序列值 2、4、6 分别位于 F3、F6、F9 单元格，对应的空行也因排序插入到预期位置，如图 49-3 所示。

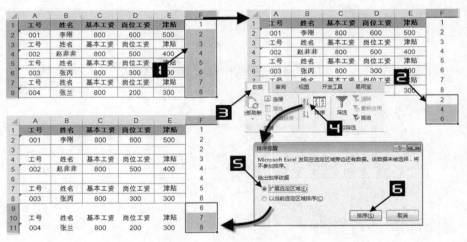

图 49-3　隔两行插入一行空行

提示！　若要实现隔多行插入多行的效果，只要在步骤 2 中生成多组相同的等差数列即可，即多组对应空行的数列。

技巧 50　以空行间隔非空行

如图 50-1 所示，右侧表格在每条销售记录之间均匀插入了一行空行，比左侧的表格显得更加清爽整洁。下面介绍两种具体的实现方式。

图 50-1 以空行间隔非空行效果

50.1 分步走方式

本技巧的难点在于处理存在的空行，将空行处理后就演变成技巧 49.1 所介绍的隔行插入空行技巧了。

◆ 沉降原始表格中的空行。

Step ❶	在 G2 单元格输入以下公式，并填充至整个 G2:G8 单元格区域。 `=IF(COUNTA(A2:F2),ROW(),100)` 思路解析：如果公式所在行是空行，则 COUNTA 函数返回 0,IF 函数返回足够大的数字（本例使用了 100）进行标记，如果所在行不是空行，则 COUNTA 函数返回非 0，IF 函数用 ROW 函数标记对应的行号。
Step ❷	单击 G2 单元格，使之成为当前活动单元格，便于 Excel 识别出即将执行的排序模式。
Step ❸	单击【数据】选项卡中的【升序】按钮，此时 A2:G8 单元格区域以 G 列的数据为依据进行升序排序，空行所对应的 G 列数据因为最大而沉降到底部，从而达到了清除原始表格空行的目的，如图 50-2 所示。

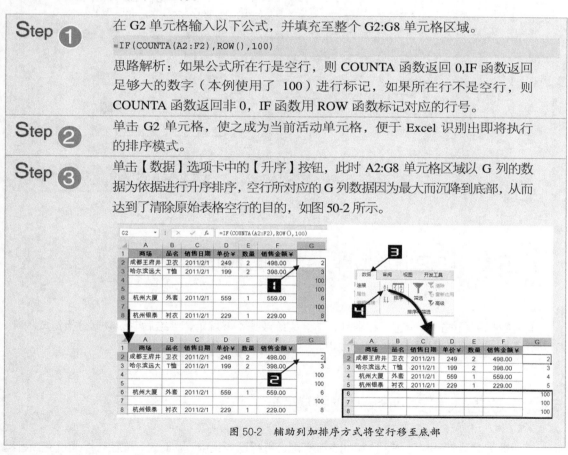

图 50-2 辅助列加排序方式将空行移至底部

◆ 隔行插入空行。

空行沉降到底部后，利用技巧 49.1，以隔行插入空行的技巧即可完成空行的插入。

50.2　一步到位方式

Step ①	在 G2 单元格输入以下公式，并填充至整个 G2:G8 单元格区域。 `=IF(COUNTA(A2:F2),ROW(),100)`
Step ②	复制 G2:G8 单元格区域，并通过"选择性粘贴-值"的方式粘贴至 G2:G8、G9:G15 单元格区域。
Step ③	在【数据】选项卡中单击【升序】按钮，在弹出的【排序提醒】对话框中选中【扩展选定区域】选项，单击【排序】按妞，如图 50-3 所示。

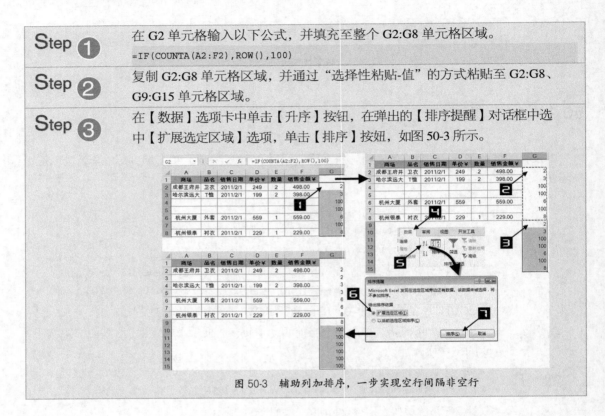

图 50-3　辅助列加排序，一步实现空行间隔非空行

技巧 51　快速删除所有空行和空列

有些数据列表往往含有空行和空列，这些原始数据不够规范，会给后期的数据分析造成困难，下面介绍快速删除所有空行和空列的技巧。

51.1　数据表包含列标题或关键列

一般数据表具有一定特征，比如拥有列标题、行标题或关键列。此时，往往可以通过空白标题单元格或关键列的空白单元格来定位空行和空列，然后删除对应的整行整列即可。下面以删除所有空列为例，介绍具体的操作步骤。

Step ①	选中数据表列标题 A1:F1 单元格区域，按<F5>键，打开【定位】对话框。

Step ② 　单击【定位条件】按钮，在【定位条件】对话框中选择【空值】选项，单击【确定】按钮，完成对列标题 C1、E1 空白单元格的定位。如图 51-1 所示。

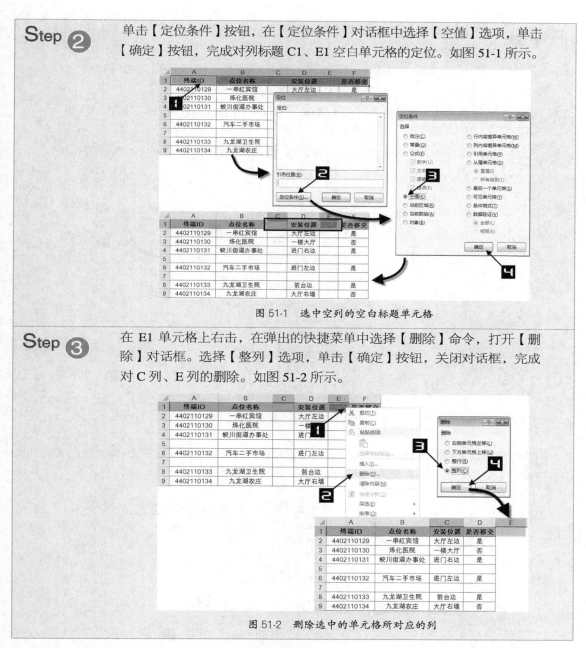

图 51-1　选中空列的空白标题单元格

Step ③ 　在 E1 单元格上右击，在弹出的快捷菜单中选择【删除】命令，打开【删除】对话框。选择【整列】选项，单击【确定】按钮，关闭对话框，完成对 C 列、E 列的删除。如图 51-2 所示。

图 51-2　删除选中的单元格所对应的列

　　若要快速删除所有空行，可以先在关键列 A 列数据区域中定位所有的空白单元格，然后删除对应的整行即可。

51.2　视觉上快速删除所有行

　　如果只是为了浏览数据，那么通过筛选可以实现视觉上的删除效果。若数据表拥有行标题或关键列，那么对相应的列进行筛选，即可快速屏蔽所有空行。如果该行的每一个单元格均为空白单元格，才确定为空行，本例介绍快速删除的方法。

Step ①	在数据表右侧相邻列 E2 单元格输入以下公式，并向下填充至 E9 单元格。 =IF(COUNTA(A2:D2),ROW(),"") 公式解析：COUNTA 函数返回数字 0，则表示该行是空行，IF 函数返回空文本""，否则 IF 函数返回对应的数字行号。
Step ②	选中 E1 单元格，单击【数据】选项卡中的【筛选】按钮，为 A1:E9 单元格区域开启"筛选"模式。
Step ③	单击 E1 单元格右侧的下拉按钮，取消勾选筛选列表中的【空白】复选框，单击【确定】按钮，如图 51-3 所示。

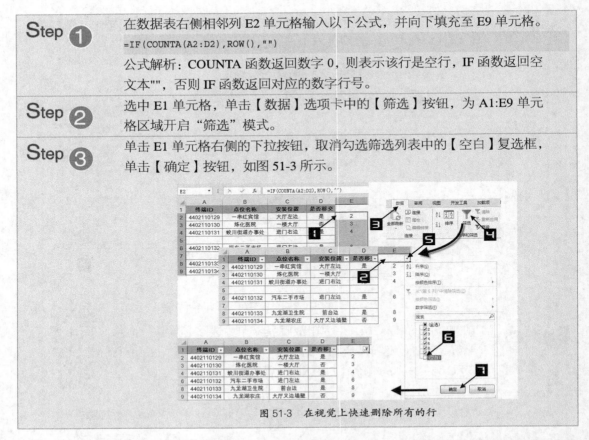

图 51-3　在视觉上快速删除所有的行

如此，在视觉上达到了删除空行的效果。若要真正删除空行，则可以在 E1 单元格的筛选列表中单独选中【空白】项，将其筛选出来删除即可，如图 51-4 所示。

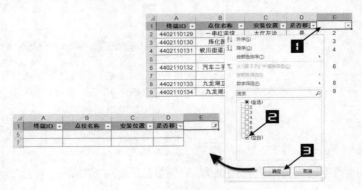

图 51-4　筛选出空行

51.3　辅助列配合排序

合理设计辅助列，利用排序功能将空行沉降到数据表底部，也是一种不错的"删除"方式。具体操作步骤如下。

Step ①	在数据表区域右侧相邻列的 E2 单元格输入以下公式，并将公式拖拉填充至 E9 单元格。 =IF(COUNTA(A2:D2),ROW(),"") 公式解析：COUNTA 函数返回数字 0，则表示该行是空行，IF 函数返回空文本""，否则 IF 函数返回对应的数字行号。在升序排序过程中，空文本大于所有数字，因此空行被沉降到数据表底部。
Step ②	选中 E2 单元格，在【数据】选项卡中单击【升序】按钮，如图 51-5 所示。

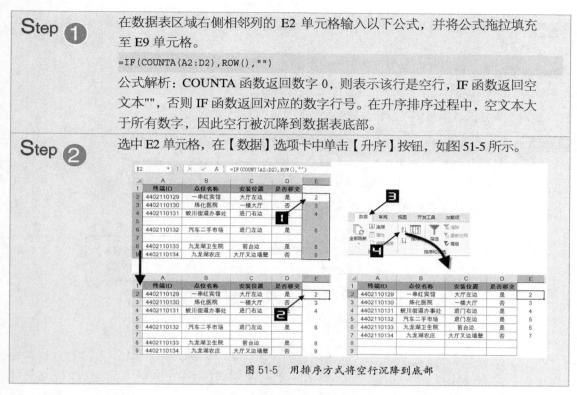

图 51-5　用排序方式将空行沉降到底部

若要快速删除所有列，同样可以利用辅助行和按行排序功能快速实现，如图 51-6 所示。有关按行排序的详细内容，请参阅技巧 104。

图 51-6　利用行排序快速删除空列

技巧 52　快速改变行列次序

52.1　一步实现剪切与插入

按一般的思路，要改变某列的位置，需要先插入一列，然后通过剪切粘贴的方式转移数据。或者先剪切该列，然后插入到目标位置。总之，都要用到两个步骤，本技巧介绍更简单的方法。

Step ①	选中 D1:D10 单元格区域，并将鼠标指向边框线，待鼠标变成四向十字箭头时按下<Shift>键。
Step ②	按住<Shift>键不放并拖动鼠标，此时会出现"工"字形的位置插入提示，拖动至目标位置后松开鼠标左键，如图 52-1 所示。

此时，原始区域的剪切及目标位置的插入两个步骤同时实现。

 在步骤 2 中，当鼠标穿越两行间隔位置时，将出现横向的"工"字形，该模式下 Excel 将向下移动单元格，为剪切的数据腾出空间。当鼠标穿越两列间隔位置时将出现拉长的"工"字形，该模式下 Excel 将向右移动单元格，为剪切的数据腾出空间。

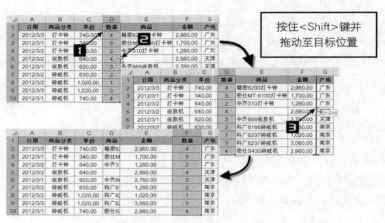

图 52-1　挤入式插入改变行列次序

52.2　按行排序方式

如果需要处理的数据表有很多列，而且要大批量调整列的次序，那么利用辅助行标记各列最终的次序，然后执行按行排序即可，如图 52-2 所示。

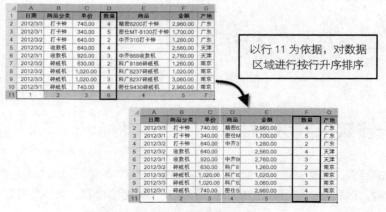

图 52-2　以排序方式快速改变列次序

有关按行排序的详细内容，请参阅技巧 104。

以上两个技巧不仅对改变列次序有效，对改变行次序同样有效，只是使用排序的方式时，辅助行调整为辅助列，按行排序变成通常的按列排序即可。

技巧 **53**　快速定位目标工作表

工作表标签位于工作簿窗口的底部，单击工作表标签即可选中相应的工作表。如果工作表标签较多，会导致目标工作表标签不在显示之列，此时可以调整分隔线，以显示更多的工作表标签，如图 53-1 所示。

图 53-1　调整滑块显示更多的工作表标签

如果目标工作表标签依然不在显示之列，可以单击【工作表导航栏】的左移右移按钮，以滚动显示工作表标签。按住<Ctrl>键的同时单击左移按钮，可以滚动到第一个工作表标签，按住<Ctrl>键的同时单击右移按钮，可以滚动到最后一个工作表，如图 53-2 所示。

图 53-2　快速定位最后一个工作表

如果工作表标签实在很多，可以在【工作表导航栏】区域单击鼠标右键，在弹出的【激活】对话框内双击目标工作表名称，即可选中相应的工作表，如图 53-3 所示。

图 53-3　令工作表标签一览无余的【激活】对话框

此外，按<Ctrl＋Page Up>和<Ctrl＋Page Down>组合键，可以快速切换到上一个工作表和下一个工作表。

技巧 54　控制工作表的可编辑区域

在实际工作中，经常需要依据统一的报表模板来收集各种信息，但收集来的数据列表往往五花八门，与模板相比已是面目全非，给后续的汇总合并等工作造成困难。要解决这种问题，就要限制工作表的编辑自由度，即控制工作表的可编辑区域。

每个单元格都具有【锁定】保护属性，默认情况下处于选中状态，可以在【设置单元格格式】对话框中进行设定。只有当单元格的【锁定】保护属性处于选中状态，并执行了【保护工作表】命令，单元格或区域的编辑才会受到限制。

54.1　设置可编辑单元格或区域

图 54-1 展示了一份收集员工 IP 与 MAC 地址的表格，直接执行【保护工作表】命令，所有的单元格都将无法编辑，如果希望 A 列和 B 列无法编辑，但 C 列至 E 列可以自由编辑，请参照以下步骤。

Step ❶　选中 C 列至 E 列，按<Ctrl+1>组合键打开【设置单元格格式】对话框，单击【保护】选项卡，取消【锁定】复选框的勾选，单击【确定】按钮，关闭对话框，完成对保护属性的修改，如图 54-1 所示。

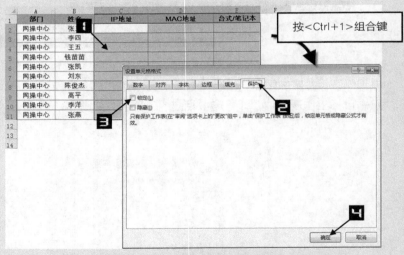

图 54-1　取消目标单元格区域的【锁定】保护属性

Step ❷　在【审阅】选项卡中单击【保护工作表】按钮，打开【保护工作表】对话框，单击【确定】按钮，关闭对话框，启用【保护工作表】命令，如图 54-2 所示。

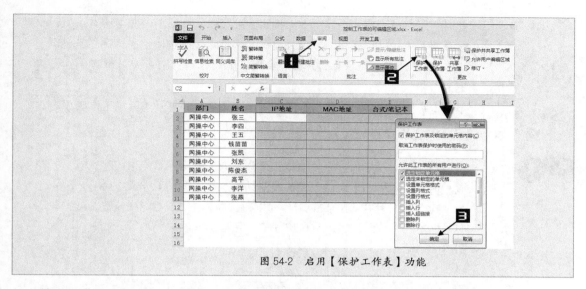

图 54-2　启用【保护工作表】功能

如果需要设置密码，可以在【保护工作表】对话框的【取消工作表保护时使用的密码】文本框中输入密码，单击【确定】按钮并完成对密码的确认即可。

54.2　设置限制编辑的单元格或区域

有时需要指定特定的单元格或区域无法编辑，而其余部分都允许编辑。但默认情况下所有单元格的【锁定】保护属性都处于选中状态，因此采用分批取消单元格或区域【锁定】保护属性的方式并不可取，当目标单元格或区域的位置不规则时更是如此。以限制编辑 B2:B11 单元格区域为例，下面介绍一种较先进的方法。

Step **1**　单击列标与行号交叉处的全选按钮，选中所有单元格，按<Ctrl+1>组合键打开【设置单元格格式】对话框，如图 54-3 所示。

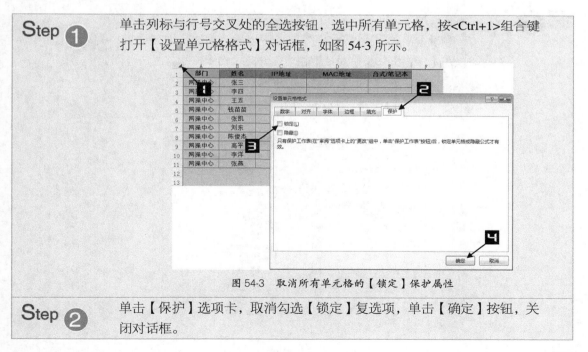

图 54-3　取消所有单元格的【锁定】保护属性

Step **2**　单击【保护】选项卡，取消勾选【锁定】复选项，单击【确定】按钮，关闭对话框。

	此时，所有单元格的【锁定】保护属性被翻转，均处于未选中状态，为后续直接选中目标单元格或区域并将保护属性设置为选中状态奠定了基础。
Step ③	选中 B2:B11 单元格区域，并参照步骤 1 步骤 2，将其【锁定】保护属性设置为选中状态。
Step ④	单击【审阅】选项卡，单击【保护工作表】命令，打开【保护工作表】对话框，单击【确定】按钮，执行工作表保护，如图 54-2 所示。

提示！

本技巧大致可以分为 3 个关键步骤，分别为选中目标单元格或区域、设置单元格的【锁定】保护属性以及执行【保护工作表】命令。其中第 1 步最富技巧性，比如可以借助【定位】功能快速选中目标单元格或区域，如空白单元格、包含公式的单元格等，如图 54-4 所示。

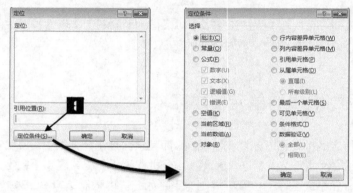

图 54-4　【定位】功能具有丰富的【定位条件】

提示！

默认情况下，执行【保护工作表】命令后很多操作都是被限制的，比如设置格式、插入删除行列、排序及自动筛选等。实际上，可以在【保护工作表】对话框的【允许此工作表的所有用户进行】列表框中勾选相应的复选框，即可重启开启该项功能，如图 54-5 所示。

图 54-5　可自由设置保护工作表后所允许的操作

技巧 **55**　锁定与隐藏单元格中的公式

　　依照技巧 54 介绍的方法，对公式单元格应用【锁定】属性并保护工作表后，即可使工作表中的公式不被删除或修改，此外还可以在保护公式单元格的同时隐藏公式内容，如图 55-1 所示。下面介绍具体的实现步骤。

图 55-1　单元格公式被隐藏的效果

Step ❶	单击列标与行号交叉处的全选按钮，选中所有单元格，按<Ctrl+1>组合键，打开【设置单元格格式】对话框。
Step ❷	单击【保护】选项卡，取消勾选【锁定】的复选项，单击【确定】按钮，关闭对话框。 至此，工作表所有单元格的【锁定】和【隐藏】保护属性都处于未选中状态，成为后续操作初始状态。
Step ❸	按<F5>功能键，打开【定位】对话框，单击【定位条件】按钮，选择【公式】选项，单击【确定】按钮，完成对目标公式单元格区域的选定，如图55-2 所示。

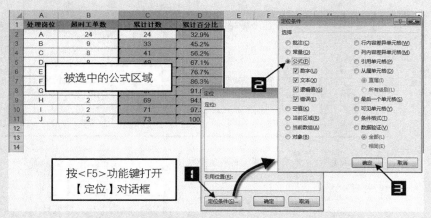

图 55-2　批量选中工作表中包含公式的单元格

Step ❹	按<Ctrl+1>组合键，打开【设置单元格格式】对话框，单击【保护】选项卡，勾选【锁定】和【隐藏】的复选框，单击【确定】按钮，完成设置，如图 55-3 所示。
Step ❺	单击【审阅】选项卡→【保护工作表】命令，打开【保护工作表】对话框，单击【确定】按钮，执行工作表保护，如图 54-2 所示。

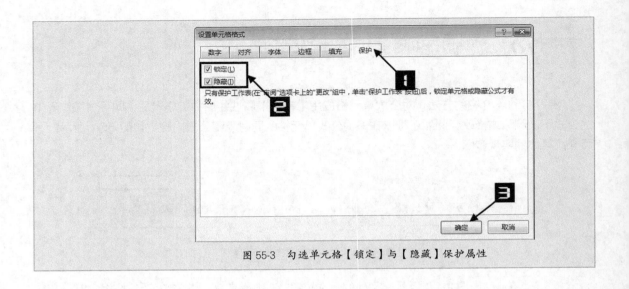

图 55-3　勾选单元格【锁定】与【隐藏】保护属性

技巧 56　单元格区域权限分配

收集信息时，经常会发生一张工作表由多人填报，有时还会指定不同的人填写不同区域的情况。但是，最终填写的信息位置往往与期望不符，如图 56-1 所示，原本希望"资源室"的人填写 B 列，"网操"的人填写 C、D 列，但最后的结果并不是这样。

	A	B	C	D
1	订单编号	资源发起	工单施工	工单核实
2	CRM2014-001	徐杰		
3	CRM2014-002	黄马		
4	CRM2014-003	周宏		
5	CRM2014-004	黄马		
6	CRM2014-005	周宏		
7	CRM2014-006	周宏		
8	CRM2014-007	徐杰		
9	CRM2014-008	徐杰		

	A	B	C	D
1	订单编号	资源发起	工单施工	工单核实
2	CRM2014-001		范哲	宋波
3	CRM2014-002		范哲	郑德志
4	CRM2014-003		宋波	郑德志
5			宋波	范哲
6			郑德志	范哲
7	CRM2014-006		郑德志	宋波
8	CRM2014-007		宋波	范哲
9	CRM2014-008		宋波	范哲

期望填写的单元格位置

	A	B	C	D
1	订单编号	资源发起	工单施工	工单核实
2	CRM2014-001	徐杰		
3	CRM2014-002	黄马		
4	CRM2014-003	周宏		
5	CRM2014-004	黄马		
6	CRM2014-005	周宏		
7	CRM2014-006	周宏		
8	CRM2014-007	徐杰		
9	CRM2014-008	徐杰		

	A	B	C	D
1	订单编号	资源发起	工单施工	工单核实
2	CRM2014-001	范哲	宋波	
3	CRM2014-002	范哲	郑德志	
4			郑德志	
5			范哲	
6			范哲	
7	CRM2014-006	郑德志	宋波	
8	CRM2014-007	宋波	范哲	
9	CRM2014-008	宋波	范哲	

实际填写的单元格位置

图 56-1　实际填写的信息位置与期望不符

取消勾选目标单元格区域的【锁定】保护属性，并执行【保护工作表】命令，必要时设置密码，可迫使用户在指定区域编辑信息，但这种方式无法为不同的区域分配不同的密码。使用【允许用户编辑区域】命令可以达到此目的，通过设置多个可编辑区域，并为不同的区域分配不同的密码，从而达到"单元格区域权限分配"的目的。下面介绍具体的实现步骤。

◆　设置【允许用户编辑区域】命令。

Step ①	选中需要设置编辑权限的区域（如 B2:B9），在【审阅】选项卡中单击【允许用户编辑区域】按钮，打开【允许用户编辑区域】对话框，单击【新建】按钮，打开【新区域】对话框。
Step ②	在【标题】文本框中输入合适的文本，比如"资源"，在【区域密码】文本框中输入密码，比如"123"。
Step ③	单击【确定】按钮，并在弹出的【确认密码】对话框中输入步骤 2 所输入的密码"123"，单击【确定】按钮，返回【允许用户编辑区域】对话框，如图 56-2 所示。
Step ④	单击【确定】按钮，关闭【允许用户编辑区域】对话框。至此完成了对 B2:B9 单元格区域的权限设置，密码为"123"。
Step ⑤	参照步骤 1 至步骤 4，为 C2:D9 单元格区域设置权限，设置【标题】为"网操"，【区域密码】为"456"。

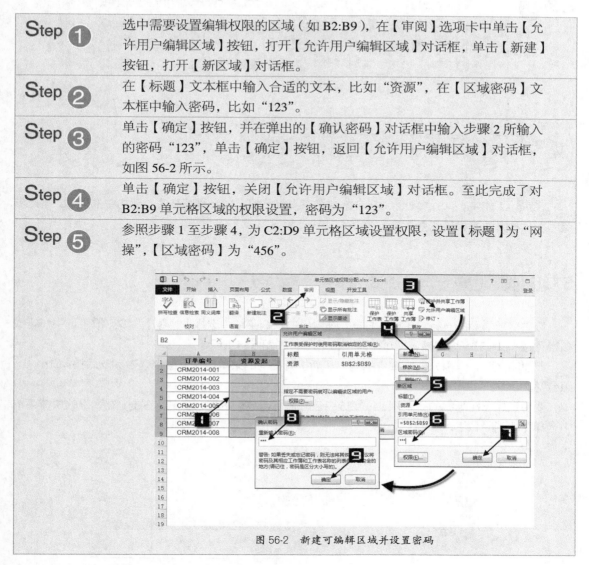

图 56-2　新建可编辑区域并设置密码

◆　执行【保护工作表】命令。

Step ⑥	在【审阅】选项卡中单击【保护工作表】按钮，打开【保护工作表】对话框，单击【确定】按钮，关闭对话框，执行【保护工作表】命令，如图 54-2 所示。

至此，初次编辑 B2:B9 或 C2:D9 单元格区域时会弹出【取消锁定区域】对话框，输入正确密码后才能编辑相应区域，如图 56-3 所示。

图 56-3　凭借密码编辑指定的区域

> 提示！将区域设置为【允许用户编辑区域】后，即使勾选了单元格的【锁定】保护属性，执行【保护工作表】命令后依然可以凭借【区域密码】进行编辑。如果【区域密码】为空，则可直接进行编辑。【允许用户编辑区域】命令在执行【保护工作表】命令后才生效。

技巧 57　隐藏工作表内的数据

在实际工作中，有时需要隐藏工作表中的某些行和列，或者屏蔽某些单元格中的数据，可以参照以下几种方法来实现这些效果。

57.1　隐藏整行、整列数据

选中需要隐藏的一行或多行，右击，在弹出的快捷菜单中选择【隐藏】命令，或者选中一行或多行后按<Ctrl+9>组合键，即可隐藏相应的行，如图 57-1 所示。

要想隐藏列，只需先选中相应的列，然后执行相同的菜单操作，或者选中列以后按<Ctrl+0>组合键。

要想还原已经隐藏的行或列，只要选中包含目标行或列的多行多列，右击，在弹出的快捷菜单中选择【取消隐藏】命令即可。

图 57-1　隐藏行的两种方式及效果

57.2　隐藏单元格中的数据

如果需要隐藏的数据与需要显示的数据处在同一行或同一列，那么整行整列的隐藏方式是不能达到要求的。此时可以使用一些技巧来快速隐藏单元格中的数据，使其不可见或不易察觉。除将单元格的字体颜色与背景颜色设置相同外，还可以通过设置单元格格式来完成。

选定目标单元格，按<Ctrl+1>组合键打开【设置单元格格式】对话框，单击【数字】选项卡，并在【分类】列表框中选择【自定义】项目，在右侧的【类型】文本框中输入"；；；"（3 个分号），单击【确定】按钮关闭对话框，如图 57-2 所示。

按以上方式设置单元格格式后，单元格将显示空白，实现视觉上的隐藏效果，但实际数据并未删除。

此时，选中单元格仍然可以在编辑栏中查看具体的数据。若要隐藏编辑栏中的数据，可以在【设置单元格格式】对话框的【保护】选项卡中勾选【隐藏】保护属性，然后执行【保护工作表】命令，可参考技巧 55。

提示！
"；；；"是特殊的单元格自定义格式代码。完整的单元格自定义格式代码一般有 4 个区段，各区段之间用"；"间隔，分别为各种不同类型的数据（比如正数、负数、零、文本）设置格式代码。因此，格式代码"；；；"表示对于任意类型的数据都不用任何格式代码，于是单元格显示空白。

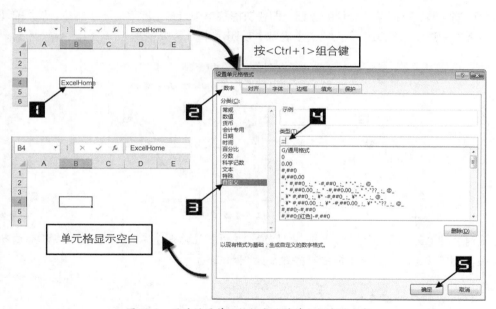

图 57-2　通过设置单元格格式隐藏单元格中的内容

技巧 58　隐藏与绝对隐藏工作表

在实际工作中，为了保护基础性数据和过程数据，常常隐藏相应工作表。根据隐藏的深度，可以分为一般隐藏和绝对隐藏。绝对隐藏的工作表不会在右键菜单中出现【取消隐藏】命令，因此具有更高的隐秘性。下面依次介绍。

58.1　普通隐藏

将鼠标指针指向目标工作表标签（如 Sheet2），右击，在弹出的快捷菜单中选择【隐藏】命令，即可隐藏目标工作表，如图 58-1 所示。

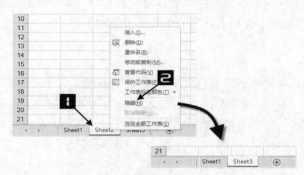

图 58-1　隐藏工作表

若要取消隐藏，可以采取相似的过程，即在快捷菜单中选择【取消隐藏】命令，然后在【取消隐藏】对话框中选中目标工作表，单击【确定】按钮，如图 58-2 所示。

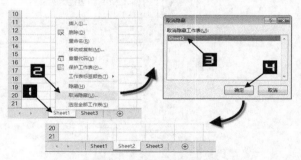

图 58-2　取消隐藏工作表

若要对隐藏的工作表作进一步保护，可以通过【保护工作簿】命令保护工作簿结构。保护工作簿结构后，相应的【取消隐藏】命令将失效，如图 58-3 所示。

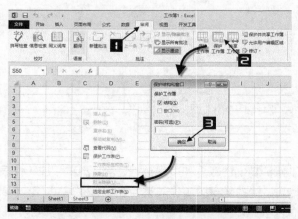

图 58-3　执行【保护工作簿】命令后无法取消隐藏工作簿

58.2　绝对隐藏

除执行【工作簿保护】命令外，还有一种更为隐秘的方式可以深度隐藏工作表。隐藏工作表后，右键菜单中不会出现【取消隐藏】命令，可以按以下步骤操作。

Step ❶	按<Alt+F11>组合键打开 VBA 编辑器，在【工程】窗格中选中目标工作表（如 Sheet3)。
Step ❷	在【属性】窗格中设置 Sheet3 工作表的【Visible】属性，选择"2-xlSheetVeryHidden"。 【Visible】属性的 3 个属性值-1、0、2 分别代表可见、隐藏和绝对隐藏。
Step ❸	再次按<Alt+F11>组合键，返回工作簿窗口，如图 58-4 所示。

此时，打开【取消隐藏】对话框后只会出现 Sheet2 项(普通隐藏的工作表)，而不会出现 Sheet3 项，这样 Sheet3 被隐藏得更彻底。

提示！　默认情况下，【工程】和【属性】窗格都是开启的，如果没有开启，可以在 VBA 编辑器【视图】菜单中选择【工程资源管理器】和【属性窗口】来开启。

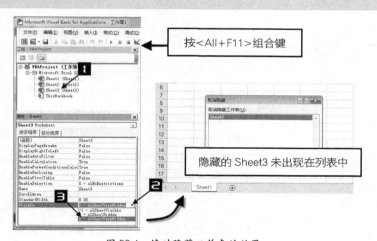

按<Alt+F11>组合键

隐藏的 Sheet3 未出现在列表中

图 58-4　绝对隐藏工作表的效果

技巧 59　神奇的选择性粘贴

复制与粘贴是 Excel 中最常见的操作之一。复制的是单元格或区域，而单元格和区域包含很多属性，比如公式、值、格式、列宽等，可以根据需要选择其中的一种或几种进行粘贴，以达到灵活运用的目的。

此外，在复制粘贴过程中还可以加入一些简单的处理，比如进行行列转换，用复制的值与目标单元格进行简单运算等。Excel 中与之对应的功能称为【选择性粘贴】。进行复制操作后单击【开始】选项卡中的【粘贴】下拉按钮，或者右击，均可在相应的菜单中看到此命令，单击该命令后即可打开【选择性粘贴】对话框，如图 59-1 所示。

图 59-1　调用【选择性粘贴】对话框的两种方式

59.1　选择性粘贴选项

如图 59-1 所示，【选择性粘贴】对话框中有很多选项，下面对其含义进行简要解释，具体见表 59-1。

表 59-1　　　　　　　　　　　　　　　选择性粘贴选项

选　项	快捷按钮	含　义
全部	📋	粘贴所复制单元格的所有内容和格式
公式	📋	仅粘贴所复制单元格的值和公式，即含公式的粘贴公式，不含公式的粘贴单元格的值
数值	📋	仅粘贴所复制单元格的值
格式	📋	仅粘贴所复制单元格的单元格格式
批注	无	仅粘贴原始区域单元格的批注
验证	无	将所复制的单元格的数据有效性验证规则粘贴到粘贴区域
所有使用源主题的单元格	📋	粘贴所有单元格内容，并保留复制源先前使用的主题格式
边框除外	📋	粘贴应用到所复制的单元格的所有单元格内容和格式，边框除外
列宽	📋	将所复制的某一列或某个列区域的宽度粘贴到另一列或另一个列区域，需要注意对应快捷按钮的功能是保留源列宽进行粘贴
公式和数字格式	📋	仅粘贴所复制的单元格中的公式、值和所有数字格式选项
值和数字格式	📋	仅粘贴所复制的单元格中的值和所有数字格式选项
所有合并条件格式	📋	合并复制源区域和粘贴目标区域的条件格式
运算	无	对复制的值和目标单元格的值进行运算
跳过空单元格	无	如果选中此复选框，则当复制区域中有空单元格时，空单元格将当做透明处理，以避免空单元格覆盖目标单元格
转置	📋	选中此复选框，可将所复制区域进行行列互换，即第 i 行变成第 i 列，数据行沿工作表平面沿顺时针方向旋转 90 度
粘贴链接	📋	将原始区域粘贴到目标区域时自动生成公式，建立链接，即目标单元格的公式是指向原始区域单元格的一个引用

使用【选择性粘贴】时，某些粘贴选项可以分次进行，产生叠加效果，以更灵活地实现个性化的需求。

59.2　运算的妙用

【选择性粘贴】的运算选项有很多妙用，比如通过运算将文本型的数字转换为数值型数字，批量取消超链接，对两个结构完全相同的表格进行数据汇总，对单元格区域的数值进行整体调整等。

1. 文本型数字转换为数值型数字

如图 59-2 所示，其中的数据是文本型数字，这种数字默认情况下是左对齐，且左上角有绿色小三角标记，将文本型数字误当数值型数字使用可能会意外出错，因此需要将其转换为数值型，具体操作如下。

图 59-2　文本型数字

Step ①　复制一个空白单元格（运算时数值相当于 0）。

Step ②　选中 A1:D8 单元格区域，调出【选择性粘贴】对话框。

Step ③　在【粘贴】区域选中【数值】选项按钮，在【运算】区域选中【加】选项按钮，按【确定】按钮关闭【选择性粘贴】对话框，如图 59-3 所示。

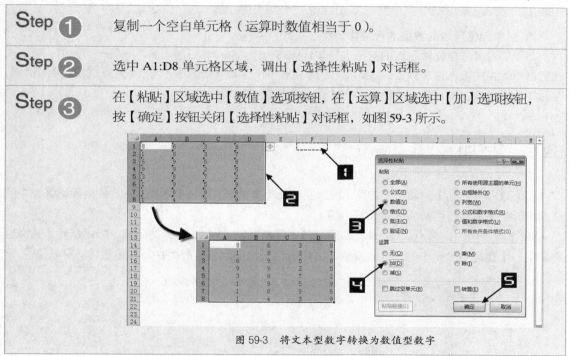

图 59-3　将文本型数字转换为数值型数字

2. 取消超链接

复制空白单元格，然后选中包含超链接的单元格区域，通过【选择性粘贴】→【加】运算的方式可以快速取消超链接。

3. 数据汇总

图 59-4 所示是 3 个格式完全一致的表格，目前需要对其进行汇总，利用【选择性粘贴】的运算功能可以轻松地实现。具体操作步骤如下。

	A	B	C	D	E	F	G	H	I	J	K
1	店1	商品A	商品B		店2	商品A	商品B		店3	商品A	商品B
2	1月	8	7		1月	5	6		1月	3	7
3	2月	5	3		2月	1	0		2月	1	0
4	3月	8	1		3月	5	4		3月	2	3
5	4月	0	1		4月	2	0		4月	2	4
6											
7											
8	汇总	商品A	商品B								
9	1月	16	20								
10	2月	7	3								
11	3月	15	8								
12	4月	4	5								

图 59-4　用【选择性粘贴】-【加】进行汇总

Step ①	复制第一个表格的数据区域,即 B2:C5 单元格区域,并把它粘贴到 B9:C12 单元格区域。
Step ②	复制第 2 个表格的数据区域,即 F2:G5 单元格区域,并通过【选择性粘贴】→【加】的方式粘贴到 B9:C12 单元格区域。
Step ③	重复操作步骤 2,同样以【选择性粘贴】→【加】的方式,将第 3 个表格的数据区域粘贴到 B9:C12 单元格区域,最终实现多个表格的数据汇总。

4. 对单元格区域的数据进行整体调整

如果要对某个单元格区域的数据进行整体调整,比如统一加、减、乘、除同一个数值,可以先在空白单元格中输入这个数值,并复制它,然后选中目标单元格区域,调出【选择性粘贴】对话框,在其中选择对应的运算方式,最后单击【确定】按钮关闭对话框即可。

59.3　粘贴时忽略空单元格

在【选择性粘贴】对话框中勾选【跳过空单元】复选框,可以有效防止 Excel 用原始区域中的空白单元格覆盖目标区域中的单元格内容。

如图 59-5 所示,将 A1:B10 单元格区域的内容复制到 E1:E10 单元格区域,如果使用【选择性粘贴】→【跳过空单元】的方式,那么 F4 和 F6 单元格中原有的数据在完成粘贴后仍得以保留。

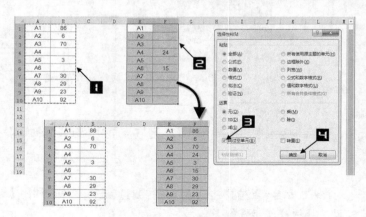

图 59-5　粘贴时跳过空白单元格

如果 A1:B10 单元格区域替换为一张数据汇总表,E1:F10 单元格区域是具有相同结构个别数据最新值反馈表,那么使用【选择性粘贴】的【跳过空单元】功能可以快速更新汇总表中的数据。

59.4　转置

执行【选择性粘贴】→【转置】命令，能够让原始区域在粘贴后行列互换，而且自动调整所有公式，以便在转置后仍能继续正常计算。如图 59-6 所示，A1:D6 单元格区域执行【转置】后，"产品名称"变成了列标题，而"月份"变成了行标题。

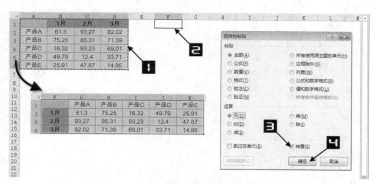

图 59-6　使用【转置】进行行列互换

59.5　粘贴链接

如果执行【选择性粘贴】→【粘贴链接】命令，那么粘贴区域将创建一组公式，以建立和数据源的动态链接，粘贴区域的公式为指向数据源单元格的引用，如图 59-7 所示。此后，当数据源的数据发生变化时，粘贴区域的数据会及时更新。

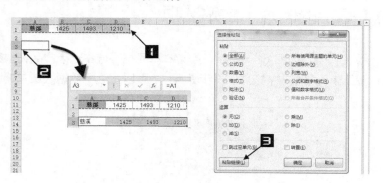

图 59-7　以【粘贴链接】方式创建动态链接

59.6　合并条件格式

【选择性粘贴】对话框中的【所有合并条件格式】选项，只有当复制的单元格或单元格区域包含条件格式，或目标粘贴区域工作表包含条件格式时才可用。

如图 59-8 所示，A1:A8 单元格区域含有"数据条"条件格式，C1:C8 单元格区域含有"色阶"条件格式，使用【选择性粘贴】→【所有合并条件格式】功能，即可将两个区域中使用的条件格式合并在一起，操作后的 C1:C8 单元格区域同时具有"数据条"和"色阶"条件格式。

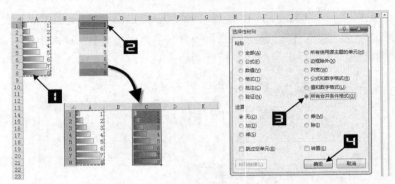

图 59-8　合并条件格式

技巧 60　Excel 的摄影功能

如果希望在 Excel 中把某一区域的数据同步显示在另外一个区域，较常见的方法是使用粘贴链接，利用公式来引用原始区域的内容（请参阅技巧 59）。

使用 Excel 的摄影功能能够更好地完成这个任务。

60.1　使用【链接的图片】粘贴选项

比如有这样一张工作表，如图 61-1 所示，A1:D6 单元格区域中记录产品销售数据，这些数据不但有数值，还设置了单元格格式。按照以下步骤操作，可以把这一数据区域完美地同步呈现在另一个区域中。

	A	B	C	D
1		1月	2月	3月
2	产品A	35.96	93.38	90.03
3	产品B	39.9	65.71	45.07
4	产品C	6.79	15.61	29.74
5	产品D	36.49	87.97	13.37
6	产品E	54.3	84.63	97.84

图 60-1　原始数据区域

Step ❶	选中 A1:D6 单元格区域，然后按<Ctrl+C>组合键对其进行复制。
Step ❷	在空白区域选中某一单元格，用于存放带链接的图片，例如选中 A8 单元格。
Step ❸	在【开始】选项卡中依次单击【粘贴】→【链接的图片】，完成对 A1:D6 单元格区域的摄影，如图 60-2 所示。

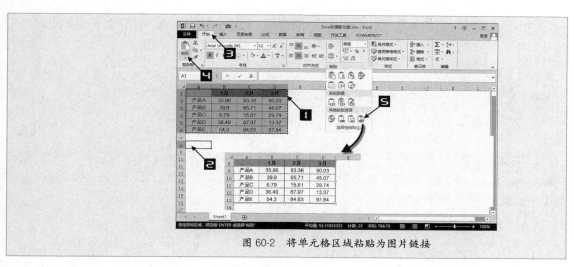

图 60-2　将单元格区域粘贴为图片链接

此时，得到一个与原始区域丝毫不差的图片，并且该图片与原始区域保持同步，即原始区域的任何改动都会体现在图片上。带链接的图片不仅可以放置在原始区域同一工作表的不同区域，而且可以自由地移动到其他工作表或其他工作簿，以更好地满足数据查阅的需要。

60.2　使用"照相机"功能

要使用【照相机】功能，首先需要将该命令添加到【快速访问工具栏】，如图 60-3 所示。具体添加步骤请参阅技巧 9.2。

图 60-3　添加【照相机】命令

Step ①	选定 A1:D6 单元格区域。
Step ②	在【快速访问工具栏】中单击【照相机】按钮，此时光标变成十字形。
Step ③	在单元格区域任意位置单击，即可完成摄影任务，如图 60-4 所示。

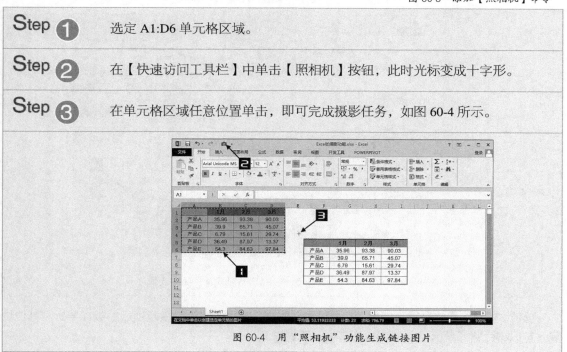

图 60-4　用"照相机"功能生成链接图片

使用"照相机"功能得到的图片与使用技巧 60.1 中介绍的方法所得到的图片完全相同。

技巧 **61**　快速删除重复记录

在实际工作中，经常需要在一列或多列数据中提取不重复数据记录，采用人工方式往往低效甚至难以完成。Excel【数据】选项卡中的【删除重复项】功能非常强大，可以快速删除单列或多列数据中的重复项，下面依次介绍。

61.1　单列数据表

如图 61-1 所示，A 列是各种商品名称，目前需要从中提取一份不重复的商品名称清单，具体操作步骤如下。

Step ❶	选中单列数据区域，如 A1:A30 单元格区域，也可以直接选中整个 A 列。
Step ❷	在【数据】选项卡中单击【删除重复项】命令，打开【删除重复项】对话框。
Step ❸	单击【确定】按钮，关闭【删除重复项】对话框，在弹出的【Microsoft Excel】对话框中单击【确定】按钮，如图 61-1 所示。

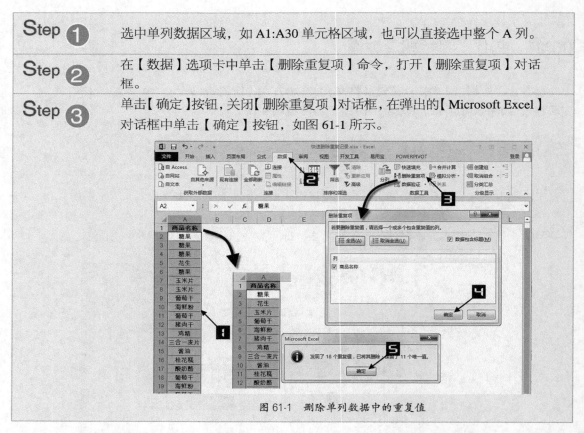

图 61-1　删除单列数据中的重复值

此时，直接在原始区域返回删除重复项后的清单。如果要将删除重复项后的数据导出到其他位置，可以事先将原始区域复制到目标区域，再进行此操作。

61.2　多列数据表

如图 61-2 所示，原始表是一份商品的销售记录表，目标是从中提取各营业员的班务信息（上班日期）。利用【删除重复项】功能，选择"销售日期"、"营业员"作为记录是否重复的参考，即可得到去重复后每个营业员的上班日期，具体操作步骤如下。

Step ①	选中数据区域内的任意单元格，如 A1 单元格。
Step ②	单击【数据】选项卡中的【删除重复项】命令，打开【删除重复项】对话框。
Step ③	单击【取消全选】按钮，在【列】下拉列表中勾选【销售日期】和【营业员】复选框，单击【确定】按钮，关闭【删除重复项】对话框，然后再单击【确定】按钮，关闭弹出的【Microsoft Excel】提示对话框，如图 61-2 所示。

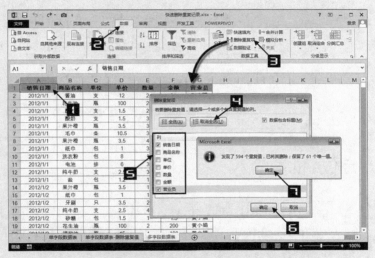

图 61-2　根据指定的多列删除重复项

Step ④	依次以"销售日期"和"营业员"作为排序依据，对数据区域进行排序，即可在"销售日期"列得到每个营业员的上班日期，即班务信息，如图 61-3 所示。

图 61-3　销售日期即为营业员的上班日期

注意　　【删除重复项】命令在判定重复项时不区分字母大小写，但是对于数值型数据，将考虑对应单元格的格式，如果数值相同但单元格格式不同，则可能判断为不同的数据。因此，想要避免意外发生，需要保证同列的数据具有相同的单元格格式，这也是数据表的基本要求。

技巧 62　快速填充区域内的空白单元格

如果一张工作表包含过多的空白单元格，很容易让人怀疑数据的完整性，如图 62-1 所示。因此，需要对空白单元格进行快速填充，比如填充为 "-"（中杠），下面介绍两种具体的实现方法。

	A	B	C	D	E	F	G
1	年份	用户名称	合同或销货单号	产品大类	数量	合同金额	
2	2012	广西	X3709-064	大米	1	158000	
3	2012	四川省	X3710-001	大米	1	142000	
4	2012	四川省		大米			
5	2012	新疆	X3710-002	葡萄干	1	300000	
6	2012						
7	2012	新疆		葡萄干			
8	2012	四川省	X3710-003	大米	1	200000	
9	2012	四川省		大米			
10	2012	四川省		大米			
11	2012	内蒙古	X3710-004	枸杞	1	250000	
12							

图 62-1　过多的空白单元格显得数据不完整

62.1　定位+批量输入

Step ①　选中 A1:F11 单元格区域，按<F5>键打开【定位条件】对话框，选择【空值】单选按钮，单击【确定】按钮，即可批量选中空白单元格，如图 62-2 所示。

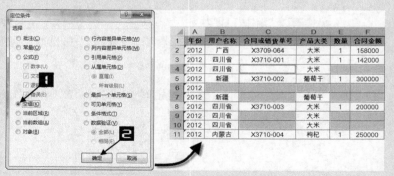

图 62-2　批量定位空白单元格

Step ②　保持空白单元格处于选中状态，输入 "-"，并按<Ctrl+Enter>组合键完成批量录入，如图 62-3 所示。

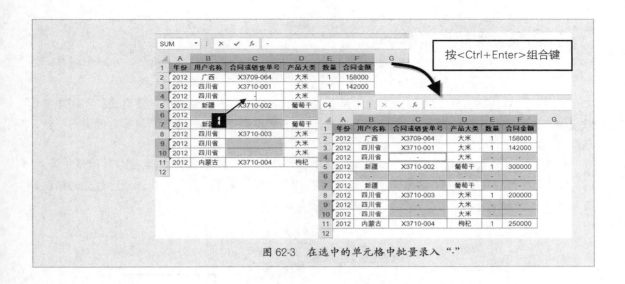

图 62-3　在选中的单元格中批量录入 "-"

62.2　替换法

Step ❶	选中 A1:F11 单元格区域，按<Ctrl+H>组合键打开【查找和替换】对话框。
Step ❷	在【替换】选项卡的【查找内容】文本框中保持空白，在【替换为】文本框中输入 "-"，单击【全部替换】按钮。此时，空白单元格已被替换成 "-"。
Step ❸	单击【确定】按钮关闭弹出的【Microsoft Excel】对话框，单击【关闭】按钮，关闭【查找和替换】对话框，如图 62-4 所示。

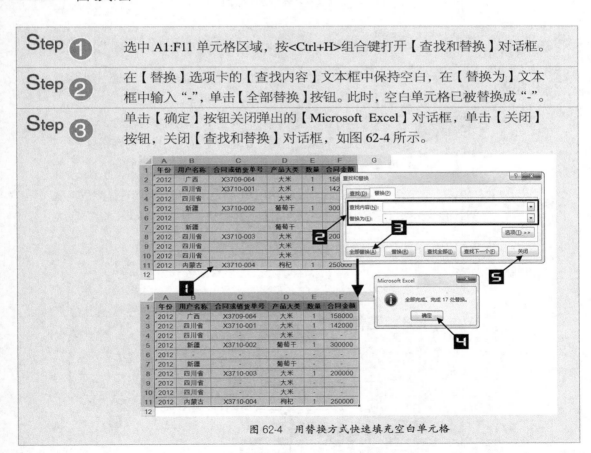

图 62-4　用替换方式快速填充空白单元格

技巧 **63**　批量删除换行符

将数据从其他系统导入到 Excel 时，常常会包含大量的换行符、空格或其他不可见的不明字符。掌握快速删除这些字符的方法，非常有实际意义，因为它们使得单元格的显示与真实存储值不一致，从而在比对数据时出错。

如图 63-1 所示，根据"姓名"查询员工"才艺"时，由于基础表中的内容是从其他系统导入的，各单元格都包含换行符，这将导致使用"姓名"作为查找值来匹配数据时出现查无数据的错误。按照以下步骤操作可以快速删除目标区域中的换行符。

图 63-1　不可见换行符导致查询不匹配

Step **1**	选中 A:B 两列，按<**Ctrl+H**>组合键打开【查找和替换】对话框。
Step **2**	将光标定位至【查找内容】文本框，然后按住<**Alt**>键，并用数字小键盘输入 1 和 0；在【替换为】文本框中不输入任何字符，保持为空。
	注意 输入的换行符不但不可见，而且不占任何字符位置，但的确存在。因此，不要重复输入，否则查找的内容将变成连续两个换行符，反而查找不到要替换的换行符。
Step **3**	单击【全部替换】按钮执行替换，单击【确定】按钮，关闭替换完成提醒对话框。单击【关闭】按钮，关闭【查找和替换】对话框，如图 63-2 所示。

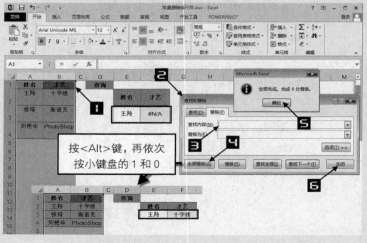

图 63-2　删除换行符后公式正常运行

此时，基础表中的所有换行符均被删除，公式返回预想结果。

提示！ 判断单元格中含有换行符的方法如下，选中单元格并展开编辑栏，查看编辑栏中的字符是否分行显示。或者，选中单元格并将列宽调整至足够大，查看单元格中的文本是否依然分行显示，如果是，则表明包含换行符。

提示！ 如果要批量删除空格，可以在【查找和替换】对话框的【查找内容】文本框中输入一个空格进行替换；如果要删除不可见的不明字符，可以先选中相应单元格，并在编辑栏中复制一个不明字符，然后粘贴到【查找内容】文本框中进行替换。

注意！ 如果要在整个工作表范围内删除所有换行符，应确保只选中一个单元格。当选中的单元格为两个或两个以上时，Excel 将自动限定在选定区域内进行查找和替换。

技巧 64　模糊匹配查找数据

用户常常需要搜索某一类有规律的数据，比如以"徐"开头的人名，以"B"结尾的货品编码，或者包含"66"的电话号码等。这时就不能以完全匹配目标内容的方式来精确查找，而需要利用 Excel 提供的通配符进行模糊查找。

在 Excel 中，有两个可用的通配符用于模糊查找，分别是半角问号"?"和星号"*"。半角问号"?"可以在搜索目标中代替任何单个的字符，而星号"*"可以代替任意多个连续的字符，包括空字符。

在【查找和替换】对话框中单击【选项】按钮后，对话框将会扩展，默认情况下【单元格匹配】复选框未被勾选，如图 64-1 所示。

图 64-1　默认设置下未勾选"单元格匹配"复选框

此时查找"徐*"，将匹配所有包含"徐"的单元格。勾选【单元格匹配】复选框后，查找"徐*"将仅匹配以"徐"起始的单元格。更多的匹配规则请参阅表 64-1。

表 64-1　　模糊搜索

搜索目标	查找内容写为	备注
以“徐”开头的单元格	徐*	勾选“单元格匹配”
以“B”结尾的单元格	*B	勾选“单元格匹配”
包含“66”的电话号码	66	取消勾选“单元格匹配”
“王”姓双名的姓名	王??	勾选“单元格匹配”
任意单姓，单名为“强”的人名	?强	勾选“单元格匹配”

如果要查找通配符本身，可以在【查找内容】文本框输入通配符之前先输入半角“~”字符进行转义，即将通配符作为普通字符对待，如表 64-2 所示。

表 64-2　　查找通配符

搜索目标	查找内容写为	备注
?Print	~?Print	勾选“单元格匹配”
**	~*~*	勾选“单元格匹配”
~	~~	勾选“单元格匹配”

模糊查找相应规则除了可以在“查找和替换”功能中使用，在“筛选”功能中也经常用到，规则是相通的，多实践是掌握该技巧的最好方法。

技巧 65　按单元格格式进行查找

图 65-1 所示为一片数据区域，其中数值大于 15 的单元格填充为紫色，数值大于 10 不大于 15 的单元格填充为蓝色，其他单元格无填充色。如果希望对具有相同填充色的数据进行进一步分析(例如统计其个数、平均值、最大值)，当数据量巨大时，手工操作十分困难。这时可以通过查找格式，将具有相同格式的单元格定义为名称，以作进一步处理。

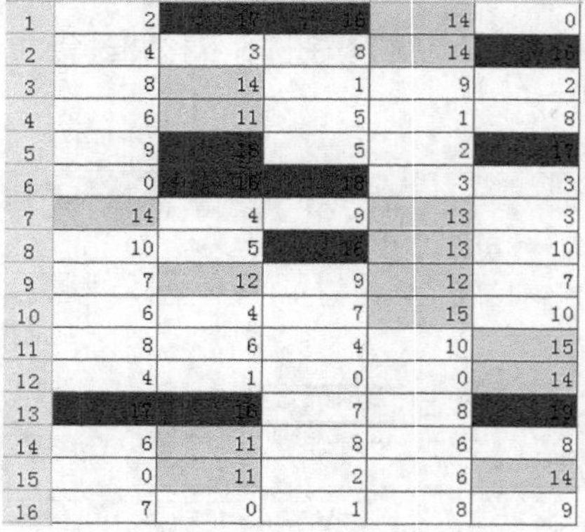

	A	B	C	D	E
1	2	17	16	14	0
2	4	3	8	14	16
3	8	14	1	9	2
4	6	11	5	1	8
5	9	18	5	2	17
6	0	16	18	3	3
7	14	4	9	13	3
8	10	5	16	13	10
9	7	12	9	12	7
10	6	4	7	15	10
11	8	6	4	10	15
12	4	1	0	0	14
13	17	16	7	8	19
14	6	11	8	6	8
15	0	11	2	6	14
16	7	0	1	8	9

图 65-1　标记了不同格式的数据

Step 1　选中目标数据区域，比如 A1:E16 单元格区域，按<Ctrl+F>组合键调出【查找和替换】对话框，然后单击【选项】按钮，进入【查找和替换】高级模式。

Step ②

在【查找】选项卡中依次单击【格式】→【从单元格选择格式】，此时光标变成吸管形状，单击含有目标格式的单元格（如 B13），提取"查找格式"。

Step ③

单击【查找全部】按钮，此时在对话框下方会列出所有符合条件的单元格。按<Ctrl+A>组合键选中所有目标单元格，单击【关闭】按钮，关闭【查找和替换】对话框，如图 65-2 所示。

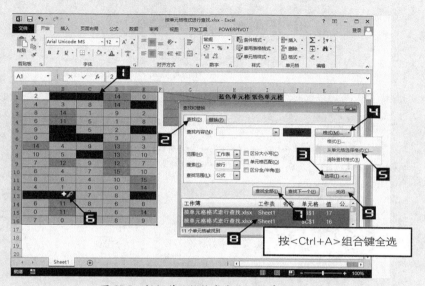

图 65-2　根据单元格格式查找目标单元格

此时，工作表中所有符合条件的单元格都处于选中状态。

Step ④

在名称框中输入名称，例如"紫色单元格"，按<Enter>键完成名称定义。此时，名称"紫色单元格"统一引用当前处于选中状态的所有单元格，如图 65-3 所示。

图 65-3　为选中单元格定义名称

Step ⑤

重复步骤 1～4，为蓝色单元格创建名称"蓝色单元格"。

经以上操作后，就可以直接使用函数公式来处理这些分散的数据了，如图 65-4 所示。

	A	B	C	D	E
1	2	17	16	14	0
2	4	3	8	14	16
3	8	14	1	9	2
4	6	11	5	1	8
5	9	18	5	2	17
6	0	16	18	3	3
7	14	4	9	13	3
8	10	5	16	13	10
9	7	12	9	12	7
10	6	4	7	15	10
11	8	6	4	10	15
12	4	1	0	0	14
13	17	16	7	8	19
14	6	11	8	6	8
15	0	11	2	6	14
16	7	0	1	8	9

G	H	I
	蓝色单元格	紫色单元格
数据个数	15	11
平均值	13.133333	16.909091
最大值	15	19

图 65-4　对相同格式的数据进行统计处理

其中 H2:I5 单元格区域中的公式都使用了上面定义的名称，简要介绍如下：

```
数据个数：=COUNT(蓝色单元格)，=COUNT(紫色单元格)
平均值：=AVERAGE(蓝色单元格)，=AVERAGE(紫色单元格)
最大值：=MAX(蓝色单元格)，=MAX(紫色单元格)
```

技巧 66　雕琢式替换单元格格式

单元格格式包括“数字”“对齐”、“字体”、“边框”和“填充”等多个维度，各维度内又包括各种具体的属性，比如“字体”就包括“字形”、“字号”和“颜色”。Excel 的“查找替换”功能可以对格式进行精确的查找替换，比如可以将“红色”、“加粗”字体格式替换成“红色”的填充色，达到雕琢式替换的效果。

如图 66-1 所示，左侧图表在“完成率”列以“红色”、“加粗”的字体格式来警示完成率落后的经营单元，为了加大警示力度，将其替换成“红色”填充色。具体原理与操作如下。

	A	B	C	D
1	经营单元	承诺点位量	实际发展点位	完成率
2	慈溪	217	138	64%
3	余姚	58	70	121%
4	镇海	93	121	130%
5	江东	213	233	109%
6	海曙	214	209	98%
7	江北	43	41	95%
8	北仑	169	101	60%
9	奉化	119	63	53%

	A	B	C	D
1	经营单元	承诺点位量	实际发展点位	完成率
2	慈溪	217	138	64%
3	余姚	58	70	121%
4	镇海	93	121	130%
5	江东	213	233	109%
6	海曙	214	209	98%
7	江北	43	41	95%
8	北仑	169	101	60%
9	奉化	119	63	53%

图 66-1　红色加粗字体格式替换成红色底纹格式

替换单元格格式可以分解为 3 个步骤。第一，设置用于查找单元格的格式；第二，在替换为【格式】中将需要被替换的格式“设置”为常规，而不是保持为常规，以此来清除需要被替换的格式；第三，设置新的格式，用于修改目标单元格的格式。具体操作步骤如下。

Step 1　选中需要进行查找替换的单元格区域（如 D2:D9），按<Ctrl+H>组合键打开【查找和替换】对话框，单击【选项】按钮，进入高级模式。

Step ② 在【替换】选项卡中单击【查找内容】的【格式】按钮，弹出【查找格式】对话框。单击【字体】选项卡，选择【加粗】字形及【红色】颜色，单击【确定】按钮，关闭【查找格式】对话框，至此，用于查找单元格的格式设置完毕。如图 66-2 所示。

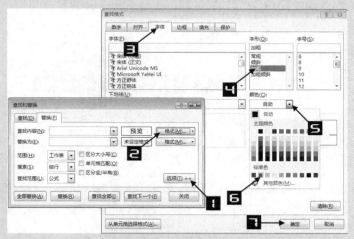

图 66-2　设置查找格式

Step ③ 单击【替换为】的【格式】按钮，打开【替换格式】对话框，单击【字体】选项卡，设置【常规】字形及【自动】颜色。此时对话框右下角的【清除】按钮变为可用状态，如图 66-3 所示。

　　至此，字体的字形与颜色均被"设置"成常规，因此在最终修改单元格格式时，达到清除先前"加粗"字形与"红色"填充色格式的效果。

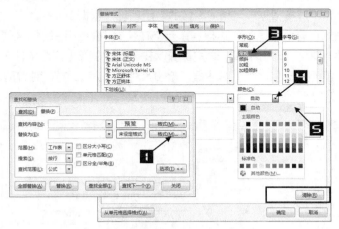

图 66-3　将"字形"与"颜色"设置为常规

Step ④ 接下来单击【填充】选项卡，选择"红色"色块，单击【确定】按钮，完成【替换格式】对话框的设置。单击【全部替换】按钮，执行格式替换，单击【确定】按钮，关闭提示对话框，单击【关闭】按钮关闭【查找和替换】对话框，如图 66-4 所示。

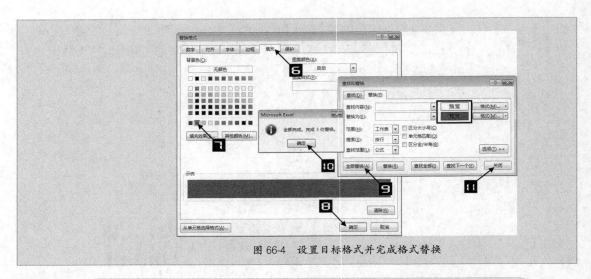

图 66-4　设置目标格式并完成格式替换

提示！

在【查找和替换】对话框中可以根据单元格内容、格式或它们的组合来查找目标单元格，而替换的对象也可以是文本内容、格式或文本内容与格式的组合，非常灵活。

技巧 67　神奇有效的 F5 定位功能

Excel 中对单元格或区域的操作往往起始于选中它们，Excel 的【定位】功能提供了丰富的定位条件，用于定位。比如，直接根据单元格或区域的引用地址；根据单元格的各种值属性，如错误值、空值、同行或同列内与目标值不同的值；根据单元格在公式中的引用关系；根据单元格是否包含条件格式、数据有效性。总之，非常丰富，这些都可以在【定位】及【定位条件】对话框中进行设定。

按<F5>功能键即可打开【定位】对话框，单击其中的【定位条件】按钮，即可打开【定位条件】对话框，如图 67-1 所示。

图 67-1　打开【定位】及【定位条件】对话框

67.1　引用位置

如果知道目标单元格或区域的引用地址，那么直接在【定位】对话框的【引用位置】文本框中输入引用地址，然后按【确定】按钮，即可选中相应的单元格或区域。如果有多个引用地址，那么在各引用地址之间可以用半角逗号隔开，以批量选中多个区域，如图 67-2 所示。

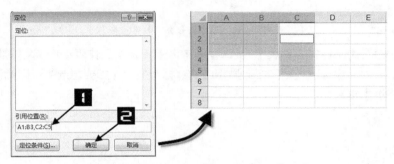

图 67-2　根据引用地址直接定位目标单元格或区域

67.2　常量

在定位时，不仅可以区分单元格所包含的是常量还是公式，还可以进一步区分值的类型，比如"数字"、"文本"、"逻辑值"及"错误"。若要选中某区域内的错误值，可以先选中相应区域，然后在【定位条件】对话框中选择【常量】选项，并勾选【错误】复选框，单击【确定】按钮，如图 67-3 所示。

图 67-3　选择区域中包含常量错误值的单元格

67.3　公式

要想快速选中所有包含公式的单元格并不容易，但使用【定位】功能可以轻松实现。打开【定位条件】对话框，选择其中的【公式】选项，保持选中所有的数据类型，单击【确定】按钮，如图 67-4 所示。

图 67-4　快速选中包含公式的单元格

　　本技巧特别适合为了保护工作表中的公式，而在执行【保护工作表】命令之前批量选中所有包含公式的单元格。实际还可以根据需要选择相应的数据类型，比如要想选中返回错误值的单元格，可以仅勾选【错误】复选框。

67.4　空值

　　有不少工作表以空白单元格来表达内容与上方单元格相同，并借以呈现层次与条理。但若要进一步处理数据，这种方式就非常不利。解决的方法就是快速将空白单元格填充为对应的上方最近一个非空单元格的值，而快速选中这些非连续的空白单元格是关键。

　　选定目标单元格区域，打开【定位条件】对话框，选中其中的【空值】选项，单击【确定】按钮，即可快速选中所有的空白单元格，如图 67-5 所示。

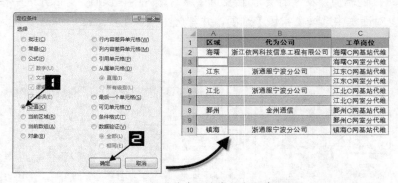

图 67-5　批量选中区域中的空白单元格

　　本例批量选中空白单元格后，A3 单元格为当前活动单元格，此时输入公式"=A2"，并按<Ctrl+Enter>组合键，即可快速将空白单元格填充为各自上方最近一个非空单元格的值。

67.5　当前数组

　　在工作表中选中连续的单元格区域，并按<Ctrl+Shift+Enter>组合键录入公式后，即可在工作表相应区域形成一个"数组公式联合区域"，【定位条件】对话框中的【当前数组】选项即是对应当前选中单元格所对应的"数组公式联合区域"，可用于查看当前数组公式所对应的范围，如图 67-6 所示。

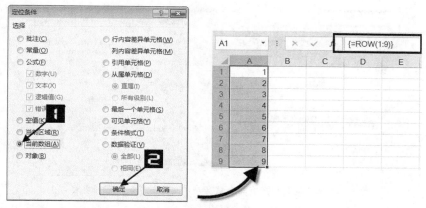

图 67-6 选中单元格公式所对应的 "数组公式联合区域"

67.6 对象

【定位】功能的目标不仅仅是单元格或区域，也可以是 "对象"，此处 "对象" 是指 "形状"、"图表"、"控件" 等。造成工作簿文件 "肥胖" 的一种可能是工作表内含有超量细小的 "形状"，应对方式即是选中它们，然后删除，而批量选中超量的细小 "形状" 是关键。

打开【定位条件】对话框，选中【对象】选项，单击【确定】按钮，即可批量选中工作表中的所有对象，如图 67-7 所示。

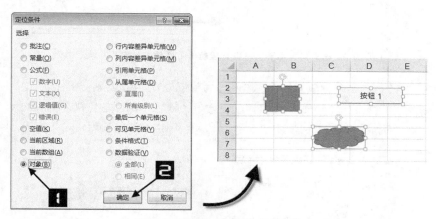

图 67-7 批量选中工作表中的对象

67.7 行内容差异单元格

【行内容差异单元格】选项的含义如下：在选中区域中以 "行" 为单位分别处理，以当前活动单元格所在列作为参照，选中各自行中所有与参照列对应单元格值不同的单元格。

一般情况下，选中一行或多行区域时，最左上单元格是当前活动单元格，此时【行内容差异单元格】即变为与选中区域最左列不同的单元格，如图 67-8 所示。

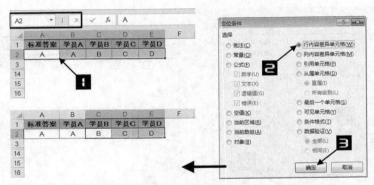

图 67-8　选中同行中所有与当前活动单元格所在列不同的单元格 1

实际操作时，还可以灵活指定参照单元格，即先选中某一行或区域，然后按<Ctrl>键的同时单击目标参照单元格，如图 67-9 所示。

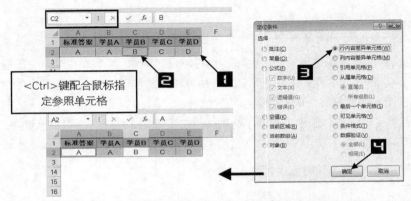

图 67-9　选中同行中所有与当前活动单元格所在列不同的单元格 2

提示！

【行内容差异单元格】选项以行为单位进行匹配定位，并且同行中的单元格不一定要连续。选中一个区域时，每行各自执行相应的定位，互不干扰，如图 67-10 所示。其中 A 列是参照列。

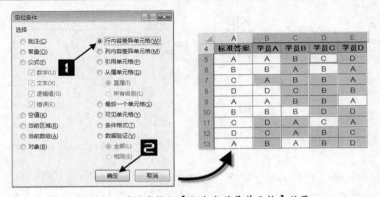

图 67-10　对区域执行【行内容差异单元格】效果

67.8　可见单元格

【筛选】是一项非常实用的分析处理数据的方法，但有时在进行"复制-粘贴"操作时，会意外复制所有的数据，而没有屏蔽隐藏的数据，如图 67-11 所示。

图 67-11　避免复制隐藏的单元格

若要在"复制-粘贴"过程中屏蔽隐藏的单元格，即仅"复制-粘贴""可见单元格"，可以在选中数据区域后，执行"复制-粘贴"操作前打开【定位条件】对话框，选中【可见单元格】选项，单击【确定】按钮，定位选中区域中的可见单元格，如图 67-12 所示。

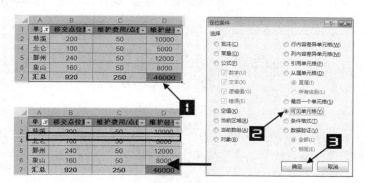

图 67-12　定位选中区域中的可见单元格

67.9　其余各选项

◆　批注。

有些单元格在右上方有红色小三角，选中时会弹出相应的文本框，一般含有注释说明性文字，这就是单元格中的"批注"。选中【批注】选项，将批量选中所有包含批注的单元格。

◆　当前区域。

"当前区域"是指当前活动单元格所在的连续数据区域。选中【当前区域】选项，即可选中该区域。如果事先选中了连续数据区域的单元格，那么功能相当于按<Ctrl+A>组合键。

◆　列内容差异单元格。

可参考【行内容差异单元格】，以列为单位进行比对处理，以当前活动单元格所在行作为参考。

◆　引用单元格。

如果 A1 单元格公式为 "=B1+C1"，那么 A1 单元格即引用了 B1、C1 单元格。【引用单元格】选项用于定位选中单元格中的公式所引用的单元格，即选中 A1 单元格后将定位 B1、C1 单元格。如果事先选中的是一个区域，那么将选中区域中所有公式所引用的单元格。

◆　从属单元格。

如果 B1、C1 单元格被 A1 单元格的公式引用，那么 A1 单元格是 B1、C1 单元格直属的 "从属单元格"，如果 D1 单元格又引用了 A1 单元格，那么 D1 单元格是 B1、C1 单元格的间接 "从属单元格"。【直属】、【所有级别】选项用于灵活指定【从属】级别。

◆　最后一个单元格。

工作表有 1 048 576 行，16 384 列，但实际使用的区域往往要小得多，实际已使用区域的最右下角单元格即是 "最后一个单元格"，选中【最后一个单元格】选项，即可选中该单元格，类似于 <Ctrl+End> 组合键。

◆　条件格式。

"条件格式" 用于可视化展示数据，选中【条件格式】选项，即可选中应用 "条件格式" 功能的单元格，其中的【相同】选项用于限定使用的 "条件格式" 与选中的单元格所使用的相同。

◆　数据验证。

"数据验证" 用于提高输入准确性或效率，选中【数据验证】选项，即可选中应用 "数据验证" 功能的单元格，其中的【相同】选项用于限定使用的 "数据验证" 与选中的单元格所使用的相同。

技巧 68　出神入化的 "分列" 功能

"分列" 功能非常强大，不仅可以根据 "分隔符号" 将目标列拆分成多个列，也可以根据字符个数对目标列进行拆分，更神奇的是可以通过设置 "列数据格式" 来规范数据。

68.1　以 "分隔符号" 方式提取目标字段

如图 68-1 所示，A 列数据包含 3 种信息，即 "公司、药品和药品型号"，各信息之间以分号 ";" 分隔，目前希望从中提取公司和药品信息。具体操作步骤如下。

图 68-1　以【分隔符号】方式提取目标字段

Step ①	选中要进行分列的数据列，如 A 列数据区域。
Step ②	在【数据】选项卡中单击【分列】命令，打开【文本分列向导-第 1 步，共 3 步】对话框，选择【分隔符号】选项，单击【下一步】按钮，如图 68-2 所示。

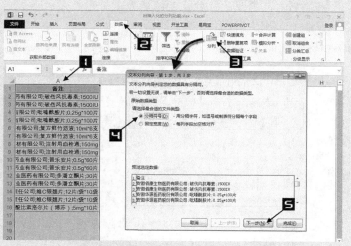

图 68-2　以【分隔符号】作为【分列】依据

Step ③	在【文本分列向导-第 2 步，共 3 步】对话框中勾选【分号】的复选框，单击【下一步】按钮。
Step ④	在【文本分列向导-第 3 步，共 3 步】对话框的【数据预览】区域中先单击选中第 3 列，然后选择【不导入此列（跳过）】选项，跳过第 3 列数据。
Step ⑤	在【目标区域】编辑栏中输入 "=$B$1"，按【完成】按钮，关闭对话框，如图 68-3 所示。

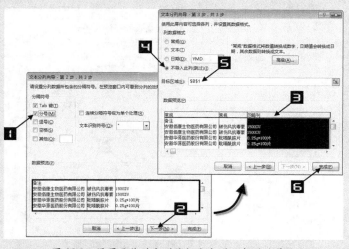

图 68-3　设置具体的分列依据和分列后各列的属性

此时得到 B 列、C 列数据，为其修改或添加字段名，比如设置 B1 单元格为 "公司"，C1 单元格为 "药品"，设置相应的格式，就得到图 68-1 所示效果。

68.2　以"固定宽度"方式拆分单元格

"分列"功能还提供了以"固定宽度"方式进行拆分的选项，即直接根据字符个数拆分单元格。如图 68-4 所示，需要从身份证号码中提取"地区代码"和"出生日期"信息。下面介绍具体的操作步骤。

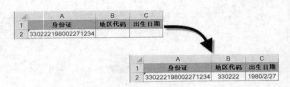

图 68-4　从身份证号码中提取地区代码和出生日期

Step ❶	选中目标单元格或目标列，如 A2 单元格，然后在【数据】选项卡中单击【分列】按钮，打开【文本分列向导-第 1 步，共 3 步】对话框。
Step ❷	选中【固定宽度】选项，单击【下一步】按钮，打开【文本分列向导-第 2 步，共 3 步】对话框。
Step ❸	在【数据预览】区域"标尺"下方相应位置单击建立"分列线"，比如分别在刻度 6 和 14 位置单击建立"分列线"，单击【下一步】按钮，打开【文本分列向导-第 3 步，共 3 步】对话框。 要建立"分列线"，可以在"数据预览"区域对应位置直接单击。要删除"分列线"，可以直接双击"分列线"。要移动"分列线"，可以按住"分列线"拖动至目标位置。
Step ❹	将第 3 列"列数据格式"设置为"不导入此列（跳过）"，将第 2 列"列数据格式"设置为【日期】的"YMD"格式，表示以年月日的格式来识别日期数据。
Step ❺	在【目标区域】编辑框中输入"=$B$2"，单击【完成】按钮，如图 68-5所示。

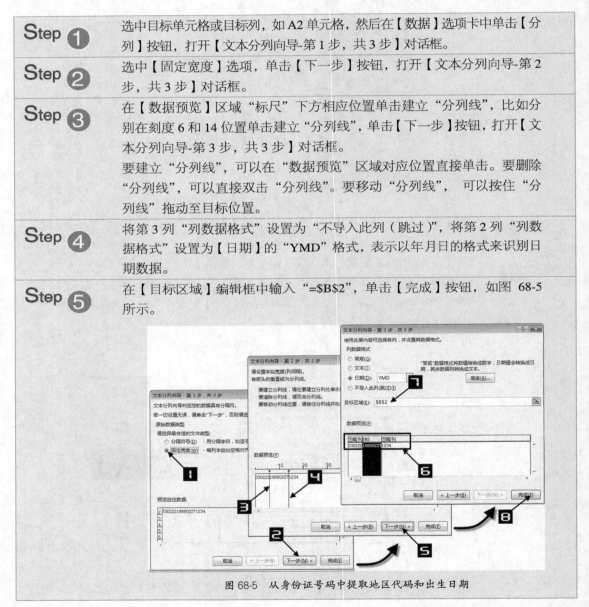

图 68-5　从身份证号码中提取地区代码和出生日期

此时，B2 单元格返回地区代码"330222"，C2 单元格返回出生日期"1980-2-27"。如果需要处理的数据是一整列，就能体现出惊人的效率。

68.3　转换 MDY 格式的文本日期

"年月日"格式（即 YMD 格式）的日期数据是规范易识别的，但实际工作中也经常遇到"月日年"格式（即 MDY 格式）的日期格式。如果得到的数据类型是真正的日期，可以通过"单元格格式"功能直接转换，但如果得到的是两位年份的文本型日期数据，要想快速转换就不那么容易了。

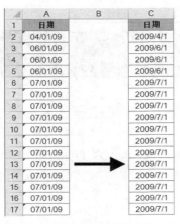

图 68-6　转换 MDY 格式的文本日期

如图 68-6 所示，A2 单元格数据为"04/01/09"，文本型日期，表示"2009 年 4 月 1 日"，现在需要将其转换为真正的日期"2009/4/1"。使用默认设置下的"分列"功能，可以成功将文本型日期转换为真正的日期，但日期被错误地识别为"2004/1/9"，如图 68-7 所示。

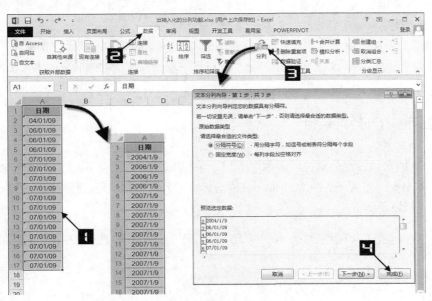

图 68-7　处理后的日期不符合要求

此时，只需选择【列数据格式】为【日期】，并在【日期】下拉列表中选择"MDY"项目，保持【目标区域】编辑框默认设置，单击【完成】按钮，关闭对话框即可，如图 68-8 所示。

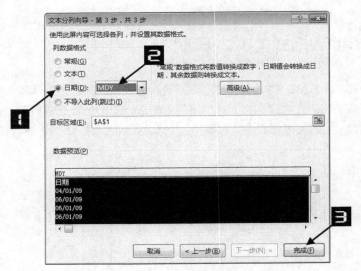

图 68-8　设置日期识别格式

此时，文本型日期数据被正确识别，并以真正的日期数据类型返回到原数据区域。在【日期】下拉列表中有丰富的日期格式，用以应付各种不规范的文本型日期数据。

技巧 69　完胜"分列"功能的智能快速填充

Excel 2013 新推出的"快速填充"功能在智能性、灵活性、实用性及操作的便捷性上都比"分列"功能更胜一筹。

"快速填充"直接以示例作为与 Excel 交互的输入，Excel 根据输入的示例揣摩用户的意图，即分析识别输入的示例与同行数据间的规律，然后将这种规律应用于同列的空白单元格，完成填充。

69.1　智能识别分隔符

"分列"功能可以设置分隔符，比如"；"，作为提取文本的依据，而"快速填充"功能则可以自动识别。以图 69-1 所示表格为例，如要在同时包含"公司名称、药名和规格"的 A 列中提取公司名称，可以按以下步骤操作。

Step ❶	在 B2 单元格输入 A 列单元格中对应的公司名称"安徽佰康生物医药有限公司"。
Step ❷	在【数据】选项卡中单击【快速填充】按钮。

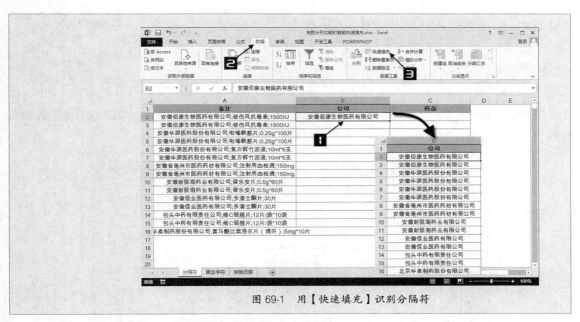

图 69-1　用【快速填充】识别分隔符

此时，B 列下方空白的数据区域均被自动填充为对应 A 列单元格中的公司名称。

此外，也可以双击 B2 单元格右下方的黑色小方块，当数据填充至 B16 单元格时，依次单击【自动填充选项】→【快速填充】完成设置，如图 69-2 所示。

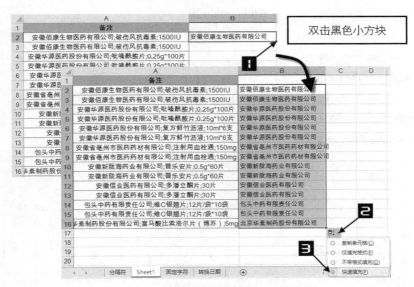

图 69-2　利用【自动填充选项】进行快速填充

69.2　识别固定位置字符串

以图 69-3 为例，A 列是身份证号码，B 列需要提取出生日期，出生日期是固定的身份证号码第 7 位开始的连续 8 位，利用【快速填充】可以提取出生日期。

| Step ❶ | 在 B2 单元格中输入对应 A 列单元格中的出生日期，即"19800227"，即身份证号码第 7 位开始的连续 8 位。 |
| Step ❷ | 按<Ctrl+E>组合键执行【快速填充】。 |

此时，B 列下方空白单元格均被填充为期望的生日日期字符串，即固定的第 7 位开始的连续 8 位字符。

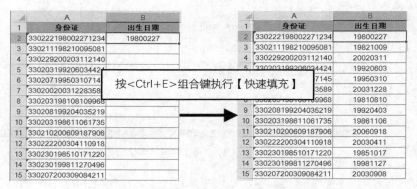

图 69-3　【快速填充】识别固定位置字符串

69.3　识别不规范的文本型日期

【分列】功能可以对"日期"字段设置具体的识别模式，来识别不规范的文本型日期数据，而【快速填充】则可以自动识别。

如图 69-4 所示，A 列是以"月/日/年"模式输入的文本型日期。在 B2 单元格输入"2009/4/1"后，执行【快速填充】并不能得到所要的结果，只有在 B1、B2、B3 单元格均输入示例，再执行【快速填充】，才能得到预期的结果。

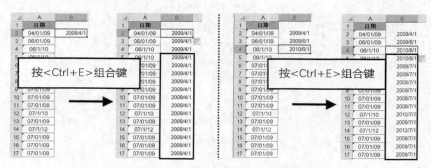

图 69-4　充足的示例提高模式识别的准确率

对于【快速填充】，示例的输入是关键，包含信息量的示例可以为 Excel 识别模式提供帮助，使其更准确地揣摩出用户的意图。

本例输入 B2（2009/4/1）、B3(2009/6/1)单元格后，结合 A2(04/01/09)、A3(06/01/09)单元格，可以帮助 Excel 确定月份是由 A 列的前两个字符确定的；同理，输入 B4 单元格后，结合已经输入的 B2、B3 单元格，可以确定年份是由 A 列的末两位字符确定的。

在实际情况下，使用功能区菜单命令或按<Ctrl+E>组合键执行【快速填充】时，相应的填充区域进入【快速填充】模式，同时活动单元格右侧会有⚡标签。此时，修改相应单元格的值会重新触发模式识别，以动态方式不断逼近用户的真实意图。如图 69-5 所示，修改 B3 单元格的值，触发模式重识别，原本填充区域的值自动更新，以适应新的填充机制。

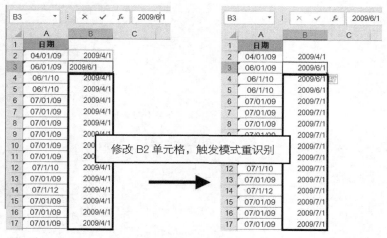

图 69-5　动态的模式识别机制

> 虽然【快速填充】有多种优势，但至少有一个劣势，即用户永远无法确定 Excel 是否严格按照自己的意图进行填充。当填充的数据量巨大时，就很难确定得到的填充结果是否完全正确。

技巧 70　用"快速填充"合并多列数据

　　【快速填充】对已经输入的示例进行模式识别，然后将识别的规律应用于下方的空白单元格，从而完成智能填充。其所谓的模式识别，是以行为单位，分析已输入的单元格内容与同行其他单元格之间的规律。因此，【快速填充】不仅可以提取已有数据的相关字符，还可以做更多，比如合并多列的数据。

　　如图 70-1 所示，在 C2 单元格中输入"安徽佰康生物医药有限公司_破伤风抗毒素"，即用下划线"_"连接同行 A、B 列的数据，其含义类似公式"=A2&"_"&B2"，【快速填充】能识别其规律，并应用于下方空白单元格。于是，在效果上等同于使用了函数公式。

　　利用【快速填充】不仅可以用简单的下划线"_"连接两列的数据，而且可以将已有的数据用文本串接成句子，如图 70-2 所示。

　　其中，C2 单元格内容为"由安徽佰康生物医药有限公司出品的破伤风抗毒素药剂"，用"由"、"出品的"、"药剂"3 个词组来串接 A2、B2 单元格的内容，其含义类似公式"="由"&A2&"出品的"&B2&"药剂""，【快速填充】可以识别并应用于下方空白单元格。

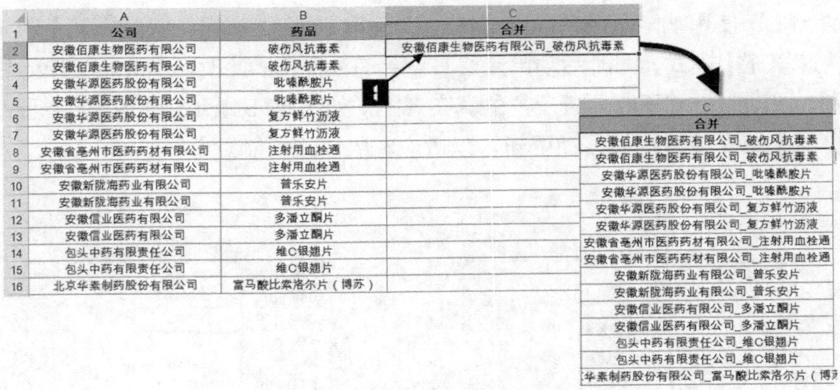

图 70-1　　添加分隔符合并多列数据

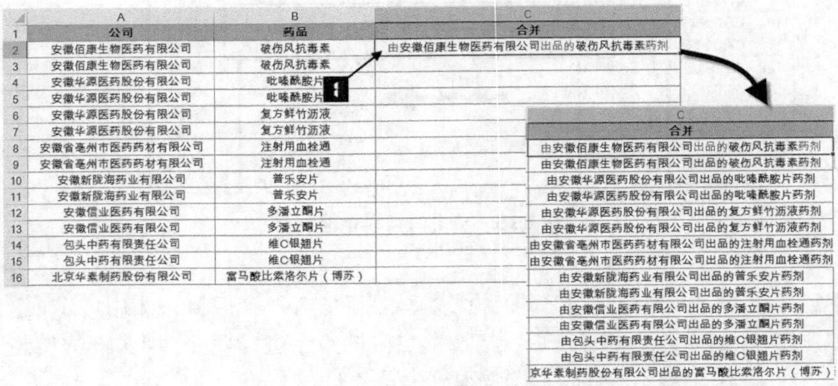

图 70-2　　自由添加其他文本合并数据

由此可见，【快速填充】可以识别单元格文本与其他文本常量之间的连接，从而在一定程度上实现单元格内容的合并。

技巧71　用"快速填充"识别文本中的数字

使用函数公式从文本中提取数字是非常难的，如果文本同时包含中英文、符号及多个数字，难度值将进一步增加。而使用【快速填充】则可以轻松实现以上功能，因为它可以识别出文本中的数字串。因此，对于类似图 71-1 所示的表格，从"货物登记"中提取"规格"与"数量"可以按以下步骤操作。

◆　提取"规格"。

◆　在 B2 单元格输入"25kg"，按<Ctrl+E>组合键即可得到所有的"规格"数据。

"25kg"位于星号字符"*"之前，不妨理解为【快速填充】将星号"*"当做分隔符，进行了类似【分列】的操作。

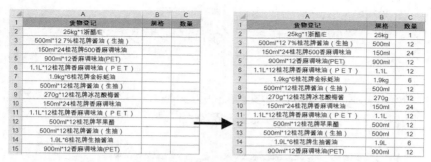

图 71-1　从"货物登记"中获取"规格"与"数量"

◆　提取"数量"。

Step ①	在 C2 单元格输入数字 1。 数字 1 可以识别为第 2 个数字，也可以识别为星号"*"之后的第 1 个数字，同样也可以识别成星号"*"之后、最后一段中文之前的文本部分。
Step ②	按<Ctrl+E>组合键执行【快速填充】，C 列数据区域进入"快速填充模式"。此时，C3、C4 单元格的填充结果不符合预期，从现象判断【快速填充】将输入的数字 1 识别为星号"*"之后、最后一段中文之前的文本部分。
Step ③	修改 C4 单元格的值，将"24桂花牌500"修改为"24"，触发 C 列数据区域进行模式重识别，最终得到预想的结果，如图 71-2 所示。

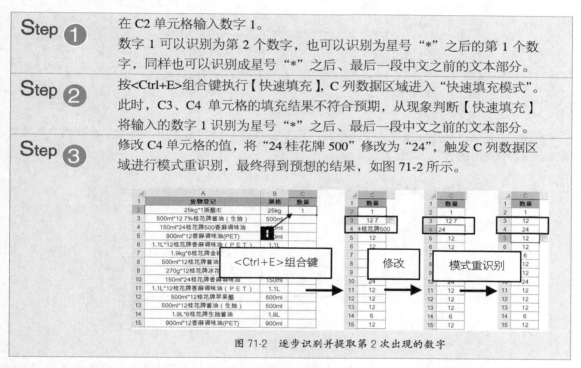

图 71-2　逐步识别并提取第 2 次出现的数字

此时，【快速填充】识别的模式不妨理解为提取星号"*"之后的第 1 个数字。

事实上【快速填充】不仅能识别数字，而且能识别第几次出现的数字。如图 71-3 所示，为避免特定字符的干扰，A 列是由字母 A 和数字随机组成的字符串。现在 B1 单元格输入 311（第 2 次出现的数字），按<Ctrl+E>组合键，B 列空白单元格均被填充为第 2 次出现的数字。

图 71-3　识别第 2 次出现的数字

161

技巧 **72**　　用"快速填充"分离中英文字符

如图 72-1 所示，A 列是英文单词与中文释义的混合，在 B2、B3 单元格输入英文单词，按<Ctrl+E>组合键，即可将 A 列中的英文单词填充至 B 列空白区域。

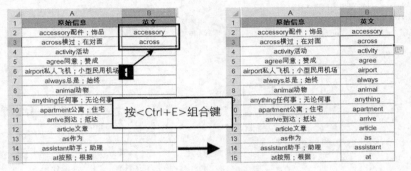

图 72-1　提取英文字符

同理，如果在 C2 单元格输入中文释义，那么按<Ctrl+E>组合键后，即可将 A 列的中文释义填充至 C 列的空白区域，如图 72-2 所示。

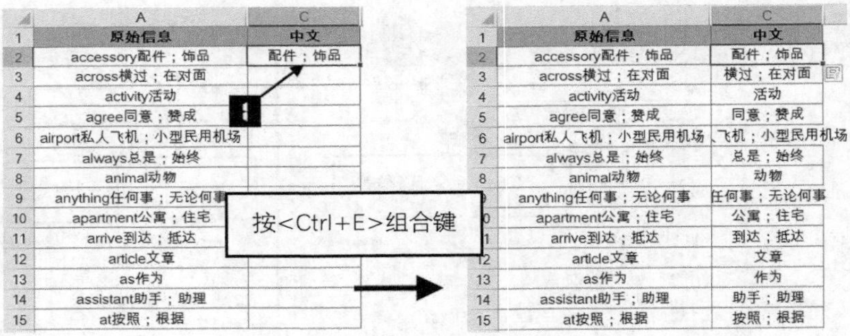

图 72-2　提取中文字符

不仅如此，如果在 D2、D3 单元格输入英文单词与中文释义，并在中英文之间按<Alt+Enter>组合键插入换行符，那么按<Ctrl+E>组合键即可得到将中英文分行显示的 D 列，如图 72-3 所示。

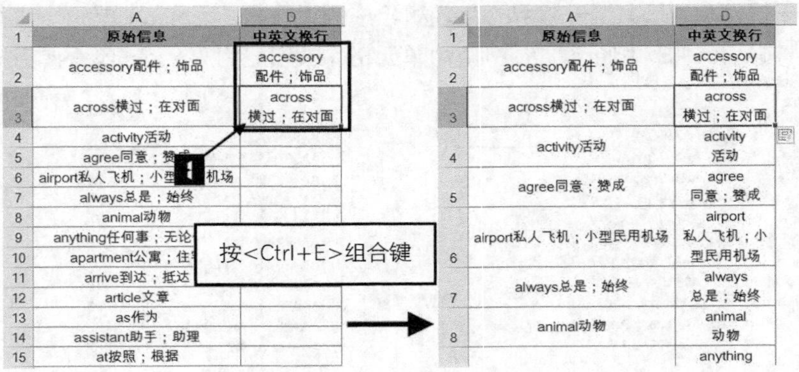

图 72-3　中英文之间插入换行符

技巧 73　对大表格进行多层次的浏览

许多人在工作中管理着一些大报表，甚至是超大报表。这些报表的区域包含 10 列以上、几百行甚至上万行数据，而且有着不同的层次结构。图 73-1 中展示的表格记录了各城市各月份的数据，同时又分别从行、列两个维度统计不同地区在不同季度的汇总数据。

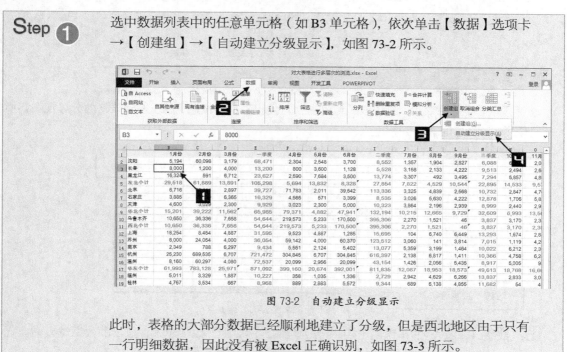

图 73-1　包含层次结构的大报表

对于这类有明显层次的表格，往往希望能快速地在不同层次的视图上切换，并能随时查看明细。使用 Excel 的【创建组】功能可以很好地管理和浏览这种表格。具体操作步骤如下。

Step ❶　选中数据列表中的任意单元格（如 B3 单元格），依次单击【数据】选项卡→【创建组】→【自动建立分级显示】，如图 73-2 所示。

图 73-2　自动建立分级显示

此时，表格的大部分数据已经顺利地建立了分级，但是西北地区由于只有一行明细数据，因此没有被 Excel 正确识别，如图 73-3 所示。

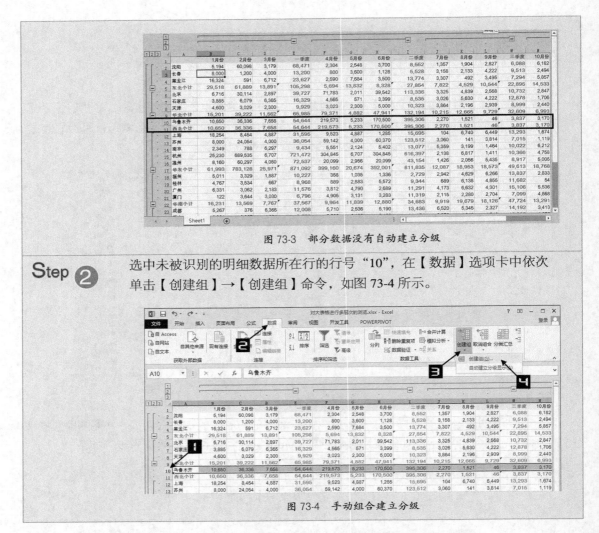

图 73-3　部分数据没有自动建立分级

Step ②　选中未被识别的明细数据所在行的行号 "10"，在【数据】选项卡中依次单击【创建组】→【创建组】命令，如图 73-4 所示。

图 73-4　手动组合建立分级

　　至此，整张表格就成功创建了分级显示视图，可以灵活地进行多层次浏览。

　　应用【创建组】命令后，工作表区域的左上方会出现很多按钮，用于控制表格的分级视图切换和明细数据查看，如图 73-5 所示。

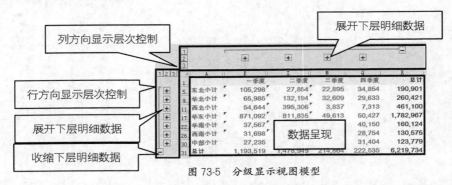

图 73-5　分级显示视图模型

　　标有数字 1、2、3 的按钮用于控制行/列整体显示级别，数字越大，显示的数据越具体。标有 "+"、　"-" 符号的按钮用于控制具体对象明细数据的展开和收缩。图 73-6 从控制行方向的层级切换演绎了各按钮的使用效果，列方向与行方向雷同，不再赘述。

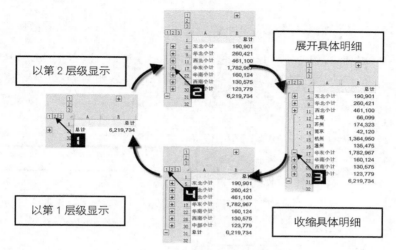

图 73-6　各控制按钮的使用效果

尽管运用"分级显示"可以帮助用户管理和浏览超大报表，但从制表的效率与报表的可维护性角度出发，用户应该尽量将明细数据以数据列表的方式存放，并以数据列表为基础制作报表数据，即要将基础数据和展现数据分开。

技巧 74　在受保护的工作表中调整分级显示视图

如果对已经创建好分级显示视图的工作表执行了【保护工作表】命令，则无法再调整数据的显示级别。当单击任意一个分组符号时，Excel 将会弹出警示对话框，如图 74-1 所示。

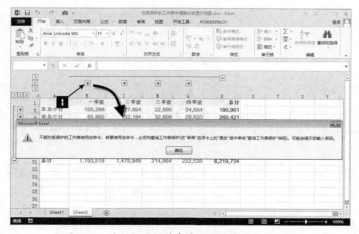

图 74-1　受保护的工作表中不允许调整大纲视图

如果希望在保护工作表的同时调整分级显示视图，需要借助宏代码，具体操作步骤如下。

Step ❶　在当前工作表窗口中按<Alt+F11>组合键，打开 VBA 编辑器窗口。

Step ❷　按<Ctrl+R>组合键打开【工程-VBAProject】窗口，双击【ThisWorkbook】对象，打开对应的代码窗口，在代码窗口中输入如图 74-2 所示的代码。

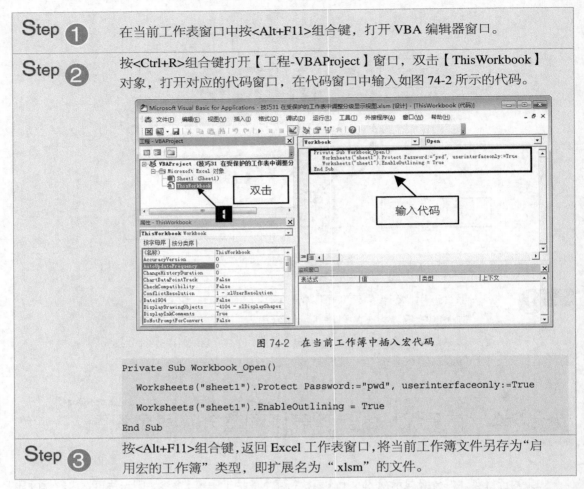

图 74-2　在当前工作簿中插入宏代码

```
Private Sub Workbook_Open()
    Worksheets("sheet1").Protect Password:="pwd", userinterfaceonly:=True
    Worksheets("sheet1").EnableOutlining = True
End Sub
```

Step ❸　按<Alt+F11>组合键，返回 Excel 工作表窗口，将当前工作簿文件另存为"启用宏的工作簿"类型，即扩展名为".xlsm"的文件。

此后，打开工作簿并启用宏时，Sheet1 工作表被保护，但是对分级显示视图的调整功能将不再受限。

在上述代码中，Sheet1 工作表指代分级显示视图所在的工作表，执行工作表保护的密码为"pwd"。可以根据自己的需要修改这两处代码。

技巧 75　由多张明细表快速生成汇总表

图 75-1 展示了需要进行汇总的 4 个不同地区的表格，使用 Excel 的【合并计算】功能可以快速对其进行汇总。下面根据参数选择的不同，分两种情况介绍。

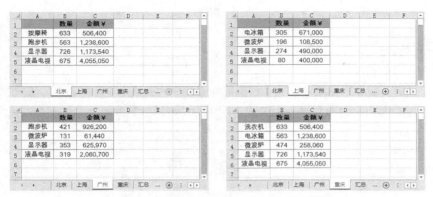

图 75-1　需要汇总的不同地区的销售数据表

75.1　无链接模式

无链接模式生成的汇总表结构简单，但汇总数据与基础数据之间没有公式链接，因此基础表数值变更时无法及时更新，比较适合一次性汇总的情形。

Step ①	单击工作表的 A1 单元格，用于指定汇总表的起始位置。
Step ②	在【数据】选项卡中单击【合并计算】按钮，弹出【合并计算】对话框，将光标定位至【引用位置】栏，然后选择"北京"工作表的 A:C 单元格区域，单击【添加】按钮，将其添加至【所有引用位置】列表框。
Step ③	重复步骤 2 中的操作，依次添加"上海"、"广州"、"重庆"工作表中的引用位置。
Step ④	分别勾选【首行】和【最左列】的复选框，确保【创建指向源数据的链接】复选框未被勾选，单击【确定】按钮，完成对 4 张表格的汇总，如图 75-2 所示。

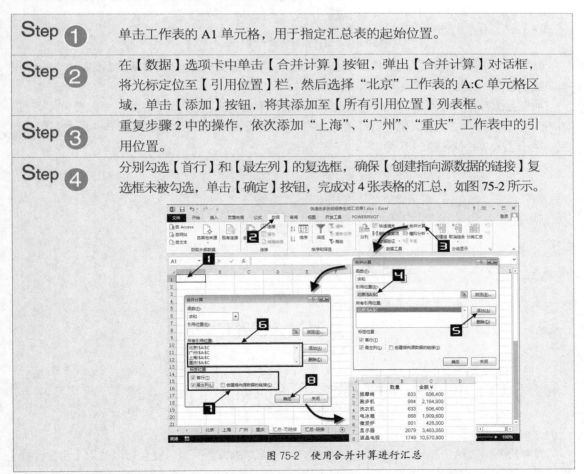

图 75-2　使用合并计算进行汇总

75.2　链接模式

如果在【合并计算】对话框中勾选【创建指向源数据的链接】复选框，那么最后的汇总表是一个分级显示视图，并且汇总数据是一组公式，用以保持与源数据的链接，如图 75-3 所示。

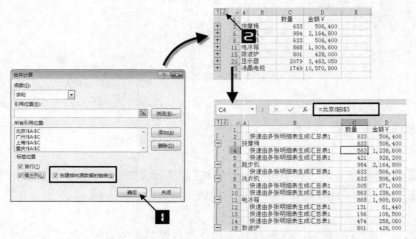

图 75-3　以创建链接的方式进行合并计算

其中 B 列是自动生成、用以区分数据来源的，其值是源数据所在工作簿的名称。本例由于所有源数据在同一工作簿，因此无法借此区分源数据。

如果各源数据表分别来自不同的工作簿，且工作簿名称依次为"北京.xlsx"、"上海.xlsx"、"广州.xlsx"、"重庆.xlsx"，那么执行有链接的合并计算后得到的分级显示视图如图 75-4 所示，即自动生成用于区分源数据来源的 B 列。

图 75-4　对不同工作簿中的表格进行汇总

技巧 76　快速核对多表之间的数值

有时需要核对两个或多个结构类似的表格，对于简单的数据列表，完全可以使用【合并计算】来处理。图 76-1 左侧的两张表分别记录了各岗位在市公司和省公司的不同奖金系数，目前希望在同一表格中呈现各岗位在省、市公司的相应奖金系数。

　　一般的思路可以先提取一份岗位的唯一性清单，然后利用 VLOOKUP 等函数返回各表格的系数，但更便捷的方法是利用【合并计算】来实现。具体操作步骤如下。

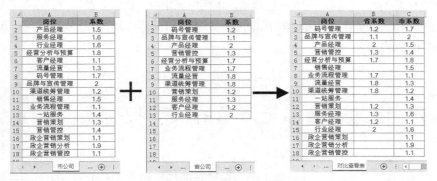

图 76-1　核对两个表格之间的差异

Step ①	将"市公司"、"省公司"工作表的 **B1** 单元格分别修改为"市系数"、"省系数"，避免两列"系数"数据因同名被合并，实现【合并计算】后并列显示的目的。
Step ②	单击"对比查看表"的 **A1** 单元格，用于指定【合并计算】返回结果的位置。
Step ③	单击【数据】选项卡的【合并计算】按钮，打开【合并计算】对话框。
Step ④	将"市公司"、"省公司"工作表相应的表格区域添加至【所有引用位置】列表框，勾选【首行】、【最左列】复选框，单击【确定】按钮。如图 76-2 所示。

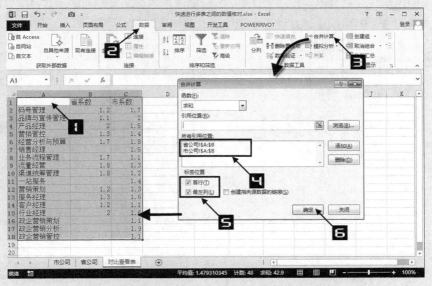

图 76-2　用"合并计算"实现两表格差异核对

此时，A1:C18 单元格区域呈现了图 76-1 所期望的表格雏形，在 A1 单元格输入"岗位"，并进行一些格式上的修饰，即可实现最终效果。

【合并计算】时如果勾选了【最左列】复选框，那么所有参与表格的最左列合并为新表的最左列，本例中即有关"岗位"的一份唯一性清单。本例中原本共有的"系数"列，因列名称已分别修改为"市系数"和"省系数"，因此作为不同的列标签进行处理，因而并排显示，从而达到了核对奖金系数差异的目的。

技巧 77　快速理清多组清单的共有私有项

工作中经常需要比对数据，比对数据的一种情况即是在两个或多个清单中查看共有私有的项目。如图 77-1 所示，"终端 ID"列是每月联网的终端清单，为了更好地了解各终端联网退网情况，就需要查看各终端在各表中的出现情况。

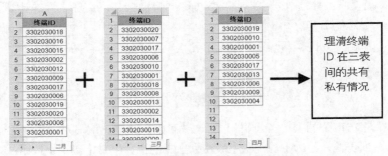

图 77-1　查看各终端 ID 在 3 张清单中的出现情况

使用函数公式可以实现以上功能，但需要清晰的思路与娴熟的函数公式技能，此处介绍一种更简便的方法，即借助【合并计算】来实现。具体思路与步骤如下。

Step ❶　添加辅助列，改造数据源。在"二月"、"三月"、"四月"对应的清单右侧添加辅助列，并在各自的数值区域分别用 1、10、100 进行填充，如图 77-2 所示。

图 77-2　添加辅助列用于合并计算时实现标记

> **提 示**　【合并计算】可以对同名的列进行求和汇总，如果对
> 汇总的数据进行预先设计，如表 1 用数字 1，表 2 用
> 数字 10，表 3 用数字 100，即用不同的数字位来标记
> 数据的来源，那么最后得到的汇总值（如 111,101）
> 即指示了数据项的来源。

Step ❷　新建工作表并单击 A1 单元格，为【合并计算】返回结果指定起始位置，
单击【数据】选项卡中的【合并计算】按钮，打开【合并计算】对话框。

Step ❸　在【函数】下拉框中选择"求和"选项，将 3 个表格的引用区域添加至【所
有引用位置】列表框，勾选【首行】、【首列】复选框。单击【确定】按钮，
关闭对话框，如图 77-3 所示。

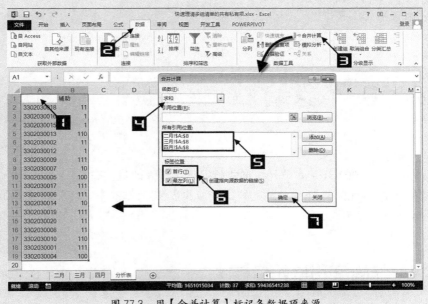

图 77-3　用【合并计算】标记各数据项来源

此时，左侧列是所有终端 ID 对应的一份唯一性清单，辅助列的汇总值标记了各数据的来源，
即标记了各终端的联网退网情况。比如，数字 111 表明在各个表中都有出现，即一直处于联网状
态，数字 100 表明终端第 3 个月才联网。

> **提 示**　Excel 只有 15 位数字精度，即只能显示连续 15 个数字，当超过
> 15 位时，尾部的数字会以 0 替代，因此一个辅助列的方式最多只
> 能适合 15 个不同表格。当有更多表格时，可以用两个或更多辅
> 助列。

第4章 表格数据格式化

本章主要介绍对数据的格式化处理技巧。快速套用格式、自定义数字格式增加了报表的规范性、可读性，在单元格内换行、制作斜线表头、为工作表插入背景使报表更加美观。

本章学习重点如下：

1. 快速套用单元格样式以及单元格样式的自定义与合并
2. 自定义数字格式
3. 自动换行与斜线表头的制作
4. 使用工作表背景

技巧 78 快速套用单元格样式

从 Excel 2007 开始，单元格样式就得到了很大改进。在 Excel 2013 中，还可以通过实时预览模式更快速地为其套用合适的样式，从而提高工作效率，增强工作表的规范性，提高其可读性。

78.1 快速套用单元格样式

在日常工作中，需要为单元格设置特定的单元格样式，以增强报表的规范性和可读性。Excel 预置了一些典型的样式，可以直接套用，以快速完成单元格样式设置。以设置标题为例，具体操作如下。

Step 1	选中需要设置单元格格式的区域，如 A1:D1。
Step 2	单击【开始】→【单元格样式】命令，弹出【单元格样式】样式库。
Step 3	将鼠标悬停在【标题 1】样式按钮，此时标题区域实时显示应用样式后的效果，单击【标题 1】样式按钮即可套用此样式，如图 78-1 所示。

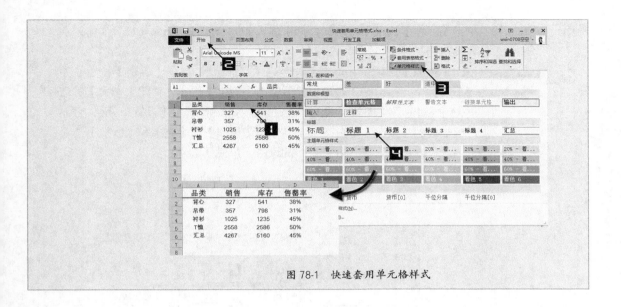

图 78-1　快速套用单元格样式

78.2　修改内置样式

如果对当前的样式效果不满意，可以对 Excel 内置的样式进行修改，以修改【标题 1】中的字体为例，修改内置样式的方法如下。

Step ①　单击【开始】→【单元格样式】命令，弹出【单元格样式】样式库。

Step ②　将鼠标指针悬停在【标题 1】样式按钮上，右击，在弹出的快捷菜单中单击【修改】命令，弹出【样式】对话框，如图 78-2 所示。

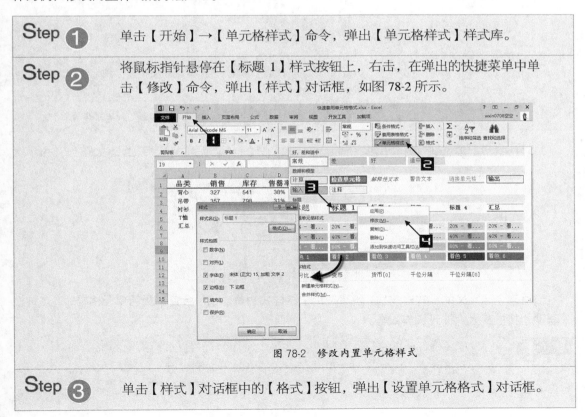

图 78-2　修改内置单元格样式

Step ③　单击【样式】对话框中的【格式】按钮，弹出【设置单元格格式】对话框。

Step ④	单击【字体】选项卡，选择目标字体，如"Arial Unicode MS"字体，字体颜色选择"紫色"。
Step ⑤	单击【填充】选项卡，填充背景色为"浅绿色"，单击【确定】按钮，关闭【设置单元格格式】对话框，再单击【确定】按钮，关闭【样式】对话框，完成对单元格内置样式的修改，如图78-3所示。在【设置单元格格式】对话框中的【数字】、【对齐】、【字体】、【边框】、【填充】和【保护】选项卡中，可对单元格格式进行更多的设置，以满足需求。

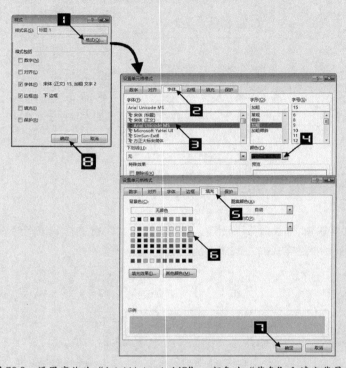

图 78-3　设置字体为"Arial Unicode MS"、颜色为"紫色"和填充背景色

此时，A1:D1 单元格区域将自动更新单元格样式，使之与修改后的样式相匹配，如图 78-4 所示。

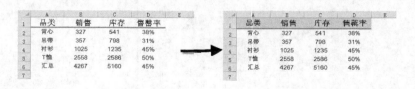

图 78-4　修改内置单元格样式

当对某个已定义的样式修改后，所有使用了该样式的单元格都会自动更新单元格样式，这种格式联动的特性将大大提升操作效率。

 单元格样式保存在工作簿中，即每个工作簿都可以拥有不同的单元格样式。因此，对于单元格样式的修改只影响当前工作簿。

技巧 **79**　单元格样式的自定义与合并

79.1　自定义单元格样式

Excel 内置了丰富的单元格样式，但当内置样式不能满足需求时，用户可以创建自己的自定义样式，方法如下。

Step ❶	依次单击【开始】选项卡→【单元格样式】命令，弹出单元格样式库。
Step ❷	单击【新建单元格样式】命令，打开【样式】对话框。
Step ❸	在【样式名】文本框中输入自定义样式的名称，如"我的样式"，单击【格式】按钮，弹出【设置单元格格式】对话框。
Step ❹	根据需要设置【设置单元格格式】对话框中的各个选项卡，完成后单击【确定】按钮，关闭【设置单元格格式】对话框，再单击【确定】按钮，完成设置，如图 79-1 所示。

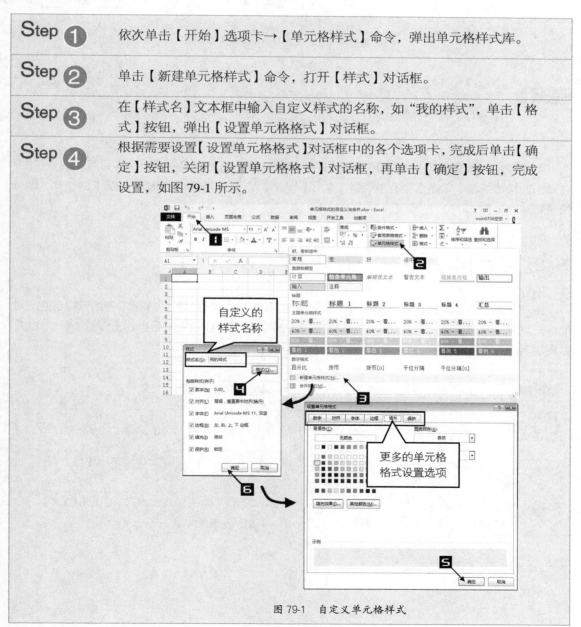

图 79-1　自定义单元格样式

此时,【单元格样式】样式库中会出现【自定义】区域,新创建的"我的样式"也显示在其中,如图 79-2 所示。

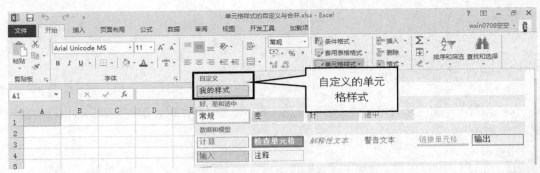

图 79-2　自定义的"我的样式"

　新建单元格样式操作时,会自动以当前选定单元格的格式作为样式基础。

新建自定义样式也可以通过复制现有内置样式,对其进行修改来实现。选中目标样式,右击,在弹出的快捷菜单中单击【复制】命令,弹出【样式】对话框,将单元格修改成想要的格式,即可快速新建一个样式。

79.2　合并样式

用户创建的自定义样式只能在当前工作簿中使用,如果希望在其他工作簿中使用已经自定义过的样式,可以通过【单元格样式】中的【合并】命令,将目标样式复制到当前工作簿的样式库中,以实现自定义样式的共享。操作方法如下。

Step ❶	打开含有目标样式的工作簿(如"标题样式.xlsx")。
Step ❷	打开需要合并单元格样式的工作簿,且该工作簿为当前活动工作簿。
Step ❸	依次单击【开始】→【单元格样式】→【合并样式】命令,弹出【合并样式】对话框。
Step ❹	在【合并样式】对话框中选中目标工作簿"标题样式.xlsx",单击【确定】按钮,关闭【合并样式】对话框,如图 79-3 所示。

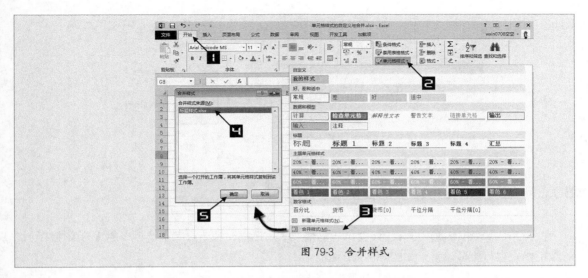

图 79-3 合并样式

这样，Excel 就会将自定义样式从所选工作簿中复制到活动工作簿中，如图 79-4 所示，在自定义样式中可以看到复制过来的"我的标题"样式。

图 79-4 合并到当前工作簿的样式

79.3 单元格样式的叠加

为单元格或单元格区域依次套用多种样式时，不同样式会在格式上进行叠加，保留不冲突的格式，替换相冲突的格式。另外，单元格仅对应最后套用的单元格样式。

技巧 80 轻轻松松设置数字格式

数字格式是单元格格式中最常用的属性之一，设置单元格数值格式，不仅可以对数字进行美化，而且使数字看起来更加直观。

80.1 功能区命令设置数字格式

【开始】选项卡下的【数字】组中包含了一些常用数字格式，可快速对数字进行格式设置，如

图 80-1 所示。

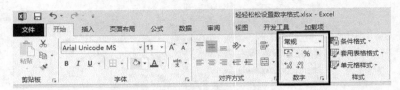

图 80-1　用功能区命令设置数字格式

80.2　在单元格格式中设置数字格式

按<Ctrl+1>组合键，打开【设置单元格格式】对话框，在【数字】选项卡的【分类】中可以对数字格式进行更多设置，如图 80-2 所示。

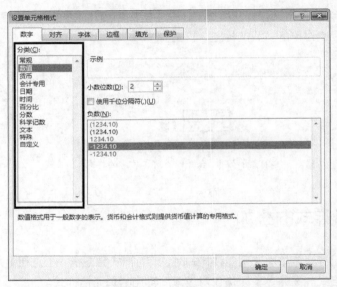

图 80-2　【设置单元格格式】对话框中的【数字】选项卡

 为单元格设置数字格式，只是改变了数字在单元格中的显示形式，并不会改变单元格存储的真正内容。

技巧 **81**　奇妙的自定义数字格式

Excel 虽然内置了丰富的数字格式，但当这些格式不能满足需求时，用户可以创建自定义的数字格式。在【设置单元格格式】对话框中的【分类】列表下选择【自定义】，即可进行自定义数字格式。

81.1　调出【设置单元格格式】对话框

方法 1　选中需要设置数字格式的单元格或单元格区域，单击【开始】选项卡中【数字格式】下拉按钮，单击下拉列表中的最后一项【其他数字格式】命令，如图 81-1 所示。

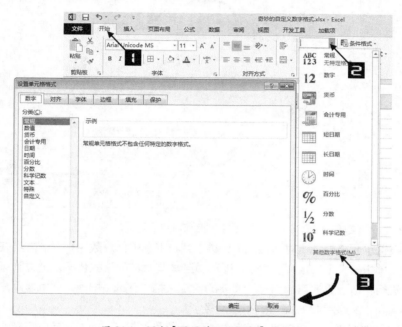

图 81-1　调出【设置单元格格式】对话框

方法 2　单击【开始】选项卡中【数字】命令组右下方的【设置单元格格式】对话框启动器按钮，如图 81-2 所示。

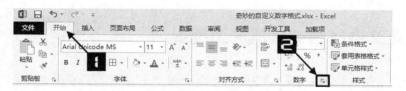

图 81-2　调出【设置单元格格式】对话框

方法 3　按<Ctrl＋1>组合键，"1"为主键盘上的数字键。

81.2　创建自定义数字格式

以设置带千分位分隔的数字格式为例，自定义数字格式的具体操作如下。

Step ①　选中需要设置自定义数字格式的单元格，如 A2。

Step ❷	调出【设置单元格格式】对话框，单击【数字】→【自定义】命令。
Step ❸	在【类型】文本框中输入自定义数字的格式代码"#,##0;-#,##0"，或者修改内置的格式代码，单击【确定】按钮，关闭对话框，如图 81-3 所示。

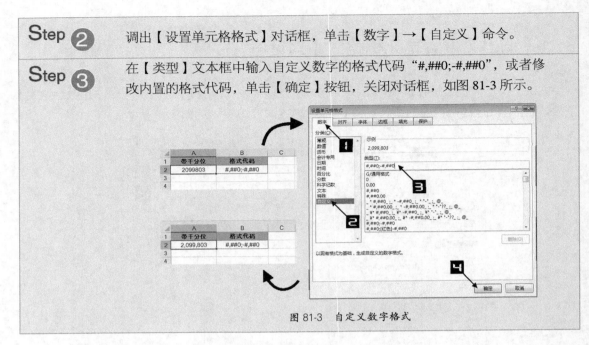

图 81-3　自定义数字格式

此时，A2 单元格数值"2099803"显示为"2,099,803"。

只要在【设置单元格格式】对话框的【分类】列表中选中任意数字格式，并且在右侧的类型中选中一个格式，单击一下【自定义】命令，即可看到与其对应的格式代码。这样就可以在原有的格式代码基础上进行修改，更快速地创建所需要的自定义格式代码。同时，这也是用户了解格式代码组成规则、学习自定义数字格式编写的有效途径。

从其他工作簿中复制包含自定义数字格式的单元格到当前工作簿中，其自定义的数字格式代码被一并添加到当前工作簿自定义数字格式代码列中。利用此特性可以与他人分享自己所创建的自定义数字格式。

81.3　自定义数字格式代码的组成规则

很多用户面对貌似复杂的自定义数字格式代码无从下手，其实只要掌握了自定义数字格式代码的组成规则，正确使用约定的代码符号，写出自己需要的自定义格式代码就不困难了。

自定义数字格式代码结构如下。

正数;负数;零值;文本

以上 4 个区段构成了自定义数字格式代码的完整结构，每个区段以半角分号";"为分隔符，每个区段代码对不同类型的数据内容产生作用。例如，第 1 区段"正数"中的代码只会在单元格中数据为正数数值时产生格式化作用，第 2 区段作用于负数，第 3 区段作用于零值，第 4 区段作用于单元格内数据为文本的情况。

除了以数值的正负作为格式分隔依据外，也可以分区段设置所需要的条件。如下的格式代码结构也是符合规则的。

大于条件值;小于条件值;等于条件值;文本

或

条件值 1;条件值 2;不满足条件值 1 条件值 2;文本

可以使用"比较运算符+数值"的方式来表示条件值。可以使用的比较运算符包括大于号"＞"、小于号"＜"、等于号"＝"、大于等于"＞＝"、小于等于"＜＝"和不等于"＜＞"。

第 3 区段自动以"除此之外"的情况作为其条件值，不能再使用"比较运算符+数值"的形式。

除此之外，在实际应用中，不必每次都严格按照 4 个区段的结构来编写格式代码，区段数少于 4 个甚至只有 1 个都是被允许的。表 81-1 列出了少于 4 个区段的代码结构含义。

表 81-1　　　　　　　　少于 4 个区段的自定义格式代码结构含义

区段数	代码结构含义
1	格式代码作用于所有类型的数值
2	第 1 区段作用于正数和零值，第 2 区段作用于负数
3	第 1 区段作用于正数，第 2 区段作用于负数，第 3 区段作用于零值

对于包含条件值的格式代码来说，区段可以为 4 个，但最少不能少于两个区段。如表 81-2 所示。

表 81-2　　　　　　　少于 4 个区段的包含条件值格式代码结构含义

区段数	代码结构含义
2	第 1 区段作用于满足条件值 1，第 2 区段作用于其他情况
3	第 1 区段作用于满足条件值 1，第 2 区段作用于满足条件值 2，第 3 区段作用于其他情况

81.4　自定义数字格式中的代码符号及含义作用

自定义数字格式代码中还使用了一些符号，下面依次介绍这些符号及符号的含义和作用。如表 81-3 所示。

表 81-3　　　　　　　　　　代码符号及其含义作用

代码符号	符号的含义和作用
G/通用格式	不设置任何格式，按原始输入显示，同"常规"格式
#	数字占位，只显示数字，不显示无意义的零值
0	数字占位，当数字比代码的数量少时，显示无意义的零值
?	数字占位，只显示数字，不显示无意义的零值，与"0"类似，但以显示空格代替无意义的零值。还可用于显示分数
.	小数点
%	百分数显示
,	千位分隔符
E	科学计数符号
"文本"	显示双引号之间的文本

续表

代码符号	符号的含义和作用
！	与双引号作用类似，可显示下一个文本字符。可用于引号、小数点号、问号等特殊符号的显示
\	作用同"！"相同，但此符号输入后会以符号"！"代替其代码的显示
*	重复下一个字符来填充列宽
_	留出与下一个字符宽度相等的空格
@	文本占位符
[颜色]	显示相应颜色，可使用的颜色有[黑色]/[black]、[白色]/[white]、[红色]/[red]、[青色]/[cyan]、[蓝色]/[blue]、[黄色]/[yellow]、[洋红色]/[magenta]、[绿色]/[green]。对于中文版的 Excel，只能使用中文颜色名称，而英文版的 Excel 只能使用英文颜色名称
[颜色 n]	显示 Excel 2003 调色板上的颜色，n 的值为 1~56 之间
[条件值]	设置条件。条件通常由">"、"<"、"="、">="、"<="、"<>"与数值所构成
[DBNum1]	显示中文小写数字，例如"123"显示为"一百二十三"
[DBNum2]	显示中文大写数字，例如"123"显示为"壹佰贰拾叁"
[DBNum3]	显示全角的阿拉伯数字与小写中文单位的结合，例如"123"显示为"1百2十3"

技巧 82　自定义数字格式的经典应用

编写自定义数字格式，不仅能增强报表的可读性，还能设置一些特殊的自定义格式，简化数据录入。下面介绍自定义数字格式的经典应用实例。

82.1　不显示零值

在【Excel 选项】对话框中单击【高级】选项卡，取消勾选【在具有零值的单元格中显示零】的复选框，单击【确定】按钮，关闭对话框，可以不显示在当前工作表中出现的零值，如图 82-1 所示。

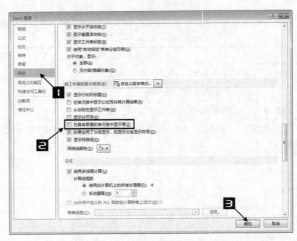

图 82-1　在【Excel 选项】中取消显示零值

设置自定义数字格式，也可以实现相同的效果。

格式代码如下。

```
G/通用格式; G/通用格式;
```

代码解析：第 1 区段和第 2 区段中对正数和负数使用 "G/通用格式"，即正常显示；而第 3 区段留空，即可使零值单元格显示为空白。

82.2　快速缩放数值

处理较大的数值时，往往希望按千位或万位来显示数值，以增加数据的可读性。使用用自定义数字格式，可以实现这样的快速缩放显示。

图 82-2 展示了以 "百万"、"万"、"千"、"百" 缩放数值的实例。

显示为	原始数据	格式代码	说明
-123.46	-1.23E+08	0.00,,	按百万缩放数值
		0.00,,	按百万缩放数值
123.46 M	123456789	0.00,, "M"	按百万缩放数值
123.46 百万	123456789	0.00,, "百万"	按百万缩放数值
12.3	123456	0"."0,	按万缩放数值
-12.3	-123456	0"."0,	按万缩放数值
		0"."0,	按万缩放数值
12.3456	123456	0"."0000	按万缩放数值
12.3 万	123456	0"."0, "万"	按万缩放数值
123.46	123456	0.00,	按千缩放数值
-0.12	-123456	0.00,	按千缩放数值
		0.00,	按千缩放数值
123.46 K	123456	0.00, "K"	按千缩放数值
123.46 千	123456	0.00, "千"	按千缩放数值
12.34	1234	0"."00	按百缩放数值
-12.34	-1234	0"."00	按百缩放数值
		0"."00	按百缩放数值

图 82-2　快速缩放数值

 提示　自定义单元格数字格式仅改变数字的显示方式，而不改变单元格中数据的实际值，不用担心自定义后的数据不能再参与计算处理。

82.3　智能显示百分比

当单元格中的数字小于 1 时，数字按 "百分比" 格式显示，大于等于 1 的数字按标准格式显示，同时让所有数字按小数点位置排列整齐，如图 82-3 所示。

显示为	原始数据	格式代码	说明
12.00	12	[<1]0.00%;#.00_%	智能显示百分比
6.00%	0.06	[<1]0.00%;#.00_%	智能显示百分比
1.00	1	[<1]0.00%;#.00_%	智能显示百分比
90.00%	0.9	[<1]0.00%;#.00_%	智能显示百分比
		[<1]0.00%;#.00_%	智能显示百分比
1.20	1.2	[<1]0.00%;#.00_%	智能显示百分比

图 82-3　智能显示百分比

格式代码如下。

```
[<1]0.00%;#.00_%
```

代码解析：第 1 区段使用了条件值判断，对应数值小于 1 时的格式为显示保留两位小数的百分比格式，第 2 个区段对应不小于 1 时的数字和文本的格式。第 2 个区段中，百分号前使用了一个下划线，目地是保留一个与百分号等宽的空格，使应用数字格式后的单元格数值能够按照小数点位置对齐。

　建议在单元格数值全部输入完成后再设置单元格数字格式，因为设置完此代码后，单元格将具有百分比样式，即输入其中的数值都将缩小 100 倍，例如输入 12，则返回 12%。但如果数字是由公式返回的，则不受此影响。

82.4　显示分数

Excel 中内置了一些分数的数字格式，通过自定义可以得到更多的显示形式，比如在显示的时候加上"又"字，或加上表示单位的符号，或者使用一个任意的数字作为分母，如图 82-4 所示。

显示为	原始数据	格式代码	说明
3 1/4	3.25	# ?/?	显示分数
3又1/4	3.25	#"又"?/?	显示分数
3 4/16"	3.25	# ??/16"	显示分数
3 5/20	3.25	# ?/20	显示分数
3 13/50	3.25	# ?/50	显示分数

图 82-4　更多的分数显示形式

82.5　隐藏某些类型的数据

可以使用自定义数字格式隐藏某些类型的数据，或者把某些类型的数据用特定的字符串代替，如图 82-5 所示。

显示为	原始数据	格式代码	说明
	37	[>100]0.00;	大于100才显示
123.00	123	[>100]0.00;	大于100才显示
	230	;;	只显示文本，不显示数字
Excel	Excel	;;	只显示文本，不显示数字
739.00	739	0.00;0.00;0;**	只显示数字，文本用星号显示
***************	Excel	0.00;0.00;0;**	只显示数字，文本用星号显示
	982	;;;	任何类型的数值都不显示

图 82-5　隐藏某些类型的数据

其中，代码 "**" 的含义是使用 "*" 来填充，类似地，代码 "*-" 的含义是使用 "-" 填充，第一个*是功能字符，其后跟随的是填充字符。

　使用代码格式 ";;;" 时，可以隐藏单元格中的数值、文本内容，但如果单元格中的内容为错误值，如#N/A，则仍然被显示出来。

82.6　简化录入操作

在某些情况下，使用带条件判断的自定义格式可以简化录入操作。

（1）用数字 1 和 0 代替 "√"、"×" 的输入

格式代码如下。

```
[=1]"√";[=0]"×";;
```

只要在单元格中输入 1 或 0，设置了该格式代码的单元格就会相应地显示出 "√"、"×"，而如果录入的数字不是 1 或 0，则会显示空白。对于类似不方便录入的符号，可使用此方法。

（2）用数字代替复杂文本输入

格式代码如下。

```
"通过";;"未通过"
```

当在单元格中输入大于零的数字时，显示 "通过"，等于 0 时，显示 "不通过"，小于零时，显示空。

（3）快速录入特定前（后）缀编码

当输入大量有规则的编码时，可设置相同的前（后）缀编码，进行数据录入时，只需要输入不同的部分即可。

格式代码如下。

```
"14Q3"-0000
```

特定前缀为 "14Q3"，后面为 4 位的流水号。设置完成后，只需录入流水号，即可显示出全部内容。

（4）手机号码分段显示

格式代码如下。

```
000-0000-0000
```

该操作按大多数人读取手机号码的习惯进行分段显示。

图 82-6 为简化录入操作中自定义格式显示的效果图。

显示为	原始数据	格式代码	说明
√	1	[=1]"√";[=0]"×";;	输入0时显示"×"，输入1时显示"√"，其它情况显示空
×	0	[=1]"√";[=0]"×";;	输入0时显示"×"，输入1时显示"√"，其它情况显示空
通过	2	"通过";;"未通过"	大于0时显示"通过"，等于0时显示"未通过"，小于0时显示空
不通过	0	"通过";;"未通过"	大于0时显示"通过"，等于0时显示"未通过"，小于0时显示空
14Q3-0010	10	"14Q3"-0000	特定的前缀编码，后4位流水号
14Q3-0120	120	"14Q3"-0000	特定的前缀编码，后4位流水号
14Q3-0009S	9	"14Q3"-0000"S"	特定的前缀编码，中间4位流水号，特定后缀
139-0021-2465	13900212465	000-0000-0000	手机号码分段显示
133-2233-6548	13322336548	000-0000-0000	手机号码分段显示

图 82-6　通过自定义数字格式简化录入操作

82.7　文本内容的附加显示

大多数情况下，自定义数字格式应用于数值型数据的显示处理上，用户也可以对文本型数据进

行自定义格式设置，如为文本型数据添加附加信息显示。

（1）简化文本输入

格式代码如下。

```
;;;"集团公司"@"部"
```

代码解析：格式代码分为 4 段，前 3 段区域禁止非文本数据显示，第 4 段为文本数据增加了附加信息。当某些录入操作有一定规律或是固定样式，就可试着用此方法简化录入操作。

（2）文本数据右对齐

格式代码如下。

```
;;;* @
```

文本数据通常在单元格中左对齐，设置这样的格式可以在文本左边填充足够多的空格，使得文本内容显示为右对齐。

（3）预留手写文字位置

格式代码如下。

```
;;;@*_
```

此格式在文本内容的右侧填充下划线 "_"，形成类似签字栏的效果，可用于一些需要打印后手动填写的文件。图 82-7 为文本内容附加显示中自定义格式的显示效果。

显示为	原始数据	格式代码	说明
集团公司财务部	财务	;;;"集团公司"@"部"	显示各部门全称
集团公司销售部	销售	;;;"集团公司"@"部"	显示各部门全称
右对齐	右对齐	;;;* @	右对齐
姓名_____	姓名	;;;@*_	预留手写文本位置
单位_____	单位	;;;@*_	预留手写文本位置

图 82-7　文本内容的附加显示

技巧 83　随心所欲设置日期格式

时间和日期格式是用户在 Excel 中经常需要处理的一类数据，不同报表也会有不同的格式要求。默认情况下，在单元格中输入日期数据时，Excel 会自动应用系统默认的格式来显示。

83.1　更改系统日期格式设置

Step ❶	打开【控制面板】，单击【时钟、语言和区域】→【区域和语言】命令，打开【区域和语言】对话框。
Step ❷	单击【短日期】下拉按钮，在弹出的下拉列表中选择目标日期格式，如 "yyyy-M-d" 选项。还可以根据实际需要选择长日期、短时间和长时间的目标格式。

Step ③　单击【确定】按钮，关闭对话框，如图 83-1 所示。

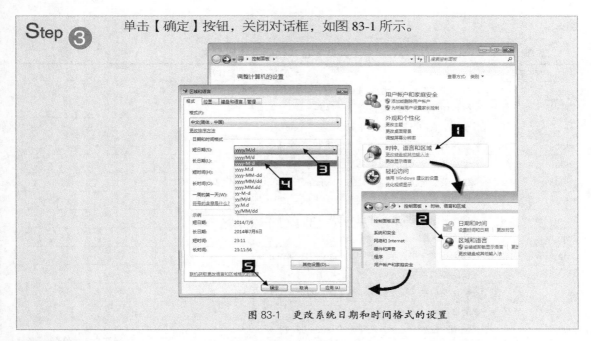

图 83-1　更改系统日期和时间格式的设置

注意！　在此处所做的修改将会影响到多个应用程序，而不仅仅是 Excel。

83.2　丰富的时间日期数字格式代码

Excel 内置了丰富的时间日期类格式。打开【设置单元格格式】对话框中的【数字】选项卡，可以选择【时间】或【日期】类别，然后在右侧选中对应的内置格式来应用它们，如图 83-2 所示。

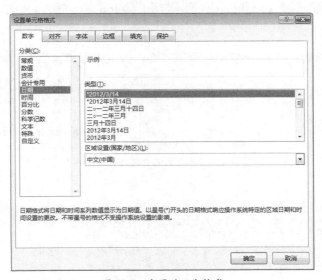

图 83-2　内置的日期格式

此外还可以自定义日期和时间格式，表 83-1 中列出了用于自定义日期和时间所需要的代码及含义。

表 83-1　　　　　　　　　日期与时间自定义数字格式代码及代码含义

代码符号	符号的含义和作用
aaa	使用中文简称显示星期几（"一"～"日"）
aaaa	使用中文全称显示星期几（"星期一"～"星期日"）
d	使用没有前导零的数字来显示日期（1~31）
dd	使用有前导零的数字来显示日期（01~31）
ddd	使用英文缩写显示星期几（"Sun"～"Sat"）
dddd	使用英文全拼显示星期几（"Sunday"～"Saturday"）
m	使用没有前导零的数字来显示月份（1~12）或分钟（0~59）
mm	使用有前导零的数字来显示月份（01~12）或分钟（00~59）
mmm	使用英文缩写显示月份（Jan~Dec）
mmmm	使用英文全拼显示月份（January~December）
mmmmm	使用英文首字母显示月份（J~D）
y	使用两位数字显示公历年份（00~99）
yy	同上
yyyy	使用四位数字显示公历年份（1900~9999）
h	使用没有前导零的数字来显示小时（0~23）
hh	使用有前导零的数字来显示小时（00~23）
s	使用没有前导零的数字来显示秒钟（0~59）
ss	使用有前导零的数字来显示秒钟（00~59）
[h]、[m]、[s]	显示超出进制的小时数、分数、秒数
AM/PM	使用英文上下午显示 12 进制时间
A/P	同上
上午/下午	使用中文上下午显示 12 进制时间

图 83-3 用上述代码创建了一些应用实例，与系统默认的格式相比，自定义格式更加丰富，满足不同的报表需求。

显示为	原始数据	格式代码	说明
2014年6月25日	2014/6/25	yyyy"年"m"月"d"日"	符合中文习惯显示的年月日
25-Jun-14	2014/6/25	d-mmm-yy	符合英文习惯显示年月日
星期三	2014/6/25	aaaa	符合中文习惯显示星期
Wed	2014/6/25	ddd	符合英文习惯显示星期
下午3时05分55秒	15:05:55	上午/下午h"时"mm"分"ss"秒"	符合中文习惯显示的时间
上午8时30分06秒	8:30:06	上午/下午h"时"mm"分"ss"秒"	同上
3:05 p.m.	15:05:55	h:mm a/p".m."	符合英文习惯显示的时间
8:30 a.m.	8:30:06	h:mm a/p".m."	同上

图 83-3　日期与时间自定义格式实例

技巧 84　保留自定义格式的显示值

单元格应用数字格式，只是改变了数字在单元格的显示形式，而不会改变实际的存储值。想要得到单元格的显示值，可以借助【剪贴板】来实现，操作方法如下。

Step 1　A2 单元格的显示值为“NBDL98266358”，在编辑栏中可以看到 A2 单元格的存储值为“98266358”。选中目标单元格区域（如 A2:A4），按<Ctrl+C>组合键复制该区域。

Step 2　单击用于存放该值的位置（如 C2 单元格）。

Step 3　单击【开始】选项卡中的【剪贴板】对话框启动器按钮，打开【剪贴板】窗格，然后单击之前所复制的项目。此时 C2:C4 单元格区域的存储值即为 A2:A4 单元格区域的显示值。如图 84-1 所示。

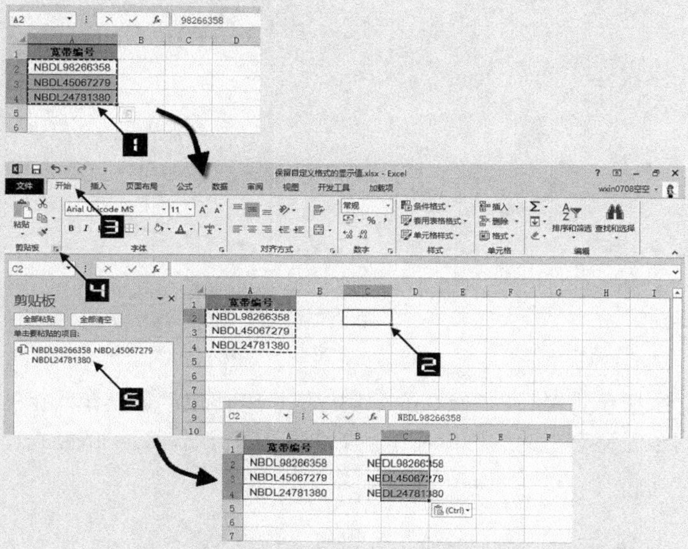

图 84-1　获取自定义数字格式的显示值

技巧 85　单元格内的文字换行

当单元格内输入的文本内容超过单元格列宽时，Excel 会占用右侧的单元格或单元格区域继续显示全部文本内容，但是当右侧存在一个非空单元格，则不再显示全部文本内容了，如图 85-1 所示。

	A	B	C	D	E	F
1	ExcelHome,在帮助他人的同时提升自己，让我们做的更好					
2	ExcelHom	AA				
3	ExcelHome,在帮助他		BB			
4	ExcelHome,在帮助他人的同时提			CC		
5	ExcelHome,在帮助他人的同时提升自己，让				DD	
6						

图 85-1　长文本在单元格中的显示方式

保证在宽度有限的单元格显示出全部文本内容，可以采取单元格内换行的方式实现。

85.1　自动换行

选中包含长文本的单元格或单元格区域，单击【开始】选项卡中的【自动换行】命令，如图
85-2 所示。

图 85-2　自动换行

此时文本显示为多行，Excel 的列宽保存不变，自动调整单元格的行高，以便文本完整显示出
来。当调整单元格列宽时，Excel 又会自动调整每行所能容纳的字符个数。

85.2　手动插入换行符

自动换行无法控制换行的位置，可以使用手
工插入换行符的方法控制文本换行的位置。

沿用上例，选定单元格后，把光标定位到需要
强制换行的位置，例如在每个逗号之后，按
<Alt+Enter>组合键插入换行符，文本就会在相应
位置换行。调整列宽后的效果如图 85-3 所示。

这种换行方法不仅可以让单元格中的文本显示
为多行，也使得编辑栏中的文本显示为多行。

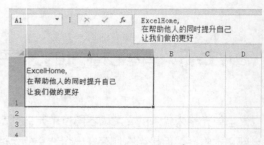

图 85-3　手动插入换行符

85.3　设置行间距

Excel 没有提供现成的在单元格内设置行间距的功能，按照以下步骤操作可以巧妙地设置单元
格内的行间距。

Step ❶	选定包含多行内容的单元格，如 A1，按 <Ctrl+1> 组合键打开【设置单元格格式】对话框。
Step ❷	单击【对齐】选项卡，在【垂直对齐】的下拉列表中选择【两端对齐】选项，单击【确定】按钮，关闭【设置单元格格式】对话框，如图 85-4 所示。

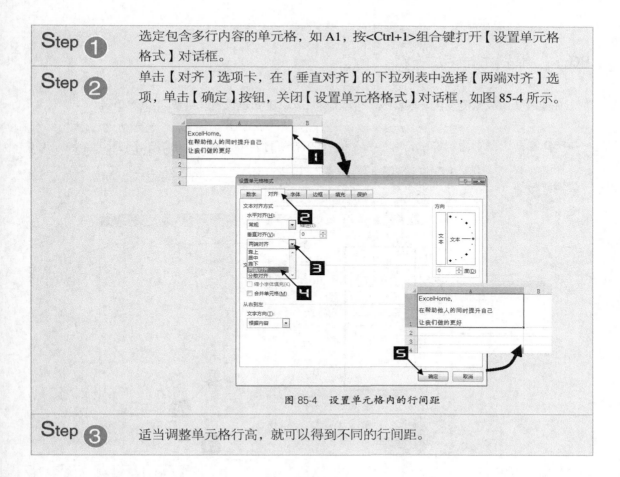

图 85-4　设置单元格内的行间距

Step ❸	适当调整单元格行高，就可以得到不同的行间距。

技巧 86　巧妙制作斜线表头

在中国式报表中，经常会用到斜线表头，如图 86-1 所示。但是 Excel 并没有直接对这一样式提供良好支持，用户需要借助其他技巧来曲线救国，以下依次介绍具体技巧。

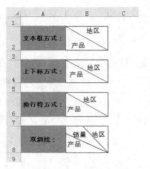

图 86-1　斜线表头效果

86.1　单斜线表头

如果表头中只需要设置一根斜线，可以借助 Excel 的边框设置来实现，步骤如下。

Step ❶	选定目标单元格，按<Ctrl+1>组合键打开【设置单元格格式】对话框。
Step ❷	单击【边框】选项卡，在【边框】区域中单击右下角的斜线按钮，单击【确定】按钮完成设置，如图 86-2 所示。

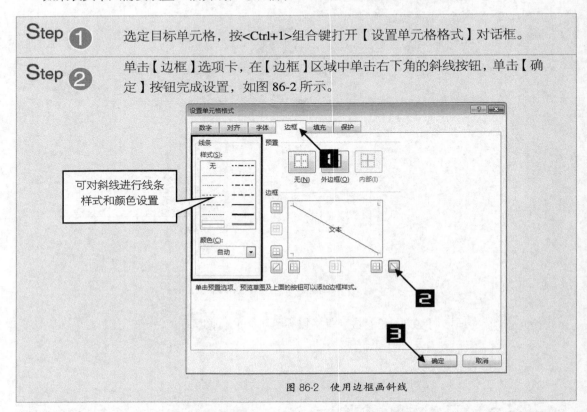

图 86-2　使用边框画斜线

> **注意**
>
> 如需对斜线进行线条样式和颜色设置，需要先设置完成后再单击斜线按钮。

设置完斜线后，在单元格内输入表头有以下 3 种方法。

1. 使用文本框

Step ❶	单击【插入】选项卡中的【文本】→【文本框】命令，然后用鼠标在工作表上画出矩形文本框。
Step ❷	保持文本框处于选中状态，在【绘图工具】的【格式】选项卡中依次单击【形状轮廓】→【无轮廓】命令，将文本框设置为无轮廓。
Step ❸	继续保持文本框处于选中状态，在【绘图工具】的【格式】选项卡中依次单击【形状填充】→【无填充】，将文本框设置为无填充颜色，如图 86-3 所示。
Step ❹	单击文本框，进入编辑状态，输入一项表头标题，例如"地区"，然后将文本框移至表头单元格斜线的上方位置。

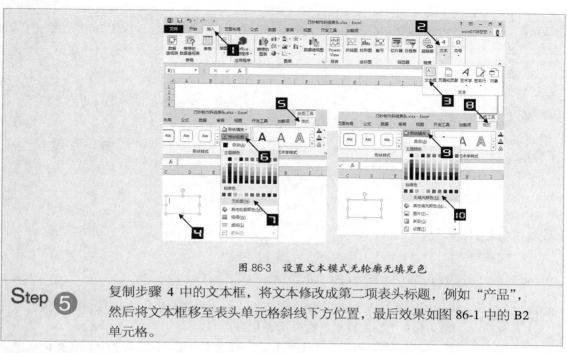

图 86-3　设置文本模式无轮廓无填充色

Step 5　复制步骤 4 中的文本框，将文本修改成第二项表头标题，例如"产品"，然后将文本框移至表头单元格斜线下方位置，最后效果如图 86-1 中的 B2 单元格。

2. 使用上下标

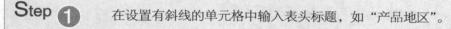

Step 1　在设置有斜线的单元格中输入表头标题，如"产品地区"。

Step 2　选中标题中需要设置的部分，如"产品"，然后按<Ctrl+1>组合键，打开【设置单元格格式】对话框，勾选【特殊效果】区域的【下标】复选框，并根据实际情况调整字体大小（设置为上下标后，文字显示将比正常格式略小），单击【确定】按钮关闭对话框，完成表头标题"产品"的上标设置，如图 86-4 所示。

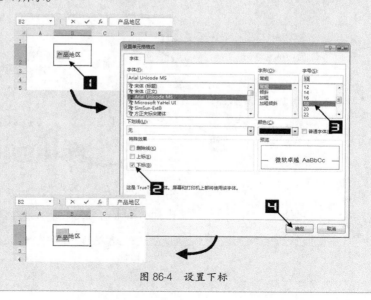

图 86-4　设置下标

Step ③	参照步骤 2，将表头标题"地区"设置成上标，如图 86-1 中的 B4 单元格。

3．单元格内换行

Step ①	在单元格输入"产品地区"，将光标定位在"产品"和"地区"之间，然后按<Alt+Enter>组合键插入换行符，使其分行显示。
Step ②	在"产品"前插入适量的空格，使标题文字与单元格斜线相匹配，如图 86-1 中的 B6 单元格。

86.2　双斜线表头

如果在表头中需要设置两条或两条以上的斜线，可以用自选图形实现。

Step ①	依次单击【插入】选项卡中的【插图】→【形状】命令，在弹出的扩展菜单中选择"直线"，然后在单元格中绘制斜线。
Step ②	选中绘制好的斜线，单击【绘图工具-格式】→【形状轮廓】→【黑色】，为直线修改颜色，如图 86-5 所示。

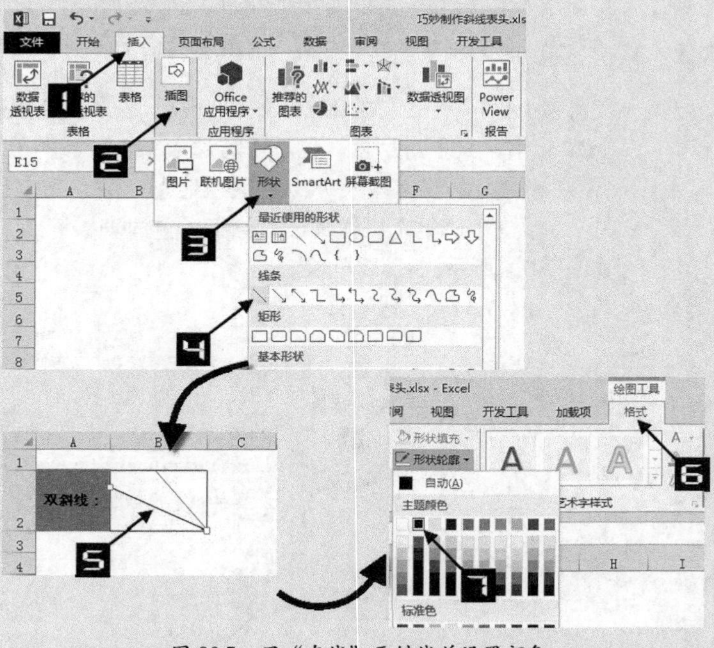

图 86-5　用"直线"画斜线并设置颜色

Step ③	可使用文本框或单元格内换行的方法输入标题，效果如图 86-1 中的 B8 单元格所示。

技巧 **87** 合并单元格后保留所有内容

87.1　常规合并单元格

合理的合并单元格可以让报表看起来更清晰。合并单元格操作也非常简单，只需选中需要合并的单元格区域，单击【开始】选项卡中的【合并后居中】按钮⊞，即可实现对多个单元格的合并。

> 合并单元格时仅保留最左上角单元格中的数据，合并单元格后将对排序、筛选和复制粘贴等操作造成影响，对函数公式的使用也会有限制，因此应尽量避免合并单元格。

87.2　应用合并单元格样式

当报表既需要以合并单元格的形式呈现，又需要在后继的加工处理中不影响使用函数、排序和筛选等操作时，可以使用【格式刷】工具，仅将格式应用在需要合并的单元格区域。具体方法如下。

Step ❶　选中合并单元格区域，如 A2:A9，单击【开始】选项卡中的【格式刷】按钮，再单击 F2 单元格，将合并单元格的格式应用到 F2:F9 单元格区域备用，如图 87-1 所示。

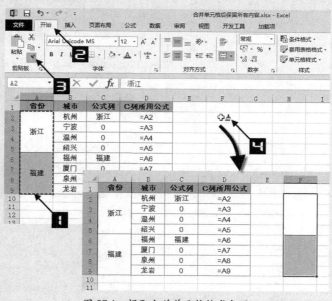

图 87-1　提取合并单元格格式备用

Step ❷　选中 A2:A9 单元格区域，单击【开始】→【合并后居中】按钮，取消 A2:A9 单元格区域的合并状态，如图 87-2 所示。

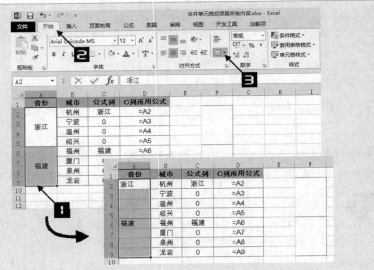

图 87-2　取消合并单元格区域

Step ③　保持选中 A2:A9 单元格区域，按<Ctrl+G>组合键或按<F5>功能键打开【定位】对话框，单击【定位条件】按钮，在弹出的【定位条件】对话框中选择【空值】单选按钮，单击【确定】按钮，关闭对话框，此时 A3:A5 和 A7:A9 单元格区域被选中，如图 87-3 所示。

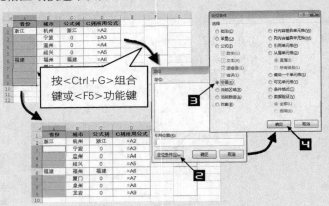

图 87-3　用定位功能选中空白单元格

Step ④　保持选中 A3:A5 和 A7:A9 单元格区域，在 A3 单元格中输入公式"=A2"，然后按<Ctrl+Enter>组合键批量输入公式。此时，原有空白单元格被填充为相应的省份名称，如图 87-4 所示。

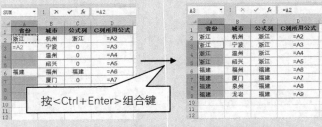

图 87-4　按<Ctrl+Enter>组合键批量输入公式

Step 5 选中 **F2:F9** 单元格区域，单击【开始】→【格式刷】命令，单击 A2 单元格，将合并的格式应用到 **A2:A9** 单元格区域，如图 87-5 所示。

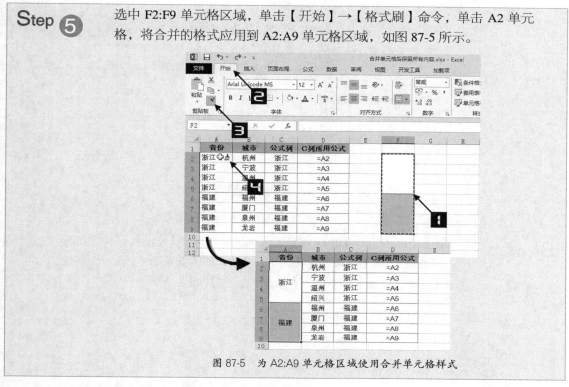

图 87-5　为 A2:A9 单元格区域使用合并单元格样式

操作完成后，可清除 F 列的合并单元格样式。

通过上述步骤得到的合并单元格，相当于给单元格套了一件合并单元样式的外衣，其内在保留了单元格中的原始内容，当用户对合并区域应用函数、排序和筛选等操作时，将不再受合并单元格影响。

技巧 **88**　使用工作表背景

88.1　为工作表插入背景

可以通过插入工作表"背景"方法来增强工作表的表现力。具体方法如下。

Step 1 单击【页面布局】选项卡中的【背景】命令，打开【插入图片】对话框。

Step 2 【插入图片】对话框中给出了图片的 4 种来源方式，包括来自本地计算机中的文件、**Office** 剪贴画、**Web** 搜索以及 **OneDrive** 空间中的图片，如图 88-1 所示。

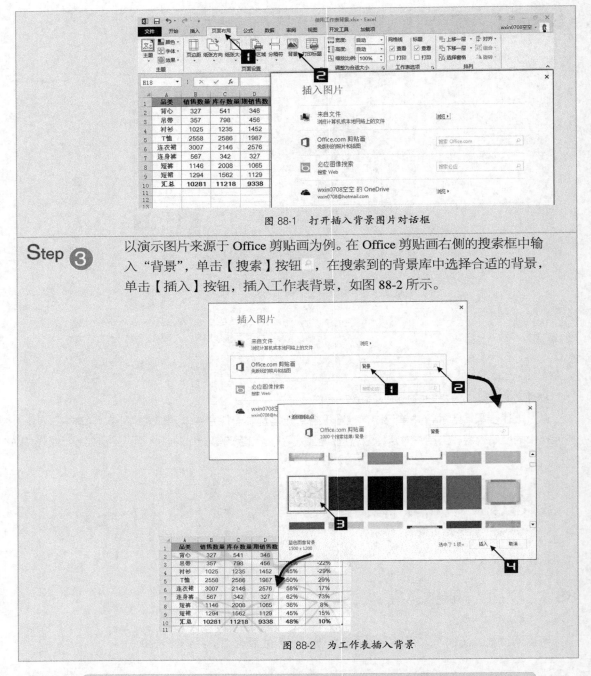

图 88-1   打开插入背景图片对话框

Step ❸   以演示图片来源于 Office 剪贴画为例。在 Office 剪贴画右侧的搜索框中输入 "背景"，单击【搜索】按钮，在搜索到的背景库中选择合适的背景，单击【插入】按钮，插入工作表背景，如图 88-2 所示。

图 88-2   为工作表插入背景

    当背景图片来自 Office 剪贴画、Web 搜索以及 OneDrive 空间中的图片时，需保持计算机处于联网状态，否则只能使用 "脱机工作"，从本地计算机中选择背景图片。

为了增强背景图片的显示效果，可以单击【视图】选项卡，取消勾选【网格线】的复选框，不显示工作表中的网格线，如图 88-3 所示。

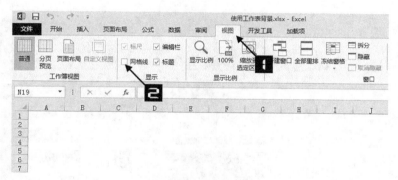

图 88-3　去除网格线

88.2　只在特定单元格区域中显示背景

如果不希望背景图片在整个工作表中平铺显示，而只显示在特定的单元格区域，可以通过设置单元格的填充颜色来实现。

工作表背景图片位于最底层，因此单元格的填充色将覆盖背景图片的显示。可以将不希望显示背景图片的单元格区域选中，将其填充颜色设置为白色或其他颜色，以达到隐藏部分背景图片的效果，如图 88-4 所示。

品类	销售数量	库存数量	期销售数	售罄率	同比提升率
背心	327	541	346	38%	-5%
吊带	357	798	456	31%	-22%
衬衫	1025	1235	1452	45%	-29%
T恤	2558	2586	1987	50%	29%
连衣裙	3007	2146	2576	58%	17%
连身裤	567	342	327	62%	73%
短裤	1146	2008	1065	36%	8%
短裙	1294	1562	1129	45%	15%
汇总	10281	11218	9338	48%	10%

图 88-4　在特定的单元格区域显示背景

88.3　打印工作表背景

在默认情况下，Excel 中的工作表背景无法打印，如需打印，可将含工作表背景的区域复制为图片，然后再打印，方法如下。

Step ❶	选中需要打印的区域，如 B2:G11。
Step ❷	在【开始】选项卡中单击【复制】下拉按钮，在弹出的快捷菜单中单击【复制为图片】命令，弹出【复制图片】对话框。
Step ❸	选择【复制图片】对话框中的外观为【如屏幕所示】，格式为【位图】，单击【确定】按钮，关闭对话框，如图 88-5 所示。

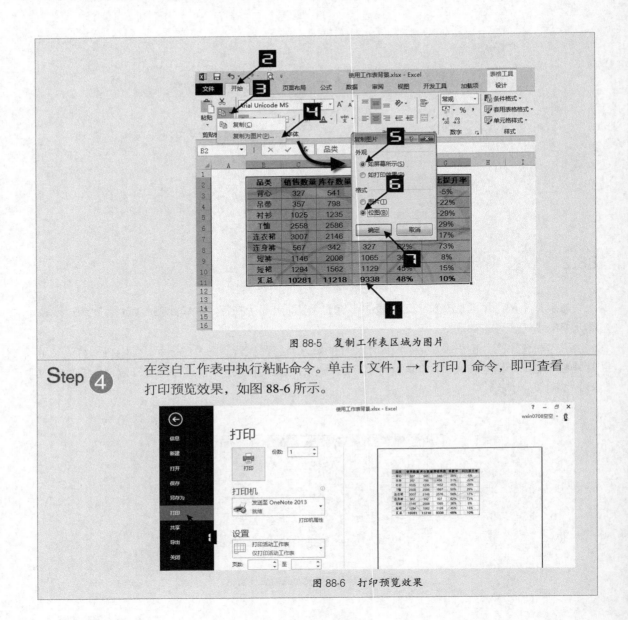

图 88-5　复制工作表区域为图片

Step ④　在空白工作表中执行粘贴命令。单击【文件】→【打印】命令，即可查看
打印预览效果，如图 88-6 所示。

图 88-6　打印预览效果

第5章 数据验证

"数据验证"在 Excel 2013 之前的版本中称为"数据有效性"，通过对单元格设置"数据验证"，不仅可以有效提升数据录入的准确率，还可以借助其提示功能和预置选项提升录入体验与录入效率。此外，借助"数据验证"功能还可以在已输入的数据区域查看不符合要求的数据，即"数据验证"的"圈释无效数据"功能。

技巧 89 限制输入空格

输入两个字的姓名时，有些用户喜欢在姓与名之间插入空格，以达到与三个字姓名对齐的目的。但这种方式会影响数据的正确性，并在数据查询匹配等后续处理中产生不良影响，需要杜绝。如图 89-1 所示，输入姓名"王羚"时插入了多余的空格，触发了【数据验证】的限制。要实现限制输入空格的效果，可以按以下步骤操作。

图 89-1　限制输入多余空格

Step ❶	选中 B2:B10 单元格区域，并使 B2 为活动单元格，在【数据】选项卡中单击【数据验证】按钮，打开【数据验证】对话框。
Step ❷	激活【设置】选项卡，在【允许】下拉列表中选择【自定义】类别，然后在【公式】编辑框中输入以下公式，如图 89-2 所示。

`=LEN(B2)=LEN(SUBSTITUTE(B2," ",))`

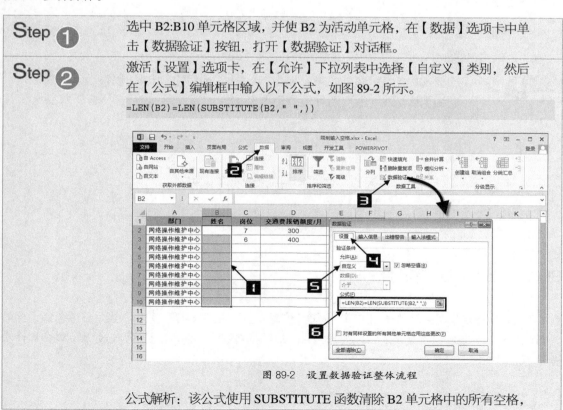

图 89-2　设置数据验证整体流程

公式解析：该公式使用 SUBSTITUTE 函数清除 B2 单元格中的所有空格，

然后用 LEN 函数取得清除空格后的字符长度。如果该字符长度和 B2 单元格原本的字符长度相同，则表明 B2 单元格不含空格。

Step ③　激活【出错警告】选项卡，在【样式】下拉列表中选择"停止"，然后在【错误信息】文本框中输入合适的文本，比如"请勿输入多余空格"，如图 89-3 所示。

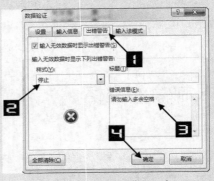

图 89-3　设置出错警告信息

Step ④　单击【确定】按钮，关闭【数据验证】对话框。

如果是英文姓名，则允许单词之间有一个空格，但不允许在字符串首尾插入多余空格，可以用以下公式代替步骤 2 中的公式。

```
=B2=TRIM(B2)
```

除了单词之间的单个空格，TRIM 函数清除其余所有空格。

 步骤 2 中的公式是针对当前活动单元格 B2 编写的，但其可以自动适应到步骤 1 中选中的其他单元格。

技巧 90　限定输入指定范围内的日期

90.1　限定输入本月日期

图 90-1 是某公司每月"集团工单"受理汇总表，要求在"日期"列输入当月日期（假设当前为 2013 年 1 月）。任何不规范的日期或非当月的日期都将被限制输入。要达到该效果，具体操作步骤如下。

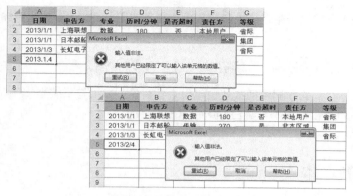

图 90-1 限定输入本月日期

Step ① 选中 A2:A32 单元格区域，在【数据】选项卡中单击【数据验证】按钮，打开【数据验证】对话框，如图 90-2 所示。

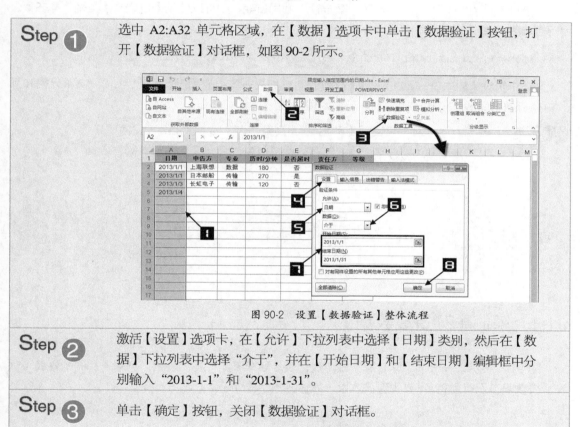

图 90-2 设置【数据验证】整体流程

Step ② 激活【设置】选项卡，在【允许】下拉列表中选择【日期】类别，然后在【数据】下拉列表中选择"介于"，并在【开始日期】和【结束日期】编辑框中分别输入"2013-1-1"和"2013-1-31"。

Step ③ 单击【确定】按钮，关闭【数据验证】对话框。

此时，"日期"列中只能输入 2013 年 1 月的日期。如果需要设置动态规则，使之只能输入系统日期所在月份的日期，则可以用以下公式指定月初日期和月末日期。

【开始日期】编辑框公式如下。

```
=DATE(YEAR(TODAY()),MONTH(TODAY()),1)
```

【结束日期】编辑框公式如下。

```
=DATE(YEAR(TODAY()),MONTH(TODAY())+1,0)
```

如果在【允许】下拉列表中选择【自定义】类别，则在【公式】编辑框中输入以下公式也能实现动态效果。

```
=TEXT(A2,"yyyy-mm")=TEXT(TODAY(),"yyyy-mm")
```

此公式将"日期"列的数据转换成 4 位年份 2 位月份，如果与系统当前日期对应的 4 位年份 2 位月份相同，则表示该日期属于系统日期所在月份。

90.2　限定输入本周日期

沿用上例，如果需要在"日期"列限定输入本周日期，则可以使用【自定义】类别，并在【公式】编辑框中输入以下公式。

```
=YEAR(A2)&"_"&WEEKNUM(A2,2)=YEAR(TODAY())&"_"&WEEKNUM(TODAY(),2)
```

YEAR 函数返回年份，WEEKNUM 函数返回日期在一年中的周次。因此，如果 A2 单元格和系统日期返回相同的年份和周次，则表示是本周日期。

> 为"日期"列设置【数据验证】后，不可又将单元格设置为"文本"格式。否则，输入的数据都将被当成普通文本而被限制输入。

技巧 91　限制重复数据的录入

91.1　限制单列重复数据

图 91-1 展示了一份某小学教职工旅游登记表。要求不允许在"姓名"列输入相同的姓名（假设学校教职工没有重名）。要实现该效果，具体操作步骤如下。

图 91-1　限制"姓名"列输入重复数据

Step ❶	选中 B2:B16 单元格区域，并使 B2 为活动单元格，在【数据】选项卡中单击【数据验证】按钮，打开【数据验证】对话框，如图 91-2 所示。

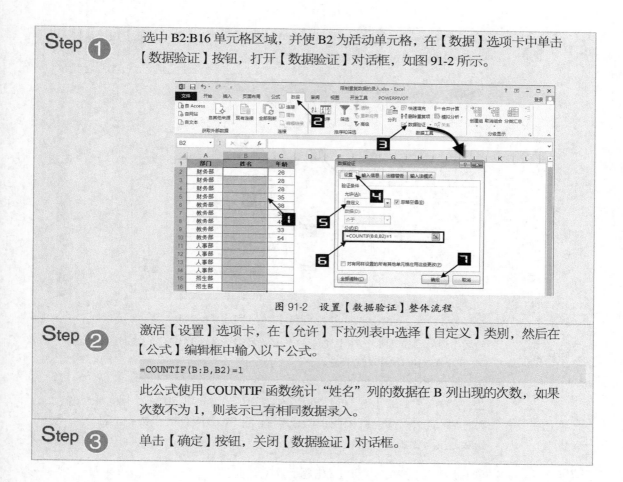

图 91-2　设置【数据验证】整体流程

Step ❷	激活【设置】选项卡，在【允许】下拉列表中选择【自定义】类别，然后在【公式】编辑框中输入以下公式。

```
=COUNTIF(B:B,B2)=1
```

此公式使用 COUNTIF 函数统计"姓名"列的数据在 B 列出现的次数，如果次数不为 1，则表示已有相同数据录入。

Step ❸	单击【确定】按钮，关闭【数据验证】对话框。

91.2　限制多列重复数据

沿用上例，如果教职工众多，难免出现同名同姓，甚至同部门内同名同姓的情况。现不允许输入"部门"、"姓名"和"年龄"均相同的行，如图 91-3 所示。具体步骤操作如下。

图 91-3　限制多列重复数据

Step ❶　选中 A2:C16 单元格区域，在【数据】选项卡中单击【数据验证】按钮，打开【数据验证】对话框，如图 91-4 所示。

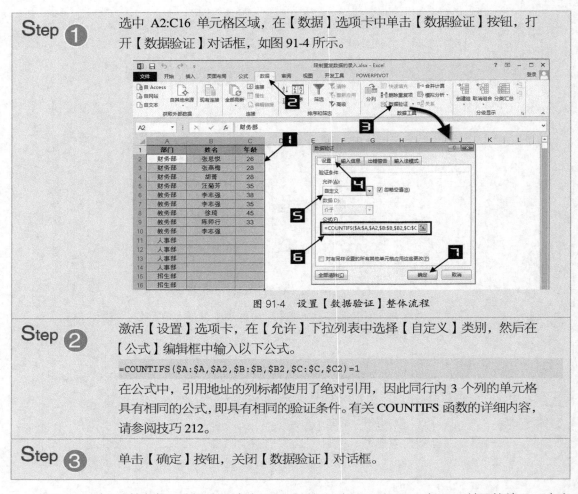

图 91-4　设置【数据验证】整体流程

Step ❷　激活【设置】选项卡，在【允许】下拉列表中选择【自定义】类别，然后在【公式】编辑框中输入以下公式。

`=COUNTIFS($A:$A,$A2,$B:$B,$B2,$C:$C,$C2)=1`

在公式中，引用地址的列标都使用了绝对引用，因此同行内 3 个列的单元格具有相同的公式，即具有相同的验证条件。有关 COUNTIFS 函数的详细内容，请参阅技巧 212。

Step ❸　单击【确定】按钮，关闭【数据验证】对话框。

在图 91-3 中，"教务部"有两个"李志强"，年龄分别为 38 和 35。在 B10 单元格输入"李志强"时并未触发【数据验证】限制，但在 C10 单元格输入"年龄"35 时触发了【数据验证】，被限制输入。这是因为此时第 10 行数据已完全录入，并且和第 7 行 3 个列的数据完全相同。

技巧92　创建下拉列表，提高输入效率

在图 92-1 所示的表格中，B1 单元格包含一个下拉列表，可从中选取数据输入。这样可以极大地提高输入准确率，也非常方便快捷。下面介绍实现方法。

图 92-1　单元格下拉列表

92.1　直接引用目标区域

Step ①	选中 B1 单元格，在【数据】选项卡中单击【数据验证】按钮，打开【数据验证】对话框。
Step ②	激活【设置】选项卡，在【允许】下拉列表中选择【序列】类别。
Step ③	单击【来源】编辑框右侧的【折叠】按钮，然后用鼠标选取"基础表"中的 A2:A6 单元格区域，单击【展开】按钮，返回【数据验证】对话框，将"基础表" A2:A6 单元格区域作为"序列"的数据源。 一般来说，使用鼠标直接选取目标区域要比手工输入引用地址更加准确快捷。
Step ④	单击【确定】按钮，关闭【数据验证】对话框，如图 92-2 所示。

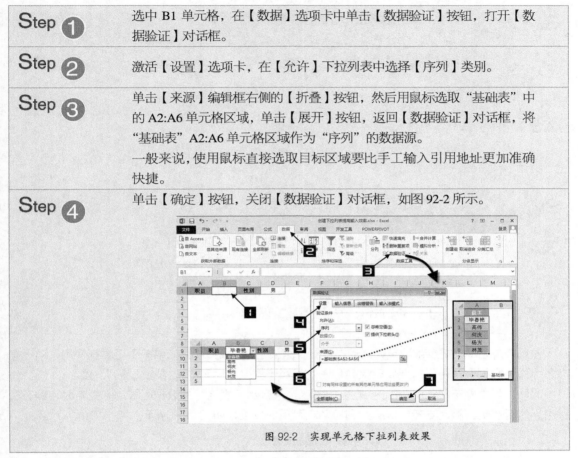

图 92-2　实现单元格下拉列表效果

如果序列的项目较少，或者不方便在工作表中存放基础数据，也可以在【数据验证】对话框的【来源】编辑框中直接输入各项内容，各项目之间以半角逗号分隔，如图 92-3 所示。

无论是直接引用目标区域，或是直接手工输入序列项目，其优点在于直接，缺点在于无法动态适应，也不利于后期维护。比如"基础表"中的员工有新增时，无法直接体现在 B1 单元格的数据验证下拉列表中。

图 92-3　用半角逗号分隔直接输入项目

92.2　使用动态引用公式

沿用上例。

Step ❶	按技巧 92.1 所述方式打开【数据验证】对话框，激活【设置】选项卡，在【允许】下拉列表中选择【序列】类别，然后在【来源】编辑框中输入以下公式。 =OFFSET(基础表!$A$1,1,,COUNTA(基础表!$A:$A)-1)
Step ❷	单击【确定】按钮，关闭【数据验证】对话框。 用动态引用公式设置序列数据源，使得数据验证序列能动态更新，但是不利后期修改和维护。

92.3　使用静态名称

沿用上例。

Step ❶	定义名称：静态数据源=基础表!$A$2:$A$6。
Step ❷	按技巧 92.1 所述方式打开【数据验证】对话框，激活【设置】选项卡，在【允许】下拉列表中选择【序列】类别，在【来源】编辑框中输入以下公式。 =静态数据源
Step ❸	单击【确定】按钮，关闭【数据验证】对话框。

使用静态名称，缺点依然是无法动态更新，优点在于方便维护。如果多个区域都使用了同一静态名称作为数据源，那么只要修改该名称，就相当于修改了所有的数据验证序列设置。

此外，如果静态名称引用的区域是"表格"，那么当"表格"的数据区域动态更新时，静态名称引用的区域也将随之更新，实际达到了动态引用的效果，如图 92-4 所示。

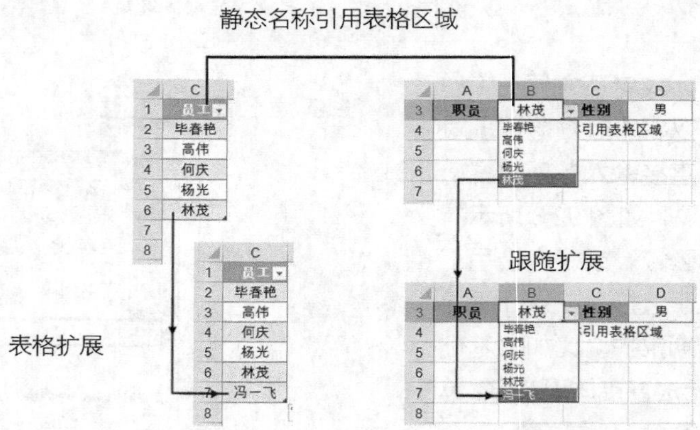

图 92-4　静态名称引用表格数据区域后的动态效果

92.4 使用动态名称

沿用上例。

Step ❶	定义名称：动态数据源=OFFSET(基础表!$A$1,1,,COUNTA(基础表!$A:$A)-1)。
Step ❷	按技巧 92.1 所述方式打开【数据验证】对话框，激活【设置】选项卡，在【允许】下拉列表中选择"序列"类别，在【来源】编辑框中输入以下公式。 =动态数据源
Step ❸	单击【确定】按钮，关闭【数据验证】对话框。

使用动态名称，是结合了动态引用公式和静态名称的优势，既能动态更新序列数据源，又方便维护。

92.5 　INDIRECT 函数结合静态名称

沿用上例。

Step ❶	定义名称：职员=基础表!$A$2:$A$6。 关键在于名称与图 92-5 中 A1 单元格的文本相同。
Step ❷	按技巧 92.1 所述方式打开【数据验证】对话框，激活【设置】选项卡，在【允许】下拉列表中选择【序列】类别，在【来源】编辑框中输入以下公式，如图 92-5 所示。 =INDIRECT(A1)

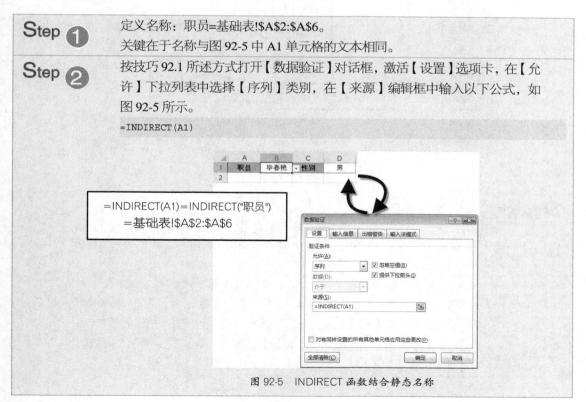

图 92-5　INDIRECT 函数结合静态名称

Step ③ 单击【确定】按钮，关闭【数据验证】对话框。

使用了名称利于后期维护，按照此思路可以非常方便地实现二级联动下拉列表，详见技巧 94.1。缺点在于只能使用静态名称，无法使用动态名称。

技巧 93　自动剔除已输入项的验证序列

93.1 直接剔除已输入的项

公司要组织一次部门间的 8 人足球赛，图 93-1 右侧是一张排兵布阵表。其中对"队员"列设置了【数据验证】的"序列"功能，并且序列下拉列表将自动剔除已经输入的重复项。要达到该效果，具体操作步骤如下。

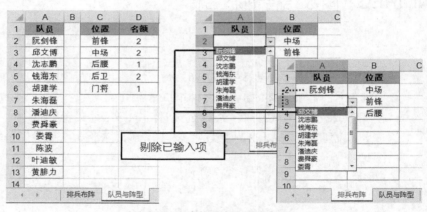

图 93-1　直接剔除已输入的项

Step ①	定义以下名称。 队员=队员与阵型!$A$2:$A$13
Step ②	在"排兵布阵"工作表 E2 单元格输入以下数组公式，并拖动填充至 E13 单元格，如图 93-2 所示。 =INDEX(队员,SMALL(IF(COUNTIF($A$2:$A$9,队员)=0,ROW(队员)-1),ROW(1:1))) 其中 COUNTIF 函数用以判断"队员"中的名单是否已经在 A2:A9 单元格区域中输入。总体逻辑为从"队员"清单中剔除已经输入的队员名单。
Step ③	选中 A2:A9 单元格区域，在【数据】选项卡中单击【数据验证】按钮，打开【数据验证】对话框。

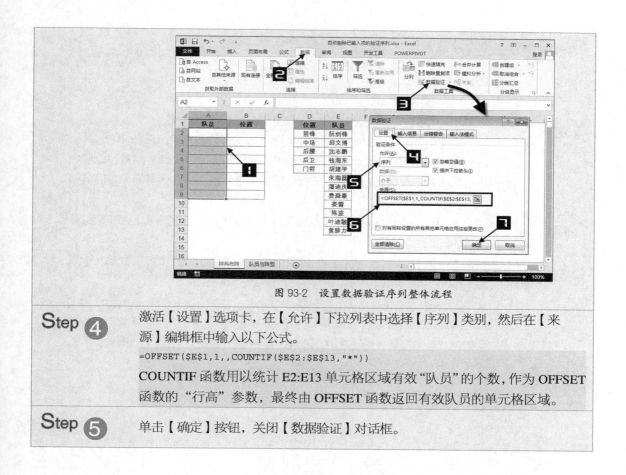

图 93-2　设置数据验证序列整体流程

Step ④	激活【设置】选项卡，在【允许】下拉列表中选择【序列】类别，然后在【来源】编辑框中输入以下公式。
	`=OFFSET($E$1,1,,COUNTIF($E$2:$E$13,"*"))`
	COUNTIF 函数用以统计 E2:E13 单元格区域有效"队员"的个数，作为 OFFSET 函数的"行高"参数，最终由 OFFSET 函数返回有效队员的单元格区域。
Step ⑤	单击【确定】按钮，关闭【数据验证】对话框。

93.2　根据条件剔除已输入的项

沿用上例。如图 93-3 所示，B2 单元格下拉列表中包含所有 5 个"位置"项，而 B4 单元格下列列表中只包含 4 个"位置"项，而无"中场"项。这是因为"中场"的名额只有两个，而 B2、B3 单元格均已输入"中场"，名额已满。要达到该效果，具体操作步骤如下。

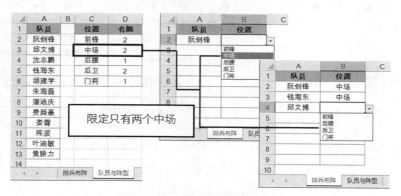

图 93-3　根据条件剔除已输入的项

Step ①　定义以下名称。

队员=队员与阵型!$A$2:$A$13

位置=队员与阵型!$C$2:$C$6

名额=队员与阵型!$D$2:$D$6

Step ②　在 D2 单元格输入以下数组公式，并拖动填充至 D6 单元格。

=INDEX(位置,SMALL(IF(COUNTIF($B$2:$B$9,位置)<名额,ROW(位置)-1),ROW(1:1)))

COUNTIF 函数用于统计"位置"清单中的各个项目在 B2:B9 单元格区域中出现的次数。整体逻辑是从"位置"清单中剔除出现次数大于等于对应名额的"位置"项。

Step ③　选中 B2:B9 单元格区域，在【数据】选项卡中单击【数据验证】按钮，打开【数据验证】对话框。

Step ④　激活【设置】选项卡，在【允许】下拉列表中选择"序列"类别，然后在【来源】编辑框中输入以下公式。

=OFFSET($D$1,1,,COUNTIF($D$2:$D$6,"*"))

COUNTIF 函数用以统计 D2:D6 单元格区域有效"位置"的个数，作为 OFFSET 函数的"行高"参数，最终由 OFFSET 函数返回有效"位置"的单元格区域。

Step ⑤　单击【确定】按钮，关闭【数据验证】对话框。

技巧 94　创建二级联动下拉列表

在一份球迷用品进销存登记表中，每款球迷用品各自都有一组"规格"。为了能快速准确地录入"款号"和"规格"，对"款号"和"规格"列设置了【数据验证】的"序列"功能，并达到了二级联动的效果，如图 94-1 所示。下面具体介绍两种实现方法。

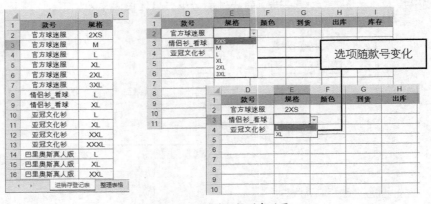

图 94-1　二级联动下拉列表效果

94.1 静态名称+INDIRECT 函数

Step ①

建立"款号"与"规格"的对应表，最后效果如图 94-2 右侧"整理表格"工作表所示。

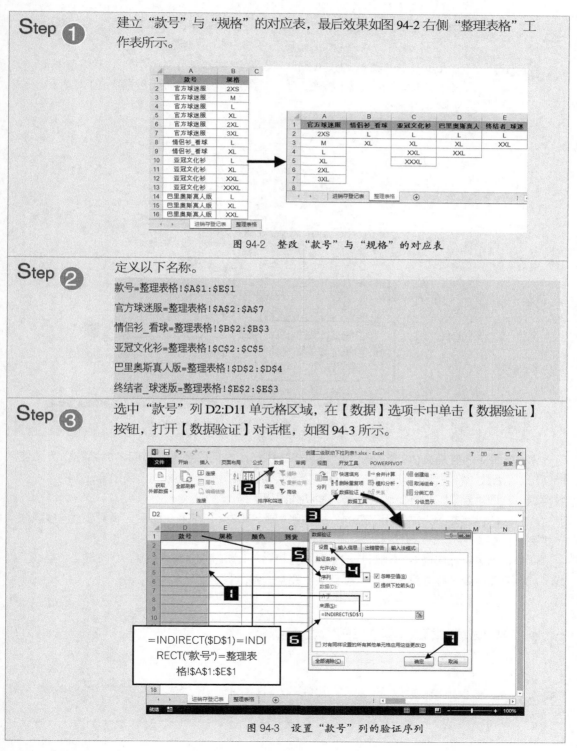

图 94-2 整改"款号"与"规格"的对应表

Step ②

定义以下名称。

款号=整理表格!$A$1:$E$1

官方球迷服=整理表格!$A$2:$A$7

情侣衫_看球=整理表格!$B$2:$B$3

亚冠文化衫=整理表格!$C$2:$C$5

巴里奥斯真人版=整理表格!$D$2:$D$4

终结者_球迷版=整理表格!$E$2:$E$3

Step ③

选中"款号"列 D2:D11 单元格区域，在【数据】选项卡中单击【数据验证】按钮，打开【数据验证】对话框，如图 94-3 所示。

图 94-3 设置"款号"列的验证序列

Step ④	激活【设置】选项卡，在【允许】下拉列表中选择【序列】类别，然后在【来源】编辑框中输入以下公式，单击【确定】按钮，完成"款号"列【数据验证】的"序列"设置。 `=INDIRECT($D$1)` D1 单元格的值正好为名称"款号"，通过 **INDIRECT** 函数将名称"款号"引用的区域绑定为该列【数据验证】的"序列"数据源。
Step ⑤	参照步骤3~步骤4，为"规格"列设置【数据验证】的"序列"，其中在【来源】编辑框中输入以下公式，单击【确定】按钮，关闭【数据验证】对话框，如图 94-4 所示。 `=INDIRECT($D2)`

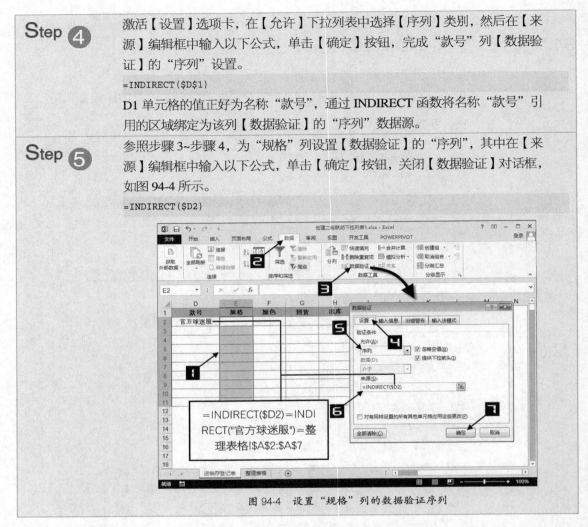

图 94-4　设置"规格"列的数据验证序列

　　D2 单元格的值是具体的款号，如"官方球迷服"，并且已经定义有同名的名称，因此使用 INDIRECT 函数，将左侧单元格对应的名称引用的区域绑定为本单元格的【数据验证】的"序列"数据源，从而达到了"规格"和"款号"联动的效果。

　　本方法的优点在于无需使用复杂的公式，但需要定义较多的名称，而且一般不适宜向多级联动下拉列表扩展。

　　此外，为名称命名时会自动添加或替换某些符号，比如将文本中的中杠"-"直接替换成下划线"_"，可能导致名称与第 1 级中的项目并不完全一致。

94.2　表格排序+动态引用公式

Step ①	从进销存登记表"款号"列中提取"款号"唯一值清单，并存放于"整理表格"A 列区域，如图 94-5 所示。

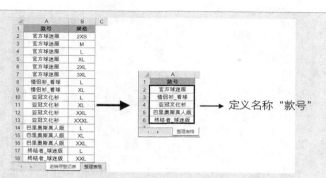

图 94-5　从"款号"列中提取"款号"唯一值清单

Step ②　定义名称"款号=整理表格!$A$2:$A$6"。

Step ③　选中"款号"列 D2:D11 单元格区域，在【数据】选项卡中单击【数据验证】按钮，打开【数据验证】对话框，如图 94-6 所示。

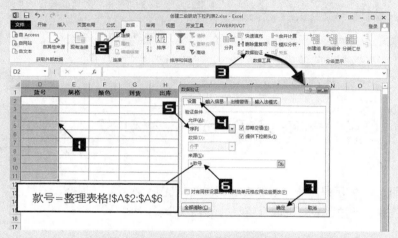

图 94-6　设置"款号"列的数据验证序列

Step ④　激活【设置】选项卡，在【允许】下拉列表中选择"序列"类别，然后在【来源】编辑框中输入以下公式，单击【确定】按钮，完成"款号"列【数据验证】的"序列"设置。

=款号

Step ⑤　参照步骤 3~步骤 4，为"规格"列设置【数据验证】的"序列"，其中在【来源】编辑框中输入以下公式，单击【确定】按钮，关闭【数据验证】对话框，如图 94-7 所示。

=OFFSET($B$1,MATCH($D2,$A$2:$A$18,0),,COUNTIF($A$2:$A$18,$D2))

MATCH 函数根据 D2 单元格返回目标"规格"区域相对于 B1 单元格的行偏，COUNTIF 函数根据 D2 单元格返回目标"规格"区域的行高，最终由 OFFSET 函数返回目标"规格"区域。

该公式能正确返回目标"规格"区域的前提是已经对数据区域的"款号"列进行了排序。

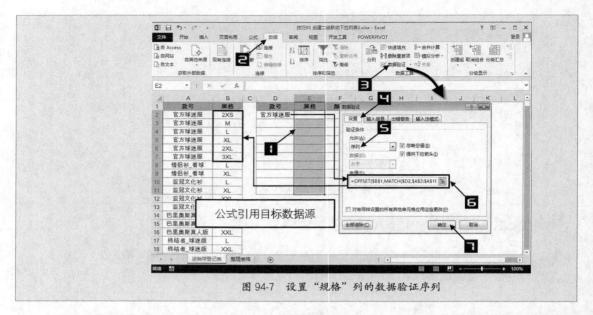

图 94-7　设置"规格"列的数据验证序列

本方法的优点在于无需定义过多的名称，但需要事先对"款号"、"规格"基础表数据进行排序。此外，当二级联动向多级联动扩展时，公式将变得十分复杂。

技巧 95　创建多级联动下拉列表

图 95-1 所示是一张"进销存登记表"，其中"款号"、"规格"、"颜色"和"面料"列之间建立了 4 级联动下拉列表。下面介绍具体的实现步骤。

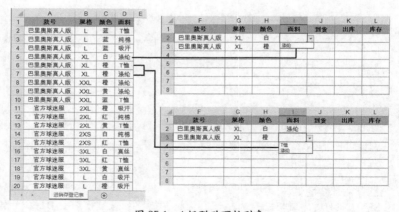

图 95-1　4 级联动下拉列表

Step 1　定义以下名称。

款号=进销存登记表!$A$2:$A$46

规格=进销存登记表!$B$2:$B$46

颜色=进销存登记表!$C$2:$C$46

面料=进销存登记表!$D$2:$D$46

Step 2

再定义以下名称。

当前款号=INDIRECT("F"&CELL("row"))

当前规格=INDIRECT("G"&CELL("row"))

当前颜色=INDIRECT("H"&CELL("row"))

其中，CELL 函数返回当前活动单元格的行号，结合 INDIRECT 函数返回当前活动单元格所在行的款号、规则和颜色数据。

Step 3

在 N2 单元格输入以下数组公式，并拖动填充至 N20 单元格。目标单元格行号 20 可以根据实际需要调整，步骤 4~步骤 6 与此相同，最终得到如图 95-2 所示的辅助列区域。

=INDEX(款号,SMALL(IF(MATCH(款号,款号,0)=ROW(款号)-1,ROW(款号)-1),ROW(1:1)))

从 A 列"款号"列中提取款号唯一值清单。

	款号	规格	颜色	面料
2	巴里奥斯真人版	L	白	涤纶
3	官方球迷服	XL	橙	#NUM!
4	情侣衫_看球	XXL	#NUM!	#NUM!
5	亚冠文化衫	#NUM!	#NUM!	#NUM!
6	终结者_球迷版	#NUM!	#NUM!	#NUM!
7	#NUM!	#NUM!	#NUM!	#NUM!
8	#NUM!	#NUM!	#NUM!	#NUM!
9	#NUM!	#NUM!	#NUM!	#NUM!
10	#NUM!	#NUM!	#NUM!	#NUM!
11	#NUM!	#NUM!	#NUM!	#NUM!
12	#NUM!	#NUM!	#NUM!	#NUM!
13	#NUM!	#NUM!	#NUM!	#NUM!
14	#NUM!	#NUM!	#NUM!	#NUM!
15	#NUM!	#NUM!	#NUM!	#NUM!
16	#NUM!	#NUM!	#NUM!	#NUM!
17	#NUM!	#NUM!	#NUM!	#NUM!
18	#NUM!	#NUM!	#NUM!	#NUM!
19	#NUM!	#NUM!	#NUM!	#NUM!
20	#NUM!	#NUM!	#NUM!	#NUM!

图 95-2　创建辅助列

Step 4

在 O2 单元格输入以下数组公式，并拖动填充至 O20 单元格。

=INDEX(规格,SMALL(IF(COUNTIFS(当前款号,款号)*(MATCH(款号&"|"&规格,款号&"|"&规格,0)=ROW(款号)-1),ROW(款号)-1),ROW(1:1)))

在"当前款号"限定下提取对应"规格"的唯一值清单。

Step 5

在 P2 单元格输入以下数组公式，并拖动填充至 P20 单元格。

=INDEX(颜色,SMALL(IF(COUNTIFS(当前款号,款号,当前规格,规格)*(MATCH(款号&"|"&规格&"|"&颜色,款号&"|"&规格&"|"&颜色,0)=ROW(款号)-1),ROW(款号)-1),ROW(1:1)))

在"当前款号"、"当前规格"的限定下提取对应"颜色"的唯一值清单。

Step 6

在 Q2 单元格输入以下数组公式，并拖动填充至 Q20 单元格。

=INDEX(面料,SMALL(IF(COUNTIFS(当前款号,款号,当前规格,规格,当前颜色,颜色),ROW(款号)-1),ROW(1:1)))

在"当前款号"、"当前规格"、"当前颜色"的限定下提取对应的"面料"清单。此处假设面料清单不会出现重复。

步骤 3~步骤 6 所使用的数组公式结构相同，均为 INDEX+ SMALL+IF 结构，关键逻辑由 IF 函数的第 1 参数实现。其中，COUNTIFS 函数用已输入的列数据进行约束，MATCH 函数实现去重复的功能。

Step 7　选中 F2:I11 单元格区域，在【数据】选项卡中单击【数据验证】按钮，打开【数据验证】对话框，如图 95-3 所示。

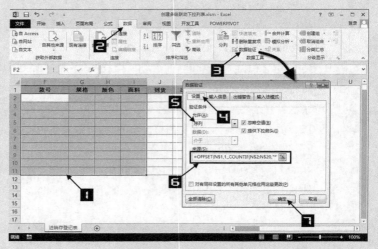

图 95-3　设置数据验证序列

Step 8　激活【设置】选项卡，在【允许】下拉列表中选择【序列】类别，然后在【来源】编辑框中输入以下公式，单击【确定】按钮，关闭【数据验证】对话框。

```
=OFFSET(N$1,1,,COUNTIF(N$2:N$20,"*"))
```

公式中引用地址的列标是相对引用，因此会自动根据列位置适应到各个列。

虽然本例创建的只是 4 级联动下拉列表，但按照这个思路可以轻易地创建更多级的联动下拉列表，再多创建几个辅助列，公式结构也不会有任何变化。

 由于选中单元格并不能直接触发 CELL 函数的重算，因此需要确保一次性完成同行内 4 个列的选择录入，而不可以在多行之间交叉进行。若要弥补该缺陷，可以按照以下步骤操作。

按<Alt+F11>组合键，打开【Microsoft Visual Basic for Applications】窗口，在【工程】窗格中双击对应工作表对象，然后在右侧代码窗口中选择对象为"Worksheet"，选中过程为"SelectionChange"，然后编辑以下代码，如图 95-4 所示。

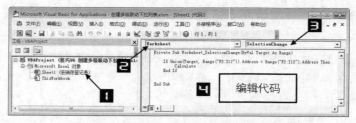

图 95-4　在限定区域内让 CELL 函数随时重算

```
Private Sub Worksheet_SelectionChange(ByVal Target As Range)
  If Union(Target, Range("F2:I12")).Address = Range("F2:I12").Address Then
```

```
    Calculate
    End If
End Sub
```

技巧 96　带提示功能的下拉列表实现多列快速录入

　　沿用技巧 95 的例子，图 96-1 展示的依然是一份球迷用品进销存登记表。其中在 "提示" 列输入 "=ATM"，即能弹出【公式记忆式键入】下拉列表，双击其中的项并完成输入，即能实现 "款号"、"规格"、"颜色" 和 "面料" 列数据的快速录入。要实现该效果，具体操作步骤如下。

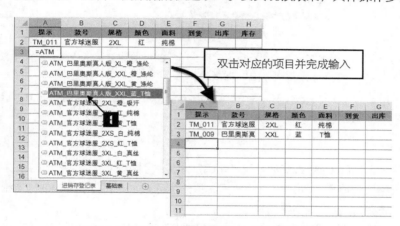

图 96-1　带提示功能的下拉列表实现多列快速录入

Step ❶	在 "基础表" 中插入 "提示码" 列和 "简码" 列，然后在 A2 单元格中输入以下公式，并拖动填充至 A46 单元格。其中 C 至 F 列是 "款号"、"规格"、"颜色" 和 "面料" 的各种不重复组合。 `="ATM"&"_"&C2&"_"&D2&"_"&E2&"_"&F2` 该公式将 C 至 F 列数据通过下划线连接在一起，使得定义成名称后出现在【公式记忆式键入】下拉列表时具有提示性作用。
Step ❷	在 B2 单元格输入以下公式，并拖动填充至 B46 单元格。 `="TM_"&TEXT(ROW(1:1),"000")`
Step ❸	选中 B2:F46 单元格区域，然后在【公式】选项卡中单击【根据所选内容创建】按钮，打开【以选定区域创建名称】对话框。
Step ❹	勾选【最左列】复选框，并取消勾选其余复选框，单击【确定】按钮，关闭【以选定区域创建名称】对话框。 此时，单击【公式】选项卡的【名称管理器】按钮就能看到 "简码" 列被定义成了名称，分别引用同行 C 至 F 列单元格区域，如图 96-2 所示。

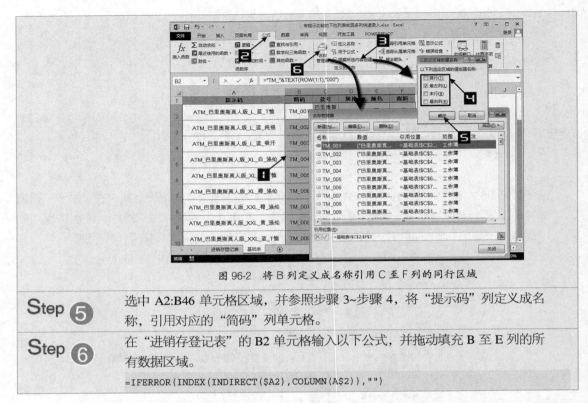

图 96-2　将 B 列定义成名称引用 C 至 F 列的同行区域

Step ⑤	选中 A2:B46 单元格区域，并参照步骤 3~步骤 4，将"提示码"列定义成名称，引用对应的"简码"列单元格。
Step ⑥	在"进销存登记表"的 B2 单元格输入以下公式，并拖动填充 B 至 E 列的所有数据区域。 `=IFERROR(INDEX(INDIRECT($A2),COLUMN(A$2)),"")`

该公式使用 INDIRECT 函数返回 A 列"简码"对应的引用区域，并通过 INDEX 函数提取对应的"款号"、"规格"、"颜色"和"面料"数据。最外层通过 IFERROR 函数进行了错误处理，如果 A 列没有输入"简码"，则返回空文本。

因为将"提示码"列设置成了名称，因此在"进销存登记表"的"提示"列输入"=ATM"时"提示码"列的数据会出现在【公式记忆式键入】下拉列表。同时"提示码"列名称引用的是"简码"，因此最后"提示"列的返回值是"简码"。而"简码"本身又是名称，引用了对应的"款号"、"规格"、"颜色"和"面料"所在区域，因此通过步骤 6 中的公式可以快速返回各列数据。

提示 ！　如果直接将"提示码"列作为"进销存登记表""提示"列数据验证-序列的数据源，则由于数据验证-序列下拉列表的宽度有限，将无法完全显示"提示码"信息，从而无法精确选择目标"提示码"。

技巧 97　规范电话号码的输入

图 97-1 是一张用于登记通讯录的表格，为了提高输入的准确率和规范性，对"固定电话"列进行了验证设置，使选中单元格时有输入提示，当输入不符合规范的电话号码时，弹出警告窗口，询问是否继续输入。这样在提高准确率的同时增加了容错性，使该表可以输入某些特殊的号码，比如"021-88886666-9"这样带分机号的固定电话号码。下面分析设计思路和具体操作步骤。

◆　思路解析

固定电话号码有 7 位或 8 位的本地号码，有带 3 位区号和 8 位本地号码的长途号码，也有带 4 位区号和 7 位或 8 位本地号码的长途号码。区号和本地号码之间一般用中杠 "-" 间隔。因此，固定电话号码共有 5 种基本模式，如图 97-2 所示。

图 97-1　限定输入固定电话号码　　　　图 97-2　固定电话基本模式

此外，除用于间隔的 1 个 "-" 中杠外，电话号码中均为数字。

◆　具体实现。

Step ❶	在单元格区域中列出固定电话号码的 5 种基本模式，最后效果如图 97-2 所示。
Step ❷	选中 C2:C17 单元格区域，然后在【开始】选项卡的【数字格式】下拉列表中选择【文本】选项，将 C2:C17 单元格区域设置为文本格式。 此步骤为步骤 4 中的公式服务。
Step ❸	保持 C2:C17 单元格区域处于选中状态并使 C2 为活动单元格，然后在【数据】选项卡中单击【数据验证】按钮，打开【数据验证】对话框，如图 97-3 所示。

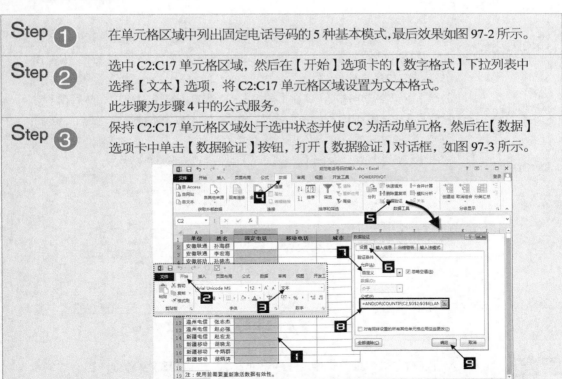

图 97-3　设置数据验证整体流程

Step ④　激活【设置】选项卡，在【允许】下拉列表中选择【自定义】类别，然后在【公式】编辑框中输入以下数组公式。

```
=AND(OR(COUNTIF(C2,$G$2:$G$6)),AND(ISNUMBER(--MID(IF(LEN(C2)>8,
SUBSTITUTE(C2,"-","",1)&"0",C2&"00000"),ROW($1:$12),1))))
```

公式解析：

该公式最外层 AND 函数有两个参数，分别由 OR 函数和内层 AND 函数充当。其中 OR 函数用于判别当前输入数据是否符合固定电话的 5 种基本模式，内层 AND 函数用于判别除长途号码带有 1 个中杠 "-" 外，固定电话号码的每一个字符都是数字。下面分别讲解。

OR 函数部分，COUNTIF 函数用 G2:G6 单元格区域作为条件参数，对应固定电话的 5 种基本模式。如果当前输入的数据符合其中的一种，则 COUNTIF 函数返回的数组中必有 1 个元素为 1，最后 OR 函数返回逻辑值 TRUE。否则，COUNTIF 函数返回数组元素全为 0 的数组，最后 OR 函数返回逻辑值 FALSE。

内层 AND 函数部分，先使用 IF 函数，根据 LEN 函数返回的字符长度判决当前输入数据是否是长途号码，如果是长途号码，则清除第 1 个中杠 "-" 并添加 1 个后缀 0，否则添加 5 个后缀 0，使最短的固定电话号码也拥有 12 位字符长度。将 IF 函数的返回结果记为 "过程数据"。

MID 函数提取 "过程数据" 的每一位字符，并使用双重求负，结合 ISNUMBER 函数判断每一位字符是否为数字。如果 "过程数据" 的每一位字符均为数字，那么 ISNUMBER 函数返回元素全为 TRUE 的数组，最终 AND 函数也返回 TRUE。如果 "过程数据" 有任意一位不为数字，那么最终 AND 函数返回 FALSE。

Step ⑤　激活【输入信息】选项卡，然后在【输入信息】文本框中输入合适的文本，如 "请输入本地号码，如 87671234，8767123 或带区号的号码，如 0574-87671234"。

Step ⑥　激活【出错警告】选项卡，在【样式】下拉列表中选择 "警告"，然后在【错误信息】文本框中输入合适的文本，如 "7 位或 8 位本地号码，或 12 位 13 位带 "-" 的长途号码，请确认输入是否有误"。

Step ⑦　单击【确定】按钮，关闭【数据验证】对话框，如图 97-4 所示。

图 97-4　设置【输入信息】和【出错警告】选项卡

注意　本例在自定义数据验证中使用了数组公式，为确保数据验证能正常运行，使用前需要重新激活。即选中设置数据验证的区域，在【数据】选项卡中单击【数据验证】按钮，打开【数据验证】对话框，然后直接单击【确定】按钮，如图 97-5 所示。

图 97-5　重新激活数据验证

技巧 98　限定输入身份证号码

图 98-1 所示是某公司为员工统一办理加油卡的信息采集表。由于涉及日后加油卡挂失、补办等业务，需要确保身份证输入正确无误，本技巧介绍如何用【数据验证】直接限制错误身份证号码的输入。

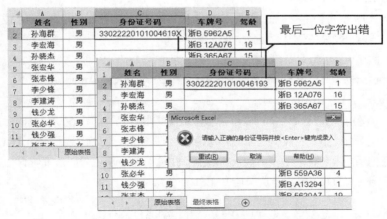

图 98-1　带校验码验证的身份证号码验证

本例身份证号码的验证规则包括长度必须为 15 位或 18 位，身份证中的生日信息要早于系统当前日期，15 位身份证号码必须全部为数字，18 位身份证号码的前 17 位必须为数字，并且最后 1 位是验证码，与前 17 位数字存在既定的数学对应关系。具体操作步骤如下。

Step ❶　　　选中 C2 单元格，然后在【名称管理器】中定义以下名称，如图 98-2 所示。

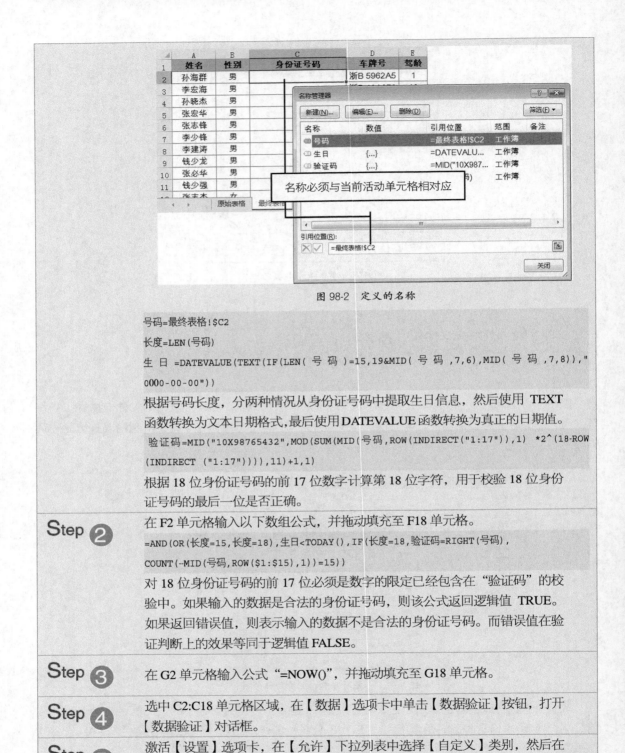

图 98-2　定义的名称

号码=最终表格!$C2

长度=LEN(号码)

生 日 =DATEVALUE(TEXT(IF(LEN(号码)=15,19&MID(号码,7,6),MID(号码,7,8)),"0000-00-00"))

根据号码长度，分两种情况从身份证号码中提取生日信息，然后使用 TEXT 函数转换为文本日期格式,最后使用DATEVALUE函数转换为真正的日期值。

验证码=MID("10X98765432",MOD(SUM(MID(号码,ROW(INDIRECT("1:17")),1) *2^(18-ROW(INDIRECT ("1:17")))),11)+1,1)

根据 18 位身份证号码的前 17 位数字计算第 18 位字符，用于校验 18 位身份证号码的最后一位是否正确。

Step ②	在 F2 单元格输入以下数组公式，并拖动填充至 F18 单元格。 =AND(OR(长度=15,长度=18),生日<TODAY(),IF(长度=18,验证码=RIGHT(号码),COUNT(--MID(号码,ROW($1:$15),1))=15)) 对 18 位身份证号码的前 17 位必须是数字的限定已经包含在"验证码"的校验中。如果输入的数据是合法的身份证号码，则该公式返回逻辑值 TRUE。如果返回错误值，则表示输入的数据不是合法的身份证号码。而错误值在验证判断上的效果等同于逻辑值 FALSE。
Step ③	在 G2 单元格输入公式 "=NOW()"，并拖动填充至 G18 单元格。
Step ④	选中 C2:C18 单元格区域，在【数据】选项卡中单击【数据验证】按钮，打开【数据验证】对话框。
Step ⑤	激活【设置】选项卡，在【允许】下拉列表中选择【自定义】类别，然后在【公式】编辑框中输入以下公式，如图 98-3 所示。 =AND(F2,NOW()-G2<TIME(,,1)/10)

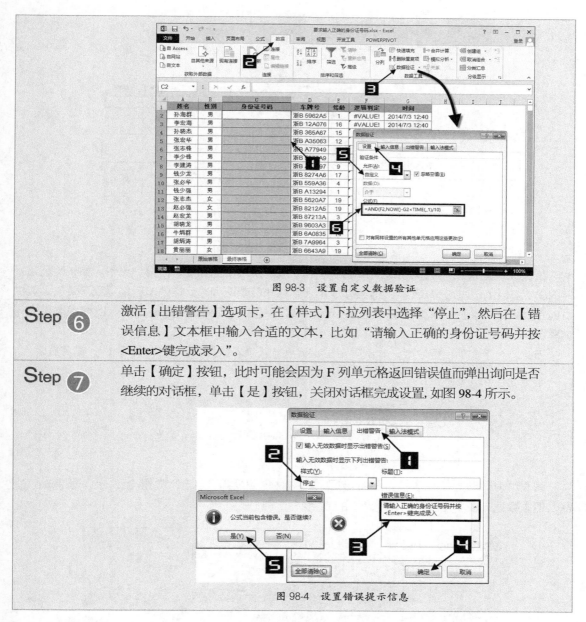

图 98-3 设置自定义数据验证

Step ⑥	激活【出错警告】选项卡，在【样式】下拉列表中选择"停止"，然后在【错误信息】文本框中输入合适的文本，比如"请输入正确的身份证号码并按<Enter>键完成录入"。
Step ⑦	单击【确定】按钮，此时可能会因为 F 列单元格返回错误值而弹出询问是否继续的对话框，单击【是】按钮，关闭对话框完成设置，如图 98-4 所示。

图 98-4 设置错误提示信息

◆ 原理解析。

在自定义【数据验证】中使用数组公式，常常不能正常运行，本例即使使用技巧 97 介绍的重新激活【数据验证】方法也无济于事。因此本例使用了辅助列的方式。但是，如果在步骤 5 中直接使用公式"＝F2"，则仍会出现意外。

如图 98-5 所示，事先在 C2 单元格输入符合规则的身份证号码，此时 F2 单元格值为 TURE。此时，如果删除 C2 单元格的最后一位字符"X"，并用鼠标切换活动单元格的方式退出编辑状态，则错误的身份证号码被成功录入。这是因为【数据验证】触发时 F2 单元格的值尚未得到更新。

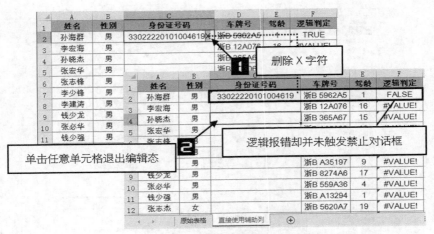

图 98-5　直接引用辅助列出现意外

步骤 5 使用公式"NOW()-G2<TIME(,,1)/10"来判断辅助列的值是否得到更新。如果验证触发时 NOW 函数的值与 G2 单元格的值相差很小，则意味着辅助列单元格的值已经得到了更新。其中"TIME(,,1)/10"等于十分之一秒，在此表示一个较小的时间间隔，实际使用时可以根据需要进行调整。

因此，为了实现目标效果，本例限定了以键盘方式录入数据，比如使用<Enter>键完成录入。

技巧 99　圈释无效数据

图 99-1 所示表格沿用了技巧 89 的例子，其中对 B 列设置了自定义数据验证，用于限制输入空格，但【数据验证】无法限制已经录入的数据。

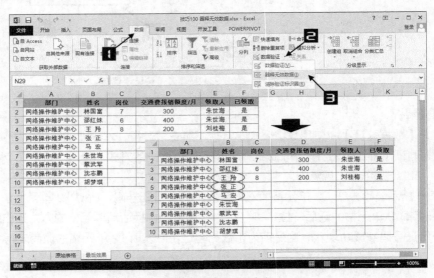

图 99-1　圈释无效数据

此外，也无法限制通过"复制-选择性粘贴-值"的方式来录入数据。而"复制-粘贴"的方式更是会直接覆盖原先的【数据验证】设置，无视原有数据验证规则的存在。而使用【圈释无效数据】功能，可以在已经输入数据的表格中对数据的正确性和有效性进行事后验证，可以起到一定的提醒和补救作用。下面介绍使用【圈释无效数据】命令来标记输入的无效数据，具体操作步骤如下。

Step ❶	对"姓名"列重新设置【数据验证】，用以限制输入空格。详细操作参阅技巧89。
Step ❷	在【数据】选项卡中单击【数据验证】下拉按钮，在展开的扩展菜单中单击【圈释无效数据】命令。

如果要清除无效数据标识圈，可以单击【数据验证】下拉按钮，然后在展开的扩展菜单中单击【清除无效数据标识圈】命令。

读书笔记

第二篇

数据分析

Excel 的数据分析功能简单实用且功能强大，本篇主要介绍在 Excel 中进行数据分析的多种技巧，重点介绍排序、筛选、数据透视表、方案、敏感分析、规划求解等功能的运用技巧，对 Excel 2013 新增的 Power BI 应用也做了介绍。通过对本篇知识点的学习，读者能够运用 Excel 的分析功能满足不同的数据处理分析需求，并且更加得心应手。

第6章 排序与筛选

对数据列表进行排序，可以变更记录的排列方式，而筛选功能则可以帮助用户只关注符合要求的数据集。本章将重点介绍有关 Excel 排序和筛选方面的技巧，主要内容如下：

1. Excel 表格功能
2. Excel 排序
3. Excel 自动筛选
4. Excel 高级筛选

技巧 100 创建智能的"表格"

"表格"这个功能最早出现在 Excel 2003 中，在该版本中，"表格"被称为"列表"（List）。经过多个版本的持续改进，Excel 2013 中的"表格"（Table）已经非常成熟，而且易于使用。

数据列表通常指的是具备结构化特征的数据区域，此区域的每一列可以称为字段，用于存放同一类型和特性的数据；每一行可以称为记录；首行为标题行，即字段名。数据列表应该是一个完整和独立的数据区域，其中不应该包含空白行或空白列。

"表格"实际上是由 Excel 定义的具有各种附加属性和增强功能的数据列表。

要将数据列表转换为"表格"，可以使用下面介绍的任意一种方法。

方法 1

选中整个数据列表（可以借助<Ctrl+A>组合键），或者选中数据列表中的任意一个单元格，然后在【插入】选项卡中单击【表格】按钮，或者直接按<Ctrl+T>组合键，在弹出的【创建表】对话框中确认当前的设置正确，最后单击【确定】按钮，如图 100-1 所示。

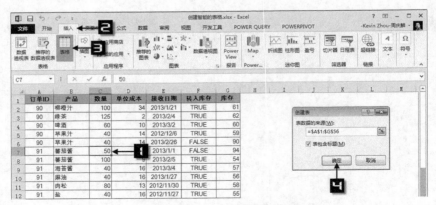

图 100-1 使用插入"表格"命令来创建表格

方法 2

选中整个数据列表（可以借助<Ctrl+A>组合键），或者选中数据列表中的任意一个单元格，然后在【开始】选项卡中单击【套用表格格式】下拉按钮，在弹出的表格格式库中单击合适的格式。

此时会弹出【创建表】对话框，确认当前的设置正确，最后单击【确定】按钮，即可完成数据列表到"表格"的转换，如图 100-2 所示。

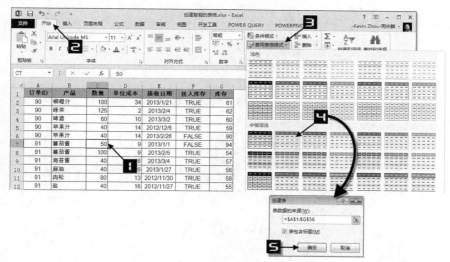

图 100-2　使用套用表格格式命令来创建表格

创建完成的"表格"如图 100-3 所示，其智能特性主要包括：

图 100-3　创建完成的"表格"

◆　激活"表格"中的任意一个单元格，功能区中将出现【表格工具】的【设计】选项卡，专门为"表格"提供各种功能。

◆　"表格"具备筛选功能，列标题行的每个单元格都会出现下拉箭头。Excel 的"筛选"功能在同一张工作表内通常只能被应用于一个数据区域，但"表格"的筛选不受此限制，同一张工作表中如果存在多个"表格"，则每一个都具备筛选功能，互不影响。

◆　"表格"支持计算列，列中的单个公式将被自动应用到该列中的所有单元格。

◆　即使向下滚动工作表到"表格"的标题行不在当前窗口中，此标题行仍将显示，它会替代所在列的列标字母，如图 100-4 所示。

◆　"表格"提供自动计算的汇总行，只要在【表格工具】的【设计】选项卡中勾选【汇总行】的复选框，就可以在表格末尾显示汇总行，并设置多种汇总方式，如图 100-5 所示。

订单ID	产品	数量	单位成本	接收日期	转入库存	库存	H	I
10	91	麻油	40	16	2013/1/27	TRUE	56	
11	91	肉松	80	13	2012/11/30	TRUE	58	
12	91	盐	40	16	2012/11/27	TRUE	55	
13	91	盐	40	16	2013/2/15	FALSE	1	
14	92	桂花糕	40	61	2013/1/27	TRUE	46	
15	92	海鲜粉	40	22	2013/2/16	TRUE	41	
16	92	胡椒粉	40	30	2013/2/20	TRUE	42	
17	92	花生	20	9	2013/1/11	TRUE	47	
18	92	鸡精	20	9	2013/1/24	TRUE	52	
19	92	酱油	100	19	2013/2/23	TRUE	40	
20	92	辣椒粉	60	10	2013/2/10	TRUE	53	
21	92	沙茶	40	17	2013/2/10	TRUE	43	
22	92	糖果	20	7	2012/12/2	TRUE	45	

图 100-4　始终显示的"表格"标题行

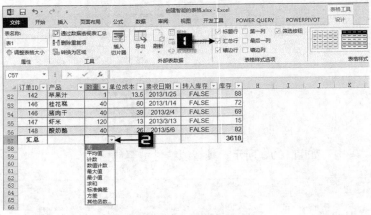

图 100-5　具备计算功能的汇总行

◆　"表格"支持结构化引用，公式可以使用表格特有名称而不是单元格引用，相关内容请参阅技巧 148。

◆　"表格"具有自动扩展和收缩的特性，从而成为一个动态引用区域，这对于创建数据透视表、动态图表等应用非常有帮助。

◆　Excel 2013 的"表格"新增了"切片器"功能，能够更直观地筛选浏览数据，如图 100-6 所示。在【表格工具】的【设计】选项卡中单击【插入切片器】按钮，即可使用该功能。

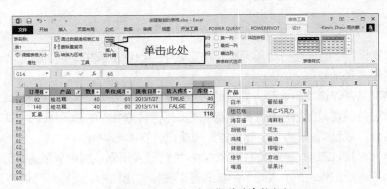

图 100-6　借助"切片器"筛选表格数据

如果需要将"表格"转换为普通的数据列表，可以先选中"表格"中的任意一个单元格，然后在【表格工具】的【设计】选项卡中单击【转换为区域】按钮，最后在弹出的提示框中单击【是】按钮，如图 100-7 所示。

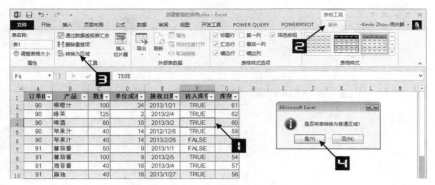

图 100-7　将"表格"转换为普通数据列表

技巧 101　按多个关键字进行排序

在对 Excel 表格中的记录进行排序时，如果只将其中的一个字段作为关键字，可以选中该字段（列）中的任意一个单元格，然后在【数据】选项卡中单击【升序】（或【降序】）按钮即可。如果需要同时按多个关键字进行排序，则需要使用下面的方法来操作。

101.1　使用【排序】对话框

假设要对图 101-1 所示表格中的数据进行排序，关键字依次为"产品"、"数量"、"单位成本"和"接收日期"。具体步骤如下。

	A	B	C	D	E	F	G
1	订单ID	产品	数量	单位成本	接收日期	转入库存	库存
2	90	柳橙汁	100	34	2013/1/21	TRUE	61
3	90	绿茶	125	2	2013/2/4	TRUE	62
4	90	啤酒	60	10	2013/3/2	TRUE	60
5	90	苹果汁	40	14	2012/12/6	TRUE	59
6	90	苹果汁	40	14	2013/2/26	FALSE	90
7	91	蕃茄酱	50	9	2013/1/1	FALSE	94
8	91	蕃茄酱	100	9	2013/2/5	TRUE	54
9	91	海苔酱	40	16	2013/3/4	TRUE	57
10	91	麻油	40	16	2013/1/27	TRUE	56
11	91	肉松	80	13	2012/11/30	TRUE	58
12	91	盐	40	16	2012/11/27	TRUE	55

图 101-1　需要进行排序的表格

Step ①　选中表格中的任意一个单元格（如 B3），在【数据】选项卡中单击【排序】按钮，在弹出的【排序】对话框中选择【主要关键字】为"产品"，然后单击【添加条件】按钮。

Step ②　继续在【排序】对话框中设置新条件，将【次要关键字】依次设置为"数量"、"单位成本"和"接收日期"，如图 101-2 所示。

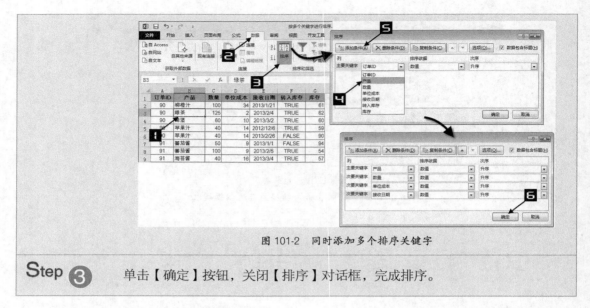

图 101-2　同时添加多个排序关键字

Step ③　单击【确定】按钮，关闭【排序】对话框，完成排序。

经过排序后的表格效果如图 101-3 所示。

	A	B	C	D	E	F	G
1	订单ID	产品	数量	单位成本	接收日期	转入库存	库存
2	93	白米	120	28	2013/1/15	TRUE	38
3	91	蕃茄酱	50	9	2013/1/1	FALSE	94
4	91	蕃茄酱	100	9	2013/2/5	TRUE	54
5	146	桂花糕	40	60	2013/1/14	FALSE	72
6	92	桂花糕	40	61	2013/1/27	TRUE	46
7	140	果仁巧克力	10	9	2013/3/22	FALSE	59
8	91	海苔酱	40	16	2013/3/4	TRUE	57
9	92	海鲜粉	40	22	2013/2/16	TRUE	41
10	108	胡椒粉	25	30	2013/3/25	TRUE	105
11	92	胡椒粉	40	30	2013/2/20	TRUE	42
12	92	花生	20	9	2013/1/11	TRUE	47
13	92	鸡精	20	9	2013/1/24	TRUE	52
14	141	酱油	10	18.75	2013/3/18	FALSE	34
15	92	酱油	100	19	2013/2/23	TRUE	40
16	92	辣椒粉	60	10	2013/1/24	TRUE	53
17	90	柳橙汁	100	34	2013/1/21	TRUE	61
18	110	柳橙汁	250	34	2013/8/11	TRUE	103
19	99	柳橙汁	300	34	2012/12/23	TRUE	76

图 101-3　多关键字排序后的表格

在 Excel 2013 的【排序】对话框中，最多允许同时设置 64 个关键字进行排序。

在 2007 以前版本的 Excel 中，【排序】对话框只允许同时设置 3 个关键字进行排序。若要按 3 个以上的关键字排序，可以使用 101.2 中介绍的方法，或者多轮次来排序，原理相同。

101.2　多次快速排序

如果不喜欢使用【排序】对话框，也可以像按单个关键字排序时所做的那样来处理多关键字排序的需求，只不过需要多次操作才能完成。

Step 1　选中表格在 E 列中的任意一个单元格（如 E2），在【数据】选项卡中单击【升序】按钮。或者右击 E2 单元格，在弹出的快捷菜单中依次单击【排序】→【升序】，如图 101-4 所示。这样就可以按"接收日期"为关键字进行升序排序。

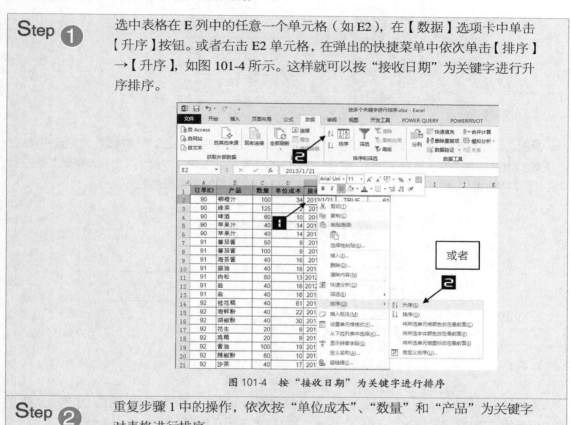

图 101-4　按"接收日期"为关键字进行排序

Step 2　重复步骤 1 中的操作，依次按"单位成本"、"数量"和"产品"为关键字对表格进行排序。

如此就可以完成对表格的整体排序。

Excel 对多次排序的处理原则是：在多列表格中，先被排序过的列，会在以后按其他列为标准的排序过程中尽量保持自己的顺序。

因此，在使用这种方法时，应该遵循的规则是：先排序较次要（或者称为排序优先级较低）的列，后排序较重要（或者称为排序优先级较高）的列。

技巧 **102**　按照特定的顺序排序

以数字或字母为标准，对 Excel 表格进行排序时，很容易指定排序的规则，比如从小到大排列数值，或者按字母顺序排列文本。但是，如果希望按照某些特定的标准来排序，就没那么容易了。

在如图 102-1 所示的表格中，记录着某公司员工的津贴数据，其中 B 列是员工的职务信息，现在需要按职务大小来排序整张表格。

	A	B	C	D	E	F
1	姓名	职务	级别	津贴	电子邮件地址	
2	杜事	销售代表	P	1,935	george@excelhome.net	
3	龚发钧	销售代表	P	2,586	steven@excelhome.net	
4	韩瑾娴	销售助理	SP	1,209	susan@excelhome.net	
5	杭勇杰	销售代表	P	996	foster@excelhome.net	
6	胡雅琼	销售助理	P	525	lyla@excelhome.net	
7	蒋绍国	销售副总裁	E	1,083	jamal@excelhome.net	
8	焦君颖	销售代表	P	1,713	shirley@excelhome.net	
9	李子	销售代表	P	1,710	apollo@excelhome.net	
10	林兰琼	销售助理	MP	699	grace@excelhome.net	
11	林全	销售经理	L	846	kevin@excelhome.net	
12	令狐咏霓	销售经理	SL	4,419	michael@excelhome.net	
13	刘嘉	销售代表	P	2,715	tom@excelhome.net	
14	柳红	销售代表	SP	2,088	marie@excelhome.net	

图 102-1　员工津贴数据

此时，如果按照普通的方法对"职务"列排序，无论是升序排列还是降序排列，都无法得到令人满意的结果。图 102-2 显示了对 B 列按降序排序的结果，从图中可以看出，Excel 实际上是按照字母顺序来排序的。那么，如何才能让 Excel 按照公司的职务大小来排序呢？

	A	B	C	D	E	F
1	姓名	职务	级别	津贴	电子邮件地址	
2	苏林	销售助理	MP	1,926	anne@excelhome.net	
3	胡雅琼	销售助理	P	525	lyla@excelhome.net	
4	林兰琼	销售助理	MP	699	grace@excelhome.net	
5	韦福斌	销售助理	P	597	mark@excelhome.net	
6	卢达仁	销售助理	P			
7	韩瑾娴	销售助理	SP		普通排序方法默认按字母顺序排序	
8	习心全	销售助理	SP			
9	令狐咏霓	销售经理	SL	4,419	michael@excelhome.net	
10	林全	销售经理	L	846	kevin@excelhome.net	
11	蒋绍国	销售副总裁	E	1,083	jamal@excelhome.net	
12	刘嘉	销售代表	P	2,715	tom@excelhome.net	
13	柳红	销售代表	SP	2,088	marie@excelhome.net	
14	郁超浩	销售代表	P	2,841	walter@excelhome.net	

图 102-2　普通排序的结果

首先需要告诉 Excel 职务大小的顺序，方法是创建一个自定义序列。有关自定义序列的创建方法，请参阅技巧 29。在本例中，可以创建一个如图 102-3 所示的序列。

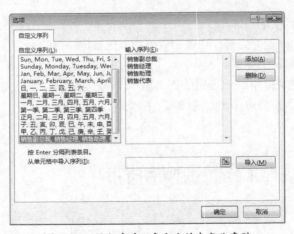

图 102-3　添加有关职务大小的自定义序列

然后使用下面的方法，对表格按职务大小进行排序。

Step ❶	单击数据区域中的任意一个单元格（如 B2）。
Step ❷	在【数据】选项卡中单击【排序】按钮，出现【排序】对话框。
Step ❸	在【排序】对话框中选择【主要关键字】为"职务"，【排序依据】为"数值"，【次序】为"自定义序列"，在弹出的【自定义序列】对话框中选中刚才添加的新序列，单击【确定】按钮，如图 102-4 所示。

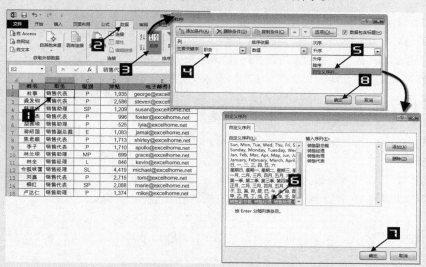

图 102-4　按职务大小的自定义序列进行排序

Step ❹	单击【排序】对话框中的【确定】按钮，即完成了排序，最后效果如图 102-5 所示。

	A	B	C	D	E	F
1	姓名	职务	级别	津贴	电子邮件地址	
2	蒋绍国	销售副总裁	E	1,083	jamal@excelhome.net	
3	林全	销售经理	L	846	kevin@excelhome.net	
4	令狐咏霓	销售经理	SL	4,419	michael@excelhome.net	
5	韩瑾娴	销售助理	SP	1,209	susan@excelhome.net	
6	胡雅琼	销售助理	P	525	lyla@excelhome.net	
7	林兰琼	销售助理	MP	699	grace@excelhome.net	
8	卢达仁	销售助理	P	1,374	mike@excelhome.net	
9	苏林	销售助理	MP	1,926	anne@excelhome.net	
10	习心全	销售助理	SP	840	peter@excelhome.net	
11	章福斌	销售助理	P	597	mark@excelhome.net	
12	杜事	销售代表	P	1,935	george@excelhome.net	
13	龚发钧	销售代表	P	2,586	steven@excelhome.net	
14	杭勇杰	销售代表	P	996	foster@excelhome.net	
15	焦君颖	销售代表	P	1,713	shirley@excelhome.net	
16	李子	销售代表	P	1,710	apollo@excelhome.net	

图 102-5　按照职务大小完成了排序

注意 Excel 2013 允许同时对多个字段使用不同的自定义次序进行排序。

技巧 **103** 按笔划排序

在默认情况下，Excel 对汉字的排序方式是按照"字母"顺序的。以中文姓名为例，字母顺序即按姓氏拼音的首字母在 26 个英文字母中出现的顺序进行排列，如果同姓，则依次计算姓名的第二、第三个字。图 103-1 中显示的表格包含了对姓名字段按字母顺序升序排列的数据。

然而，在中国人的习惯中，常常还需要按照"笔划"顺序来排列姓名。这种排序的规则大致是：按姓名首字的笔划数多少排列，同笔划数的按起笔顺序排列（横、竖、撇、捺、折），划数和笔形都相同的字，按字体结构排列，先左右、再上下，最后整体字。如果首字相同，则依次看姓名第二、第三个字，规则相同。

Excel 已经考虑到了这种需求。以图 103-1 所示的表格为例，使用姓氏笔划的顺序来排序的方法如下：

图 103-1　按字母顺序排列的姓名

	A	B	C	D	E	F
1	姓名	职务	级别	津贴	电子邮件地址	
2	杜事	销售代表	P	1,935	george@excelhome.net	
3	龚发钧	销售代表	P	2,586	steven@excelhome.net	
4	韩瑾娴	销售助理	SP	1,209	susan@excelhome.net	
5	杭勇杰	销售代表	P	996	foster@excelhome.net	
6	胡雅琼	销售助理	P	525	lyla@excelhome.net	
7	蒋绍国	销售副总裁	E	1,083	jamal@excelhome.net	
8	焦君颖	销售代表	P	1,713	shirley@excelhome.net	
9	李子	销售代表	P	1,710	apollo@excelhome.net	
10	林兰琼	销售助理	MP	699	grace@excelhome.net	
11	林全	销售经理	L	846	kevin@excelhome.net	
12	令狐咏霆	销售经理	SL	4,419	michael@excelhome.net	
13	刘嘉	销售代表	P	2,715	tom@excelhome.net	
14	柳红	销售代表	SP	2,088	marie@excelhome.net	

Step ①　单击数据区域中的任意一个单元格（如 A4）。

Step ②　在【数据】选项卡中单击【排序】按钮，弹出【排序】对话框。

Step ③　在【排序】对话框中选择【主要关键字】为"姓名"，排序方式为升序。

Step ④　单击【排序】对话框中的【选项】按钮，在弹出的【排序选项】对话框中单击【笔划排序】单选按钮，如图 103-2 所示。

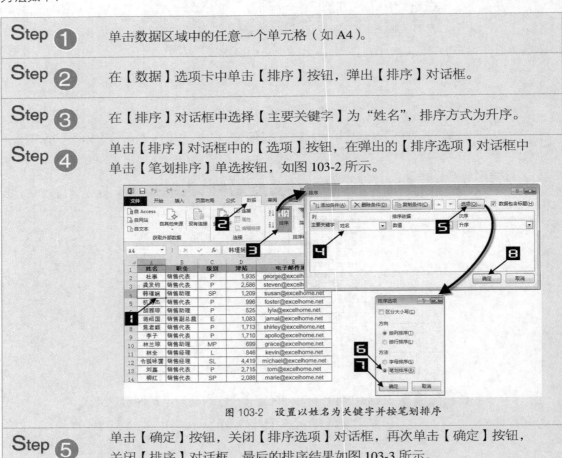

图 103-2　设置以姓名为关键字并按笔划排序

Step ⑤　单击【确定】按钮，关闭【排序选项】对话框，再次单击【确定】按钮，关闭【排序】对话框。最后的排序结果如图 103-3 所示。

	A	B	C	D	E	F
1	姓名	职务	级别	津贴	电子邮件地址	
2	万雄旭	销售代表	MP	1,197	david@excelhome.net	
3	习心全	销售助理	SP	840	peter@excelhome.net	
4	卢达仁	销售助理	P	1,374	mike@excelhome.net	
5	令狐咏霭	销售经理	SL	4,419	michael@excelhome.net	
6	刘嘉	销售代表	P	2,715	tom@excelhome.net	
7	齐义	销售代表	P	702	andrew@excelhome.net	
8	苏林	销售助理	MP	1,926	anne@excelhome.net	
9	杜事	销售代表	P	1,935	george@excelhome.net	
10	李子	销售代表	P	1,710	apollo@excelhome.net	
11	邱倦芳	销售代表	SP	2,346	laura@excelhome.net	
12	邹桂萍	销售代表	SP	1,995	christian@excelhome.net	
13	宋晨伯	销售代表	SP	1,062	armand@excelhome.net	
14	张广波	销售代表	MP	2,373	bob@excelhome.net	
15	林兰琼	销售助理	MP	699	grace@excelhome.net	
16	林全	销售经理	L	846	kevin@excelhome.net	

图 103-3　按笔划排序的结果

注意

Excel 中按笔划排序的规则并不完全符合前文所提到的中国人的习惯。对于相同笔划数的汉字，Excel 则按照其内码顺序进行排列，而不是按照笔划顺序进行排列。对于简体中文版用户而言，相应的内码为 ANSI/OEM - GBK。

技巧 104　按行来排序

许多用户都一直认为 Excel 只能按列进行排序，实际上，Excel 不但能够按列排序，也能够按行排序。在某些特定的情况下，比如面对某些二维表格时，按行排序功能就非常适用了。

在如图 104-1 所示的表格中，A 列是行标题，用来表示地区；第 1 行是列标题，用来表示日期。现在需要按“日期”来对表格排序，下面的步骤可以实现这一目标。

	A	B	C	D	E	F	G
1		8月19日	12月9日	2月21日	6月24日	9月10日	7月21日
2	上海	1,835	4,470	1,220	220	2,955	3,315
3	北京	55	195	180	1,860	1,800	650
4	广州	3,220	745	1,710	3,965	3,255	1,585
5	武汉	1,145	320	2,425	2,260	2,690	1,130
6	重庆	3,400	765	2,525	2,270	2,215	860

图 104-1　同时具备行、列标题的二维表格

Step 1　选中单元格区域 B1:G6。

Step 2　在【数据】选项卡中单击【排序】按钮，出现【排序】对话框。

Step 3　单击【排序】对话框中的【选项】按钮，在出现的【排序选项】对话框中选中【按行排序】单选按钮，单击【确定】按钮，关闭对话框。

Step 4　在【排序】对话框中，关键字列表框中的内容此时都发生了改变。选择【主要关键字】为行 1，【排序依据】为数值，【次序】为升序，单击【确定】

按钮，关闭对话框，如图 104-2 所示。

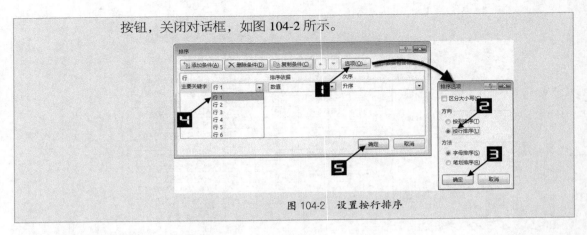

图 104-2　设置按行排序

排序的结果如图 104-3 所示。

A	B	C	D	E	F	G
	2月21日	*6月24日*	*7月21日*	*8月19日*	*9月10日*	*12月9日*
上海	1,220	220	3,315	1,835	2,955	4,470
北京	180	1,860	650	55	1,800	195
广州	1,710	3,965	1,585	3,220	3,255	745
武汉	2,425	2,260	1,130	1,145	2,690	320
重庆	2,525	2,270	860	3,400	2,215	765

图 104-3　按行排序的最后结果

使用按行排序时，不能像使用按列排序一样选中整个目标区域，因为 Excel 的排序功能中没有"行标题"的概念。所以如果选中全部数据区域，再按行排序，包含行标题的数据列也会参与排序，从而出现意外的结果。因此，在本例的步骤 1 中，只选中行标题所在列以外的数据区域。

技巧 105　按颜色排序

在实际工作中，用户经常会通过为单元格设置背景色或字体颜色来标注表格中较特殊的数据。从表格制作规范来说，这不是一个好习惯，因为颜色只能在视觉上进行区分，很难进行客观具体的区分描述，也就难以进行后续的数据处理。好消息是，Excel 从 2007 版开始，能够在排序时识别单元格颜色和字体颜色，甚至是由条件格式生成的各种单元格图标，从而帮助用户进行更加灵活的数据整理操作。

105.1　将红色单元格放到表格的最前面

在如图 105-1 所示的表格中，部分产品的库存数量所在单元格被设置成红色，如果希望将这些特别的数据行排列到表格的前面，可以按如下步骤操作：

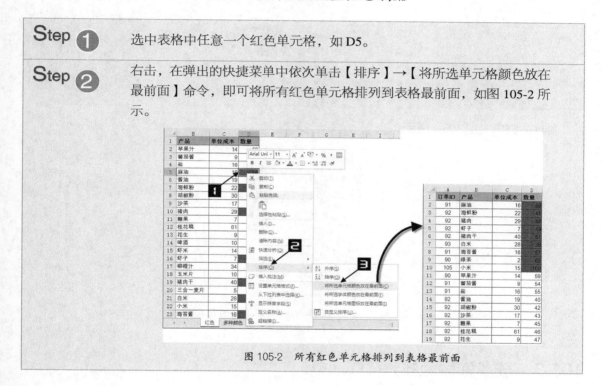

图 105-1　部分单元格被设置为红色的表格

Step ①	选中表格中任意一个红色单元格，如 D5。
Step ②	右击，在弹出的快捷菜单中依次单击【排序】→【将所选单元格颜色放在最前面】命令，即可将所有红色单元格排列到表格最前面，如图 105-2 所示。

图 105-2　所有红色单元格排列到表格最前面

105.2　将红色单元格靠前，且按数字大小排列

如果希望把红色单元格靠前排列的同时，数量进行由少到多的升序排列，可以按照下面的步骤操作：

Step ①	选中表格中的任意一个单元格，如 C4。
Step ②	右击，在弹出的快捷菜单中依次单击【排序】→【自定义排序】命令。此操作等效于在【数据】选项卡中单击【排序】按钮。
Step ③	在弹出的【排序】对话框中设置【主要关键字】为"数量"，【排序依据】为"单元格颜色"，【次序】为"红色"在顶端，单击【添加条件】按钮。

Step 4 设置【次要关键字】为“数量”,【排序依据】为“数值”,【次序】保持默认的“升序”，单击【确定】按钮，关闭对话框，如图 105-3 所示。

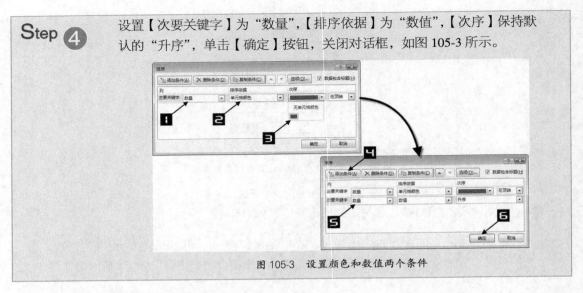

图 105-3　设置颜色和数值两个条件

排序的结果如图 105-4 所示。

	A	B	C	D
1	订单ID	产品	单位成本	数量
2	93	白米	28	38
3	92	海鲜粉	22	41
4	92	猪肉	29	44
5	92	虾子	7	49
6	92	猪肉干	40	51
7	91	麻油	16	56
8	91	海苔酱	16	57
9	90	绿茶	2	62
10	105	小米	15	100
11	91	盐	16	1
12	147	虾米	13	15
13	141	酱油	18.75	34
14	95	葡萄干	3	35
15	94	酸奶酪	26	36
16	93	三合一麦片	5	37
17	93	小米	15	39
18	92	酱油	19	40
19	92	胡椒粉	30	42

图 105-4　同时按单元格颜色和数值排序后的表格

105.3　按多种颜色排序

如果表格中手工设置了多种单元格颜色，而又希望按颜色的次序来排列数据，例如要对图 105-5 所示的表格按三种颜色的分布来排序，可以按照下面的步骤来操作：

	A	B	C	D	E
1	订单ID	产品	单位成本	数量	
2	90	苹果汁	14	59	
3	91	蕃茄酱	9	54	
4	91	盐	16	55	
5	91	麻油	16	56	
6	92	酱油	19	40	
7	92	海鲜粉	22	41	
8	92	胡椒粉	30	42	
9	92	沙茶	17	43	
10	92	猪肉	29	44	
11	92	糖果	7	45	
12	92	桂花糕	61	46	
13	92	花生	9	47	
14	90	啤酒	10	60	
15	92	虾米	14	48	
16	92	虾子	7	49	
17	90	柳橙汁	34	61	

图 105-5　包含三种不同颜色单元格的表格

Step ①	选中表格中的任意一个单元格，如 C2。
Step ②	在【数据】选项卡中单击【排序】按钮，在弹出的【排序】对话框中设置【主要关键字】为"数量"，【排序依据】为"单元格颜色"，【次序】为"红色"在顶端，单击【复制条件】按钮。
Step ③	修改所复制的排序条件，仍以"数量"为关键字，【排序依据】仍为"单元格颜色"，分别设置"茶色"和"蓝色"为次级【次序】，最后单击【确定】按钮，关闭对话框，如图 105-6 所示。

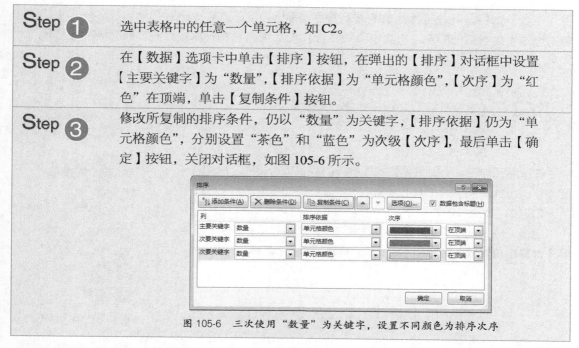

图 105-6　三次使用"数量"为关键字，设置不同颜色为排序次序

排序的结果如图 105-7 所示。

图 105-7　按多种颜色排序完成后的表格

105.4　按字体颜色或单元格图标排序

除单元格颜色外，Excel 还能根据单元格的字体颜色和由条件格式生成的单元格图标来进行相应的排序。操作方法与本技巧中已经介绍过的内容类似，在此不再赘述。

在 2007 以前的 Excel 版本中，根据单元格的背景色、字体颜色对表格进行排序是一件困难的事情，必须先借助宏表函数在辅助列进行相应的计算，然后根据计算结果来排序。具体的方法请参阅《Excel 实战技巧精粹》[1]中的技巧 126。

---

[1] 《Excel 实战技巧精粹》，人民邮电出版社，2007 年 3 月出版。

尽管 Excel 可以根据颜色和图标进行排序和筛选，但正如本节开头所言，这不是一个好习惯。特别是作为数据源的表格，应该使用单独的列，使用描述性的文本或数值来标记特殊的记录。

技巧 106　按字符数量排序

在实际工作中，有时候需要按照字符的数量进行排序。例如，在制作一份歌曲清单时，人们习惯按照歌曲名字的字数来对它们进行分门别类，如图 106-1 所示。

但是，Excel 并不能直接按字数来排序，如果要达到目的，需要先计算出每首歌曲名字的字数，然后再进行排序，具体方法如下：

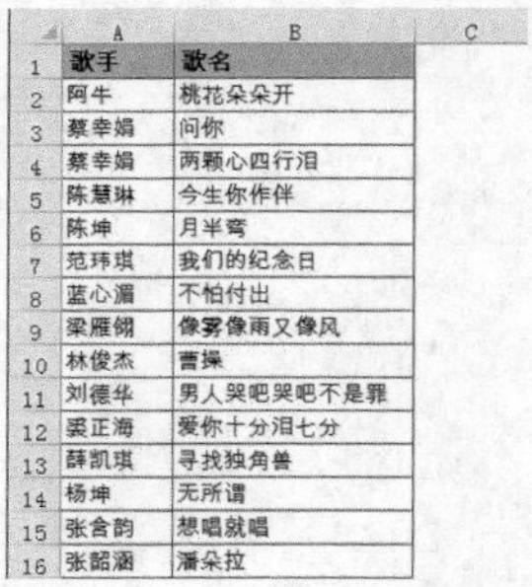

图 106-1　歌曲清单

Step **1**	在 C1 单元格输入"字数"，作为 C 列的列标题。
Step **2**	在 C2 单元格输入公式"=LEN(B2)"，然后将此公式复制到 C3:C16 单元格区域。
Step **3**	选中 C2，在【数据】选项卡中单击【升序】按钮。

这样就完成了按字数排列歌名的任务，如图 106-2 所示。

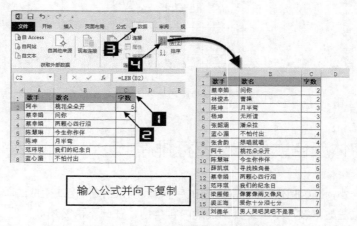

输入公式并向下复制

图 106-2　按字符数量排序后的歌曲清单

如果有必要，可以在排序完成后删除 C 列。

这种利用辅助列对现有数据进行计算，然后按辅助列的值进行排序的方法，是需要按特殊属性排序时常用的一种解决方法，适用于各种类似的排序要求。

技巧 **107**　随机排序

在某些情况下，用户并不希望按照既定的规则来排序，而是希望数据能够"乱序"，也就是对数据进行随机排序。比如在一份库存表格中，如果希望随机抽取一部分产品进行盘点，可以按照以下步骤操作：

Step 1　在 C1 单元格中输入"次序"。

Step 2　在 C2 单元格中输入公式"=RAND()"，并拖曳到 C30 单元格，以完成对公式的复制。

Step 3　选中 C2 单元格，在【数据】选项卡中单击【升序】按钮，就能够对库存表格的现有数据进行随机排序，然后选择靠前或靠后的一部分产品进行盘点即可，结果如图 107-1 所示。

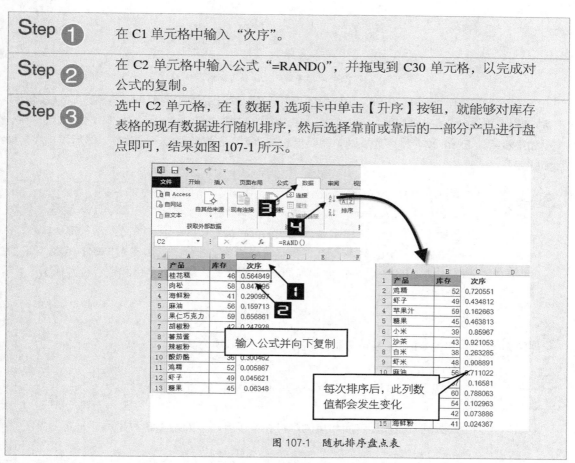

图 107-1　随机排序盘点表

注意

因为 RAND 函数是易失性函数，所以每次排序操作都将改变其返回的值，从而每次排序都可能有不同的结果。有关 RAND 函数的更多内容，请参阅技巧 194。

技巧 **108**　排序字母与数字的混合内容

在日常工作中，表格经常包含由字母和数字混合的数据。对这样的数据排序时，结果总是令人无法满意，如图 108-1 所示。

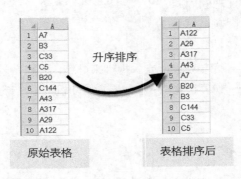

图 108-1　排序结果无法令人满意

通常情况下，用户希望的规则是先比较字母的大小，再比较数字的大小，但 Excel 是按照对字符进行逐位比较的结果来排序的。因此在图 108-1 中，A7 排在第 5 位，而不是第 1 位。

如果希望让 Excel 改变排序的规则，需要借助辅助列，先将数据做一些改变，然后再排序，具体步骤如下：

Step ❶	在 B1 中输入如下公式： `=LEFT(A1,1) & TEXT(MID(A1,2,3),"000")` 公式解析：使用 LEFT 函数截取字符串最左边的一个字符（即字符串的字母部分），使用 MID 函数取得字符串的数字部分，然后使用 TEXT 函数，将字符串的数字部分转换为 "000" 的格式，最后将字母和数字合并成新的字符串。 有关以上函数的更多详细用法，请参阅技巧 170。
Step ❷	双击 B1 单元格填充柄，完成公式的复制填充。
Step ❸	选中 B1 单元格，在【数据】选项卡中单击【升序】按钮。

这样，A 列中的数据就按照用户所希望的那样完成了排序，如图 108-2 所示。

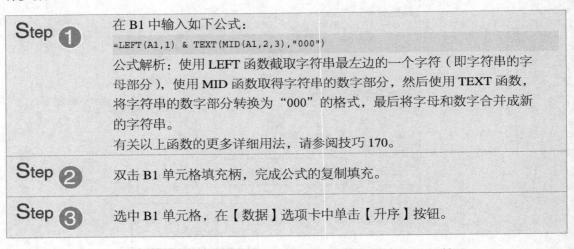

图 108-2　正确的排序结果

最后，可以删除 B 列的数据，让表格更简洁。

技巧 **109**　返回排序前的表格

对表格中的数据进行排序后，表格的原有次序将被打乱。虽然 Excel 的撤销功能（<Ctrl+Z>组合键）可以方便地取消最近的操作，但这个功能在执行某些操作后会失效，所以不能确保总是可以返回到排序前的次序。

图 109-1 再现了上述情况，对原始表格按 C 列数值大小排序以后，如果不允许使用撤销功能，将难以返回之前的状态，因为原始表格并无特定顺序。

如果排序前就预知可能需要保持表格在排序前的状态，可以借助辅助列记录原有的数据次序，具体方法如下：

在表格的左侧（或右侧）插入一列空白列，在首行输入列名（如 ID），并填充一组连续的数字。在图 109-2 所示的表格中，A 列就是新插入的列，用于记录表格的原有次序。

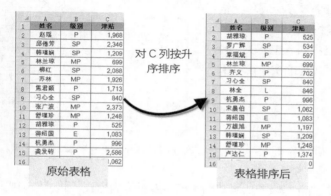

图 109-1　表格排序后难以返回之前的状态　　　　图 109-2　使用辅助列记录表格的当前次序

现在，无论对表格如何进行排序，只要最后以 A 列为关键字做一次升序排序，就能够返回表格的原始次序。

技巧 **110**　灵活筛选出符合条件的数据

管理数据列表时，根据某种条件筛选出匹配的数据是一项常见的需求。Excel 提供了一种"筛选"功能（Excel 2003 以及更早的版本中称为"自动筛选"），专门帮助用户应付这类问题。

对于工作表中的普通数据列表，可以使用下面的方法进入筛选状态：

以图 110-1 所示的数据列表为例，先选中列表中的任意一个单元格，如 C2，然后在【数据】选项卡中单击【筛选】按钮，即可启用筛选功能。此时，功能区中的【筛选】按钮将呈现高亮显示状态，数据列表中所有字段的标题单元格中也会出现下拉箭头。

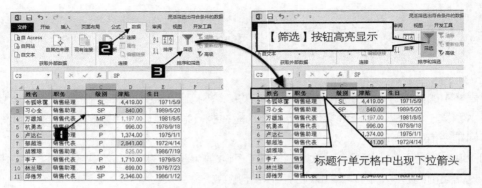

图 110-1　对普通数据列表启用筛选

因为 Excel 的 "表格" (Table) 默认启用筛选功能，所以也可以先将普通数据列表转换为表，然后就能使用筛选功能。

数据列表进入筛选状态后，单击每个字段标题单元格中的下拉箭头，都将弹出下拉菜单，提供有关 "排序" 和 "筛选" 的详细选项。如单击 C1 单元格中的下拉箭头，弹出的下拉菜单如图 110-2 所示。不同数据类型的字段能够使用的筛选选项也不相同。

图 110-2　包含排序和筛选选项的下拉菜单

110.1　在不重复值列表中筛选

【筛选】下拉菜单的下半部分会根据当前字段的所有数据生成不重复值的列表，通过勾选或取消勾选列表中的项目，就可以设置筛选目标。

当列表中的项目较多时，为了快速设置目标，可以使用下面的方法：

◆　如果需要设置列表中的大部分项目作为目标，只需找到并取消勾选非目标项目即可。

◆　如果只需要设置列表中的单项或少量项目作为目标，可以先取消勾选【(全选)】项，然后再找到并勾选目标项目即可。在本例中，假设要筛选出级别为 SL 的所有数据，可以参照如下步骤进行：

Step ❶　在下拉菜单中取消勾选【(全选)】项，此时所有项目将同时被取消勾选。

Step ❷　勾选 "SL" 项目，然后单击【确定】按钮，如图 110-3 所示。

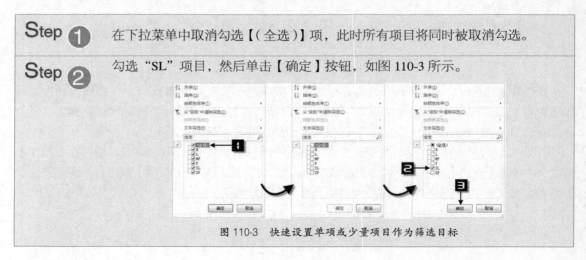

图 110-3　快速设置单项或少量项目作为筛选目标

现在，数据列表将只显示筛选结果。同时，C1 单元格中的下拉箭头变为漏斗按钮，表示当前字段应用了筛选条件，状态栏则提示筛选结果数量，如图 110-4 所示。

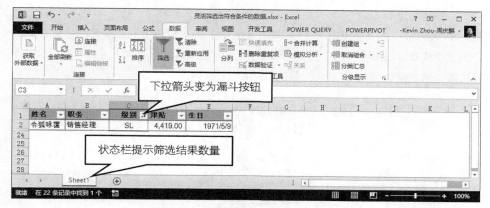

图 110-4　只显示筛选结果的数据列表

 下拉菜单中的唯一值列表最多只能显示 10000 个项目。

 Excel 2003 及更早的版本中，自动筛选的唯一值列表最多只能显示 1000 个项目，且不支持多选项目。

如果要从数目特别多的唯一值列表中寻找筛选目标项目，或者要筛选的项目不止一个，且包含相同的关键字，可以借助【筛选】下拉菜单中的搜索框进行条件筛选。比如要从本例中筛选 SL 和 SP 两个项目，可以直接在搜索框中输入 S，即可筛选出包含 S 的所有项目，然后可以继续进行项目选择，如图 110-5 所示。

图 110-5　借助搜索框定义筛选项目

 借助搜索框指定筛选条件时，Excel 不区分大小写。

110.2　按照文本的特征筛选

对于文本型数据字段，【筛选】下拉菜单中会显示【文本筛选】的更多选项，如图 110-6 所示。事实上，无论选择其中哪一个选项，最终都将进入【自定义自动筛选方式】对话框，通过选择逻辑条件和输入具体条件值，完成自定义的条件筛选。

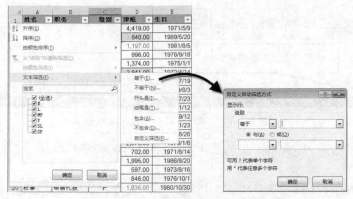

图 110-6　文本型数据字段相关的筛选选项

例如，要筛选出级别中包含"L"的所有数据，可以参照图 110-7 所示的方法来设置。

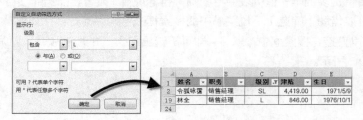

图 110-7　筛选出级别中包含"L"的所有数据

　在【自定义自动筛选方式】对话框中设置条件，Excel 不区分字母大小写。

　【自定义自动筛选方式】对话框是筛选功能的公共对话框，其列表框中显示的逻辑运算符并非适用于每种数据类型的字段。如"包含"运算符就不能适用于数值型数据字段。

110.3　按照数字的特征筛选

对于数值型数据字段，【筛选】下拉菜单中会显示【数字筛选】的更多选项。事实上，大部分选项都将进入【自定义自动筛选方式】对话框，通过选择逻辑条件和输入具体条件值，完成自定义的条件筛选。

【10 个最大的值】选项则会进入【自动筛选前 10 个】对话框，用于筛选最大（或最小）的 N 个项（百分比）。有关此选项的应用技巧，请参阅技巧 113。

【高于平均值】和【低于平均值】选项则根据当前字段所有数据的值来进行相应的筛选。

例如，要筛选出津贴介于 1000 和 1500 之间的所有数据，可以参照图 110-8 所示的方法来设置。

图 110-8　筛选津贴介于 1000 和 1500 之间的所有数据

110.4　按照日期的特征筛选

对于日期型数据字段，【筛选】下拉菜单中会显示【日期筛选】的更多选项，如图 110-9 所示。与文本筛选和数字筛选相比，这些选项更具特色。

图 110-9　更具特色的日期筛选选项

◆　不重复值列表并没有直接显示具体的日期，而是以年、月、日分组后的分层形式显示。

◆　提供了大量预置动态筛选条件，将数据列表中的日期与当前日期（系统日期）的比较结果作为筛选条件。

◆　【期间所有日期】菜单下面的命令则只按时间段进行筛选，而不考虑年。例如，【第 4 季度】表示数据列表中任何年度的第 4 季度，这在按跨若干年的时间段来筛选日期时非常实用。

◆　除了上面的选项以外，仍然提供了【自定义筛选】选项。

遗憾的是，虽然 Excel 提供了大量有关日期特征的筛选条件，但仅能用于日期，而不能用于时间，因此也就没有提供类似于"前一小时"、"后一小时"、"上午"、"下午"这样的筛选条件。筛选功能仅将时间视作数字来处理。

110.5　按照字体颜色或单元格颜色筛选

许多用户喜欢在数据列表中使用字体颜色或单元格颜色来标识数据，Excel 的筛选功能支持这些特殊标识作为条件来筛选数据。

当要筛选的字段中设置过字体颜色或单元格颜色后，筛选下拉菜单中的【按颜色筛选】选项会变为可用，并列出当前字段中所有用过的字体颜色或单元格颜色，如图 110-10 所示。选中相应的颜色项，可以筛选出应用了该种颜色的数据。如果选中【无填充】或【自动】，则可以筛选出完全没有应用过颜色的数据。

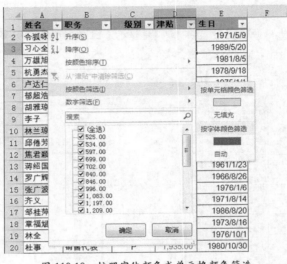

图 110-10　按照字体颜色或单元格颜色筛选

注意　无论是单元格颜色还是字体颜色，一次只能按一种颜色进行筛选。

技巧 111　取消筛选菜单中的日期分组状态

对日期数据进行筛选时，【筛选】下拉菜单底部的日期列表在默认情况下分组显示日期，如图 110-9 所示。但是，这一特性在某些时候会让对具体日期的选取变得稍显麻烦。如果希望取消筛选菜单中的日期分组状态，可以按下面的步骤操作：

Step 1	单击【文件】选项卡中的【选项】命令，激活【Excel 选项】对话框。
Step 2	单击【高级】选项卡。

Step ❸　取消勾选【使用"自动筛选"菜单分组日期】的复选框，单击【确定】按钮，
如图 111-1 所示。

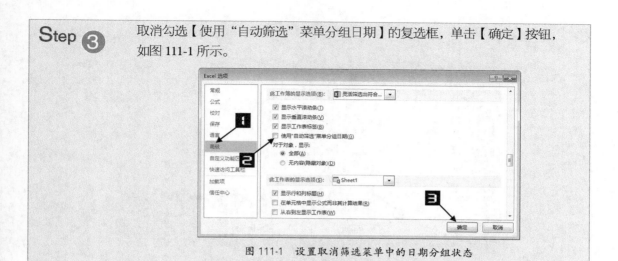

图 111-1　设置取消筛选菜单中的日期分组状态

现在，筛选下拉菜单中将显示所有日期数据的不重复值列表，如图 111-2 所示。

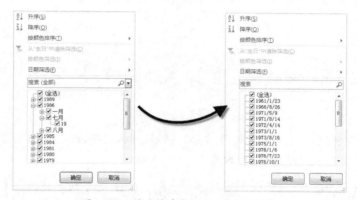

图 111-2　筛选菜单中的不重复日期列表

技巧 112　根据目标单元格的值或特征进行超快速筛选

在数据列表中，如果已经选中了某个单元格，而这个单元格的值正好与希望进行筛选的条件相
同，那么可以快速进行筛选，而不必先进入筛选状态，再去设置具体的筛选条件。

例如，要在图 110-1 所示的数据列表中快速筛选出职务为"销售助理"的所有数据，可以按下
面的步骤操作：

Step ❶　选中 C 列中任意一个内容为"销售助理"的单元格，如 B2，右击。

Step ❷　在弹出的快捷菜单中单击【筛选】→【按所选单元格的值筛选】命令。

这样就完成了筛选任务，同时整个数据列表进入了筛选状态，后续还可以使用其他筛选项继续

筛选，如图 112-1 所示。

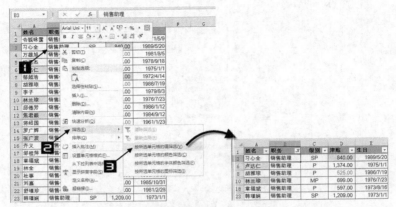

图 112-1　根据目标单元格的值进行超快速筛选

同理，若在上述快捷菜单中选择不同的命令，也可实现对目标单元格颜色、字体颜色或图标的超快速筛选。

技巧 113　筛选利润最高的 20%的产品

假设有一份产品销售报表，包含 30 项产品的销售数据。根据 80/20 管理原则，现在要找到利润最高的 20%的产品，可以按下面的步骤操作：

Step ❶	选中销售利润表中的任意一个单元格，如 F2 单元格，然后在【数据】选项卡中单击【筛选】按钮，使表格进入筛选模式。
Step ❷	单击利润字段标题的下拉箭头，在弹出的下拉菜单中依次单击【数字筛选】→【前 10 项】，激活【自动筛选前 10 个】的对话框。
Step ❸	依次设置【显示】"最大"的"20"、"百分比"项，单击【确定】按钮，如图 113-1 所示。

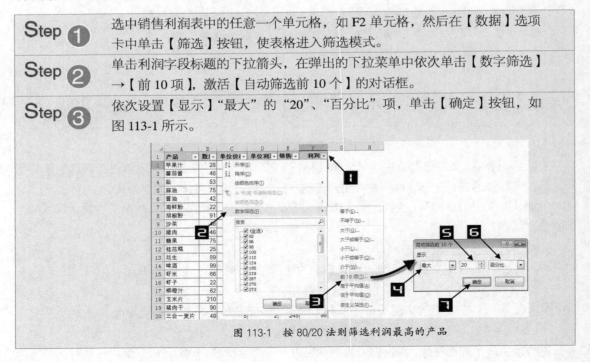

图 113-1　按 80/20 法则筛选利润最高的产品

如此，就从销售报表中筛选出了利润最高的 20% 的产品，也就是 6 项产品，如图 113-2 所示。

	A	B	C	D	E	F
1	产品	数量	单位价	单位利	销售	利润
5	麻油	75	16	13	1200	975
9	沙茶	48	17	16	816	768
12	桂花糕	25	61	55	1525	1375
15	虾米	66	37	25	2442	1650
16	虾子	22	67	50	1474	1100
31	果仁巧克力	30	70	50	2100	1500

图 113-2　最终筛选结果

技巧 114　在受保护的工作表中使用筛选

在实际工作中，常常需要保护重要的工作表，以防止工作表内容发生意外更改。如果在保护工作表的同时，又希望能够对工作表中的数据使用筛选功能，以便进行一些数据分析工作，则需要按照如下步骤设置。

Step ❶ 选中 A1:F31 单元格区域中的任意单元格，然后单击【数据】选项卡中的【筛选】按钮，使表格进入筛选模式。

Step ❷ 在【审阅】选项卡中单击【保护工作表】按钮，在弹出的【保护工作表】对话框的【允许此工作表的所有用户进行】列表框中勾选【使用自动筛选】选项，如图 114-1 所示。

Step ❸ 如果需要，可以在【取消工作表保护时使用的密码】框中输入保护工作表的密码，最后单击【确定】按钮，关闭【保护工作表】对话框。

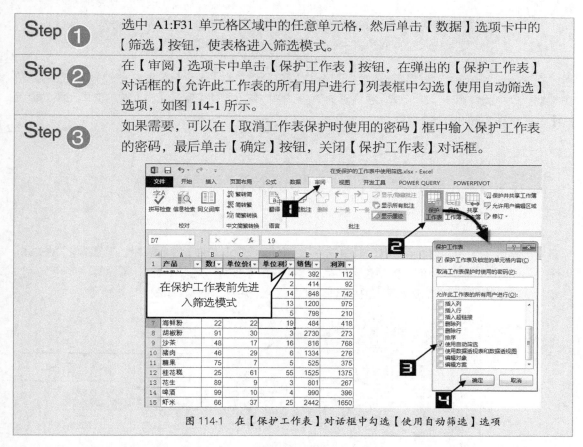

图 114-1　在【保护工作表】对话框中勾选【使用自动筛选】选项

现在，虽然工作表处于受保护状态，不能对任何单元格进行修改，但仍然可以使用"筛选"功能，如图 114-2 所示。

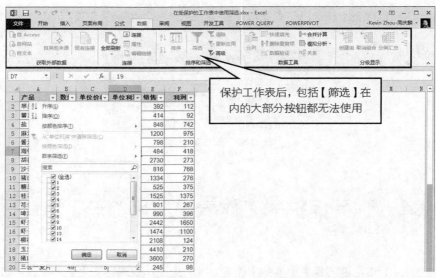

图 114-2　受保护的工作表仍然可以使用"筛选"功能

 步骤 1 与步骤 2 的操作顺序尽量不要颠倒，即用户应该在保护工作表之前就让数据列表进入筛选模式。否则，如果先执行保护工作表命令，则无法通过功能区中的按钮来开启或关闭自动筛选模式。

在 Excel 2013 中，如果没有使数据列表进入筛选模式就执行了步骤 2 中的操作，仍然可以单击数据列表中的任意一个单元格，在弹出的快捷菜单中依次单击【筛选】→【按所选单元格的值筛选】命令来进入筛选模式。

技巧 115　根据复杂的条件来筛选

对表格数据应用筛选时，可以同时根据多个字段设置筛选条件，各个条件之间是"与"的关系。以图 115-1 所示的表格为例，如果设置"品名"字段的条件为"足球上衣"，再设置"颜色"字段的条件为"红白"，则将筛选出表格中所有"红白颜色的足球上衣"，如图 115-1 所示。

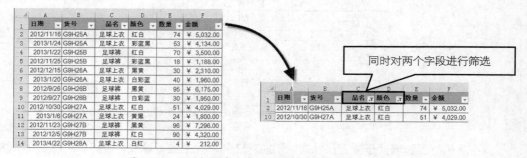

图 115-1　同时根据多个字段设置条件进行筛选

但是，如果既希望同时根据多个字段设置条件，又要针对每个字段有多个条件，且条件之间存在关联关系，就较难实现了。比如，要筛选出表格中所有"红白颜色的足球上衣"和"彩蓝黑颜色的篮球上衣"，如果仍然简单地根据字段逐个设置条件，就会得到错误的结果，把"红白颜色的篮球上衣"和"彩蓝黑颜色的足球上衣"也筛选出来了，如图 115-2 所示。

在这种情况下，如果要得到正确的筛选结果，可以借助辅助列以生成精确条件的方法，具体步骤如下：

图 115-2　条件更复杂时的错误结果

Step 1　在 G1 单元格中输入"条件"。

Step 2　在 G2 单元格中输入公式"=C2&D2"，然后将此公式向下填充至表格底端。这样就通过简单的公式计算得到了每一条记录的品名颜色组合，如图 115-3 所示。

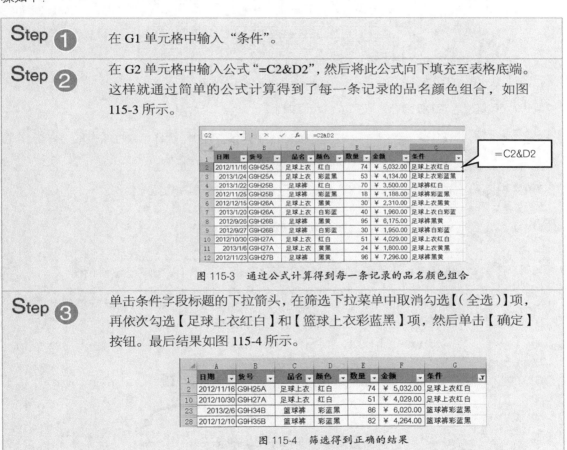

图 115-3　通过公式计算得到每一条记录的品名颜色组合

Step 3　单击条件字段标题的下拉箭头，在筛选下拉菜单中取消勾选【（全选）】项，再依次勾选【足球上衣红白】和【篮球上衣彩蓝黑】项，然后单击【确定】按钮。最后结果如图 115-4 所示。

图 115-4　筛选得到正确的结果

技巧 116　根据多个条件进行筛选

如果表格中有多个字段，需要根据不同字段设置多个条件来筛选数据，使用筛选将会有一些局限性。因为自动筛选只能将不同字段条件之间的关系视作"与"，即必须同时成立。而且，在筛选中只能设置两个自定义条件。

　　以图 116-1 所示的表格为例，假设需要筛选出符合"数量多于 70 的足球裤和数量少于 60 的篮球上衣"的数据，筛选功能显得能量不足。

	A	B	C	D	E	F
1	日期	货号	品名	颜色	数量	金额
2	2012/11/16	G9H25A	足球上衣	红白	74	￥ 5,032.00
3	2013/1/24	G9H25A	足球上衣	彩蓝黑	53	￥ 4,134.00
4	2013/1/22	G9H25B	足球裤	红白	70	￥ 3,500.00
5	2012/11/25	G9H25B	足球裤	彩蓝黑	18	￥ 1,188.00
6	2012/12/15	G9H26A	足球上衣	黑黄	30	￥ 2,310.00
7	2013/1/20	G9H26A	足球上衣	白彩蓝	40	￥ 1,960.00
8	2012/9/26	G9H26B	足球裤	黑黄	95	￥ 6,175.00
9	2012/9/27	G9H26B	足球裤	白彩蓝	30	￥ 1,950.00
10	2012/10/30	G9H27A	足球上衣	红白	51	￥ 4,029.00
11	2013/1/6	G9H27A	足球上衣	黄黑	24	￥ 1,800.00
12	2012/11/23	G9H27B	足球裤	黑黄	96	￥ 7,296.00
13	2012/12/5	G9H27B	足球裤	红白	90	￥ 4,320.00
14	2013/4/22	G9H28A	足球上衣	白红	4	￥ 212.00

图 116-1　需要根据多个条件来筛选数据的表格

　　此时可以使用"高级筛选"来完成，步骤如下：

Step ❶	选中表格的 1 到 4 行，按<Ctrl+Shift+=>组合键，这样可以在原表格上方新插入 4 个空行。
Step ❷	在新的 1 到 3 行中，写入用于描述条件的文本和表达式。
Step ❸	单击表格中的任意单元格，如 E6 单元格。
Step ❹	在【数据】选项卡中单击【高级】按钮，弹出【高级筛选】对话框。
Step ❺	将光标定位到【列表区域】框内，将原有内容修改为"$A$5:$F$37"，再将光标定位到【条件区域】框内，将原有内容修改为"$A$1:$F$3"，最后单击【确定】按钮，如图 116-2 所示。

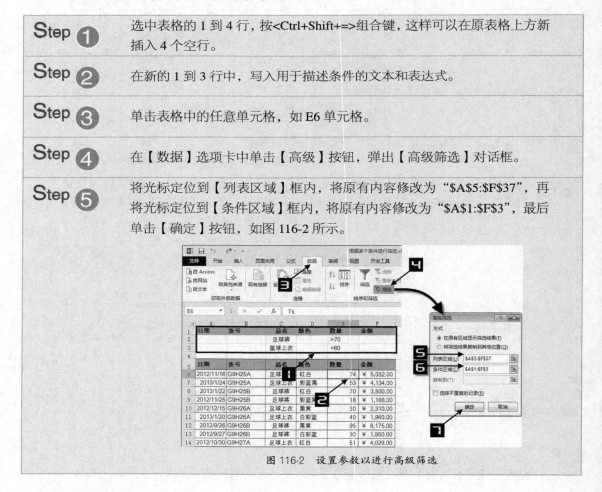

图 116-2　设置参数以进行高级筛选

下面就可以得到按目标条件筛选出来的数据了，效果如图 116-3 所示。

	A	B	C	D	E	F
1	日期	货号	品名	颜色	数量	金额
2			足球裤		>70	
3			篮球上衣		<60	
4						
5	日期	货号	品名	颜色	数量	金额
12	2012/9/26	G9H26B	足球裤	黑黄	95	¥ 6,175.00
16	2012/11/23	G9H27B	足球裤	黑黄	96	¥ 7,296.00
17	2012/12/5	G9H27B	足球裤	红白	90	¥ 4,320.00
21	2012/11/4	G9H28B	足球裤	彩蓝	92	¥ 7,176.00
23	2013/2/21	G9H34A	篮球上衣	黄深灰	52	¥ 4,056.00
24	2013/1/30	G9H34A	篮球上衣	彩蓝黑	16	¥ 1,200.00
29	2012/12/2	G9H35A	篮球上衣	彩蓝黑	19	¥ 1,463.00
30	2013/2/12	G9H35A	篮球上衣	黄绿	6	¥ 438.00
38						

图 116-3　按多个条件筛选得到的数据

 运用高级筛选功能时，最重要的一步是设置筛选条件。高级筛选的条件需要按照一定的规则，手工编辑到工作表中。一般情况下，将条件区域置于原表格的上方，将有利于条件的编辑以及表格数据的筛选结果显示。

编辑条件时，必须遵循以下规则：

（1）条件区域的首行必须是标题行，其内容必须与目标表格中的列标题匹配。但是，条件区域标题行中内容的排列顺序与出现次数，可以不必与目标表格中相同。

（2）条件区域标题行下方为条件值的描述区，出现在同一行的各个条件之间是"与"的关系，出现在不同行的各个条件之间则是"或"的关系。

在本技巧中，目标条件"数量多于 70 的足球裤和数量少于 60 的篮球上衣"在条件区域中被描述为两组条件，第一组为"数量>70 且品名=足球裤"，第二组为"数量<60 且品名=篮球上衣"。两组条件之间为"或"的关系，因此使用两行来表示。

任何时候，如果需要取消对表格的筛选设置，使其恢复到原始状态，可以在【数据】选项卡中单击【清除】按钮，如图 116-4 所示。

图 116-4　清除对表格的筛选设置

技巧 117　筛选表格中的不重复值

重复值是处理表格数据时经常面对的问题，Excel 提供了多种方法来解决类似问题。从 Excel 2007 开始，Excel 还特别提供了一种"删除重复项"的功能，有关该功能的详细介绍，请参阅技巧 61。

事实上，使用高级筛选功能得到表格中的不重复值（或不重复记录）也是个非常好的选择。以图 117-1 所示的表格为例，如果希望分别得到小组不重复、小组和负责人同时不重复、整条记录不重复的数据，可以按下面的步骤来操作：

	A	B	C
1	小组	负责人	次数
2	A	Johnson	8
3	K	Johnson	10
4	A	Johnson	9
5	B	Perkins	10
6	A	Perkins	0
7	D	Johnson	11
8	E	Bill	9
9	F	Johnson	6
10	G	Perkins	11
11	H	Perkins	10
12	I	Perkins	7
13	C	Bill	3
14	K	Johnson	11
15	F	Johnson	6
16	B	Perkins	10
17	D	Johnson	11
18	J	Perkins	14
19	C	Perkins	0
20	K	Johnson	10
21	L	Johnson	26

图 117-1　包含重复记录的表格

117.1　单个字段的不重复值（小组不重复）

Step ❶　选中表格区域中的任意一个单元格，如 B2 单元格。

Step ❷　在【数据】选项卡中单击【高级】按钮，弹出【高级筛选】对话框。

Step ❸　将光标定位到【列表区域】框内，将原有内容修改为 "$A$1:$A$21"，然后勾选【选择不重复的记录】的复选框，最后单击【确定】按钮，如图 117-2 所示。

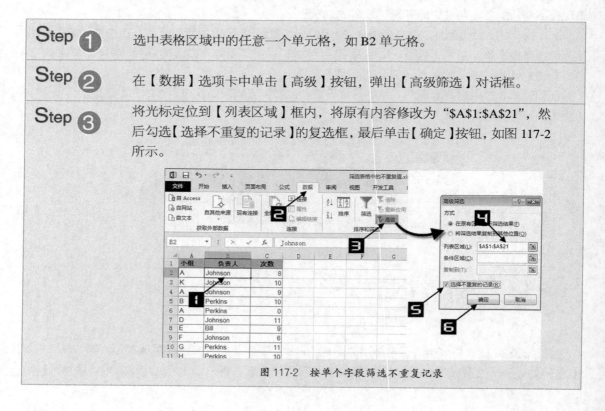

图 117-2　按单个字段筛选不重复记录

这样就只针对"小组"字段的值得到了不重复记录，在 Excel 的状态栏上可以查看筛选结果有 12 条记录，如图 117-3 所示。

小组	负责人	次数
A	Johnson	8
K	Johnson	10
B	Perkins	10
D	Johnson	11
E	Bill	9
F	Johnson	6
G	Perkins	11
H	Perkins	10
I	Perkins	7
C	Bill	3
J	Perkins	14
L	Johnson	26

图 117-3　小组不重复的记录有 12 条

117.2　两个字段值同时不重复（小组和负责人同时不重复）

Step ❶ 在【数据】选项卡中单击【清除】按钮，取消刚才的筛选。

Step ❷ 在【数据】选项卡中单击【高级】按钮，弹出【高级筛选】对话框。

Step ❸ 将光标定位到【列表区域】框内，将原有内容修改为 "$A$1:$B$21"，然后勾选【选择不重复的记录】的复选框，最后单击【确定】按钮。

这样就同时针对"小组"字段和"负责人"字段的值得到了不重复记录，在 Excel 的状态栏上可以查看到筛选结果有 14 条记录，如图 117-4 所示。很明显，同时考虑的字段数量越多，则不重复记录的数量也可能越多。

图 117-4　同时按两个字段筛选唯一记录

261

117.3　整条记录不重复

Step ①	在【数据】选项卡中单击【清除】按钮，取消刚才的筛选所示。
Step ②	在【数据】选项卡中单击【高级】按钮，弹出【高级筛选】对话框。
Step ③	将光标定位到【列表区域】框内，将原有内容修改为："$A$1:$C$21"，然后勾选【选择不重复的记录】复选框，最后单击【确定】按钮。

这样，只有所有字段的值完全相同，才被当作是重复记录，在 Excel 的状态栏上可以查看到筛选结果有 16 条记录，如图 117-5 所示。

图 117-5　按全部字段筛选不重复记录

技巧 118　筛选两个表格中的重复值

在实际工作中，往往要同时面对多个表格，如果两个结构相同的表格中包含着一些相同的记录，如图 118-1 所示，则下面的方法可以快速把它们找出来。

	A	B	C	D	E	F	G
1	报表1:				报表2:		
2	小组	负责人	次数		小组	负责人	次数
3	A	张石峰	8		C	陈浮生	0
4	C	陈浮生	0		D	张石峰	11
5	E	张石峰	9		E	张石峰	9
6	F	张石峰	6		G	陈浮生	11
7	H	陈浮生	10		I	陈浮生	7
8	K	张石峰	10		K	张石峰	10
9	L	张石峰	26		L	张石峰	26

图 118-1　两个表格中包含一些相同的记录

Step ①	单击第一个表格中的任意单元格，如 B3 单元格。
Step ②	在【数据】选项卡中单击【高级】按钮，打开【高级筛选】对话框。
Step ③	在【方式】项下选中【将筛选结果复制到其他位置】单选按钮。
Step ④	保持【列表区域】中的内容不变，即 "$A$2:$C$9"，然后将光标定位到【条件区域】框内，用鼠标选中工作表中的 E2:G9 单元格区域，即第二个表格的所在区域。
Step ⑤	将光标定位到【复制到】框内，用鼠标选中工作表中的 A11 单元格，这将是筛选结果输出区域的第一个单元格位置。
Step ⑥	单击【确定】按钮，关闭对话框，完成筛选，筛选结果如图 118-2 所示。

图 118-2　筛选两个表格中的重复值

技巧 119　模糊筛选

用于筛选数据的条件，有时并不能明确指定某项内容，只能指定某一类的内容，如所有姓 "李" 的员工、产品编号中第 3 个字符是 B 的产品，等等。在这种情况下，可以借助 Excel 提供的通配符进行筛选。

Excel 的通配符为*与?（星号与问号）。

*代表 0 到任意多个连续字符，?代表一个（且仅有一个）字符。

　通配符仅能用于文本型数据，而对数值和日期型数据无效。

119.1　在筛选中定义模糊条件

在图 119-1 所示的表格中，颜色字段记录了每种服装的颜色组合，列在前面的颜色是主色调，如红白表示红为主色，而白为辅色。

	A	B	C	D	E	F
1	日期	货号	品名	颜色	数量	金额
2	2012/11/16	G9H25A	足球上衣	红白	74	¥ 5,032.00
3	2013/1/24	G9H25A	足球上衣	彩蓝黑	53	¥ 4,134.00
4	2013/1/22	G9H25B	足球裤	红白	70	¥ 3,500.00
5	2012/11/25	G9H26A	足球裤	彩蓝黑	18	¥ 1,188.00
6	2012/12/15	G9H26A	足球上衣	黑黄	30	¥ 2,310.00
7	2013/1/20	G9H26A	足球上衣	白彩蓝	40	¥ 1,960.00
8	2012/9/26	G9H26B	足球裤	黑黄	95	¥ 6,175.00
9	2012/9/27	G9H26B	足球裤	白彩蓝	30	¥ 1,950.00
10	2012/10/30	G9H27A	足球上衣	红白蓝	51	¥ 4,029.00
11	2013/1/6	G9H27A	足球上衣	黄黑	24	¥ 1,800.00
12	2012/11/23	G9H27B	足球裤	黑黄	96	¥ 7,296.00
13	2012/12/5	G9H27B	足球裤	红白	90	¥ 4,320.00

图 119-1　详细记录了服装颜色的表格

假设要筛选出所有以红为主色且只有两种颜色的记录，可以按下列步骤操作：

Step ① 选中表格中的任意单元格，如 F2 单元格。

Step ② 在【数据】选项卡中单击【筛选】按钮，使表格进入筛选模式。

Step ③ 单击颜色字段标题的下拉箭头，在展开的下拉菜单中依次单击【文本筛选】→【自定义筛选】项，弹出【自定义自动筛选方式】对话框。

Step ④ 选择条件类型为"等于"，并在条件内容框中输入"红?"，单击【确定】按钮，如图 119-2 所示。

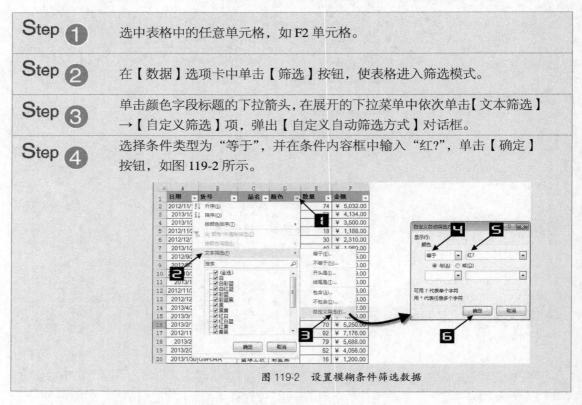

图 119-2　设置模糊条件筛选数据

借助 Excel 的筛选搜索框也可以实现同样的效果，如图 119-3 所示。

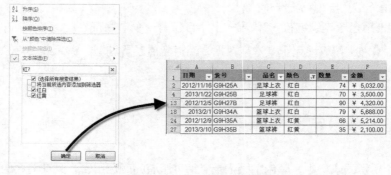

图 119-3　借助 Excel 的筛选搜索框进行模糊筛选

119.2　在高级筛选中定义模糊条件

仍以图 119-1 所示的表格为例，假设要筛选出包含红色且数量少于 70 的，或者包含蓝色且数量多于 60 的记录，可以按下列步骤操作：

Step ❶	在表格上方插入 4 个连续的空行，写入用于描述条件的文本和表达式。
Step ❷	单击表格中的任意单元格，如 E6 单元格。在【数据】选项卡中单击【高级】按钮，弹出【高级筛选】对话框。
Step ❸	将光标定位到【列表区域】框内，将原有内容修改为 "$A$5:$F$37"，再将光标定位到【条件区域】框内，将原有内容修改为 "$A$1:$F$3"，取消勾选【选择不重复的记录】复选框，最后单击【确定】按钮，结果如图 119-4 所示。

	A	B	C	D	E	F
1	日期	货号	品名	颜色	数量	金额
2				*红*	<70	
3				*蓝*	>60	
4						
5	日期	货号	品名	颜色	数量	金额
14	2012/10/30	G9H27A	足球上衣	红白黑	51	¥ 4,029.00
18	2013/4/22	G9H28A	足球上衣	白红绿	4	¥ 212.00
21	2012/11/4	G9H28B	足球裤	彩蓝	92	¥ 7,176.00
25	2013/5/15	G9H34B	篮球裤	深灰红	22	¥ 1,364.00
27	2013/2/6	G9H34B	篮球裤	彩蓝黑	86	¥ 6,020.00
28	2012/12/9	G9H35A	篮球上衣	红黄绿	66	¥ 5,214.00
31	2013/3/10	G9H35B	篮球裤	红黄	35	¥ 2,100.00
32	2012/12/10	G9H35B	篮球裤	彩蓝黑	82	¥ 4,264.00
33	2012/12/15	G9H35B	篮球裤	黄绿蓝	86	¥ 6,622.00

图 119-4　按模糊条件进行高级筛选的结果

技巧 120　将筛选结果输出到其他位置

利用高级筛选功能筛选数据时，不但可以在原表格上显示结果，还可以方便地将筛选结果输出到其他位置，形成一张新的表格。以技巧 116 中的表格为例，假设要按指定条件进行筛选并将结果输出，可以按下列步骤操作：

Step ❶	选中表格中的任意单元格，如 E6 单元格。
Step ❷	在【数据】选项卡中单击【高级】按钮，弹出【高级筛选】对话框。
Step ❸	将光标定位到【列表区域】框内，将原有内容修改为 "$A$5:$F$37"，再将光标定位到【条件区域】框内，将原有内容修改为 "$A$1:$F$3"，取消勾选【选择不重复的记录】的复选框。

Step ④　单击【将筛选结果复制到其他位置】单选按钮，将光标定位到【复制到】
框内，用鼠标单击工作表中的 H5 单元格，最后单击【确定】按钮，如图
120-1 所示。

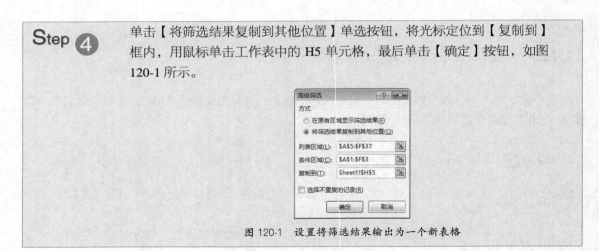

图 120-1　设置将筛选结果输出为一个新表格

这样，Excel 将以 H5 为起始点，将筛选结果输出为一个新表格，新表格将自动继承原表格的
格式，如图 120-2 所示。

5	日期	货号	品名	颜色	数量	金额		日期	货号	品名	颜色	数量	金额
6	2012/11/16	G9H25A	足球上衣	红白	74	¥ 5,032.00		2012/9/26	G9H26B	足球裤	黑黄	95	¥ 6,175.00
7	2013/1/24	G9H25A	足球上衣	彩蓝黑	53	¥ 4,134.00		2012/11/23	G9H27B	足球裤	黑黄	96	¥ 7,296.00
8	2013/1/22	G9H25B	足球裤	红白	70	¥ 3,500.00		2012/12/5	G9H27B	足球裤	红白	90	¥ 4,320.00
9	2012/11/25	G9H25B	足球裤	彩蓝黑	18	¥ 1,188.00		2012/11/4	G9H28B	足球裤	彩蓝	92	¥ 7,176.00
10	2012/12/15	G9H26A	足球上衣	黑黄	30	¥ 2,310.00		2013/2/21	G9H34A	篮球上衣	黄深灰	52	¥ 4,056.00
11	2012/9/26	G9H26A	足球上衣	白彩蓝	40	¥ 1,960.00		2013/1/30	G9H34A	篮球上衣	彩蓝黑	16	¥ 1,200.00
12	2012/9/26	G9H26B	足球裤	黑黄	95	¥ 6,175.00		2012/12/2	G9H35A	篮球上衣	彩蓝黑	19	¥ 1,463.00
13	2012/9/27	G9H26B	足球裤	白彩蓝	30	¥ 1,950.00		2013/2/12	G9H35A	篮球上衣	黄绿	6	¥ 438.00
14	2012/10/30	G9H27A	足球上衣	红白	51	¥ 4,029.00							
15	2013/1/6	G9H27A	足球上衣	黄黑	24	¥ 1,800.00							
16	2012/11/23	G9H27B	足球裤	黑黄	96	¥ 7,296.00							
17	2012/12/5	G9H27B	足球裤	红白	90	¥ 4,320.00							
18	2013/4/22	G9H28A	足球上衣	白红	4	¥ 212.00							
19	2013/3/10	G9H28A	足球上衣	彩蓝黑	60	¥ 4,200.00							
20	2013/2/10	G9H28B	足球裤	白	70	¥ 5,250.00							
21	2012/11/4	G9H28B	足球裤	彩蓝	92	¥ 7,176.00							
22	2013/2/1	G9H34A	篮球上衣	红白	79	¥ 5,688.00							
23	2013/2/21	G9H34A	篮球上衣	黄深灰	52	¥ 4,056.00							

图 120-2　输出的新表格

在某些情况下，用户希望将高级筛选的结果输出到另一张工作表中，而不是当前工作表。比如
在本例中，希望将从 Sheet1 的表格中筛选出来的结果直接输出到 Sheet2。遗憾的是，如果在【高
级筛选】对话框中指定【复制到】的目标为其他工作表，单击【确定】按钮后会得到错误提示，如
图 120-3 所示，表明 Excel 不支持这样的操作。

图 120-3　高级筛选不支持直接输出结果到其他工作表

突破这个限制的绝招在于先选中目标工作表，然后再进行高级筛选，操作步骤如下。

Step ①　切换到 Sheet2 为活动工作表。

Step ②	在【数据】选项卡中单击【高级】按钮，弹出【高级筛选】对话框。
Step ③	按上文中的介绍，在【高级筛选】对话框中执行各种设置，并指定【复制到】的目标单元格为 Sheet2 的 A1，单击【确定】按钮，如图 120-4 所示。

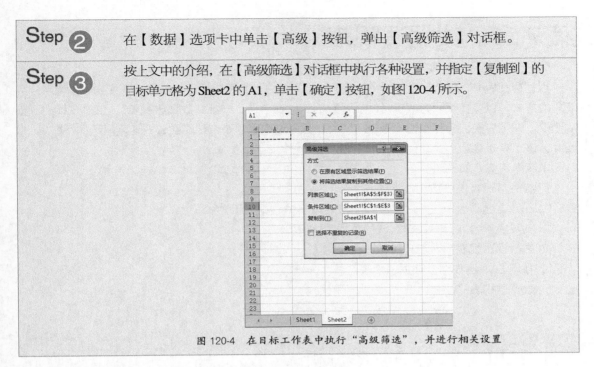

图 120-4　在目标工作表中执行"高级筛选"，并进行相关设置

这样就可以顺利地将筛选结果直接输出到 Sheet2 中了。

第 7 章　数据透视表

数据透视表有机综合了数据排序、筛选、分类汇总等数据分析工具的优点，可方便地调整分类汇总的方式，以多种不同方式灵活地展示数据的内在含义。一张"数据透视表"，仅靠鼠标进行布局修改，即可变换出各种类型的报表。同时，数据透视表也是突破函数公式速度瓶颈的手段之一。因此，该工具是最常用、功能最全的 Excel 数据分析工具。

本章学习重点如下：
1. 在数据透视表中应用条件格式
2. 在数据透视表中应用"按某一字段汇总"的数据显示方式
3. 创建多重合并计算数据区域的数据透视表
4. 在数据透视表插入切片器和日程表
5. 利用 SQL 语句结合数据透视表汇总、分析数据
6. 数据透视表打印技巧

技巧 **121**　销售回款率分析

自 Excel 2007 版本开始，Excel 在条件格式功能上进行了激动人心的改进，增加了"数据条"、"色阶"和"图标集"三类显示样式。这些功能完全可以应用于数据透视表，显著增强数据透视表的可视化效果。

如果希望利用图 121-1 所示的数据透视表进行销售回款率分析，并且用条形图展示回款率指标的高低，可以参照以下步骤。

	A	B	C	D
1	年份	(全部) ▾		
2				
3	业务员 ▾	销售数量	销售金额	累计到款
4	杜国忠	1889	1,809,544,573.00	903,154,423.06
5	段和平	1236	1,047,294,999.00	503,200,636.10
6	郭永旭	1728	1,342,901,144.00	762,654,633.28
7	韩山庆	140	157,128,548.00	75,297,367.33
8	孔庆宣	109	53,664,622.00	26,154,599.16
9	郎坚明	81	61,678,871.00	17,521,169.84
10	李军	1024	938,413,616.00	546,752,263.72
11	凌刚	1435	1,201,612,869.00	694,792,632.96
12	刘雄	2069	1,705,946,437.00	834,058,774.98
13	孙鹏	2362	1,748,200,788.00	856,493,391.16
14	徐永福	927	979,216,924.00	419,914,606.49
15	杨勇	1233	970,879,874.00	528,250,180.79
16	张兰秀	1376	1,145,990,444.00	463,067,204.38
17	朱三益	927	713,149,551.00	354,664,571.93
18	总计	16536	13,875,623,260.00	6,985,976,455.19

图 121-1　用于回款率分析的数据透视表

Step ❶　选中数据透视表中的任意单元格（如 A5），在【数据透视表工具】的【分析】选项卡中单击【字段、项目和集】的下拉菜单中的【计算字段】命令，在弹出的【插入计算字段】对话框中的【名称】框内输入"销售回款率%"，将光标定位到【公式】框中，清除原有的数据"=0"，双击【字段】列表框中的"累计到款"字段，然后输入"/"（斜杠），双击"销售金额"字段，得到计算"销售回款率%"的计算公式，单击【添加】按钮，最后单击【确定】按钮，关闭【插入计算字段】对话框，如图 121-2 所示。

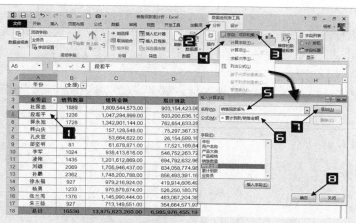

图 121-2　在数据透视表中插入计算字段

此时，数据透视表中新增了一个字段"销售回款率%"，如图 121-3 所示。

	A	B	C	D	E
1	年份	(全部)			
2					
3	业务员	销售数量	销售金额	累计到款	求和项:销售回款率%
4	杜国忠	1889	1,809,544,573.00	903,154,423.06	0.50
5	段和平	1236	1,047,294,999.00	503,200,636.10	0.48
6	郭永旭	1728	1,342,901,144.00	762,654,633.28	0.57
7	韩山庆	140	157,128,548.00	75,297,367.33	0.48
8	孔庆宣	109	53,664,622.00	26,154,599.16	0.49
9	郎坚明	81	61,678,871.00	17,521,169.84	0.28
10	李军	1024	938,413,616.00	546,752,263.72	0.58
11	凌刚	1435	1,201,612,869.00	694,792,632.96	0.58
12	刘雄	2069	1,705,946,437.00	834,058,774.98	0.49
13	孙鹏	2362	1,748,200,788.00	856,493,391.16	0.49
14	徐永福	927	979,216,924.00	419,914,606.49	0.43
15	杨勇	1233	970,879,874.00	528,250,180.79	0.54
16	张兰秀	1376	1,145,990,444.00	463,067,204.38	0.40
17	朱三益	927	713,149,551.00	354,664,571.93	0.50
18	总计	16536	13,875,623,260.00	6,985,976,455.19	0.50

图 121-3　新增的"销售回款率%"计算字段

Step ❷　选中数据透视表 E4:E18 单元格区域，在【开始】选项卡中单击【条件格式】的下拉按钮，在出现的扩展列表中选取【数据条】→【渐变填充】中的"橙色数据条"，如图 121-4 所示。

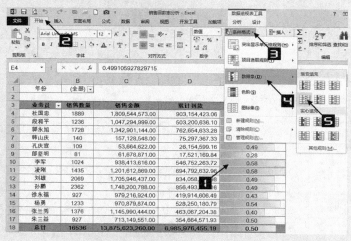

图 121-4　为数据透视表添加数据条

Step ③ 美化数据透视表的格式，去掉 E3 单元格中列字段的"求和项:"，设置"销售回款率%"字段的数字格式为百分比格式。完成后的效果如图 121-5 所示。

	A	B	C	D	E
1	年份	(全部) ▾			
2					
3	业务员 ▾	销售数量	销售金额	累计到款	销售回款率%
4	杜国忠	1889	1,809,544,573.00	903,154,423.06	49.91%
5	段和平	1236	1,047,294,999.00	503,200,636.10	48.05%
6	郭永旭	1728	1,342,901,144.00	762,654,633.28	56.79%
7	韩山庆	140	157,128,548.00	75,297,367.33	47.92%
8	孔庆宣	109	53,664,622.00	26,154,599.16	48.74%
9	郎坚明	81	61,678,871.00	17,521,169.84	28.41%
10	李军	1024	938,413,616.00	546,752,263.72	58.26%
11	凌刚	1435	1,201,612,869.00	694,792,632.96	57.82%
12	刘雄	2069	1,705,946,437.00	834,058,774.98	48.89%
13	孙鹏	2362	1,748,200,788.00	856,493,391.16	48.99%
14	徐永福	927	979,216,924.00	419,914,606.49	42.88%
15	杨勇	1233	970,879,874.00	528,250,180.79	54.41%
16	张兰秀	1376	1,145,990,444.00	463,067,204.38	40.41%
17	朱三益	927	713,149,551.00	354,664,571.93	49.73%
18	总计	16536	13,875,623,260.00	6,985,976,455.19	50.35%

图 121-5　数据透视表回款率分析图

技巧 **122**　利用数据透视表制作教师任课时间表

利用条件格式中的"图标集"显示样式，可以以图标的形式显示数据透视表内的数据，使其变得更加易懂和专业。

	A	B	C	D	E	F	G	H	I	J
1	老师	张国栋 ▾								
2										
3	计数项:使用时间					班级 ▾				
4	日期 ▾	开始时间 ▾	时间 ▾	结束时间 ▾	课程	301	401	402	403	404
5	2014-3-4	14:00:00	14:00-14:45	14:45:00	生物			1	1	1
6	2014-3-4	15:00:00	15:00-15:45	15:45:00	生物		1			
7	2014-3-5	14:00:00	14:00-14:45	14:45:00	地理		1			
8	2014-3-5	15:00:00	15:00-15:45	15:45:00	地理			1	1	1
9	2014-3-6	14:00:00	14:00-14:45	14:45:00	生物		1			
10	2014-3-6	16:00:00	16:00-16:45	16:45:00	生物	1				
11	2014-3-7	15:00:00	15:00-15:45	15:45:00	地理	1				

图 122-1　未进行格式设置的数据透视表

如果希望以条件格式中的红色"三色旗"图标显示图 122-1 所示数据透视表值区域中的"使用时间"的计数项数据，请参照以下步骤。

Step ①	单击数据透视表值区域中的任意单元格（如 F5），在【开始】选项卡中单击【条件格式】按钮，在出现的扩展列表中选择【新建规则】命令，打开【新建格式规则】对话框，如图 122-2 所示。
Step ②	在【新建格式规则】对话框中选择【规则应用于】项下的【所有显示"计数项:使用时间"值的单元格】的单选按钮；选择【格式样式】为"图标集"，【图标样式】为"三色旗"，然后单击【反转图标次序】按钮，并勾选【仅显示图标】复选框，如图 122-3 所示。

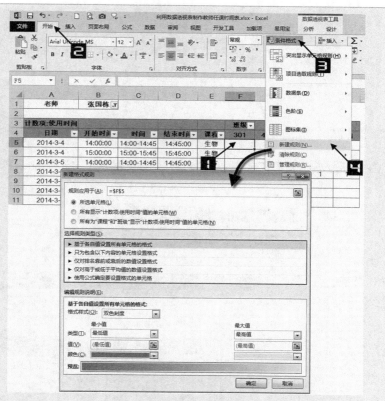

图 122-2　新建条件格式规则

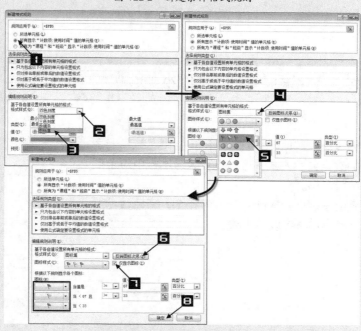

图 122-3　编辑条件格式规则

Step ③　单击【新建格式规则】对话框中的【确定】按钮，完成设置，效果如图 122-4 所示。

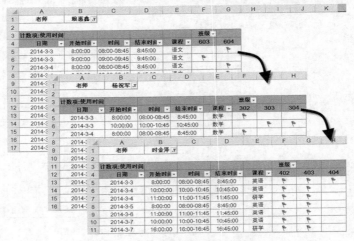

图 122-4　用三色旗图标显示的教师任课时间表

现在，通过选择报表筛选字段的"老师"，可以得到不同教师的任课时间表，如图 122-5 所示。

图 122-5　不同教师的任课时间表

技巧 123　制作现金流水账簿

在数据透视表"值显示方式"中，利用"按某一字段汇总"的数据显示方式，可以在现金流水账中对余额按照日期字段汇总。

如果希望按照日期累计汇总如图 123-1 所示数据透视表中的余额，请参照以下步骤。

账户	帐户1		
		值	
行标签	求和项:收款金额	求和项:付款金额	求和项:余额
2014-1-1	148,368.74		148,368.74
2014-1-31	258.50	256.89	1.61
2014-2-5	18.00	5,674.89	-5,656.89
2014-3-14	700.00	1,792.00	-1,092.00
2014-3-21	112.00		112.00
2014-3-27	3,645.50	234.89	3,410.61
2014-3-28		34,556.56	-34,556.56
2014-3-29	240.00		240.00
2014-4-19	1,982.40	225.00	1,757.40
2014-4-27	1,792.00		1,792.00
2014-5-9	55.00		55.00
2014-5-10		231.00	-231.00
2014-5-28	2,230.00		2,230.00
总计	159,402.14	42,971.23	116,430.91

图 123-1　现金流水账

Step ❶　在数据透视表"求和项：余额"字段上右击，在弹出的快捷菜单中依次选择【值显示方式】→【按某一字段汇总】，弹出【值显示方式】对话框，如图 123-2 所示。

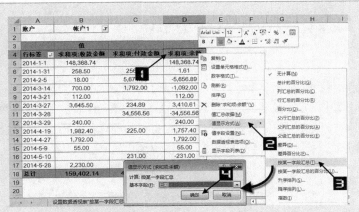

图 123-2　调出【值显示方式】对话框

Step ❷　保持【值显示方式】对话框内【基本字段】默认的"日期"字段不变，最后单击【确定】按钮，完成设置，如图 123-3 所示。

行标签	求和项:收款金额	求和项:付款金额	求和项:余额
2014-1-1	148,368.74		148,368.74
2014-1-31	258.50	256.89	148,370.35
2014-2-5	18.00	5,674.89	142,713.46
2014-3-14	700.00	1,792.00	141,621.46
2014-3-21	112.00		141,733.46
2014-3-27	3,645.50	234.89	145,144.07
2014-3-28		34,556.56	110,587.51
2014-3-29	240.00		110,827.51
2014-4-19	1,982.40	225.00	112,584.91
2014-4-27	1,792.00		114,376.91
2014-5-9	55.00		114,431.91
2014-5-10		231.00	114,200.91
2014-5-28	2,230.00		116,430.91
总计	159,402.14	42,971.23	

图 123-3　设置数据透视表"按某一字段汇总"计算

> **提示！**　如果希望以百分比的形式显示汇总字段，则可以使用"按某一字段汇总的百分比"的数据显示方式。

Step ❸　通过对报表筛选字段"账户"不同字段项的筛选，可以得到不同账户的存款余额，如图 123-4 所示。

图 123-4　现金流水账簿

技巧 124　预算差额分析

数据透视表可以轻而易举地对存放于一张工作表中的数据列表进行汇总分析，但要对不同工作表甚至不同工作簿中的多个数据列表进行合并汇总，则需要创建多重合并计算数据区域的数据透视表。

图 124-1 所示的是长江公司 2012 年度的利润预算和实际发生额数据，如果要对预算和实际发生额数据列表进行汇总，并分析预算与实际发生额的差异，请参照以下步骤。

图 124-1　某公司费用预算和实际发生额数据

Step ①　单击工作簿中的"差异分析"工作表标签，激活"差异分析"工作表，依次按<Alt>、<D>、<P>键激活【数据透视表和数据透视图向导-步骤 1（共 3 步）】对话框，单击【多重合并计算数据区域】单选按钮，如图 124-2 所示。

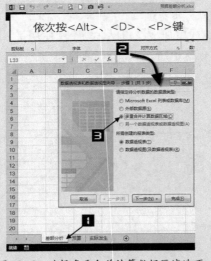

图 124-2　选择多重合并计算数据区域选项

Step ②　单击【下一步】按钮，在弹出的【数据透视表和数据透视图向导 -- 步骤 2a(共 3 步)】对话框中单击【自定义页字段】单选按钮，然后单击【下一步】按钮，激活【数据透视表和数据透视图向导 – 第 2b 步，共 3 步】对话框，如图 124-3 所示。

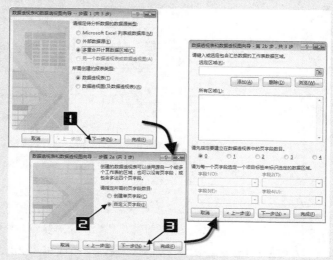

图 124-3　激活数据透视表指定合并计算数据区域对话框

Step ③　在弹出的【数据透视表和数据透视图向导—第 2b 步，共 3 步】对话框中选择【请先指定要建立数据透视表中的页字段数目】为"1"，将光标定位到【选定区域】编辑框，选定"预算"工作表的 A3:D28 单元格区域，单击【添加】按钮，完成第一个合并区域的添加，在【字段 1】下方的编辑框中输入"预算"，如图 124-4 所示。

Step ④　重复步骤 3 操作，将"实际发生"工作表中的 A3:D28 单元格区域添加到选定区域中，并将其字段命名为"实际发生"，完成后如图 124-5 所示。

图 124-4　添加合并区域

图 124-5　添加合并区域

Step ⑤　单击【下一步】按钮，在弹出的【数据透视表和数据透视图向导—第 3 步（共 3 步）】中指定数据透视表的创建位置"差异分析!$A$2"，然后单击【完成】按钮，完成多重合并计算数据区域数据透视表的创建，如图 124-6 所示。

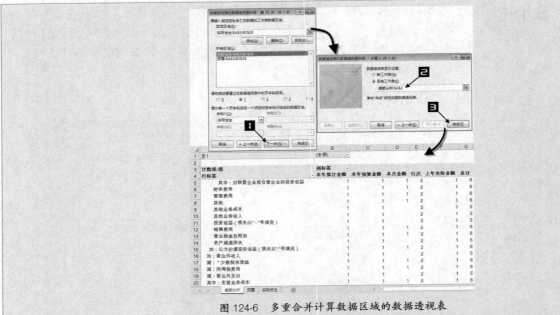

图 124-6　多重合并计算数据区域的数据透视表

Step 6　单击数据透视表"列标签"字段的下拉按钮，取消对"本月金额"、"行次"和"上年实际金额"字段项复选框的勾选；在数据透视表字段列表中互换"页 1"和"列"字段的位置，数据透视表也相应的发生变化，如图 124-7 所示。

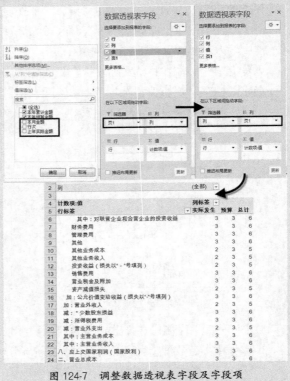

图 124-7　调整数据透视表字段及字段项

Step ⑦　删除数据透视表的总计列，添加计算项"差异"和"差异率%"，公式分别为"差异=实际发生-预算"，"差异率%=(实际发生-预算)/预算"，对"行标签"进行手动排序，将值区域的值字段设置由计数改为求和，最终完成的利润预算差额分析表，如图 124-8 所示。

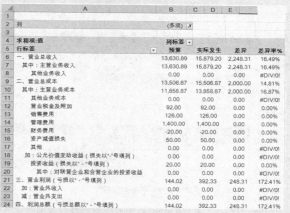

图 124-8　利润预算差额分析表

Step ⑧　对利润预算差额分析表进行必要的格式调整，如图 124-9 所示。

图 124-9　美化后的利润预算差额分析表

技巧 125　共享切片器实现多个数据透视表联动

　　运用数据透视表的"切片器"，不仅能够对数据透视表字段进行筛选操作，还可以非常直观地在切片器内查看该字段的所有数据项信息。共享后的切片器还可以应用到其他数据透视表中，在多个数据透视表的数据之间架起了一座桥梁，轻松地实现多个数据透视表联动。

图 125-1 所示的数据透视表是依据同一个数据源创建的不同分析角度的数据透视表，对报表筛选字段"年份"在各个数据透视表中分别进行不同的筛选后，数据透视表显示出相应的结果。

图 125-1　不同分析角度的数据透视表

通过在切片器内设置数据透视表连接，使切片器实现共享，可以使多个数据透视表进行联动，每当筛选切片器内的一个字段项时，多个数据透视表同时刷新，显示出同一年份下不同分析角度的数据信息，具体实现方法可参照以下步骤。

Step ①　单击任意一个数据透视表中的任意单元格（如 B6），在【数据透视表工具】的【分析】选项卡中单击【插入切片器】按钮，在弹出的【插入切片器】对话框中勾选"年份"字段的复选框，单击【确定】按钮，插入【年份】字段的切片器，如图 125-2 所示。

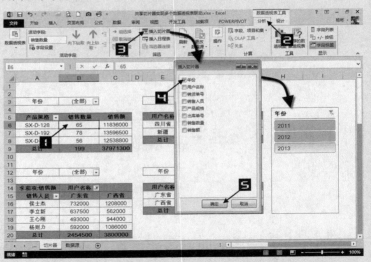

图 125-2　在其中一个数据透视表中插入切片器

Step ②　在【年份】切片器的空白区域中单击，在【切片器工具】的【选项】选项卡中单击【报表连接】按钮，调出【数据透视表连接(年份)】的对话框，如图 125-3 所示。

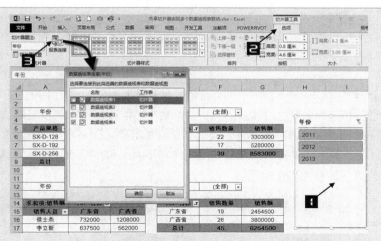

图 125-3 调出【数据透视表连接(年份)】对话框

此外，在【年份】切片器的任意区域右击，在弹出的快捷菜单中选择【报表连接】命令，也可调出【数据透视表连接（年份）】对话框。

Step ③ 在【数据透视表连接（年份）】对话框内依次勾选所有复选框，最后单击【确定】按钮，完成设置，如图 125-4 所示。

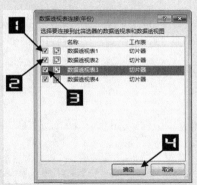

图 125-4 设置数据透视表连接

在【年份】切片器内选择"2013"字段项后，所有数据透视表都显示出 2013 年的数据，如图 125-5 所示。

图 125-5 多个数据透视表联动

技巧 126　利用日程表分析各门店不同时期商品的销量

　　"日程表"是 Excel 2013 的新增功能，对于数据源中的日期字段，可以在数据透视表中插入日程表，进行按年、季度、月和日的分析，此功能类似数据透视表按日期的分组。但"日程表"是相对独立于数据透视表的功能组件，且无需使用筛选器，便可对不同日期的数据进行查看。

　　图 126-1 展示了某知名品牌公司的各门店不同上市日期各款商品的销售量，如果希望插入日程表进行分析，请参照以下步骤。

	A	B	C	D	E	F	G	H	I	J
1	商品名称	性别名称	风格名称	款式名称	上市日期	大类名称	季节名称	商店名称	颜色名称	数量
2	00112-19D12	女	现代	长袖衬衫	2012-3-16	单衣	春	门店1	1号色	1
3	00112-601J12	女	现代	上衣	2012-7-22	夹衣	秋	门店2	2号色	1
4	00112-601J12	女	现代	上衣	2012-7-22	夹衣	秋	门店3	2号色	1
5	00112-601J12	女	现代	上衣	2012-7-22	夹衣	秋	门店4	2号色	3
6	00112-601J12	女	现代	上衣	2012-7-22	夹衣	秋	门店5	2号色	1
7	00112-602J12	女	现代	上衣	2012-8-19	夹衣	秋	门店6	1号色	1
8	00112-704J12	女	现代	上衣	2012-9-11	夹衣	秋	门店7	1号色	1
9	00112-704J12	女	现代	上衣	2012-9-11	夹衣	秋	门店8	1号色	3
10	00112-746J12	女	现代	上衣	2012-9-28	夹衣	秋	门店9	2号色	1
11	00112-808J12	女	现代	大衣	2012-11-3	夹衣	冬	门店10	2号色	1
12	00113-1004J13	女	现代	上衣	2012-12-21	夹衣	春	门店11	1号色	2
13	00113-1004J13	女	现代	上衣	2012-12-21	夹衣	春	门店7	1号色	2
14	00113-1006J13	女	现代	上衣	2012-12-26	夹衣	春	门店2	1号色	1
15	00113-1006J13	女	现代	上衣	2012-12-26	夹衣	春	门店12	1号色	1
16	00113-1010J13	女	现代	上衣	2012-12-23	夹衣	春	门店2	2号色	1
17	00113-1030J13	女	现代	上衣	2012-12-22	夹衣	春	门店13	1号色	1
18	00113-1030J13	女	现代	上衣	2012-12-22	夹衣	春	门店14	1号色	1
19	00113-1030J13	女	现代	上衣	2012-12-22	夹衣	春	门店15	1号色	3
20	00113-1030J13	女	现代	上衣	2012-12-22	夹衣	春	门店15	2号色	3

图 126-1　各门店不同时期商品的销量

Step ①　根据图 126-1 所示的数据源创建图 126-2 所示的数据透视表。

	A	B	C	D	E	F	G
1	以下项目的总和:数量	列标签					
2	行标签	单衣	夹衣	棉衣	下装	服配	总计
7	门店5	102	26	1	13	12	154
8	门店6	12	7		12		31
9	门店7	65	18		22		105
10	门店8	48	29	2	15		94
11	门店9	195	32	1	31		259
12	门店10	44	15		9		68
13	门店11	22	12		12		46
14	门店12	13	8		5		26
15	门店13	33	7		5		45
16	门店14	332	108		109	3153	3702
17	门店15	220	43		40	2	305
18	门店16	83	22		11		116
19	门店17	11	2				13
20	门店19	45	12		7	1	65
21	门店19	34	2		9	1	46
22	门店20	52	16	2	20	15	105
23	门店21	217	47		54	15	333
24	门店22	38	9		9	2	58
25	门店23	14	8		1	2	25
26	门店24	17	4		2	2	25
27	门店25	8	2		2	2	14
28	总计	1800	500	7	447	3219	5973

图 126-2　创建数据透视表

创建数据透视表时，如果在
【创建数据透视表】对话框
内勾选【将此数据添加到
数据模型】复选框，则数
据透视表将进入数据模型
的多表关联模式。因此应
视具体情况来决定是否勾
选。本例中无需勾选，如
图 126-3 所示。

图 126-3　去掉【将此数据添加到数据模型】
复选框的勾选

Step ❷ 单击数据透视表中的任意单元格（如 A3），在【数据透视表工具】的【分析】选项卡中单击【插入日程表】按钮，在弹出的【插入日程表】对话框中勾选"上市日期"的复选框，最后单击【确定】按钮，如图 126-4 所示。

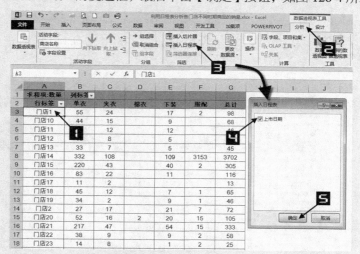

图 126-4　插入日程表操作

插入的【上市日期】日程表如图 126-5 所示，借助滚动条可以逐月查看数据。

图 126-5　插入日程表

单击【上市日期】日程表的"月"下拉按钮，选择"年"即可变为按年显示的日程表，同时分别单击不同年份项，可以得到不同上市日期下各门店各款货品的销量，如图 126-6 所示。

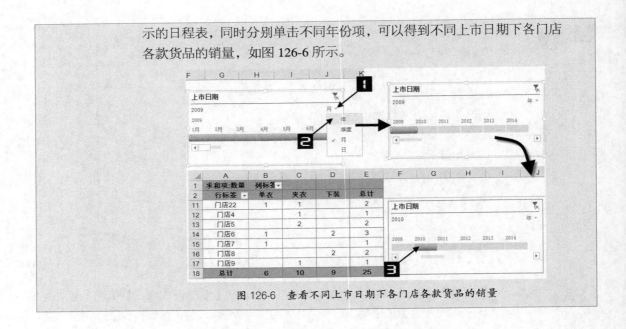

图 126-6　查看不同上市日期下各门店各款货品的销量

技巧 127　利用数据透视表进行销售综合分析

图 127-1 展示的"销售数据"工作表中记录了某公司一定时期内的销售及成本明细数据。

图 127-1　销售数据明细表

面对这样一个庞大且经常增加记录的数据列表进行数据分析，首先需要创建动态的数据透视表，并通过对数据透视表的重新布局，得到按"销售月份"、"销售部门"和"销售人员"等不同角度的分类汇总分析表，再通过不同的数据透视表生成相应的数据透视图，得到一系列的分析报表，具体请参照以下步骤。

Step ❶　新建一个 Excel 工作簿，将其命名为"利用数据透视表进行销售综合分析.xlsx"，打开该工作簿，将 Sheet1 工作表改名为"销售分析"。

| Step ② | 在【数据】选项卡中单击【现有连接】按钮，在弹出的【现有连接】对话框中单击【浏览更多】按钮，打开【选取数据源】对话框，如图 127-2 所示。 |

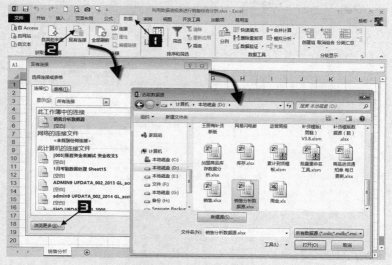

图 127-2　激活【选取数据源】对话框

| Step ③ | 在【选取数据源】对话框中选择要导入的目标文件的所在路径，双击"销售分析数据源.xlsx"，打开【选择表格】对话框，如图 127-3 所示。 |

图 127-3　打开【选择表格】对话框

| Step ④ | 保持【选择表格】对话框中对名称的默认选择，单击【确定】按钮，激活【导入数据】对话框，单击【数据透视表】选项按钮，指定【数据的放置位置】为现有工作表的"$A$1"，单击【确定】按钮，生成一张空白的数据透视表，如图 127-4 所示。 |

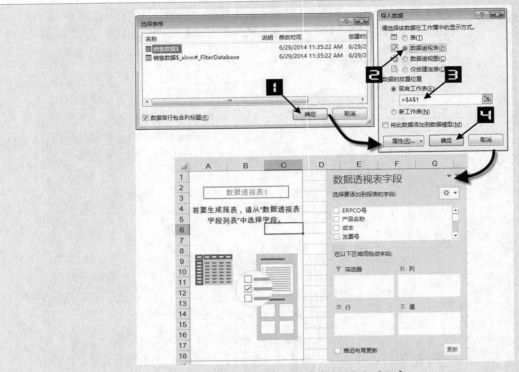

图 127-4　生成空白的数据透视表

Step ⑤　向数据透视表中添加相关字段，并在数据透视表中插入计算字段"毛利"，计算公式为"毛利=金额-成本"，如图 127-5 所示。

	A	B	C	D
1				
2	行标签 ▼	金额	成本	毛利
3	1月	13,879,466.41	12,220,359.69	1,659,106.73
4	2月	8,234,095.70	7,142,040.44	1,092,055.26
5	3月	2,355,833.87	1,933,252.26	422,581.61
6	4月	13,854,727.58	11,763,719.16	2,091,008.42
7	5月	12,469,612.31	10,939,728.23	1,529,884.09
8	6月	298,392.88	304,045.74	-5,652.86
9	7月	3,818,984.37	3,499,676.80	319,307.57
10	8月	15,160,033.95	11,323,762.35	3,836,271.61
11	9月	3,962,590.03	3,289,422.75	673,167.28
12	10月	6,322,667.91	5,867,749.00	454,918.91
13	11月	1,670,214.71	1,537,529.11	132,685.61
14	12月	2,632,032.77	2,265,277.44	366,755.32
15	总计	84,658,652.50	72,086,562.96	12,572,089.54

图 127-5　按销售月份汇总的数据透视表

Step ⑥　单击数据透视表中的任意单元格（如 A3），在【数据透视表工具】的【分析】选项卡中单击【数据透视图】按钮，在弹出的【插入图表】对话框中选择【折线图】选项卡中的"折线图"图表类型，单击【确定】按钮，创建数据透视图，如图 127-6 所示。

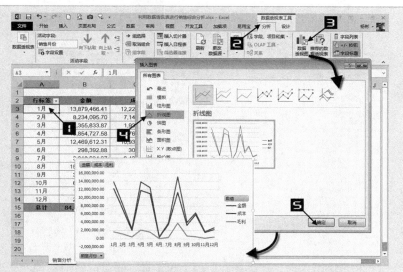

图 127-6　按月份的收入及成本利润走势分析图

Step **7** 对数据透视图进行格式美化,如图 127-7 所示。

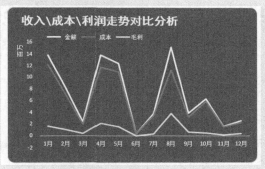

图 127-7　美化数据透视图

Step **8** 复制图 127-5 所示的数据透视表,对数据透视表重新布局,创建数据透视图,图表类型选择为"簇状条形图",得到销售人员销售金额汇总表和销售对比图,如图 127-8 所示。

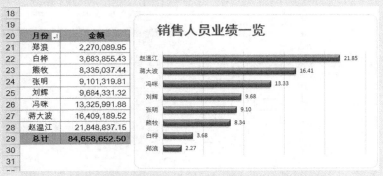

图 127-8　销售人员完成销售占比分析图

Step **9** 再次复制图 127-5 所示的数据透视表,对数据透视表重新布局,创建数据透视图,图表类型选择为"堆积柱形图",得到按销售部门反映的收入及成本利润汇总表和不同部门的对比分析图，如图 127-9 所示。

产品名称	(全部)	
月份	成本	毛利
销售一部	33,207,924.47	5,050,102.20
销售二部	2,309,625.58	470,131.23
销售三部	16,944,904.61	2,063,835.27
销售四部	19,624,108.31	4,988,020.83
总计	72,086,562.96	12,572,089.54

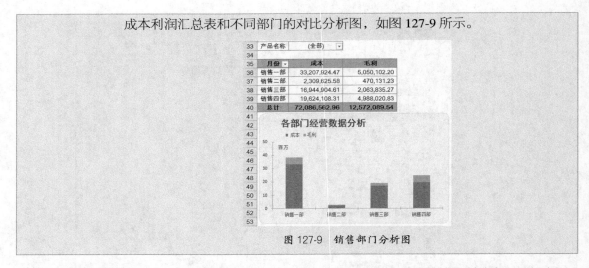

图 127-9 销售部门分析图

通过对报表筛选字段“产品名称”的下拉选择，还可以针对每种产品进行销售部门的分析。

技巧 128 汇总不同工作簿下的多张数据列表

运用“编辑 OLE DB”查询中的 SQL 语句技术，可以轻松地对不同工作表甚至不同工作簿中结构相同的多张数据列表进行合并汇总，并创建动态的数据透视表，而不会出现多重合并计算数据区域创建数据透视表只能选择第一行作为行字段的限制。

图 128-1 展示了 2013 年某集团“华北”、“东北”和“京津”3 个区域的销售数据列表，这些数据列表保存在 D 盘根目录下的“2013 年区域销售”文件夹中。

日期	单号	客户	商品	单价	数量	金额
2013-1-1	N0:95001	天河君豪大酒店	AB-140	210.00	1	210.00
2013-1-3	N0:95002	翠苑物业管理办公室	BT-472	900.00	5	4,500.00
2013-1-4	N0:95003	翠苑物业管理办公室	CH-975	260.00	1	260.00
2013-1-4	N0:95004	黄埔建强制衣厂	CH-980	250.00	3	750.00
2013-1-5	N0:95005	何强家电维修	WJD-128	140.00	3	420.00
2013-1-6	N0:95006	天河君豪大酒店	BT-453	690.00	4	2,760.00
2013-1-7	N0:95007	广州纸制品加工	BJ-518	260.00	4	1,040.00
2013-1-8	N0:95008	信德连锁超市	AB-618	480.00	1	480.00
2013-1-10	N0:95009	广州纸制品加工	BJ-481	110.00	4	440.00
2013-1-11	N0:95010	淘宝真诚服务店	MT-539	610.00	1	610.00
2013-1-11	N0:95011	诚信地产	CH-799	710.00	4	2,840.00
2013-1-11	N0:95012	广州纸制品加工	CH-665	300.00	1	300.00
2013-1-12	N0:95013	黄埔建强制衣厂	BT-453	690.00	4	2,760.00
2013-1-12	N0:95014	何强家电维修	RJ-577	680.00	4	2,720.00
2013-1-12	N0:95015	好好喝饮料有限公司	BT-280	610.00	3	1,830.00
2013-1-13	N0:95017	信德连锁超市	CH-263	990.00	4	3,960.00
2013-1-14	N0:95018	阳光诚信保险	BJ-698	810.00	2	1,620.00
2013-1-16	N0:95019	悦来客栈	BT-138	740.00	3	2,220.00
2013-1-16	N0:95020	广州纸制品加工	CH-123	680.00	2	1,360.00

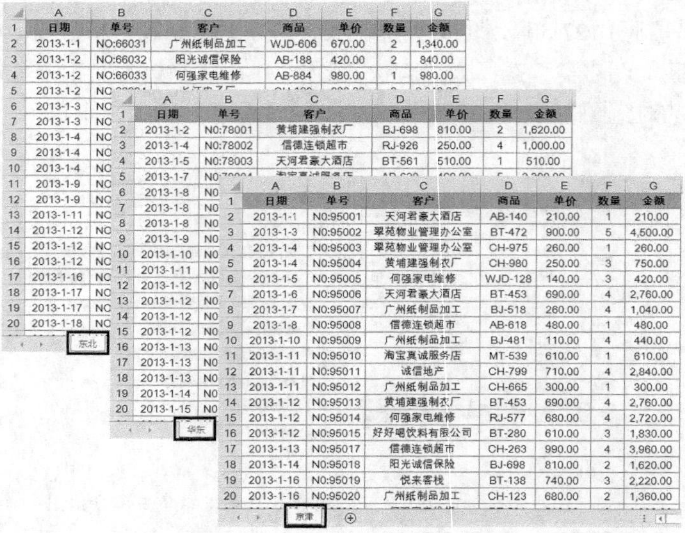

图 128-1 各区域销售数据列表

Step ①

打开 D 盘根目录下 "2013 年区域销售" 文件夹中的 "汇总" 文件，在【数据】选项卡中单击【现有连接】按钮，弹出【现有连接】对话框，单击【浏览更多】按钮，打开【选取数据源】对话框，如图 128-2 所示。

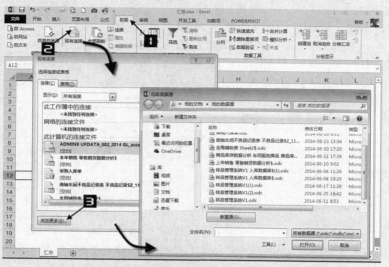

图 128-2 选取数据源

Step ②

打开 D 盘根目录下的目标文件 "东北地区.xlsx"，弹出【选择表格】对话框，如图 128-3 所示。

图 128-3 选择表格

Step ③

保持【选择表格】对话框的默认选择，单击【确定】按钮，在弹出的【导入数据】对话框中选择【数据透视表】单选按钮，【数据的放置位置】选择【现有工作表】单选按钮，然后单击 "汇总" 工作表中的 A3 单元格，取消勾选【将此数据添加到数据模型】复选框，再单击【属性】按钮，打开【连接属性】对话框，单击【定义】选项卡，如图 128-4 所示。

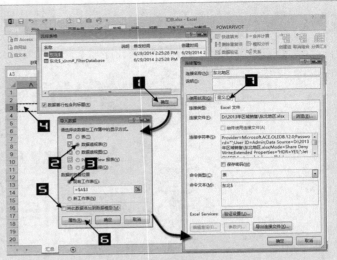

图 128-4　打开【连接属性】

Step 4　清空【命名文本】文本框中的内容，输入以下 SQL 语句：

SELECT "东北" AS 区域,* FROM [D:\2013年区域销售\东北地区.xlsx].[东北$] UNION ALL

SELECT "华东" AS 区域,* FROM [D:\2013年区域销售\华东地区.xlsx].[华东$] UNION ALL

SELECT "京津" AS 区域,* FROM [D:\2013年区域销售\京津地区.xlsx].[京津$]

单击【确定】按钮，返回【导入数据】对话框，再次单击【确定】按钮，创建一张空白的数据透视表，如图 128-5 所示。

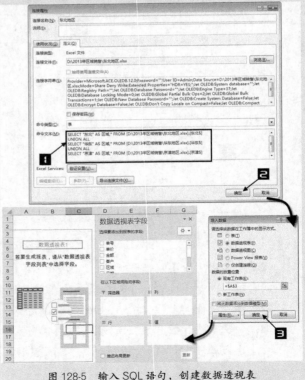

图 128-5　输入 SQL 语句，创建数据透视表

Step ⑤　打开【数据透视表字段列表】，将"日期"字段移动至【列】区域内，在数据透视表中按【步长】为【月】，对"日期"字段进行分组组合，将"区域"字段移动至【筛选器】区域内，将"客户"字段移动至【行】区域内，将"金额"字段移动至【Σ值】区域内，最后对数据透视表进行美化，完成后的数据透视表如图 128-6 所示。

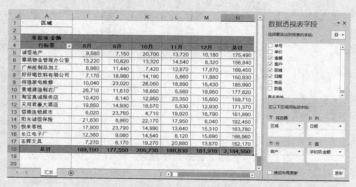

图 128-6　美化后的数据透视表

技巧 129　利用 SQL 语句编制考勤刷卡汇总表

图 129-1 展示了某公司员工 2014 年 10 月份考勤刷卡记录，该数据列表保存在 D 盘根目录下的"2014 年 10 月考勤刷卡记录.xlsx"文件中。

	A	B	C	D
1	工号	姓名	日期	刷卡时间
2	9	郑成	2014-10-10	8:00:01
3	7	白晶雪	2014-10-7	8:01:17
4	1	张琴	2014-10-31	8:01:56
5	4	杨昊天	2014-10-6	8:03:21
6	8	郭奥	2014-10-1	8:04:12
7	4	杨昊天	2014-10-31	8:04:13
8	10	河东健	2014-10-18	8:05:07
9	4	杨昊天	2014-10-20	8:06:11
10	9	郑成	2014-10-26	8:06:12
11	3	王喜	2014-10-9	8:07:22
12	10	河东健	2014-10-5	8:07:25
13	1	张琴	2014-10-29	8:08:43
14	1	张琴	2014-10-31	8:09:39
15	2	李甜甜	2014-10-3	8:11:01
16	10	河东健	2014-10-22	8:13:34
17	8	郭奥	2014-10-20	8:14:45
18	5	黄丽	2014-10-13	8:16:51
19	2	李甜甜	2014-10-17	8:17:14
20	9	郑成	2014-10-15	8:17:44

图 129-1　考勤刷卡记录

如果希望根据图 129-1 所示的考勤刷卡记录，以横向排列的方式查询员工每人每天刷卡次数和时间的具体情况，请参照以下步骤。

Step ① 新建一个 Excel 工作簿，将其命名为"考勤刷卡汇总表.xlsx"，打开该工作簿，将 Sheet1 工作表改名为"出入汇总"，然后删除其余工作表，在【数据】选项卡中单击【现有连接】按钮，弹出【现有连接】对话框，单击【浏览更多】按钮，打开【选取数据源】对话框，如图 129-2 所示。

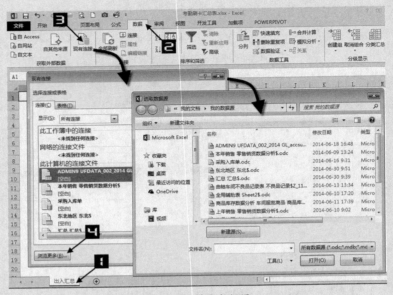

图 129-2　选取数据源

Step ② 打开 D 盘根目录下的目标文件"2014 年 10 月考勤刷卡记录.xlsx"，弹出【选择表格】对话框，如图 129-3 所示。

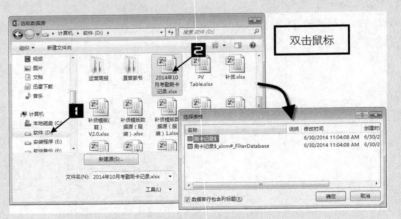

图 129-3　选择表格

Step ③ 保持【选择表格】对话框的默认选择，单击【确定】按钮，在弹出的【导入数据】对话框中选择【数据透视表】单选按钮，【数据的放置位置】选择【现有工作表】，单击"出入汇总"工作表中的 A1 单元格，取消勾选【将此数据添加到数据模型】复选框，单击【属性】按钮，打开【连接属性】对话框，单击【定义】选项卡，如图 129-4 所示。

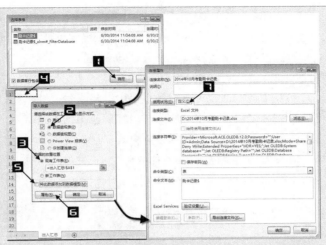

图 129-4　打开【连接属性】

Step 4

清空【命名文本】文本框中的内容，输入以下 SQL 语句：

SELECT A.工号,A.姓名,A.日期,A.刷卡时间,COUNT(B.刷卡时间) AS 打卡次序 FROM [刷卡记录$]A
INNER JOIN [刷卡记录$]B

ON A.工号=B.工号 AND A.日期=B.日期 AND A.刷卡时间>=B.刷卡时间

GROUP BY A.工号,A.姓名,A.日期,A.刷卡时间

单击【确定】按钮，返回【导入数据】对话框，再次单击【确定】按钮，
创建一张空白的数据透视表，如图 129-5 所示。

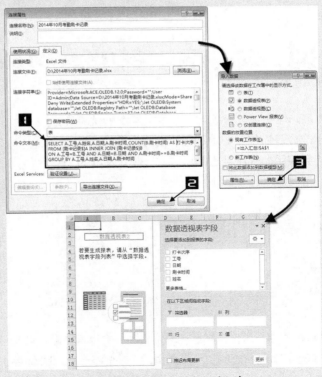

图 129-5　创建空白的数据透视表

思路解析：以工号、日期和刷卡时间作为关联条件，通过对同一天、同一工号下不同刷卡时间的比较，利用聚合函数来统计符合条件的刷卡记录对比次数，从而获得同一天、同一工号不同刷卡记录对应的打卡次序，实现每天刷卡汇总查询。

Step ⑤ 在【数据透视表字段列表】中，将工号、姓名和日期字段移动至【行】区域内，将"打卡次序"字段移动至【列】区域内，将"刷卡时间"字段移动至【Σ值】区域内，并更改"刷卡时间"字段的值汇总方式为"求和"，设置"数字格式"为时间格式，最后对数据透视表进一步美化，最终完成的数据透视表如图 129-6 所示。

图 129-6　最终完成的数据透视表

技巧 130　利用方案生成数据透视表盈亏平衡分析报告

图 130-1 展示了一张某公司甲产品盈亏平衡的试算表格。此表格的上半部分是销售及成本等相关指标的数值，下半部分则是根据这些数值用公式统计出的总成本、收入及利润和盈亏平衡的状况，这些公式分别如下：

```
B8=B4*B5

B9=B6+B8

B10=B3*B4

B11=B10-B9

B12=B6/(B3-B5)

B13=B12*B3
```

	A	B
1	甲产品盈亏平衡试算表	
2		
3	销售单价	350
4	销量	6000
5	单位变动成本	70
6	固定成本	550,000
7		
8	总变动成本	420,000
9	总成本	970,000
10	销售收入	2,100,000
11	利润	1,130,000
12	盈亏平衡销量	1964
13	盈亏平衡销售收入	687,500

图 130-1　甲产品盈亏平衡试算表

在这个试算模型中，单价、销量和单位变动成本都直接影响着盈亏平衡销量，如果要对比分析理想状态、保守状态和最差状态的盈亏平衡销量，并最终形成方案数据透视表报告，请参照以下步骤。

Step ①

选定 A3:B13 单元格区域，在【公式】选项卡中单击【根据所选内容创建】
按钮，在弹出的【以选定区域创建名称】对话框中勾选【最左列】复选框，
单击【确定】按钮，将试算表的计算指标定义成名称，单击【名称管理器】
按钮，在弹出的【名称管理器】对话框中可以查看定义好的名称，如图 130-2
所示。

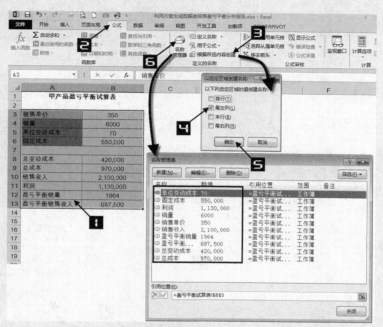

图 130-2　批量定义名称

Step ②

在【数据】选项卡中单击【模拟分析】的下拉按钮，在弹出的下拉菜单中
选择【方案管理器】命令，弹出【方案管理器】对话框，如图 130-3 所示。

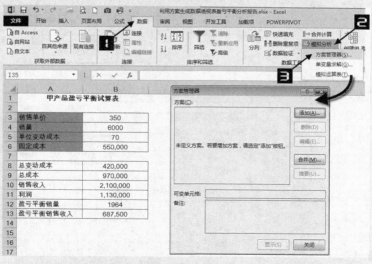

图 130-3　初次打开的【方案管理器】对话框

Step ❸

在【方案管理器】对话框中单击【添加】按钮，在弹出的【编辑方案】对话框中设置【方案名】为"理想状态"，【可变单元格】区域为"$B$3:$B$5"，单击【确定】按钮，在【方案变量值】对话框中输入在"理想状态"下每个变量期望的具体数值，输入完毕后单击【确定】按钮，完成第一个方案的添加，如图 130-4 所示。

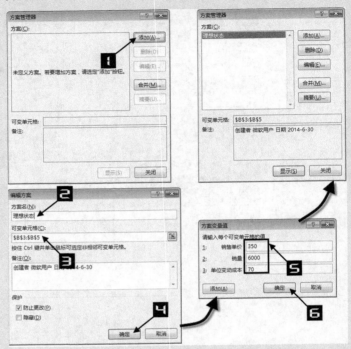

图 130-4　添加理想状态方案

Step ❹

重复操作步骤 3，添加另外两个方案，如图 130-5 所示。

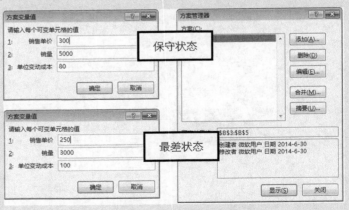

图 130-5　方案列表

Step ❺

在【方案管理器】对话框中单击【摘要】按钮，在弹出的【方案摘要】对话框的【报表类型】中选择【方案数据透视表】选项，在【结果单元格】编辑框内输入"B3,B4,B5,B9,B10,B11,B12"，单击【确定】按钮，生成一张"方案数据透视表报告"，如图 130-6 所示。

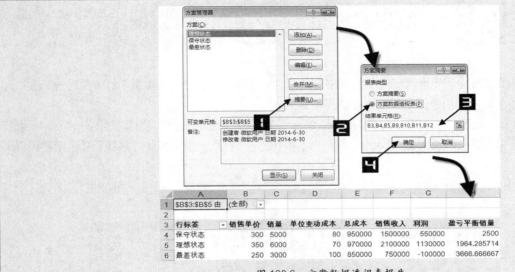

图 130-6　方案数据透视表报告

Step ⑥ 整理数据透视表布局并美化数据透视表，最终结果如图 130-7 所示。

图 130-7　方案数据透视表报告

　如果希望生成的方案透视表
报告保存后仍保留完整的数
据透视表功能，保存文件前应
打开【数据透视表选项】对话
框，在【数据】选项卡中勾选
【保存文件及源数据】复选项，
如图 130-8 所示。

图 130-8　勾选【保存文件及源数
据】的复选项

技巧 **131** 制作带有本页小计和累计的数据表

在实际工作中，如果需要打印的表格有多页，并且每页上都打印出本页小计，最后一页上打印出累计数，可以利用数据透视表比较快捷地完成。

图 131-1 展示了一张固定资产明细表，包含了 160 项固定资产记录，需要使用 3 ~ 4 张 A4 纸打印。如果要实现在每页上都打印出"本页小计"项，并在最后一页上打印"累计"项，请参照以下步骤。

	A	B	C	D	E	F	G	H
1				固定资产明细表				
2	单位名称：	山东分公司						
3	序号	资产编号	资产名称	规格型号	数量	购置日期	原值	净值
148	145	85250000823	固定资产	-	1	2005-12-10	1,052,538.92	882,378.43
149	146	86080000838	固定资产	联想逐日2000	1	2005-5-9	8,000.00	240.00
150	147	86080000836	固定资产	EOSON670K	1	2005-5-9	4,000.00	120.00
151	148	86040000553	固定资产	400A	1	2009-8-11	1,980.00	1,755.93
152	149	85080000083	固定资产	1723	1	2004-11-10	44,500.00	24,653.07
153	150	85080000383	固定资产	东富	10	2006-12-5	29,914.53	26,045.60
154	151	85040000042	固定资产	0	1	2003-12-9	2,079.29	1,154.81
155	152	85040000098	固定资产	0	1	2004-11-10	2,400.00	1,624.00
156	153	85040000092	固定资产		6	2004-11-10	20,034.00	13,556.37
157	154	85220000080	固定资产	-	1	2005-8-3	104,405.60	80,822.08
158	155	85220000079	固定资产	-	1	2005-12-10	8,600,000.00	7,057,733.37
159	156	85220000805	固定资产	-	1	2007-11-29	294,564.96	261,230.03
160	157	85220000243	固定资产	-	1	2008-10-15	8,272.95	7,704.52
161	158	85220000244	固定资产	-	1	2008-10-15	67,000.00	62,396.64
162	159	85220000245	固定资产	-	1	2008-10-15	76,079.55	70,852.25
163	160	86080000267	固定资产	联想开天4600	1	2006-5-6	7,500.00	376.58

图 131-1　固定资产明细表

Step ① 在 I3 单元格输入"序号 1"，并在 I4:I163 单元格区域填充数字 1 到 160 作为顺序号，从而新建一个辅助字段。

Step ② 为了能够动态引用数据源，定义名称"Data"，公式如下：

Data =OFFSET(数据源!$A$3,,,COUNTA(数据源!$A:$A)-2,COUNTA(数据源!$3:$3))

Step ③ 使用名称"Data"作为数据源，创建数据透视表，在对数据透视表布局时，将"序号 1"字段设置为"行"的第 1 个字段，结果如图 131-2 所示。

	A	B	C	D	E	F	G	H	I
1									
2							值		
3	序号1	序号	资产编号	资产名称	规格型号	购置日期	数量	原值	净值
4	1	1	85080000086	固定资产1	0	2002-8-5	1	1,540.00	621.96
5	2	2	85040000069	固定资产2	0	2004-9-10	1	20,715.47	15,156.13
6	3	3	85040000848	固定资产3	0	2004-12-28	1	16,080.00	12,154.61
7	4	4	85070000002	固定资产4	0	1984-12-11	1	186,531.00	92,297.76
8	5	5	85890000003	固定资产5	0	1984-12-11	1	45,484.00	20,376.83
9	6	6	85890000004	固定资产6	0	1984-12-11	1	419,729.00	120,287.80
10	7	7	85890000007	固定资产7	8KW	1997-9-22	1	7,200.00	2,740.06
11	8	8	85890000036	固定资产8	0	2002-12-10	1	21,984.00	15,232.18
12	9	9	85890000802	固定资产9	钢筋混凝土	2004-9-10	1	78,983.88	65,363.46
13	10	10	85890000389	固定资产10	地下卧样	1988-11-10	1	114,000.00	3,752.32
14	11	11	85890000390	固定资产11	地下卧式	1997-12-10	1	38,000.00	17,696.13
15	12	12	85220000256	固定资产12	0	2008-10-15	6	221,160.00	205,964.46
16	13	13	85220000287	固定资产13	0	2008-11-19	1	500,000.00	467,666.67
17	14	14	85220000288	固定资产14	0	2008-11-19	1	335,920.00	314,197.17
18	15	15	85220000289	固定资产15	0	2008-11-19	1	99,133.41	92,722.78
19	16	16	85220000290	固定资产16	0	2008-11-19	5	123,200.00	115,233.07
20	17	17	85220000298	固定资产17	0	2008-11-19	1	46,690.00	43,670.71

图 131-2　创建的数据透视表

Step ④　对"序号 1"字段进行组合，根据每页可容纳的数据记录数量设置组合步长。如果每页需要容纳 45 行记录，则设置组合步长为 45，组合后的结果如图 131-3 所示。

图 131-3　对"序号 1"字段进行组合

Step ⑤　将"序号 1"字段的【分类汇总】方式设置为【自动】，并在【布局和打印】选项卡中的【打印】中勾选【每项后面插入分页符】的复选框，对每一分类汇总项进行分页打印，如图 131-4 所示。

	序号 1	序号	资产编号	资产名称	规格型号	购置日期	值数量	原值	净值
34		31	86080000623	固定资产31	0	2008-11-19	1	6,128.00	4,146.61
35		32	86080000667	固定资产32	联想启天4700	2009-8-11	1	4,820.00	4,138.17
36		33	86040000457	固定资产33	0	2008-10-15	1	3,700.00	2,683.11
37		34	86040000458	固定资产34	0	2008-10-15	0	3,800.00	2,755.64
38		35	85080000408	固定资产35	0	2006-11-30	1	26,919.34	23,437.77
39		36	85080000409	固定资产36	0	2006-11-30	4	116,000.00	100,997.33
40		37	85040000267	固定资产37	0	2006-11-30	6	8,400.00	7,313.60
41		38	85070000063	固定资产38	0	2006-11-30	1	116,061.07	101,050.50
42		39	85890000539	固定资产39	0	2006-11-30	1	21,751.86	18,938.63
43		40	85220000080	固定资产40	0	2006-11-30	1	3,750,000.00	3,277,804.00
44		41	86080000398	固定资产41	开天2010	2006-12-6	1	4,547.00	871.50
45		42	86040000578	固定资产42	400A	2009-8-11	1	1,980.00	1,755.93
46		43	86070000805	固定资产43	0	2009-4-10	1	14,400.00	13,119.60
47		44	85080000328	固定资产44	东富	2006-12-5	4	11,965.82	10,418.25
48		45	85040000087	固定资产45	飞利浦	2004-11-10	4	6,320.00	4,276.44
49	1-45 汇总						110	18,902,207.77	16,358,931.70

图 131-4　为"序号 1"字段设置自动分类汇总，并插入分页符

Step ⑥　将数据透视表的【布局】设置为【合并且居中排列带标签的单元格】，然后在【启用选定内容】功能中批量选中所有汇总合计行，添加"橙色"填充颜色，最后隐藏 A 列，结果如图 131-5 所示。

图 131-5　设置分类汇总合计

Step 7 在【页面布局】选项卡中单击【打印标题】按钮，在【页面设置】对话框中单击【工作表】选项卡，设置【打印区域】为 "A3:I168"；【顶端标题行】为 "$3:$3"；并在【打印】中勾选【网格线】的复选框，最后单击【确定】按钮，结束设置，如图 131-6 所示。

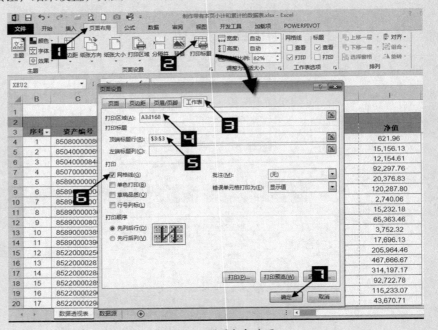

图 131-6　设置打印选项

Step 8 在【页面设置】对话框中单击【页眉/页脚】选项卡，分别设置【自定义页眉】和【自定义页脚】，通过设置【自定义页眉】和【自定义页脚】，为数据透视表添加表头和页码。设置方法如图 131-7 所示。

Step 9 对数据透视表各列的宽度进行优化，设置完成后的"打印预览"效果如图 131-8 所示。

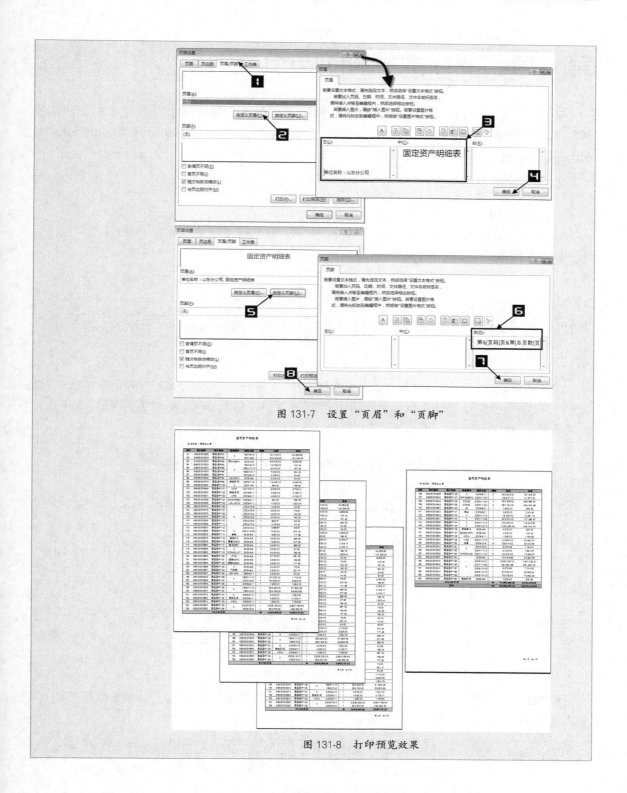

图 131-7　设置"页眉"和"页脚"

图 131-8　打印预览效果

第 8 章　高级数据查询与分析

面对大数据时，为了从中获取最有价值的信息，不仅需要正确选择数据分析的方法，还必须借助高效的数据分析工具。Excel 2013 包含的专业分析工具以及 Power BI 功能可以帮助用户更加轻松地驾驭大数据。

本章学习重点如下：

1. 利用 Microsoft Query 制作收发存汇总表
2. 模拟运算表、单变量求解求解、规划求解的使用技巧
3. PowerPivot、Power View、Power Query 和 Power Map 的具体应用
4. 创建报表工作簿的导航目录

技巧 132　使用 Microsoft Query 制作收发存汇总表

图 132-1 展示了同一个工作簿中的两个数据列表，分别位于“入库”和“出库”工作表中。此文件的存放路径为“D:\使用 Microsoft Query 制作收发存汇总表.xlsx”，该数据列表记录了某公司产成品库在某个期间按照订单号统计的产成品出入库情况。

	A	B	C	D	E
1	订单号	产品名称	规格型号	颜色	数量
2	A0001	光电色选机	MMS-94A4	黑色	16
3	A0001	光电色选机	MMS-94A4	黑色	216
4	A0002	光电色选机	MMS-120A4	白色	31
5	A0002	光电色选机	MMS-120A4	白色	31
6	A0003	光电色选机	MMS-168A4	绿色	17
7	A0003	光电色选机	MMS-168A4	绿色	17
8	A0004	CCD色选机	CCS-128	白色	98
9	A0004	CCD色选机	CCS-128	白色	98
10	A0005	CCD色选机	CCS-160	黑色	39
11	A0005	CCD色选机	CCS-160	黑色	39
12	A0006	CCD色选机	CCS-192	绿色	39
13	A0006	CCD色选机	CCS-192	绿色	39
14	A0007	CCD色选机	CCS-256	黑色	42
15	A0007	CCD色选机	CCS-256	黑色	42
16	A0008	光电色选机	MMS-94A4	黑色	19
17	A0008	光电色选机	MMS-94A4	黑色	19
18	A0009	光电色选机	MMS-120A4	白色	21
19	A0009	光电色选机	MMS-120A4	白色	21
20	B0001	光电色选机	MMS-168A4	绿色	66

收发存汇总　入库　出库

	A	B	C	D	E
1	订单号	产品名称	规格型号	颜色	数量
2	A0001	光电色选机	MMS-94A4	黑色	16
3	A0001	光电色选机	MMS-94A4	黑色	16
4	A0002	光电色选机	MMS-120A4	白色	31
5	A0002	光电色选机	MMS-120A4	白色	31
6	A0003	光电色选机	MMS-168A4	绿色	17
7	A0003	光电色选机	MMS-168A4	绿色	17
8	A0004	CCD色选机	CCS-128	白色	98
9	A0004	CCD色选机	CCS-128	白色	98
10	A0005	CCD色选机	CCS-160	黑色	39
11	A0005	CCD色选机	CCS-160	黑色	39
12	B0001	光电色选机	MMS-168A4	绿色	66
13	B0001	光电色选机	MMS-168A4	绿色	66
14	B0002	CCD色选机	CCS-128	白色	15
15	B0002	CCD色选机	CCS-128	白色	15
16	B0003	CCD色选机	CCS-160	黑色	13
17	B0003	CCD色选机	CCS-160	黑色	13
18	B0004	CCD色选机	CCS-192	绿色	68
19	B0004	CCD色选机	CCS-192	绿色	68
20	B0005	CCD色选机	CCS-256	黑色	63

收发存汇总　入库　出库

图 132-1　出、入库数据列表

要对图 132-1 所示的“入库”和“出库”2 个数据列表使用 Microsoft Query 做数据查询，并创建收发存汇总表，可以参照以下步骤。

Step 1　打开示例文件，激活“收发存汇总”工作表，调出【选择数据源】对话框，单击【数据库】选项卡，在编辑框中选中“Excel Files*”类型的数据源，并取消勾选【使用“查询向导”创建/编辑查询】的复选框。

Step 2　单击【确定】按钮，自动启动“Microsoft Query”，并弹出【选择工作簿】对话框，选择要导入的目标文件所在路径及文件名，单击【确定】按钮，激活【添

加表】对话框，如图 132-2 所示。

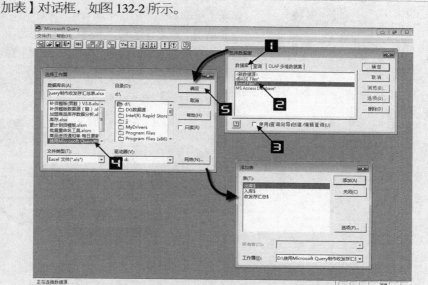

图 132-2　按路径选择数据源工作簿

Step ③　在【添加表】对话框的【表】编辑框中选择"入库$"，单击【添加】按钮，向
"Microsoft Query"添加数据列表，同时将"入库$"也添加到"Microsoft Query"
中。同理，将"出库$"也添加到"Microsoft Query"中，如图 132-3 所示。

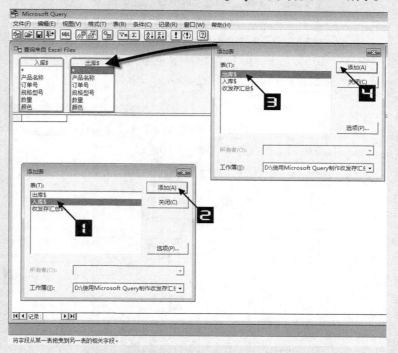

图 132-3　将数据表添加至 Microsoft Query

注意！

如果【添加表】对话框中没有出现相应的工作表名称，需要单击【选项】按钮，在弹出的【表选项】对话框中勾选【系统表】的复选框，单击【确定】按钮，即可添加相应的工作表名称，如图 132-4 所示。

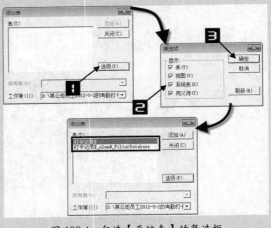

图 132-4　勾选【系统表】的复选框

Step ④　单击【关闭】按钮，关闭【添加表】对话框。打开【查询来自 Excel Files】窗口，将"出库$"中的"订单号"字段拖至"入库$"中的"订单号"字段上，两表之间会出现一条连接线，双击连接线，弹出【连接】对话框，单击【连接内容】中第 3 个单选按钮，最后单击【添加】按钮，在出、入库数据列表中建立关联。此时，【连接】对话框中的【查询中的连接】对话框中出现了变更后的 SQL 语句，如图 132-5 所示。

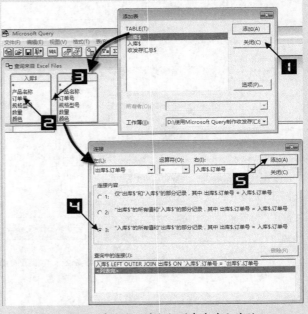

图 132-5　在出、入库数据列表中建立关联

此操作的目的是设置两个数据列表的关联类型，即返回"入库$"列表的所有记录以及"出库$"列表中与之关联的记录。

Step 5 单击【关闭】按钮，关闭【连接】对话框，在【查询来自 Excel Files】窗口中的"入库$"列表中依次双击"订单号"、"产品名称"、"规格型号"和"颜色"字段，随即出现数据集，如图 132-6 所示。

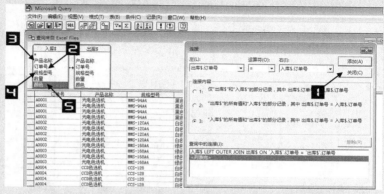

图 132-6　向【查询来自 Excel Files】查询对话框添加数据集

在向【查询来自 Excel Files】查询对话框中添加数据集时，要添加数据最为齐全的表中的非数值字段，本例中添加的是"入库$"表中的"产品名称"、"订单号"、"规格型号"和"颜色"等字段。

Step 6 在【Microsoft Query】菜单栏中依次单击【记录】→【添加列】命令，在弹出的【添加列】对话框的【字段】编辑框中输入"dsum ('数量','入库$','入库$.订单号='' &入库$.订单号& ''')"，在【列标】编辑框中输入"入库数量"，单击【添加】按钮，向【查询来自 Excel Files】窗口添加"入库数量"字段，如图 132-7 所示。

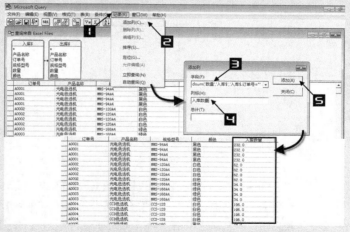

图 132-7　向【查询来自 Excel Files】窗口添加"入库数量"字段

Step 7　重复操作步骤6，向【查询来自 Excel Files】窗口添加"出库数量"和"结存数量"字段，如图132-8所示。

出库数量：dsum('数量','出库$','出库$.订单号="' &出库$.订单号& '"')

结存数量：(0 &dsum('数量','入库$','入库$.订单号="' &入库$.订单号& '"'))-(0 &dsum('数量','出库$','出库$.订单号="' &出库$.订单号& '"'))

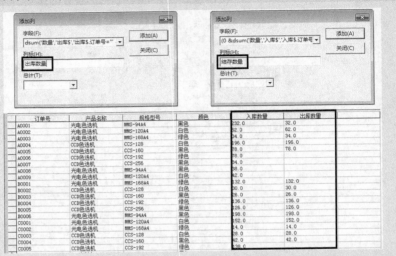

图 132-8　向【查询来自 Excel Files】窗口添加"入库数量"和"结存数量"字段

Step 8　在【Microsoft Query】菜单栏中依次单击【视图】→【查询属性】命令，弹出【查询属性】对话框，勾选【不选重复的记录】复选框，然后单击【确定】按钮，关闭对话框，如图132-9所示。

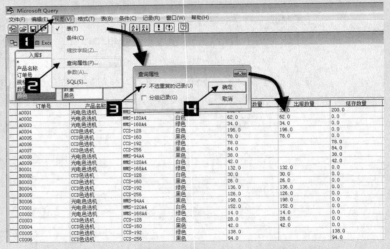

图 132-9　勾选"不选重复的记录"复选框

Step 9　在【Microsoft Query】菜单栏中单击【将数据返回到 Excel】按钮，出现【导入数据】对话框，单击"收发存汇总"工作表中的 A1 单元格，确定数据的导入起始位置，最后单击【确定】按钮，完成设置，如图132-10所示。

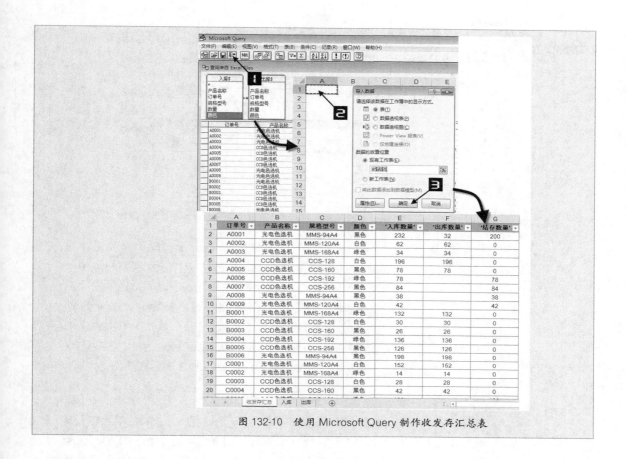

图 132-10　使用 Microsoft Query 制作收发存汇总表

　　个人住房贷款还款及储蓄本息方面的计算非常繁琐，让多数缺乏金融专业知识的用户感到束手无策，而 Excel 中的"模拟运算表"功能可以提供很多助力。

图 133-1　个人住房贷款还款计算表

　　图 133-1 展示了一张个人住房贷款还款计算表，其中贷款年利率预计为 6% ~ 8%，贷款偿还年份预计为 10 ~ 35 年，贷款总额预计为 55 万 ~ 200 万元，如果用户希望根据不同的利率和贷款偿还年份计算出每月的贷额偿还额，可以参照以下步骤。

Step ① 在 I3 单元格利用"数据验证"功能设置贷款总额 55 万~200 万元的变动值；在 B3 单元格输入公式"=PMT(A3/12,B2*12,I3)"，如图 133-2 所示。

图 133-2　对贷款总额设置"数据验证"，并设置 PMT 函数

 PMT 函数的语法为：PMT(rate, nper, pv, fv, type))。rate 为贷款利率，如果按月支付，在给出年利率的情况下要除以 12；nper 为贷款需要偿还的时间，如果按月支付，在给出需要偿还年份的情况下要乘以 12；pv 为需要偿还的贷款总额；fv 为未来值，一般情况下一笔贷款的未来值为零，可以省略该参数；type 为指定各期付款的时间，0 或省略表示期末支付，1 表示在期初支付。

Step ② 选中 B3:H12 单元格区域，在【数据】选项卡中依次单击【模拟分析】→【模拟运算表】命令，弹出【模拟运算表】对话框，在【输入引用行的单元格】编辑框中输入"$B$2"，在【输入引用列的单元格】的编辑框中输入"$A$3"，最后单击【确定】按钮，完成设置，"个人住房贷款还款模型"中自动计算出每月的还款金额，如图 133-3 所示。

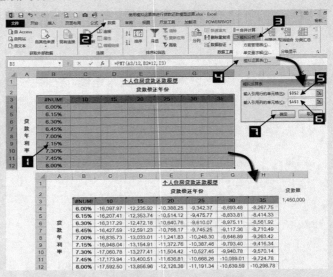

图 133-3　使用模拟运算表制作的贷款还款模型

单击 I3 单元格的下拉按钮，选择不同的贷款额，可以得到不同的贷款还款金额。

技巧 **134** 使用单变量求解状态求解关键数据

图 134-1 展示了一张某公司甲产品的盈亏试算表格。此表格的上半部分是销售及成本相关指标的数值，下半部分则是根据这些数值，用公式统计出的总成本、收入和利润的状况，这些公式分别如下。

```
B8=B4*B5

B9=B6+B8

B10=B3*B4

B11=B10-B9
```

	A	B
1	甲产品盈亏试算表	
2		
3	销售单价	12.88
4	销量	1800
5	单位变动成本	1.25
6	固定成本	50,000
7		
8	总变动成本	2,250
9	总成本	52,250
10	销售收入	23,184
11	利润	-29,066

图 134-1　甲产品盈亏试算表

在这个试算模型中，单价、销量和单位变动成本都直接影响盈亏，如果希望根据某个利润值快速倒推，计算出单价、销量和单位变动成本的具体状况，可以参照以下步骤。

1. 求保本点销售量

Step ①　选中利润所在的单元格 B11，在【数据】选项卡中依次单击【模拟分析】→【单变量求解】命令，弹出【单变量求解】对话框，在【目标值】文本框中输入预定的保本利润目标为 "0"，激活【可变单元格】编辑框，在工作表中单击 B4 单元格，如图 134-2 所示。

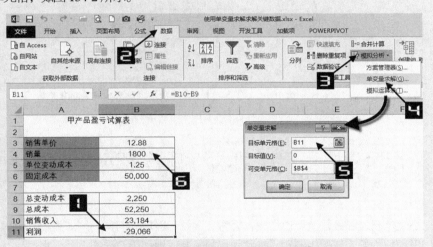

图 134-2　根据 "单变量求解" 功能反向推算销量

Step ②　单击【确定】按钮，即可完成 "单变量求解"，此时弹出的【单变量求解状态】对话框说明已找到一个解，并与所要求的解一致。同时，工作表中的销量和利润已经发生了改变，如图 134-3 所示。计算结果表明，在其他条件不变的情况下，要使利润达到保本点 0，需要将销量提高到 4 300。

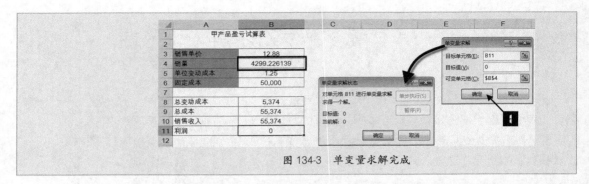

图 134-3　单变量求解完成

如果单击【单变量求解状态】对话框中的【确定】按钮，求解结果将被保留，如果单击【取消】按钮，则取消本次求解运算，工作表中的数据回复如初。

2. 求取得特定利润时的销售单价

重复上述操作，在【单变量求解】对话框的【目标值】文本框中输入特定的利润目标"30000"，激活【可变单元格】编辑框后，在工作表中单击 B3 单元格，如图 134-4 所示。计算结果表明，在其他条件不变的情况下，要使利润达到 30 000（元），需要将销售单价提高到 45.69（元）。

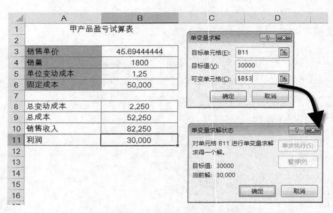

图 134-4　根据"单变量求解"功能反向推算销售单价

技巧 135　利用规划求解测算营运总收入

在生产管理和经营决策过程中，经常会遇到一些规划问题。例如生产的组织安排、产品的运输调度以及原料的恰当搭配等问题。其共同点就是合理地利用有限的人力、物力和财力等资源，得到最佳的经济效果。利用 Excel 的规划求解工具，可以方便快捷地得到各种规划问题的最佳解。

某运输大队有三个汽车队，需要在华东、华北、东北、中南和西北市场开展运输业务。已知华东、华北、东北、中南和西北市场在一定时期内的运输需求量分别为 30 万、40 万、45 万、55 万和 35 万吨，总计为 205 万吨；而整个运输大队的运营能力为 183 万吨，其中，第一车队、第二车队和第三车队分别为 60 万、65 万和 58 万吨。在不同市场中的运输单位价格一定的条件下，如何合理调配各车队在不同市场中的业务量，才能获得最大的业务总收入呢？

Step ❶

建立如图 135-1 所示的规划求解模型。其中，约束条件 1 为该运输大队在各个市场中的总需求量，约束条件 2 为各个车队相应的运输能力，I11 单元格为将要求解的目标，加权计算公式为 "=SUMPRODUCT (B3:F5,B13:F15)"。

图 135-1　建立规划求解模型

Step ❷

默认情况下，Excel 并不加载规划求解工具，在【开发工具】选项卡中单击【加载项】按钮，在弹出的【加载宏】对话框中勾选【规划求解加载项】复选框，单击【确定】按钮，完成加载，如图 135-2 所示。

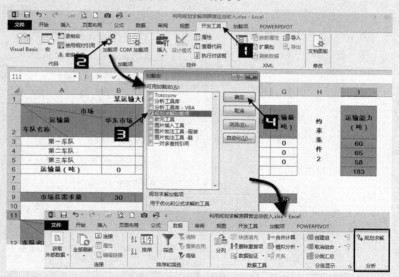

图 135-2　加载规划求解加载项

Step ❸

在【数据】选项卡中单击【规划求解】命令，这时出现【规划求解参数】对话框。

Step ❹

设置目标函数。指定【设置目标】单元格为目标函数所在的单元格 I11，并选定【最大值】单选按钮。

Step ❺

设置决策变量。指定【通过更改可变单元格】为决策变量所在的单元格区域 B3:F5。

Step 6	设置约束条件。单击【添加】按钮,这时出现【添加约束】对话框。在【单元格引用】位置中指定各车队待调配运输量合计所在的单元格地址\$B\$3:\$F\$5,选择"<="关系运算符,在【约束】位置中指定市场总需求量所在的单元格地址\$B\$9:\$F\$9,单击【添加】按钮,即添加了约束条件 1:该运输大队在各个市场中的运输总量不能大于该市场的总需求量。
Step 7	重复操作步骤 6,添加约束条件 2:各车队在各个市场中的运输总量等于各个车队相应的运输能力。
Step 8	求解。在【规划求解参数】对话框中勾选【使无约束变量为非负数】的复选框,单击【求解】按钮,Excel 即开始进行计算。以上步骤如图 135-3 所示。

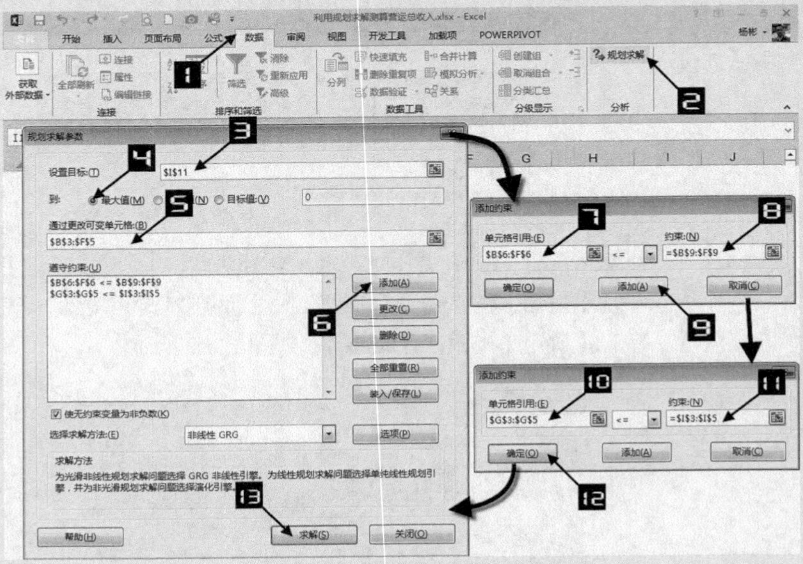

图 135-3   设置规划求解参数

Step 9	保存结果。求解完成后出现【规划求解结果】对话框,如图 135-4 所示。

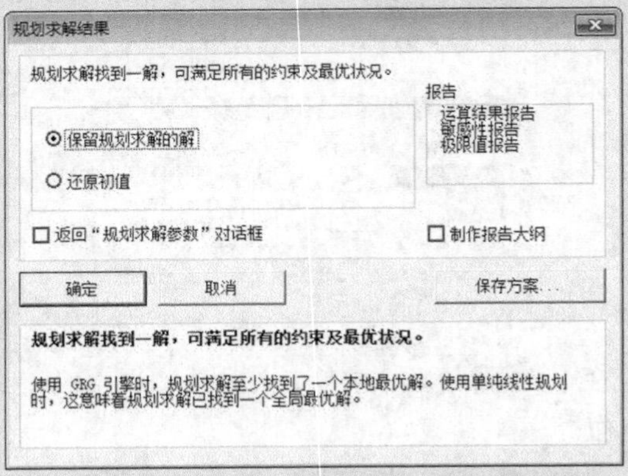

图 135-4   【规划求解结果】对话框

从对话框的内容可以看出,规划求解工具已经找到一个可满足所有约束的最优解。单击【确定】按钮,最后的计算结果如图 135-5 所示。

某运输大队运输市场供求分析									
市场 运输量 车队名称	华东市场	华北市场	东北市场	中南市场	西北市场	运输量（吨）	约束条件 2	运输能力（吨）	
第一车队	0	25	0	0	35	60		60	
第二车队	30	15	0	20	0	65		65	
第三车队	0	0	45	13	0	58		58	
运输量（吨）	30	40	45	33	35			183	
约束条件1									
市场总需求量	30	40	45	55	35	205			
某运输大队运输单位价格（元）						总收入（元）		12931	
市场 单位价格 车队名称	华东市场	华北市场	东北市场	中南市场	西北市场				
第一车队	60	82	55	56	65				
第二车队	80	85	60	60	60				
第三车队	60	67	65	62	48				

图 135-5　规划求解结果

技巧 136　利用 PowerPivot for Excel 综合分析数据

在 Excel 2013 中，PowerPivot 成为了 Excel 的内置功能，无需安装任何加载项即可使用。运用 PowerPivot，可以从多个不同类型的数据源将数据导入 Excel 的数据模型中，并创建关系。数据模型中的数据可供数据透视表、Power View 等其他数据分析工具所用。

图 136-1 展示了某公司一定时期内的"销售数量"和"产品信息"数据列表，如果希望利用 PowerPivot 功能将这两张数据列表进行关联，生成图文并茂的综合分析表，可以参照以下步骤。

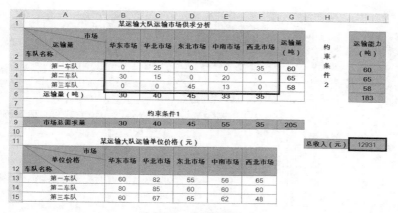

图 136-1　"销售数量"和"产品信息"数据列表

Step ①　单击"销售数量"工作表中的任意单元格（如 A2），在【PowerPivot】选项卡中单击【添加到数据模型】按钮，弹出【创建表】对话框，勾选【我的表具有标题】的复选框，单击【确定】按钮，关闭对话框，弹出【PowerPivot for Excel】窗口，显示已经创建了"销售数量"工作表对应的 PowerPivot 链接表"表1"，如图 136-2 所示。

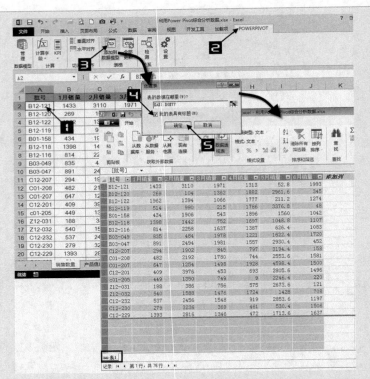

图 136-2　创建 PowerPivot 链接表"表 1"

Step ②	重复操作步骤 1，为"产品信息"工作表创建对应的 PowerPivot 链接表"表 2"。
Step ③	在【PowerPivot for Excel】窗口的【开始】选项卡中单击【关系图视图】按钮，调出【关系图视图】界面，将【表 1】列表框中的"批号"字段移动至【表 2】列表框中的"批号"字段上，完成 PowerPivot"表 1"和"表 2"以"批号"为基准关系的创建，如图 136-3 所示。

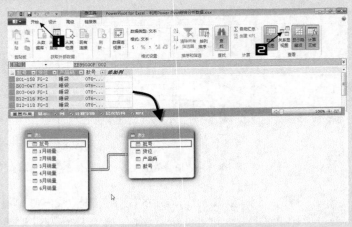

图 136-3　PowerPivot"表 1"和"表 2"创建关系

Step ④	在【开始】选项卡中依次单击【数据透视表】→【图和表（垂直）】命令，弹出【创建数据透视图和数据透视表（垂直）】对话框，如图 136-4 所示。

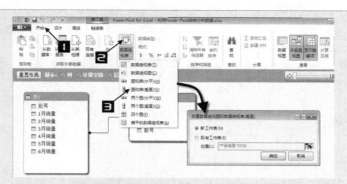

图 136-4 创建数据透视图和数据透视表

Step ⑤ 单击【确定】按钮，Excel 中创建了一张空白的数据透视表和数据透视图，如图 136-5 所示。

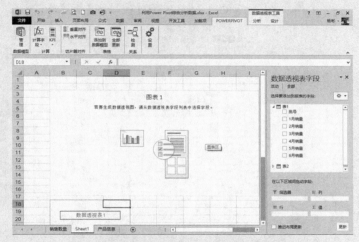

图 136-5 创建一张空白的数据透视表和数据透视图

Step ⑥ 单击【图表 1】区域，在【PowerPivot 字段列表】对话框中依次对"表 1"项下"1 月销量"～"6 月销量"的复选框进行勾选，创建系统默认的"簇状柱形图"，如图 136-6 所示。

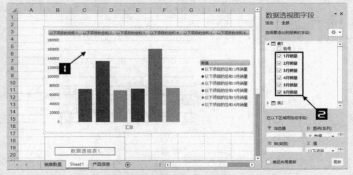

图 136-6 设置数据透视图

Step ⑦ 单击数据透视表，在【数据透视表字段】对话框中调整数据透视表的字段，创建如图 136-7 所示的数据透视表。

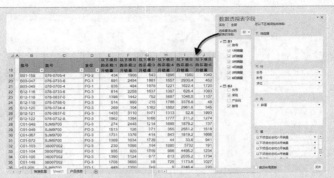

图 136-7　设置数据透视表

Step 8 单击数据透视表中的任意单元格（如 B19），在【数据透视表工具】的【分析】选项卡中单击【插入切片器】按钮，弹出【插入切片器】对话框，勾选"表 2"中"产品码"的复选框，创建【产品码】切片器，如图 136-8 所示。

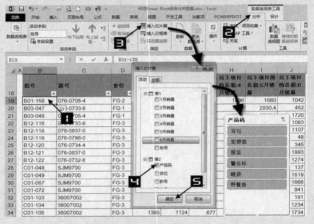

图 136-8　在数据透视表中插入切片器

Step 9 单击切片器，在【切片器工具】的【选项】选项卡中单击【报表连接】，在弹出的【数据透视表连接（产品码）】对话框中勾选【图表 1】复选框，单击【确定】按钮，如图 136-9 所示。

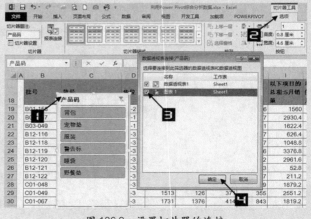

图 136-9　设置切片器的连接

Step ⑩ 在【PowerPivot for Excel】窗口中单击"表1"中"添加列"中的任意单元格，在编辑栏中输入如下公式，"CalculatedColumn1"计算 6 个月的平均销量，"CalculatedColumn2"为插入迷你图预留空间，如图 136-10 所示。

CalculatedColumn1=('表1'[1月销量]+'表1'[2月销量]+'表1'[3月销量]+'表1'[4月销量]+'表1'[5月销量]+'表1'[6月销量])/6

CalculatedColumn2=0

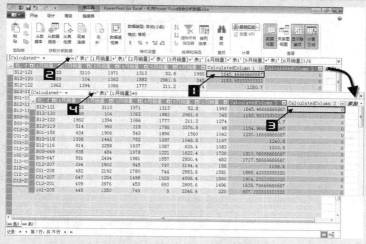

图 136-10　在"表1"中添加列

Step ⑪ 将 CalculatedColumn1 和 CalculatedColumn2 字段添加到数据透视表中，如图 136-11 所示。

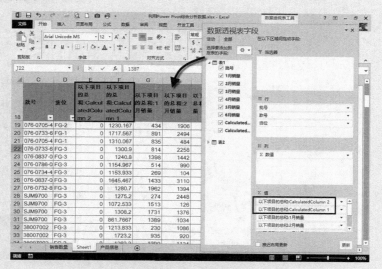

图 136-11　向数据透视表添加字段

Step ⑫ 将数据透视表中的"CalculatedColumn2 的总和"字段标题更改为"销售走势"，并插入"柱形图"迷你图，将柱形图中的起点"平均销量"设置为红色；将整张工作表设置为单元格零值不显示；依次修改数据透视表中的其他字段标题，如图 136-12 所示。

	批号	款号	货位	销售走势	平均销量	1月销量	2月销量	3月销量	4月销量	5月销量	6月销量
19	B01-158	076-0705-4	FG-2		1230	434	1906	543	1896	1560	1042
20	B03-047	076-0733-6	FG-1		1718	891	2494	1981	1557	2930.4	452
21	B03-049	076-0705-4	FG-1		1310	835	484	1978	1221	1622.4	1720
22	B12-116	076-0733-6	FG-3		1301	814	2258	1637	1387	626.4	1083
23	B12-118	076-0837-0	FG-3		1241	1398	1442	752	1697	1048.8	1107
24	B12-119	076-0786-0	FG-3		1155	514	990	215	1786	3376.8	48
25	B12-120	076-0734-4	FG-3		1154	269	104	1362	1882	2961.6	345
26	B12-121	076-0837-0	FG-3		1645	1433	3110	1971	1313	52.8	1993
27	B12-122	076-0732-8	FG-3		1281	1962	1394	1066	1777	211.2	1274
28	C01-048	SJM9700	FG		1275	274	2448	1214	942	1879.2	137

图 136-12　在数据透视表中插入迷你图

Step ⑬　对步骤 5 中创建的数据透视图的数据进行行列切换，更改图表类型为"带数据标记的折线图"，复制、粘贴数据透视表图，并设置为"饼图"，最后进行数据透视图美化，如图 136-13 所示。

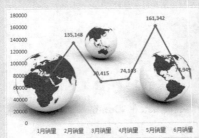
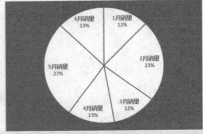

图 136-13　美化数据透视图

Step ⑭　将数据透视图和切片器进行组合，进一步美化和调整数据透视表，最终完成的综合分析表如图 136-14 所示。

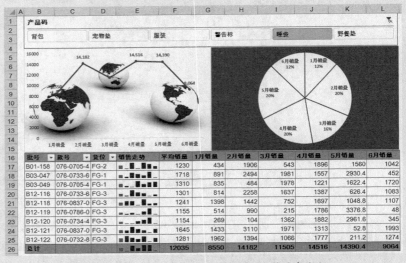

图 136-14　利用 PowerPivot for Excel 综合分析数据

Power View 是 Excel 2013 新增的一个功能强大的仪表板报表加载项，默认自动加载。在此之前，Excel 要实现具有交互功能的动态图表，需借助控件、定义名称，甚至是 VBA，而利用 Power View，用户只需轻点几下鼠标，便可创建功能更加丰富的动态图表。

137.1　利用 Power View 制作 BI 动态仪表盘

图 137-1 展示了某水果批发站在一定时期内在全国各地区销售水果的数量列表，利用 Power View 制作 BI 仪表盘式的动态图表，请参照以下步骤。

	A	B	C
1	销售地区	商品名称	销售数量
2	天津	草莓	8,023
3	天津	西瓜	850
4	天津	青椒	1,566
5	天津	葡萄	9,088
6	天津	苹果	3,283
7	天津	南瓜	7,582
8	天津	黄瓜	2,368
9	天津	胡萝卜	1,479
10	天津	荸荠卜	2,693
11	天津	番茄	9,748
12	北京	草莓	3,651
13	北京	西瓜	5,887
14	北京	青椒	573
15	北京	葡萄	9,898
16	北京	苹果	3,079
17	北京	南瓜	9,553
18	北京	黄瓜	6,519
19	北京	胡萝卜	8,651
20	北京	荸荠卜	2,358

图 137-1　水果销售数据

注意！ 使用 Power View 之前，必须安装 Microsoft Silverlight，如果没有安装，系统会提示 "Power View 需要 Silverlight 的当前版本。请安装或更新 Silverlight，然后单击'重新加载'以重试"。同时系统会自动给出下载地址，以供安装。

Step ① 单击水果销售数据中的任意单元格（如 A6），在【插入】选项卡中单击【Power View】按钮，插入 Power View 报表，如图 137-2 所示。

图 137-2　插入 Power View 报表

Step ❷ 在【Power View 字段】列表中取消对"销售地区"字段的勾选，目的是按商品名称分析销售量。

Step ❸ 单击现有的产品销量数据表格，依次在【设计】选项卡中单击【柱形图】→【簇状柱形图】选项，将其更改为图表，然后适当调整图表大小，效果如图 137-3 所示。

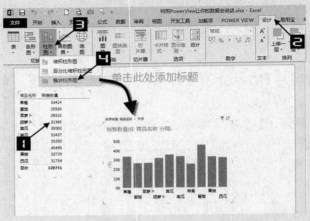

图 137-3　插入簇状柱形图

Step ❹ 单击簇状柱形图以外的任意区域，在【Power View 字段】列表中分别勾选"销售地区"和"销售数量"的复选框，新增一个关于不同地区销量的数据报表。依次在【设计】选项卡中单击【其他图表】→【饼图】选项，将其更改为图表，如图 137-4 所示。

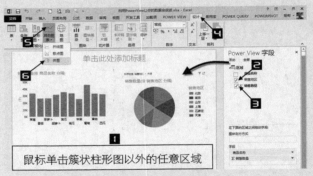

图 137-4　插入饼图

Step ❺ 使用类似的操作方法，新增一张簇状条形图，进行不同地区的销售排名比较，如图 137-5 所示。

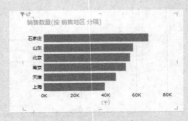

图 137-5　插入簇状条形图

Step ⑥　单击【单击此处添加标题】，输入图表标题"销售分析一览"，关闭在【Power View 字段】列表，美化 Power View 仪表盘，完成后的效果如图 137-6 所示。

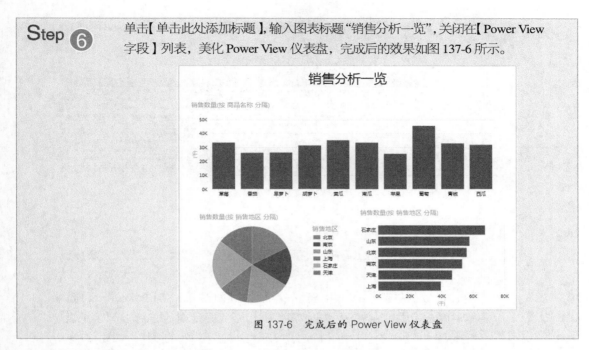

图 137-6　完成后的 Power View 仪表盘

当单击任意图表中的（折线图除外）任意系列时，整个仪表盘图表都会发生变化，突出显示与该系列相关的元素或数据。比如，单击地区销量排名图中的北京条形，其他条形会显示为较淡的颜色，其他图表也会发生类似的变化，如图 137-7 所示。

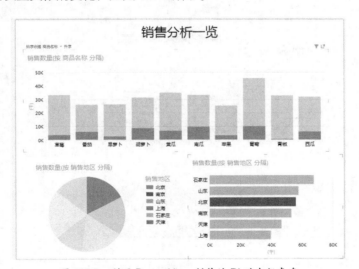

图 137-7　利用 Power View 制作的 BI 动态仪表盘

137.2　在 Power View 中使用自定义图片筛选数据

Power View 允许使用图块划分方式筛选图表数据，而且允许使用自定义图片作为图块，下面的步骤演示了这一特性。

Step ❶ 图 137-8 展示的是"销量"表中相关商品的名称和存放在 ExcelHome 网站的商品图片的链接地址。

图 137-8　"图片链接"表

单击"图片链接"工作表中任意一个单元格（如 A8），在【Power Pivot】选项卡中单击【添加到数据模型】按钮，弹出【创建表】对话框，勾选【我的表具有标题】的复选框，单击【确定】按钮，完成"表 1"的添加，如图 137-9 所示。

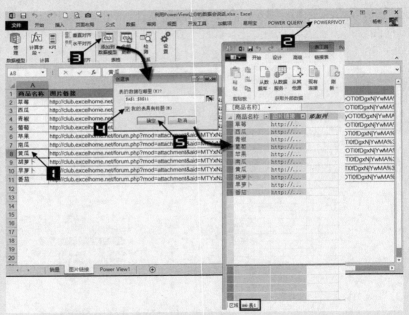

图 137-9　向 Power Pivot 中添加链接表"表 1"

Step ❷ 由于在技巧 137.1 中已经利用"销量"表创建了 Power View1，所以 PowerPivot 已经自动将"销量"表创建为数据模型"区域"。

在【开始】选项卡中单击【关系图视图】按钮，在展开的视图界面中将【表 1】中的"商品名称"字段拖曳至【区域】中的"商品名称"字段上，在两表中创建关系，如图 137-10 所示。

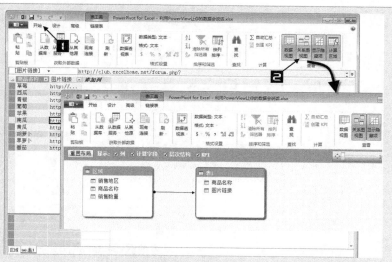

图 137-10　创建关系

Step ❸ 单击【数据视图】按钮，切换至数据视图，在【高级】选项卡中单击任意一个商品的图片链接地址（如西瓜），依次单击【数据类别】→【图像 URL】选项，为图片链接地址指定数据类型，如图 137-11 所示。

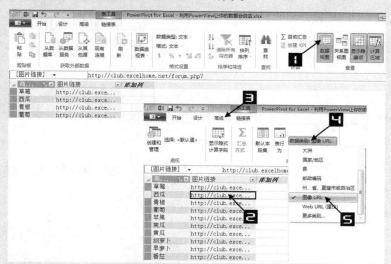

图 137-11　指定图片链接网址的"数据类型"

Step ❹ 利用"销量"表再插入一个 Power View 工作表，具体方法参阅技巧 137.1。

Step ❺ 在【Power View 字段】列表中单击【全部】选项，将【表 1】中的"图片链接"字段拖曳至【图块划分方式】编辑框中，单击"安全警告"中的【启用内容】按钮，得到商品的图片，如图 137-12 所示。

Step ❻ 调整图块区域至全部显示，在 Power View2 工作表中插入一个簇状柱形图，添加报告标题"各地区不同商品销量分析"，并在【Power View】选项卡中单击【适合窗口大小】按钮，充分展示报表，如图 137-13 所示。

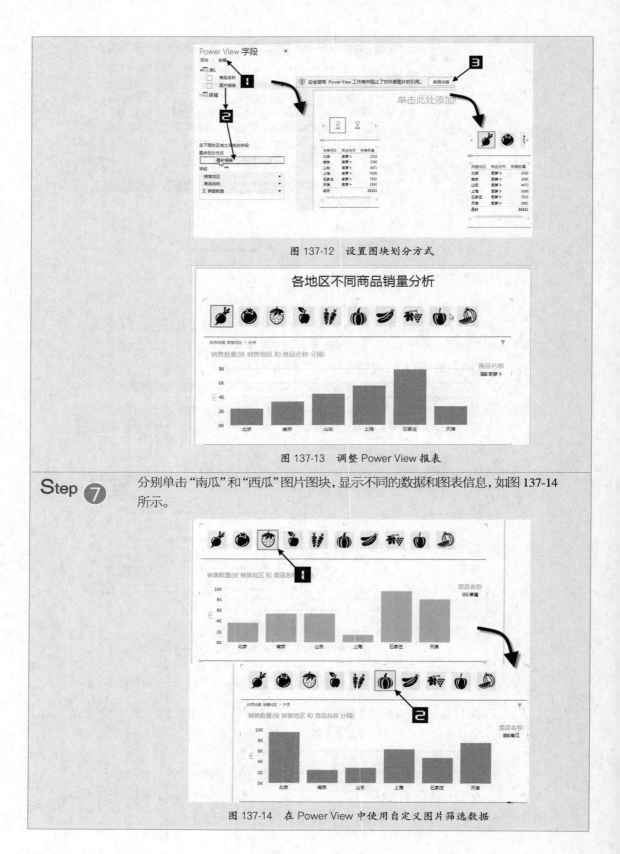

图 137-12　设置图块划分方式

各地区不同商品销量分析

图 137-13　调整 Power View 报表

Step ❼　分别单击"南瓜"和"西瓜"图片图块，显示不同的数据和图表信息，如图 137-14 所示。

图 137-14　在 Power View 中使用自定义图片筛选数据

137.3　在 Power View 中播放动画

图 137-15 列示了不同年份各种水果的供应数量和实际消费数量，如果希望通过动画方式动态展示不同年份、不同水果的供应量和消费量，请按以下步骤操作。

年份	商品名称	供应数量	消费数量
2009	草莓	26,726	9,571
2009	西瓜	3,169	4,505
2009	青椒	7,754	8,417
2009	葡萄	8,568	6,832
2009	苹果	4,803	2,506
2009	南瓜	4,770	4,733
2009	黄瓜	8,757	9,409
2009	胡萝卜	10,803	7,842
2009	早萝卜	17,827	7,835
2009	番茄	15,339	5,988
2010	草莓	7,694	5,382
2010	西瓜	17,829	9,060
2010	青椒	11,388	8,045
2010	葡萄	11,121	9,458
2010	苹果	4,271	1,834
2010	南瓜	2,473	2,842
2010	黄瓜	25,492	8,724
2010	胡萝卜	5,654	4,267
2010	早萝卜	12,985	4,471

图 137-15　不同年份、不同水果的供应和消费数量

Step ① 利用"水果的供应和消费数量"表插入一个 Power View 工作表，并将默认数据表格更改为散点图，如图 137-16 所示。

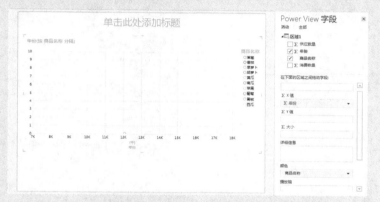

图 137-16　在 Power View 中插入"散点图"

Step ② 打开【Power View 字段】列表，分别将"供应数量"移动至【∑ X 值】编辑框，"消费数量"移动至【∑ Y 值】编辑框，将"商品名称"移动至【∑ 大小】编辑框，将"商品名称"移动至【详细信息】编辑框，将"年份"移动至【播放轴】编辑框，最后设置报告标题为"水果供销动态图"，如图 137-17 所示。

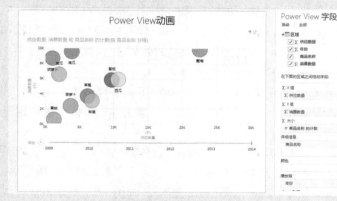

图 137-17　设置"播放轴"

Step ③ 单击【年份】的播放按钮，就会呈现出逐年不同商品供应量和消费量动态变化的图表，如图 137-18 所示。播放过程中可以随时暂停。

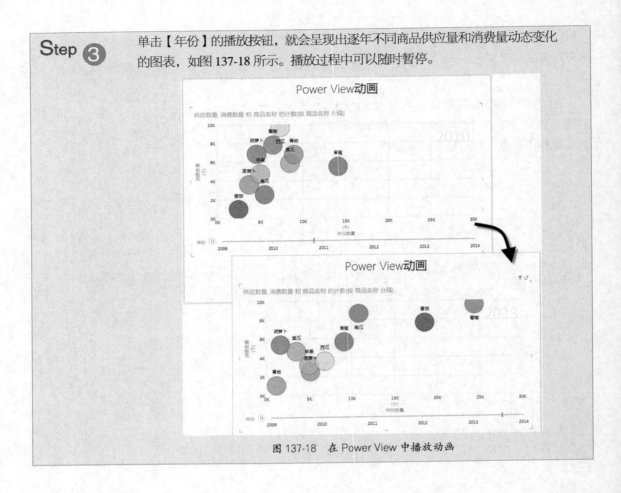

图 137-18 在 Power View 中播放动画

技巧 138 利用 Power Query 快速管理商品目录

Microsoft Power Query 是微软发布的针对 Excel 2013 的一个外接程序。利用 Power Query 可以导入、转置、合并来自各种不同数据源的数据，如 Excel 数据列表、文本、Web、SQL Server 数据库，以及 Active Directory 活动目录、Azure 云平台、Odata 开源数据和 Hadoop 分布式系统等多种来源的数据。Power Query 凭借简单迅捷的数据搜寻与访问功能，构成微软 Power BI for Excel 的四大组件之一，极大地提升了用户的 BI 体验。

安装 Power Query 需要 Internet Explorer 9 或更高版本。用户可以从 http://www. microsoft.com/zh-cn/download/details.aspx?id=39379 下载 Power Query 外接程序，与所安装 Office 的体系结构（x86 或 x64）相符。

图 138-1 展示了某公司从 ERP 系统中导出的商品目录，由于同款商品有多种颜色，系统在"颜色明细"字段中把同款商品的所有颜色排列在了一个单元格中。由于后期数据引用和整理的需要，用户一般希望将同款商品的不同颜色分行显示。利用 Power Query 可以轻松地解决这个难题，请参照以下步骤。

图 138-1　商品目录原始数据

Step ① 单击"商品目录"数据区的任意单元格（如 A5），在【POWER QUERY】选项卡中单击【从表】按钮，在弹出的【从表】对话框中勾选【我的表具有标题】复选框，如图 138-2 所示。

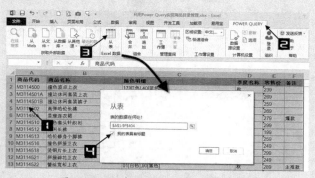

图 138-2　从表向 Power Query 导入数据

Step ② 在【从表】对话框中单击【确定】按钮，进入 Power Query "查询编辑器"界面，如图 138-3 所示。

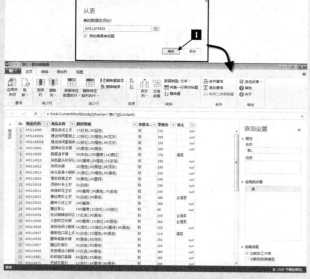

图 138-3　Power Query "查询编辑器"界面

Step ❸　对"颜色明细"字段进行分列处理。选中"颜色明细"列，在【主页】选项卡中依次单击【拆分列】→【按分隔符】选项，在弹出的【按分隔符拆分列】对话框中选择【选择或输入分隔符】为"逗号"，然后选择【在出现的每个分隔符处】单选按钮，最后单击【确定】按钮，完成分列，如图138-4所示。

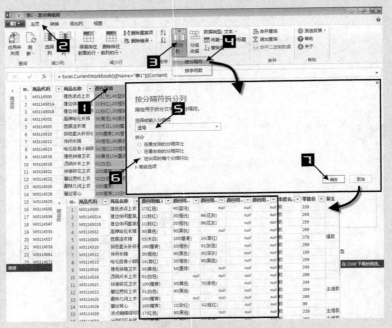

图 138-4　对"颜色明细"字段进行分列

Step ❹　对"颜色明细"字段进行逆透视。按住<Ctrl>键不放，依次单击"颜色明细1"~"颜色明细5"字段标题选中所有颜色列，在【转换】选项卡中单击【逆透视列】→【逆透视列】选项，将同款商品的不同颜色分行，如图138-5所示。

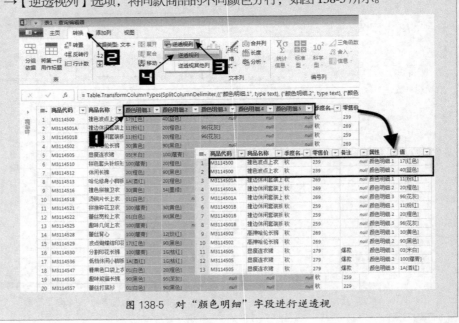

图 138-5　对"颜色明细"字段进行逆透视

Step ⑤

再次进行分列，区分颜色代码和名称。选中"值"字段列，在【转换】选项卡中依次单击【拆分列】→【按字符数】选项，在弹出的【按位置拆分列】对话框中选择【一次，尽可能靠左】单选按钮，在【字符数】编辑框中输入"2"，单击【确定】按钮，完成拆分，如图 138-6 所示。

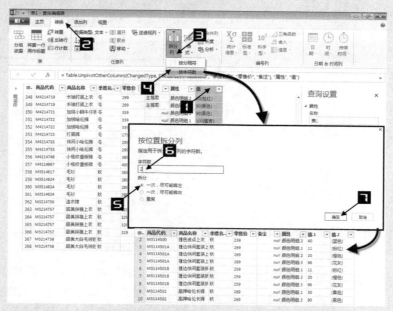

图 138-6　拆分颜色代码和名称

Step ⑥

在"值 1"字段上右击，在弹出的扩展菜单中选择【重命名】选项，更改字段名称为"颜色代码"，同理，将"值 2"更改为"颜色名称"，如图 138-7 所示。

图 138-7　更改字段名称

Step ⑦

替换"[ ]"。选中"颜色名称"列，在【转换】选项卡中单击【替换值选项】，在弹出的【替换值】对话框中的【要查找的值】文本框中输入"["，单击【确定】按钮，完成替换，同理完成"]"的替换，如图 138-8 所示。

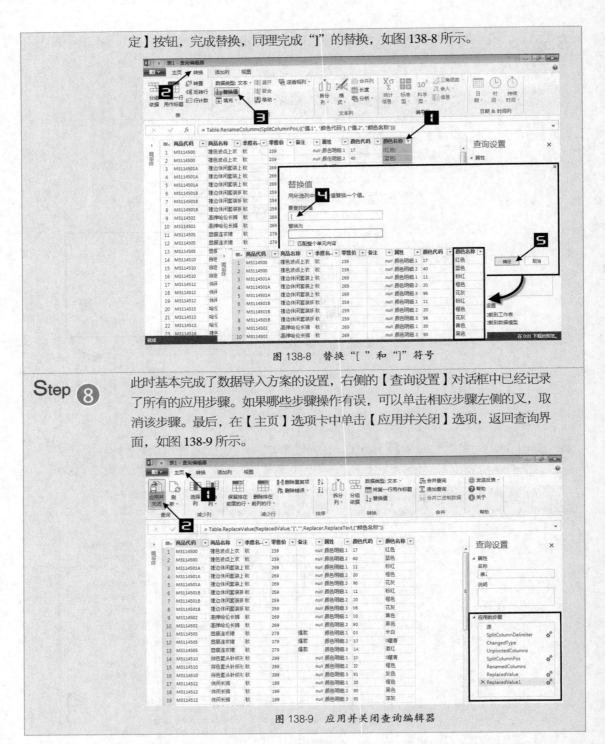

图 138-8 替换"["和"]"符号

Step ⑧ 此时基本完成了数据导入方案的设置，右侧的【查询设置】对话框中已经记录了所有的应用步骤。如果哪些步骤操作有误，可以单击相应步骤左侧的叉，取消该步骤。最后，在【主页】选项卡中单击【应用并关闭】选项，返回查询界面，如图 138-9 所示。

图 138-9 应用并关闭查询编辑器

整合好的商品目录如图 138-10 所示。作为数据备份，完全可以应用查找引用函数来取出颜色代码和明细。

	A	B	C	D	E	F	G	H
1	商品代码	商品名称	季度名称	零售价	备注	属性	颜色代码	颜色名称
2	M3114500	撞色波点上衣	秋	239		颜色明细.1	17	红色
3	M3114500	撞色波点上衣	秋	239		颜色明细.2	40	蓝色
4	M3114501A	撞边休闲套装上衣	秋	269		颜色明细.1	11	粉红
5	M3114501A	撞边休闲套装上衣	秋	269		颜色明细.2	20	橙色
6	M3114501A	撞边休闲套装上衣	秋	269		颜色明细.3	96	花灰
7	M3114501B	撞边休闲套装裤子	秋	259		颜色明细.1	11	粉红
8	M3114501B	撞边休闲套装裤子	秋	259		颜色明细.2	20	橙色
9	M3114501B	撞边休闲套装裤子	秋	259		颜色明细.3	96	花灰
10	M3114502	高弹哈伦长裤	秋	269		颜色明细.1	30	黄色
11	M3114502	高弹哈伦长裤	秋	269		颜色明细.2	90	黑色
12	M3114505	显瘦连衣裙	秋	279	爆款	颜色明细.1	03	米白
13	M3114505	显瘦连衣裙	秋	279	爆款	颜色明细.2	10	0藏青
14	M3114505	显瘦连衣裙	秋	279	爆款	颜色明细.3	1A	酒红
15	M3114510	拼色套头针织衫	秋	299		颜色明细.1	10	0藏青
16	M3114510	拼色套头针织衫	秋	299		颜色明细.2	20	橙色
17	M3114510	拼色套头针织衫	秋	299		颜色明细.3	91	灰色
18	M3114512	休闲长裤	秋	199		颜色明细.1	20	橙色
19	M3114512	休闲长裤	秋	199		颜色明细.2	90	黑色
20	M3114512	休闲长裤	秋	199		颜色明细.3	95	深灰
21	M3114513	哈伦修身小脚裤	秋	259		颜色明细.1	1A	酒红

商品目录　Sheet1

图 138-10　整合好的商品目录

技巧 139　利用 Power Map 创建 3D 地图可视化数据

Power Map 的全称是 Power Map Preview for Excel 2013，是微软在 Excel 2013 中推出的一个功能强大的加载项。结合 Bing 地图，支持用户绘制可视化的地理和时态数据，并用 3D 方式进行分析。同时，还可以使用它创建视频介绍，并进行分享。

使用 Power Map 要求运行以下操作系统：Windows 7、Windows 8 或 Windows Server 2008 R2，并安装微软公司的.NET Framework 4.0。

微软网站可以下载 Power Map Preview for Excel 2013 中文版网址是 http://www.microsoft.com/en-us/download/details.aspx?id=38395。

139.1　创建 3D 地图

图 139-1 展示了某公司在甘肃省的销售目标和实际完成情况数据列表，利用 Power Map 创建 3D 可视化数据地图的步骤如下。

	A	B	C
1	地区	销售目标	实际完成
2	兰州	3500	2,300
3	天水	9000	9,432
4	白银	2390	3,592
5	平凉	1788	4,870
6	庆阳	1082	1,200
7	陇南	414	300
8	定西	7020	6,909
9	金昌	951	890
10	武威	921	1000
11	张掖	4456	5000
12	酒泉	5706	3145
13	嘉峪关	8711	2977

图 139-1　目标完成数据列表

Step **1** 单击数据区域的任意单元格（如 A2），在【插入】选项卡中依次单击【地图】→【启动 Power Map】选项，开启【Microsoft Power Map for Excel】，如图 139-2 所示。

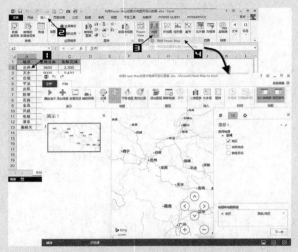

图 139-2　打开【Microsoft Power Map for Excel】界面

Step **2** 单击【地理和地图级别】选项中【国家/地区】的下拉箭头，在弹出的下拉列表中选择【国家/地区】选项，单击【下一步】按钮，同时分别勾选【实际完成】和【销售目标】复选框，创建默认的 3D 堆积柱形图，如图 139-3 所示。

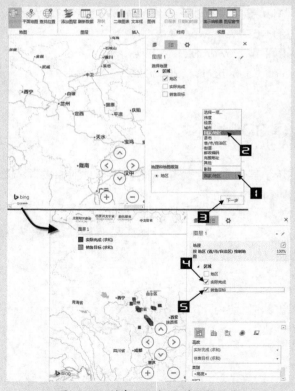

图 139-3　创建默认的 3D 堆积柱形图

本例中【国家/地区】用于匹配"目标完成数据列表"中地区的字段。在其他场景中，用户必须根据数据的实际情况来匹配"经度"、"纬度"、"城市"等其他选项，否则会出现【地图可信度报告】的可信度非 100%，甚至为 0%，也就是在 bing 地图上无法找到具体的地理位置，如图 139-4 所示。

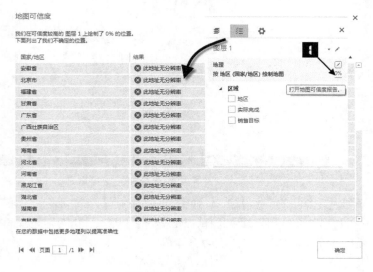

图 139-4　地图可信度报告

Step ③ 分别关闭【图例】、【演示编辑器】和【图层窗格】，并相应调整 3D 地图微调按钮，达到地图的最佳显示，如图 139-5 所示。

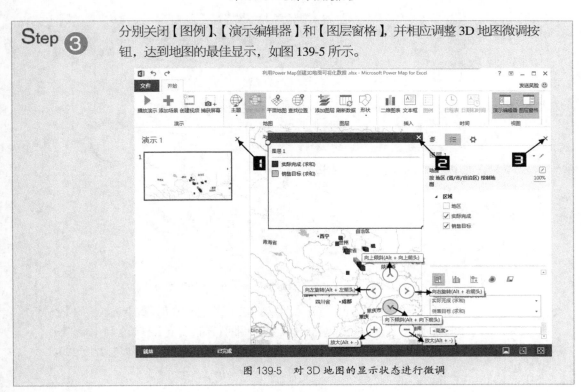

图 139-5　对 3D 地图的显示状态进行微调

Step ④　调整后的 3D 地图如图 139-6 所示，单击地图上任意一个柱形图系列将会弹出
该系列的相关信息。

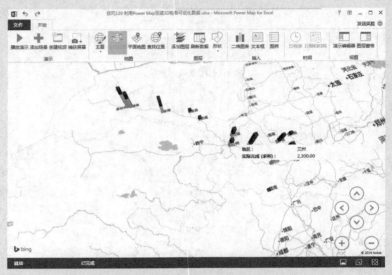

图 139-6　完成的 3D 地图

Step ⑤　单击【形状】的下拉按钮，在弹出的形状库中有"三角形"、"方形"、"圆形"、
"五边形"和"星形"可供选择，本例选择"圆形"，将堆积柱形图的形状由"方
形"改为"圆形"，如图 139-7 所示。

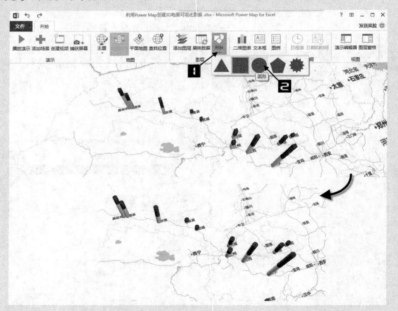

图 139-7　将堆积柱形图的形状由"方形"改为"圆形"

Step ⑥　单击【图层窗格】按钮，打开【图层窗格对话框】，在【设置】选项卡的【格
式设置】中，可以根据视觉需要调整柱形图的【不透明度】、【高度】和【厚度】，
同时还可以在【颜色】下拉列表中选择相应的系列，改变其显示颜色，如图 139-8
所示。

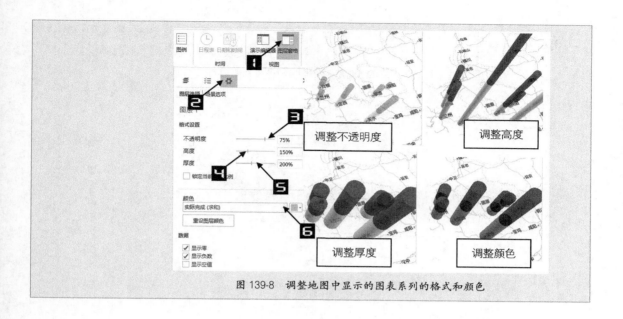

图 139-8 调整地图中显示的图表系列的格式和颜色

139.2 添加不同的演示场景

PowerMap 允许在同一张数据地图使用多个场景，每个场景可以进行独立的地图效果设置，场景之间互不影响。另外，在将来的"演示"过程中，不同的场景会依次播放，就如电影的情节展开一样。

Step ① 单击【添加场景】按钮，添加"场景 2"，选中"场景 2"，在【图层窗格对话框】中单击【字段列表】选项卡，选择【将可视化更改为簇状柱形图】图标，将 3D 地图的数据显示为簇状柱形图，如图 139-9 所示。

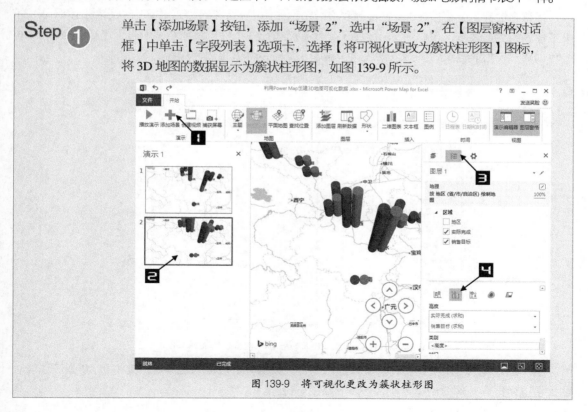

图 139-9 将可视化更改为簇状柱形图

Step ②　重复操作步骤 1 继续添加"场景 3"和"场景 4"，并将"场景 3"的可视化效果更改为"气泡图"，"场景 4"的可视化效果更改为"热度地图"，同时单击【平面地图】按钮，将 3D 地图改为平面地图，如图 139-10 所示。

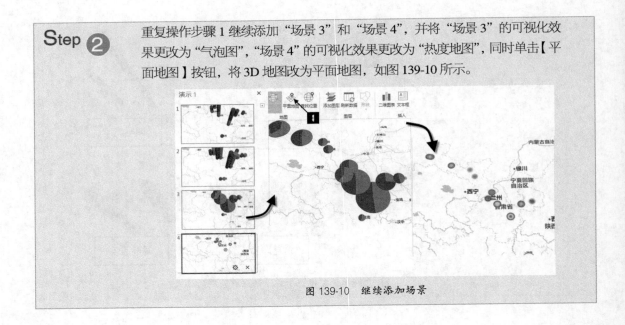

图 139-10　继续添加场景

技巧 140　为报表工作簿创建导航

做综合性数据分析报告时，往往需要在一个工作簿中列示若干张工作表来展示数据和图表。如果工作表的数量较多，仅使用 Excel 的工作表导航按钮并不能方便地查阅所有工作表。利用 Excel 函数创建一份报表目录，既可以解决这个难题，又可以体现报表制作者的专业性。

图 140-1　包含多张工作表的综合性数据分析报告工作簿

图 140-1 展示了一张某公司财务部进行综合性数据分析报告的工作簿，其中有 20 张工作表。如果希望为报表工作簿创建导航，可以参照以下步骤。

Step ①

在【公式】选项卡中单击【定义名称】按钮，在弹出的【新建名称】对话框的【名称】编辑框中输入"工作表名称"，在【引用位置】编辑框中输入如下公式，如图 140-2 所示。

引用位置=REPLACE(GET.WORKBOOK(1),1,FIND("]",GET.WORKBOOK(1)),"")&T(NOW())

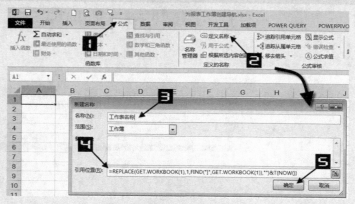

图 140-2　定义名称

公式解析：

首先利用 **GET.WORKBOOK(1)**取得当前工作簿中的所有工作表名，由于取得的工作表名带有路径和工作簿名称和"[ ]"，通过 FIND()函数来查找"]"的位置来确定工作簿名称的位置，利用 REPLACE()函数将"]"替换成空，得到工作表名称，加上**&T(NOW())**可以让公式实时更新。

Step ②

在第一张分析表的前面插入一张工作表，并命名为"报表目录"，在 B3～E3 单元格中分别输入"序号"、"报表链接"、"报表说明"和"备注"，用户可以根据实际需求自定义，在 B4 单元格中输入公式=ROW()-3，设定自动序号，接下来对表格进行美化，如输入报表名称、设置报表边框线等，如图 140-3 所示。

图 140-3　美化报表

Step ③

在 C4 单元格输入用于报表链接的公式，并复制到 C23 单元格，如图 140-4 所示。

```
=IF(ROW(1:1)>COLUMNS(工作表表名称)-1,"",HYPERLINK("#"&INDEX
(工作表表名称,ROW(2:2))&"!A1",INDEX(工作表表名称,ROW(2:2))))
```

图 140-4　输入链接公式

公式解析：

定义好的名称"工作表名称"返回了一个一行多列的横向数组，所以用 COLUMNS()函数取得当前工作簿的工作表总数。-1 是为了去除"报表目录"；ROW(1:1)返回的是当前引用的行号,利用 ROW(1:1)与 COLUMNS(工作表表名称)-1 进行比较，如果选中的单元格行号大于工作表数量，则返回空格，否则进行 INDEX(工作表表名称,ROW(2:2))公式的运算，返回的是工作表名称集合中的第 2 个工作表名称；最后利用 HYPERLINK()函数设置链接。

Step ④ 单击"经营情况财务分析表"，按<Shift>键，单击最后一个工作表"杜邦分析表"的工作表标签，选定所有报表，在 H1 单元格中输入公式后按回车键，所有报表中都已设置了返回报表目录的链接，如图 140-5 所示。

H1=HYPERLINK("#报表目录!A1","返回报表目录")

图 140-5　设置返回报表目录的链接

Step ⑤ 由于使用了宏表函数，必须按<F12>功能键，将工作簿另存为"Excel 启用宏的工作簿（*.xlsm）"。如果保存为"Excel 工作簿（*.xlsx）"，将会弹出 Excel 提示对话框，单击【是】按钮，保存为未启用宏的工作簿，再次打开工作簿时，将会出现错误值，无法使用报表导航；单击【否】按钮，重新保存工作表，如图 140-6 所示。

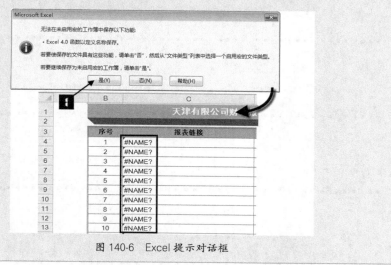

图 140-6　Excel 提示对话框

此外，保存后的工作簿被第一次打开时，还要单击【启用内容】按钮，正常显示报表目录的内容，如图 140-7 所示。只需单击一次，以后再次打开无需此操作。

图 140-7　工作簿被第一次打开时需要单击【启用内容】按钮

读书笔记

第三篇

函数公式导读

函数和公式是 Excel 的特色功能之一，也是最能体现其出色计算和快速处理能力的方面之一，灵活使用函数和公式可以大大提高数据处理分析的能力和效率。本篇主要讲解函数的结构组成、分类和公式的基本使用方法，以及引用、数据类型、运算符、数组、数组公式等一些基础性概念。理解并掌握这些概念，对进一步学习和使用函数与公式解决实际问题有很大帮助。

第 9 章 函数与公式基础介绍

Excel 中的函数公式是一个细致严谨且结构庞大的体系，要学习使用函数公式，有必要先了解函数公式的基本原理和规则。本章中涉及的主要内容包括函数公式的基本定义和结构、公式中的数据类型、引用类型、运算符类型以及有关函数公式的操作使用方法。

技巧 141 什么是公式

我们平时习惯把 Excel 里那些输入在单元格当中、可以自动运算的代码统称为 "函数公式"，而事实上，函数（Function）和公式（Formula）是彼此相关但又完全不同的两个概念。

严格地说，在 Excel 中，"公式" 是以 "＝" 号为引导、进行数据运算处理并返回结果的等式。"函数" 则是按特定算法执行计算的、产生一个或一组结果的、预定义的特殊公式。

因此，从广义的角度来讲，函数也是一种公式。

构成公式的要素包括等号 "＝"、运算符、常量、单元格引用、函数、名称等，如表 141-1 所示。

表 141-1   公式的组成要素

序　号	公　　式	说　　明
1	=20*6+5.8	包含常量运算的公式
2	=A1＋B2＋A3*0.5	包含单元格引用的公式
3	=期初-期末	包含名称的公式
4	=SUM(A1:A10)	包含函数的公式

 有关 "名称" 的详细介绍，请参阅技巧 237。

Excel 公式的功能是为了有目的地返回结果。公式可以用在单元格中，直接返回运算结果为单元格赋值；也可以在条件格式、数据验证等功能中使用公式，通过公式运算结果产生的逻辑值来决定用户定义的规则是否生效。

公式通常只能从其他单元格中获取数据来进行运算，而不能直接或间接地通过自身所在单元格进行计算（除非是有目的的迭代运算），否则会造成循环引用错误。

除此以外，公式不能令单元格删除（也不能删除公式本身），也不能对除自身以外的其他单元格直接进行赋值。

 有关循环引用的详细介绍，请参阅技巧 233。

技巧 **142**　公式中的运算符

142.1　运算符的类型及用途

运算符是构成公式的基本元素之一，每个运算符分别代表一种运算。如表 142-1 所示，Excel 包含 4 种类型的运算符：算术运算符、比较运算符、文本运算符和引用运算符。

◆ 算术运算符：主要包含加、减、乘、除、百分比以及乘幂等各种常规的算术运算；

◆ 比较运算符：用于比较数据的大小；

◆ 文本运算符：主要用于将文本字符或字符串进行连接和合并；

◆ 引用运算符：这是 Excel 特有的运算符，主要用于在工作表中产生单元格引用。

表 142-1　　　　　　　　　　　　　　公式中的运算符

符　号	说　明	实　例
-	算术运算符：负号	=7*-5=-35
%	算术运算符：百分号	=120*50%=60
^	算术运算符：乘幂	=5^2=25 =9^0.5=3
*和/	算术运算符：乘和除	=5*3/2=7.5
+和-	算术运算符：加和减	=12+7-5=14
=,<> >,< >=,<=	比较运算符：等于、不等于、大于、小于、大于等于和小于等于	=(A1=A2)　判断 A1 与 A2 相等 =(B1<>"Excel")　判断 B1 不等于"Excel" =(C1>=9)　判断 C1 大于等于 9
&	文本运算符：连接文本	="Excel" & "Home"返回"ExcelHome"
:	区域引用运算符：冒号	=SUM(A1:C15)　引用一个矩形区域，以冒号左侧单元格为矩形左上角，冒号右侧的单元格为矩形右下角
_（空格）	交叉引用运算符：单个空格	=SUM(A1:B5 A4:D9)　引用 A1:B5 与 A4:D9 的交叉区域,公式相当于 =SUM(A4:B5)
,	联合引用运算符：逗号	=RANK(A1,(A1:A10,C5:C20))　第 2 参数引用的区域包括 A1:A10 和 C5:C20 两个不连续的单元格区域组成的联合区域

142.2　公式的运算顺序

与常规的数学计算式运算相似，所有的运算符都有运算的优先级。当公式中同时用到多个运算符时，Excel 将按表 142-2 所示顺序进行运算：

表 142-2　　　　　　　　　　Excel 运算符的优先顺序

优先顺序	符　号	说　明
1	: _(空格) ,	引用运算符：冒号、单个空格和逗号
2	-	算术运算符：负号（取得与原值正负号相反的值）

续表

优先顺序	符　号	说　明
3	%	算术运算符：百分比
4	^	算术运算符：乘幂
5	*和/	算术运算符：乘和除（注意区别数学中的×、÷）
6	+和-	算术运算符：加和减
7	&	文本运算符：连接文本
8	=,<,>,<=,>=,<>	比较运算符：比较两个值（注意区别数学中的≤、≥、≠）

默认情况下，Excel 中的公式将依照上述顺序运算，例如：

`=5--3^2`

这个公式的运算结果并不等于

`=5+3^2`

根据优先级，最先组合的是代表负号的"-"与"3"进行负数运算，然后通过"^"与"2"进行乘幂运算，最后才与代表减号的"-"与"5"进行减法运算。这个公式实际等价于下面这个公式：

`=5-(-3)^2`

公式运算结果为-4。

如果要人为改变公式的运算顺序，可以使用括号强制提高运算优先级。

数学计算式中使用小括号()、中括号[]和大括号{}来改变运算的优先级别，而 Excel 中均使用小括号代替，而且括号的优先级将高于上表中所有运算符。

如果公式中使用多组括号进行嵌套，其计算顺序是由最内层的括号逐级向外进行运算。例如：

`=((A1+5)/3)^2`

先执行 A1+5 运算，再将得到的和除以 3，最后再进行 2 次方乘幂运算。

此外，数学计算式的乘、除、乘幂等，在 Excel 中的表示方式也有所不同，例如数学计算式：

$=(7+2)×[5+(10-4)÷3]+6^2$

在 Excel 中的公式表示为：

`=(7+2)*(5+(10-4)/3)+6^2`

 提示 如果需要做开方运算，例如要计算根号 3，可以用 **3^(1/2)** 来实现。

技巧 143　引用单元格中的数据

要在公式中取用某个单元格或某个区域中的数据，就要使用单元格引用（或称为地址引用）。

引用的实质就是 Excel 公式对单元格的一种呼叫方式。Excel 支持的单元格引用包括两种式样，一种为"A1 引用"，另一种为"R1C1 引用"。

143.1　A1 引用

A1 引用指的是用英文字母代表列标，用数字代表行号，由这两个行列坐标构成单元格地址的引用。

例如，C5 就是指 C 列，也就是第 3 列第 5 行的单元格，而 B7 则是指 B 列（第 2 列）第 7 行的单元格。

在 A~Z 26 个字母用完以后，列标采用两位字母的方式，继续按顺序编码，从第 27 列开始的列标依次是 AA、AB、AC...

在 Excel 2003 版中，列数最大为 256 列，因此最大列的列标字母组合是 IV。而在 Excel 2007 版以后，最大列数已经提升到 16 384 列，最大列的列标是 XFD。

而对于行号，Excel 2003 版中的最大行号是 65 536，Excel 2007 之后版本中的最大行号是 1 048 576。

143.2　R1C1 引用

R1C1 引用是另外一种单元格地址的表达方式，它通过行号和列号以及行列标识"R"和"C"一起来组成单元格地址引用。例如，要表示第 3 列第 5 行的单元格，R1C1 引用的书写方式就是"R5C3"，而"R7C2"则表示 B 列（第 2 列）第 7 行的单元格。

通常情况下，A1 引用方式更常用，而 R1C1 引用方式则在某些场合下会让公式计算变得更简单。例如，INDIRECT 函数中就包含了 R1C1 引用的用法。

提 示！ 有关 **INDIRECT** 函数的使用方法，可参阅技巧 200。

在【Excel 选项】对话框中，可以将公式的引用方式从常规的 A1 方式切换到 R1C1 方式，如图 143-1 所示。

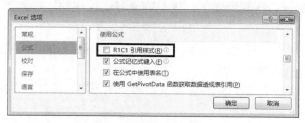

图 143-1　R1C1 引用样式选项

勾选【R1C1 引用样式】的复选框后，Excel 窗口中的列标签也会随之发生变化，原有的字母列标会自动转化为数字型列标，如图 143-2 所示。

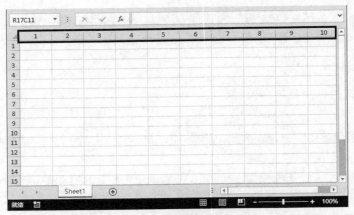

图 143-2　列标签显示数字

143.3　引用运算符

如果要对多个单元格组成的区域范围进行整体引用，就会用到引用运算符。Excel 中所定义的引用运算符有如下 3 类。

◆　区域运算符（冒号: ）：通过冒号连接前后两个单元格地址，表示引用一个矩形区域，冒号两端的两个单元格分别是这个区域的左上角和右下角单元格。

例如 C3:G7，它的目标引用区域就是图 143-3 所示的矩形区域。

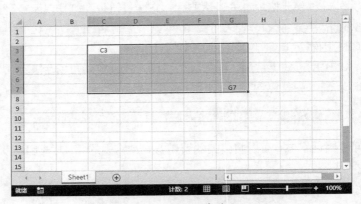

图 143-3　矩形区域引用

如果要引用整行，可以省略列标，例如 "5:5"，表示对第 5 行的整行引用。与此类似，C:E 则表示对 C、D、E 连续三列的整列引用。

◆　交叉运算符（空格）：通过空格连接前后两个单元格区域，表示引用这两个区域的交叠部分。

例如，(C3:G7 E5:H9)就表示引用 C3:G7 与 E5:H9 的交叉重叠区域，即 E5:G7 区域，如图 143-4 所示。

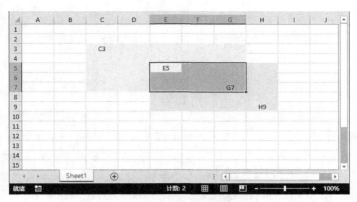

图 143-4　引用交叉区域

有一些函数支持对交叉区域的引用，例如：

```
=SUM(C3:G7 E5:H9)
```

其运算结果就等价于：

```
=SUM(E5:G7)
```

◆　联合运算符（逗号,）：使用逗号连接前后两个单元格或区域，表示引用这两个区域共同所组成的联合区域，他们之间可以是连续的，也可以是相互独立的非连续区域。

例如，(C3:G7,E9:H11)就表示引用 C3:G7 与 E9:H11 这两个区域共同所组成的联合区域，如图143-5 所示。

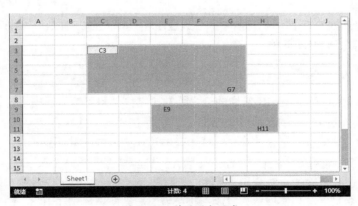

图 143-5　引用联合区域

有一些函数支持对联合区域的引用，例如公式：

```
=RANK(C3,(C3:G7,E9:H11))
```

表示计算 C3 单元格数值在 C3:G7 与 E9:H11 所组成的联合区域中的大小排名。

143.4　相对引用

图 143-6 所示的表格中显示了一份图书采购清单，假定需要根据图书购买数量和单价来计算每

一种书的总价格。

以第一本《Excel 2007 实战技巧精粹》为例，要计算其总价，可以在 D2 单元格中输入计算公式：

```
=B2*C2
```

使用这样的公式，将 B2 单元格中的数量与 C2 单元格中的单价简单相乘，就可以得到相应的总价格。如果要继续计算其他几本书的总价，并不需要在 D 列的每一个单元格中都单独输入公式，只需要复制 D2 单元格后粘贴到 D3:D9 单元格区域即可。还有更简便的方式，就是将 D2 单元格直接向下“填充”至 D9 单元格，填充的操作可以使用单元格右下角的十字形填充柄，也可以在同时选中 D2:D9 的情况下按<Ctrl+D>组合键。

提示！ 有关公式复制方法的详细介绍，可参阅技巧 145。

公式复制填充以后，可以得到所有图书的总价计算结果，如图 143-7 中 D 列所示。

	A	B	C	D
1	书名	数量	单价	总价
2	Excel 2007实战技巧精粹	12	88	
3	Excel 2010应用大全	25	99	
4	Excel 2010数据透视表应用大全	32	79	
5	Word 2010实战技巧精粹	28	69	
6	Excel 2010实战技巧精粹	36	88	
7	Excel 2010图表实战技巧精粹	26	69	
8	罗拉的奋斗：Excel菜鸟升职记	17	49	
9	Excel VBA实战技巧精粹	31	69	

相对引用

图 143-6　计算图书总价

	A	B	C	D	E
1	书名	数量	单价	总价	公式
2	Excel 2007实战技巧精粹	12	88	1056	=B2*C2
3	Excel 2010应用大全	25	99	2475	=B3*C3
4	Excel 2010数据透视表应用大全	32	79	2528	=B4*C4
5	Word 2010实战技巧精粹	28	69	1932	=B5*C5
6	Excel 2010实战技巧精粹	36	88	3168	=B6*C6
7	Excel 2010图表实战技巧精粹	26	69	1794	=B7*C7
8	罗拉的奋斗：Excel菜鸟升职记	17	49	833	=B8*C8
9	Excel VBA实战技巧精粹	31	69	2139	=B9*C9

相对引用

图 143-7　公式的复制和填充

为了让那些复制到 D 列其他单元格中的公式显示出具体内容，可以在 E2 单元格中输入下面的公式，然后向下填充到 E9 单元格：

```
=FORMULATEXT(D2)
```

FORMULATEXT 是 Excel 2013 新增的一个函数，其作用是可以显示出指定单元格中的公式内容。借助这个函数，图 143-7 的 E 列中显示出了 D 列所使用的公式内容。

通过此图可以发现，单元格公式在复制或填充的过程中的内容并不是一成不变的，其中表示单元格引用的 B2 和 C2 随着公式所在位置的不同而自动递增数字序号（B2、B3、B4……）。正是这种特性，极大地方便了公式的重复利用，使我们不需要为了单元格引用位置的变化而在各个单元格中单独输入不同的公式，而只需要输入其中一个公式，然后使用复制和填充，就能在某个区域范围内重复利用这个公式。

这种随着公式所在位置不同而自动改变单元格引用对象的方式称之为“相对引用”，其引用对象与公式所在的单元格保持相对一致的位置关系。

相对引用的单元格地址，例如 B2，在纵向复制公式时，行号会随之自动递增或递减（B3、B4、B5……），而在横向复制公式时，其中的列标也会随之自动顺延上一个或下一个字母（C2、D2、E2……）。公式所在的单元格与引用对象之间的行列间距始终保持一致。

143.5　绝对引用

如果要在图 143-8 所示的数据表格中计算每一种书在本次采购中所占的数量比例，可以在 C2 单元格中输入如下公式：

```
=B2/SUM($B$2:$B$9)
```

其中的 SUM 函数用来对 B2:B9 单元格区域中的数量求和，将此单元格向下复制填充至 C9 单元格，得到所有图书的比例计算结果。

公式复制以后的结果如图 143-9 中 C 列所示，同样可以在 D 列使用 FORMULATEXT 函数，获取 C 列的公式内容。

图 143-8　计算数量比例

图 143-9　计算结果和公式内容

从图中可以发现，在这个例子中，公式向下复制时，虽然其中被除数 B2 单元格的引用随着位置的变化而自动递增行号，但在 SUM 函数当中的 B2:B9 行号却始终保持固定不变。这种"固定"正是我们在这个例子中所需要的一种引用状态，因为在计算每一项所占比例时，都要以 SUM 函数所计算的数量总和作为分母，而这个计算总和的区域是需要保持固定不变的。

这种随公式所在位置变化而能保持固定不变的单元格引用方式称为"绝对引用"。在这里，这种绝对引用是通过在单元格地址的字母或数字前添加"$"符号实现的。在公式中，无论使用"B2:B9"还是"$B$2:$B$9"，都表示引用同一个单元格区域对象，但后者在添加"$"符号后，可以使得引用对象不会随公式所在单元格的变化而改变，始终保持引用同一个固定对象。

完全的"绝对引用"需要在单元格地址的字母和数字前都加上"$"符号，这样添加使得无论公式复制到何处都能保持绝对的固定。例如，图 143-9 中所示的 $B$2:$B$9 就是一个彻底的绝对引用地址。

而如果只在列标前添加"$"符号，可在公式的横向复制过程中始终保持列标不变，例如$C3；如果在行号前添加"$"符号，可在公式的纵向复制过程中始终保持行号不变，例如 C$3。这种单元格引用中只有行列某部分固定的方式也称为"混合引用"。

有了相对引用、绝对引用以及混合引用这几种单元格引用方式，加以合理的搭配，就可以设计出更加灵活和高效的公式，就能用一个能够适应不同位置变化的通用型公式来应用到一组或多组数据运算当中，提高公式的复用率，降低维护和修改公式的成本，提高工作效率。

因此，本书中如果涉及需要在整行或整列中使用同一个公式进行复制应用的情况，通常只列出首个单元格中的具体公式内容，同行或同列中的其他公式均可以通过此公式复制而得，不再逐一详细罗列。

技巧 **144**　引用不同工作表中的数据

144.1　跨表引用

在 Excel 公式中，可以引用其他工作表的数据参与运算。假设要在 Sheet1 表中直接引用 Sheet2 表的 C3 单元格，则公式为：

```
=Sheet2!C3
```

这个公式中的跨表引用由工作表名称、半角叹号（!）、目标单元格地址 3 部分组成。

除了直接手动输入公式外，还可以采用在工作表上直接"点选"的模式来快速生成引用，操作步骤如下：

Step 1 在 Sheet1 表的单元格中输入公式开头的 "=" 号。

Step 2 单击 Sheet2 的工作表标签，切换到 Sheet2 工作表，再选择 C3 单元格。

Step 3 按<Enter>键结束。此时就会自动完成这个引用公式。

144.2　跨工作簿引用

在 Excel 公式中，还可以引用其他工作簿中的数据，假设要引用工作簿 Book2 的 Sheet1 工作表的 C3 单元格，公式为：

```
=[Book2.xlsx]Sheet1!C3
```

如果当前 Excel 工作窗口中同时打开了被引用工作簿，也可以采用前面所说的直接点选方式自动产生引用公式。

如果被引用的工作簿当前没有被打开，引用公式中被引用工作簿的名称需要包含完整的文件路径，如公式：

```
='D:\工作目录\[Book2.xlsx]Sheet1'!C3
```

请留意其中的半角单引号的使用。

技巧 145　公式的快速批量复制

公式可以连同公式所在的单元格一起进行单元格"复制"、"粘贴"操作，以便让公式快速应用到更多的运算需求中。下面几种比较常用的公式复制技巧可以提高工作效率。

方法 1　拖曳填充柄

选中公式所在单元格，鼠标移向该单元格右下角，当鼠标指针显示为黑色"十字"填充柄时，按住鼠标左键横向或纵向拖动，可将公式复制到其他单元格区域。如图 145-1 所示。

书名	数量	单价	总价
Excel 2007实战技巧精粹	12	88	1056
Excel 2010应用大全	25	99	
Excel 2010数据透视表应用大全	32	79	
Word 2010实战技巧精粹	28	69	
Excel 2010实战技巧精粹	36	88	
Excel 2010图表实战技巧精粹	26	69	
罗拉的奋斗：Excel菜鸟升职记	17	49	
Excel VBA实战技巧精粹	31	69	

拖曳 →

总价
1056
2475
2528
1932
3168
1794
833
2139

图 145-1　拖曳填充柄

方法 2　双击填充柄

当鼠标指针显示为黑色十字填充柄的时候，也可以双击填充柄直接填充，公式所在单元格会自动向下填充，直至其填充位置下方的邻接区域中出现整行的空行。

方法 3　快捷键填充

选中需要填充的目标区域，其中以公式所在单元格为首行，然后按<Ctrl+D>组合键即可执行"向下填充"命令，如图 145-2 所示。如果需要向右填充，可以使用<Ctrl+R>组合键。

图 145-2　使用快捷键填充

方法 4　选择性粘贴

复制公式所在单元格，然后选中粘贴的目标区域，右击，在弹出的快捷菜单中选择粘贴选项中的"公式"图标（带有 fx 字样），如图 145-3 所示。这种做法的好处是不会改变目标区域中的单元格格式。

书名	数量	单价	总价
Excel 2007实战技巧精粹	12	88	1056
Excel 2010应用大全	25	99	
Excel 2010数据透视表应用大全	32	79	
Word 2010实战技巧精粹	28	69	
Excel 2010实战技巧精粹	36	88	
Excel 2010图表实战技巧精粹	26	69	
罗拉的奋斗：Excel菜鸟升职记	17	49	
Excel VBA实战技巧精粹	31	69	

图 145-3　选择性粘贴公式

方法 5　多单元格同时输入

连同现有公式的单元格一起，选中其他需要复制公式的单元格区域，将鼠标定位到编辑栏中的公式，按<Ctrl+Enter>组合键，这样就可以将起始单元格中的公式复制到区域中的其他单元格中。

区别：方法 1、方法 2、方法 3 是复制单元格操作，起始单元格的格式、条件格式、数据验证等属性也将一同被覆盖到填充区域。方法 4、方法 5 不会改变填充区域的单元格属性。方法 5 还可用于非连续单元格区域的公式输入。

技巧 **146**　公式的自动扩展

除了手动填充或复制公式，在满足一些条件的情况下，随着数据工作区域的扩大，公式还会自动扩展复制到新的区域当中。

在 Excel 功能区上依次单击【文件】→【选项】，打开【Excel 选项】对话框，在左侧选择【高级】类别，然后在右侧勾选【扩展数据区域格式及公式】的复选框，开启公式扩展功能（此选项在默认情况下已开启），如图 146-1 所示。

在自动扩展选项开启的环境下，当单元格区域中有连续 4 个或 4 个以上单元格具有重复使用的公式，

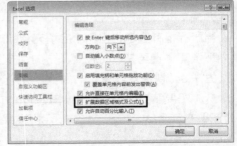

图 146-1　扩展数据区域格式及公式

如果继续在公式所引用单元格区域的第 5 个单元格中输入数据时，公式将自动扩展到第 5 行。例如：

 Step 1　在 A1:A4 中输入数字。

Step 2　在 C1 单元格中输入公式=A1*5，并将公式复制到 C1:C4 单元格区域。

Step 3　在 A5 单元格中输入数据，此时 C5 将会自动填入公式=A5*5。

> **提示！**　除了这种自动扩展方式外，在"表格"（Table，2003 版中称为"列表"）中使用公式时，也会有自动扩展的效果。有关在"表格"中使用公式的详细情况，请参阅技巧 148。

技巧 **147**　自动完成公式

Excel 2013 中的系统内置函数多达 400 多个，要记住如此多的函数名称及参数，是非常困难的。【公式记忆式键入】功能可以在用户输入公式时出现相关的函数名称，帮助用户快速完成公式输入。

> **提示！**　"公式记忆式键入"选项在英文版中的名称为 Formula AutoComplete，可以理解为"公式自动完成"，它在 Excel 中所起的实际作用也是帮助用户完成函数或公式的完整输入，因此这项功能也经常会被称为"公式自动完成"功能。

默认情况下，Excel 中已经开启记忆式键入选项，如果不确定当前是否启用了这个功能，可以在功能区上依次单击【文件】→【选项】，打开【Excel 选项】对话框，在左侧选择【公式】类别，右侧显示如图 147-1 所示，在其中可以找到【公式记忆式输入】选项。

图 147-1　公式记忆式键入选项

除此以外，用户也可以在公式编辑模式下按 <Alt+↓>组合键来切换是否启用"公式记忆式键入"功能。

启用"公式记忆式键入"功能后，编辑或输入公式时，就会自动显示以输入的字符开头的函数下拉列表，图 147-2 中就显示了输入字母"m"以后出现的函数列表。此时，在键盘上按上、下方向键，或用鼠标在列表中选择不同的函数，其右侧将显示此函数用途的简介。双击鼠标或者按<Tab>键，可将此函数自动添加到当前的编辑位置，既提高了输

图 147-2　自动出现相关函数名称列表

入效率，又确保输入函数名称的准确性。这样即使使用者记不清完整的函数名称拼写，也可以凭借提示的信息找到自己所需的函数。

如果列表中出现的函数比较多，可以试着输入更多的字符，这样能缩小列表中可选函数的范围，更容易找到意向中的目标，效果如图 147-3 所示：

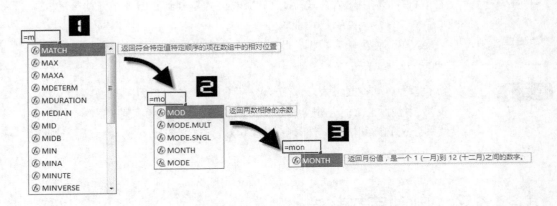

图 147-3 列表随着输入内容的增多而缩小范围

> **提示**
> 如果文档中确实存在这些对象，出现在提示列表中的除了函数名，还会包括用户定义的名称、"表格"名称以及"表格"的相关字段等内容。

> **注意**
> 公式记忆式键入与单元格值的记忆式键入功能是完全不同的两个功能。

技巧 148 公式中的结构化引用

148.1 直观的结构化引用

"表格"（Table，2003 版中称为"列表"）是 Excel 中的一种结构化工具，它可以将普通的单元格区域转换成更具有组织性和结构性的表格，这个结构化的表格具有单独的名称和作用范围，还具有易于扩展、便于格式应用、有利于统计分析等特性。

例如，图 148-1 中的 A:D 列单元格区域中就构建了一个名为"表 1"的表格。

> **提示**
> 有关表格的创建方法，请参阅技巧 100。

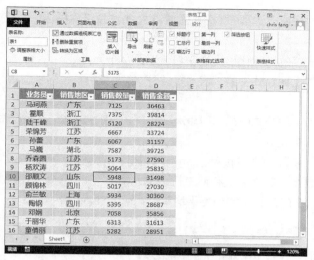

图 148-1　表格和表格工具选项卡

在图 148-1 中的【表格工具】选项卡中勾选【表格样式选项】中的【汇总行】，表格区域的最下方会显示一行汇总行，单击汇总行中的单元格，可以在下拉菜单中选择求和、平均值等快速统计功能。例如，在 D19 单元格选择"求和"功能后，单元格将出现如下公式：

```
=SUBTOTAL(109,[销售金额])
```

如图 148-2 所示。

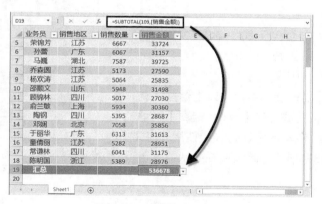

图 148-2　汇总行的公式

这个公式中用方括号所包围的"[销售金额]"部分，就是一种公式中的表格结构化引用方式，它表示引用表格中整个"销售金额"字段区域，即 D2:D18 单元格区域。

这种结构化引用至少有两个好处：第一是方便公式的阅读理解，直接使用列标题或字段名称代替单元格地址的引用，可以很方便地知道公式引用的对象，也会给修改公式带来便利；第二是当表格因自动扩展而发生区域变化时，不需要在公式内修改引用范围即可自动适应新的表格区域，公式依然有效。

除了在汇总行内使用结构化引用的公式，也可以在表格外部的公式中直接引用表格中的元素。例如，要统计"四川"地区的销售总量，可以在表格外的区域中，例如 G2 单元格中输入以下公式：

```
=SUMIF(表1[销售地区],"四川",表1[销售数量])
```

如果在输入公式时用鼠标选取 B2:B18 区域，Excel 也会自动将这个区域的引用转化为 "表 1[销售地区]" 的结构化引用。

在公式中，使用表格的结构化引用通常包含以下几个元素。

◆　表名称：例如上面公式中的 "表 1"，可以单独使用表名称来引用除标题行和汇总行以外的 "表" 区域。

◆　列标题：例如上面公式中的 "[销售地区]" 和 "[销售数量]"，用方括号包含，引用的是该列除标题和汇总以外的数据区域。

◆　表字段引用：共有 4 种，即[#全部]、[#数据]、[#标题]、[#汇总]，其中[#全部]引用 "表" 区域中的全部（含标题行、数据区域和汇总行）单元格。

例如，要在图 148-2 中计算总的销售平均单价，可以输入以下公式：

`=表 1[[#汇总],[销售金额]]/SUM(表 1[销售数量])`

其中，"表 1[[#汇总],[销售金额]]" 就表示引用了 "销售金额" 字段的汇总单元格。

◆　同行引用：用@符号表示对同一行中的表格内容进行引用。

例如，在前面表格的 E2 单元格中可以输入以下公式，计算每位销售人员的销售额排名：

`=RANK([@销售金额],[销售金额])`

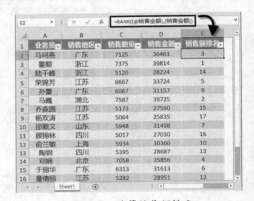

图 148-3　计算销售额排名

如图 148-3 所示。

上述公式中的 "[@销售金额]" 就表示对同一行中的 "销售金额" 字段数据进行引用。

如果是引用整行，则表示为 "[@]"。

需要说明的是，要在公式中使用以上这些表格的结构化引用元素，前提是在【Excel 选项】对话框中的【公式】选项中勾选【在公式中使用表名】的复选框，如图 148-4 所示。此选项在默认情况下已勾选。

图 148-4　在公式中使用表名

148.2　自动扩展

表格具有自动扩展功能，当在表格的邻接单元格中输入新的数据时，表格区域就会自动扩展到相应的行或列，与此同时，表格中的格式也会自动应用到这些区域中。因此，在 Excel 中，也经常利用表格的这一特性，使用表格作为图表或数据透视表的数据源，以方便数据源的动态更新。

除此以外，表格中使用的公式也有自动扩展的功能，在某一列数据区的任意一个单元格中输入公式，将自动扩展至该列的整个数据区。例如，在图 148-3 的 E2 单元格中输入计算销售额排名的公式，回车后单元格中的公式会自动扩展到 E3:E18 单元格区域，不再需要使用填充功能来复制公式，这也是表格在使用上比较便利的一个方面。

技巧 149　慧眼识函数

函数（Function）是 Excel 中预先定义的公式模块，它的运算方法封装在 Excel 内部，并不直接显露，但它可以通过给定的参数（有些函数不需要参数），经过内部运算得到相应的结果。

例如，要计算 A1:A10 单元格区域中数值的平均值，如果直接采用数学运算的方式，可以使用如下公式：

```
=(A1+A2+A3+A4+A5+A6+A7+A8+A9+A10)/10
```

如果使用函数进行上述运算，则可以替换为如下公式：

```
=AVERAGE(A1:A10)
```

使用这个预先定义了求取平均值的函数 AVERAGE，将这个公式运算过程简化。作为使用者来说，不需要关心平均值需要先求和再除以个数这些具体算法，而只需要把需要统计的参数提供给 AVERAGE 函数，剩下的工作都交给函数自己来完成。

一个函数的必要组成部分包括函数名称和一对半角的括号。例如：

```
=PI()
```

PI 是这个函数的名称，它可以返回圆周率 π 的数值。这个函数并不需要额外的参数，但仍需附带一对括号，以表示这是一个函数（如果没有括号，一般会被识别为定义名称或其他元素）。

有的函数需要给定参数才能正确运算，例如：

```
=SUM(A1:A10)
```

这个公式中的"A1:A10"是提供给 SUM 函数的参数，它表示需要对 A1:A10 单元格区域进行求和运算。改变参数的内容，就会影响函数的运算结果。

有的函数具有多个参数，并且每个参数具有固定位置，参数之间必须使用逗号与前一个参数分隔，而无法跳过中间某个参数。例如：

```
=IF(A1>0,"正数")
```

IF 函数通常包含 3 个参数，其中第 3 个参数可以省略，因此它在只有两个参数的时候也能正常工作。但在只有两个参数的时候，Excel 只会认定 IF 函数省略了最后一个参数，而不会认为它跳过了第 2 个参数。

此外，除某些函数约定可以省略部分参数外，通常情况下不能输入少于或多于函数自身所必需的参数个数，比如输入如下公式：

```
=IF(A1>0)
=IF(A1>0,"正数","负数",0)
```

结束编辑时，前者将弹出"发现此公式有问题"的警告窗口，如图 149-1 所示。后者则将弹出"您已为此函数输入太多个参数"的警告窗口，如图 149-2 所示。

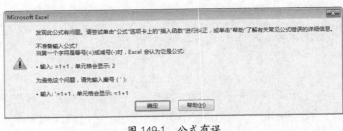

图 149-1　公式有误

图 149-2　输入过多参数错误警告

函数的参数可以是常量、单元格引用、计算式或其他函数，当一个函数作为另一个函数的参数使用时，称为函数的嵌套。例如如下公式：

```
=IF(A1>0,SUM(B:B),"")
```

其中，SUM 函数用做 IF 函数的第二参数，成为 IF 函数的嵌套函数。通过这种嵌套式的组合运用，可以像搭积木一样设计出比单一函数功能更强大的公式，提高使用函数公式解决问题的能力。因此，虽然 Excel 当中只有 400 多个函数，但通过它们互相组合构建而成的公式可以千变万化、无穷无尽，这也正是函数公式的魅力所在。

技巧 150　妙用函数提示

"函数屏幕提示"是 Excel 2007 以后的新增功能，在 Excel 高级选项中可以开启此功能，此选项在默认情况下已开启。

150.1　提示函数语法

在单元格中或编辑栏中编辑公式时，当用户输入函数名称及紧跟其后的括号时，编辑位置附近会自动出现函数语法提示信息，效果如图 150-1 所示。

```
=vlookup(
VLOOKUP(lookup_value, table_array, col_index_num, [range_lookup])
```

图 150-1　函数语法和参数提示信息

提示信息中显示了完成此函数所需要的参数，如图 150-1 中输入的 VLOOKUP 函数包括 4 个参数，分别为 "lookup_value"、"table_array"、"col_index_num" 和 "range_lookup"。除此以外，在公式编辑状态下，光标当前位置对应的参数会以加粗字体显示，如图中所显示的 "lookup_value" 参数。

150.2　参数含义提示

部分函数中的一些参数可以决定这个函数的运算方式和类型，例如，VLOOKUP 函数的"range_lookup"参数、RANK 函数的"order"参数、MATCH 函数的"match_type"参数等。当用户使用这些函数的这些参数时，Excel 的函数屏幕提示功能会自动显示这个参数的可能取值及其所代表的含义作用，如图 150-2 所示。

图 150-2　提示参数的取值和含义

有了这样的提示信息，即使对函数语法不是特别熟悉，也可以很方便地根据提示信息正确地运用函数。

150.3　快速选定相应参数

如果公式中已经填入了函数参数，则在提示信息上单击参数名称时，会自动在公式中以黑色背景突显该参数的所在部分（包括使用嵌套函数作为参数的情况）。例如，在图 150-3 中，在提示信息中单击 VLOOKUP 函数的第 2 参数"table_array"时，则公式中所对应的"B2:C19"整个第 2 参数部分将被选定并突出显示。

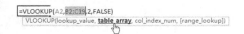

图 150-3　单击参数定位到公式中的相应位置

150.4　获取函数帮助信息

将鼠标移至函数提示信息上的函数名称，并单击此函数名称，可以快速打开 Excel 帮助窗口，并显示与此函数相关的帮助信息，如图 150-4 所示。

 关于函数参数的省略和简写的具体区分，请参阅技巧 151。

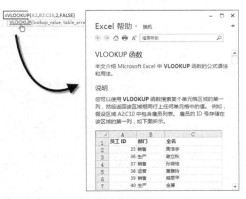

图 150-4　单击函数名称打开相应的函数帮助

技巧 **151**　函数参数的省略与简写

　　使用函数时，去除函数的某一参数及其前面的逗号，称为"省略"该参数。在函数中，如果省略了某个参数，Excel 会自动以一个事先约定的数值代替这个参数值，作为默认参数值。在 Excel 函数帮助文件的语法介绍中，通常会以"忽略"、"省略"、"可选"、"默认"等词来描述这些可以省略的参数，并且会注明省略参数后的默认取值。

　　在 Excel 帮助中查看函数语法，例如，VLOOKUP 函数的语法显示如图 151-1 所示，其中的

```
VLOOKUP(lookup_value, table_array, col_index_num, [range_lookup])
```

　　显示了 VLOOKUP 函数所需的各参数，其中第 4 个参数 range_lookup 的两侧包含一对方括号 []，表示这个参数在实际使用时可以省略，这样的参数也称为"可选参数"。

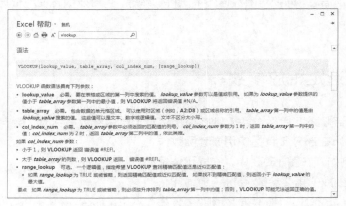

图 151-1　VLOOKUP 函数的语法

　　常见函数参数省略的情况如表 151-1 所示：

表 151-1　　　　　　　　　　　函数参数省略状态下的默认值

函数名称	参数位置及名称	省略参数后的默认情况
IF	第 3 个参数 [value_if_false]	默认为 FALSE
LOOKUP	第 3 个参数 [result_vector]	默认为数组语法
MATCH	第 3 个参数 [match_type]	默认为 1
VLOOKUP	第 4 个参数 [range_lookup]	默认为 TRUE
HLOOKUP	第 4 个参数 [range_lookup]	默认为 TRUE
INDIRECT	第 2 个参数 [a1]	默认为 A1 引用样式
OFFSET	第 4 个参数 [height] 第 5 个参数 [width]	默认与第 1 个参数的尺寸一致
FIND(B)	第 3 个参数 [start_num]	默认为 1
SEARCH(B)	第 3 个参数 [start_num]	默认为 1
LEFT(B)	第 2 个参数 [num_chars]	默认为 1
RIGHT(B)	第 2 个参数 [num_chars]	默认为 1
SUBSTITUTE	第 4 个参数 [instance_num]	默认为替换所有匹配第 2 个参数的字符
SUMIF	第 3 个参数 [sum_range]	默认对第 1 个参数 range 进行求和

需要注意的是，由于函数的参数均具有固定位置，因此，省略函数的某个参数时，则该参数必须是最后一个参数或者连同其后面的参数一起省略。例如，在下面的公式中，OFFSET 函数的第 4、5 个参数被一起省略，而无法只省略第 4 个参数并保留第 5 个参数。

```
=OFFSET(A1,1,2)
```

如果仅使用逗号占据参数位置而不输入具体参数值，则称为该参数的"简写"。简写与省略有所不同。这种简写方式经常用于代替逻辑值 FALSE、数值 0 或空文本等参数值，如表 151-2 所示：

表 151-2　　　　　　　　　　　　　函数参数简写

原 公 式	简写后的公式
=VLOOKUP(A1,B1:C10,2,FALSE) =VLOOKUP(A1,B1:C10,2,0)	=VLOOKUP(A1,B1:C10,2,)
=MAX(A1,0)	=MAX(A1,)
=IF(B2=A2,1,0)	=IF(B2=A2,1,)
=OFFSET(A1,0,0,10)	=OFFSET(A1,,,10)
=OFFSET(A1,0,0,1,1)	=OFFSET(A1,,,,)
=SUBSTITUTE(A1,"a","")	=SUBSTITUTE(A1,"a",)
=REPLACE(A1,2,3,"")	=REPLACE(A1,2,3,)

函数参数省略与简写的区分在于是否用逗号保留参数位置，例如：

```
=OFFSET(A1,1,2,,5)
```

在公式中，第 4 个参数位置仍然保留，因此属于简写方式。其等价于：

```
=OFFSET(A1,1,2,0,5)
```

很多时候，简写参数只是为了输入时的简便，但对于公式的阅读和理解，却可能造成困难。因此，在本书的函数公式部分，除特别注明以外，大部分公式都不采用简写方式，以便于理解。

技巧 152　理解公式中的数据

152.1　数据类型

在 Excel 中，可以输入、编辑和存放数据，虽然大部分用户在输入和使用数据时并不太会感觉到数据之间的类型区别，但在 Excel 内部，会把数据区分为不同的数据类型，即文本、数值、日期、逻辑值、错误值等几种类型。这些不同的数据类型关系到数据的不同特性以及针对它们的不同处理方式。

在公式中，用一对半角双引号（""）所包含的内容表示文本，例如，"Excel"是由 5 个字符组成的文本。

数值是由负数、正数或零组成的数，通常由 0～9 这十个数字及正负符号、小数点、百分比、科学计数等符号所组成，每一个数值都代表了数轴上的一个具体存在的数。

日期与时间是数值的特殊表现形式，每一天用数值 1 表示，每 1 小时的值为 1/24，每 1 分钟的值为 1/24/60，每 1 秒钟的值为 1/24/60/60。

Excel 中的逻辑值只有 TRUE 和 FALSE 两个，一般用于返回某表达式是真或假。

由于某些计算原因，Excel 公式无法返回正确结果，显示为错误值。一般可分为 8 种，请参阅技巧 234.1。

 数字与数值是两个不同的概念。数字本身不是一种数据类型，它可以以文本型数字和数值型数字两种形式存在，比如=CHAR(49) 得到的 1 为文本型数字。而数值是一种具体的数据类型，是由负数、零或正数组成的数据。

152.2 数据排序规则

Excel 对不同数据排列顺序的规则如下：

···、-2、-1、0、1、2、···、A-Z、FALSE、TRUE

表示在排序时，数值小于文本，文本小于逻辑值，错误值不参与排序。

例如如下公式：

=7<"六"
=7<"6"

这两个公式均返回 TRUE，表示大小判断正确，但实际仅表示数值 7 排在文本"六"、"6"的前面，而不代表具体的数字大小意义。

 此规则仅用于排序，不同类型的数据比较大小没有实际意义。如果用户的目的是比较数值大小，建议将两数相减以后的结果与 0 比较大小的方法来进行判断。

技巧 153 计算规范与限制

153.1 数字计算精度限制

在 Excel 计算规范中，允许键入的最大数值为 9.99999999999999E＋307（科学记数法，读做 9.99999999999999 乘以 10 的 307 次方），但计算精度仅为 15 位，能够满足一般计算的精度要求。但是，当需要使用超过 15 位的数字型长字符串时，如目前使用的第二代身份证号码为 18 位，直接输入时，第 16 位及其后的数字将被自动替换为 0。

例如，假定 A1 单元格的数字格式为"常规"，在其中输入 123456789012345678，单元格将显示以科学计数法表示的数值 1.23457E＋17（根据单元格列宽，实际显示的小数位数会有所不同），而编辑栏中可以看到 Excel 已将输入数值自动转变为 123456789012345000。最后三位数字 678 被丢失了，如果要对这样的数据进行处理，难免会发生差错。

下面两种方法可以避免这种强制转换，保留所有的数字显示：

（1）在单元格上右击，在弹出的快捷菜单中选择【设置单元格格式】命令或按<Ctrl＋1>组合键，打开【设置单元格格式】对话框，在【数字】选项卡中设置单元格格式为文本后再输入数字。

（2）输入数字时，用半角单引号开头，如输入'123456789012345678。

这两种方法的原理都是以文本型数字来保存数据，规避了数值的有效位数限制。

 如未设置文本格式，输入的数字长字符串 15 位后变为 0 的过程是不可逆过程，无法通过后续设置单元格格式等操作进行数据恢复。因此必须先设置单元格数字格式再进行输入操作。

此外，公式计算过程中产生的数值精度也是 15 位，例如下面的公式会错误地返回 TRUE 的结果：

```
=999999999999999+3=1000000000000000
```

除此以外，还需注意的是，虽然可以将这些超长数字以文本形式输入和存储，但在某些函数的运算过程中，仍会以 15 位的有效位数进行运算。

例如，在图 153-1 显示的 A 列数据清单中包含了一组 18 位身份证号码，如果希望核对一下 C3 单元格中的号码在 A 列中出现的次数，通常会想到用 COUNTIF 函数来构建公式：

```
=COUNTIF(A2:A16,C3)
```

这个公式表示使用 COUNTIF 函数在 A2:A16 单元格区域范围内统计 C3 单元格中的号码出现在其中的次数。在这个例子中，上述公式的运算结果为 2，表示 A 列中有两个号码与 C3 的相同，而从图中观察，实际 A 列除了第一个号码与 C3 完全一致以外，并没有其他任何一个号码与其完全相同，唯一比较接近的是 A9 单元格，它们两者的号码前 15 位均全部相同，但是后 3 位数字有所区别。

图 153-1　身份证号码对比

问题就是出在 COUNTIF 函数上面，在进行比对统计过程中，它只有 15 位的数字精度，超过 15 位的数字部分都被认为完全相同，因此它把 A9 单元格的号码也认作与 C3 单元格中的完全相同，造成了这种错误的统计结果。

要避免这种情况发生，可以用其他函数和比对方法来替代，例如，将函数修改为以下公式：

```
=SUMPRODUCT(--(A2:A16=C3))
```

因此，在使用超过 15 位的数字字符时，后续处理中需要多留个心眼。

153.2　函数嵌套层数限制

当一个函数作为另一个函数的参数使用时，这两个函数形成了嵌套关系，例如：

```
=IF(A1>0,SUM(B1:B10),15)
```

在这个公式中，SUM 函数作为 IF 函数的参数，这两个函数形成了函数嵌套。

在 Excel 2003 版本中，函数嵌套的层次关系被限制在 7 层以下，而在 Excel 2013 版中，所允许的最大嵌套层次为 64 层，基本已经满足绝大多数的公式需求。

例如，要将 A1 中字符串"我 1621 爱 3256 学 433 习 74E53x6c47e8l9l31"的数字去掉，得到字符串"我爱学习 Excel!"，在 Excel 2013 中就可以这样书写如下公式：

```
=SUBSTITUTE(SUBSTITUTE(SUBSTITUTE(SUBSTITUTE(SUBSTITUTE(SUBSTITUTE(SUBSTITUTE(SUBSTITUTE(SUB
STITUTE(SUBSTITUTE(A1,0,),1,),2,),3,),4,),5,),6,),7,),8,),9,)
```

 函数的嵌套并不等同于数学计算式中使用括号的嵌套进行运算层级的划分，运算式的括号嵌套并不受此层级次数的限制。

153.3　函数参数个数的限制

Excel 中的有些函数，参数的个数不是固定不变的，例如 SUM 函数、COUNT 函数、CHOOSE 函数、CONCATENATE 函数等，它们都可以使用一个或多个参数来进行运算。例如如下公式：

```
=SUM(3,4,6,A1:A10,15,C2:C5,21)
```

但参数的个数也并不是无限多个，在 Excel 2003 版本中，允许的最多参数个数为 30 个，而在 Excel 2007 版以后，包括现在的 Excel 2013 中，这个上限提升到 255 个。对大部分公式来说，这个数量也足够使用了。如果还是希望减少参数占用数量，可以将其中部分单元格引用用括号包围起来，形成联合引用，这样只会占据一个参数的位置。

例如，可以将上面的公式改写为如下公式：

```
=SUM((A1:A10,C2:C5),3,4,6,15,21)
```

其中，括号中（A1:A10,C2:C5）的内容在 SUM 函数中只作为其中的一个参数，从而节省了整个 SUM 函数中所使用的参数数量。

技巧 154　以显示的精度进行计算

在 Excel 中，通过设置单元格格式，可以更改单元格内所显示的保留的小数位数。例如，在

C4 单元格中输入 15.1681，可以设置单元格数字格式为"数值"、小数位数设置为 1，就会使 C4 单元格自动四舍五入显示为 15.2。如图 154-1 所示。

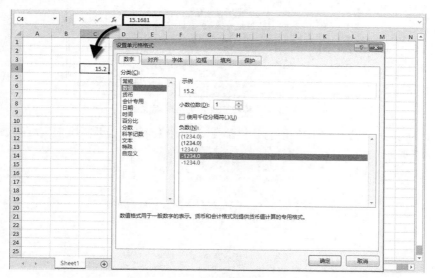

图 154-1　设置单元格显示的小数位数

但是，如果要引用 C4 单元格的数据来进行公式运算，会发现运算过程中并不是以当前所显示的 15.2 来运算，而仍旧以单元格中的实际数值 15.1681 来计算。例如，在 B4 单元格中输入以下公式：

```
=C4*5
```

公式结果会返回 75.8405，而不是预期中的 76，如图 154-2 所示。

图 154-2　根据单元格实际取值进行计算

为了避免出现这种数值外观显示和实际运算精度不相符的情况，除了在公式中使用 ROUND 函数等舍入进位函数进行预先处理外，也可以通过选项设置，强制要求 Excel 根据单元格当前所显示的精度来进行运算。

在 Excel 功能区上依次单击【文件】→【选项】，打开【Excel 选项】对话框，在左侧选择【高级】类别，然后在右侧勾选【将精度设为所显示的精度】复选框，就可以完成这个设置。如图 154-3 所示。

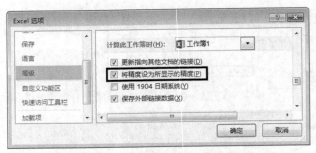

图 154-3　将精度设为所显示的精度

设置此选项以后，此工作簿中的所有公式都会以单元格当前所显示的数值精度来进行运算，效果如图 154-4 所示。

图 154-4　以显示精度进行计算

　设置此选项的工作簿中的所有工作表计算精度将降低，但不会影响其他工作簿。

技巧 155　将文本型数字转换为数值

图 155-1 显示了一份销售数据表的统计情况，合计行采用的是常规的 SUM 函数汇总求和，其中 C11 单元格中的运算公式如下：

```
=SUM(C2:C10)
```

D11 单元格的公式如下：

```
=SUM(D2:D10)
```

	A	B	C	D
1	业务员	销售地区	销售数量	销售金额
2	马珂燕	广东	7125	36463
3	霍顺	浙江	7375	39814
4	陆千峰	浙江	5120	28224
5	荣锦芳	江苏	6667	33724
6	孙蕾	广东	6067	31157
7	马巍	湖北	7587	39725
8	乔森圆	江苏	5173	27590
9	杨欢涛	江苏	5064	25835
10	邵顺文	山东	5948	31498
11	合计		44995	0

图 155-1　文本型数字求和有误

这是常规的汇总统计方式，大多数情况下，通过这样的统计可以统计出销售数量和销售金额的两项合计数。

但是，在这个例子当中，仔细验证会发现，C11 单元格的合计值 44 995 与 C 列中的实际合计并不一致，而 D11 单元格所得到的结果 0 也明显有误。产生这种错误的原因，在于表格中包含了部分文本型数字，例如 C6、C9 单元格以及 D2:D10 单元格区域中的数字均为文本格式，导致 SUM 函数求和公式统计结果不正确。

文本型数字可以作为数值直接参与四则运算，但当此类数据以数组或单元格引用的形式作为某些统计函数（如 SUM、AVERAGE 和 COUNT 函数等）的参数时，将被视为文本，而不能自动转化为数值参与运算像这个例子这样，由于这种文本型数字在外观上与普通数值没有明显区别，因此这种错误常常令人很头疼。

为了让这些文本型数字能够正确地参与函数运算，可以将其转换为数值，常用的转换方法有以下几种。

155.1　利用查错工具批量转换

仔细观察可以发现，图 155-1 中的 C6、C9 单元格以及 D2:D10 单元格的左上角都显示了一个绿色三角，这是 Excel 默认开启"错误检查"的情况下所显示的错误标识。这里显示这种错误标识，正是因为 Excel 发现了单元格中存在以文本格式保存的数字而发出的警告。

选中 D2:D10 单元格区域，单元格左侧会弹出显示为黄色感叹号的错误指示器，单击这个黄色感叹号，并在下拉菜单中选择【转换为数字】命令，就可以将选中单元格中的文本型数字批量转换为数值。如图 155-2 所示。

C6 和 C9 单元格可以按照同样的方法转换出来。转换成数值以后，原有的求和公式就能统计出正确的结果，如图 155-3 所示：

图 155-2　利用错误检查工具转换文本为数值　　　　图 155-3　转换成数值以后正确运算

 有关错误检查选项的详细内容，请参阅技巧 234.2。

155.2　公式转换方法

有时，文本型数字并不是直接出现在单元格中，而是产生于公式运算的中间过程，例如，使用 LEFT 函数、MID 函数、TEXT 函数等文本函数的运算结果、文本合并符（&）合并计算的结果等，都是文本型数字，对其进行后续运算时，如果不注意文本和数值的类型区别，也可能造成类似的错误情况。

例如，图 155-4 所示的表格是某企业的员工信息表，其中员工编号中包含了所在部门的信息，其字母后的两位数字对应了具体的部门代号，F列和G列中显示了代号和部门之间的具体对应关系。现在需要根据这个部门对应关系找出每位员工所属的部门，填写在 C 列当中。

对于这类查询问题，通常的做法是先通过 MID 函数提取出 B 列员工编号当中的字母后两位数字，然后使用 VLOOKUP 函数，在 F:G 的区域内进行匹配查询。

提取两位数字的公式如下：

```
=MID(B2,2,2)
```

然后将这部分运算结果作为查询对象，在 F:G 列区域中进行匹配查询，嵌套组合以后适合用在 C2 单元格的公式如下：

```
=VLOOKUP(MID(B2,2,2),F:G,2,0)
```

虽然从直觉上来说，上面这个公式可以获取我们想要的结果，但在实际使用中会发现，这组公式返回错误值#N/A，原因就在于 MID 函数的运算结果是一个文本型的数字，而在进行匹配查询时，F 列的查询目标却是数值型，两者数据类型不同，造成 VLOOKUP 函数无法得到正确结果，如图 155-5 所示。

图 155-4　通过员工编号中的数字查询其所在部门　　　　图 155-5　查询出现错误的结果

针对上述情况，在不改变表格数据源的情况下，可以通过公式本身的改造来使其恢复正常运算功能，思路是将 MID 函数提取出来的两位部门代号转换成数值类型，使其与 F 列的数据类型保持一致，然后再进行匹配查询。

根据文本型数字的特性，可以使用数学上的加减乘除运算，或使用 VALUE 函数将其转换成数值。因此，要将 MID 函数的提取结果转换成数值，有以下几种处理方法：

```
=1*MID(B2,2,2)

=0+MID(B2,2,2)

=MID(B2,2,2)-0

=MID(B2,2,2)/1

=--MID(B2,2,2)

=VALUE(MID(B2,2,2))
```

其中，第 5 个公式在 MID 函数前输入两个减号，表示"减负运算"，其实质是下面公式的简化：

```
= 0--MID(B2,2,2)
```

经验证，由于减负运算的效率略高于其他方法，因而实际应用中通常会采用这种方式来进行文本到数值的转换。因此，C2 单元格可以使用的合理公式如下：

```
=VLOOKUP(--MID(B2,2,2),F:G,2,0)
```

结果如图 155-6 所示。虽然与原公式相比只增加了两个减号，但这却是起着关键作用不容忽视的两个符号。

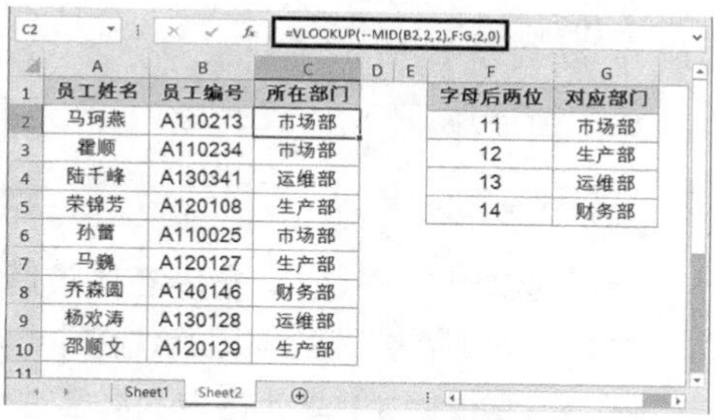

员工姓名	员工编号	所在部门		字母后两位	对应部门
马珂燕	A110213	市场部		11	市场部
翟顺	A110234	市场部		12	生产部
陆千峰	A130341	运维部		13	运维部
荣锦芳	A120108	生产部		14	财务部
孙蕾	A110025	市场部			
马巍	A120127	生产部			
乔森圆	A140146	财务部			
杨欢涛	A130128	运维部			
邵顺文	A120129	生产部			

图 155-6　数值转换后得到正确的结果

技巧 156　逻辑值与数值的互换

在 Excel 中，逻辑值包括 TRUE 和 FALSE。TRUE 表示逻辑判断为“真”，例如“3>2”的逻辑运算结果为 TRUE，表示“3 大于 2”这个判断符合逻辑，是可以成立的正确判断。反之，FALSE 则表示逻辑判断为“假”，表示判断结果不正确或不能成立。

在 Excel 中，某些情况下，逻辑值与数值可以直接互相转换或替代。

156.1　逻辑值与数值互换准则

在 Excel 中，逻辑值与数值之间的关系可归纳为下面几条准则：

（1）在四则运算中，TRUE=1，FALSE=0

例如公式：

```
=1*TRUE
```

返回结果为 1，而公式：

```
=2-FALSE
```

返回结果为 2。

（2）在逻辑判断中，0=FALSE，所有非 0 数值=TRUE

例如公式：

```
=IF(-3,"正确","错误")
```

返回的结果是文本“正确”，而公式：

```
=IF(0,"正确","错误")
```

则返回结果为“错误”。

（3）在比较运算中，数值<文本<FALSE<TRUE

例如公式：

```
=TRUE>1
```

返回结果为 TRUE，表示这个比较运算的大小关系成立，而公式：

```
=FALSE=0
```

则返回结果为 FALSE，表示在比较运算中 FALSE 与 0 之间并不等价。

这 3 条准则在公式的编写和优化中起着重要的作用。

例如，要根据 A1 单元格中的员工性别来判断退休年龄，如果为"男性"，退休年龄为 60，如果为"女性"，退休年龄为 55。可以使用以下公式：

```
=(A1="男性")*5+55
```

在公式中，通过 A1 单元格文本内容是否为"男性"的逻辑判断得到一个逻辑值，然后通过乘法运算使其转变成 0 或 1 的数值（为 TRUE 时即为 1，为 FALSE 时即为 0），在得到 55 的基础上 +0 或 +5，即可得到两种变化情况。

又例如，A1:A10 单元格区域中存放了一组员工姓名，要统计其中"方"姓员工的人数，可以使用如下公式：

```
=SUMPRODUCT(--(LEFT(A1:A10)="方"))
```

这个公式将"LEFT(A1:A10)="方""这部分逻辑运算所得到的逻辑值通过减负运算转换为数值 0 和 1（遵循第 1 条原则），然后对 0 和 1 进行求和运算，得到最终的个数统计结果。

逻辑值转换为数值的公式方法与技巧 155.2 中介绍的几种方法比较类似，但其中的 VALUE 函数并不适用，取而代之的是 N 函数，例如上述公式也可以替换为如下公式：

```
=SUMPRODUCT(N(LEFT(A1:A10)="方"))
```

156.2　用数学运算替代逻辑函数

逻辑函数中的 AND 函数和 OR 函数常被用于多个条件项的"与"、"或"判断。

例如，要判断 A1 单元格中的数值是否在 70 和 120 之间，可以用到 AND 函数：

```
=IF(AND(A1>=70,A1<=120),"正确","错误")
```

AND 函数在其中多个逻辑判断同时成立时会返回 TRUE，而只要其中任意一个条件为 FALSE，函数结果就会返回 FALSE。因此，这个逻辑函数 AND 的运算方式与数学上的乘法十分相似，通常也可以用乘法运算来替代。例如，上述公式等价于：

```
=IF((A1>=70)*(A1<=120),"正确","错误")
```

当多个逻辑判断的结果均为 TRUE 时，他们的乘积结果为 1，即表示 TRUE；而如果其中有任何一项逻辑判断结果为 FALSE，则整个乘积的结果就为 0，即表示 FALSE。

基于相同的原理，还可以使用加法运算来替代 OR 函数。OR 函数表示或者之意，其中的多个逻辑判断，只要有一个成立时，就会返回 TRUE 的逻辑结果。例如，要判断 A1 单元格中的员工姓名是否为"陈"姓或"方"姓，使用 OR 函数的公式如下：

```
=IF(OR(LEFT(A1,1)="陈",LEFT(A1,1)="方"),"符合","未符合")
```

上述公式可以用加法运算替代为：

```
=IF((LEFT(A1,1)="陈")+(LEFT(A1,1)="方"),"符合","未符合")
```

 有关 AND 函数、OR 函数等逻辑函数的详细使用技巧，可参阅技巧 164。

技巧 157　正确区分空文本与空单元格

157.1　空单元格与空文本的差异

当单元格中未输入任何数据或公式，或者单元格内容被清空时，该单元格被认作 "空单元格"。
而在 Excel 公式中，使用一对半角双引号""来表示 "空文本"，表示文本里什么也没有，其字符长度为 0。

空单元格和空文本在 Excel 公式的使用中有着共同的特性，但又需要进行区分。

例如，假定 A1 单元格是空单元格，而 B1 单元格内包含公式：

```
=""
```

这两个单元格之间存在以下一些特性：

◆　从公式角度来看，空单元格等价于空文本，下面两个公式均返回 TRUE：

```
=A1=""
=A1=B1
```

◆　空单元格同时等价于数值 0，下面这个公式返回 TRUE：

```
=A1=0
```

◆　但空文本不等于数值 0，下面这个公式返回 FALSE：

```
=B1=0
```

◆　ISBLANK 函数可以判断空单元格，例如，下面的公式返回 TRUE：

```
=ISBLANK(A1)
```

而下面的公式返回 FALSE：

```
=ISBLANK(B1)
```

综上所述，公式中出现的空文本在某些环境下会体现出空单元格的一些特性，但它并不是真正的空单元格，通常为了与"真空单元格"进行区分，把这一类称之为"假空单元格"。

由于空单元格有时会被当做数值 0 处理，因此在进行一些不能忽略 0 的公式统计时，务必需要排除空单元格的干扰。

157.2　让空单元格不显示为 0

由于空单元格有时会被当做数值 0 处理，因此当公式最终返回的结果是对某个空单元格的引用时，公式的返回值并不是空文本，而是数值 0，这时会给使用者带来迷惑。

例如，图 157-1 中的 A 列和 B 列统计了一些员工的剩余年假天数，其中有部分统计存在缺失情况，留有空白单元格，如 B6 单元格。如果要在 F3 单元格中根据 E3 单元格中的员工姓名来查询其剩余的年假天数，可以使用 VLOOKUP 函数来构建查询公式：

```
= VLOOKUP(E3,A2:B10,2,0)
```

通常情况下，这个公式可以正常返回结果，但当 E3 单元格的查询对象是"孙蕾"时，由于其对应的 B 列单元格是空白单元格，上述公式的结果就会返回为 0。这样的公式结果显然会给人造成迷惑，无法区分到底其剩余年假天数确实为 0 天还是没有查询到相应的数据。

因此，为了区分这两种不同的状态，避免空单元格的公式结果显示为 0，可以人为地将其构造为"假空"，即采用与空文本合并的办法来实现：

```
= VLOOKUP(E3,A2:B10,2,0)&""
```

使用上述公式以后，当 VLOOKUP 的查询结果为空单元格时，整个公式的返回结果即为空文本，公式所在单元格表现为空单元格的外观（假空单元格），不再与数值 0 的情况发生混淆，如图 157-2 所示：

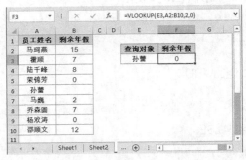

图 157-1　剩余年假查询

图 157-2　处理成空文本的结果

第 10 章　数组公式入门

数组公式是一种较复杂但更高效的公式运用方式，一旦学会使用数组公式，就将真正体会到函数公式的美妙和强大。本章将简单介绍数组公式的基本常识，涉及的内容包括数组公式的原理和使用方法、数组运算的方式以及数组公式中的逻辑运算。

技巧158　什么是数组

158.1　数组的概念及分类

在 Excel 中，数组（Array）是由一个或多个元素构成的有序集合，这些元素可以是文本、数值、逻辑值、日期、错误值等。元素构成集合的方式有按行排列或按列排列，也可能两种方式同时包含。根据数组的存在形式，又可分为常量数组、区域数组和内存数组。

◆　常量数组

常量数组的所有组成元素均为常量数据，其中文本必须由半角双引号包括。所谓的常量数据，指的就是在使用中不会发生变化的固定数据，单元格引用、函数公式的运算结果都不属于常量。

常量数组的表示方法为用一对大括号（{}）将构成数组的常量包括起来，各常量数据之间用分隔符间隔。可以使用的分隔符包括半角分号（;）和半角逗号（,），其中分号用于间隔按行排列的元素，逗号用于间隔按列排列的元素。

例如：

```
{"甲",20;"乙",50;"丙",80;"丁",120;"戊",150;"己",200}
```

这就是一个 6 行 2 列的常量数组。如果将这个数组填入表格区域，数组的排列方式如图 158-1 所示。

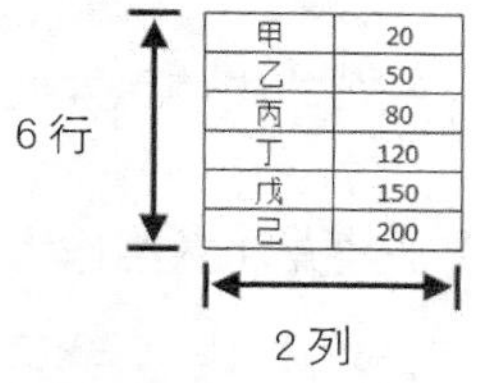

◆　区域数组

区域数组实际上就是公式中对单元格区域的直接引用。例如：

```
=SUMPRODUCT(A2:A5*B2:B5)
```

公式中的 A2:A5 与 B2:B5 都是区域数组。

◆　内存数组

图 158-1　6 行 2 列的数组

内存数组是指通过公式计算返回的结果在内存中临时构成，并且可以作为一个整体，直接嵌套到其他公式中，继续参与计算的数组。例如：

```
=SMALL(A1:A10,{1,2,3})
```

在这个公式中，{1,2,3}是常量数组，而整个公式得到的计算结果为 A1:A10 数据中最小的 3 个数组成的 1 行 3 列的内存数组。假定 A1:A10 区域中所保存的数据分别是 101～110 这 10 个数值，那么这个公式所产生的内存数组就是{101,102,103}。

158.2　数组的维度和尺寸

数组具有行、列及尺寸的特征，数组的尺寸由行列两个参数来确定，M 行 N 列的二维数组是由 M*N 个元素构成的。常量数组中用分号或逗号分隔符来辨识行列，而区域数组的行列结构则与其引用的单元格区域保持一致。例如，常量数组{"甲",20;"乙",50;"丙",80;"丁",120;"戊",150;"己",200}包含 6 行 2 列，一共由 6×2=12 个元素组成，如图 158-1 中所示。

数组中的各行或各列中的元素个数必须保持一致，在单元格中输入={1,2,3,4;1,2,3}，将返回错误警告，这是因为它的第 1 行有 4 个元素，而第 2 行只有 3 个元素，各行尺寸没有统一，因此不能被识别为数组。

上面这样同时包含行列两个方向元素的数组称为"二维数组"，与此区分的是，如果数组的元素都在同一行或同一列中，则称之为"一维数组"。例如，{1,2,3,4,5}就是一个一维数组，它的元素都在同一行中，由于行方向也是水平方向，因此行方向的一维数组也称为"水平数组"。与此类似的，{1;2;3;4;5}就是一个单列的"垂直数组"。

如果数组中只包含一个元素，则称为单元素数组，如{1}、ROW(1:1)、ROW()、COLUMN(A:A)等。与单个数据不同，单元素数组虽然只包含一个数据，却也具有数组的"维"的特性，可以被认为是 1 行 1 列的一维水平或垂直数组。

技巧 159　多项计算和数组公式

159.1　多项计算

在公式中使用数组运算时，根据公式或函数的用法以及目的的不同，通常有两种不同的计算方式：

一种是将数组作为一个整体进行运算，运算的结果通常也只有单个数据，例如如下公式：

```
=SUM(A1:A5)
```

公式中对 A1:A5 区域数组的整体进行求和运算。

另一种是对数组中的每个元素分别且同时运算，数组的直接运算结果或公式的最终结果通常会返回一组数据，例如如下公式：

```
{=SUM(A1:A5*(A1:A5>0))}
```

这个公式中的"(A1:A5)>0"表示对区域数组 A1:A5 中的每个元素进行了是否大于零的判断，得到一组逻辑值，然后再与 A1:A5 这个区域数组相乘。相乘的过程中又是两个数组中的每个元素分别对应相乘，得到一个新数组，最后才由 SUM 函数对这个新数组的数据求和。

假定 A1:A5 单元格中的数值分别为-5、7、4、-9 和 8，上述公式的运算过程如图 159-1 所示，公式的最终结果为 19。

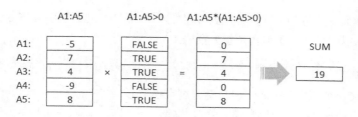

图 159-1　多项计算的运算过程

此类将数组参数的各项元素分别进行计算的过程称为"多项计算"。

159.2　数组公式

上面所使用的公式：

```
{=SUM(A1:A5*(A1:A5>0))}
```

公式两端包含一对大括号 {}，这对括号并不是在公式中直接输入产生的，而是通过特殊按键方式产生的。在常规编辑公式的过程中，公式编辑完成后会按回车键，在结束编辑的同时激活公式，以便让公式开始运算并得到结果。而在以上这种特殊的公式中，编辑公式完成时不再是直接按下回车键，而是按<Ctrl+Shift+Enter>组合键来代替。按键结束时，Excel 会自动为公式添加上两侧的大括号，同时激活此公式的数组运算方式。这一对大括号实际上就是标记此公式为"数组公式"的特殊暗号，通知 Excel 系统需要对其中的数组采用多项计算方式。

如果需要进行多项计算的数组公式没有正确地以<Ctrl+Shift+Enter>组合键结束编辑，而是按下<Enter>键生成普通公式，那么它的运算结果可能会无效（只运算了数组中的单个元素），甚至出现错误值。

Excel 帮助文件中对数组公式的说明为"对一组或多组值执行多项计算，并返回一个或多个结果。数组公式括于大括号（{ }）中。按<Ctrl+Shift+Enter>可以输入数组公式"。

数组公式并不能与多项计算完全画上等号，为了便于统一理解，不管公式是否执行多项计算，只要输入公式时以按下<Ctrl+Shift+Enter>组合键结束操作，就称该公式为数组公式。

一旦发现公式中希望它们能按照多项计算方式进行运算的数组没有按预期的方式计算，可以尝试按<Ctrl+Shift+Enter>组合键，让公式运行于数组公式模式下。

 在本书中，除了特别说明之外，所有的数组公式都会在公式两端以大括号作为标记。在 Excel 中实际使用这些公式时，不需要真实地输入这些大括号符号。

技巧 **160** 　多单元格数组公式

假定 A1:A5 单元格区域中的数值分别为-5、7、4、-9 和 8，此时选中 C4:C8 这 5 个单元格，然后在编辑栏中输入以下公式（不包含两侧大括号）:

`{=A1:A5*(A1:A5>0)}`

完成后按下<Ctrl+Shift+Enter>组合键，结束操作，这样就完成了一组"多单元格数组公式"的输入效果，如图 160-1 所示。

观察 C4:C8 区域中的每一个单元格，可以发现其中所含的都同样是如下公式:

`{=A1:A5*(A1:A5>0)}`

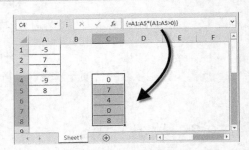

图 160-1　多单元格数组公式

与常规的公式复制填充有所不同，这里没有产生相对引用作用下的行号自动递增现象。

这种在多个单元格使用同一公式，并按照数组公式按<Ctrl+Shift+Enter>组合键结束编辑的输入方式形成的公式，称为多单元格数组公式。

使用多单元格数组公式能够保证在同一个范围内的公式具有同一性，并且可以在选定的范围内完全展现出数组公式运算所产生的数组结果（每个单元格分别显示数组结果中的一个元素）。而在常规方式当中，即使数组公式的最终运算结果是一个数组，也无法在单个单元格当中完全展现。

图 160-2　多单元格数组公式不能局部更改

创建此类公式后，公式所在的任何单元格都不能被单独编辑，否则将出现警告对话框，如图 160-2 所示。

需要注意的是，要使用多单元格数组公式在单元格区域中显示数组运算结果，必须选择与公式中所使用的数组相同尺寸的单元格区域，否则将无法完整显示数组结果或产生错误值。

例如，在上述案例中，输入公式时所选取的单元格区域 C4:C8 就与公式中所引用的 A1:A5 单元格区域的尺寸完全一致，因此可以正确返回完整的结果。如果选中 E4:E10 单元格区域并输入同样的公式，超出数组尺寸的部分将显示#N/A 错误值，如图 160-3 所示。

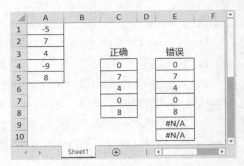

图 160-3　尺寸不符时显示错误值

使用多单元格数组公式，也只是输入方式上的一种特殊方法，根据公式的内容，它所返回的结果也有可能是单值。

技巧 **161**　数组的直接运算

161.1　数组与单值直接运算

数组与单值（或单元素数组）可以直接运算（所谓"直接运算"，指的是不使用函数，直接使用运算符对数组进行运算），返回一个数组结果，并且与原数组相同尺寸。如表 161-1 所示：

表 161-1　　　　　　　　　　　　数组与单值直接运算

序　号	公　式	说　明
1	=3+{1;2;3;4}	返回{4;5;6;7}，尺寸与{1;2;3;4}同
2	={2}*{1,2,3,4}	返回{2,4,6,8}，尺寸与{1,2,3,4}同
3	=ROW(2:2)*{1,2,3,4}	返回{2,4;6,8}，尺寸与{1,2,3,4}同

161.2　同方向一维数组之间的直接运算

两个同方向的一维数组直接进行运算，会根据元素的位置进行一一对应运算，生成一个新的数组结果，并且新数组的尺寸和纬度都与原先的数组保持一致。例如如下公式：

={1;2;3;4}>{2;1;4;3}

返回结果如下：

{FALSE;TRUE;FALSE;TRUE}

公式运算过程如图 161-1 所示。

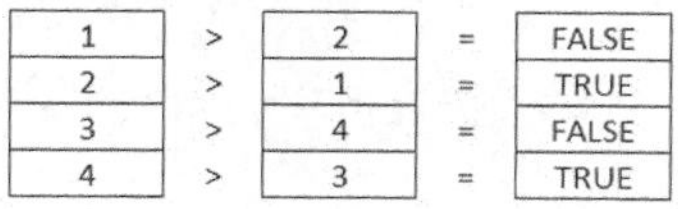

参与运算的两个一维数组通常需要具有相同的尺寸，否则结果中会出现错误值，例如：

={1;2;3;4}>{2;1}

返回结果如下：

{FALSE;TRUE;#N/A;#N/A}

图 161-1　相同方向一维数组运算

161.3　不同方向一维数组之间的直接运算

两个不同方向的一维数组，即 M 行垂直数组与 N 列水平数组进行运算，其运算方式如下：数组中每一元素分别与另一数组的每一元素进行运算，返回 M×N 二维数组。例如如下公式：

={1;2;3;4}*{2,3,5}

返回结果如下：

```
{2,3,5;4,6,10;6,9,15;8,12,20}
```

公式运算过程如图 161-2 所示。

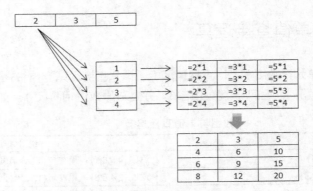

图 161-2 不同方向一维数组运算

161.4 一维数组与二维数组之间的直接运算

如果一个一维数组的尺寸与另一个二维数组某个方向的尺寸一致时，可以在这个方向上与数组中的每个元素进行一一对应的运算。即 M 行 N 列的二维数组可以与 M 行或 N 列的一维数组进行运算，返回一个 M×N 的二维数组。

例如如下公式：

```
={1;2;3;4}*{1,2;2,3;4,5;6,7}
```

返回结果如下：

```
{1,2;4,6;12,15;24,28}
```

公式运算过程如图 161-3 所示。

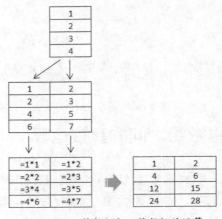

图 161-3 二维数组与一维数组的运算

如果两个数组之间没有完全匹配的尺寸，则会产生错误值，例如如下公式：

```
={1;2;3;4}*{1,2;2,3;4,5}
```

返回结果如下：

```
{1,2;4,6;12,15;#N/A,#N/A}
```

161.5　二维数组之间的直接运算

如果两个二维数组具有完全相同的尺寸，也可以直接运算，运算中将每个相同位置的元素两两对应进行运算，返回一个与它们的尺寸一致的二维数组结果。

例如如下公式：

```
={1,2;2,3;4,5;6,7}*{3,5;2,7;1,3;4,6}
```

返回结果如下：

```
{3,10;4,21;4,15;24,42}
```

公式运算过程如图 161-4 所示。

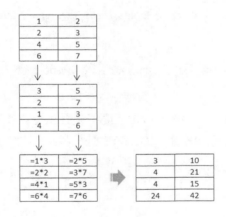

图 161-4　二维数组间的运算

如果参与运算的两个二维数组尺寸不一致，会产生错误值，生成的结果以两个数组中的最大行列尺寸为新的数组尺寸。例如如下公式：

```
={1,2;2,3;4,5;6,7}*{3,5;2,7;1,3}
```

返回结果为：

```
{3,10;4,21;4,15;#N/A,#N/A}
```

除了上面所说的直接运算方式，数组之间的运算还包括使用函数。部分函数对参与运算的数组尺寸有特定的要求，例如，MMULT 函数要求 Array1 的列数必须与 Array2 的行数相同，而不一定遵循直接运算的规则。

技巧 162　数组公式中的逻辑运算

AND 函数和 OR 函数分别可以进行"逻辑与"和"逻辑或"运算，但在需要执行多项计算的数组公式中，AND 函数和 OR 函数仅能返回单值 TRUE 或 FALSE，无法返回数组结果。

例如，A1:A5 单元格区域中包含一组数据 25、34、27、15 和 18，要统计其中大于 20 的数据个数，可以使用如下数组公式：

```
{=SUM((A1:A5>20)*1)}
```

要统计其中大于 20 且小于 30 的数据个数，如果单纯从逻辑运算的角度考虑，就是在上述公式的基础上增加一项 A1:A5<30 的逻辑判断，同时与之前的 A1:A5>20 进行逻辑与的运算。从这个思路出发，可能会用 AND 函数来构建如下公式：

```
{=SUM(AND(A1:A5>20,A1:A5<30)*1)}
```

但事实上，上面这个公式并不能有效运作，原因就在于 AND 函数不能执行多项运算，不会将两个逻辑数组中的每一项元素分别进行逻辑与运算，而只会将两个数组中的元素视为一个整体，只能返回单值。

上述公式在这个例子中的运算方式如下：

```
=SUM(AND({TRUE;TRUE;TRUE;FALSE;FALSE},{TRUE;FALSE;TRUE;TRUE;TRUE})*1)
```

实际等效为：

```
=SUM(AND(TRUE;TRUE;TRUE;FALSE;FALSE;TRUE;FALSE;TRUE;TRUE;TRUE)*1)
=SUM(FALSE*1)
```

正确的做法应该是使用乘法运算替代 AND 函数，用加法运算替代 OR 函数。乘法或加法的算术运算可以实现数组的多项运算。例如，上述公式可以改为：

```
{=SUM((A1:A5>20)*(A1:A5<30))}
```

运算过程如图 162-1 所示：

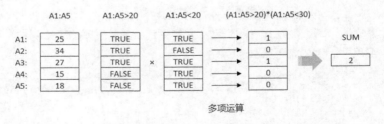

图 162-1　用乘法实现的数组多项逻辑运算

使用乘法或加法进行数组的逻辑运算之后，会将逻辑值转换成 1 和 0 的数值，其后续的运算可以利用这一特点来构建公式。

例如，要统计 A1:A5 当中大于 20 且小于 30 的数据的和值，可以使用以下数组公式：

```
{=SUM((A1:A5>20)*(A1:A5<30)*A1:A5)}
```

这个公式直接使用数组的算术运算得到求和的数组参数。

如果要统计其中大于 20 且小于 30 的数据的平均值，可以使用下面的数组公式：

```
{=AVERAGE(IF((A1:A5>20)*(A1:A5<30),A1:A5))}
```

这个公式使用 IF 函数进行逻辑运算，得到满足条件的数据与 FALSE 值所组成的结果数组，后续 AVERAGE 统计平均值的过程中将忽略 FALSE 值，只对有效数据进行统计。

上面这两种是很常见的使用数组公式的逻辑运算用法。

读书笔记

第四篇

常用函数介绍

Excel 内置了大量函数，根据功能用途可以对它们进行不同分类。本篇使用大量应用实例介绍不同类别的 Excel 常用函数的使用技巧，主要包括信息与逻辑、文本处理、日期与时间计算、数学与三角计算、查找与引用、统计分析以及财务函数。通过对本篇的学习，读者能够逐步熟悉 Excel 常用函数的使用方法和应用场景，并有机会深入了解其不为人知的特性。

第 11 章　逻辑判断与信息获取

本章涉及的函数分类主要包括信息函数、逻辑函数以及 Excel 2013 中新增的 Web 函数，这几类函数的运用主要与逻辑运算、数据类型的检验、表格信息的获取和网络数据的获取相关。

技巧 163　用 IF 函数做选择题

IF 函数是 Excel 公式中使用频率最高的函数之一。它可以对一个条件进行判断，然后分别给出判断成立和不成立时的两种结果，很简单地就把目标划分成了非此即彼的二元体系，就好像是给数据做了一道只有两个选项的选择题。

IF 函数语法如下：

```
IF(logical_test, [value_if_true], [value_if_false])
```

当第一参数的运算结果为逻辑值“真”或者第一参数是非 0 数值时，函数返回第二参数的值；当第一参数的运算结果为逻辑值“假”或者第一参数的数值为 0 时，函数返回第三参数的值，如果此时第三参数被省略，则直接返回 FALSE。

某企业想要根据员工职位来划定不同的差旅费用标准，规定职位为“主管”的员工享受的差旅费用标准为 600 元，其余职位的费用标准为 400 元。图 163-1 中显示了部分员工的职位信息，如果要根据上述规则为每一位员工计算出相应的差旅标准并填写在 C 列当中，可以在 C2 单元格中输入以下公式，并向下填充：

```
=IF(B2="主管",600,400)
```

这个公式首先对 B2 单元格当中的职位文字进行判断，判断是否等于“主管”，如果一致，就得到函数中第二参数给定的结果 600，否则得到第三参数中的结果 400。结果如图 163-2 所示。这就是通过 IF 函数来实现两种不同选择的基本思路和方法。

如果希望判断得到的结果可以包含两项以上的选择项，就需要进行 IF 函数嵌套使用。假定企业改变规则，“主管”享受的差旅标准保持 600 元不变，而“专员”享受的标准为 500 元，其他职位仍保持 400 元不变。仍旧使用 IF 函数，可以将 C2 单元格的公式改为下面的公式，并向下填充：

```
=IF(B2="主管",600,IF(B2="专员",500,400))
```

结果如图 163-3 所示：

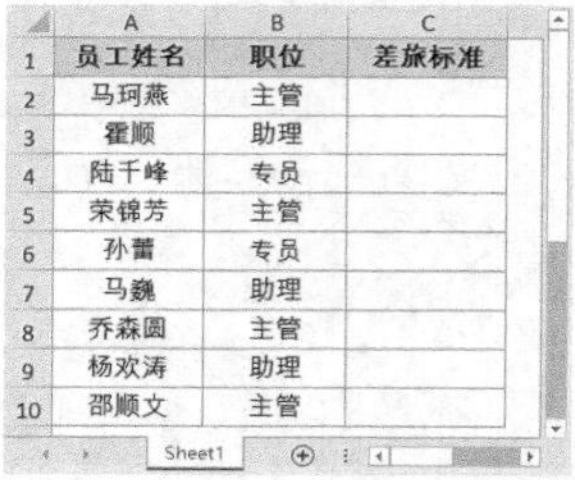

	A	B	C
1	员工姓名	职位	差旅标准
2	马珂燕	主管	
3	霍顺	助理	
4	陆千峰	专员	
5	荣锦芳	主管	
6	孙蕾	专员	
7	马巍	助理	
8	乔森圆	主管	
9	杨欢涛	助理	
10	邵顺文	主管	

图 163-1　员工差旅标准计算

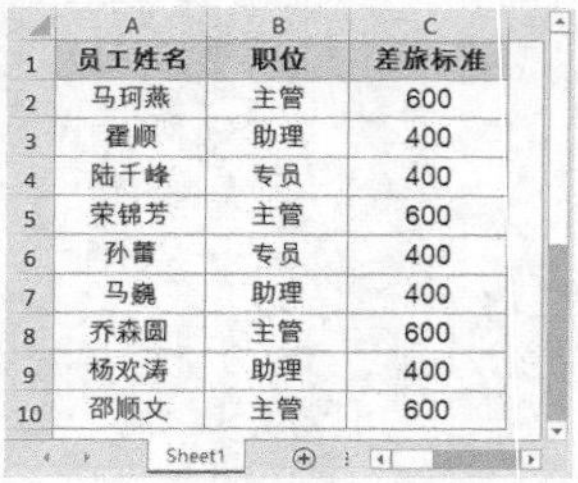

	A	B	C
1	员工姓名	职位	差旅标准
2	马珂燕	主管	600
3	霍顺	助理	400
4	陆千峰	专员	400
5	荣锦芳	主管	600
6	孙蕾	专员	400
7	马巍	助理	400
8	乔森圆	主管	600
9	杨欢涛	助理	400
10	邵顺文	主管	600

图 163-2　IF 函数的运算结果

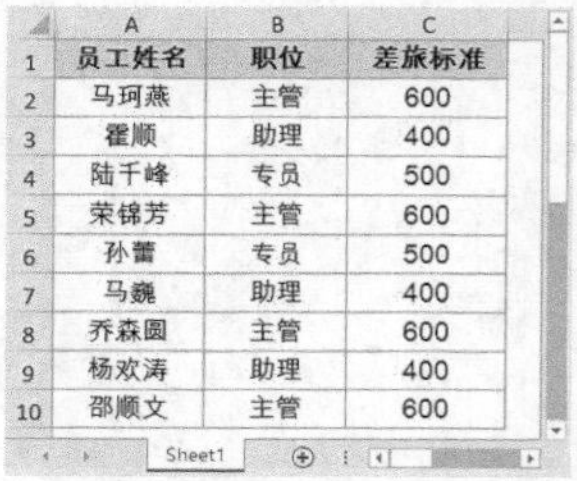

	A	B	C
1	员工姓名	职位	差旅标准
2	马珂燕	主管	600
3	霍顺	助理	400
4	陆千峰	专员	500
5	荣锦芳	主管	600
6	孙蕾	专员	500
7	马巍	助理	400
8	乔森圆	主管	600
9	杨欢涛	助理	400
10	邵顺文	主管	600

图 163-3　IF 函数双层嵌套的运算结果

如果判断的分支很多，就会需要更多的 IF 嵌套，此时通常使用 CHOOSE 函数或 LOOKUP 函数来替代 IF 函数，编写更简洁的公式。

技巧 **164**　逻辑关系的组合判断

在 Excel 中，可以使用逻辑函数判断单个或多个表达式的逻辑关系，返回一个逻辑值。如果有两组或两组以上的逻辑判断，放到一起来进行相互间关系的判断，就涉及了逻辑关系。常见的逻辑关系有两种，即"与"和"或"，与之相对应的分别是 AND 函数和 OR 函数。

对于 AND 函数，如果所有条件参数的逻辑值都为真，则返回 TRUE，只要有一个参数的逻辑值为假，则返回结果 FALSE，在逻辑上称为"与运算"。

对于 OR 函数，如果所有条件参数的逻辑值都为假，则返回 FALSE，只要有一个参数的逻辑值为真，则返回结果 TRUE，在逻辑上称为"或运算"。

例如，在图 164-1 所示的薪资表格中，如果要标记出那些职位属于"主管"、同时工龄在 10 年以上的员工，可以在旁边的空白列（如 E2 单元格）中输入以下公式后向下填充：

```
=AND(B2="主管",C2>10)
```

上述公式中，AND 函数包含两个表达式，分别代表了两个逻辑判断条件。在这两个判断条件同时成立的情况下，整个公式结果返回 TRUE，也就是符合要求标识出来的这些员工，否则就返回 FALSE。实际上，这个例子当中的运算结果如图 164-2 所示，在 E 列中筛选结果为 TRUE 的记录，就是那些需要被标记出来的员工。

	A	B	C	D
1	员工姓名	职位	工龄	月薪
2	马珂燕	主管	15	7250
3	霍顺	助理	5	4860
4	陆千峰	专员	8	3590
5	荣锦芳	主管	11	7320
6	孙蕾	专员	7	5250
7	马巍	助理	5	3880
8	乔森圆	主管	9	6850
9	杨欢涛	助理	6	4170
10	邵顺文	主管	8	6910

图 164-1　员工薪资表

	A	B	C	D	E
1	员工姓名	职位	工龄	月薪	标记
2	马珂燕	主管	15	7250	TRUE
3	霍顺	助理	5	4860	FALSE
4	陆千峰	专员	8	3590	FALSE
5	荣锦芳	主管	11	7320	TRUE
6	孙蕾	专员	7	5250	FALSE
7	马巍	助理	5	3880	FALSE
8	乔森圆	主管	9	6850	FALSE
9	杨欢涛	助理	6	4170	FALSE
10	邵顺文	主管	8	6910	FALSE

图 164-2　同时符合两个条件的员工情况

要在上述例子中同时标识出"助理"和"专员"当中月薪在 4500 以下的员工，则需要同时用到 OR 函数和 AND 函数，可在 F2 单元格输入以下公式后向下填充：

```
=AND(OR(B2="助理",B2="专员"),D2<4500)
```

在这个公式中，OR 函数里包含两个条件参数，无论其中哪个条件成立，都能返回 TRUE 的结果，可与后续的另一个条件继续参与 AND 函数的判断运算。因此，B2 单元格中的职位无论是"助理"还是"专员"，都能作为先决条件继续判断月薪的条件是否同时成立。

这组条件的判断结果如图 164-3 中的 F 列所示。

除了"与"和"或"两类常见的逻辑关系之外，有时候也会用到对逻辑条件的否定，例如"等于"的否定结果就是"不等于"，"大于"的否定结果就是"小于等于"。Excel 中提供了 NOT 函数，可以很方便地直接获取某个逻辑值的否定结果，当其条件参数的逻辑值为真时，返回结果为假，反之亦然，在逻辑上称为"非运算"。

在上述例子中，如果标识出"助理"以外职位中月薪低于 4500 的职员，可以在 G2 单元格输入以下公式后向下填充：

	A	B	C	D	E	F
1	员工姓名	职位	工龄	月薪	标记	标记2
2	马珂燕	主管	15	7250	TRUE	FALSE
3	霍顺	助理	5	4860	FALSE	FALSE
4	陆千峰	专员	8	3590	FALSE	TRUE
5	荣锦芳	主管	11	7320	TRUE	FALSE
6	孙蕾	专员	7	5250	FALSE	FALSE
7	马巍	助理	5	3880	FALSE	TRUE
8	乔森圆	主管	9	6850	FALSE	FALSE
9	杨欢涛	助理	6	4170	FALSE	TRUE
10	邵顺文	主管	8	6910	FALSE	FALSE

图 164-3　符合组合条件的员工情况

```
=AND(NOT(B2="助理"),D2<4500)
```

此公式也等价为：

```
=AND(B2<>"助理",D2<4500)
```

技巧 165　屏蔽公式返回的错误值

使用 Excel 函数与公式进行计算时，可能会因为某些原因无法得到正确结果，而返回一个错误值。Excel 共有 8 种错误值：#####、#VALUE!、#N/A、#REF!、#DIV/0!、#NUM!、#NAME? 和#NULL!。关于错误值的详细介绍，请参阅技巧 234.1。

产生这些错误值的原因有许多种，其中一类原因是公式本身存在错误，例如错误值#NAME? 通常是指公式中使用了不存在的函数名称或定义名称。还有一类情况则是公式本身并不存在错误，但由于函数在目标范围内没有查询到指定的对象而返回错误值。

例如，在图 165-1 所示的数据表中，A:C 列是某公司员工信息表的部分内容，要在 G 列使用查询公式，通过 F 列中的某些编号来查询其对应的员工姓名。G3 单元格中所使用的公式如下：

```
=VLOOKUP(F3,A:C,2,0)
```

上述公式能够查询到某些编号所对应的员工，但也有部分结果显示为错误值#N/A，比如图中 G6 和 G8 单元格。这并不代表公式本身有什么问题，而是因为员工信息表中不存在编号为"A120131" 和"A130214"的相关信息，所以公式通过返回错误值的方式来告知用户没有查询到匹配的记录。这里的"错误值"，严格来说并不代表错误，而是代表一类信息。

为了显示上的美观，有的用户希望屏蔽掉这些错误值，不让#N/A 显示在表格中，例如用空文本或一些其他标记来替代这些错误值的显示。通常的处理方法是使用信息函数 ISERROR 或 ISNA 来处理，这类函数可以对条件值进行判断，如果条件值是错误值，返回 TRUE，否则返回 FALSE。ISERROR 函数适用于大部分错误情况，而 ISNA 函数专门适用于错误值为#N/A 的情况。

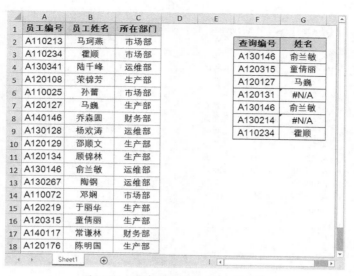

图 165-1　没有匹配记录时返回错误值

以图 165-1 所示的数据表为例，G3 单元格的公式可以修改为如下公式：

```
=IF(ISNA(VLOOKUP(F3,A:C,2,0)),"无信息",VLOOKUP(F3,A:C,2,0))
```

或

```
=IF(ISERROR(VLOOKUP(F3,A:C,2,0)),"无信息",VLOOKUP(F3,A:C,2,0))
```

这种屏蔽错误值的公式模型如下：

```
=IF(ISNA(原公式),"错误信息",原公式)
```

或

```
=IF(ISERROR(原公式),"错误信息",原公式)
```

在此类屏蔽错误值的公式中，"原公式"部分重复出现了两次，如果"原公式"部分较复杂，则会使整个公式成倍地增加，这不仅使公式变得很长，而且导致大量重复计算的产生。

Excel 2007 以后的版本中新增了 IFERROR 函数，可以减少这种重复计算的产生。

IFERROR 函数的语法为 IFERROR(value,value_if_error)，其中第一参数可以看做模型中的"原公式"部分，如果这部分公式产生错误结果，则 IFERROR 函数返回第二参数中设定的结果。如果第一参数的运算结果并非错误值，则此函数直接返回第一参数的运算结果。

利用这个函数，前面的公式可以替换成如下公式：

```
=IFERROR(VLOOKUP(F3,A:C,2,0),"无信息")
```

公式的运算结果如图 165-2 中的 F 列所示。

当查询目标不存在时，会出现错误值的函数，除了上面提到的 VLOOKUP 函数，还包括 HLOOKUP 函数、MATCH 函数、LOOKUP 函数等查询函数。除此以外，FIND 函数、SEARCH 函数等文本函数也有类似的特性。使用这些函数时，难免会出现错误值，如果希望不显示这些错误值，或让错误值显示成更友好的提示信息，就可以利用 IFERROR 函数和上述处理方法。

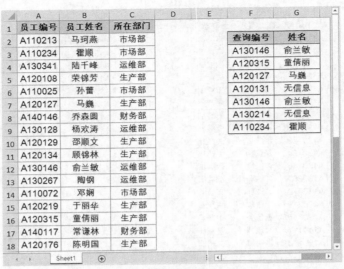

图 165-2　使用逻辑函数屏蔽错误值

技巧 **166**　数据类型的检验

信息函数中包含了一批以字母 "IS" 开头的函数，这些函数通常用于检验单元格中的数据类型，因此有时也被称为 "IS 类函数"。这些函数的检验作用如表 166-1 所示。

表 166-1　　　　　　　　　　　　　IS 类函数一览

函　　数	说　　明
ISBLANK	如果引用的单元格是空单元格，则返回 TRUE
ISERR	如果参数为除 #N/A 以外的任何错误值，则返回 TRUE
ISERROR	如果参数为任何错误值，则返回 TRUE
ISEVEN	如果参数为偶数，则返回 TRUE
ISLOGICAL	如果参数为逻辑值，则返回 TRUE
ISNA	如果参数为错误值 #N/A，则返回 TRUE
ISNONTEXT	如果参数不是文本，则返回 TRUE
ISNUMBER	如果参数为数字，则返回 TRUE
ISODD	如果参数为奇数，则返回 TRUE
ISREF	如果参数为单元格引用，则返回 TRUE
ISTEXT	如果参数为文本，则返回 TRUE
ISFORMULA	如果引用的单元格当中存放的是公式，则返回 TRUE

ISBLANK 函数可以判断单元格是否为空单元格。例如，下面的数组公式可以获取 B 列第一个空白单元格所在的行号：

```
{=MATCH(TRUE,ISBLANK(B:B),0)}
```

如果单元格内是由公式所生成的空文本，ISBLANK 函数的返回结果为 FALSE，即 ISBLANK 函数只对"真空"单元格返回 TRUE 的结果。

ISERR 函数可以判断参数是否为错误值，其中不包括#N/A 错误；ISNA 函数则可以判断参数是否是错误值#N/A；ISERROR 函数则可以对所有错误值进行判断。它们都可以用来屏蔽错误值，案例可参考技巧 165。

ISEVEN 函数可以判断数值是否为偶数。例如，下面的公式返回结果为 TRUE：

```
=ISEVEN(1024)
```

ISODD 函数可以判断数值是否为奇数。例如，下面的公式返回结果为 TRUE：

```
=ISODD(521)
```

ISLOGICAL 函数可以判断参数类型是否为逻辑值。例如，下面的公式返回结果为 TRUE：

```
=ISLOGICAL("a"="b")
```

ISNUMBER 函数可以判断参数是否为数字。例如，下面的公式返回结果为 TRUE：

```
=ISNUMBER(3*2+6.5)
```

ISTEXT 函数可以判断参数是否为文本。ISNONTEXT 可以判断参数是否是非文本，非文本的数据类型包括数值、空单元格、错误值和逻辑值。

ISREF 函数可以判断参数是否为引用。例如，下面三个公式的返回结果均为 TRUE：

```
=ISREF(D3)
=ISREF(OFFSET(A1,2,3))
=ISREF(INDIRECT("A1"))
```

ISFORMULA 函数是 Excel 2013 新增的函数，可以用来判断某个单元格当中是否有公式。假定 A1 单元格中的内容是一个运算公式，下面的公式就将返回 TRUE 的结果：

```
=ISFORMULA(A1)
```

技巧 167　获取当前工作表的名称和编号

每个工作表都有名称，默认情况下，新建工作簿中的工作表总是以"Sheet1"、"Sheet2"……来自动命名，并显示在编辑窗口底部的工作表标签中，如图 167-1 所示。所谓"当前工作表的名称"，就是指当前正处于编辑状态的活动工作表的名称。

图 167-1　工作表的名称和标签显示

利用函数的方法获取当前工作表名称的途径有很多，比较简单而常用的方法是借助 CELL 函数的返回值。

在单元格中输入下列公式，可以获得当前工作表的完整路径：

```
=CELL("filename")
```

公式所在单元格会显示出当前 Excel 工作簿在电脑中的完整文件路径以及当前工作表的名称，格式形如 "C:\工作\[获得当前工作表的名称和编号.xlsx]Sheet1"。其中方括号之中的内容是当前工作簿的完整名称，而方括号后面的则是当前工作表的名称。

 此公式只在保存过的 Excel 工作簿中有效，如果是在新建的尚未保存过的 Excel 工作簿中使用此公式，将无法获取正确的信息。

上述公式中所使用的 CELL 函数为信息函数，其语法为 CELL(info_type, [reference])，其中参数 info_type 的可选参数及其含义如表 167-1 所示，改变这个参数就能获取不同的信息。

表 167-1　　　　　　　　　　　　　参数 info_type 的可选项

参 数 取 值	函数返回结果
"address"	引用单元格的地址
"col"	引用单元格的列标
"color"	如果单元格中的负值以不同颜色显示，则为值 1；否则，返回 0（零）
"contents"	引用单元格的值，不是公式
"filename"	包含引用的文件名（包括全部路径）
"format"	引用单元格的数字格式
"parentheses"	如果单元格中为正值或所有单元格均加括号，则为值 1；否则返回 0
"prefix"	引用单元格的文本对齐方式。如果单元格文本左对齐，则返回单引号(')；如果单元格文本右对齐，则返回双引号 (")；如果单元格文本居中，则返回插入字符(^)；如果单元格文本两端对齐，则返回反斜线 (\)；如果是其他情况，则返回空文本("")
"protect"	如果单元格没有锁定，则为值 0；如果单元格锁定，则返回 1
"row"	引用单元格的行号
"type"	引用单元格的数据类型。如果单元格为空，则返回"b"。如果单元格包含文本常量，则返回"l"；如果单元格包含其他内容，则返回"v"
"width"	引用单元格的列宽

如果对上述公式结果再进行文本内容上的分割处理，就能进一步获取当前工作簿或当前工作表的名称。例如，下面的公式可以得到工作簿名称：

```
=REPLACE(REPLACE(CELL("filename"),FIND("]",CELL("filename")),99,),1,FIND("[",CELL("filename")),)
```

而下面的公式可以得到工作表名称：

```
=REPLACE(CELL("filename"),1,FIND(")",CELL("filename")),"")
```

这两个公式都是使用 FIND 函数和 REPLACE 函数，以中括号为标志性符号进行查找定位，把关键内容以外的其他文字信息去除，保留关键的工作簿或工作表名称信息。

> **提示！**　有关 **REPLACE** 函数和 **FIND** 函数的用法，请参阅第 12 章。

除了获取工作表的名称外，还有办法获取当前工作表的顺序编号。所谓顺序编号，指的就是某个工作表在工作表标签当中的排放位置顺序，位于左侧第一位置上的工作表编号即为 1。

用下面的公式可以获取到此编号信息：

```
=sheet()
```

SHEET 函数是 Excel 2013 新增的函数，该函数不需要参数，直接使用即可以得到当前工作表的顺序编号。

如果想要知道当前工作簿中一共包含多少个工作表，可以使用下面的公式：

```
=sheets()
```

SHEETS 函数与上面的 SHEET 函数只有一字之差，也是 Excel 2013 的新增函数，它同样不需要参数，可以用来获取当前工作簿中包含的工作表数目。假定当前工作簿中包含了 "Sheet1"、"Sheet2" 和 "Sheet3" 3 个工作表，那么在工作簿的任意单元格当中输入上述公式，都能得到结果为 3。

技巧 **168**　从互联网上获取数据

利用电脑上网时，在网页浏览器的地址栏中输入一个网络地址，就能打开某个网页，浏览器中显示这个网页的内容。在这个过程当中，浏览器通过提交用户输入的地址，从目标服务器中获取到服务器信息和网页代码，并将这些网页代码转换成相应的页面显示在浏览器当中。

Excel 2013 新增了一个 WEBSERVICE 函数，功能类似于一个浏览器地址栏，只要在其中给出网络访问地址，就能把目标服务器上获取的数据信息返回到 Excel 的单元格当中。

例如，在单元格中输入以下公式：

```
=WEBSERVICE("http://baidu.com")
```

就会在单元格得到以下文本内容，这就是从百度所返回的 html 信息。

```
<html>
<meta http-equiv="refresh" content="0;url=http://www.baidu.com/">
</html>
```

在实际工作当中，WEBSERVICE 函数更实用的功能是从网络 API 服务中获取数据。

互联网上有一些服务商，会向公众提供基于网络服务的查询功能，例如城市天气、股票行情、语言翻译、实时汇率、快递查询等，这些查询服务的访问接口称为 API 接口。使用者只需要知道服务商所提供的 API 接口访问规则，就能通过发送特定格式的信息从网络上获取相关的数据。而 Excel 中的 WEBSERVICE 函数就能够让用户通过这个函数传递 API 接口访问信息，从网络上接收数据并显示在 Excel 单元格当中。

168.1　实时查询股票

例如，新浪网提供了一个股票查询的 API 接口，通过它可以实时查询股票数据信息。在单元格中输入以下公式，可以利用这个新浪 API 接口查询上证指数的实时情况：

```
=WEBSERVICE("http://hq.sinajs.cn/list=s_sh000001")
```

上述公式会在单元格中显示类似下面这样的结果（具体数值会根据当时交易情况而有所不同）：

```
var hq_str_s_sh000001="□ .□,2047.083,8.741,0.43,606225,4958629";
```

其中，双引号当中的信息就是当前上证指数的相关数据，用逗号间隔开的每一项分别是指数名称、当前指数、指数涨跌、涨跌率、成交量和成交额。其中，"指数名称"由于字符编码问题，在这里显示为乱码。

得到这个结果后，只要继续使用文本函数进行处理，就能从中获取到具体的指数或涨跌幅相关数据。

例如，要获取当前上证指数的具体点位，可以使用以下公式：

```
=TRIM(MID(SUBSTITUTE(WEBSERVICE("http://hq.sinajs.cn/list=s_sh000001"),",",REPT(" ",99)),99,99))
```

依据这一思路，就能在表格当中根据一组股票代码，通过公式自动获取这些股票的实时交易数据。如图 168-1 中所显示的，其中 C2 单元格中的公式为：

```
=TRIM(MID(SUBSTITUTE(WEBSERVICE("http://hq.sinajs.cn/list="&IF(LEFT($A2)="6","sh","sz")&$A2),",",REPT(" ",99)),99*COLUMN(A1),99))
```

	A	B	C	D	E	F	G
1	股票代码	股票名称	今日开盘价	昨日收盘价	当前价格	最高价	最低价
2	600570	恒生电子	30.05	29.96	30.55	31.19	29.90
3	002279	久其软件	21.28	21.28	21.70	21.77	21.21
4	600588	用友软件	14.23	14.25	14.69	14.74	14.15
5	600718	东软集团	12.70	12.69	12.95	12.96	12.69
6	002197	证通电子	14.49	14.54	14.78	14.93	14.30
7	002104	恒宝股份	11.60	11.85	12.12	11.50	11.85
8	300059	东方财富	11.430	11.250	11.440	11.650	11.200
9	300231	银信科技	11.190	11.240	11.510	11.550	11.160
10	600476	湘邮科技	11.12	11.10	11.28	11.42	11.03
11	002161	远望谷	7.28	7.39	7.42	7.25	7.39
12	002421	达实智能	27.50	27.50	27.83	28.42	27.50
13	002177	御银股份	5.52	5.63	5.65	5.50	5.63
14	600100	同方股份	8.40	8.50	8.53	8.42	8.49
15	002027	七喜控股	7.39	7.48	7.52	7.36	7.48
16	002368	太极股份	37.79	38.41	38.75	36.60	38.40

图 168-1　自动获取股票交易数据

在 C2 单元格中输入上述公式后向右向下填充，就能得到 C～G 列的所有交易数据。

168.2　查询天气

在某些 API 接口的设计当中，返回的数据并不是单纯的文字信息或 html 代码，而是定义好结构的 XML 或 JSON 数据，这类结构化的数据格式有利于返回多个字段的数据内容，并方便用户直接通过结构的格式调用获取数据。

例如，雅虎提供了查询天气的 API 接口，在网页浏览器的地址栏中输入以下地址，可以查询到北京的天气情况：

```
http://xml.weather.yahoo.com/forecastrss?w=12578011&u=c
```

提示！ 　这个地址当中的 "w=12578011" 包含了北京的城市代码信息，如果要查询其他城市的天气情况，只需要替换成相应城市的代码。

这个 API 接口返回的数据信息是 XML 格式，浏览器当中的显示如图 168-2 所示：

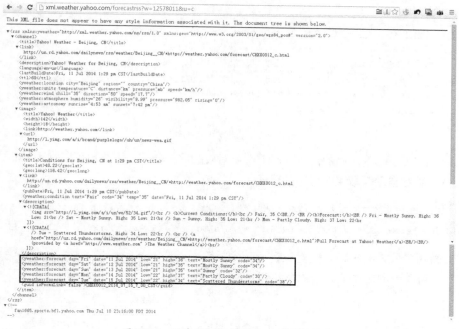

图 168-2　服务器返回的 XML 格式数据信息

图 168-2 中的黑框内包含了当天和未来几天中北京的天气和气温等数据。对于这样一份获取到的信息，如果简单使用文本处理的方式，要从中提取当天气温等数据是不太容易的。但由于这是一份 XML 格式的数据，其中各个数据都有结构化的引用方式，因此借助结构化的查询工具就很容易提取出所需的数据信息。

Excel 2013 新增了一个 FILTERXML 函数，是专门用来处理这种 XML 格式的文档内容，它的语法如下：

```
=FILTERXML(xml, xpath)
```

其中第一个参数是 XML 格式文档内容，第二个参数是需要获取数据的具体 XML 路径信息。只要提供这两项参数，就能获取到具体的数据。XML 的路径就好像一个树形目录结构，依次给出每一个目录分支，就能定位到最终的数据位置。

例如，要从图 168-2 所示的 XML 文档中获取当天最高气温的数据，就可以使用以下公式：

```
=FILTERXML(WEBSERVICE("http://xml.weather.yahoo.com/forecastrss?w=12578011&u=c"),"//channel/
item/yweather:forecast/@high")
```

这个公式中的 "//channel/item/yweather:forecast/@high" 就是最高气温的 XML 路径，公式得到的结果是一个数组，其中包含从今天开始未来 5 天的最高气温。

前面曾经提到，如果要查询其他城市的天气情况，只需要替换 API 地址中 "w=12578011" 的城市代码即可。雅虎提供了另外一个 API 接口，可以用来查询某个城市的代码，例如，要查询上海的对应城市代码，可以在浏览器中输入以下地址：

```
http://sugg.us.search.yahoo.net/gossip-gl-location/?appid=weather&output=xml&command=上海
```

所获取的同样是一个 XML 格式文档，如图 168-3 所示。

图 168-3　城市代码查询

图 168-3 中 "woeid" 之后的代码就是上海所对应的城市代码，因此也可以利用 WEBSERVICE 和 FILTERXML 函数自动获取某个城市的代码：

```
=MID(TRIM(MID(SUBSTITUTE(FILTERXML(WEBSERVICE("http://sugg.us.search.yahoo.net/gossip-gl-loca
tion/?appid=weather&output=xml&command=上海"),"//m/s/@d"),"&",REPT(" ",99)),99,99)),7,99)
```

根据上面两个公式的思路，就能设计出一个能够实现城市气温自动查询的表格，如图 168-4 所示。

	A	B	C	D	E
1	城市		日期	最高温度	最低温度
2	上海		2014/7/11	31	25
3			2014/7/12	29	24
4	城市代码		2014/7/13	25	21
5	12578012		2014/7/14	26	22
6			2014/7/15	27	23

图 168-4　自动查询气温

168.3　文字翻译

文字翻译也是一个常见的网络 API 服务，例如，有道翻译就提供了一种 API 查询翻译的方法。要将 "神奇" 翻译成英文，可以在浏览器中输入以下地址：

```
http://fanyi.youdao.com/translate?&i=神奇&doctype=xml
```

浏览器中显示的内容如图 168-5 所示：

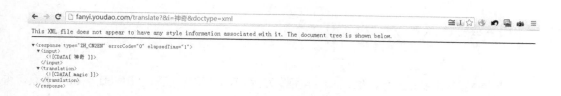

图 168-5　浏览器中显示的 XML 格式内容

可以发现，这里获取的信息也是一个 XML 格式的内容，可以通过 FILTERXML 函数进一步提取出具体的翻译结果。因此，可以使用下面这个公式对"神奇"进行"翻译"：

```
=FILTERXML(WEBSERVICE("http://fanyi.youdao.com/translate?&i= 神奇 &doctype=xml"),"//response/
translation")
```

然而，在某些网络服务商的 API 接口规范中，从兼容性和标准化的角度出发，并不允许直接在查询地址中使用中文字符，而是需要转码成 UTF8 代码以后才能正常运作。例如，以上公式所使用的查询地址，在使用中是转换为下面这个地址来工作的：

```
http://fanyi.youdao.com/translate?&i=%E7%A5%9E%E5%A5%87&doctype=xml
```

这个地址中的"%E7%A5%9E%E5%A5%87"就是中文字符"神奇"转换成 UTF8 以后的结果。

作为普通用户来说，并不需要了解这种转换的具体过程和算法，而是可以利用现成的函数实现转换，在 Excel 2013 中新增一个 ENCODEURL 函数就能实现这种转换，在单元格中输入下面的公式，就能得到上面这串代码"%E7%A5%9E%E5%A5%87"：

```
=ENCODEURL("神奇")
```

因此，从通用性上考虑，以上对"神奇"进行翻译的公式也可以写成如下公式：

```
=FILTERXML(WEBSERVICE("http://fanyi.youdao.com/translate?&i="&ENCODEURL(" 神奇 ")&"&doctype=
xml"),"//response/translation")
```

假定需要翻译的中文文字位于 A2 单元格中，在空白单元格中使用下面的公式，就能在单元格中直接得到英文的翻译结果：

```
=FILTERXML(WEBSERVICE("http://fanyi.youdao.com/translate?&i="&ENCODEURL(A2)&"&doctype=xml"),
"//response/translation")
```

如果希望从英文翻译到中文，由于有道翻译的 API 具有自动识别语言的功能，上述公式不需要进行任何修改，就能直接使用。只要在 A2 单元格中输入需要翻译的英文，就能在公式所在单元格显示翻译后的中文文字，效果如图 168-6 所示。

WEBSERVICE、FILTERXML 和 ENCODEURL 是 Excel 2013 中新增的一类函数，这类函数称为"Web 函数"。通过这几个函数，Excel 能够与海量资源的互联网更好地结合起来，获得更丰富的应用扩展空间，具备更强大的挖掘潜力。

	A	B
1	中文	英文翻译
2	神奇	magic
3		
4	英文	中文翻译
5	magic	魔法

图 168-6　中英文互译

第 12 章　文本处理

本章涉及的函数主要是文本函数，其中包括截取字符串常用的 LEFT、RIGHT、MID 函数，查找字符的 FIND 函数、SEARCH 函数，大小写和全半角字符转换的相关函数，以及用于数字格式化的 TEXT 函数等。

技巧 169　字符定位技巧

精确查找指定字符在一个字符串中的位置，是 Excel 函数运用中的一项重要技巧，尤其是在截取字符串、替换字符串等文本处理过程中，精确定位技术更是必不可少。

具备查找字符功能的常用函数为 FIND 函数（FINDB 函数）和 SEARCH 函数（SEARCHB 函数），两者的语法完全相同：

```
FIND(find_text, within_text,[start_num])
SEARCH(find_text,within_text,[start_num])
```

其中第三参数表示开始查找的起始位置，一般情况下可以省略，默认从左侧第一个字符开始查找。

这两个函数的主要区别在于：FIND 函数可以区分英文大小写，但是不支持通配符；SEARCH 函数不能区分大小写，但是支持通配符，如表 169-1 所示：

表 169-1　　　　　　　　　FIND 函数与 SEARCH 函数的区别

函数名	区分大小写	支持通配符
SEARCH	不区分	支持
FIND	区分	不支持

 有关通配符的相关内容，请参阅技巧 240。

169.1　目标字符第 1 次出现的位置

假定 A1 单元格的内容为 "Excel Home"，下面的公式将返回字符 "e" 在字符串中第 1 次出现的位置（从左侧起第一个字母 e 的所在位置），结果为 4：

```
=FIND("e",A1)
```

如果改用 SEARCH 函数，情况会有所不同，因为 SEARCH 函数不区分字母的大小写，因此第一个大写字母 "E" 就会被认为符合它所查找的目标，下面的公式返回结果为 1：

```
=SEARCH("e",A1)
```

SEARCH 函数同时还支持包含通配符的查找。假定 C1 单元格中包含字符串"world wide web"，下面公式的返回结果为 7：

```
=SEARCH("w?d",C1)
```

在这里，通配符 "?" 能代表任意单个字符，因此 SEARCH 函数所查找到的第一个与查找对象相匹配的是字符串 "wid"。而下面的公式将返回结果 1：

```
=SEARCH("w*d",C1)
```

通配符 "*" 能代表任意多个任意字符，因此 SEARCH 函数所查找到的第一个与查找对象相匹配的是字符串 "world"。

169.2　目标字符第 n 次出现的位置

假定 A1 单元格的内容为 "Excel Home"，使用下面的公式可以找到字母 "e" 在字符串当中第一次出现的位置（区分大小写）：

```
=FIND("e",A1)
```

如果希望找到字母 "e" 第二次出现的位置，又该如何呢？

在这种情况下，可以考虑借助 FIND 函数的第三个参数来实现，它用来指定开始查找的位置。如果把这个参数的值定位在第一个字母 e 出现位置的右侧位置，那么接下来找到的字母 e 必定是字符串当中第二次出现的。

基于这种思路，可以用下面这个公式来获取字符 "e" 在字符串中第 2 次出现的位置：

```
=FIND("e",A1,FIND("e",A1)+1)
```

这个公式通过两层 FIND 函数的运用得到最终结果，里层的 FIND 函数找到第一个字母 e 的所在位置，然后基于这个位置给出外层 FIND 函数的第三参数取值，再继续找到第二字母 e 的位置。

根据这种思路，很容易想到如何查找第三个、第四个甚至第 N 个字母 e 的出现位置。但要找的字符次数越多，需要 FIND 函数嵌套的层次也越多，效率也会越来越低，因此还有另外一种思路来帮助解决这类问题。这时需要使用另一个函数，就是 SUBSTITUTE 函数。

SUBSTITUTE 函数的语法如下：

```
SUBSTITUTE(text, old_text, new_text, [instance_num])
```

它可以用另一个字符或字符串来替代字符串当中指定的某个字符。如果这个指定字符在字符串中不止一次出现，那么使用这个函数中的第四个参数，可以指定替换哪一次出现的那个字符。

例如，以下公式可以将 "第二部第三季第六集" 改换为 "第二部第三季总共六集"：

```
=SUBSTITUTE("第二部第三季第六集","第","总共",3)
```

显然，利用这个函数第四参数的特性，可以很方便地找到第 n 次出现的那个字符。因此，可以用下面这个公式找到 A1 单元格的字符串中字母 e 第二次出现的位置：

```
=FIND("々",SUBSTITUTE(A1,"e","々",2))
```

在这里，字符"々"没有特别的含义，只是一个比较生僻的字符，利用这个字符先给 A1 字符串当中第二次出现的字母 e 做了一道特殊标记，然后再用 FIND 函数找到这个标记。这样，将 SUBSTITUTE 函数与 FIND 函数组合使用，就算改变查找目标的出现次数，也不太需要改动公式结构，显得适用性更加强大，同时这种思路也十分值得借鉴。

提示 有关 **SUBSTITUTE** 函数的更多用法，请参阅技巧 172。

169.3　从右侧开始查找字符

无论是 FIND 函数还是 SEARCH 函数，都是从字符串左侧开始查找匹配的对象，找到第一个匹配的就返回结果。如果希望从字符串右侧开始查找第一个匹配字符的位置，可以借助其他方法。

假定 C1 单元格中包含字符串 "world wide web"，希望找到右侧第一个字母 "w" 的位置，可以使用以下数组公式：

```
{=MAX((MID(C1,ROW(1:99),1)="w")*ROW(1:99))}
```

或

```
{=MAX(IF(MID(C1,ROW(1:99),1)="w",ROW(1:99)))}
```

这两个公式都是利用 MID 函数来提取字符串中的每一个字符，与查找目标依次进行比对，在比对得到的多个符合条件中，用 MAX 函数来获取顺序号最大的那一个。

上述两个公式的运算结果为 12，表示从左侧开始计数的第 12 个字符 "w" 是字符串右侧的第一个 "w"。假如希望得到从右侧开始计数的字符位置，可以在上述公式的基础上用字符长度再做一次减法运算：

```
{=LEN(C1)-MAX((MID(C1,ROW(1:99),1)="w")*ROW(1:99))+1}
```

公式的运算结果为 3，其中 LEN 函数的作用是获取整个字符串的字符个数，也就是字符串的长度。

提示 上述公式中所用到 **MID** 函数、**LEFT** 函数和 **RIGHT** 函数的详细说明，请参阅技巧 170。

注意 上述 4 个公式中所用到的参数 99，是一种冗余用法，它的隐含前提是字符串长度不超过 99 个字符。在实际应用时，可以调整这个参数，以适应更长的字符串情况。

技巧 170　字符串的提取和分离

常用于字符串提取工作的函数是三剑客 LEFT 函数、RIGHT 函数和 MID 函数。

LEFT 函数可以从一个字符串的左侧开始提取出指定数量的字符，其语法如下：

```
LEFT(text, [num_chars])
```

例如，已知身份证号码的前 6 位包含了所属地域的信息，要使用公式获取这 6 位代码来进行地域的查询。假定身份证号码"330120197903082142"存储在 A1 单元格内，可以使用以下公式来截取出身份证号码的前 6 位：

```
=LEFT(A1,6)
```

公式运算结果为字符串"330120"。

如果 LEFT 函数省略第二个参数，如 LEFT(A1)，会返回 A1 单元格字符串的首个字符。

RIGHT 函数的用法与 LEFT 函数相似，但是从右侧开始取字符，即倒数的 N 个字符。例如，以下公式将返回身份证号码的末位 4 位，即"2142"：

```
=RIGHT(A1,4)
```

如果需要提取的内容位于字符串的中部，则可以使用 MID 函数，它需要 3 个参数，其语法如下：

```
MID(text, start_num, num_chars)
```

其中的 text 参数指定需要处理的字符串，start_num 参数指定从左侧开始第几位字符开始提取，num_chars 参数指定提取的字符个数。

已知身份证号码当中第 7 位开始的 8 位代码代表了身份证持有人的出生日期信息，那么使用下面的公式可以提取出 A1 单元格当中身份证号码的生日信息：

```
=MID(A1,7,8)
```

公式运算的结果提取出字符串"19790308"。

在一些应用场景中，需要提取的字符长度和字符位置并不是固定不变的，这就需要借助一些其他函数以及函数嵌套来完成提取工作。

例如，图 170-1 中的 A 列显示了一组外国科学家的全名，如果希望用函数公式把这些人名从分隔符"·"的两侧分别拆分出姓氏和名字，得到 B 列和 C 列的结果，直接使用 LEFT 函数或 RIGHT 函数很难奏效，因为无论是姓氏还是名字的字数都是不确定的。

但如果先使用 FIND 函数找到分隔符"·"的位置，通过这个位置就能确定 LEFT 函数或 RIGHT 函数所需要截取的字符位置。例如，要获取 C 列显示的这些名字，

	A	B	C
1	**全名**	**姓氏**	**名**
2	尼尔斯·波尔	波尔	尼尔斯
3	恩里科·费米	费米	恩里科
4	艾萨克·牛顿	牛顿	艾萨克
5	阿尔伯特·爱因斯坦	爱因斯坦	阿尔伯特
6	玛丽·居里	居里	玛丽
7	尼古拉·特斯拉	特斯拉	尼古拉
8	亚历山德罗·伏特	伏特	亚历山德罗
9	尼古拉·哥白尼	哥白尼	尼古拉
10	约翰尼斯·开普勒	开普勒	约翰尼斯
11	勒内·笛卡尔	笛卡尔	勒内
12	莱昂哈德·欧拉	欧拉	莱昂哈德
13	约瑟夫·拉格朗日	拉格朗日	约瑟夫
14	布莱士·帕斯卡	帕斯卡	布莱士
15	詹姆斯·瓦特	瓦特	詹姆斯
16	迈克尔·法拉第	法拉第	迈克尔
17	马克斯·普朗克	普朗克	马克斯

图 170-1　姓名拆分

也就是分隔符左侧的文字，可以在 C2 单元格中输入以下公式并向下填充：

```
=LEFT(A2,FIND("·",A2)-1)
```

这个公式先找到分隔符的位置，然后将这个位置减去 1，就能得到分隔符左侧的字符个数，用这个个数作为 LEFT 函数的参数，就能轻而易举提取到左侧字符内容。参照类似的思路，也可以在 B2 单元格中写出提取分隔符右侧字符内容的公式：

```
=RIGHT(A2,LEN(A2)-FIND("·",A2))
```

这个公式同样也先使用 FIND 函数找到分隔符的位置，在这之后，为了确定分隔符右侧的字符个数，引入 LEN 函数计算整个字符串的长度，来减去这个分隔符位置得到结果，最后由 RIGHT 函数从右侧提取相应的内容。

提示！ 如果字符串中包含了多处分隔符并且需要根据分隔符进行多段分离提取，可参考技巧 175 中的方法。

LEN 函数也是字符串提取中的常用函数，可以获取目标字符串的字符数。Excel 中还有一个与之功能相似的 LENB 函数，适用于包含双字节字符的中文系统环境下。在中文版 Windows 中，中文和全角字符，例如"＜１２３ＡＢＣ＞"，都由 2 个字节组成，而普通的英文字符及半角符号则只占用 1 个字节。

使用 LENB 函数可以取得字符串中的字节数，例如下面公式的运算结果为 4：

```
=LENB("中文")
```

而下面公式的运算结果为 5：

```
=LENB("Excel")
```

利用这个特性，也可以通过 LENB 函数和其他函数的配合来分离字符串中的中英文字符。

例如，图 170-2 表格的 A 列是一组包含中文姓名和电子邮箱地址的联系信息，如果希望使用公式，将其中的中文姓名和英文数字符号所构成的邮箱地址进行分离，分别得到图中 B 列和 C 列的结果，就可以借助 LENB 函数来实现。

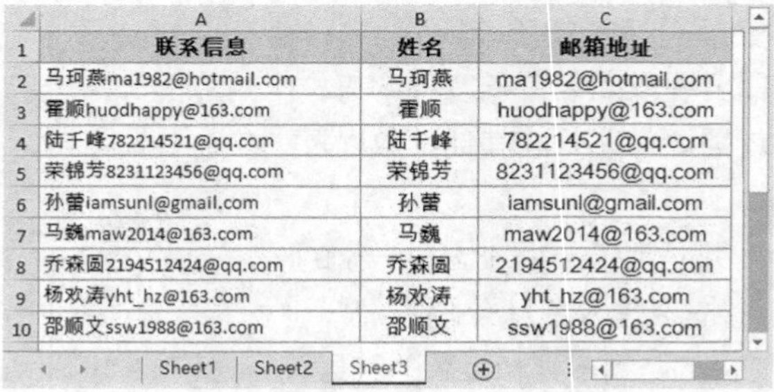

	A	B	C
1	联系信息	姓名	邮箱地址
2	马珂燕ma1982@hotmail.com	马珂燕	ma1982@hotmail.com
3	霍顺huodhappy@163.com	霍顺	huodhappy@163.com
4	陆千峰782214521@qq.com	陆千峰	782214521@qq.com
5	荣锦芳8231123456@qq.com	荣锦芳	8231123456@qq.com
6	孙蕾iamsunl@gmail.com	孙蕾	iamsunl@gmail.com
7	马巍maw2014@163.com	马巍	maw2014@163.com
8	乔森圆2194512424@qq.com	乔森圆	2194512424@qq.com
9	杨欢涛yht_hz@163.com	杨欢涛	yht_hz@163.com
10	邵顺文ssw1988@163.com	邵顺文	ssw1988@163.com

图 170-2　中英文分离

比如，要分离出其中的中文姓名，就需要知道姓名的字符个数。由于中文的字节数是字符数的 2 倍，而英文数字字符的字节数与字符数一样多，因此可以通过下面的公式得到中文字符的个数：

```
=LENB(A2)-LEN(A2)
```

用整个字符串的字节数减去字符个数，就能得到其中的双字节字符个数，也就是中文的字数。在此基础上就很容易分离出中文姓名：

```
=LEFT(A2, LENB(A2)-LEN(A2))
```

采用类似的思路，也很容易算出其中英文数字字符的个数：

```
=LEN(A2)*2-LENB(A2)
```

在此基础上，就可以分离出右侧的电子邮箱地址，在 C2 单元格中输入以下公式：

```
=RIGHT(A2,LEN(A2)*2-LENB(A2))
```

以上公式都是利用中文是双字节字符的特性。类似地，能够在字节单位上进行处理的函数还包括 LEFTB 函数、RIGHTB 函数、REPLACEB 函数、FINDB 函数、SEARCHB 函数等。但必须注意的一点是，包括 LENB 函数在内，以上这些可以识别字节的函数都只在拥有双字节文字字库的操作系统中才能有效运作（例如中文系统和日文系统），而如果在英文操作系统中，使用这些函数将有失效的风险。因此，在使用这类技巧之前，建议先使用 LENB 函数进行一下测试。

技巧 171　字符串的合并

在字符串的处理中，如果需要对字符串进行合并串联，比较常用的方法是使用 "&" 连接符。例如，以下公式的运算结果为字符串 "Excel2013 实战技巧精粹"：

```
="Excel"&"2013"&"实战技巧精粹"
```

虽然文本函数 CONCATENATE 函数也可以实现字符串的合并连接，但由于它不支持区域的引用方式，因此在实际使用中并没有使用 "&" 连接符方便。

例如，假定 A1 单元格中的字符串为 "学习"，B1 单元格中的字符串为 "函数"，使用下面的公式可以得到字符串 "学习函数"：

```
=CONCATENATE(A1,B1)
```

但如果使用下面的公式，就会返回错误值：

```
=CONCATENATE(A1:B1)
```

如果需要以区域引用的方式进行字符串合并连接，在某些情况下可以借助 PHONETIC 函数。例如，在以上例子中如果使用下面的公式，就可以返回正确的字符串 "学习函数"：

```
=PHONETIC(A1:B1)
```

 注意

PHONETIC 函数原用于在日文版中返回日文的拼音字符，在这里借用这个函数在字符串连接上的一些特性，但是它不适合处理数值的连接合并。

技巧 **172**　在文本中替换字符

许多时候，可能需要对某个文本字符串中的部分内容进行替换，除了使用 Excel 的"替换"功能外，还可以用文本替换函数。常用的文本替换函数包括 SUBSTITUTE 函数和 REPLACE 函数（REPLACEB 函数）。

两个函数的语法分别如下：

```
SUBSTITUTE(text, old_text, new_text, [instance_num])
REPLACE(old_text, start_num, num_chars, new_text)
```

SUBSTITUTE 函数需要明确所需替换的目标字符，但是可以忽略其在字符串中的具体位置，它的第二参数是需要替换的目标，第三参数则是替换以后的具体内容；而 REPLACE 函数不需要指定替换时的具体目标字符，而只需确定其位置，它的第二参数是替换起始位置，第三参数是替换掉的字符个数，第四参数才是替换以后的具体内容。

172.1　常规字符串替换

假定 A1 单元格的内容为"Excel2010 实战技巧精粹"，要用公式将其字符串内容改为"Excel2013 实战技巧精粹"，可以使用以下两个公式：

```
=SUBSTITUTE(A1,"10","13")
=REPLACE(A1,9,1,"3")
```

第一个公式将字符串中的"10"替换为"13"来实现目标，而第二个公式则是找到字符串中的第 9 个字符（"10"的"0"所在位置）替换为"3"达到目标。

172.2　多个相同目标中的指定替换

SUBSTITUTE 函数的第四参数在一般情况下可以省略，如果需要替换的目标在字符串中出现多次，在省略第四参数的情况下可以全部替换。如果指定第四参数的数值，则表示指定替换第几次出现的字符（从字符串左侧开始计数）。

假定 A1 单元格的内容为"世界杯开幕日期为 2014-6-12"，要用公式将字符串内容改为"世界杯开幕日期为 2014 年 6 月 12 日"，可使用以下公式：

```
=SUBSTITUTE(SUBSTITUTE(A1,"-","年",1),"-","月")&"日"
```

公式中的 SUBSTITUTE(A1,"-","年",1)部分，其中的第四参数值为 1，表示仅替换 A1 字符串中第一次出现的短横线"-"，不会影响其他短横线。因此，这部分的运算结果为字符串"世界杯开幕日期为 2014 年 6-12"，在此基础上经过再次嵌套处理以后得到最终结果。

172.3　插入字符

REPLACE 函数的第三参数取值如果为零，此函数就起到插入字符串的作用，而不再替换原有文本中的字符。

假定 A1 单元格的内容为"Excel 实战技巧精粹"，要用公式将字符串内容改为"Excel2013 实战技巧精粹"，可以使用以下公式：

```
=REPLACE(A1,6,0,"2013")
```

技巧 **173**　计算字符出现的次数

173.1　某字符在字符串内出现的次数

要计算字符串中某个字符的出现次数，没有可以直接使用的函数，但是通常可以借助 SUBSTITUTE 函数和 LEN 函数的组合来实现，是一种比较理想的方法。先用 SUBSTITUTE 函数清除全部目标字符，然后用 LEN 函数对比清除前后的字符串字符总数，就能得到这个字符的出现次数。

例：A1 单元格中存放着字符串"ExcelHome"，要统计字母"e"出现的次数，可以使用如下公式：

```
=LEN(A1)-LEN(SUBSTITUTE(A1,"e",""))
```

公式结果返回 2。其中，SUBSTITUTE 函数的第三参数为两个连续的半角双引号，表示空文本，使用空文本作为第三参数，就能将字符串中的指定字符全部清除。

SUBSTITUTE 函数可以区分字母大小写，因此字符串中的首字母大写的"E"不被计算在内，只统计小写字母"e"的个数。如果需要忽略大小写来计算字符串中所有大小写字母"e"的个数，则可以更改公式如下：

```
=LEN(A1)-LEN(SUBSTITUTE(LOWER(A1),"e",""))
```

或

```
=LEN(A1)-LEN(SUBSTITUTE(UPPER(A1),"E",""))
```

公式运算结果为 3。

上面公式中的 LOWER 函数可以将字符串中的所有英文字母强制转换为小写字母，UPPER 函数则可以将所有字母转换为大写字母。

如果需要统计字符串的出现次数，则公式结果须除以所求字符串的长度。如统计上述 A1 单元格中"ce"出现的次数，则公式应改为如下内容：

```
=(LEN(A1)-LEN(SUBSTITUTE(A1,"ce","")))/LEN("ce")
```

173.2   出现次数最多的字符

A1 单元格中包含了一串数字代码，例如 "223456214531"，要在其中找到出现次数最多的数字，可以在前面求取字符出现次数的基础上进行数组运算来构建公式：

```
{=RIGHT(MIN(LEN(SUBSTITUTE(A1,ROW(1:10)-1,""))*10+ROW(1:10)-1))}
```

公式的运算结果为 2，数字 2 在这个字符串中一共出现了 3 次，是出现次数最多的字符。

公式思路解析如下：

```
LEN(SUBSTITUTE(A1,ROW(1:10)-1,"")
```

公式中的 ROW(1:10)-1 用来取得一个包含 0~9 十个数字的数组。这个公式的作用是依次清除 A1 字符串中的 0~9，并计算每个数字清除以后的字符串剩余长度，可以根据这个长度判断字符串中包含某个数字的个数多少，长度越短表示某个数字的出现次数越多。

将上述结果*10+ROW(1:10)-1，是采用了一种加权的方法，把前面得到的字符串长度和它所对应的数字合成了一个两位数。然后使用 MIN 函数求取最小值，就能够把那个出现次数最多的数值取出。而这个数值个位上的数字就是它对应的实际数字，可以用 RIGHT 函数来获取。

假如 C1 单元格中包含的字符全为英文字母，例如 "excelwordpptoutlook"，也可以使用上述思路构建类似的数组公式，找到出现次数最多的那个字母，如下所示：

```
{=MID(C1,RIGHT(MIN(LEN(SUBSTITUTE(C1,MID(C1,ROW(1:99),1),""))*100+ROW(1:99)),2),1)}
```

这个公式中假定 C1 单元格中的字符串长度不超过 99 个字符，依次以字符串中的每一个字符来替换，由此得到的剩余字符串长度来判断出现次数最多的字符所在的位置，然后通过这个位置找到具体的字符。

173.3   包含某字符串的单元格个数

如果要统计某个字符串在不同单元格中的出现次数，通常会使用统计函数 COUNTIF 函数。

如图 173-1 所示，A 列当中存放了一些图书清单，如果要统计其中出现 "技巧" 两个字的单元格数量，使用 COUNTIF 函数可以非常方便地得到结果：

```
=COUNTIF(A2:A13,"*技巧*")
```

除了 COUNTIF 函数外，使用前面提到的 FIND 函数也能够实现同样的目标。FIND 函数可以在字符串中查找指定字符串出现的位置，如果没有找到，就会返回错误值#VALUE!，利用这个特性，使用 FIND 函数查找区域中的每一个单元格，然后统计其中未出现错误值的次数，就能得到包含目标字符串的单元格个数。根据这个思路，可以写出下面这个数组公式：

图 173-1　图书清单

```
{=COUNT(FIND("技巧",A2:A13))}
```

COUNT 函数可以统计数值的个数，同时由于 COUNT 函数可以忽略错误值，因此可以通过它来统计 FIND 函数查找到"技巧"两字的单元格数目。

上述两个公式效果相同，但前者相对来说更简单一些。如果遇到需要区分字母大小写的情况，前面使用 COUNTIF 函数的方法就不再奏效了，因为 COUNTIF 函数不能区分字母的大小写。相反，由于 FIND 函数可以区分字母大小写，第二个使用 FIND 函数和 COUNT 函数组合的公式能够非常好地适应这种新情况。

例如，在上述案例中，如果需要统计其中"Excel"出现的次数，并且严格区分字母大小写，就可以使用以下这个数组公式：

```
{=COUNT(FIND("Excel",A2:A13))}
```

公式运算结果为 9。

　　关于函数对字母大小写的区分情况，可参阅技巧 174。

技巧 174　字符串比较

在 Excel 中，针对某些数据进行查找与引用操作时，表面看起来相同的字符串，却经常无法查询到匹配的结果，这往往是因为目标字符串与查找值不完全相符导致的。

假设 A1="Excel Home"，B1="excel home"，如果使用下面的公式对两个字符串进行比较，将返回 TRUE 的结果，因为使用等号进行字符对比时不同区分英文大小写：

```
=A1=B1
```

如果希望能够在区分大小写的情形下进行对比，更适合的方法是使用 EXACT 函数：

```
=EXACT(A1,B1)
```

另外，还有一些可以区分英文大小写的函数，包括 FIND、FINDB、SUBSTITUTE 等。而 SEARCH、SEARCHB 以及查询函数中的 VLOOKUP、LOOKUP、MATCH，统计函数中的 COUNTIF、COUNTIFS 等函数都不能区分大小写。

如果需要使用 MATCH 等函数，同时又希望它们能够区分字母的大小写，可以借助 EXACT 函数来处理。

例如，图 174-1 中包含了一组英文单词清单，如果要查询单词"black"的中文释义，使用下面的公式无法返回正确结果：

	A	B
1	单词	释义
2	August	八月
3	august	威严的
4	Black	布莱克（姓氏）
5	black	黑色
6	May	五月
7	may	可能
8	Smith	史密斯（姓氏）
9	smith	铁匠
10	Turkey	土耳其
11	turkey	火鸡

图 174-1　区分大小写的单词清单

```
=VLOOKUP("black",A:B,2,0)
```

而借助 EXACT 函数和数组公式，就可以得到正确结果，如下所示：

```
{=INDEX(B:B,MATCH(TRUE,EXACT(A1:A11,"black"),0))}
```

技巧 **175**　清理多余字符

假设 A1 单元格中存放了字符串"excel　　home"，其中包含一些多余空格，使用以下公式可以将字符串处理成包含正常空格的字符串"excel home"：

```
=TRIM(A1)
```

TRIM 函数可以清除字符串中位于头尾处的空格，以及在字符串中多于一个以上的连续重复空格（将多个连续空格压缩为 1 个空格），非常适合英文字符串的修整和处理。

利用 TRIM 函数可以清理多余空格的特性，在字符串的分离和提取上也有很好的应用。

例如，在图 175-1 中，A1 单元格中包含了一个字符串，在长宽高三个参数间有间隔符号"×"分隔。如果需要使用公式将其中的每一部分分别提取出来，得到 A3:A5 单元格中的结果，可以在 A3 单元格中输入以下公式，然后向下复制填充：

图 175-1　字符串分离

```
=TRIM(MID(SUBSTITUTE(A$1,"×",REPT(" ",99)),99*ROW(A1)-98,99))
```

这个公式使用引入冗余量的方法，将字符串中的分隔符替换为大量的空格，然后将每段包含大量空格的字符串提取出来，再用 TRIM 函数清理掉多余的空格，返回最终需要保留的文本内容。

除了多余的空格外，从一些数据库软件导出、或从网页上复制下来的 Excel 文件中经常会夹杂着肉眼难以识别的非打印字符，这些符号更易造成查找引用、统计等有关运算的错误，因此也被称为"垃圾字符"，可以用 CLEAN 函数清除。

例如，假定 A1 单元格的字符串中存在这些杂乱的非打印字符，就可以在其他单元格中输入以下公式，得到一个更"干净"的结果：

```
=CLEAN(A1)
```

技巧 **176**　字符转换技巧

176.1　字母大小写转换

本技巧主要涉及与英文字母大小写有关的三个函数：LOWER、UPPER 和 PRORER。

LOWER 函数：将一个文本字符串中的所有大写英文字母转换为小写字母，对文本中的非字母字符不作改变。

如公式：

```
=LOWER("I Love ExcelHome!")
```
返回结果为：i love excelhome!

UPPER 函数的作用与 LOWER 函数恰恰相反，将一个文本字符串中的所有小写英文字母转换为大写字母，对文本中的非字母字符不作改变。

如公式：

```
=UPPER("I Love ExcelHome!")
```
返回结果为：I LOVE EXCELHOME!

PROPER 函数：将文本字符串的首字母及任何非字母字符（包括空格）之后的首字母转换成大写，将其余的字母转换成小写。即实现通常意义下的英文单词首字母大写。

如公式：

```
= PROPER("I LOVE excelhome!")
```
返回结果为：I Love Excelhome!

176.2   全角半角字符转换

在中文版 Windows 环境下，英文字母、数字、日文片假名和某些标点符号包含了 "全角" 和 "半角" 两种不同的形态，例如 "<123ABC>" 都是半角字符，而 "＜１２３ＡＢＣ＞" 则都是全角字符。半角字符只占用一个字节位置，而全角字符则占用两个字节位置。

而中文字符、中文的标点符号，如顿号（、）、句号（。）、书名号（《》）以及一些特殊符号，是固有的双字节字符，没有全半角之分。

要在半角字符和全角字符之间互相转换，可以使用 WIDECHAR 函数和 ASC 函数。

WIDECHAR 函数：在简体中文环境下，将字符串中的半角（单字节）字符转换为全角（双字节）字符。

如公式：

```
=WIDECHAR("Excelhome")
```
返回结果为：Ｅｘｃｅｌｈｏｍｅ

ASC 函数：与 WIDECHAR 函数相反，将全角（双字节）字符转换为半角（单字节）字符，对其他字符不作任何更改。

如公式：

```
=ASC("我爱《Ｅｘｃｅｌ精粹》")
```
返回结果为：我爱《Excel 精粹》

利用英文字母和数字包含全半角两种形态的特性，可以对一些中英文数字混排的字符串进行识别和处理。

例如，假定 A1 单元格中包含字符串 "知名的 ExcelHome 论坛"，使用以下公式可以求取字符串中所包含的英文字母个数，结果为 9：

```
=LENB(WIDECHAR(A1))-LENB(A1)
```

这个公式使用 WIDECHAR 函数将字符串转换为全角字符后，英文字符的字节数会增加 1 倍，而中文字符字节数没有变化。使用 LENB 函数获取转换前与转换后的字节数，并将两者相减，即可得到英文字符的个数。

如果上述字符串中本身就包含全角字符，如"知名的 Ｅｘｃｅ１Home 论坛"，则上述公式可以稍作以下修改：

```
=LENB(WIDECHAR(A1))-LENB(ASC(A1))
```

此公式思路与前面相似，且通用性更强。

 在英文操作系统等不含全角字符集的环境中使用 **LENB** 函数，可能无法返回正确的结果。

176.3　生成字母序列

要生成 A、B、C...Z 这 26 个英文字母的序列，利用 CHAR 函数可以快速完成。CHAR 函数可以通过代码返回 ANSI 字符集中所对应的字符，而 ANSI 字符集中代码为 65~90 所对应的字符正是"A~Z"这 26 个英文字母。

因此，在 A1 单元格中输入如下公式，并向下填充至 A26 单元格，就能得到这 26 个字母：

```
=CHAR(ROW()+64)
```

与 CHAR 函数相呼应的是 CODE 函数，它可以根据某个字符获取到相应的 ANSI 代码，例如下面的公式可以返回字母"A"在 ANSI 字符集中的代码：

```
=CODE("A")
```

公式结果为 65。

176.4　生成换行显示的文本

CHAR 函数不仅可用于生成可见字符，有时也可以生成换行符等不可见字符。

图 176-1 中的 A1 单元格包含了一组城市名称，每个城市之间有一个短横线"-"分隔符，如果希望其中的每一个城市名称分别显示在单元格内的不同行，如同图中 A3 单元格中的显示效果，可以这样来操作：

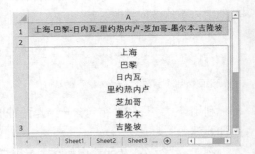

图 176-1　单元格内换行显示

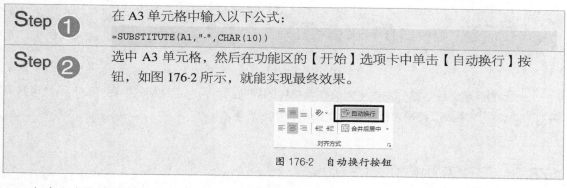

Step ①	在 A3 单元格中输入以下公式： =SUBSTITUTE(A1,"-",CHAR(10))
Step ②	选中 A3 单元格，然后在功能区的【开始】选项卡中单击【自动换行】按钮，如图 176-2 所示，就能实现最终效果。

图 176-2　自动换行按钮

上述公式将单元格中的分隔符 "-" 全部替换为 CHAR(10)，而 ANSI 字符集中代码 10 所对应的字符为换行符，因此这个替换的效果就是将每一个分隔符替换成了换行符，形成每个城市换行显示的效果。这个换行符虽然有 ANSI 代码，也能通过 CHAR 函数生成这个符号，但却是一个看不见的字符，只是默默地发挥它的作用。

技巧 177　数值的强力转换工具

在整理表格数据的过程中，如果碰到不规范的数值数据，是一件头疼的事情，比如在数值当中混有空格，或者使用了全角方式的数字，又或是文本型数字等。对于文本数据，可以用 TRIM 函数来清理多余空格，又可以用 ASC 函数将全角字符转换成半角，而对于数值来说，有一个更加强力的函数能够兼容以上功能，这就是 Excel 2013 新增的 NUMBERVALUE 函数。

NUMBERVALUE 函数是在 VALUE 函数上的又一次功能提升，它不仅可以实现 VALUE 函数日期转数值、文本型数字转数值、全角数字转数值等功能，还能在此基础上处理混杂空格的数值以及符号混乱的情况。

假设 A1 单元格中的内容为 "４５６７"，使用以下公式可以将其转换为正常的半角数值 4567：

```
=NUMBERVALUE(A1)
```

如果 A1 单元格中的内容为 "12 456　78 9"，包含一些没有规律的空格，使用上述公式也能将其转换为正常的数值 123456789。

对于 "3.14%"，VALUE 函数和 NUMBERVALUE 函数都可以将其转换为数值 0.0314，而如果碰上 "3.14%%" 的情况，VALUE 函数会出现错误值，而 NUMBERVALUE 函数依然能够将其转换为 0.000314，功能强大。

图 177-1 中显示了 NUMBERVALUE 函数与 VALUE 函数对于数值转换的效果对比。

	A	B	C
1	转换前	NUMBERVALUE	VALUE
2	12 456 78 9	12456789	#VALUE!
3	４５６７	4567	4567
4	７４3%	7.43	#VALUE!
5	3.14%	0.0314	0.0314
6	3.14%%	0.000314	#VALUE!
7	123	123	123
8	2014/6/16	41806	41806

图 177-1　数值转换效果

技巧 **178** 神奇的 TEXT 函数

Excel 的自定义数字格式功能可以将单元格中的数值显示为自定义格式，而 TEXT 函数也具有类似功能，可以将数值转换为按指定数字格式表示的文本。

178.1　TEXT 函数的基本功能

TEXT 函数的完整语法如下：

```
TEXT(value,format_text)
```

其中的第二参数 format_text 指的就是用户自定义的数字格式，它与单元格数字格式中使用的绝大部分格式都通用，图 178-1 就显示了 TEXT 函数使用几种自定义格式代码转换数值后的结果，其中 C2 单元格所使用的公式如下：

```
=TEXT(A2,B2)
```

	A	B	C
1	数值	格式代码	转换后
2	2.5746	#.0	2.6
3	123.4	0.00	123.40
4	12	000	012
5	123.456	0	123
6	12345	[DBNum1]	一万二千三百四十五
7	76543	[DBNum2]	柒万陆仟伍佰肆拾叁
8	34.2	[<1]0.00%;#	34
9	0.3473	[<1]0.00%;#	34.73%
10	1979/3/8	mmm d,yyyy	Mar 8,1979
11	28922	aaaa	星期四
12	1979年3月8日	e-mm-dd	1979-03-08

图 178-1　通过 TEXT 函数转换数值为格式文本

其中的格式代码含义，请参阅技巧 81.3。
有少量数字格式代码仅适用于自定义格式，不适用于 TEXT 函数。例如：

◆ 星号*。TEXT 函数无法使用星号来实现重复某个字符以填满单元格的效果。
◆ 颜色代码。TEXT 函数无法实现以某种颜色显示数值的效果，如格式"0.00_ ;[红色]-0.00"。

178.2　根据条件进行判断

与自定义数字格式代码类似，TEXT 函数的格式代码也可以分为 4 个条件区段，各区段之间用分号 ";" 间隔，默认情况下 4 个区段的定义如下：

```
[>0];[<0];[=0];文本
```

例如，假定要在 B 列单元格中对 A 列单元格中的数据对象按条件进行判断：当 A 列数据大于 0 时，对 A 列数据四舍五入保留 2 位小数显示；小于 0 时，对 A 列数据进位到整数显示；等于 0 时，显示短横线 "-"；如果 A 列数据不是数值而是文本，则返回 "异常"。上述条件判断如果使用 IF 函数来构建公式，可以写如为下公式：

```
=IF(ISTEXT(A2),"异常",IF(A2>0,FIXED(A2,2),IF(A2<0,FIXED(A2,0),"-")))
```

如果使用 TEXT 函数来实现这一效果，相对来说简单许多，可以使用如下公式：

```
=TEXT(A2,"0.00;-#;-;异常")
```

在上面这个公式中，TEXT 函数的第二参数中所使用的格式代码包含了 4 个区段，每个区段分别对应了大于零、小于零、等于零以及文本型数据所需匹配的格式。

公式的运算效果如图 178-2 的 B 列所示。

	A 转换前	B 转换后
2	3.245	3.25
3	1.2	1.20
4	4.567	4.57
5	-34.5	-35
6	-5.67	-6
7	0	-
8	文字	异常

图 178-2　按条件转换格式

TEXT 函数不仅可以根据条件转换数据的显示格式，有时也可以直接根据条件返回具体的结果。例如，假定要在 B 列单元格中对 A 列单元格中的数据按条件进行判断：当 A 列数据大于 0 时返回 100，小于 0 时返回 20，等于 0 时返回 0，如果 A 列的数据不是数值而是文本，则返回"不符合"。上述条件判断如果使用 IF 函数来构建公式，可以写为如下公式：

```
=IF(ISTEXT(A2),"不符合",IF(A2>0,100,IF(A2<0,20,0)))
```

而如果使用 TEXT 函数来实现，可以使用如下公式：

```
=TEXT(A2,"1!0!0;2!0;0;不符合")
```

上面公式中所使用的感叹号是一个转义字符，表示强制它后面所跟随的第一个字符不具备代码的含义，而仅仅只显示字符。在数字格式代码中，字符"0"具有特殊含义，而在上述例子中，只希望"0"表现其字符形式，因此需要在这个代码前加上感叹号，进行强制定义。在 TEXT 函数的格式代码中需要使用常量时，必须要注意这种代码转义的问题。

	A 转换前	B 转换后
2	3.245	100
3	1.2	100
4	4.567	100
5	-34.5	20
6	-5.67	20
7	0	0
8	文字	不符合

图 178-3　按条件返回结果

上述公式的运算效果如图 178-3 的 B 列所示。

与自定义数字格式一样，TEXT 函数第二参数中所使用的条件区段也并非必须使用完整的四区段形式，实际使用中可以省略部分条件区段，条件含义也会相应变化，例如：

◆ 使用三个区段，其区段对应区间如下：

```
[>0];[<0];[=0]
```

例如，假定以上例子中不需要考虑出现文本型数据的情况，公式就可以简化为如下内容：
```
=TEXT(A2,"1!0!0;2!0;0")
```

◆ 使用两个区段，其区段对应区间为：

```
[>=0];[<0]
```

例如，下面的公式表示当 A2 单元格数值大于等于 0 时返回字符串"非负"，而当 A2 单元格数值小于 0 时返回字符串"负数"：

```
=TEXT(A2,"非负;负数")
```

178.3　自定义条件范围

除了上面这些默认以正数、负数、零作为条件区段以外，TEXT 函数还可以使用自定义条件。例如，自定义条件的四区段可以表示为如下内容：

> [条件 1]；[条件 2]；[不满足条件 1、条件 2]；文本

三区段的可以表示为如下内容：

> [条件 1]；[条件 2]；[不满足条件 1、条件 2]

两区段的可以表示为如下内容：

> [条件]；[不满足条件]

注意 在通常的使用情况中，条件 1 和条件 2 不应存在共同的交集部分，如果在设计条件中两者存在交集部分，则对于处于交集范围内的数值，会仅以满足条件 1 的格式作为转换依据。

例如，假定要在 B 列单元格中对 A 列单元格中的日期数据按条件进行判断：当 A 列日期早于 2012 年 1 月 1 日时，只显示年份；当 A 列日期晚于 2012 年 12 月 31 日时，返回日期的"年月"格式；而在 2012 年内的日期则返回日期的"月日"格式。要满足上述条件，可以使用以下公式：

> =TEXT(A2,"[>41274]e-mm;[<40909]e;mm-dd")

上述公式中使用的是一个包含自定义条件的三区段格式代码，其中 41274 是 2012 年 12 月 31 日对应的日期值，而 40909 是 2012 年 1 月 1 日对应的日期值。公式的转换效果如图 178-4 中的 B 列所示。

	A	B
1	日期	转换格式
2	2012/3/5	03-05
3	2012/7/8	07-08
4	2010/4/30	2010
5	2014/2/21	2014-02
6	2013/9/8	2013-09
7	2010/8/15	2010
8	2009/3/7	2009

图 178-4　日期按条件转换格式

178.4　使用变量参数

TEXT 函数的第二参数 format_text，不仅可以引用单元格中的代码或直接使用约定的格式代码字符串，还可以通过文本连接符"&"来组织构造符合代码格式的文本字符串，在其中添加变量作为其参数，使得 TEXT 函数的第二参数成为动态可变参数。

例如，假设要在 B 列单元格中对 A 列单元格中的日期数据按条件进行判断：当 A 列的日期到今天为止已经超过了 30 天，就返回字符串"过期"，否则返回"年月日"的格式。要满足上述条件，可以使用以下公式：

> =TEXT(A2,"[<"&TODAY()-30&"]过期;e-mm-dd")

以上公式中的 TODAY 函数可以得到系统当前的日期，将此日期减去 30 就得到 30 天之前的日期，然后通过两个文本连接符"&"嵌入原有的格式代码之中，形成对日期是否过期的条件判断，组成一个完整的格式代码，完成 TEXT 函数的参数构造。

假设当前日期为 2014 年 6 月 15 日，则公式的运算结果如图 178-5 的 B 列所示。

	A	B
1	日期	格式转换
2	2014/5/15	过期
3	2014/5/1	过期
4	2014/5/28	2014-05-28
5	2014/6/11	2014-06-11
6	2014/6/14	2014-06-14
7	2014/4/20	过期
8	2014/5/16	2014-05-16

图 178-5　日期按变量条件进行转换

就这样，可以把动态可变的运算结果置入 TEXT 函数的条件参数中，使 TEXT 函数拥有更宽广的自定义格式空间，构造出具有更高智能性的条件判断公式。

第 13 章　日期与时间计算

本章涉及的函数分类主要包括日期和时间类函数，使用这些函数可以对日期类数据进行转换，统计日期和时间差，进行与年、月、季度或星期相关的运算，计算工作日或节假日等。

技巧 **179**　认识日期和时间数据

日期和时间数据是数值的一种特殊表现形式，在 Excel 系统内部以数值形式存放，并且允许与数值进行相互转换。

关于日期数据的详细说明，请参阅技巧 152。

179.1　日期数据识别

以字符串形式输入的日期数据，在符合一定规则的情况下，可以被 Excel 识别为日期值。可以被识别的日期数据能够通过数字格式转换显示为数值，也能够直接参与算术运算。反之，如果输入的字符内容不能被 Excel 识别为日期值，则不能通过格式设置显示为数值，也不能直接参与算术运算。

图 179-1 显示了在中文 Windows 系统的默认设置下，Excel 2013 中文版中可以识别的一些日期输入形式。其中，A 列是以文本字符串形式输入的日期，C2 单元格中的公式如下：

```
=TEXT(A2,"yyyy 年 mm 月 dd 日;;;无法识别")
```

此公式可以判断 A2 单元格中的输入是否可以识别为日期值，如果可以识别，则显示为相应的实际日期，否则反馈"无法识别"的信息。

结合图 179-1，可以总结归纳以下几条 Excel 识别日期值的规则：

（1）Excel 中的日期范围从 1900 年 1 月 1 日至 9999 年 12 月 31 日，1900 年之前的日期形式不会被识别。例如，图 179-1 中 A2 单元格的"1890-3-4"就无法被转换成相应日期。

（2）年份可以用两位数字的短日期形式来输入表示，其中 00 ~ 29 会自动转化为 2000 年 ~ 2029 年；而 30 ~ 99 则会自动转化为 1930 年 ~ 1999 年，如图 179-1 中 A4、A5 单元格的转换结果所示。

（3）输入的日期可以只输入"年月"部分，而省略"日"的部分，Excel 会自动以此月的 1 号作为其日期。例如，图 179-1 的 A6 单元格输入为"2009-8"，自动转换的日期为"2009 年 8 月 1 日"。

	A	B	C
1	日期输入		是否识别为日期值
2	1890-3-4		无法识别
3	1900-1-1		1900年01月01日
4	11-4-20		2011年04月20日
5	79-3-8		1979年03月08日
6	2009-8		2009年08月01日
7	11-8		2014年11月08日
8	13-8		2014年08月13日
9	31-8		2014年08月31日
10	32-8		1932年08月01日
11	2011-2-29		无法识别
12	4-31		无法识别
13	11/4/20		2011年04月20日
14	11/4-20		2011年04月20日
15	11-4/20		2011年04月20日
16	2011年4月20日		2011年04月20日
17	4月20日		2014年04月20日
18	2011年4月		2011年04月01日
19	Feb 21		2014年02月21日
20	February 21		2014年02月21日
21	Feb 32		1932年02月01日
22	Feb 1932		1932年02月01日
23	21 Feb 1979		1979年02月21日
24	21 Feb		2014年02月21日
25	32 Feb		无法识别
26	2009.8.9		无法识别
27	2009\4\5		无法识别
28	4/5/2009		无法识别

图 179-1　日期输入的自动识别

（4）如果只输入两个短日期数据，Excel 无法直接判断输入的到底是"年月"还是"月日"，会根据以下几条原则进行自动转换：

短划线之前的部分在 1~12 之间，且与短划线后面表示"日"的数据构成确实存在的日期，则识别为"月-日"的形式，自动转化为当前年份的相应日期，如图 179-1 中 A7 单元格的转换结果所示；

短划线之前的部分在 13~31 之间（根据短划线后半部分表示月份数据的不同，其上限可能在 28~31 之间），且与短划线后面表示"月份"的数据构成确实存在的日期，则识别为"日-月"的形式，自动转化为当前年份的相应日期，如图 179-1 中 A8、A9 单元格所示；

短划线之前的部分在 32~99 之间，且短划线后半部分数据在 1~12 之间，则识别为"年-月"的形式，自动转化为相应的年份，并以月份的 1 号补足为日期值，如图 179-1 中 A10 单元格所示；

有些简化输入，由于不存在实际日期，因此无法被识别为日期值。例如，图 179-1 中 A11 单元格的"2011-2-29"，由于 2011 并非闰年，不存在此日期，因此不会被识别；A12 单元格的"4-31"，由于 4 月份没有 31 天，因此也不是一个有效的日期值。

（5）年月日可以使用的间隔符号包括斜杠符号"/"和短划线符号"-"，也可以两者混合使用，如图 179-1 中 A13:A15 单元格所示。

可以用来表示日期间隔的符号与操作系统中的"区域选项"设置有关，在中文 Windows 的默认设置中，斜杠符号和短划线都可以用来表示日期间隔符，而在其他一些系统中，则并非完全与此一致。

（6）在中文操作系统下的中文版 Excel 中，中文字符的"年"、"月"、"日"可以作为日期数据的单位，能被有效识别，如图 179-1 中 A16:A18 单元格所示。而在中文版以外的语言版本中，则不一定能够识别这样的日期输入。

（7）在英文中，有不同的英文单词及其缩写可以用来表示 12 个月份，因此月份以英文单词形式来表示的日期输入也可以被识别。如图 179-1 中 A19:A23 单元格所示。如果月份后面的数字大于月份的最大天数，则此数字自动转换为年份数据，如 A21 单元格所示。

在使用英文月份的日期输入中，可以被识别的日期格式包括"月日"、"月年"、"日月年"和"日月"，但不支持"年月"或"年月日"，如图 179-1 中 A25 单元格所示。

（8）除了上述所提到的短划线"-"、斜杠"/"分隔符以外，其他的间隔符号不能被识别为有效的日期输入，例如图 179-1 中 A26 单元格的小数点"."或 A27 单元格中的反斜杠"\"。此外，某些英语国家所习惯的月份日期在前年份在后的日期形式也不能被识别，如图 179-1 中 A28 单元格所示。

179.2　时间数据识别

时间数据是一种特殊的日期数据，实质上就是小数形式的日期值。图 179-2 显示了在中文 Windows 系统的默认设置下，Excel 2013 中文版中可以识别的一些时间输入。其中，A 列是以文本字符串形式输入的时间，C2 单元格中的公式如下：

```
=TEXT(A2,"hh 时 mm 分 ss 秒;;;无法识别")
```

此公式可以判断 A2 单元格中的输入是否可以识别为时间值，如果可以识别，则显示为相应的时间，否则反回"无法识别"的信息。

结合图 179-2，时间数据的识别可以总结归纳为以下几条规则：

（1）Excel 中的时间数据范围在"00:00:00"至"9999:59:59"之间，在此范围内的时间输入可被识别。

（2）使用冒号":"作为分隔符号时，其中表示"秒"的数据允许使用小数，如图 179-2 中 A3 单元格所示。与此相区别的是，使用中文字符来作为时间单位时，其中不允许出现小数，如 A10 单元格所示。

（3）允许省略秒的数据输入，只提供"时:分"的数据，如图 179-2 中 A4 单元格所示。

	A	B	C
1	时间输入		是否识别为时间值
2	12:33:54		12时33分54秒
3	12:35:56.5		12时35分57秒
4	9:43		09时43分00秒
5	25:35		01时35分00秒
6	21:61		22时01分00秒
7	20:59:61		21时00分01秒
8	23:61:62		无法识别
9	3时10分12秒		03时10分12秒
10	3时12分45.5秒		无法识别
11	3时12分		03时12分00秒
12	3分21秒		无法识别
13	3时61分45秒		无法识别
14	3点35分		无法识别

图 179-2　时间输入的自动识别

（4）小时的数值允许超过 24，分钟和秒数允许超过 60，Excel 会自动进行进位转换，如图 179-2 中 A5:A7 单元格区域所示。但一组时间数据中只允许出现一个超出进制的数，例如 A8 单元格中分钟和秒数都超过 60，则不会被有效识别。

（5）在中文系统下的中文版 Excel 中，可以使用中文字符的"时"、"分"、"秒"作为时间单位，能被有效识别，如图 179-2 中 A9、A11 单元格所示。但其中不允许出现小数，如 A10 单元格所示。允许省略秒的数据输入，如 A11 单元格所示，但不允许省略小时数，如 A12 单元格所示。

（6）使用中文字符作为时间的单位字符时，各数据均不允许超过进制所限，否则无法识别，如图 179-2 中 A13 单元格所示。

（7）中文字符"时"不能用日常习惯中的"点"所替代，如图 179-2 中 A14 单元格所示。

符合以上原则的日期或时间字符输入都能被自动转换成相应的日期时间数据，方便后续处理。

技巧 180　日期与数字格式的互换

180.1　伪日期变真日期

由于工作需要，或者为了输入方便，很多用户会使用 20080312、2008.3.12 等非规范方式表示日期。而实质上，这种类型的数据并不能被 Excel 识别为日期数据来参与计算，是伪日期。

除了使用【分列】功能可以将这些不规范数据转为日期数据外，也可以使用公式进行转换。下面介绍两种伪日期转为规范日期格式的方法。

1. 日期字符串为连续数字

例 1：A1 单元格为文本"20140512"，下面的公式可以得到日期为"2014 年 5 月 12 日"的日期值：

```
=--TEXT(A1,"#-00-00")
```

在此公式中，TEXT 函数返回以"-"作为分隔符的格式文本，Excel 可以识别这种以短横线分隔的日期格式，但还需要进一步将文本数据转换为数值。TEXT 函数前的两个负号的作用就是进行了"减负运算"，将其转为日期型数值。

 使用上述公式后，单元格内得到的显示结果可能是一个整数数值。如果需要显示为日期，可以将单元格的数字格式设定为日期格式。

2. 日期字符串以特殊符号间隔

例 2：B1 单元格为文本 "2014.5.12"，以下公式可以得到日期为 "2014 年 5 月 12 日" 的日期值：

```
=--SUBSTITUTE(B1,".","-")
```

"." 不是 Excel 可以正常识别的日期间隔符号，此公式使用了 SUBSTITUTE 函数，将字符串中的 "." 替换成 "-"，以便于生成可以识别成日期的字符串文本，然后再通过减负运算转换成日期型数值。

同理，如果字符串中使用的是其他间隔符号，如 "。" 或 "\" 等，也可以采用同样的方法进行转换处理。

180.2　将日期转为文本

假设 A1 单元格为日期数据 2014-5-12，以下公式可以返回 "20140512" 格式的文本字符串：

```
=TEXT(A1,"yyyymmdd")
```

或者

```
=TEXT(A1,"emmdd")
```

以下公式可将 A1 单元格的日期数据返回 "2014.5.12" 格式的文本字符串：

```
=TEXT(A1,"yyyy.m.d")
```

或者

```
=TEXT(A1,"e.m.d")
```

上述公式都是利用了 TEXT 函数的格式化功能。关于 TEXT 函数的详细介绍，请参阅技巧 178。

技巧181　自动更新的当前日期和时间

在单元格中输入时，按<Ctrl+;>组合键可以立即得到系统当前的日期，按<Ctrl+Shift+;>组合键则可以立即得到系统当前的时间。

如果希望在公式中使用一个变量，能够通过系统中的时间系统得到当时的日期和时间，并且能够随着系统时间的推进而自动更新，可以分别使用 TODAY 函数和 NOW 函数实现。

使用 TODAY 函数可以得到系统的当前日期：

```
=TODAY()
```

使用 NOW 函数可以得到系统当前的具体时间，其中也包含日期信息：

```
=NOW()
```

上面两个函数都是易失性函数，在 Excel 中进行诸如激活单元格编辑状态、在单元格中输入数据、插入、删除单元格、打开工作簿等操作时，函数都会自动重新计算，得到新的结果。

 有关易失性函数的详细介绍，请参阅技巧 232。

技巧 182　隐秘函数 DATEDIF

DATEDIF 函数是一个 Excel 中的隐藏函数，该函数源自 Lotus1-2-3。

DATEDIF 函数用于计算两个日期之间的天数差、月数差或年数差，语法如下：

```
DATEDIF(start_date,end_date,unit)
```

其中，参数 start_date 代表时间段内的第一个日期或起始日期。可以是带引号的日期文本串（如 "2012/1/30"）、日期序列值或其他公式或函数的运算结果（如 DATE(2012,1,30)）等。

参数 end_date 代表时间段内的最后一个日期或结束日期。

 如果参数 start_date 的日期值大于参数 end_date 的日期值，函数会返回错误值。

参数 unit 为所需返回信息的时间单位代码。各代码对应的含义如表 182-1 所示。

表 182-1　　　　　　　　　　　unit 参数的代码含义

unit 代码	函数返回值
"y"	时间段中的整年数
"m"	时间段中的整月数
"d"	时间段中的天数
"md"	start_date 与 end_date 日期中天数的差。忽略日期中的月和年
"ym"	start_date 与 end_date 日期中月数的差。忽略日期中的日和年
"yd"	start_date 与 end_date 日期中天数的差。忽略日期中的年

例如，假定 A1 和 A2 单元格都包含一个日期数据，要计算 A1 与 A2 两个日期之间的间隔天数（假定 A1 单元格的日期早于 A2 单元格日期），可以使用如下公式：

```
=A2-A1
```

这个问题如果使用 DATEDIF 函数解决，公式可以写为如下内容：

```
=DATEDIF(A1,A2,"d")
```

有时需要计算两个日期之间的年份间隔，如果不考虑具体的日期，可以直接将年份相减来求取差额，但如果需要以精确的日期来计算，例如要根据出生日期来计算"周岁"，就可以使用 DATEDIF 函数来解决。

图 182-1 中显示了一组人员的出生日期，如果需要根据这组日期数据计算人员到当前日期为止的周岁年龄，可以在 C2 单元格中输入以下公式并向下填充：

```
=DATEDIF(B2,TODAY(),"y")
```

其中的 TODAY 函数可以返回系统当前的日期。

上述公式在计算间隔年份时，是以两个具体的日期计算其中完整的"周年"数，假定当前系统日期为 2014 年 6 月 16 日，公式的运算结果如图 182-2 所示。

如果在计算出周岁年龄的基础上，还希望算出不足整年的零散天数，例如"2012 年 1 月 3 日"与"2013 年 1 月 20 日"之间间隔了 1 年零 17 天，要得到 17 这个数字，可以将 DATEDIF 函数的第三参数设置为"yd"。在上述例子中，可以使用以下公式：

```
=DATEDIF(B2,TODAY(),"yd")
```

使用"yd"作为 DATEDIF 函数的第三参数时，可以在忽略年份的情况下计算两个日期之间的天数差。假定当前系统日期为 2014 年 6 月 16 日，上述公式的运算结果如图 182-3 中的 D 列所示：

	A	B	C
1	姓名	出生日期	当前周岁
2	马珂燕	1983/4/25	
3	霍顺	1979/6/15	
4	陆千峰	1959/12/4	
5	荣锦芳	1978/4/8	
6	孙蕾	1974/3/21	
7	马巍	1981/11/25	
8	乔森圆	1976/8/17	
9	杨欢涛	1986/9/21	
10	邵顺文	1974/8/2	

图 182-1　周岁年龄计算

	A	B	C
1	姓名	出生日期	当前周岁
2	马珂燕	1983/4/25	31
3	霍顺	1979/6/15	35
4	陆千峰	1959/12/4	54
5	荣锦芳	1978/4/8	36
6	孙蕾	1974/3/21	40
7	马巍	1981/11/25	32
8	乔森圆	1976/8/17	37
9	杨欢涛	1986/9/21	27
10	邵顺文	1974/8/2	39

图 182-2　周岁年龄计算结果

	A	B	C	D
1	姓名	出生日期	当前周岁	零几天
2	马珂燕	1983/4/25	31	52
3	霍顺	1979/6/15	35	1
4	陆千峰	1959/12/4	54	195
5	荣锦芳	1978/4/8	36	69
6	孙蕾	1974/3/21	40	87
7	马巍	1981/11/25	32	203
8	乔森圆	1976/8/17	37	303
9	杨欢涛	1986/9/21	27	268
10	邵顺文	1974/8/2	39	318

图 182-3　忽略年份计算天数差

如果需要计算的是从出生至今的足月数，则公式可以修改为如下内容：

```
=DATEDIF(B2,TODAY(),"m")
```

如果希望得到的结果是"几个月零几天"，则公式可以修改为如下内容：

```
=DATEDIF(B2,TODAY(),"m")&"个月零"&DATEDIF(B2,TODAY(),"md")&"天"
```

需要注意的是，使用 DATEDIF 函数时，必须将较早的那个日期作为第一参数，较晚的日期作为第二参数，否则就会出现错误。如果事先无法预知两个日期哪个更早，可以借助其他函数进行预处理。例如，要计算 A1、A2 两个单元格中日期之间所间隔的年份，可以使用以下公式：

```
=DATEDIF(MIN(A1,A2),MAX(A1,A2),"y")
```

技巧 183　与星期相关的计算

要知道某一天是星期几，使用 WEEKDAY 函数就能够轻松搞定。

假定 A1 单元格存放着某个日期 "2014-6-19"，使用下面的公式就能得到结果 4，即表示这天是星期四：

```
=WEEKDAY(A1,2)
```

WEEDAY 函数的第二参数是一个类型参数，使用不同的参数值可以让 WEEKDAY 的工作模式发生变化。例如，上述公式中的参数值 2 就代表让此函数从星期一至星期天分别返回数值 1~7，这也是比较符合日常应用习惯的一种方式。但如果将此参数值设为 1（省略此参数时的默认参数值为 1），就将以周日作为一周的第一天，周四将返回数值 5。因此，使用这个函数需要注意它的第二参数值设定情况，在与星期有关的其他函数中也有类似情况。

如果要根据某一天计算此日期位于此年份中的第几周，同样假定以星期一作为一周的起始日，可以使用如下公式：

```
=WEEKNUM(A1,2)
```

WEEKNUM 函数用于计算指定日期的所在周数，其中第二参数值为 1 时，以星期日作为一周的起始日；第二参数值为 2 时，则以星期一作为一周的起始日。

> 在 Excel 2003 中，**WEEKNUM** 函数需要加载"分析工具库"后才能使用，而在 Excel 2007 以上版本中，这个函数作为内置函数可以直接使用。

如果无法使用 WEEKNUM 函数，也可以使用以下数组公式得到结果：

```
{=COUNT(1/(WEEKDAY(ROW(INDIRECT(DATE(YEAR(A1),1,1)&":"&A1)),2)=7))+1-(WEEKDAY(A1,2)=7)}
```

这个公式的实质是在计算 A1 单元格日期之前的星期天个数，因为以周一作为一周的起始日，所以统计之前的星期天个数再加上 1 就可以得到当前的周数。

这个公式通过构造从当年 1 月 1 日开始到 A1 单元格日期的连续数组，然后用 WEEKDAY 函数得到星期，再用 COUNT 函数计算其中星期天的个数。最后(WEEKDAY(A1,2)=7)的部分，是判断 A1 当天是否为星期天，如果是，就要在前面结果上减去 1（多算了一个星期天）。

换个思路，还可以使用以下这个数组公式：

```
{=MATCH(A1-WEEKDAY(A1,2)+7,DATE(YEAR(A1),1,1)+(ROW(1:53)-1)*7)}
```

公式中的 A1-WEEKDAY(A1,2)+7 部分可以计算得到 A1 单元格日期后最近一个星期天的日期。DATE(YEAR(A1),1,1)+(ROW(1:53)-1)*7)部分可以得到一年当中每隔 7 天的日期。通过 MATCH 函数的升序查找定位，可以得到 A1 单元格日期后的第一个星期天所在的周数。

计算周数还有一种国际上的标准算法，称为 ISO 周数，这种算法的主要概念有两点，第一是以周一作为一周的起始，第二是以每年 1 月 1 日之后的第一个周四所在的星期作为第一周。如果 1

月1日是周五，那么从1月1日到1月3日都不属于此年的第一周，直到1月4日才开始此年的第一周。

Excel 2013新增了一个ISOWEEKNUM函数，可以用来计算这种周数，假定要计算的日期位于A1单元格中，使用以下公式就能算出这个日期所在的ISO周数：

```
=ISOWEEKNUM(A1)
```

技巧 **184**　　与月份相关的运算

要根据某一天计算当月最后一天的日期，可以使用EOMONTH函数。例如，以下公式可以计算2014年6月15日所在的月末日期，得到的结果为2014年6月30日：

```
=EOMONTH("2014-6-15",0)
```

> **EOMONTH** 函数用于取得指定月份的最后一天日期。这个函数在 **Excel 2003** 中需要加载"分析工具库"才能使用，并且不支持数组参数，而在 **Excel 2007** 以上版本中，这个函数作为内置函数可以直接使用，且支持使用数组作为参数。

EOMONTH函数中的第二参数可以指定间隔的月份数，像上述公式中那样取值为0，就表示取日期所在的当月，如果参数值为-1，就表示取其上一个月。

例如，要计算日期所在当月的月初日期，可以在公式上稍作变化，用以下公式就可以得到结果：

```
=EOMONTH("2014-6-15",-1)+1
```

上述公式中第二参数取值为"-1"，表示计算前一个月的月末日期，在此结果上再加1，就可以得到当月的月初日期。

如果要计算某个日期所在的月份一共有多少天，也可以通过月末的具体日期来间接获取。假定目标日期存放于A1单元格内，可以使用下面的公式：

```
=DAY(EOMONTH(A1,0))
```

DAY函数可以获取到日期中的日序号，也就是年月日3个当中"日"的数值，例如，2014年6月15日，用DAY函数返回的结果就是15。因此，如果以某个月的月末日期作为DAY函数的参数，得到的就是最后一天的日序号，也就是这个月的天数。

上述问题还可以使用以下公式：

```
=DAY(DATE(YEAR(A1),MONTH(A1)+1,0))
```

YEAR函数可以取得日期所在的年份，MONTH函数可以取得日期所在的月份。而DATE函数可以根据年份、月份、日期3个参数组成一个日期值，当最后一个代表日期的参数为0时，结果返回前一个月的最后一天。

技巧 185　与季度相关的函数运算

不少公司会以季度作为时间段，对公司的运营数据进行统计。要根据某个日期判断其属于哪个季度，可以使用以下公式，其中假定日期位于 A1 单元格中：

```
=MATCH(MONTH(A1),{1,4,7,10},1)
```

这个公式通过日期所在月份进行季度的判别，其中的 MATCH 函数第三参数为 1，可以进行模糊查询，返回某个范围内的结果。有关 MATCH 函数的详细介绍，请参阅技巧 202。

根据指定日期计算此日期所在的季度共有多少天，用公式来求解这样的问题，需要考虑日期所在的月份，还要注意不能想当然认为各个季度的天数是固定不变的，因为还要考虑闰年所引起的天数变化。

假定目标日期存放于 A1 单元格内，可以使用以下几个公式：

```
=LOOKUP(MONTH(A1),{1;4;7;10},DATE(YEAR(A1),{4;7;10;13},1)-DATE(YEAR(A1),{1;4;7;10},1))
```

公式解析：

这个公式通过 A1 单元格日期的月份数，使用 LOOKUP 函数进行查询匹配。公式中使用 DATE(YEAR(A1),{4;7;10;13},1) 返回 "4 月 1 日"、"7 月 1 日"、"10 月 1 日" 和来年的 "1 月 1 日" 4 个日期，然后与 DATE(YEAR(A1),{1;4;7;10},1) 所产生的每个季度的第一天相减，就分别得到当年各个季度的天数。然后用 LOOKUP 函数的升序模糊查询就能匹配到对应的天数。

上述公式通过两个相邻季度的第一天相减得到季度内的天数，还有一种思路是将同一个季度中三个月的天数相加来得到结果，如以下公式所示：

```
=SUM(DAY(EOMONTH(A1,{0,1,2}-MOD(MONTH(A1)-1,3))))
```

公式解析：

在一个季度中，三个月的月末日的日期数（如 3 月份的月末日期数为 31）相加即为这个季度的总天数，此公式即是照此思路进行创建。

其中，{0,1,2}-MOD(MONTH(A1)-1,3) 的部分可以根据日期所在的月份得到同一个季度中各个月份的相对顺序。例如，对于 5 月来说，同一个季度中的三个月份分别为 4、5、6，它们与 5 月之间的相对顺序数字就是-1、0 和 1。其中-1 表示前一个月，0 表示当前月，而 1 表示后一个月。最后通过 EOMONTH 函数取得同季度内三个月的月末日期，最后将日数相加求得结果。

还有一种思路利用了财务函数 COUPDAYS 函数的特性，公式如下：

```
=COUPDAYS(A1,"9999-1",4,1)
```

公式解析：

COUPDAYS 函数用于计算指定结算日所在的付息期天数，其语法如下：

```
COUPDAYS(settlement,maturity,frequency,basis)
```

其中，参数 settlement 表示证券的结算日；maturity 表示证券的到期日；frequency 则表示计息的方式，值为 4 时表示按季支付；basis 表示日计数类型，值为 1 时表示按实际日历天数进行计算。

假定以某个季度的第一天作为到期日，采用按季付息的方式计算，则结算日所在的付息期即为结算日所在的季度，COUPDAYS 函数计算的结果就是相应季度的总天数。依照此思路，不难写出上述公式，此公式可以计算 9999 年 1 月 1 日之前的日期所在季度天数。

技巧 186　与闰年有关的运算

闰年的计算规则是："年数能被 4 整除且不能被 100 整除，或者年数能被 400 整除"，也就是"世纪年的年数能被 400 整除，非世纪年的年数能被 4 整除"。

Excel 中没有可以直接判断年份是否为闰年的函数，但是可以借助其他一些方法来判断。

假定需要判断是否闰年的年份数字位于 A2 单元格当中，使用以下公式就可以判断闰年平年：

```
=IF(OR(AND(MOD(A2,4)=0,MOD(A2,100)<>0),MOD(A2,400)=0),"闰年","平年")
```

这个公式的思路是直接根据上述闰年的计算规则，以 Excel 公式的数学语言来表达出来的。

根据上述公式，可以检验出一些年份是否属于闰年，如图 186-1 所示。

除了上面的思路外，还可以直接根据是否存在 2 月 29 日这个闰年特有的日期来判断，如以下公式所示：

```
=IF(DAY(DATE(A2,2,29))=29,"闰年","平年")
```

思路解析：

公式 DATE(A2,2,29)部分返回一个日期值，如果这一年存在 2 月 29 日这个日期，则日期值为某年 2 月 29 日，否则会自动转换为某年 3 月 1 日。然后用 DAY 函数来判断日期到底是 29 日还是 1 日，如果是前者则 IF 函数返回的结果为"闰年"，反之为"平年"。

与此思路一致的还可以用以下公式：

	A	B
1	年份	是否闰年
2	1520	闰年
3	1636	闰年
4	1702	平年
5	1810	平年
6	1896	闰年
7	1900	平年
8	1968	闰年
9	2000	闰年
10	2008	闰年
11	2012	闰年

图 186-1　闰年判断

```
=IF(MONTH(DATE(A2,2,29))=2,"闰年","平年")
```

注意　使用上述两个公式的用户会发现，1900 年被判断为"闰年"，实际上此年应该是"平年"。这是因为 Excel 出于与其他软件兼容性的考虑，而在系统内将 1900 年处理为"闰年"，并且多出了 1900 年 2 月 29 日这本来不存在的一天。因此，上面的公式只适用于 1901～9999 年闰年判断。

技巧 187　工作日和假期计算

在许多与日期相关的计算中，经常会涉及工作日和假期。所谓工作日，广义上来讲是指除周末休息日（通常指双休日）以外的其他标准工作日期；从狭义上来讲，除了周末休息日外，还要排除其他国家法定节假日以及其他内定假日。

在 Excel 中，WORKDAY 函数和 NETWORKDAYS 函数都可以进行与工作日相关的计算。

187.1　工作日天数计算

要计算某个时间段之内的工作日天数，可以使用 NETWORKDAYS 函数。

假定 A1 单元格中存放了日期 2014 年 3 月 14 日，B1 单元格中存放了日期 2014 年 5 月 21 日，要计算两者之间的工作日天数，可以这样来写公式：

```
=NETWORKDAYS(A1,B1)
```

公式结果为 49，表示这两个日期间除了周六和周日之外，共有 49 个工作日。NETWORKDAYS 函数默认以周六和周日之外的日期作为工作日。

如果需要在周六和周日外排除另外一些特殊的假日，例如 5 月 1 日劳动节，可以这样来写公式：

```
=NETWORKDAYS(A1,B1,"2014-5-1")
```

把需要排除的假日日期作为 NETWORKDAYS 的第三参数，就能在计算过程中剔除这些日期。如果假期日期比较多，还可以把这些日期依次放置在单元格当中形成一列，然后引用此单元格区域作为 NETWORKDAYS 函数的第三参数。

有些企业单位采用错时休假制度，与公众的周六周日双休错开，而安排其他日期作为周休，这就无法直接使用 NETWORKDAYS 来计算工作日了，但是可以借助另一个相近的 NETWORKDAYS.INTL 函数来统计。

NETWORKDAYS.INTL 函数是 Excel 2010 中新增的函数，它的函数语法如下：

```
NETWORKDAYS.INTL(start_date, end_date, [weekend], [holidays])
```

其中的第三参数可以由使用者指定哪几天作为周休日，它允许使用一个 7 位字符的字符串作为参数值，这 7 个字符从第一位到第七位分别表示周一到周日，都由数字 0 和 1 组成，1 表示休息日，0 则表示工作日。假定某企业的周三和周六为休息日，就可以设置这个参数为 “0010010”，写出完整的公式如下所示：

```
=NETWORKDAYS.INTL(A1,B1,"0010010")
```

这样，凭借这个功能强大的函数，用户就可以根据实际休假情况设计工作日计算的公式。

187.2　当月的工作日天数

要根据某个日期计算其所在月份的工作日天数，可以利用 NETWORKDAYS 函数，再结合 EOMONTH 函数来实现。

假定 A1 单元格中存放着某个日期，如 2014 年 6 月 15 日，要计算其所在月份的工作日天数，可以先利用 EOMONTH 函数来取得这个月的月初日期和月末日期：

月初日期公式如下：

```
=EOMONTH(A1,-1)+1
```

月末日期公式如下：

```
=EOMONTH(A1,0)
```

根据上面这两个日期就能使用 NETWORKDAYS 计算工作日天数，结果为 21 天，公式如下：

```
=NETWORKDAYS(EOMONTH(A1,-1)+1,EOMONTH(A1,0))
```

如果要计算当月的双休日天数，只需要将当月的总天数减去上述公式计算得到的工作日天数就可以实现：

```
=DAY(EOMONTH(A1,0))-NETWORKDAYS(EOMONTH(A1,-1)+1,EOMONTH(A1,0))
```

187.3　判断某天是否工作日

要根据某个日期判断当天是否属于工作日，假定这个日期位于 A1 单元格中，通常可以使用如下公式：

```
=IF(WEEKDAY(A1,2)<6,"是","否")
```

这个公式通过判断日期是否在星期一至星期五之间来确定是否属于工作日。

除此以外，也可以使用 NETWORKDAYS 函数或 WORKDAY 函数来实现：

```
=IF(NETWORKDAYS(A1,A1)=1,"是","否")
```

或：

```
=IF(WORKDAY(A1-1,1)=A1,"是","否")
```

在 NETWORKDAYS 函数中使用同一个日期作为参数，可以判断这个日期是否属于工作日。如果是工作日，NETWORKDAYS 函数计算得到的结果就应该等于 1（日期跨度是 1 天），否则为 0。以上公式的原理就在于此。

而 WORKDAY 函数可以根据工作日的天数来推算另一个日期。其语法如下：

```
WORKDAY.INTL(start_date, days, [weekend], [holidays])
```

以上公式可以根据使用者指定的日期推算出这个日期经历数个工作日之后或之前的具体日期。在后一个公式中，WORKDAY 函数以 A1 日期的前一天作为基准日期，推算其后的第一个工作日，如果这个日期与 A1 的日期吻合，那就可以确定 A1 属于工作日。

与 NETWORKDAYS 函数类似，WORKDAY 函数在默认情况下也是把周六和周日作为非工作日处理，如果需要定义其他时间作为周休日，可以使用 Excel 2010 以后新增的 WORKDAY.INTL 来处理。

WORKDAY.INTL 函数的参数用法与 NETWORKDAYS.INTL 函数相似，假定要以周三和周六作为周休日，推算 A1 单元格当中日期之后 7 个工作日的具体日期，可以使用以下公式：

```
= WORKDAY.INTL(A1,7,"0010010")
```

如果在排除周休日的基础上，要将一些节假日也排除在工作日之外，同样可以在它的第四个参数中指定假期。

技巧 **188**　节日计算

188.1　母亲节

每年五月的第二个星期日是母亲节，要根据系统当前日期来计算当年的母亲节具体日期，可以使用以下公式：

```
=DATE(YEAR(TODAY()),5,1)-WEEKDAY(DATE(YEAR(TODAY()),5,1),2)+14
```

公式中的 DATE(YEAR(TODAY()),5,1) 部分可以返回系统所在年份的 5 月 1 日的日期值，通过 WEEKDAY 函数计算 5 月 1 日是星期几，然后将 5 月 1 日减去这个数，得到 5 月份之前的最后一个星期天日期，在此基础上加 14，就得到 5 月份第二个星期天的具体日期。

公式中 WEEKDAY 函数的第二参数取值为 2，表示从星期一至星期日依次返回数字 1～7，将某个日期与它所在的星期几数字相减，就可以得到这个日期之前最近的星期天的日期。例如 "2014 年 6 月 18 日" 是星期三，用这个日期减去 3，得到的 "2014 年 6 月 15 日" 就是这个日期之前的最近一个星期天。上面公式中就是用到了这个原理。

上述公式也可以简化为如下内容：

```
="5-1"-WEEKDAY("5-1",2)+14
```

公式中的字符串 "5-1"，在运算中会被 Excel 自动转化成系统当前年份的 5 月 1 日日期值。如果要计算其他年份的母亲节日期，只需要在上述公式中的字符串 "5-1" 前增加指定的年份数字即可。

188.2　父亲节

大部分国家和地区是在 6 月的第三个星期日庆祝父亲节，与上述方法类似，也可以用公式计算，得到系统当前所在年份的父亲节日期，如下所示：

```
="6-1"-WEEKDAY("6-1",2)+21
```

188.3　感恩节

感恩节是美国著名的节日，它在每年 11 月的第四个星期四。

参照前面两个节日计算的思路，首先也需要先计算出 11 月 1 日之前最近的星期四的日期，然后再加上 28 天，得到目标日期。

要计算 A1 单元格日期之前最近的一个星期四，并不能使用以下公式：

```
=A1-WEEKDAY(A1,2)+4
```

当 A1 单元格日期的星期小于 4 时，这样计算得到的结果会晚于 A1 单元格的日期。正确的计算公式如下：

```
=A1-MOD(WEEKDAY(A1,2)+2,7)-1
```

因此，要计算感恩节，可以使用以下公式：

```
="11-1"-MOD(WEEKDAY("11-1",2)+2,7)+27
```

技巧 **189** 时间值的换算

要把一个时间数据按不同的计时单位进行换算，可以使用 TEXT 函数实现。例如，假定 A1 单元格中包含了一个时间数据 "5:06:15"，表示 5 小时 06 分 15 秒，如果要换算成总共多少秒，可以使用以下公式：

```
=TEXT(A1,"[s]")
```

结果为 18 375，表示总共合计为 18 375s。

如果要换算成分钟数，则可以使用以下公式：

```
=TEXT(A1,"[m]")
```

结果为 306，表示总共合计为 306min。

TEXT 函数使用格式代码 h/m/s 分别代表小时、分钟和秒，在代码外侧加上一对方括号，则可以显示超过 24h、60min 或 60s 的数值。

如果要将两个日期时间之间的间隔时间换算成小时数，也可以参照上述方法。例如，以下公式可以计算出 2014 年 8 月 7 日 4 时 25 分与 2014 年 8 月 4 日 15 时 30 分之间间隔的小时数，结果为 60。

```
=TEXT("2014-8-7 4:25"-"2014-8-4 15:30","[h]")
```

第 14 章　数学与三角计算

本章涉及的函数主要包括数学与三角函数，通过这类函数可以进行各类数学和三角运算，进行舍入和进位处理，生成随机数，处理角度、进行预测分析、计算排列组合等。

技巧190　常见的数学运算公式

Excel 可以很方便地使用公式进行各类数学运算，除了使用常见的加、减、乘、除运算符（＋、-、*、/）进行算术运算外，乘幂运算、开方运算、对数运算等也都可以很方便地使用运算符或函数来实现。

幂运算的运算符为 "＾"，把这个符号放置在底数和幂指数中间，就可以实现幂运算。例如，要计算 2 的 5 次方，可以使用如下公式：

```
=2^5
```

除此以外，也可以使用专用的乘幂函数 POWER 函数来实现，如下所示：

```
=POWER(2,5)
```

POWER 函数的第一个参数是幂运算的底数，第二个参数是幂指数，给出两个参数后，就能够计算得到结果。

如果要计算开方，如计算 32 开 5 次方，则可以利用幂指数的倒数来实现，公式如下：

```
=32^(1/5)
```

或：

```
=POWER(32,1/5)
```

如果是对某个数开平方运算，还可以使用 SQRT 函数。例如，要对 16 进行开平方运算，可以使用如下公式：

```
=SQRT(16)
```

对数运算所使用的函数是 LOG 函数，例如，计算以 2 为底 32 的对数，可以使用如下公式：

```
=LOG(32,2)
```

如果需要计算以 10 为底的对数，可以直接使用 LOG10 函数。例如，要计算以 10 为底、1024 的对数，可以使用以下公式：

```
=LOG10(1024)
```

技巧 191　舍入和取整技巧

对运算结果进行进位取整，或保留指定数量的小数位数，是数学运算中需要经常处理的问题。与此类舍入和取整相关的 Excel 数学函数不少，如 CEILING 函数、EVEN 函数、FLOOR 函数、INT 函数、ODD 函数、ROUND 函数、ROUNDDOWN 函数、ROUNDUP 函数、TRUNC 函数等。正确理解和区分这些函数的用法差异，可以在公式中更有针对性地选择它们。

191.1　四舍五入

四舍五入是一种最常见的修约计算方式，在指定保留小数位数的同时，考察其保留小数的后一位数字，将这个数字与 5 相比，不足 5 则舍弃，达到或超过 5 则进位。ROUND 函数是进行此类四舍五入运算最合适的函数之一。

如图 191-1 所示，如果要将 A 列中的数值四舍五入保留两位小数，可在 B3 单元格内输入如下公式：

```
=ROUND(A3,2)
```

	A	B	C	D
1	原数值	保留2位小数	保留到整数	保留到百位
2		=ROUND(A3,2)	=ROUND(A3,0)	=ROUND(A3,-2)
3	1264.126	1264.13	1264	1300
4	1264.723	1264.72	1265	1300
5	-1264.126	-1264.13	-1264	-1300
6	-1264.723	-1264.72	-1265	-1300

图 191-1　ROUND 函数

函数中的第二参数"2"就表示需要保留的小数位数。如果要保留到整数，可以将第二参数改为 0：

```
=ROUND(A3,0)
```

结果如 C 列所示。

如果需要舍入保留到百位数，可以将第二参数设置为负数-2，表示舍入到小数左侧两位：

```
=ROUND(A3,-2)
```

结果如 D 列所示。

如果对负数使用 ROUND 函数，运算的结果与正数的情况只相差一个正负符号。也就是说，ROUND 函数是以数值的绝对值来进行四舍五入，不考虑正负符号的方向性。

文本函数 FIXED 函数的功能与 ROUND 函数十分相似，也可以按指定位数对数值进行四舍五入，所不同的是 FIXED 函数所返回的结果为文本型数据。

191.2　按位强制舍入

如果不管尾数是否大于 5，都直接进行舍入或舍去，可以考虑使用 ROUNDUP 函数和 ROUNDDOWN 函数。

	A	B	C	D	E	F	G
1	原数值	保留2位小数		保留到整数		保留到百位	
2		=ROUNDUP(A3,2)	=ROUNDDOWN(A3,2)	=ROUNDUP(A3,0)	=ROUNDDOWN(A3,0)	=ROUNDUP(A3,-2)	=ROUNDDOWN(A3,-2)
3	1264.126	1264.13	1264.12	1265	1264	1300	1200
4	1264.723	1264.73	1264.72	1265	1264	1300	1200
5	-1264.126	-1264.13	-1264.12	-1265	-1264	-1300	-1200
6	-1264.723	-1264.73	-1264.72	-1265	-1264	-1300	-1200

图 191-2　ROUNDUP 函数和 ROUNDDOWN 函数

如图 191-2 所示，如果不考虑四舍五入，直接向上进位保留两位小数来处理 A 列中的数值，可以在 B3 单元格中使用 ROUNDUP 函数，其中的"UP"就是表示"向上"：

```
=ROUNDUP(A3,2)
```

无论小数后第三位数值是多大，这个函数都会将数值向上进位到两位小数。例如，B4 单元格当中数值 1264.723 处理以后的结果为 1264.73。

类似地，如果不考虑尾数的大小情况，统统向下舍去，则可以使用 ROUNDDOWN 函数，其中的"DOWN"即表示向下之意：

```
=ROUNDDOWN(A3,2)
```

这个函数的运算结果如图 191-2 中 C 列所示。通过 B 列和 C 列的运算结果也可以发现，在对负数的处理方式上，这两个函数与 ROUND 函数相似，不考虑正负符号的方向情况，只对绝对值进行向上或向下的舍入舍去处理，正数与负数的运算结果只相差一个正负符号。

如果需要保留到整数，可以将第二参数改为 0，结果如 D 列和 E 列所示；如果要保留到百位数，则可以将第二参数修改为-2，运算结果如 F 列和 G 列所示。

191.3　按倍舍入

CEILING 和 FLOOR 这对函数的作用与前面提到的 ROUNDUP 和 ROUNDDOWN 函数十分相似，有所区别的是，这两个函数不是按照某个数字位进行舍入或舍去，而是按照第二参数的整数倍数来处理。

	A	B	C	D	E	F	G
1	原数值	保留为1的倍数		保留为5的倍数		保留为0.01的倍数	
2		=CEILING(A3,1)	=FLOOR(A3,1)	=CEILING(A3,5)	=FLOOR(A3,5)	=CEILING(A3,0.01)	=FLOOR(A3,0.01)
3	1264.126	1265	1264	1265	1260	1264.13	1264.12
4	1264.723	1265	1264	1265	1260	1264.73	1264.72
5	-1264.126	-1264	-1265	-1260	-1265	-1264.12	-1264.13
6	-1264.723	-1264	-1265	-1260	-1265	-1264.72	-1264.73
7		=CEILING(A8,-1)	=FLOOR(A8,-1)	=CEILING(A8,-5)	=FLOOR(A8,-5)	=CEILING(A8,-0.01)	=FLOOR(A8,-0.01)
8	-1264.126	-1265	-1264	-1265	-1260	-1264.13	-1264.12
9	-1264.723	-1265	-1264	-1265	-1260	-1264.73	-1264.72

图 191-3　CEILING 函数和 FLOOR 函数

例如，图 191-3 中，如果要让 A 列的数值向上舍入、并保留为 1 的倍数，可以在 B3 单元格中使用 CEILING 函数，公式如下：

```
=CEILING(A3,1)
```

其中的第二参数取值为 1，就表示保留到 1 的倍数，也就是保留到整数。如果是向下舍去，则可以使用 FLOOR 函数，如下所示：

```
=FLOOR(A3,1)
```

　　需要留意的是，在默认情况下，CEILING 函数朝着数值增大的方向进位（处理结果始终大于原有数值），而 FLOOR 函数则朝着数值减小的方向舍去。因此，在处理负数时，两个函数所得到的数字部分会与正数的情况有所不同，这一点是与 ROUNDUP 函数和 ROUNDDOWN 函数有所区别之处。

　　如果希望这两个函数的处理方式像 ROUNDUP 和 ROUNDDOWN 函数那样，仅对数值的绝对值进行舍入或舍去处理，一个比较简单的方法就是对负数进行处理时，把第二参数也设置为负数：

```
=CEILING(A8,-1)
```

```
=FLOOR(A8,-1)
```

　　这样就能得到图 191-3 中第 8 行和第 9 行中的结果。

　　如果希望第二参数能够自动适应第一参数的正负情况自动设置，可以在上述公式中加入 SIGN 函数，SIGN 函数可以得到数值的正负符号：

```
=CEILING(A8,SIGN(A8)*1)
```

或

```
=FLOOR(A8,SIGN(A8)*1)
```

　　如果要把处理后的数值保留为 5 的倍数，可以将第二参数设为 5，结果如图 191-3 中 D 列和 E 列所示；如果要将数值舍入为 0.01 的倍数，则可以将第二参数设为 0.01，结果如图 191-3 中 F 列和 G 列所示，这个效果与 ROUNDUP 函数和 ROUNDDOWN 函数保留到两位小数的结果相同。

191.4　截断取整

　　所谓截断，指的就是在舍入或取整过程中舍去指定位数后的多余数字部分，只保留之前的有效数字，在计算过程中不进行四舍五入运算。在 Excel 中，INT 函数和 TRUNC 函数都可用于截断处理，但是它们在对负数的处理方式上稍有不同。

　　例如，在图 191-4 中，如果要将 A 列的数值截断保留到整数，可以分别在 B3 和 C3 单元格中使用 INT 函数和 TRUNC 函数处理：

	A	B	C	D
1	原数值	截断为整数		截断到2位小数
2		=INT(A3)	=TRUNC(A3)	=TRUNC(A3,2)
3	1264.126	1264	1264	1264.12
4	1264.723	1264	1264	1264.72
5	-1264.126	-1265	-1264	-1264.12
6	-1264.723	-1265	-1264	-1264.72

图 191-4　INT 函数和 TRUNC 函数

```
=INT(A3)
```

```
=TRUNC(A3)
```

　　如果处理对象是正数，两者的结果完全相同。如果是负数，两者的处理方式有所区别。INT 函数处理得到的整数结果总是小于等于原有数值，也就是它会对整个数值进行向下的舍去处理，会考虑正负符号的方向问题。而 TRUNC 函数则总是沿绝对值减小的方向舍入，不考虑正负符号的影响，直接截去小数部分，正负数处理的结果只相差一个正负符号。

　　除此以外，TRUNC 函数还可以通过设定第二参数来指定保留的小数位数。例如，要截断到小数后两位，则可以在 D3 单元格中输入如下公式：

```
=TRUNC(A3,2)
```

在运算效果上，TRUNC 函数与 ROUNDDOWN 函数一致。

191.5　奇偶取整

还有一类比较特殊的取整函数，如 ODD 函数和 EVEN 函数，它们可以将数值向绝对值增大的方向取整到最接近的偶数或奇数。

如图 191-5 所示，如果要将 A 列的数值向上取整到最接近的奇数，可以使用 ODD 函数，ODD 的中文意思就是"奇数"：

	A	B	C
1	原数值	取整为奇数	取整为偶数
2		=ODD(A3)	=EVEN(A3)
3	1264.126	1265	1266
4	1264.723	1265	1266
5	-1264.126	-1265	-1266
6	-1264.723	-1265	-1266

图 191-5　ODD 函数和 EVEN 函数

```
=ODD(A3)
```

如果要取整为最近的偶数，则使用 EVEN 函数，EVEN 的中文意思也正是"偶数"：

```
=EVEN(A3)
```

在正负数的处理上，两个函数的处理方式都是不考虑正负符号，仅对绝对值进行向上取整。

191.6　舍入与取整函数综合对比

上述舍入与取整函数的特性对比情况如表 191-1 所示。

表 191-1　　　　　　　　　　舍入与取整函数特性对比

序　号	函 数 名 称	取 值 方 向	位 数 可 控
1	ROUND	绝对值四舍五入	是
2	ROUNDUP	绝对值增大	是
3	ROUNDDOWN	绝对值减小	是
4	CEILING	绝对值增大/数值增大	是
5	FLOOR	绝对值减小/数值减小	是
6	INT	数值减小	否
7	TRUNC	绝对值减小	是
8	EVEN	绝对值增大	否
9	ODD	绝对值增大	否

其中，对于 CEILING 函数和 FLOOR 函数来说，当第二参数的正负符号与待处理的数值保持一致时，表现为绝对值方向上的增大或减小，而如果仅使用正数参数，则表现为整个数值的增大或减小。

根据以上这些函数的不同特性，实际应用中可以选择更适合的函数来组织公式。

技巧**192** 四舍六入五单双

除了四舍五入这种常用的舍入计算方式外，四舍六入五单双也是一种常见的数字修约方式。下面就是某一类"四舍六入五单双"的运算规则：

（1）需保留位数的后一位数字小于5，则舍去，即保留的各位数字不变。

例如3.1415，如果保留一位小数，由于第二位小数"4"小于5，因此舍去，修约结果为3.1。

（2）需保留位数的后一位数字如果大于5，则进一，即保留的末位数字加1。

例如3.1417，如果保留三位小数，由于第四位上的数字为"7"大于5，因此进一，修约结果为3.142。

（3）如果需保留位数的后一位数字等于5，而其后跟有并非全部为0的数字时，则进一，即保留的末位数字加1。

例如3.1521，如果保留一位小数，修约结果为3.2。

（4）如果需保留位数的后一位数字等于5，而右面无数字或皆为0时，若所保留的末位数字为奇数，则进一，为偶数，则舍弃。

例如3.15和3.25，如果保留一位小数，前者要进一，后者要舍弃，修约结果均为3.2。

这种规则其实就是在"四舍五入"的规则上增加对保留末位数的奇偶判断。

要根据这种规则来处理数据，没有直接可以使用的函数，但是可以运用一些相关函数来组合得到想要的结果。

如图192-1所示，如果需要根据上述规则处理A列中的数据，

	A	B
1	原数值	四舍六入五单双
2	1264.126	1264.13
3	-1264.126	-1264.13
4	1264.723	1264.72
5	-1264.723	-1264.72
6	1264.7251	1264.73
7	-1265.7251	-1265.73
8	1264.725	1264.72
9	-1264.725	-1264.72
10	1264.715	1264.72
11	-1264.715	-1264.72

图192-1 按照四舍六入五单双的规则处理数据

并保留到小数点后两位，可在B2单元格内输入以下公式后向下填充：

```
=IF(MOD(ABS(A2)*10^3,10)=5,EVEN(TRUNC(A2*10^2))/10^2,ROUND(A2,2))
```

公式中的"MOD(ABS(A2)*10＾3,10)=5"用于判断数值是否满足前面修约规则的第四条，如果符合，就以前一位的奇偶性来进位取舍，如果不符合，就以常规的四舍五入方式进行舍入。

也可以采用以下公式：

```
=ROUND(A2,2)-(MOD(ABS(A2)*10^3,20)=5)/10^2*SIGN(A2)
```

公式中以"MOD(ABS(A2)*10＾3,20)=5"来判断数值是否满足前面修约规则的第四条、同时还满足前一位数字是偶数的情况。在满足这样的条件下，数值不需要进位，否则就以常规的四舍五入方式进行舍入。

技巧**193** 余数计算的妙用

在数学上，被除数被除数整除以后的剩余部分称为余数。在Excel中，可以使用MOD函数计算余数，余数的计算可以应用在许多情况下。

193.1　判断数字奇偶性

对某个数值的奇偶性判断，比较简单的办法就是让其除以 2，然后根据余数来判断，余数为 0 为偶数，否则为奇数。例如，以下公式可以判断 A1 单元格中数值的奇偶性：

```
=IF(MOD(A1,2)<>0,"奇数","偶数")
```

利用数值与逻辑值的互换关系，还可以简化为如下公式：

```
=IF(MOD(A1,2),"奇数","偶数")
```

 MOD 函数的参数使用范围是有限的，经测试，在 Excel 2013 中，当被除数与除数的商达到或超过 1125900000000 时，MOD 公式就会返回#NUM!错误。

MOD 函数存在计算限制，当被除数非常大时，可能会无法运算。因此，如果要判断某个非常大的数值的奇偶性，并不需要直接用 MOD 函数来计算余数，而是可以取数值的最末一位数字来判断。因为数值的奇偶性实质上只跟它的末位数字有关。

因此，公式可以修改成如下内容：

```
=IF(MOD(RIGHT(A1),2),"奇数","偶数")
```

除了 MOD 函数，Excel 也提供了两个更加直接的判断函数，ISEVEN 函数和 ISODD 函数，分别用来判断数值是否是偶数和奇数。上面的例子也可以写成以下两个公式：

```
=IF(ISEVEN(A1),"偶数","奇数")
```

```
=IF(ISODD(A1),"奇数","偶数")
```

193.2　判断质数

质数的判断方法与奇偶数有所不同。质数的定义为只能被 1 及其自身整除的正整数，除此以外的称为合数，数字 1 既不是质数也不是合数。

判断质数也可以使用 MOD 函数，对于大于 2 的整数 n，依次与 2、3、4……n-1 相除，如果其中没有任何一个数可以将 n 完全整除，就可以判定整数 n 为质数。用公式来表达这个运算过程，可以写成以下数组公式：

```
{=IF(A1=1,"非质非合",IF((A1=2)+MIN(MOD(A1,ROW(INDIRECT("2:"& INT(A1-1))))),"质数","合数"))}
```

公式解析：

公式中首先排除了数字 1 既非质数也非合数的情况，也排除了整数为 2 的特殊情况。公式中的 ROW(INDIRECT("2:"& INT(A1-1)))部分构造了一个从 2 至 A1-1 的递增自然数数组，然后用 MOD 整除取余来进行判断。如果余数的最小数不为零，即表示没有任何整除情况发生，即可判定为质数。

为了减少数组公式的运算量，同时增大公式的适用整数范围，可以调整 ROW(INDIRECT ("2:"&
INT(A1-1)))部分的数组大小，修改成如下数组公式：

```
{=IF(A1=1,"非质非合",IF((A1<4)+MIN(MOD(A1,ROW(INDIRECT("2:"& INT(A1^0.5))))),"质数","合数"))}
```

193.3　提取小数部分

从一个正数中提取小数部分，通常是用这个数减去它的整数部分，也可以用除以 1 然后取其余
数的方法来获取。

例如，下面公式的运算结果为 0.7541：

```
=MOD(386.7541,1)
```

利用这个原理，也可以将某个包含日期的时间当中的时间部分单独提取出来，因为从数值的角
度看，时间就相当于日期数值中的小数部分。

假定 A1 单元格中包含了一个日期时间 "2014-7-5 16:51:17"，使用 MOD 函数可以很方便地提
取其中的时间值，排除掉日期信息，得到 "16:51:17" 的结果：

```
=MOD(A1,1)
```

 需要将公式所在单元格设置为时间格式，才能正确显示结果。

193.4　生成循环序列

制作工资条时，每隔几行就重复显示标题信息，这通常可以通过构造循环序列实现。所谓循环
序列，就是形如 0,1,2,3,0,1,2,3…,0,1,2,3 或 1,2,3,1,2,3…,1,2,3 这样的重复数字序列。

对于这样的循环序列，利用 MOD 函数可以比较方便地实现。

假定要以 3 个数字为循环部分生成重复的数字序列，可以在 A1 单元格中输入以下公式，并向
下填充：

```
=MOD(ROW()-1,3)
```

或：

```
=MOD(ROW(A1)-1,3)
```

假设生成的序列不需要包含 0，可将公式修改为如下内容：

```
=MOD(ROW(A1)-1,3)+1
```

上述公式的效果分别如图 193-1 中 A 列和 B 列所示。

如果需要像制作工资条一样，以固定间隔来显示标题行和工资信息，就可以利用上述循环数字
序列来生成。假设数字 1 代表标题行信息，数字 2 代表不同员工的工资信息，数字 3 代表中间的空

行间隔，就能实现工资条的显示效果。具体公式如下：

```
=CHOOSE(MOD(ROW(A1)-1,3)+1,"标题行信息","工资信息","")
```

其中 CHOOSE 函数的作用类似于 IF 函数，可以让数字 1、2、3 分别给出不同的对应结果。显示效果如图 193-2 所示：

图 193-1　生成循环数字序列　　　　图 193-2　固定间隔显示标题信息

　在实际的工资条制作中，需要将上面公式中的显示信息修改为具体的单元格引用，但公式的主体结构可以保持不变。

193.5　星期计算

通常使用 WEEKDAY 函数可以得到星期几的信息，而由于星期一至七是一个循环序列，利用 MOD 函数可以生成循环序列的原理也可以计算星期。

例如，假定某个日期值存放于 A1 单元格中，输入以下公式可以计算此日期为星期几：

```
=MOD(A1-2,7)+1
```

技巧 194　生成随机数的多种方法

在一些抽签、编号、排考场座位等需要展现公平性的应用场合，经常会使用随机数，也就是由电脑自动生成随机变化、预先不可获知的数值。Excel 提供了两个可以产生随机数的函数，分别为 RAND 函数和 RANDBETWEEN 函数。

　在 Excel 2003 中，RANDBETWEEN 函数需要加载"分析工具库"以后才能使用，而 Excel 2007 以上版本中则作为默认的内置函数，可以直接使用。

RAND 函数和 RANDBETWEEN 函数的区别在于，前者生成 0～1 之间的随机小数（可以取到 0，但不能取到 1），而后者则生成指定数字区间内的随机整数。

例如，要生成 15～25 之间的随机整数，可以使用 RANDBETWEEN 函数直接获取：

```
=RANDBETWEEN(15,25)
```

这个公式输入完成后，就会立即得到一个在 15～25 范围之内的随机整数，如果按<F9>键更新表格运算，还能继续产生不同的随机数。

使用 RAND 函数也能实现同样的效果：

```
=ROUND(RAND()*10,0)+15
```

假设随机整数区间为 A 至 B，则使用 RAND 函数生成区间内随机整数的通用公式如下：

```
=ROUND(RAND()*(B-A),0)+A
```

 如果同一个公式中存在多个随机函数，或在不同的单元格中使用了多个随机函数，每个随机函数都会产生各自的随机结果，而不一定会相同。

194.1　批量生成不重复随机数

排考试座位等需求通常需要生成一组不重复的随机数，这些随机数的个数和数值区间相对固定，但各数值的出现顺序是随机而定的。

如果直接使用 N 个随机公式来生成 N 个随机数，很难保证其中不产生重复的数，因此需要通过其他一些方法来避免这种情况发生。

以生成 1～15 之间不重复的 15 个随机数为例，可以使用以下方法来生成：

Step ❶	在 A1 单元格中输入公式并向下填充到 A15 单元格： `=RAND()`
Step ❷	上述操作会在 A 列生成 15 个随机小数，然后在 B1 单元格内输入下面的公式，并向下填充到 B15 单元格： `=RANK(A1,$A$1:$A$15)`

上述步骤完成后，结果如图 194-1 所示（结果随机产生且随时会变），其中 B 列就是所希望得到的这组 1～15 之间不重复的随机整数。

思路解析：A 列通过随机函数生成 15 个随机小数，由于这些随机小数精确到 15 位有效数字，出现相同数值的概率非常小。对这些数值使用 RANK 函数进行排名，排名数也会随之随机变化，并且得到重复名次的几率也非常小（只要随机数没有重复，就不会出现相同名次），而这组排名数字就是我们最终需要获取的整数随机数。

如果要完全避免出现相同随机数的可能性，可以将 B2 单元格公式修改为如下数组公式：

	A	B
1	0.0488	14
2	0.8676	4
3	0.0346	15
4	0.5764	7
5	0.8387	5
6	0.4498	8
7	0.3698	10
8	0.3423	11
9	0.1353	13
10	0.3992	9
11	0.9563	1
12	0.8867	2
13	0.674	6
14	0.869	3
15	0.2516	12

图 194-1　一组不重复随机数

```
{=--RIGHT(SMALL(ROUND($A$1:$A$15,4)*10^6+ROW($1:$15),ROW(A1)),2)}
```

思路解析：以 A 列的随机数作为权值，以 15 个不重复的行号作为附加值，这样的 15 个数据没有重复的可能性。同时通过权值的随机性得到了 15 个行号的随机排列顺序。

 由于 RAND 函数的结果会在表格的某些操作中发生变化，因此，如果希望固定某次随机的结果保持不变，可以采用复制公式结果，然后选择性粘贴为数值的办法将其保存下来。

194.2 生成随机字母

要在 26 个英文字母中随机挑选一个英文字母显示在单元格中，这种应用和随机抽签十分相似。要实现这种随机抽取，本质上还是需要先产生一个随机数，然后由这个随机数对应到具体的字母，将其选出。这种对应关系可以利用计算机中的 ASCII 码来实现，在 ASCII 码表中，大写英文字母 A ~ Z 所对应的代码编号是 65 ~ 90，因此只需要生成一个范围在 65 ~ 90 之间的随机整数，就能实现目标。

根据这个思路，可以在单元格中输入以下公式，得到随机字母：

```
=CHAR(RANDBETWEEN(65,90))
```

其中的 CHAR 函数可以将 ASCII 代码转换为相应的字符。

如果要将大小写英文字母都包含在随机范围内，可将公式修改为如下内容：

```
=CHAR(CHOOSE(RANDBETWEEN(1,2),RANDBETWEEN(65,90),RANDBETWEEN(97,122)))
```

这个公式包含了三个随机过程，其中第一个随机过程用于挑选大写或小写字母，后两个随机过程则分别生成随机的大写字母 ASCII 码和小写字母 ASCII 码。

同样的需求可以用一个更简化的公式完成，例如下面这个数组公式：

```
{=CHAR(LARGE({64,96}+ROW(1:26),INT(RAND()*52)+1))}
```

或：

```
{=CHAR(LARGE({64,96}+ROW(1:26),RANDBETWEEN(1,52)))}
```

思路解析：

公式中的 {64,96}+ROW(1:26) 部分得到了一个包含所有大小写字母 ASCII 码的两维数组，而 INT(RAND()*52)+1 部分则得到一个 1 ~ 52 之间的随机整数，然后通过 LARGE 函数取出数组中的随机 ASCII 码，就可以得到随机英文字母。

194.3 生成正态分布随机数

要生成一组符合正态分布规律的随机数，除了使用 Excel "分析工具库" 中的随机数发生器工具外，还可以通过 RAND 函数实现。

要在 A1:A50 单元格区域中生成一组以 36 为均值，标准差为 2.5 的随机数，可以在 A1 单元格中输入以下公式，并向下填充至 A50 单元格：

```
=NORMINV(RAND(),36,2.5)
```

公式解析：

NORMINV 函数用于生成正态累积分布函数的反函数。其中第一参数表示分布概率，第二参数表示正态分布函数的均值，第三参数表示标准偏差。RAND 函数可以返回 0～1 区间的随机数，以这组随机数作为随机分布概率，通过 NORMINV 函数计算得到与此分布概率相对应的分布值，这组值满足正态分布的规律要求。

根据随机结果制作直方图，可以验证此公式的结果基本符合正态分布规律，如图 194-2 所示。

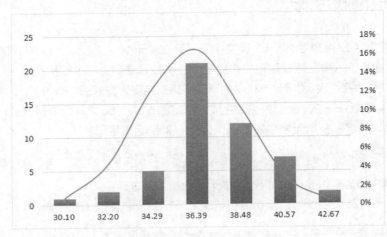

图 194-2　根据随机结果制作的直方图

技巧 195　角度格式显示及转换计算

195.1　角度的输入和显示

要在单元格内输入和保持角度数据，可以利用角度与时间两种度量类型在数学进制上的相似性，以时间的数据格式来替代角度数据。例如，要输入 45 度 33 分 25 秒，可以直接在单元格内输入 "45:33:25"，然后将单元格的数字格式自定义为 [h]° m′ s″，即可以角度的格式显示，如图 195-1 所示，单元格内显示为 "45° 33′ 25″"。

在数字格式代码中，"h" 表示时间数据中的小时数，在这里用来替代 "度" 的数字显示，在其两侧添加一对方括号，可以使小时数突破 24 的进制限制，正常显示超出 24 的度数。如果希望显示中文 "度分秒" 的格式，可以将上述格式代码替换为 "[h]度 m 分 s 秒"。

这种方法是利用了角度和时间的分秒同为 60 进制的特点，借用时间数据来展现角度，在进行角度数据的运算处理中，也可以利用这个特性。

图 195-1　自定义数字格式显示角度

195.2　角度的转换计算

以时间方式输入的角度数据，本质上是一个小数。例如，12 度 0 分 0 秒，实际上就表示 12 小时，换算成小数就是 0.5。这就意味着"度数"除以 24 就能换算成小数，反过来，如果把这个代表角度数据的小数乘以 24，就能够换算成以"度"为单位的百分制角度数值。

图 195-2 中的 B 列所示为从 A 列度分秒数据乘以 24 以后换算得到的角度值。

此外，在 Excel 的数学三角函数运算中，通常需要以"弧度"作为角度单位进行运算，因此很多时候也需要将角度值转换为弧度值。

把某个角度换算成弧度，数学的算法是"角度×2π/360"，在 Excel 中，可以使用 RADIANS 函数来直接转换。假定角度数值位于 B2 单元格中，以下公式就可以将其转换为弧度值：

图 195-2　转换为角度单位

```
=RADIANS(B2)
```

转换为弧度值后，可以直接使用三角函数进行运算。例如，COS 函数就可以以弧度为参数计算余弦值。

如果要将弧度值重新换算成角度，从数学运算角度出发，可以用"弧度×180/π"来求取，Excel 中也提供了 DEGREES 函数，可用于直接转换。假定弧度数值位于 C2 单元格中，以下公式就可以转换为角度值：

```
=DEGREES(C2)
```

上述角度转换的效果如图 195-3 所示。

	A	B	C	D
1	度分秒格式	角度值	角度转弧度	弧度转角度
2	45°33'25"	45.55694444	0.795118678	45.55694444
3	90°0'0"	90	1.570796327	90
4	60°30'15"	60.50416667	1.05599692	60.50416667
5	45°20'55"	45.34861111	0.791482575	45.34861111

图 195-3　角度转换

技巧 196　使用公式进行线性预测

所谓线性关系，就是指两组数据之间的增长比例是恒定的，如果用图形进行绘制，理想状态下呈现为一条斜线。例如，物理上的电阻值和电流值、速度和位移、经济生活中的商品销售量和商品销售额等数据之间都存在着简单的线性关系。

对于具有线性关系的数据组，通过一定的已知数据可以很方便地得到其中的系数关系，即线性方程，并且可以据此对其他尚未出现的数据进行预测分析，这种针对线性数据的分析通常也称为线性回归分析。

在 Excel 中，对于线性数据的预测分析问题，可使用 FORECAST 函数、TREND 函数和 LINEST 函数等数学函数来解决。

假设某工厂对最近数月的产品产量和生产成本进行了统计记录，结果如图 196-1 所示。假定要以线性模型为依据进行预测，当产量达到 1000 吨时，生产成本将达到多少。

	A	B	C
1	月份	产量	生产成本
2	1	673	162592.4
3	2	480	118550.88
4	3	421	106113.21
5	4	690	168705.32
6	5	569	132280.53
7	6	530	132858.28
8	7	624	147595.24
9	8	662	153569.27
10	9	695	157840.33
11	10	642	148315.61
12	11	587	140025.83
13	12	440	106916.38

图 196-1　产量和成本数据

可以直接使用 FORECAST 函数求得结果，公式如下：

```
=FORECAST(1000,C2:C13,B2:B13)
```

公式运算结果为 227298.91。

FORECAST 函数的语法为 FORECAST(x,known_y's,known_x's)，其中参数 x 表示需要预测的数据对中的自变量 x；参数 known_y's 表示已知的因变量 y 数据组，与需要预测的目标数据相对应；参数 known_x's 表示已知的自变量 x 数据组，与第一个参数中的自变量 x 相对应。

上述公式中，将已知的生产成本数据组作为因变量组 known_y's，将已知的产量数据组作为自变量组 known_x's，以产量 1000 作为预测的自变量 x，求得其对应的因变量 y 即产量为 1000 时所对应的生产成本。

除了 FORECAST 函数，还可以用 TREND 函数和 LINEST 函数求得预测结果，两个公式分别如下：

```
=TREND(C2:C13,B2:B13,1000)
=SUM(LINEST(C2:C13,B2:B13)*{1000,1})
```

公式解析：

TREND 函数的语法为 TREND(known_y's,known_x's,new_x's,const)，函数基于线性关系表达式 $y = mx + b$ 进行回归拟合，其中参数 known_y's 表示已知的因变量 y 数据组，与需要预测的目标数据相对应；参数 known_x's 表示已知的自变量 x 数据组；参数 new_x's 表示需要预测时的自变量 x；参数 const 是一个逻辑值，用来指定是否强制将表达式中的常量 b 设置为 0，如果值为 TRUE 或省略，会按正常计算，否则常数将作为 0 进行计算。

与 FORECAST 函数的用法类似，将这个例子中的因变量数组 y 和自变量数组 x 以及预测点的数据分别代入 TREND 函数中的各参数，就可以得到线性拟合的预测结果。

LINST 函数的语法为 LINEST(known_y's, [known_x's], [const], [stats])，这个函数通过已知的因变量 y 数据组和自变量 x 数据组，得到一个包含两个数据的水平数组，数组中的两个元素分别为线性关系式中的斜率 m 和截距 b。

例如，在这个例子中，LINEST(C2:C13,B2:B13)的运算结果如下：

```
{210.993310751409,16305.5993083638}
```

以上结果表示在 y=mx+b 这个线性方程中，斜率 m 的取值为 210.993，截距 b 的取值为 16305.599，将这两个数据以及需要预测的变量 x=1000 代入方程中，就可以求得预测结果 y 的取值。

如果公式中所需的参数 1000 作为变量存放在单元格中，例如 E2 单元格，也可以将上面的公式修改为如下内容：

```
=SUM(LINEST(C2:C13,B2:B13)*E2^{1,0})
```

这样，只需要调整 E2 单元格中的变量取值，就可以分别预测不同产量下的生产成本情况。

技巧 197　排列与组合的函数运算

在许多人眼中，排列组合和概率计算既很神秘又很有趣。在 Excel 中，有一些与排列组合和概率计算相关的函数，常用的有 FACT 函数、COMBIN 函数和 PERMUT 函数等。

例 1：假设要用 1~9 九个数字组成不包含重复数字的九位数，有多少种组合方式，这是一种典型的全排列计算，其解法就是求 9 的阶乘，Excel 可以使用以下公式求得：

```
=FACT(9)
```

FACT 函数可以用来计算整数阶乘，其结果为 362 880 种组合方式。

9 个元素的全排列也可以表示为 P_9^9，Excel 当中可以用 PERMUT 函数来计算排列，排列 P_m^n 用 Excel 公式可以表示为如下内容：

```
=PERMUT(m,n)
```

因此，上述问题也可以使用 PERMUT 函数来求得结果：

```
=PERMUT(9,9)
```

例 2：假设要用 1~9 九个数字组成不包含重复数字的六位数，要求有多少种组合方式，可以很方便地用 PERMUT 函数写出公式：

```
=PERMUT(9,6)
```

同时，由于在数学上 $P_m^n = \dfrac{m!}{(m-n)!}$，因此上述问题也可以用以下公式求得同样的结果：

```
=FACT(9)/FACT(9-6)
```

公式运算结果为 60 480。

例 3：计算福彩双色球中头奖的概率。福彩双色球的头奖号码包含 6 个无排列顺序的红色球号码和 1 个蓝色球号码，其中红色球号码范围在 1～33 之间，而蓝色球号码范围在 1~16 之间。

这个问题可以用组合来计算，用数学语言来表达，双色球号码的组合方式共有 $C_{33}^6 \times C_{16}^1$ 种，而中头奖的概率就是 $1/(C_{33}^6 \times C_{16}^1)$。用 COMBIN 函数可以计算组合数，上述问题用公式表达为如下内容：

```
=1/COMBIN(33,6)/COMBIN(16,1)
```

其结果大约为 0.00000005643。以每注 2 元来计算，如果要包下所有可能的数字组合来购买彩票，需要 COMBIN(33,6)*COMBIN(16,1)*2=35 442 176（元）。

技巧 198　利用 MMULT 函数实现数据累加

MMULT 函数可用于计算两个数组的矩阵乘积，运用这个函数需要对"矩阵"的概念和运算有一些基本了解。在实际运用中，可以利用 MMULT 函数的运算方法实现一些比较复杂的数组运算过程。

图 198-1 所示表格中显示了某库存商品的出入库情况，现在需要根据该表格来统计每天剩余库存中最少的那一天的实际库存量，并且要知道是哪一天。

通常情况下可以借助辅助列来分步完成。

通过创建一列辅助公式来求取每天出入库以后的剩余库存量，计算方法是当天的入库量减去当天的出库量，再加上前一天的库存量，可以在 D2 单元格内输入以下公式，并填充至 D11 单元格：

```
=B2-C2+N(D1)
```

这样可以在 D 列得到一组库存数量，如图 198-2 所示：

	A	B	C
1	日期	入库量	出库量
2	2014/7/3	71	53
3	2014/7/4	95	98
4	2014/7/5	82	90
5	2014/7/6	56	59
6	2014/7/7	98	89
7	2014/7/8	99	77
8	2014/7/9	77	84
9	2014/7/10	52	57
10	2014/7/11	57	49
11	2014/7/12	94	30

图 198-1　商品出入库情况

	A	B	C	D
1	日期	入库量	出库量	库存
2	2014/7/3	71	53	18
3	2014/7/4	95	98	15
4	2014/7/5	82	90	7
5	2014/7/6	56	59	4
6	2014/7/7	98	89	13
7	2014/7/8	99	77	13
8	2014/7/9	77	84	6
9	2014/7/10	52	57	1
10	2014/7/11	57	49	9
11	2014/7/12	94	30	73

图 198-2　辅助列计算库存

然后使用以下公式，就可以得到最少一天的库存量：

```
=MIN(D2:D11)
```

结果为 1，根据这个结果可以找到库存最少的那一天：

```
=INDEX(A:A,MATCH(1,D1:D11,0))
```

如果使用 MMULT 函数，可以不需要建立辅助列，只用一个公式直接得到结果：

最小库存：

```
=MIN(MMULT(N(ROW(1:10)>=COLUMN(A:J)),B2:B11-C2:C11))
```

所在日期：

```
{=--RIGHT(MIN(MMULT(N(ROW(1:10)>=COLUMN(A:J)),B2:B11-C2:C11)*100000+A2:A11),5)}
```

公式解析：

公式中的 N(ROW(1:10)>=COLUMN(A:J)) 构造了一个 10×10 大小的矩阵，其内容如图 198-3 矩阵 1 所示；B2:B11-C2:C11 部分得到每天的出入库差额，形成一个纵向一维数组，如图中矩阵 2 所示；MMULT 函数首先将两个矩阵进行矩阵相乘（即矩阵 1 与矩阵 2 的转置矩阵进行乘法运算），得到图中矩阵 3 的结果，然后将各行数值求和，得到最终结果的纵向一维数组。

上述 MMULT 函数运算所得的结果就是每天的累计库存余量，结果为 {18;15;7;4;13;13;6;1;9;73}，最后通过 MIN 函数得到其中的最小库存值。

求取最小库存值所在日期时，采用了一种加权组合的算法，将库存值与所在日期一起组成一串数字编码，求得最小值后，将数字编码中代表日期的部分提取出来，得到最终结果。

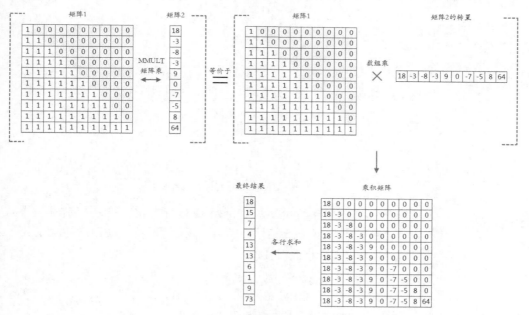

图 198-3　MMULT 函数运算过程

MMULT 函数所构造的公式还有比较强的扩展能力。例如，如果在出入库情况表中增加一列商品类型的信息，如图 198-4 中 A 列所示，现在统计甲类商品的单日最小库存量。

要完成这个统计需求，只要在原有公式中增加判断 A 列商品类型是否为"甲类"的条件即可，修改后的公式如下：

```
=MIN(MMULT(N(ROW(1:10)>=COLUMN(A:J)),(A2:A11="甲类")*(C2:C11-D2:D11)))
```

在实际应用中，MMULT 函数比较适用于复杂情况下的条件求和、条件累加和条件计数。而 SUMIF 函数、SUBTOTAL 函数、COUNTIF 函数的参数必须为单元格的引用，因此在此类应用上不如 MMULT 函数灵活。

	A	B	C	D
1	商品类别	日期	入库量	出库量
2	甲类	2014/7/3	71	53
3	乙类	2014/7/4	95	98
4	甲类	2014/7/5	82	90
5	甲类	2014/7/6	56	59
6	甲类	2014/7/7	98	89
7	乙类	2014/7/8	98	98
8	甲类	2014/7/9	77	84
9	乙类	2014/7/10	52	57
10	甲类	2014/7/11	57	49
11	甲类	2014/7/12	94	30

图 198-4 增加商品分类信息

技巧 199 矩阵法求解多元一次方程组

数学函数 MINVERSE 函数可以用于求得矩阵的逆矩阵。在线性代数中，逆矩阵的运算可用于求解多元一次方程组，因此借助 MINVERSE 函数可以求解这样的方程组。

如有下列三元一次方程组：

```
4x+7y-6z=-30.5
-5x+12y+9z=155
8x-6y+3z=38.5
```

Step 1 将三个方程式中 x、y、z 前的系数和等式右侧的数值按顺序存放到单元格区域中，形成一个 3 行 4 列的数组，如图 199-1 中 D1:G3 区域所示。

	D	E	F	G
1	4	7	-6	-30.5
2	-5	12	9	155
3	8	-6	3	38.5

图 199-1 提取方程系数和常量

Step 2 选中同一列中三个连续的单元格，例如 J1:J3 单元格，然后在编辑栏中输入以下公式（不包含两侧大括号），输入完成时同时按下<Ctrl+Shift+Enter>组合键，生成多单元格数组公式：

```
{=MMULT(MINVERSE(D1:F3),G1:G3)}
```

可以看到在三个单元格中分别得到了三个数值，依次就是 x、y、z 的方程解，如图 199-2 中的 J 列所示，x=3.5，y=4.7，z=12.9。

	D	E	F	G	H	I	J
1	4	7	-6	-30.5		x	3.5
2	-5	12	9	155		y	4.7
3	8	-6	3	38.5		z	12.9

图 199-2 在 J 列得到方程组的解

第 15 章　查找与引用函数

查找是数据分析处理的一项重要工作，而正确引用数据则是数据准确查找的关键，Excel 2013 提供了更为丰富的函数，以满足用户在统计分析过程中对数据查找与引用的要求。

本章重点介绍查询与引用函数的常用技巧以及使用查找与引用函数实现统计、查找、筛选、排序、建立超链接等数据处理的方法。

技巧 200　认识 INDIRECT 函数

INDIRECT 函数的作用是根据第 1 个参数的文本字符串返回字符串所代表的单元格引用。第 1 个参数可以是 A1 或 R1C1 引用样式的字符串，也可以是已定义的名称或 "表格" 的结构化引用，默认采用 A1 引用样式，当第 2 个参数为 0 或者 FALSE 时，采用 R1C1 引用样式。

例如：在 A1 单元格中输入字符 "Excel 2013 精粹"，在 B1 单元格中输入字符串 "A1"，在其他单元格输入以下 3 个公式：

```
=INDIRECT(B1)
=INDIRECT("A1")
=INDIRECT("R1C1",0)
```

都将返回 A1 单元格的内容 "Excel 2013 精粹"。其中第 1 个公式先将 B1 单元格的内容 "A1" 替换为 INDIRECT 函数的实际参数，本质上与第 2 个公式相同；第 3 个公式采用的是 R1C1 引用样式。

200.1　恒定的引用区域

直接使用单元格引用时，即使是绝对引用，也可能因单元格、行或列的插入和删除操作造成公式返回引用范围的改变，甚至产生#REF!错误。例如，使用以下数组公式可以计算 A1 单元格中不重复数字的个数：

```
{=COUNT(FIND(ROW($1:$10)-1,A1))}
```

当在第 1 至 10 行间进行插入或删除行操作时，ROW($1:$10)将会改变引用范围，而造成错误统计，而利用 INDIRECT 函数可以解决此问题，改用如下数组公式：

```
{=COUNT(FIND(ROW(INDIRECT("1:10"))-1,A1))}
```

这是因为 INDIRECT 函数中代表引用的 "1:10" 部分是文本常量，不会随公式复制或单元格增删操作而改变。

200.2　轻松调用名称和"表格"数据

图 200-1 展示了一份学生成绩表，如果要根据 K3 单元格显示的科目统计出该科目的平均分数，可以参照以下步骤。

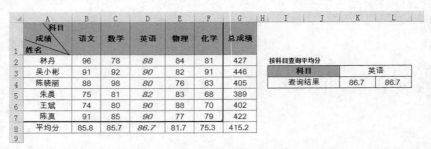

图 200-1　学生成绩表

Step ①　为 5 门科目数据所在列数据区域分别定义相应名称公式如下：

语文：=成绩查询!$B$2:$B$7

数学：=成绩查询!$C$2:$C$7

英语：=成绩查询!$D$2:$D$7

物理：=成绩查询!$E$2:$E$7

化学：=成绩查询!$F$2:$F$7

Step ②　选中 A1:F7 单元格，按<Ctrl+T>组合键创建一个名为"表1"的"表格"。

Step ③　在 K3 单元格选择"英语"科目，在 K4、L4 单元格分别输入以下两个公式：

```
=AVERAGE(INDIRECT(K3))
=AVERAGE(INDIRECT("表1["&K3&"]"))
```

两个公式都将返回数学成绩的平均分。如果清除 K3 单元格内容，则第 2 个公式将返回"表1"所有数据的平均值。

思路解析：

上例中的"英语"是步骤 1 中定义的引用单元格区域的名称，"表1[数学]"是根据步骤 2 中创建的"表"工具产生的结构化引用，两者都可以被 INDIRECT 函数识别，并引用相应的单元格区域。

关于定义名称，请参阅技巧 238。

关于"表格"工具的结构化引用，请参阅技巧 100。

200.3　函数组合查询

如图 200-2 所示，"学习成绩表"的 K4 单元格中选择姓名为"朱雨晨"的学生，在 K5:K7 单元格分别输入以下 3 个公式，均可得到"朱雨晨"的各科目总成绩：

科目 成绩 姓名	语文	数学	英语	物理	化学	总成绩
林小丹	96	78	88	84	81	427
吴彬	91	92	90	82	91	446
陈晓丽	88	98	80	76	63	405
朱雨晨	75	81	82	83	68	389
王斌斌	74	80	90	88	70	402
李珏	91	85	90	77	79	422
平均分	85.8	85.7	86.7	81.7	75.3	415.2

按人名查询总成绩

姓名	朱雨晨
查询结果	389
	389
	389

图 200-2　学习成绩表

```
=SUM(INDIRECT("R"&MATCH(K4,A:A,0)&"C2:R"&MATCH(K4,A:A,0)&"C6",0))
=SUM(INDIRECT("B"&MATCH(K4,A:A,0)&":F"&MATCH(K4,A:A,0)))
=SUM(INDIRECT("R"&MATCH(K4,A:A,0)&"C2:C6",0))
```

思路解析：

利用 MATCH 函数精确定位“朱雨晨”在 A 列的行号 5，再通过文本合并分别变为“R5C2:R5C6”、“B5:F5”、“R5C2:C6”，最后由 INDIRECT 函数返回单元格值，供 SUM 函数求和。

其中，第 3 个公式是第 1 个公式中 R1C1 引用样式的简写方式，允许在引用同行或同列区域时省略相同部分，比如同列引用 R2C2:R8C2 可以简写为 R2:R8C2，同行引用 R2C2:R2C8 可以简写为 R2C2:C8。

技巧 201　深入了解 OFFSET 函数

OFFSET 函数是 Excel 最常用的引用函数之一，它以指定的引用为基点，通过给定偏移量和范围得到新的引用。

201.1　图解 OFFSET 参数含义

OFFSET 函数的语法如下：

```
OFFSET(reference,rows,cols,height,width)
```

其中，参数 reference 为 OFFSET 函数的引用基点，它必须是单元格引用；

参数 rows 表示相对于引用基点的左上角单元格偏移的行数；

参数 cols 表示相对于引用基点的左上角单元格偏移的列数；

参数 height 和参数 width 表示要返回引用的高度（行数）和宽度（列数），在 Excel 帮助信息中，这两个参数必须是正数，但实际上，OFFSET 的第 2 至第 5 个参数均支持负数，正参数表示从引用基点向下和向右的偏移量或引用区域，负参数表示从引用基点向上和向左偏移量或引用区域。

例 1：如图 201-1 所示，以下公式将返回对 C4:E8 单元格的引用：

```
=OFFSET(A1,3,2,5,3)
```

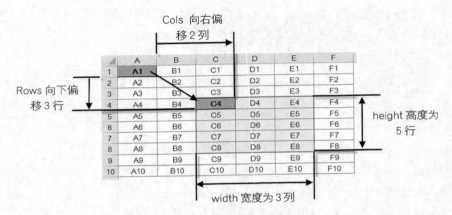

图 201-1　OFFSET 函数偏移示例

　　其中，A1 单元格为 OFFSET 函数的引用基点，参数 rows 为 3 表示以 A1 为基点向下偏移 3 行至 A4；参数 cols 为 2 表示向右偏移 2 列至 C4 单元格；参数 height 为 5，参数 width 为 3，表示 OFFSET 函数返回的引用是 5 行 3 列的单元格区域。因此，该公式返回的是对以 C4 为左上角的 5 行 3 列的单元格区域，即 C4:E8 单元格区域的引用。

　　例 2：以下 4 个公式均返回对 C4:E8 单元格区域的引用：

公式 1：=OFFSET(A1:D1,3,2,5,3)

公式 2：=OFFSET(A1:D6,3,2,5,3)

公式 3：=OFFSET(E7,-3,-2,5,3)

公式 4：=OFFSET(E8,0,0,-5,-3)

　　其中，公式 1、公式 2 的 reference 参数即引用的基点宽度、高度大于 width 参数和 height 参数，但返回的结果均以后两个参数的值为准，即返回 5 行 3 列的单元格区域；公式 3 的 rows 和 cols 参数为负数，表示从引用基点 E7 单元格向上偏移 3 行、向左偏移 2 列；公式 4 的 height 和 width 参数为负数，表示从引用基点 E8 单元格偏移 0 行 0 列，并返回高度为向上数 5 行、向左数 3 列的单元格区域。

201.2　参数为数组产生多维引用

　　OFFSET 函数的参数 rows、cols、height 和 width 除了可以使用常量外，也可以使用数组作为参数，并由此在不同维度上返回多个对单元格区域的引用。例如：

公式 1：=OFFSET(B1,ROW(1:3),0,0,4)

公式 2：=OFFSET(B1:E1,0,,{1,2,3})

公式 3：=OFFSET(B2,0,0,ROW(1:4),5)

公式 4：=OFFSET(B2,0,0,0,COLUMN(A:D))

思路解析：

　　公式 1 中参数 rows 使用 ROW(1:3) 生成数组 {1;2;3}，以 B1 单元格为起点，分别向下偏移 1 至 3 行，宽度为 4 列，即分别引用 B1:E1、B2:E2、B3:E3 共 3 个区域；

公式 2 中参数 cols 使用常量数组{1,2,3}，以 B1:E1 单元格为起点，分别向右偏移 1 ~ 3 列，即分别引用 B1:E1、C1:F1、D1:G1，共 3 个区域；

公式 3 中参数 height 使用 ROW 函数生成数组{1;2;3;4}，该公式以 B2 单元格为起点，行高分别取 1 ~ 4 行，宽度为 5 列，即分别引用 B2:F2、B2:F3、B2:F4、B2:F5，共 4 个区域。

公式 4 中参数 width 使用 COLUMN 函数生成数组{1,2,3,4}，该公式以 B2 单元格为起点，列宽分别取 1 ~ 4 列，即分别引用 B2、B2:C2、B2:D2、B2:E2，共 4 个区域。

201.3　销售业绩实例应用

下面以具体实例深入理解 OFFSET 函数的用法，数据如图 201-2 所示。

	A	B	C	D	E	F
1	姓名	一季度	二季度	三季度	四季度	全年合计
2	姚含	1,025	1,030	1,065	1,099	4,219
3	李爱珍	1,150	1,055	1,385	1,780	5,370
4	刘在银	1,225	1,455	1,355	1,890	5,925
5	郑淑琴	1,380	1,410	1,335	1,400	5,525
6	朱文建	1,245	1,480	1,295	2,100	6,120
7	岑廷	1,295	1,300	1,315	1,100	5,010
8	方保田	1,195	1,455	1,070	1,450	5,170
9	李义明	1,275	970	1,145	2,020	5,410
10	罗海朝	1,380	1,410	1,100	2,010	5,900
11	杨艳丽	1,475	1,060	1,475	2,030	6,040
12					合计	54,689

例1：查询“朱文建”二季度的销售业绩

1,480 =OFFSET(A1,MATCH("宋建",A2:A11,0),MATCH("二季度",B1:E1,0))

例2：计算全年销售冠军的销售业绩

销售业绩：　6,120 =MAX(SUBTOTAL(9,OFFSET(B1,ROW(1:10),,,4)))

例3：根据选定的销售员，分别计算1至4季度累计业绩

姓名	一季度累计	二季度累计	三季度累计	四季度累计
朱文建	1,245	2,725	4,020	6,120

图 201-2　销售业绩表

例 1：查询销售员“朱文建”的二季度业绩。

```
=OFFSET(A1,MATCH("朱文建",A2:A11,0),MATCH("二季度",B1:E1,0))
```

思路解析：

以上公式利用 MATCH 函数分别定位销售员“朱文建”和“二季度”相对于引用基点 A1 单元格的位置。

例 2：计算全年销售冠军的销售业绩，公式如下：

```
{=MAX(SUBTOTAL(9,OFFSET(B1,ROW(1:10),,,4)))}
```

思路解析：以上公式使用 SUBTOTAL 函数对 OFFSET 函数产生的三维引用进行分类求和计算，得到各员工 4 个季度的销售量之和，结果为以下数组：

```
{4219;5370;5925;5525;6120;5010;5170;5410;5900;6040},
```

再用 MAX 函数计算出最大值为 6120。

例 3：分别计算指定的销售员 1 ~ 4 季度累计业绩。在单元格 B22 中选择相应销售人员姓名，在 C22 单元格中输入数组公式，然后向右复制公式至 F22 单元格：

```
{=SUM(SUMIF($A2:$A11,$B22,OFFSET($A2:$A11,,COLUMN($A:A))))}
```

思路解析：

利用 COLUMN($A:A)中绝对与相对混合引用，在公式向右复制时，分别产生{1}、{1,2}、{1,2,3}、{1,2,3,4}，共 4 个数组，以此作为 OFFSET 函数列偏移量，从而返回三维引用，作为 SUMIF 函数的求和区域，最后用 SUM 函数，将 SUMIF 函数得到的数组进行求和计算，得到结果。

技巧 202　MATCH 函数应用技巧 4 则

MATCH 函数用于在数组中查找与指定数值匹配的元素位置。函数的语法如下：

```
MATCH(lookup_value,lookup_array,match_type)
```

其中，第一参数为指定的查找对象，第二参数为可能包含查找对象的单元格区域或数组，第三参数为查找的匹配方式。当 match_type 为 0、1、-1 时，分别表示精确匹配、升序查找、降序查找模式。

例 1：以下公式返回数值 2，表示在第二参数的数组中精确查找字母"A"第一次出现的位置为 2。这其中忽略字母 A 第 2 次出现的位置，并且第二参数的数组元素无需事先排序。

```
=MATCH("A",{"C","A","B","A","D"},0)
```

例 2：以下公式返回数值 3，表示查找出小于或等于 6 的最大值，即数组中的 5 位于数组中的第 3 位，在这种查找方式中，第二参数的数组要求按升序排列。

```
=MATCH(6,{1,3,5,7},1)
```

例 3：以下公式返回数值 2，表示查找出大于或等于 8 的最小值，即数组中的 9 位于数组中的第 2 位，在这种查找方式中，第二参数的数组要求按降序排列。

```
=MATCH(8,{11,9,6,5,3,1},-1)
```

202.1　按自定义顺序排序

利用 MATCH 函数可以查询位置的特性，可以根据自定义的顺序，将文本内容通过加权的方法实现排序功能。

例 1：在图 202-1 所示的工作表中，要求根据 F 列给定的部门顺序重新列出数据表，结果如表中 A11:D18 区域所示。

	A	B	C	D	E	F
1	部门	员工姓名	性别	年龄		自定义顺序
2	总经办	董乐	男	22		经理室
3	财务部	林嘉伟	男	32		总经办
4	业务部	吴晨	男	28		业务部
5	财务部	倪展浩	女	22		财务部
6	总经办	夏绵	男	24		
7	业务部	刘耀	男	33		
8	经理室	董华挺	女	21		
9						
10	结果表					
11	部门	员工姓名	性别	年龄		
12	经理室	董华挺	女	21		
13	总经办	董乐	男	22		
14	总经办	夏绵	男	24		
15	业务部	吴晨	男	28		
16	业务部	刘耀	男	33		
17	财务部	林嘉伟	男	32		
18	财务部	倪展浩	女	22		
19						

图 202-1　按规定部门顺序整理员工信息表

在 A12 单元格中输入如下数组公式，并向右向下复制填充至 D18 单元格：

```
{=INDEX(A$2:A$8,MOD(SMALL(MATCH($A$2:$A$8,$F$2:$F$5,0)*100+ROW($A$2:$A$8)-1,ROW(1:1)),100))}
```

思路解析：

在该公式中，MATCH（$A$2:$A$8,$F$2:$F$5,0）根据 F2:F5 区域中的部门名称自定义顺序，精确查找 A2:A8 单元格区域中相应部门的位置，即顺序数值化，结果为 {2;4;3;4;2;3;1}，将此结果放大 100 倍后与行号进行加权，再用 SMALL 函数从小到大依次取得其中的结果，并利用 MOD 函数求余数，得到加权之前的行号部分。

202.2   多条件查询

例 2：如图 202-2 所示，要求根据 A11、B11 指定的顾客和商家查找出相应的消费额。

在 C11 单元格中输入如下数组公式：

```
{=INDEX($C$2:$C$7,MATCH(1,($A$2:$A$7=A11)*($B$2:$B$7=B11),0))}
```

图 202-2   顾客消费情况查询

思路解析：

在该公式中，($A$2:$A$7=A11)*($B$2:$B$7=B11)利用逻辑数组相乘得到由 1 和 0 组成的数组，1 表示同时满足顾客字段条件和商家字段条件，再利用 MATCH 函数在这一结果中精确查找 1 第一次出现的位置，最后用 INDEX 函数引用该位置的值。

注意：当存在多条相同条件的记录时，该公式只返回第一个满足条件记录的值。

如果需要查找最后一个满足条件的记录，可以使用如下公式：

```
{=INDEX($C$2:$C$7,MATCH(2,1/(($A$2:$A$7=A11)*($B$2:$B$7=B11))))}
```

202.3   查找不重复值

例：如图 202-3 所示，B 列的产品名称中存在重复的值，要求计算不重复产品名称的个数，并将不重复的产品名称在 E 列中列示出来。

1. 计算不重复产品名称个数

在 D2 单元格中输入如下数组公式：

```
{=SUM(N(MATCH(B$2:B$11,B$2:B$11,0)=ROW($2:$11)-1))}
```

图 202-3   列出不重复记录

思路解析：

利用 MATCH 函数精确查找 B2:B11 每个产品第 1 次出现的位置，并与从 ROW 函数减去 1 得到的从 1 至 10 的数组相比较，返回 TRUE 和 FALSE 组成的数组。当产品第 2 次出现时，MATCH 返回的值仍然是第 1 次出现的位置，判断返回 FALSE。再用 N 函数，将逻辑值转为 1 和 0，最后用 SUM 求和，得到不重复记录个数。

2. 列出不重复产品名称

在 E2 单元格中输入数组公式，并向下复制至 E10 单元格：

```
{=INDEX($B$2:$B$12,MATCH(0,COUNTIF(E$1:E1,$B$2:$B$12),0))&""}
```

思路解析：

利用 COUNTIF 函数统计 B 列数据在 E$1:E1 区域内出现的次数。用 MATCH 函数查找上述计数结果中首个 0 的所在位置（即首个未出现在 E 列查找结果中的产品名称的位置），再用 INDEX 函数进行索引定位。

> 该公式通过在数据列表中多引用一个空白单元格 **B12**，有效进行了容错处理。

202.4　动态定位非空单元格

例：如图 202-4 所示，A 列和 B 列是一份未完成编号的图书目录，要求对每章所属的小节进行自动编号，编号规则为：章的序号加上 "."再加上节的序号，每章所属小节均从 1 开始重新按顺序编号，最终实现 D 列的效果。

	A	B	C	D
1	第一篇	函数导读		第一篇 函数导读
2	第1章	函数公式基础介绍		第1章 函数公式基础介绍
3		慧眼识函数		1.1 慧眼识函数
4		理解公式中的运算符		1.2 理解公式中的运算符
5		自动完成公式的新功能		1.3 自动完成公式的新功能
6		函数公式查错与监视		1.4 函数公式查错与监视
7	第2章	函数应用		第2章 函数应用
8		单元格的引用方法		2.1 单元格的引用方法
9		快速切换引用类型		2.2 快速切换引用类型
10		常用函数公式选项设置技巧八则		2.3 常用函数公式选项设置技巧八则
11		函数的易失性		2.4 函数的易失性
12		快速复制函数公式的4种方法		2.5 快速复制函数公式的4种方法
13		"表"工具中的函数应用特点		2.6 "表"工具中的函数应用特点
14	第3章	数组公式入门		第3章 数组公式入门
15		认识数组的概念和特性		3.1 认识数组的概念和特性
16		理解多重计算及数组公式		3.2 理解多重计算及数组公式
17		多单元格数组公式		3.3 多单元格数组公式
18		慎用逻辑函数与多重*、+计算互换		3.4 慎用逻辑函数与多重*、+计算互换
19		理解数组之间运算的规则		3.5 理解数组之间运算的规则

图 202-4　为图书目录自动编号

在 D1 单元格中输入如下公式，并将公式向下复制填充至 D19 单元格：

```
=IF(A1="",(COUNTA(A$1:A1)-1)&"."&ROW()-MATCH("々",A$1:A1),A1)&" "&B1
```

思路解析：

该公式利用 MATCH 函数，在 A$1:A1 中升序查找，因为字符"々"是一个排序靠后的相对较大字符，而第二参数中的字符均小于该字符，因而将定位到公式所在行为止的最后一个非空单元格的位置。再利用 ROW 函数，将得到的当前行号与上述结果相减，得到相应的小节号。

此外，COUNTA(A$1:A1)-1 部分计算 A 列中到公式所在行为止的非空单元格的数量，并扣除 A1 的篇名，得到"章"的序号。

最后通过 IF 函数判断，当 A 列单元格为空时，将上述公式计算得到的章节号与章节名称进行文本连接，否则直接将 A 列单元格文本内容与 B 列内相应内容进行文本连接。

技巧 203　根据首行或首列查找记录

203.1　函数语法和特性

VLOOKUP 函数用于在表格首列查找指定的值，并返回表格中相应列的值，函数的语法如下：

```
VLOOKUP(lookup_value,table_array,col_index_num,range_lookup)
```

HLOOKUP 函数与 VLOOKUP 函数的语法非常相似，用法基本相同，区别在于 VLOOKUP 函数在纵向区域或数组中查询，而 HLOOKUP 函数则在横向区域或数组中查询。

使用这两个函数，有两点需要注意：

（1）函数的第三参数（col/row_index_num）中的列（行）号，不能理解为数据表中实际的列（行）号，而应该是需要返回的数据在查找区域（table_array）中的第几列（行）。

（2）函数的第四参数（range_lookup）决定了查找方式。如果为 0（或 FASLE），则函数用精确匹配方式进行查找，而且支持乱序查找；如果为 1（或 TRUE），则函数使用模糊匹配方式进行查找，此时要求第二参数的首列或首行按升序排列。

203.2　正向查找

例：图 203-1 所示为学生成绩数据表，要求根据指定的姓名和学科查找相应成绩。

1．按要求查找学生“数学”成绩

```
C15 单元格公式：=VLOOKUP(A15,$A$1:$D$11,MATCH(B15,A1:D1,0),0)
C16 单元格公式：=HLOOKUP(B16,$A$1:$D$11,MATCH(A16,A1:A10,0),0)
```

根据 A15 单元格中的学生姓名，公式 1 是用 VLOOKUP 函数在选择的数据区域 A1:A11 中进行查找，并返回 MATCH 函数查找出的“数学”所在的数据表第 3 列的成绩。

根据 B16 单元格中的学科科目，公式 2 是用 HLOOKUP 函数在选择的数据区域 A1:D1 中进行查找，并返回 MATCH 函数查找出的“李淑琴”所在的数据表第 5 行的成绩。

两个函数从行或列的不同角度进行查找，结果相同。

2．出错原因分析

当公式使用了错误的查询模式，可能无法查询到相应记录，而返回错误值#N/A。如 C17 单元格中公式的第 4 参数值为 1，但 A1:A11 的姓名没有按升序排列，就得不到正确结果。

当查询的对象没有出现在目标区域时，函数也会返回#N/A 错误，如 C18 单元格中公式查询的对象“李琴”并不存在于 A

	A	B	C	D
1	姓名	语文	数学	英语
2	陈德	97.5	97	88.5
3	刘爱军	78	85.5	98.5
4	宋友文	88	93	96.5
5	李淑琴	79.5	86	89.5
6	宋方	87.5	90	85.5
7	李方正	92.5	91	81.5
8	陈廷真	89.5	91	94.5
9	李晓明	98	93.5	90.0
10	罗婷婷	92.5	95.5	97.0
11	胡艳艳	84.5	86.5	87.5
12				
13	例：根据选定姓名和学科查找成绩			
14	姓名	学科	成绩	
15	李淑琴	数学	86.0	
16	李淑琴	数学	86.0	
17	李淑琴	数学	#N/A	
18	李琴	数学	#N/A	
19	李淑琴	数学		
20				

图 203-1　从学生成绩表中查询信息

列的姓名列表中，公式返回错误值。

 （1）使用 **VLOOKUP** 函数和 **HLOOKUP** 函数进行查询时，查询值必须与查询范围首列（首行）的数据类型（文本型/数值型）保持一致，才能正确返回结果。

（2）当存在多个与查找值匹配的记录时，**VLOOKUP** 函数和 **HLOOKUP** 函数只能返回第一条记录。

203.3　逆向查找

如果需要返回数值的目标数据列不是位于查找数据列的右侧，常规情况下无法使用 VLOOKUP 函数查找，但可以通过 IF 函数构建一个由查找区域作为首列，并与目标区域构成的双列数组，再利用 VLOOKUP 函数实现逆向查找，可以归纳为如下公式：

```
=VLOOKUP(查找值,IF({1,0},查找区域,目标区域),2,0)
```

例：如图 203-2 所示，要求根据股票的拼音简码，如"SGJT"，查找对应的股票代码，可以通过以下公式得出结果为"600018"。

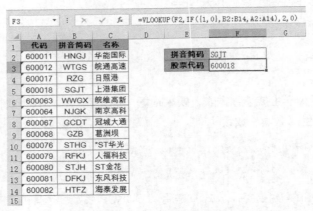

图 203-2　VLOOKUP 函数逆向查找

```
=VLOOKUP("SGJT",IF({1,0},B2:B14,A2:A14),2,0)
```

技巧204　为股票名称编制拼音简码

股票名称通常都有一个对应的拼音简码，用于查询，使用 Excel 的查找函数也可以为股票名称编制拼音简码，具体方法如下：

Step **①**	在"公式"选项卡中单击"定义名称"按钮，在打开的"新建名称"对话框中新建一个名称为"PY"，其引用位置内容如下：

PY={"","";"*","";"0",0;"1",1;"2",2;"3",3;"4",4;"5",5;"6",6;"7",7;"8","9,
9;"a","A";"b","B";"c","C";"d","D";"e","E";"f","F";"g","h","H";"i","I";"j",
"J";"k","K";"l","L";"m","M";"n","N";"o","O";"p","P";"q","Q";"r","R";"s",
"S";"t","T";"u","U";"v","V";"w","W";"x","X";"y","Y";"z","Z";"吖","A";
"八","B";"嚓","C";"哒","D";"屙","E";"发","F";"旮","G";"铪","H";"丌",
"J";"咔","K";"垃","L";"妈","M";"拿","N";"噢","O";"趴","P";"七","Q";"蚺","R";"
亻","S";"他","T";"哇","W";"夕","X";"丫","Y";"匝","Z"}

Step **②**	在 C2 单元格中输入如下公式，并将公式向下复制填充至 C15 单元格，结果如图 204-1 所示。

```
=VLOOKUP(MID(B2,1,1),PY,2)&VLOOKUP(MID(B2,2,1),PY,2)&
VLOOKUP(MID(B2,3,1),PY,2)&VLOOKUP(MID(B2,4,1),PY,2)&
VLOOKUP(MID(B2,5,1),PY,2)&VLOOKUP(MID(B2,6,1),PY,2)
```

	A	B	C
1	股票代码	股票名称	拼音简码
2	000002	万科 A	WKA
3	000100	TCL集团	TCLJT
4	000561	S*ST长岭	SSTZL
5	000587	SST光明	SSTGM
6	000708	大冶特钢	DYTG
7	100707	国债0707	GZ0707
8	200041	*ST本实B	STBSB
9	500005	XD汉盛	XDHS
10	580024	宝钢CWB1	BGCWB1
11	600003	ST东北高	STDBG
12	600004	白云机场	BYJC
13	600227	赤天化	CTH
14	600633	*ST白猫	STBM
15	600635	大众公用	DZGY
16	600649	城投控股	CTKG
17	900934	锦江 B 股	JJBG
18	900939	ST汇丽 B	STHLB
19			

图 204-1　编制股票名称拼音简码

思路解析：

（1）因为股票名称中除了汉字外，还包括字母、数字及其他字符等，所以需要将名称 PY 定义为一个 61 行 2 列的二维常量数组。该数组的第 1 列为数字 0 到 9、26 个英文小写字母以及拼音字母临界点上的汉字字符，第 2 列为与数字 0 到 9、英文大写字母、汉字对应的拼音首字母，并按升序排列，第一行为两个空文本，第二行为"*"，并对应一个空文本，用于当查找值为空文本或"*"时返回空文本，进行容错处理。

（2）根据股票名称中最大字符长度为 6，公式使用 6 个 VLOOKUP 函数，并用文本运算符"&"相连接，将查找结果合并成为由字母及数字构成的代码。

（3）Excel 中的字符顺序按数字、字母、汉字从小到大排序，其中汉字的大小顺序与其拼音首字母先后顺序相同。

（4）VLOOKUP 函数使用省略了第四参数，表示进行近似查找，用 MID 函数逐个取股票名称中的字符作为查找值，如果是汉字，则在定义名称中查找，如果找不到，就查找小于该查找值中最大的值，并返回对应的拼音首字母，如果是数字或英文字母，可以直接返回对应的数字或字母。

上述拼音表是根据 GB2312-80 标准中的所有汉字进行升序排列，取得每个声母的第一个汉字，比如"吖"是拼音以"a"开头的最小汉字，"做"是拼音以"z"开头的最大汉字。但不一定适合使用其他标准的汉字字符集。

技巧205　根据部分信息模糊查找数据

在实际工作中，经常需要根据已知的数据信息片段查找出确切的完整信息。

205.1　模糊查找符合条件的单一记录

例 1：如图 205-1 所示，要求按照 C24 单元格所选择的产品类别，在产品入库明细表中查找出该类别产品最早入库产品的相关记录。

产品入库明细表					
日期	产品编号	产品名称及规格	单位	入库单单据号	数量
2014年3月19日	8722200351	触发器 CD-7C	只	201403-001824	1200
2014年3月30日	83108231	FSLTG82 E40 投光灯	只	201403-003128	50
2014年3月30日	8722200351	触发器 CD-7C	只	201403-003130	1500
2014年4月4日	834400	FSLFG400 泛光灯	只	201404-000328	130
2014年4月4日	83108131	FSLTG81 E40 投光灯	只	201404-000328	118
2014年4月16日	83108131	FSLTG81 E40 投光灯	只	201404-001471	150
2014年4月23日	834400	FSLFG400 泛光灯	只	201404-002308	203
2014年5月13日	834200A	FSLFG200-A 泛光灯	只	201405-001141	100
2014年5月16日	834301	FSLFG301 泛光灯	只	201405-001105	200
2014年5月24日	863400	高压钠灯镇流器400W	只	201405-002067	600
2014年6月5日	8641000	CWA漏磁镇流器1000W	只	201406-000232	120
2014年7月12日	87512	补偿电容 12μF	只	201407-000910	300
2014年7月18日	834400	FSLFG400 泛光灯	只	201407-001346	100
2014年7月20日	87512	补偿电容 12μF	只	201407-001642	500
2014年8月9日	834100A	FSLFG100-A 泛光灯	只	201408-000737	100
2014年10月9日	87514	补偿电容 14μF	只	201410-000275	500
2014年10月18日	83108328	FSLTG83 E27 投光灯	只	201410-001049	100
2014年10月24日	87514	补偿电容 14μF	只	201410-001786	800

例：按类别查找最早入库产品

产品类别	泛光灯
最早入库日期	2014年4月4日
最早入库产品的单据号	201404-000328

图 205-1　模糊查找单个数据

C25 单元格公式如下：

```
=INDEX($A:$A,MATCH("*"&C24&"*",$C:$C,0))
```

C26 单元格公式如下：

```
=VLOOKUP("*"&C24&"*",C4:F21,3,0)
```

思路解析：

这两个公式在 C24 单元格的查找条件前后都加上通配符*，利用 VLOOKUP 函数与 MATCH 函数支持使用通配符作为查找条件的特性，返回首个满足条件的记录。

205.2　模糊查找符合条件的多条记录

例 2：如图 205-2 所示，要求在"价格查询"工作表的 B1 单元格中输入任意文本，在 A3 开始的表格中显示所有包含该文本内容的菜名及相应的价格，如果没有则返回空文本。

图 205-2　模糊查找多个数据

在"价格查询"工作表的 B4 单元格中输入如下公式，并向右向下复制填充：

```
=IFERROR(VLOOKUP("*"&$B$1&"*",OFFSET(菜单!$A$1,IFERROR(MATCH($A3,菜单!$A:$A,0),1000),,1000,2),
COLUMN(A:A),),"")
```

思路解析：

该公式使用 OFFSET 函数实现动态引用，以"菜单"工作表的 A1 单元格为起点，运用 MATCH 函数，以当前工作表中 A3 为初始查找值，查找其在"菜单"工作表 A 列中的位置，以此作为 OFFSET 函数的行偏移量，并随着公式向下复制，将上一行找到的菜名作为新的查找初始值，由此始终引用从上一行找到的菜名下一单元格开始的动态起点的 1000 行 2 列的数据区域，作为 VLOOKUP 函数的查找区域，然后在"价格查询"工作表中的 B1 单元格中输入的菜名前后添加通配符"*"，表示相关任意值，以作为 VLOOKUP 函数的第一参数，再利用 VLOOKUP 函数模糊查找下一个满足条件的记录，最后用 IFERROR 函数进行容错处理，返回空文本。

注意

> 该公式要求"价格查询"工作表 A3 单元格的值必须与"菜单"工作表 A1 单元格的值完全相同，用以作为初始查找的起点位置。

此外，本例问题还可以使用以下数组公式：

```
{=INDEX( 菜 单 !A:A,SMALL(IF(ISNUMBER(FIND($B$1, 菜 单 !$A$2:$A$1000)),  ROW($2:$1000),2^20),
ROW(1:1)))&""}
```

思路解析：

该公式不使用通配符，而是使用 FIND 函数查找 B1 单元格的字符是否在"菜单"表的 A 列出现。如果包含该字符，则 FIND 函数将返回数字，并使用 IF 函数以及 ISNUMBER 函数生成满足条件对应的行号序列，使用 SMALL 函数逐个返回该行号序列，由 INDEX 函数返回最终查找结果，当查找值不存在时，将返回一个空文本。

205.3　模糊转换数据

例：如图 205-3 所示，A 列是教师的职称名称，要求根据 D 列的标准教师职称简称，将 A 列的教师职称统一转换为职称简称，放于 B 列。

在 B2 单元格中输入如下数组公式，并将公式填充至 B19 单元格：

```
{=INDEX(D$2:D$12,MATCH(1,COUNTIF(A2,REPLACE("*"&D$2:
D$12&"*",3,,"*")),0))&""}
```

思路解析：

该公式使用 REPLACE 函数，对 D2:D12 单元格每一项"标准简称"的左中右均同时插入通配符"*"，以此作为 COUNTIF 函数的第二参数，统计 A2 单元格是否包含加了通配符后的简称，如果包含，则返回 1，未包含则返回 0；

	A	B	C	D
1	教师职称	职称简称		标准简称
2	小学一级	小一		小一
3	中学二级教师	中二		小二
4	小语一	小一		中一
5	小学数一	小一		中二
6	小学一级教师	小一		中三
7	小学二级教师	小一		小高
8	中学一级教师	中一		中高
9	中数二	中二		幼一
10	中学一级教师	中一		幼二
11	中学二级教师	中二		幼高
12	中学三级教师	中三		
13	中学高级教师	中高		
14	小学高级教师	小高		
15	小语高	小高		
16	幼教一级教师	幼一		
17	幼教二级教师	幼二		
18	幼教高级教师	幼高		
19				
20				

图 205-3　模糊转换数据

再用 MATCH 函数在该数组中精确查找 1 所在位置，结合 INDEX 查找相应位置的简称。因为 D12 单元格是空单元格，插入通配符后变为"***"，可以统计任意字符，因此，如果 A 列的职称没有包含 D2:D11 的简称，则返回 D12 单元格，最后用&""处理返回空文本；达到容错目的。

技巧 206　妙用 LOOKUP 函数升序与乱序查找

LOOKUP 函数具有向量和数组两种语法形式。

```
LOOKUP(lookup_value,lookup_vector,result_vector)
LOOKUP(lookup_value,array)
```

向量语法是在由单行或单列（也就是"向量"）构成的第二参数中查找第一参数，并返回第三参数中对应位置的值。数组语法的第二参数可以是单行或单列，也可以是多行或多列，此时 LOOKUP 函数会根据第二参数的尺寸执行类似 VLOOKUP 函数或 HLOOKUP 函数升序查找的功能。

LOOKUP 函数要求第二参数（如为数组语法，则是第二参数的首行或首列）按升序排列，并与小于或等于查找值的最大值匹配。

206.1　升序查找多个值

例：如图 206-1 所示，"表 1"中加油站名称按升序排列，要求计算"表 2"中 3 个加油站的销售业绩之和。

F7 单元格的计算公式如下：

```
{=SUM(LOOKUP(E3:E5,A3:C8))}
```

图 206-1　多个油站业绩求和

思路解析：

该公式要求 A 列加油站名称已按升序排序，LOOKUP 函数公式查找出 E3:E5 数据区域中 3 个加油站的业绩为 {1295;1110;1355}，再进行求和，得到结果为 3760。

206.2　多区间判断数值等级

例：如图 206-2 所示，要求根据《加油站等级标准》，按年销售量对 D2:EG10 单元格区域中的加油站进行等级评定。

加油站等级标准				名称	区域	年销售量	油站等级
年销售量		成绩		朝周站	南区	3230	四级站
0-2000吨(不含2000吨)		小型站		方井站	东区	4000	三级站
2000-4000吨(不含4000吨)		四级站		国友站	西区	6700	二级站
4000-6000吨(不含6000吨)		三级站		建宁站	南区	1800	小型站
6000-8000吨(不含8000吨)		二级站		零宝站	南区	12000	特级站
8000-10000吨(不含10000吨)		一级站		刘东站	南区	7999	二级站
10000吨以上		特级站		长山站	东区	8000	一级站
				苏友站	南区	6000	二级站
				天台站	东区	5800	三级站

图 206-2　加油站等级评定

根据年销售量与加油站等级的对应关系，使用常量数组 {0;2000;4000;6000;8000;10000} 分别表示从 0 至 2000 吨（不含 2000 吨）、2000 吨至 4000 吨（不含 4000 吨）……10000 吨以上，并以此对应 B3:B8 的加油站等级。

在 G2 单元格中输入如下公式，并将公式向下复制填充至 G10 单元格：

```
=LOOKUP(F2,{0;2000;4000;6000;8000;10000},$B$3:$B$8)
```

如果判断等级的数据区间为向上包含，例如(0,2000)、(2000,4000)等，则可以将第二参数加上一个小于 F 列数值最小当量的值（比如 F 列均为整数，则 0.1 不会影响其标准大小）来作为等级划分，例如如下公式：

```
=LOOKUP(F2,{0;2000;4000;6000;8000;10000}+0.1,$B$3:$B$8)
```

思路解析：

通过两个公式对比可以看出：利用 LOOKUP 函数升序查找并返回小于等于查找值对应结果的

原理，当查找值为 4000 时，第 1 个公式的常量数组中小于等于查找值的是第 3 个元素 4000，因此返回第三参数的第 3 个元素即 B5 的"三级站"；而第 2 个公式由于加了 0.1，则小于等于查找值的最大值为 2000，因此返回结果为 B4 的"四级站"。

此类利用 LOOKUP 函数进行多个连续数值区间判断的方法，可以替代 IF 函数的复杂多层嵌套解法。

206.3　乱序查找最后一个满足条件的记录

按照 LOOKUP 函数的要求，第二参数的首列（行）必须升序排列，并且具有"如果 LOOKUP 找不到 lookup_value，则它与 lookup_vector 中小于或等于 lookup_value 的最大值匹配"的特性。当所要查找的值大于被查找区域的所有同类型数据时，LOOKUP 函数将返回最后一个与第一参数类型相匹配的值。

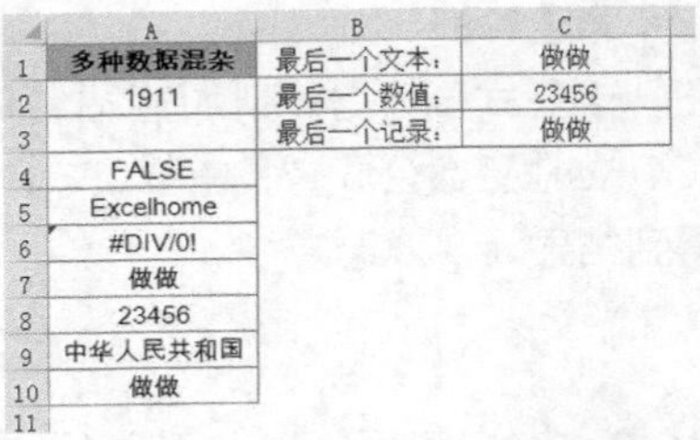

例：如图 206-3 所示，A 列中由数值、空单元格、错误值、文本等多种数据组成，要求取出最后一个文本、最后一个数值和最后一条记录。

分别在 C1:C3 单元格中输入以下公式：

	A	B	C
1	多种数据混杂	最后一个文本:	做做
2	1911	最后一个数值:	23456
3		最后一个记录:	做做
4	FALSE		
5	Excelhome		
6	#DIV/0!		
7	做做		
8	23456		
9	中华人民共和国		
10	做做		
11			

图 206-3　查找最后一个文本或数值

```
公式 1　=LOOKUP("々",A:A)
公式 2　=LOOKUP(9E+307,A:A)
公式 3　=LOOKUP(1,0/(A2:A10<>""),A2:A10)
```

思路解析：

公式 1 使用符号"々"作为查找值，一般可满足查找最后一个文本记录的需求，但当数据中有以"々"字开头的字符串时，可以使用如下公式：

```
=LOOKUP(REPT("々",9),A:A)
```

也就是可以查找以 9 个连续的"々"字开头的文本（一般不会有这样的记录）。

公式 2 使用一个接近 Excel 规范与限制允许键入最大数值的数，即 9*10＾307 作为查找值，可满足查找最后一个数值（含日期、时间）记录的需求。

公式 3 则以 0/(A2:A10<>"")构建一个 0、#DIV/0!组成的数组，再用大于第二参数中所有数值的 1（已经足够大）作为查找值，即可满足查找最后一个满足 A2:A10 不为空单元格条件的记录。可以归纳为如下内容：

```
=LOOKUP(1,0/(条件),目标区域或数组)
```

其中，条件可以是多个逻辑判断相乘组成的多条件数组。

206.4　填补合并单元格的空缺

例：如图 206-4 所示，A 列的片区采用合并单元格方式，要求统计"东区"的加油站个数。

在 A13 单元格中输入片区名称，在 B14 单元格中输入数组公式，即可得到加油站个数：

```
{=SUM(--(LOOKUP(ROW(2:10),IF(A2:A10<>"",ROW(2:10
)),A2:A10)=A13))}
```

思路解析：

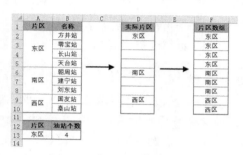

图 206-4　填补合并单元格的空缺

在此例中，A 列合并单元格实际只有 A2、A6、A9 这 3 个单元格有数据（示意如 D 列），其他单元格都是空单元格。因此不能直接用 COUNTIF 函数统计"东区"的个数，而需要将 A3:A5、A7:A8、A10 单元格分别填补数据后再统计。

在公式中，利用 IF 函数判断，返回 A 列非空单元格的行号与 FALSE 组成的数组，即{2;FALSE;FALSE;FALSE;6;FALSE;FALSE;9;FALSE}，再利用 LOOKUP 函数查找 ROW(2:10)构成的行号数组{2;3;4;5;6;7;8;9;10}，根据"如果 LOOKUP 找不到 lookup_value，则它与 lookup_vector 中小于或等于 lookup_value 的最大值匹配"的特性，例如查找行号 4，则与之匹配的小于等于 4 的最大值为 2，由此返回对应的 A2 单元格的"东区"，其他行同理类推。从而，LOOKUP 函数构建了一个 9 行的数组，效果如图中 F 列所示。最后，再使用 SUM 函数统计该数组中等于 A13 单元格值的个数。

技巧 207　多条件筛选

207.1　返回筛选结果按逆序排序

例：如图 207-1 所示，要求按 H1:H2 单元格中指定的区域和等级，在加油销售情况表中查找出全部记录。

	A	B	C	D	E	F	G	H
1	名称	区域	年销售量	油站等级			区域	南区
2	零宝站	东区	12000	特级站			等级	二级站
3	长山站	东区	8000	一级站				
4	刘东站	南区	7999	二级站			名称	年销售量
5	建宁站	南区	6800	二级站		逆	苏友站	6000
6	国友站	西区	6700	二级站		序	建宁站	6800
7	苏友站	南区	6000	二级站		排	刘东站	7999
8	天台站	东区	5800	三级站		序		
9	方井站	东区	4000	三级站				
10	朝周站	南区	3230	四级站				
11								

图 207-1　返回的筛选结果按逆序排序

在 G5 单元格中输入以下数组公式，向右向下复制填充至 H10 单元格：

```
{=IFERROR(LOOKUP(1,0/(($B$2:$B$10=$H$1)*($D$2:$D$10=$H$2)*(COUNTIF($G$4:$G4,$A$2:$A$10)=0)),
INDEX($A$2:$D$10,,MATCH(G$4,$A$1:$D$1,0))),"")}
```

思路解析：

（1）计算查找"条件"。

```
(($B$2:$B$10=$H$1)*($D$2:$D$10=$H$2)*(COUNTIF($G$4:$G4,$A$2:$A$10)=0))
```

该部分公式除了计算 B 列和 D 列包含给定区域和等级的同时，还将已查找出来的名称在 A 列出现次数等于 0 作为第三个查找条件。

（2）动态选择结果所在"区域"。

```
INDEX($A$2:$D$10,,MATCH(G$4,$A$1:$D$1,0))
```

利用 INDEX 函数和 MATCH 函数，根据表格栏次名称动态选择结果所在列区域。

（3）利用 LOOKUP(1,0/【条件】,【区域】)模型进行筛选。

以 0 除以查找条件，将得到由 0 和错误值#DIV/0!构成的一维数组，LOOKUP 函数将在该数组中查找小于 1 的最大值 0 出现的位置，如果存在一个以上的 0，将得到最后一个 0 在数组中的位置，最后返回"区域"中与 0 值位置相对应的值，如果未找到结果，则返回错误值#N/A。

（4）最后用 IFERROR 函数进行容错处理。

207.2　返回筛选结果按顺序排序

上例中，如果要求按数据表中加油站名称出现的顺序返回筛选结果，则可以在 K5 单元格输入以下数组公式，并向右向下复制填充至 L10 单元格，计算结果如图 207-2 所示：

```
{=IFERROR(LOOKUP(SMALL(IF(($B$2:$B$10=$H$1)*($D$2:$D$10=$H$2),ROW($A$2:$A$10)),ROW(1:1)),ROW
($A$2:$A$10),INDEX($A$2:$D$10,,MATCH(G$4,$A$1:$D$1,0))),"")}
```

图 207-2　返回的筛选结果按顺序排序

思路解析：

（1）计算查找值。

```
SMALL(IF(($B$2:$B$10=$H$1)*($D$2:$D$10=$H$2),ROW($A$2:$A$10)),ROW(1:1))
```

该公式用 IF 函数返回满足指定条件记录在 A2:A10 单元格区域中的行号，并用 SMALL 函数返回最小的行号，作为 LOOKUP 函数的查找值。如果超出行号数值个数，则返回错误值#NUMI。由于该行号是按升序排序的，这保证了最终筛选结果将按原数据表的顺序排序。

（2）动态选择结果所在区域。

```
INDEX($A$2:$D$10,,MATCH(G$4,$A$1:$D$1,))
```

利用 INDEX 函数和 MATCH 函数，根据表格栏次名称动态选择结果所在列区域。

（3）查找区域为由 ROW 函数返回的$A$2:$A$10 单元格区域的行号。

（4）根据计算得到的查找值，利用 LOOKUP 函数在 ROW 函数返回的$A$2:$A$10 单元格区域的行号中进行查找，如果找到，则根据查找值所在位置返回结果区域对应的值；如果查找值为错误值#NUMI!，则返回相应的错误值#NUMI!。

（5）最后用 IFERROR 函数进行容错处理。

技巧 208　根据查找结果建立超链接

HYPERLINK 函数是 Excel 中唯一一个可以返回数据值以外，还能够生成链接的特殊函数，下面将介绍如何利用 HYPERLINK 函数建立超链接。

HYPERLINK 函数的语法如下：

```
HYPERLINK (link_location, friendly_name)
```

参数 link_location 除了使用直接的文本链接外，还支持使用在 Excel 中定义的名称，但相应的名称前必须加上前缀"#"号，如#DATA、#LINKADDRESS。对于当前工作簿中的链接地址，也可以使用前缀"#"号来代替工作簿名称。

例如，根据 B3 单元格指定的股票代码"600271"，要在图 208-1 所示的股票清单中，查找并定位，在 B4 单元格中输入的公式将创建指向此股票的超级链接，并显示相应的股票名称，操作如下。

	A	B		D	E	F	G	H	I	J
1				代码	简称	最新价	涨跌	涨跌幅	成交金额	成交量(万股)
2				600117	西宁特钢	23.53	2.1	0.098	64070.21	2777
3	代码	600271		600216	浙江医药	15.31	1.21	0.0858	26597.5	1780
4	简称	航天信息		600256	广汇股份	20.53	1.87	0.1002	77200.26	3822
5	最新价	51.69		600265	景谷林业	14.37	1.31	0.1003	13466.71	944
6				600271	航天信息	51.69	4.7	0.1	54954.99	1070
7				600290	华仪电气	38.6	2.78	0.0776	12026.27	313
8				600389	江山股份	22.49	2.01	0.0981	17526.6	793
9				600423	柳化股份	25.08	2.14	0.0933	25908.08	1040
10				600499	科达机电	22.49	1.82	0.0881	25507.63	1143
11				600596	新安股份	55.61	3.67	0.0707	19804.49	360
12				600617	联华合纤	20.32	1.5	0.0797	7843.3	386
13				600806	昆明机床	35.71	3.17	0.0974	28315.63	804
14				600880	博瑞传播	33.76	2.17	0.0687	8424.74	250
15				600986	科达股份	19.88	1.81	0.1002	5984.41	307
16				601919	中国远洋	60.35	5.49	0.1001	283437.32	4849
17										

图 208-1　股票清单

```
=HYPERLINK("#清单!E"&MATCH(B3,D2:D16,0),VLOOKUP(B3,D2:J16,2,0))
```

其中：

```
MATCH(B3,D1:D16,0)
```

根据选定股票代码，这部分公式在股票清单中查找到的行数为 6；

```
"#清单!E"&MATCH(B3,D1:D16,0)
```

这部分公式指明了链接跳转的具体单元格位置为 "#清单!E6"，

```
VLOOKUP(B3,D2:J16,2,0)
```

该公式显示建立超级链接后显示的内容为 "航天信息"，单击 B4 单元格中的链接时，将跳转到 E6 单元格。

技巧 209　使用 FORMULATEXT 函数

FORMULATEXT 函数是 Excel 2013 提供的新函数，主要作用是以字符串的形式返回公式。具体使用方法如下：

例 1：如图 209-1 所示，要求在 C12 和 C13 单元格中分别以文本方式显示 B12 和 B13 单元中的公式内容。

在 C12 单元格中的公式如下：

```
=FORMULATEXT(B12)
```

使用上述公式，将在 C12 单元格中返回计算的结果：

```
=SUMIF(A2:A8,LEFT(A12,4),C2:C8)
```

这里计算返回的是一个文本字符串形式的公式。

	A	B	C	D	E
1	部门	员工姓名	销售额		
2	销售1部	董乐	22		
3	销售2部	林嘉伟	32		
4	销售1部	吴晨	28		
5	销售2部	倪展浩	22		
6	销售1部	夏绵	24		
7	销售2部	刘耀	33		
8	销售2部	董华挺	21		
9					
10	结果表				
11	统计项目	销售额	公式		公式长度
12	销售1部总额	74	=SUMIF(A2:A8,LEFT(A12,4),C2:C8)		31
13	销售2部平均值	27	=AVERAGEIF(A2:A8,LEFT(A13,4),C2:C8)		35
14					
15					
16					

图 209-1　使用 FORMULATEXT 函数

例 2：在 E12 单元格返回包含 "=" 的公式长度时，只需要在 E12 单元格如入如下公式：

```
=LEN(FORMULATEXT(B12))
```

计算得到的公式结果为 31。

使用 FORMULATEXT 函数时需要注意的是：

（1）FORMULATEXT 函数的参数只能是对单元格或单元格区域的引用，或者是定义好的对单元格或单元格区域的引用名称。

（2）出现以下情况时，函数将返回错误值。

①引用对象中不包含公式。

②引用对象中的公式超过 8192 个字符。

③工作表处于保护状态。

④包含引用对象的外部工作簿未打开。

⑤引用对象中的公式计算结果是无效的数据类型。

第 16 章　统计分析函数

统计分析是日常数据处理中最常见的工作，Excel 提供了丰富的函数，用于满足数据统计分析的需求，本章将介绍 Excel 2013 函数中常用的统计分析函数使用技巧。

技巧 210　统计总分前 N 名的平均成绩

直接使用 AVERAGE 函数可以进行数据的平均值计算。该函数与其他函数组合运用，还可以进行更复杂的平均值计算。

如图 210-1 所示，要求计算出总分前 5 名的学生的平均成绩：

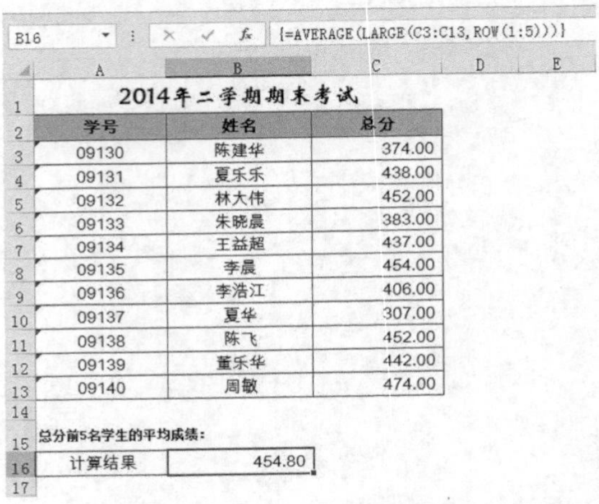
B16　{=AVERAGE(LARGE(C3:C13,ROW(1:5)))}

2014年二学期期末考试

学号	姓名	总分
09130	陈建华	374.00
09131	夏乐乐	438.00
09132	林大伟	452.00
09133	朱晓晨	383.00
09134	王益超	437.00
09135	李晨	454.00
09136	李浩江	406.00
09137	夏华	307.00
09138	陈飞	452.00
09139	董乐华	442.00
09140	周敏	474.00

总分前5名学生的平均成绩：

计算结果	454.80

图 210-1　总分前 5 名学生的平均成绩

在 B16 单元格输入如下数组公式：

```
{=AVERAGE(LARGE(C3:C13,ROW(1:5)))}
```

思路解析：

该公式利用 LARGE 函数求得总分前 5 名学生的成绩数组，再用 AVERAGE 函数求出平均值为 454.80。

技巧 211　按指定条件计算平均值

使用 AVERAGEIF 函数和 AVERAGEIFS 函数，可以计算指定条件下一组数据的平均值，其中 AVERAGEIF 函数用于在单一条件下计算平均值，语法与 SUMIF 函数相似；AVERAGEIFS 函数则用于多条件下计算平均值。下面举例介绍这两个函数的具体用法：

图 211-1 是一份销售报表，由于星期六、星期日为休息日，无销售额发生，因此金额栏中的值为 0。

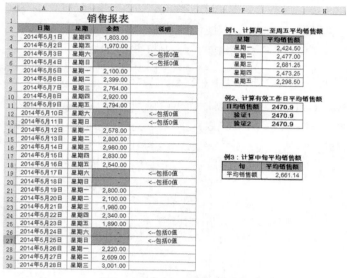

图 211-1　包含 0 值的销售报表

211.1　单一条件下的平均值计算

例 1：分别计算星期一至星期五的平均销售额，用于分析星期一至星期五的平均销售额变动情况。G4 单元格的公式如下：

```
=AVERAGEIF($B$3:$B$30,F4,$C$3:$C$30)
```

在该公式中，AVERAGEIF 函数的第一参数 B3:B30 为包括指定条件的单元格区域；第二参数为计算条件，此处为 F4 单元格中的指定值；第三参数 C3:C30 为要计算平均值的数据所在的单元格区域，该单元格区域的大小要求与第一参数中的条件区域大小相一致。

AVERAGEIF 函数也允许将第三参数的数据计算区域简化为对该区域第一个单元格的引用，上述公式可以进一步简化为如下内容：

```
=AVERAGEIF($B$3:$B$30,F4,$C$3)
```

如果上述问题中使用 AVERAGE 函数来实现，则需要加入 IF 函数进行条件判断，并需要使用数组公式，具体公式如下：

```
{=AVERAGE(IF($B$3:$B$30=F4,$C$3:$C$30))}
```

例 2：要求计算 2014 年 5 月 1 日至 28 日之间有效工作日的日均销售额。可以运用如下公式：

```
=AVERAGEIF(C3:C30,">0")
```

该公式使用了 AVERAGEIF 函数直接计算 C3:C30 单元格引用区域中大于 0 的数值的平均数。当 AVERAGEIF 函数省略第三参数时，将使用第一参数同时作为条件判断与数值计算的区域。

211.2　多条件下的平均值计算

如果需要用多条件计算平均值时，可以使用 AVERAGEIFS 函数。

例：计算中旬有效工作日的平均销售额，可以使用以下公式：

```
=AVERAGEIFS(C3:C30,A3:A30,">=2014年5月11日",A3:A30,"<=2014年5月20日",C3:C30,">0")
```

该函数的第一参数 C3:C30 为用于计算平均值的单元格区域，第二参数 A3:A30 为包含关联条件的单元格区域，第三参数 "＞=2014 年 5 月 11 日" 为第二参数指定的关联条件；第四、五参数也是一组条件区域及其条件值，最多允许设置 127 组条件参数。

技巧 212　按指定条件计数

在数据处理工作中，根据条件进行数据统计是一项常见工作，而解决这类问题比较常用的是 COUNTIF 函数和 COUNTIFS 函数。

212.1　条件判断介绍

COUNTIF 函数和 COUNTIFS 函数可以统计满足一定条件的单元格个数，条件参数中可以使用比较运算符和通配符。COUNTIF 函数常用于单条件的统计，而 COUNTIFS 函数是 Excel 2007 版开始新增的函数，适合于多条件统计。

图 212-1 展示了 COUNTIF 函数常用的公式用法，其中 A 列是数据区，包含数值、文本、逻辑值、错误值、空值等各种数据情况。F 列显示了公式内容，E 列是这些公式的运算结果，而 D 列则显示了公式的作用和含义。

	数据	数据说明		计算要求	计算结果	公式	计算结果说明
2	8	数值型数字		大于A2单元格值的个数	3	=COUNTIF(A2:A24,">"&A2)	
3	-30	数值型数字		不等于"8"的个数	22	=COUNTIF(A2:A24,"<>8")	不包括A2单元格
4	50	数值型数字		等于"8"的个数	2	=COUNTIF(A2:A24,8)	A8单元格也包含在内
5	100	数值型数字		大于"8"的个数	3	=COUNTIF(A2:A24,">8")	
6	2009-6-8	日期		大于等于为"8"的个数	4	=COUNTIF(A2:A24,">=8")	
7	080	文本型数字		不等于"真空"的个数	22	=COUNTIF(A2:A24,"<>")	不包括A22单元格
8	008	文本型数字		所有"真空"单元格个数	1	=COUNTIF(A2:A24,"=")	仅A22单元格
9	23	文本型数字		空文本的个数	3	=COUNTIF(A2:A24,"")	A22、A23、A24单元格
10	=char(1)			所有文本，包括空格和空文本的个数	14	=COUNTIF(A2:A24,"*")	不包括A22单元格
11	*	单个双引号		以A14单元格内容为开头的文本个数	3	=COUNTIF(A2:A24,A14&"*")	A13、A14、A15单元格
12	""	一对双引号		包括"8"的文本个数	2	=COUNTIF(A2:A24,"*8*")	A7、A8单元格
13	AB	文本		以"A"开头的文本的个数	3	=COUNTIF(A2:A24,"a*")	不区别大小写，A13、A14、A15单元格
14	ABC	文本		以"A"开头的2个字符长度的文本的个数	1	=COUNTIF(A3:A33,"A?")	A13单元格
15	abCD	文本		第2个字符为"B"的文本的个数	3	=COUNTIF(A2:A24,"?B*")	不区别大小写，A13、A14、A15单元格
16	!	文本		2个字符长度的文本个数	3	=COUNTIF(A2:A24,"??")	A9、A12、A14单元格
17	FALSE	逻辑值		不等于单个双引号的文本个数	22	=COUNTIF(A2:A24,"<>"")	不包括A11单元格
18	TRUE	逻辑值		大于"<"符号的文本个数	6	=COUNTIF(A2:A24,">*")	不包括A16单元格
19	#N/A	错误值		逻辑值为"假"的个数	1	=COUNTIF(A2:A24,FALSE)	
20		多个空格		逻辑值为"真"的个数	1	=COUNTIF(A2:A24,TRUE)	
21		=" "		包含错误值"#N/A"的个数	1	=COUNTIF(A2:A24,#N/A)	
22		真空					
23							
24		=""					

图 212-1　COUNTIF 函数的各种条件判断示例

图 212-1 中的公式同样也适用于 COUNTIFS 函数，在仅有一个条件参数的情况下，两者的运算结果完全相同。

设置 COUNTIF 函数或 COUNTIFS 函数的条件参数时，需要注意以下一些情况。

（1）判断条件"<>"

这个条件参数表示不等于"真空"，"真空"表示单元格内没有任何数据，是真正的空单元格。设置这个判断条件可以用于非真空单元格的个数统计，例如如下公式：

```
=COUNTIF(A2:A24,"<>")
```

公式统计结果为 22，除了 A22 单元格以外，其他单元格均统计在内。这个公式等价于如下公式：

```
=COUNTA(A2:A24)
```

（2）判断条件">< "

这个条件参数仅表示统计大于"<"符号的文本，如下公式的计算结果为 6：

```
=COUNTIF(A2:A24,"><")
```

在函数使用中，应注意区分"<>"和"><"的区别，两者的形状相近但含义完全不同。

（3）判断条件"="

这个条件参数表示等于"真空"，可用于真正空单元格的个数统计，如以下公式的统计结果为 1：

```
=COUNTIF(A2:A24,"=")
```

（4）判断条件""

这个条件参数表示包含真空单元格及空文本，其中的"空文本"一般是指由公式计算得到的结果，例如，当 A2 单元格数值大于 3 时，下面的公式就会返回空文本的结果：

```
=IF(A2>3,"",A2)
```

在 COUNTIF 函数中使用以上条件判断的公式如下所示：

```
=COUNTIF(A2:A24,"")
```

以上这个公式的计算结果为 3，其中包含 A22 的真空单元格、A23 仅有一个单引号的单元格（单引号表示文本引导，其后续内容才是单元格数据内容）以及 A24 单元格由公式产生的空文本。

（5）判断条件"*"

这个条件参数代表所有文本，包括空格以及空文本，但不包含真空单元格，也不包含数值、逻辑值、错误值等数据单元格。以下公式的统计结果为 14：

```
=COUNTIF(A2:A24,"*")
```

（6）判断条件"<>"""

这个条件参数的含义并不代表"不等于空文本"，而仅仅只表示不等于单个双引号""，以下公式统计结果为 22，其中不包括 A11 单元格：

```
=COUNTIF(A2:A24,"<>""")
```

（7）统计非空文本单元格

如果需要统计全部非空文本，即不包括"真空"单元格和空文本单元格，一般情况下可以使用以下公式：

```
=COUNTIF(A2:A24,"?*")
```

这个条件参数表示统计所有单元格长度不为 0 的文本单元格，因此一般情况下可以用于统计非空文本单元格。

212.2　单字段多条件计数

图 212-2 所示数据表中有"工号"、"商品"和"销售量"共 3 列数据。

例：要求统计 C 列字段销售量大于等于 1000 且小于 1300 的记录个数。

	A	B	C
1	工号	商品	销售量
2	A0101	97号汽油	1,940.00
3	C0104	0号柴油	400.00
4	E0102	0号柴油	1,000.00
5	C0102	93号汽油	1,300.00
6	B0102	93号汽油	1,100.00
7	E0103	90号汽油	740.00
8	D0103	90号汽油	1,000.00
9	A0102	90号汽油	1,430.00
10	E0106	93号汽油	1,210.00

图 212-2　统计销售数据表

```
公式 1：=COUNTIFS(C2:C10,">=1000",C2:C10,"<1300")
公式 2：=COUNTIF(C2:C10,">=1000")-COUNTIF(C2:C10,">=1300")
公式 3：=SUM(COUNTIF(C2:C10,">="&{1000,1300})*{1,-1})
```

思路解析：

公式 1 使用 COUNTIFS 函数，其参数中每两个参数形成一组关联条件区域和条件表达式，最大可以包含 127 组条件；

公式 2 是通过两个条件分别统计再算差额；

公式 3 在 COUNTIF 函数中运用数组参数作为计数条件，然后与数组相乘取得求和运算中的正负符号，最后用 SUM 函数求和得到差额。

212.3　多字段多条件计数

例：根据上例数据，统计工号以 A 或 E 开头的员工的汽油销售笔数，可以使用如下公式：

```
=COUNTIFS(A2:A10,"A*",B2:B10,"*汽油")+COUNTIFS(A2:A10,"E*",B2:B10,"*汽油")
```

解决这一问题，可以直接使用 COUNTIFS 函数，分别统计工号以"A"开头的员工的"汽油"销售笔数及工号以"E"开头的员工的"汽油"销售笔数，相加即可得到计数值。

也可以使用以下公式进一步简化：

```
=SUM(COUNTIFS(A2:A10,{"A*","E*"},B2:B10,"*汽油"))
```

思路解析：

该公式运用 COUNTIFS 函数，对"工号"和"商品"两个字段进行多字段多条件计数，条件为模糊条件，需要运用通配符"*"代表任意字符，对于"工号"字段条件，运用了数组解决逻辑"或"的关系，计算结果为数组{2,2}，最后用 SUM 函数求和，得到满足条件的记录有 4 条。

技巧 213　认识 COUNTA 与 COUNTBLANK 函数

COUNTA 函数可以返回单元格区域非空单元格个数；COUNTBLANK 函数可以统计指定单元格区域中空白单元格的个数。下面举例介绍这两个函数。

213.1　检查数据填写的完整性

如图 213-1 所示固定资产清单中存在一些缺项，以下公式分别用 COUNTA 函数和 COUNTBLANK 函数进行计算，来确认固定资产清单是否填写完毕。

	A	B	C	D	E	F	G	H	I	J	K	L
1			固定资产清单								审核	
2	卡片号	设备名称	型号及规格	出厂年月	制造厂	数量	单位	原值	净值		运用 COUNTA 函数	运用 COUNTBLANK 函数
3	18950	金龙小客车	7人面包车		夏门金龙制造	1	辆	160,000	152,000		缺项	缺项
4	18952	空调机		2005	春兰空调	2	台	4,600	4,370		缺项	缺项
5	19296	绘图仪	FCCID1394C4714A		新加波惠普	1	台	49,990	47,491		缺项	缺项
6	20785	计算机	Acer Traveluate 613Txv	2004	宏基公司	1	台	22,200	21,090			
7	21272	集成电路测试仪	ICT33	2001		1	台	5,300	5,035		缺项	缺项
8	21311	打印机	EPSON	2003	EPSON	1	台	2,850	2,708			
9	21614	激光打印机	Hplaser Jet 5100LE	2003	惠普公司	1		8,600	8,170		缺项	缺项
10												

图 213-1　固定资产清单

公式 1：K3 单元格的公式使用 COUNTA 函数

```
=IF(COUNTA($A3:$I3)=COUNTA($A$2:$I$2),"","缺项")
```

该公式用 COUNTA 函数统计当前行中的字段填写个数，如果非空单元格个数与第二行中的标题个数相同，则返回空值（表示已填写完整），如果有缺项，则返回"缺项"。

公式 2：L3 单元格的公式使用 COUNTBLANK 函数

```
=IF(COUNTBLANK($A3:$I3),"缺项","")
```

该公式用 COUNTBLANK 函数统计当前行中是否存在空值。如果计算结果大于 0，即有空值，表示填写未完成，公式返回"缺项"；否则返回空文本。

本例运用了 COUNTA 和 COUNTBLANK 函数，从"内容是否完整"和"是否存在空值"两个不同的角度实现数据检查的功能，达到异曲同工的效果。

213.2　空与非空的判断

运用 COUNTA 和 COUNTBLANK 函数进行数据统计时，一定注意数据表中空值和非空值的判断。如图 213-2 所示，从表面上看，员工信息表中的性别字段均无内容，但实际上已被设置了 6 种真假空的情况。

	A	B	C	D	E	F	G	H
1	员工编号	员工姓名	年龄	性别	说明	运用COUNTA 函数	运用 COUNTBLANK 函数	运用 COUNT+COUNTIF
2	A0711	张三	20		<-- 真空	缺项	缺项	缺项
3	A0733	王五	32		<-- 空格			缺项
4	B1123	田七	22		<-- =""			缺项
5	B1234	赵四	42		<-- '		缺项	缺项
6	A2345	张大	22		<-- =""		缺项	缺项
7	A0910	李四	20		<--公式结果为空值		缺项	缺项
8	!AB00	刘六	39	女	填写完整			
9	B2340	刘六	40	女	填写完整			
10	ABCDE	刘六	50	男	填写完整			
11								

图 213-2　空与非空的统计

F2 单元格使用了 COUNTA 函数，公式如下：

```
=IF(COUNTA($A2:$D2)=4,"","缺项")
```

G2 单元格使用了 COUNTBLANK 函数，公式如下：

```
=IF(COUNTBLANK($A2:$D2),"缺项","")
```

两个公式的使用方法与例 1 相同，但计算结果有很大不同。

对"真空单元格"和"空格"的情况，两个公式的计算结果一致："真空单元格"是指单元格中不包含任何数据，与使用"清除内容"命令处理过的单元格效果完全一致；"空格"是单元格的数值或公式结果与使用键盘空格键输入的值相同。两个函数均将"真空单元格"单元格判断为空，对包括"空格"的单元格判断为非空。

而对于另一种由公式产生空文本""的假空单元格，COUNTA 函数在统计中对其视作非空，而 COUNTBLANK 函数则视其为空单元格加以统计，两者处理的结果正好相反。

（1）**COUNTA** 函数返回包括文本、假空单元格、逻辑值或错误值的结果，只有真空单元格不被计数，其参数可以是引用，也可以是内存数组。

（2）而 **COUNTBLANK** 函数则返回单元格区域中单元格为空单元格或公式计算结果为空文本的个数。其参数只能是单元格引用，不能是内存数组。

技巧 **214**　应用 SUMPRODUCT 函数计算

SUMPRODUCT 函数将给定的几组数组中数组间对应的元素相乘，并返回乘积之和。利用这一特性，可以用该函数进行多条件求和、计数以及其他相关的数值计算。

214.1　应用 SUMPRODUCT 函数进行多条件求和计算

图 214-1 所示左侧的"数据"工作表是某单位各加油站 2014 年 10 月前 6 天的销售明细，要求根据，该明细数据，按品种、站点对"金额"进行分类汇总，形成右侧的汇总表。

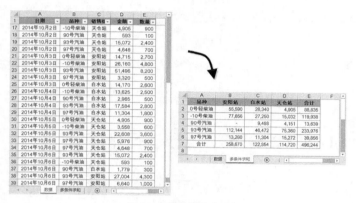

图 214-1　多条件求和

在 B2 单元格中输入以下公式，并将公式向右侧拖动，再向下拖动至 D6 单元格：

=SUMPRODUCT((数据!$B$2:$B$50=$A2)*(数据!$C$2:$C$50=B$1),数据!$D$2:$D$50)

思路分析：

（1）(数据!$B$2:$B$50=$A2)构成条件数组 1，用于判断"数据"工作表中的$B$2:$B$50 单元格引用是否为$A2 单元格给定的油品品种；(数据!$C$2:$C$50=B$1)构成条件数组 2，用于判断"数据"工作表中的$C$2:$C$50 单元格是否为 B$1 单元格给定的站点名称。两个数据条件相乘，数据均满足这两个条件时返回 1，如果有一个或一个以上条件不满足，则返回 0，计算结果如下：

{1;0;0;0;0;0;0;0;0;0;1;0;0;0;0;0;0;0;0;0;1;0;0;0;0;0;0;0;0;0;0;0;0;0;0;0;0;0;0;0;0;0;0;0;0;0;0;0;0}

（2）"数据!$D$2:$D$50"为目标计算字段"金额"所在的单元格区域引用，SUMPRODUCT 函数将两个条件数组乘积再与目标计算单元格区域进行数据相乘，并将乘积求和，计算结果为 55590。

=SUMPRODUCT({1;0;0;0;0;0;0;0;0;0;1;0;0;0;0;0;0;0;0;0;1;0;0;0;0;0;0;0;0;0;0;0;0;0;0;0;0;0;0;0;0;0;0;0;0;0;0;0;0},数据!$D$2:$D$50)

 注意

（1）用 SUMPRODUCT 函数进行多条件计算，要求条件单元格引用区域与目标计算字段单元格引用的数据区域大小相同。

（2）用 SUMPRODUCT 函数进行多条件求和计算，也可以使用如下公式：
=SUMPRODUCT((条件数组 1)*(条件数组 2)*……*(条件数组 n)*(求和数据区域))
即将多个"条件数组"与"求和数据区域"直接连乘。为了避免目标计算字段数据中存在空格或其他文本数据项造成计算出现#VALUE!的情况，推荐使用以下通用多条件求和公式：
=SUMPRODUCT((条件数组 1)*(条件数组 2)*……*(条件数组 n),(求和数据区域))

214.2　应用 SUMPRODUCT 函数进行多条件计数计算

例如，按图 214-1 所示左侧数据表，要求统计 0 号柴油单笔加油量在 2000 以上的笔数，具体公式如下：

```
=SUMPRODUCT((数据!B2:B50="0 号轻柴油")*(数据!E2:E50>=2000))
```

思路分析：

使用 SUMPRODUCT 函数计算时，只用多个条件数组相乘，得到的将是满足条件记录的个数，本例结果为 5。

214.3　应用 SUMPRODUCT 函数进行排序

SUMPRODUCT 函数还可以用于对数据进行排序，如图 214-2 所示，要求在 C 列中对 B 列的"经营总额"进行排序。

C2 单元格的公式如下，将公式向下拖动填充至 C7 单元格：

	A	B	C	D
1	日期	经营总额	排名	排名
2	2014年10月1日	151,157	1	1
3	2014年10月2日	96,965	3	3
4	2014年10月3日	109,861	2	2
5	2014年10月4日	45,478	5	5
6	2014年10月5日	37,047	6	6
7	2014年10月6日	55,736	4	4
8				

图 214-2　对经营总额排序

```
=SUMPRODUCT(($B2<$B$2:$B$7)*1)+1
```

思路分析：

用 B2 在 $B$2:$B$7 中进行比较，当 $B2<$B$2:$B$7 成立时，返回 TRUE，否则返回 FALSE。所以数组公式 =B2<$B$2:$B$7 返回一个由 TRUE 和 FALSE 构成的逻辑数组。把数组公式 =B2<$B$2:$B$7 构成的逻辑数组乘 1，得到一个由 0 和 1 构成的新数组。

SUMPRODUCT 再对由 0 和 1 构成的新数组求和，表示在数据区域 $B$2:$B$7 中比 B2 大的数据个数。所以，B2 在数据区域 $B$2:$B$7 内排列的位次应该是比 B2 大的数据个数加 1。

再将公式向下复制，则依次对 $B$2:$B$7 中每一个数据重复进行上述判断求和，从而排出数据区域中每一个数据的位次。如果区域中有相同的数，则计算结果也是相同的，因而排出来的位次也相同。

如果希望得到不重复位次的排序结果，则可以使用以下公式：

```
=SUMPRODUCT(($B2<$B$2:$B$7)*1)+COUNTIF($B$2:$B$3,$B2)
```

技巧 215　按指定条件求和

SUMIF 函数用于按给定条件对指定单元格求和，SUMIFS 函数用于对某一区域内满足多重条件的单元格求和，其语法分别如下：

```
SUMIF(range,criteria,sum_range)
```

```
SUMIFS(sum_range,criteria_range1,criteria1,criteria_range2,criteria2…)
```

其中，sum_range 表示求和的区域，criteria 表示条件，range 或 criteria_range 表示关联条件的单元格区域。

215.1 单字段多条件求和

在实际工作中，有时会需要根据考评等级和项目系数对某个对象进行综合评价。

例：图 215-1 所示为某石油公司对各加油站的月度考核情况表，每月按上、中、下三旬进行检查，月底综合考核，考核内容包括“规范化服务”、“任务完成”、“环境卫生”等 3 项，各项权重系数分别为 0.5、0.4、0.1，考核等级分为“优”、“良”、“中”、“差”4 个等级，对应的分值为 100、80、60、40 分，月底要求根据检查考核的结果计算出各油站的月综合得分，以此考核油站的当月工作情况。

评分表

日期	油站	任务完成	环境卫生	规范化服务
上旬	大宇站	中	中	优
上旬	铜宁站	优	良	良
上旬	远峰站	优	良	中
中旬	远峰站	差	优	优
中旬	大宇站	中	中	良
中旬	铜宁站	差	中	中
下旬	远峰站	良	优	差
下旬	大宇站	优	差	良
下旬	铜宁站	优	良	差

评分规则

等级	分值
优	100
良	80
中	60
差	40

系数表

项目	系数
任务完成	0.4
环境卫生	0.1
规范化服务	0.5

结果

油站	月综合得分
大宇站	234
铜宁站	208
远峰站	216

图 215-1　加油站月综合评价表

计算月综合得分，在 B15 单元格中输入如下数组公式，并填充至 B17 单元：

```
{=SUM((B$3:B$11=A15)*SUMIF(G$3:G$6,C$3:E$11,H$3:H$6)*TRANSPOSE(H$9:H$11))}
```

思路解析：

（1）转换等级为对应分值：利用 SUMIF 函数与 COUNTIF 函数类似“单字段多条件计数”的原理，使用 C3:E11 单元格的评分等级进行条件求和，转换为对应分值；计算结果为与 C3:E11 对应的 9 行 3 列的数组：

```
{60,60,100;100,80,80;100,80,60;40,100,100;60,60,80;40,60,60;80,100,40;100,40,80;100,80,40}
```

（2）计算评分项目系数：将 SUMIF 得到的评分分值乘以每个项目对应的系数，得到实际得分值。由于系数为 3 行 1 列，而 SUMIF 的结果为 3 列，因此使用 TRANSPOSE 函数进行转置。

（3）条件求和：将 SUMIF 与系数相乘的结果再乘以加油站名称判断，得到“大宇站”的考评分项的分值，计算结果如下：

```
{24,6,50;0,0,0;0,0,0;0,0,0;24,6,40;0,0,0;0,0,0;40,4,40;0,0,0}
```

最后用 SUM 函数求和，得到"大宇站"综合得分为 234。

215.2　多字段多条件求和

例如，在图 215-2 所示的数据表中，有"日期"、"工号"、"商品"和"销售量" 4 列数据，要求计算 7 月份工号以 G 或 P 开头的员工汽油的销售量。

数组公式如下：

```
{=SUM(SUMIFS(D2:D10,A2:A10,IF(MONTH(A2:A10)=7,A2:A1
0),B2:B10,{"G*","P*"},C2:C10,"*汽油"))}
```

	A	B	C	D
1	日期	工号	商品	销售量
2	2014年6月1日	S0103	90号汽油	1,000.00
3	2014年6月3日	G0101	97号汽油	1,940.00
4	2014年6月7日	B0102	93号汽油	1,100.00
5	2014年6月8日	T0102	0号柴油	1,000.00
6	2014年7月4日	T0102	93号汽油	1,210.00
7	2014年7月5日	P0101	0号柴油	400.00
8	2014年7月6日	P0101	93号汽油	1,300.00
9	2014年7月10日	T0102	90号汽油	740.00
10	2014年7月20日	G0101	90号汽油	1,430.00

图 215-2　统计销售数据表

思路解析：

该公式运用 SUMIFS 函数进行多字段多条件求和，其中日期条件使用 IF 函数，计算得到月份为"7 月"的一组数组条件，而"工号"和"商品"两个字段条件为模糊条件，需要运用通配符"*"代表任意字符，对于"工号"字段条件，运用了横向数组解决逻辑"或"的关系，最后用 SUM 函数求和，得到数组公式结果为 2730。

 注意！ SUMIFS 和 SUMIF 的参数顺序不同，SUMIFS 中将求和区域作为第一参数，而在 SUMIF 中则是第三参数。使用这两个函数时，请注意区分并确保参数的正确位置。

215.3　二维区域条件求和

SUMIF 函数除了可以在一维数据区域中进行条件求和外，还可以在二维数据表中进行条件求和。

图 251-3 是某超市方便面三个月的销售情况表，每个月数据由"工号"、"商品"和"销售量" 3 列数据组成，并多月并排展示。

	A	B	C	D	E	F	G	H	I	J
1	序号	4月			5月			6月		
2		工号	商品	销售量	工号	商品	销售量	工号	商品	销售量
3	1	A001	康师傅	110	A001	统一	100	A002	统一	190
4	2	B001	金麦郎	120	B001	金麦郎	110	B002	康师傅	200
5	3	A002	金麦郎	130	B002	统一	120	A001	金麦郎	210
6	4	B001	统一	140	B001	康师傅	130	B001	金麦郎	220
7	5	B002	统一	150	B002	福满多	140	B002	统一	230
8	6	A002	福满多	160	A002	康师傅	150	B001	康师傅	240
9	7	B003	福满多	170	A001	金麦郎	160	B002	福满多	250
10	8	A001	福满多	180	A002	福满多	170	A002	福满多	260
11	9	A002	统一	190	B003	福满多	180	A003	福满多	270

图 215-3　某超市方便面销售情况

要求 1：统计销售明细表中所有"康师傅"方便面的销售量合计，公式如下。

```
=SUMIF(C3:I11,"康师傅",D3:J11)
```

要求 2：统计销售明细表中所有工号为 A 开头的销售量合计，公式如下。

```
=SUMIF(B3:H11,"A*",D3:J11)
```

思路解析：

在条件区域中查找满足条件的值，如在 C3:I11 数据区域中查找值为"康师傅"的单元格，然后根据满足条件值，在第三参数所指定的目标区域中求和运算。

 注意　使用 SUMIF 函数进行二维区域条件求和时，要求条件区域与求和区域需要尺寸相同，且相对位置保持一一对应，这样才能得到正确结果，否则将不能得到正确结果。

例如，公式=SUMIF(A1:I11,"康师傅",B3:J11) 引用的条件区域和求和区域未能保持一一对应，就会得出错误的结果 930，具体计算过程分析如图 215-4 所示。

错误结果	条件区域	计算区域
930	A1:I11	B3:J11
	3行3列	130
	6行6列	150
计算过程分析	8行6列	170
	4行9列	220
	8行9列	260
	小计	930

图 215-4　错误结果分析

此外，在许多时候，求和区域可以简写为左上角单元格。

例如，1 公式可以简写为如下内容：

```
=SUMIF(C3:I11,"康师傅",D3)
```

2 公式可以简写为如下内容：

```
=SUMIF(B3:H11,"A*",D3)
```

 注意　虽然 SUMIF 函数不是"易失性函数"，但是当其第三参数使用简写方式时，由于求和区域不明确，触发编辑数据等操作时，都会引起公式的重新计算，产生与易失性函数相似的情况。因此，当数据量较大时，请谨慎使用第三参数的简写方式。

关于易失性函数的相关介绍，请参阅技巧 232。

215.4　多表数据多条件求和

SUMIF 函数和 SUMIFS 函数均支持函数产生的三维引用，利用这个特性可以进行多表多条件求和。

例：如图 215-5 所示，这是一个石油公司 2014 年 1～3 月各分公司油品销售清单，要求按分公司和品种汇总 3 个月中销售情况，并填入"汇总"工作表中。

图 215-5　多表多条件求和

在 B2 单元格中输入如下公式，并向右向下复制填充至 F7 单元格：

```
=SUM(SUMIFS(INDIRECT({1,2,3}&" 月 !e1:e100"),INDIRECT({1,2,3}&" 月 !a1:a100"),  $A2,INDIRECT
({1,2,3}&"月!c1:c100"),B$1))
```

在汇总工作表的 G2 单元格中输入公式，并向下填充到 G7 单元格：

```
=SUM(SUMIF(INDIRECT({1,2,3}&"月!A:A"),A2,INDIRECT({1,2,3}&"月!E:E")))
```

思路解析：

这两个公式求和区域、关联条件区域均使用了 INDIRECT 函数，产生对"1 月"、"2 月"、"3 月" 3 个工作表相应单元格区域的三维引用，再利用 SUMIF、SUMIFS 函数进行条件求和，得到内存数组，最后用 SUM 函数进行数组求和。

技巧 216　FREQUENCY 函数技巧二则

FREQUENCY 函数的作用是计算一组数据的频率分布。虽然这是一个专业统计函数，但随着对这个函数研究的深入，它在日常工作中的应用越来越广泛，其功能已远远超过了统计函数的范畴。

该函数的语法格式如下：

```
FREQUENCY(data_array,bins_array)
```

参数 data_array 为一数组或对一组数值的引用，用来计算频率。如果 data_array 中不包含任何数值，函数 FREQUENCY 返回零数组。

参数 bins_array 为间隔的数组或对间隔的引用，该间隔用于对 data_array 中的数值进行分组。如果 bins_array 中不包含任何数值，函数 FREQUENCY 返回 data_array 中元素的个数。

该函数特性如下：

（1）该函数的两个参数均支持数组和单元格区域的引用，当第二参数为二维数组或引用时，采用"先行后列"的方式进行统计。

（2）分段点若有重复，只在首次分段点统计数值出现的个数，其余分段点返回 0。

（3）函数会忽略文本、逻辑值和空单元格，只对数值进行统计。

216.1　分段统计学生成绩

在图 216-1 所示的工作表中，D2:D21 单元格区域为学生考试成绩，按规定低于 60 分为不及格、60~70 分为及格、70~80 分为中等、80~90 分为良好，90 分及以上为优秀，所有分段区间均包括下限，但不包括上限，如"良好"区段大于等于 80 分，但小于 90 分。

要求在 I2:I6 单元格区域中统计各分数段的人数。

序号	姓名	性别	成绩		标准	分值区间	分段区间	统计结果
1	白亮	男	80.5		不及格	[0,60)	60	2
2	曹娜	女	63		及格	[60,70)	70	3
3	陈建昕	男	90		中等	[70,80)	80	2
4	陈军莲	男	83		良好	[80,90)	90	7
5	程朱仁	男	90		优秀	[90,100]	100	6
6	邓存伟	男	80					
7	邓弘	女	91.5					
8	毛宏基	男	81					
9	邓继辉	男	55					
10	刘路军	男	70.5					
11	邓儒英	男	83					
12	邓素兰	女	68					
13	邓泽平	男	84					
14	董向梅	女	59.5					
15	杜学格	男	90					
16	方彦壮	男	88					
17	冯丽萍	女	100					
18	龚慧玲	女	93					
19	苟启文	男	76					
20	胡亚丽	女	69					

图 216-1　学生成绩分段统计表

根据规则，在 H2:H6 单元格区域设置各分数段的分段点，然后同时选中 I2:I6 单元格区域，输入多单元格数组，公式如下：

```
{=FREQUENCY($D$2:$D$21,$H$2:$H$5-0.001)}
```

FREQENCY 函数返回的元素个数会比 bins_array 参数中的元素个数多 1 个，多出来的元素表示超出最大间隔的数值个数。

此外，在按间隔统计时，FERQENCY 函数是按包括间隔上限，但不包括下限进行统计。

根据该函数的这些特征，设计公式时，需要在给出的间隔区间数据基础上进行必要修正，才能得出正确的结果：

（1）间隔区间要少取一个，取 H2:H5 数据区域，而不是表中显示的 H2:H6。

（2）在给出的间隔区间上限值的基础上减去一个较小的值 0.001，调整间隔区间上下限的开闭区间关系。

216.2　计算连续相同值的最多个数

在图 216-2 所示的 NBA 篮球赛连胜场次统计中，以下公式将返回比赛最长连胜（得 3 分）的场数。

图 216-2　NBA 篮球赛连胜场次统计

L3 单元格的公式如下：

`=MAX(FREQUENCY(IF(B3:K3=3,COLUMN(B3:K3)),IF(B3:K3<>3,COLUMN(B3:K3))))`

思路解析：

IF 公式分别为满足条件的数据赋值列号，其他赋值 FALSE，忽略掉逻辑值后，以列号用作间隔区间，对第一参数中的连续列号进行分段统计个数，最后通过 MAX 函数取得最大值 5。

技巧 217　RANK 函数排名技巧

在竞技比赛和成绩管理等统计分析工作中，对成绩进行排名是常见工作之一。针对这一类应用，Excel 专门提供了 RANK 函数来计算排名，以下举例说明。

217.1　使用 RANK 函数对学生成绩排名

图 217-1 所示是学生期末考试成绩表，以下公式将按总分分别进行班级内部排名和全年级排名。

图 217-1　学生期末考试成绩表

1. 班级内部排名

I3 单元格的公式如下：

```
=RANK($H3,$H$3:$H$7)
```

公式中的 $H3 是需要参与排名的总分数，$H$3:$H$7 是一班总分的数据区域，用 RANK 函数可以得到结果为 4，表示学生"邵华"的总分在本班的排名为第 4 名。

二班的排名也类似，只是排名数据调整为 $H$10:$H$15，I10 单元格的公式如下：

```
=RANK($H10,$H$10:$H$15)
```

2. 年级内排名

全年级成绩区域包括一班和二班两个数据区域，中间不连续。RANK 函数可以忽略引用区域中的非数值型参数，J3 单元的公式可以写为如下内容：

```
=RANK($H3,$H$3:$H$15)
```

RANK 函数第二参数的引用区域可以为单一数据区域，也可以是联合数据区域，因此 K3 单元格的公式也可以写为如下内容：

```
=RANK($H3,($H$3:$H$7,$H$10:$H$15))
```

引用区域 ($H$3:$H$7,$H$10:$H$15) 是一班和二班联合数据区域。经过 RANK 函数计算，得到结果为 9，表示学生"邵华"的总分在全年级的排名为第 9 名。

> **RANK** 函数重复数的排位相同，但重复数的存在将影响后续数值的排位。如一班学生"董军"和二班学生"刘军"总分均是 567 分，两人并列全年级第 3 名，因此全年级排名中没有第 4 名，下一位排名为第 5 名。
> 对于使用连续排名方式的中国式排名方法，请参阅技巧 246。

217.2 认识 RANK.EQ 函数

从 Excel 2010 版本开始，RANK 函数已被一个或多个新函数取代，包括 RANK.EQ 和 RANK.AVG 函数，它们可以提供更高的准确度，而且名称可以更好地反映其用途。而 RANK 函数被归为兼容函数，仍然提供这一函数，是为了保持与 Excel 早期版本的兼容性。

RANK.EQ 函数作为 RANK 函数的替代函数，使用方式与 RANK 函数完成相同。在图 217-2 所示的学生期末考试成绩排名中，J 列使用了 RANK.EQ 函数计算排名，与 I 列使用 RANK 函数计算的结果完成相同。

班级	姓名	语文	数学	英语	自然	社会	总分	用RANK函数排名	用RANK.EQ函数排名
二班	董明华	119	114	92	182	91	598	1	1
二班	黄宁	108	124	90	174	91	587	2	2
一班	董军	116	111	84	161	95	567	3	3
二班	倪浩	89	128	124	156	70	567	3	3
二班	刘军	116	116	80	165	90	567	3	3
二班	李晨	121	99	93	161	88	562	6	6
一班	王远	112	100	89	156	92	549	7	7
一班	李晓伟	106	70	80	152	88	496	8	8
一班	邵华	93	61	53	132	73	412	9	9
一班	吴天	80	59	63	100	61	363	10	10
二班	夏明	70	60	51	107	48	336	11	11

2014年一季期期末考试

图 217-2　用 RANK.EQ 函数为学生成绩排名

217.3　使用 RANK.AVG 函数排名

RANK.AVG 函数是 Excel 2010 版本开始新增的排位函数，该函数排位时考虑了使用关联排位修正系数修正排名的情况，在对多个相同数值的排位时返回其平均排位，而不是 RANK.EQ 函数中的最高排位。

RANK.AVG 函数的语法与 RANK.EQ 函数的语法类似。二者的共同特点如下：

（1）可以对数据进行升序或降序两种情况排名

（2）排名范围只能是单元格引用，不支持数组引用。

（3）支持联合单元格区域，如使用以下公式，可实现多表联合排名。：

```
=RANK.AVG(B2,Sheet1:Sheet3!B:B)
```

班级	姓名	语文	数学	英语	自然	社会	总分	用RANK函数排名	用RANK.EQ函数排名	使用关联修正系数排名	用RANK.AVG函数排名
二班	董明华	119	114	92	182	91	598	1	1	1	1
二班	黄宁	108	124	90	174	91	587	2	2	2	2
一班	董军	116	111	84	161	95	567	3	3	4	4
二班	倪浩	89	128	124	156	70	567	3	3	4	4
二班	刘军	116	116	80	165	90	567	3	3	4	4
二班	李晨	121	99	93	161	88	562	6	6	6	6
一班	王远	112	100	89	156	92	549	7	7	7	7
一班	李晓伟	106	70	80	152	88	496	8	8	8	8
一班	邵华	93	61	53	132	73	412	9	9	9	9
一班	吴天	80	59	63	100	61	363	10	10	10	10
二班	夏明	70	60	51	107	48	336	11	11	11	11

图 217-3　使用 RANK.AVG 函数排名

以图 217-3 为例，在 L3 单元格输入以下公式，向下复制填充至 L13 单元格。

```
=RANK.AVG($H3,$H$3:$H$13,)
```

H5:H7 单元格的三个单元格数值相同，均为 567，该公式返回排位顺序为第 3、4、5 三个排位的平均值，返回的结果为 4，排名按平均值并列，因此成绩排名中没有第 3 名和第 5 名，下一位的排名为第 6 名。

技巧 218　计算百分位排名

PERCENTRANK 函数用于返回特定数值在一个数据组中的百分比排位，利用该函数可以对目标数据按一定数量比例进行分级，如图 218-1 所示，要求按各公司营业额的大小排序，排名前 20% 的公司评定为 A 级单位。

公司名称	营业额	级别
汉蘚公司	199,310.97	A级单位
解店公司	82,947.49	
里望公司	177,252.13	A级单位
高村公司	137,039.82	
王显公司	119,964.65	
万泉公司	85,370.91	
南张公司	107,267.60	
荣河公司	232,468.54	A级单位
裴庄公司	168,119.56	
西村公司	105,620.44	
光华公司	101,959.22	
贾村公司	87,583.01	
通化公司	169,870.48	
皇甫公司	50,658.09	
合计	1,825,432.91	

图 218-1　按营业额为企业定级

在 C2 单元格中输入如下公式，并填充至 C15 单元格：

```
=IF(PERCENTRANK($B$2:$B$15,B2,2)>=0.8,"A级单位","")
```

该公式使用 PERCENTRANK 函数计算 B2 单元格的值在 B2:B15 单元格区域的数据组中的百分比排位，保留 2 位小数后的结果为 0.92（B2:B15 单元格区域中小于 B2 单元格值的个数有 12 个，大于 B2 单元格值的个数有 1 个，百分比排位计算过程为 12/(1+12)≈0.92），最后用 IF 函数判断大于或等于 0.8 时为“A 级单位”。

该公式还可以用以下数组公式替代：

```
{=IF(COUNTIFS($B$2:$B$15,"<"&B2)/SUM(COUNTIFS($B$2:$B$15,{">","<"}&B2))>=0.8,"A级单位","")}
```

技巧 219　剔除极值，计算平均得分

在统计工作中，常常需要将数据的最大值和最小值去掉之后再求平均值，就如竞技比赛中常用的评分规则“去掉一个最高分和一个最低分后取平均值为最后得分”。解决这类问题，用户可以使用 TRIMMEAN 函数。

图 219-1 所示是某学校唱歌比赛的评分表，由 8 位评委对 7 名选手分别打分，要求计算“去掉一个最高分和一个最低分”后的平均得分。

选手	1	2	3	4	5	6	7	8	最终得分
邵建军	**89.00**	94.00	95.00	**98.00**	95.00	96.00	94.00	93.00	94.50
陈晓乐	95.00	**98.00**	88.00	96.00	**87.00**	94.00	93.00	95.00	93.50
张宇晨	**96.00**	89.00	**85.00**	94.00	95.00	**96.00**	86.00	90.00	91.67
陈真	91.00	**85.00**	90.00	90.00	**98.00**	95.00	92.00	97.00	92.50
李浩	**86.00**	88.00	89.00	94.00	90.00	93.00	96.00	**97.00**	91.67
刘晓飞	**85.00**	86.00	89.00	**85.00**	94.00	91.00	**96.00**	**96.00**	90.17
董婷婷	97.00	92.00	92.00	**87.00**	93.00	92.00	**98.00**	97.00	93.83

图 219-1　唱歌比赛评分表

J2 单元格的公式如下：

```
=TRIMMEAN(B2:I2,2/COUNTA(B2:I2))
```

对于选手"邵建军"，评委 1 打了最低分 89，而评委 4 打了最高分 98，TRIMMEAN 函数剔除这两个极值分后，计算剩余的 6 个分值的平均值，最后得分为 94.50。

如果出现多个相同极值时，TRIMMEAN 函数只会按要求各剔除其中一个，然后计算平均值。如选手"刘晓飞"，TRIMMEAN 函数将剔除一个最小值 85 和一个最大值 96，然后计算平均值为 90.17。

技巧 220　　筛选和隐藏状态下的统计

图 220-1 所示的表格是一张已启用了自动筛选功能的产品销售明细表，如果需要在筛选和隐藏状态下进行相关统计，可以使用 SUBTOTAL 函数公式。

SUBTOTAL 函数可以返回列表或数据库中的分类汇总，包括求和、平均值、最大最小值等多种统计方式，其中第一参数的功能代码还分为包含隐藏值和忽略隐藏值两种类型，图 220-2 所示。

	A	B	C
1		产品销售明细表表	
2	姓名	A产品销售量	A产品销售额
3	张三	220	22000
4	李四	130	13000
5	刘八	260	26000
6	赵六	250	25000
7	王五	450	45000
8	李四	300	30000
9	王五	430	43000
10	马二	425	42500
11	王五	280	28000

图 220-1　产品销售明细表

	A Function_num （包含手工隐藏值）	B Function_num （忽略手工隐藏值）	C 函数
3	1	101	AVERAGE
4	2	102	COUNT
5	3	103	COUNTA
6	4	104	MAX
7	5	105	MIN
8	6	106	PRODUCT
9	7	107	STDEV
10	8	108	STDEVP
11	9	109	SUM
12	10	110	VAR
13	11	111	VARP

图 220-2　SUBTOTAL 函数功能参数具体含义

如果在筛选状态下选择了姓名为"王五"的记录，可以使用 SUBTOTAL 函数进行相关计算。

（1）计算销售总量，公式如下：

```
=SUBTOTAL(9,$B$3:$B$11)
=SUBTOTAL(109,$B$3:$B$11)
```

（2）计算平均销售额，公式如下：

```
=SUBTOTAL(1,$C$3:$C$11)
=SUBTOTAL(101,$C$3:$C$11)
```

（3）计算最大销售额，公式如下：

```
=SUBTOTAL(4,$C$3:$C$11)
=SUBTOTAL(104,$C$3:$C$11)
```

在筛选状态下，SUBTOTAL 函数功能代码使用包括隐藏和忽略隐藏两类功能代号，计算结果均相同如图 220-3 所示。

如果使用隐藏行功能，手动"隐藏"了姓名不是"王五"的记录，使用 SUBTOTAL 函数进行相关计算，计算结果如图 220-4 所示。

	A	B	C
1		产品销售明细表表	
2	姓名	A产品销售量	A产品销售额
7	王五	450	45000
9	王五	430	43000
11	王五	280	28000
13	计算项目	包括隐藏	忽略隐藏
14	销售总量	1160	1160
15	平均销售额	38667	38667
16	最大销售额	45000	45000
17			

图 220-3　筛选状态下的计算

	A	B	C
1		产品销售明细表表	
2	姓名	A产品销售量	A产品销售额
7	王五	450	45000
9	王五	430	43000
11	王五	280	28000
12			
13	计算项目	包括隐藏	忽略隐藏
14	销售总量	2745	1160
15	平均销售额	30500	38667
16	最大销售额	45000	45000
17			

图 220-4　隐藏状态下的计算结果

由此可以看出，SUBTOTAL 函数可以在筛选和隐藏行状态下统计当前显示的数据，可以不受隐藏的影响统计所有数据，也可以在隐藏或筛选状态下仅统计显示中的数据。

注意

（1）使用 **SUBTOTAL** 函数时，要注意根据是否存在隐藏记录正确选择函数的功能代号。

（2）对于筛选方式的隐藏，**SUBTOTAL** 函数只能统计显示中的数据，而对于手动隐藏行方式的隐藏，**SUBTOTAL** 函数可以通过设定功能代码，在统计全部数据和仅统计显示数据这两种方式间切换。

（3）**SUBTOTAL** 函数仅支持行方向上的隐藏统计，不支持隐藏列的统计。

技巧 **221**　众数的妙用

众数是指一组数值中出现频率最高（次数最多）的数值，Excel 提供了 MODE 函数实现这一统计，下面将介绍几个 MODE 函数的运用例子。

例 1：图 221-1 所示的是一张选手的评分表，用户可以运用 MODE 函数计算出每个选手得分频率最高的分值。

	A	B	C	D	E	F	G	H	I	J
1	参赛选手	美国	俄罗斯	日本	中国	法国	英国	加拿大	澳大利亚	频率最高分
2	选手A	7	7.5	7	7	8	8	7	7.5	7
3	选手B	6.5	6.5	7.5	7	6.5	7	7.5	6.5	6.5
4	选手C	9.5	9.5	8	8.5	9.5	8.5	8.5	8.5	8.5
5	选手D	8	9.5	8.5	9	8	9	9	7	9
6	选手E	6.5	9.5	7.5	8.5	9	8	8.5	8	8.5
7	选手F	7	7	8	9.5	8	8.5	8	9	8
8										

图 221-1　选手评分表

如计算各国评委对选手 A 打出的频率最高的分值，J2 单元格中的公式如下：

```
=MODE($B2:$I2)
```

例2：MODE 函数还可以在数值和字符混合的数据表中计算出现频率最高的值，如图221-2 所示。

图 221-2　在数值和字符混合的数据表中计算出现频率最高的值

计算出现频率最高值，D3 单元格的公式如下：

```
{=INDEX(A2:A21,MODE(MATCH(A2:A21,A2:A21,0)))}
```

MODE 函数只能对数值进行计算，要在数值和字符混合的数据表中计算出现频率最高的值，首先需要用 MATCH 函数，将数据表中的值全部转为数值：

```
{1;2;3;4;3;6;3;8;6;10;3;12;8;2;3;16;17;6;3;8}
```

计算结果表示每一个数据在整个数据表中出现的位次，再用 MODE 函数从中计算出频率最高的位次为 3，最后使用 INDEX 函数，在数据表中查找定位 3 的值为 "Excelhome"，得到出现频率最高的值是 "Excelhome"。

 　当数据表中的多个数字出现最高频率相同时，则 MODE 函数按照先列后行、从上到下的原则返回第 1 个出现频率最高的数值。

如果需要对数据列表中存在的空值等情况进行容错，公式可改为如下内容：

```
{=INDEX(A2:A21,MODE(MATCH(A2:A21&"",A2:A21&"",0)))}
```

如果空值不计算在有效数据以内，公式还可以修改为如下内容：

```
{=INDEX(A2:A21,MODE(IF(A2:A21<>"",MATCH(A2:A21,A2:A21,0))))}
```

技巧 222　用内插法计算油品实际体积

要计算加油站油罐这类圆柱形罐体的容积，是比较复杂的事情，通常做法是预先通过精确测量制作出油罐的罐容表，罐容表按升序方法标定出不同油高所对应的体积值，如图 222-1 所示。然后实际测量油罐中油品的高度，通过查表法可以计算出实际油品的体积。

罐容表一般都是以整数标定油品高所对应的体积，而实际测量的油高不是整数时，采用插值法计算出相应的油品体积。

如图 222-2 所示，E3 单元格给出的实际测量的油品油高值为 384mm，在罐容表中没有直接的对应值，就需要采用插值法进行计算，具体方法如下：

	A	B
1	油罐罐容表	
2	油高 mm	体积 L
3	290	822
4	300	865
5	310	907
6	320	950
7	330	992
8	340	1,036
9	350	1,080
10	360	1,125
11	370	1,169
12	380	1,214
13	390	1,261
14	400	1,308
15	410	1,356
16	420	1,404
17	430	1,452
18	440	1,501
19	450	1,550

油罐罐容表

图 222-1　油罐罐容表

	A	B	C	D	E
1	油罐罐容表				
2	油高 mm	体积 L			
3	290	822		实测油高	384
4	300	865		油品体积	1,232.8
5	310	907			
6	320	950			
7	330	992			
8	340	1,036			
9	350	1,080			
10	360	1,125			
11	370	1,169			
12	380	1,214			
13	390	1,261			
14	400	1,308			
15	410	1,356			
16	420	1,404			
17	430	1,452			
18	440	1,501			
19	450	1,550			

油罐罐容表

图 222-2　根据实际测量的油高计算油品体积

在 E4 单元格输入如下公式：

```
=TREND(SMALL(B3:B164,MATCH(E3,A3:A164)+{0,1}),SMALL(A3:A164,MATCH(E3,A3:A164)+{0,1}),E3,)
```

公式解析：

TREND 函数原本是用来返回线性趋势值，即根据已知数组返回直线上对应的值。TREND 函数的这一特性可以直接用于线性插值法的计算。

```
SMALL(B3:B164,MATCH(E3,A3:A164)+{0,1})
```

该部分公式使用 MATCH 等函数，根据实际测量的油高 384mm，在罐容表中模糊查找出该值所对应体积的上下临界区间值为{1214,1261}。

```
SMALL(A3:A164,MATCH(E3,A3:A164)+{0,1})
```

该部分公式是根据实际测量油高 384mm，在罐容表中模糊查找出油高的临界区间值为{380,390}。

最后使用 TREND 函数，根据给出的实际测量油高值 384mm，计算出相应的体积值为 1232.8 升。

第 17 章 财务金融函数

Excel 提供了丰富的财务函数,大致分为投资评价计算、折旧计算、债券相关计算等几类。这些函数可以将原本复杂的计算过程变得简单,为财务分析提供极大便利。本章重点介绍常用的财务函数及其应用方法。

技巧 223 固定利率下混合现金流的终值计算

在实际的投资评估计算中,经常会遇到不等额的混合现金流终值计算问题,下面介绍利用财务函数中的 FV 函数计算固定利率下混合现金流的终值方法。

如图 223-1 所示,某公司购买了一台设备,预计使用 5 年,第 1~5 年的使用费用分别为 1200 元、1600 元、2300 元、3100 元、4600 元,那么第 5 年末该设备按年 6% 复利计算的总使用费用为多少?

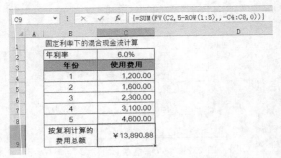

图 223-1 固定利率下的混合现金流终值计算

C9 单元格采用数组公式如下:

```
{=SUM(FV(C2,5-ROW(1:5),,-C4:C8,0))}
```

该公式使用 FV 函数逐年计算各年费用支出后至第 5 年末的复利终值,计算结果为 {1514.972352;1905.6256;2584.28;3286;4600},最后使用 SUM 求和,得到按复利计算的总费用为 13890.88。

FV 函数用于基于固定利率及等额分期付款方式返回某项投资的未来值。该函数有 5 个参数:

第 1 个参数为各期利率,本例假设为固定年利率 6%。

第 2 个参数为总投资期,即项目的付款期总数,该参数允许使用数组,本例中为由 5-row(1:5) 计算得到的数组 {4;3;2;1;0}。

第 3 个参数为各期所应支付的金额,其数值在整个年金期间保持不变,如果省略则必须包括第 4 个参数,利用该参数可以进行等值年金终值计算,本例中省略。

第 4 个参数为支出的现值,如果省略则假设其值为零,并且必须包括第 3 个参数,本例中为 C4:C8 单元格引用,表示 5 年中不同的费用支出额。

第 5 个参数为数字 0 或 1,用以指定各期的付款时间是在期初还是期末,如果省略则默认为 0。本例假设费用均为每年的期末支付,因此取 0 值。

技巧 224   变动利率下混合现金流的终值计算

FV 函数不仅可以用于固定利率下混合现金流的终值计算，也可以用于变动利率下多期混合现金流的终值计算。

仍以技巧 223 中的数据为例，如果 5 年的利率不是固定利率，而是随市场行情不断变化的变动利率，如图 224-1 所示。

B8 单元格采用的数组公式如下：

```
{=SUM(FV(C3:C7,5-ROW(1:5),,-B3:B7,0))}
```

图 224-1   变动利率下的混合现金流终值计算

该公式中 FV 函数的第 1 个参数利率引用了 C3:C7 单元格区域中的变动利率，最后用 SUM 函数求和，得到按复利计算的总费用为 13996.49。

技巧 225   固定资产投资的动态回收期计算

投资回收期是进行固定资产投资决策的重要依据之一，如果各期的现金流不相等，则需要计算出投资项目的动态回收期。

如图 225-1 所示，某公司贷款 180 万元购买一台设备，年利率为 7.2%，设备预计使用 8 年，设备投入使用后的 8 年内，预计可实现净现金流量分别为 20 万元、35 万元、50 万元、60 万元、80 万元、70 万元、60 万元、90 万元，要求计算需要多少年可以收回该设备投资款。

在预计使用的 8 年中，该设备所产生的净现金流量各不相同，因此需要使用 PV 函数计算

图 225-1   计算动态回收期

各年净现金流量的现值，再计算出各年现金流量现值的累计值，当现金流量净现值由负变为正数的年数，即为投资的回收期。

（1）定义名称 TPV，公式如下：

```
=MMULT(N(ROW($1:$8)>=COLUMN($A:$H)),PV($C$2,$B$4:$B$11,,-$C$4:$C$11,))+$C$3
```

该公式使用 PV 函数计算 1～8 年各年净现金流量的现值，再使用 MMULT 函数计算 1～8 年各年净现金流量的累计值，最后加上用负数反映的初始投资额，计算结果如下：

```
{-181.34328358209;-150.886890175986;-110.300011969557;-64.8669393504213;-8.35814256045094;37.76
61085507655;74.6458402494994;131.983731572158}
```

PV 函数用于计算投资的现值。现值为一系列未来付款当前值的累积和。该函数有 5 个参数：

第 1 个参数为各期利率，本例中取 C2 单元格中的 7.2%。

第 2 个参数为总投资期，本例中取 B4:B11 单元格区域的值，表示各年净现值流量对应的不同投资期。

第 3 个参数为各期所应支付的金额，其数值在整个年金期间保持不变，选用该参数将用于年金计算，如果忽略则必须包含第 4 个参数。本例中忽略了该参数的值。

第 4 个参数为未来值，或在最后一次支付后希望得到的现金余额，如果省略则假设其值为零，如果忽略则必须包含第 3 个参数。

第 5 个参数为数字 0 或 1，数字 1 表示各期的付款时间是在期初，数字 0 或省略表示在期末。

（2）在 C12 单元格输入如下数组公式：

```
=TREND(MATCH(,TPV)+{0,1},SMALL(TPV,MATCH(,TPV)+{0,1}),0)
```

该设备净现金流量现值累计数由负数转为正数的年数为 5 至 6 之间，具体公式说明如下：

```
MATCH(,TPV)
```

先用 MATCH 函数计算出净现金流量现值累计数中最后一个负数所在期数，计算结果为 5。

```
MATCH(,TPV)+{0,1}
```

再在计算结果基础上加上{0,1}，用来获得净现金流量现值累计数由负数转为正数的两期的期数 5、6。

```
SMALL(TPV,MATCH(,TPV)+{0,1})
```

该公式用于计算净现金流量现值累计数由负数转为正数的两期的累计现金流量值，计算结果为{-44.8669393504213,11.6418574395491}。

最后运用 TREND 函数，运用插值法直接计算出结果为 4.79，表示该设备的动态投资回收期为 4.79 年。

有关使用 TREND 函数进行插值法计算的详细内容，请参阅技巧 196。

技巧 226　现金流不定期条件下的决策分析

进行投资决策理论分析时，往往假设现金流量是定期发生在期初或期末，而实际工作中，现金流的发生往往是不定期，运用 XNPV 函数可以很方便地实现现金流不定期条件下的净现值和内部收益率的计算，从而满足投资决策分析的需要。

如图 226-1 所示，某公司贷款 350 万元购买一台设备，年利率为 7.2%，投资期后不同时期产生不等的净现金流量，要求根据条件计算出该项投资的净现值和内部收益率各是多少。

C13　=XNPV(C2,C4:C12,B4:B12)

	A	B	C	D
1				
2	年利率		7.2%	
3	说明	日期	金额	普通公式
4	设备投资（万元）	2010-1-10	-350	-350
5	产生的净现金流量（万元）	2010-1-28	30	29.90
6		2010-12-18	50	46.85
7		2011-2-19	75	69.43
8		2011-10-20	90	79.55
9		2012-3-19	80	68.71
10		2012-12-31	65	52.85
11		2013-3-10	50	40.13
12		2014-12-9	50	35.53
13	净现值		72.94	72.94
14				

图 226-1　现金流不定期条件下的净现值计算

226.1　计算净现值

计算现金流不定期条件下净现值的数学计算公式如下：

$$XNPV = \sum_{j=1}^{N} \frac{Pj}{(1+rate)^{\frac{(dj-d1)}{365}}}$$

该公式中：

dj = 第 j 个或最后一个支付日期。

$d1$ = 第 0 个支付日期。

Pj = 第 j 个或最后一个支付金额。

利用 Excel 计算现金流不定期条件下的净现值，需要使用 XNPV 函数，净现值计算公式如下：

```
=XNPV(C2,C4:C12,B4:B12)
```

该函数返回一组不定期发生的现金流的净现值，函数有 3 个参数：

第 1 个参数为现金流的贴现率，本例中取 C2 单元格中的 7.2%。

第 2 个参数为与第 3 个参数所表示的支付时间相对应的一系列现金流。首期支付是可选的，并与投资开始时的成本或支付有关。如果第一个值是成本或支付，则它必须是负值。所有后续支付都基于 365 天/年贴现。数值系列必须至少包含一个正数和一个负数。本例中为 C4:C12 单元格区域引用。

第 3 个参数表示与现金流支付相对应的支付日期表。第一个支付日期代表支付表的开始，其他日期应迟于该日期，但可按任何顺序排列，本例中为 B4:B12 单元格区域引用。

最后的 XNPV 函数计算结果为 72.94（万元）。

226.2　计算内部收益率

在投资评价中，经常采用的另一种方法是内部收益率法。利用 XIRR 函数可以很方便地实现现金流不定期条件下内部收益率的计算，从而满足投资决策分析的需要。

内部收益率，是指净现金流为 0 时的利率，计算现金流不定期条件下内部收益率的数学计算公式如下：

$$0 = \sum_{j=1}^{N} \frac{Pj}{(1+rate)^{\frac{(dj-d1)}{365}}}$$

该公式中：

dj = 第 j 个或最后一个支付日期。

$d1$ = 第 0 个支付日期。

$P_j = $ 第 j 个或最后一个支付金额。

现仍以此数据为例，如图 226-2 所示。

利用 Excel 计算现金流不定期条件下的净现金，需要使用 XIRR 函数，内部收益率计算公式如下：

```
=XIRR(C4:C12,B4:B12)
```

该函数返回一组不定期发生现金流的内部收益率，函数有 3 个参数：

第 1 个参数表示与第 2 个参数所表示的支付时间相对应的一系列现金流。首期支付是可选的，并与投资开始时的成本或支付有关。如果第一个值是成本或支付，则它必须是负值。所有后续支付都基于 365 天/年贴现。系列中必须包含至少一个正值和一个负值。本例中为 C4:C12 单元格引用。

第 2 个参数表示与现金流支出相对应的支付日期表。第一个支付日期代表支付表的开始，其他日期应迟于该日期，但可按任何顺序排列。应使用 DATE 函数输入日期，或者将函数作为其他公式或函数的结果输入。本例中为 B4:B12 单元格引用。

第 3 个参数为对函数 XIRR 计算结果的估计值，在多数情况下，不必为函数 XIRR 的计算提供 guess 值，如果省略则假定为 0.1（10%），本例中省略。

Excel 使用迭代法计算函数 XIRR。通过改变收益率（从第 3 个参数指定值开始）不断修正计算结果，直至其精度小于 0.000001%。如果函数 XIRR 运算 100 次仍未找到结果，则返回错误值 #NUM!。

最后，XIRR 函数的计算结果为 17.87%。

	C13			f_x	=XIRR(C4:C12,B4:B12)
	A		B		C
1					
2	年利率				7.2%
3	说明		日期		金额
4	设备投资（万元）		2010-1-10		-350
5			2010-1-28		30
6			2010-12-18		50
7			2011-2-19		75
8	产生的净现金流量		2011-10-20		90
9	（万元）		2012-3-19		80
10			2012-12-31		65
11			2013-3-10		50
12			2014-12-9		50
13	内部收益率				17.87%
14					

图 226-2　现金流不定期条件下的内部收益率计算

技巧 227　银行承兑汇票贴现利息的计算

银行承兑汇票贴现是申请人由于资金需要，将未到期的银行承兑汇票转让给贴现银行，银行按票面金额扣除贴现利息后，将余额付给持票人的一种融资行为。准确地计算出汇票贴现利息则这是这种融资行为的关键。

图 227-1 给出了一张需要贴现的银行承兑汇票基本信息，这张汇票于 2014 年 4 月 30 日出票，到期日为 2014 年 10 月 29 日，票面金额 600 万元，如果于 2014 年 5 月 6 日交由银行进行贴现，贴现银行给出的贴现年利率为 5.58%，现需要计算贴现利息是多少？贴现后实际获得的资金是多少？

计算贴现利息，可以使用 ACCRINTM 函数，具体计算如下：

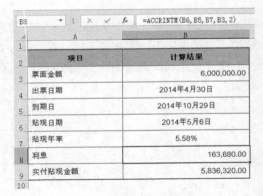

	B8		f_x	=ACCRINTM(B6,B5,B7,B3,2)
	A		B	
1				
2	项目		计算结果	
3	票面金额		6,000,000.00	
4	出票日期		2014年4月30日	
5	到期日		2014年10月29日	
6	贴现日期		2014年5月6日	
7	贴现年率		5.58%	
8	利息		163,680.00	
9	实付贴现金额		5,836,320.00	
10				

图 227-1　计算银行承兑汇票贴现利息

在 B8 单元格输入如下函数公式：

```
=ACCRINTM(B6,B5,B7,B3,2)
```

ACCRINTM 函数主要用于计算有价证券的应计利息。该函数的参数如下所示：

（1）第 1 个参数，为有价证券的发行日。本例中应该理解为汇票的实际贴现日，即 B6 单元格中的“2014 年 5 月 6 日”。

（2）第 2 个参数，为有价证券的到期日。本例中为 B5 单元格的“2014 年 10 月 29 日”。

（3）第 3 个参数，为有价证券的年息票利率。本例中为银行按资金市场价格给出的贴现年利率，即 B7 单元格中的值 5.58%。

（4）第 4 个参数，为证券的面值。本例中为 B3 单元格的值 6000000。

（5）第 5 个参数，为需要使用的日计数基准类型。按我国银行承兑汇票贴现日计算规定，贴现利率的转化是按“实际天数/360 天”来计算的，所以本例中使用了类型值“2”，最后计算的贴现利息为 163680 元。

用面票金额 6000000 元，扣除贴现利息 163680 元，该银行承兑汇票贴现后实际可以得到的资金为 5836320 元。

技巧 228　债券发行价格的计算

当债券发行的票面利率与资金市场的实际利率存在差异时，发行债券的价格就可能高于或低于面值，当票面利率大于市场利率时，应采取溢价发行，即采取高于面值的价格发行；反之，则应采取折价发行，即采取低于面值的价格发行。运用 Excel 的 PRICE 函数，可以很方便地计算出债券的发行价格。

例：如图 228-1 所示，某企业发行期限为 5 年，票面利率为 10%，面值 100 元的债券，单利计息，资金市场的利率为 8%，要求计算该债券的发行价格。具体计算如下：

在 B7 单元格输入如下公式：=PRICE(B2,B3,B4,B5,B6,1,3)，计算结果为该债券的发行格为 107.99 元。

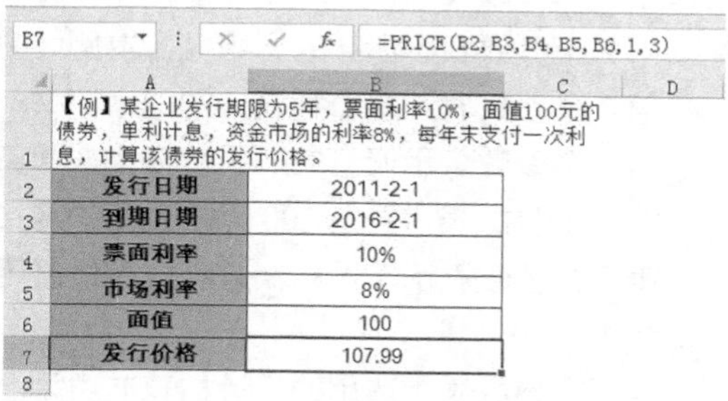
B7　=PRICE(B2,B3,B4,B5,B6,1,3)

	A	B
1	【例】某企业发行期限为5年，票面利率10%，面值100元的债券，单利计息，资金市场的利率8%，每年末支付一次利息，计算该债券的发行价格。	
2	发行日期	2011-2-1
3	到期日期	2016-2-1
4	票面利率	10%
5	市场利率	8%
6	面值	100
7	发行价格	107.99
8		

图 228-1　计算债券发行的价格

PRICE 函数是用来返回定期付息的面值为 100 的有价证券的价格。该函数的参数如下。

第 1 个参数为证券的结算日，即证券结算日是在发行日期之后，证券卖给购买者的日期。本例是计算债券的发行价格，因此结算日即为债券的发行日，为 2011 年 2 月 1 日。

第 2 个参数为证券的到期日，即证券有效期截止时的日期，本例为 2016 年 2 月 1 日。

第 3 个参数为证券的票面年利率，本例为 10%。

第 4 个参数为证券的实际年收益率，本例以资金市场的年收益率 8%作为实际收益率。

第 5 个参数为面值 100 的债券的清偿价值，本例为 100。

注意❗   PRICE 函数是以面值 100 元的债券为计算依据的，如果债券面值不是 100 元，例如有些企业债券是以 500 或 1000 元为面值的，计算时应先按 100 面值的债券计算其价格，再乘以面值相应的倍数，不能直接用 500 或 1000 作为第 5 个参数的值。

第 6 个参数表示年付息次数。如果按年支付，值为 1；按半年期支付，值为 2；如果按季支付，值为 4。

第 7 个参数表示选用的日计数基准类型。一般选用 3，表示按"实际天数/365"计算。

技巧 229　每年付息债券的持有收益率计算

如果在发行期之后购买债券，可以用 YIELD 函数方便地计算出购买债券的收益率是多少。

例：如图 229-1 所示，投资者于 2010 年 12 月 31 日以 102 元的价格购买了一张面值为 100 元的 5 年期债券，票面利率为 5%，到期日为 2015 年 6 月 1 日，每年支付一次利息，要求计算该投资者购买该债券持有至到期日的收益率。具体计算方法如下：

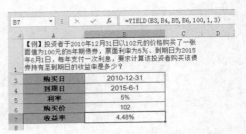

图 229-1　每年付息债券的持有收益率计算

在 B7 单元格输入公式：=YIELD(B3,B4,B5,B6,100,1,3)，得到计算结果为 4.48%。

YIELD 函数返回定期付息有价证券的收益率，有 7 个参数：

第 1 个参数表示债券的结算日，即购买日期，本例为 2010 年 12 月 31 日；

第 2 个参数表示债券的到期日，本例为 2015 年 6 月 1 日；

第 3 个参数表示票面利率，本例为 5%；

第 4 个参数表示债券的购买价格（按面值为 100 元计算），本例为 102；

第 5 个参数表示面值 100 元的债券的清偿价值，本例为常量 100；

第 6 个参数表示年付息次数，按年付息用 1 表示，按半年付息用 2 表示，按季付息用 4 表示，本例为 1；

第 7 个参数表示选用的日计数基准类型。一般选用 3，表示按"实际天数/365"计算。

技巧 230　折旧计算函数

我国现行固定资产折旧计算方法中，以价值为计算依据的常用折旧方法包括直线法、年数总和法和双倍余额递减法等。运用 Excel 2013 提供的财务函数，可以方便地解决这三种折旧方法的计算问题。

230.1 用直线法计算固定资产折旧

直线法又称平均年限法，是以固定资产的原值减去预计净残值后除以预计使用年限，计算每年折旧费用的折旧计算方法。

如图 230-1 所示，某设备的原值为 650000 元，残值率为 3%，使用年限为 10 年，要求按直线法计算该固定资产每年的折旧额。

在 B7 单元格输入以下公式，并将公式向下复制填充至 B17 单元格：

```
=IF(ROW(1:1)<=$B$4,SLN($B$2,$B$2*$B$3,$B$4),0)
```

该公式使用 SLN 函数计算直线法下的年折旧额，并用 IF 函数进行条件判断，使该计算模型适用于不同年限。

SLN 函数返回某项资产在一个期间中的线性折旧值，有 3 个参数：

第 1 个参数为资产原值，本例为 B2 单元格的 650000。

第 2 个参数为资产在折旧期末的价值，即资产残值，本例中为 $B$2*$B$3。

第 3 个参数为折旧期限，也称作资产预计使用寿命，本例中为 B4 单元格的 10。

最后计算结果为 63050。

图 230-1 用直线法计算固定资产折旧

230.2 用年数总和法计算固定资产折旧

年数总和法又称年限合计法，是快速折旧的一种方法，它将固定资产的原值减去预计净残值后的净额乘以一个逐年递减的分数，计算每年的折旧额，这个分数的分子代表固定资产尚可使用的年数，分母代表使用年限的逐年数字总和。

仍以 230.1 节数据为例，改用年数总和法计算固定资产折旧，如图 230-2 所示，计算方法如下：

在 B7 单元格输入以下公式，并将公式向下复制填充至 B17 单元格：

```
=IFERROR(SYD($B$2,$B$2*$B$3,$B$4,ROW(1:1)),)
```

该公式使用 SYD 函数计算各年的折旧额，并用 IFERROR 函数进行容错处理，使模型适用不同年限。

SYD 函数返回某项资产按年限总和折旧法计算的指定期间的折旧值，它有 4 个参数：

第 1 个参数为资产原值，本例中为 B2 单元格的 650000。

图 230-2 用年数总和法计算固定资产折旧

第 2 个参数为资产在折旧期末的价值，即资产残值，本例中为$B$2*$B$3。

第 3 个参数为折旧期限，也称作资产预计使用寿命，本例中为 B4 单元格中的 10。

第 4 个参数为期间，其单位要求与第 3 个参数相同，本例中为由 ROW 函数产生的动态序列数，表示第几年。

C7 单元格计算得到第 1 年折旧额为 114636.36 元。使用年数总和法计算的年折旧额随着使用年数逐年递减。

230.3　用双倍余额递减法计算固定资产折旧

双倍余额递减法，是在不考虑固定资产残值的情况下，根据每期期初固定资产账面净值和双倍的直线法折旧率计算固定资产折旧的一种加速折旧方法。使用双倍余额递减法时要注意，按我国会计实务操作要求，在最后两年计提折旧时，要将固定资产账面净值扣除预计净残值后的净值在两年内平均摊销。

仍以 230.1 的数据为例，改用双倍余额递减法计算固定资产折旧，如图 230-3 所示，计算方法如下。

	A	B
2	固定资产原值	650,000
3	残值率	3%
4	使用年限	10
6	年数	双倍余额递减法
7	第1年	130,000.00
8	第2年	104,000.00
9	第3年	83,200.00
10	第4年	66,560.00
11	第5年	53,248.00
12	第6年	42,598.40
13	第7年	34,078.72
14	第8年	27,262.98
15	第9年	44,775.95
16	第10年	44,775.95
17	第11年	0.00
18	期末残值	19,500.00
19	合计	650,000.00

图 230-3　用双倍余额递减法计算固定资产折旧

在 B7 单元格输入以下公式，并将公式向下复制填充至 B17 单元格：

```
=CHOOSE(SUM(N(ROW(1:1)>ABS($B$4-{2,0})))+1,DDB($B$2,$B$2*$B$3,$B$4,ROW(1:1),2),($B$2*(1-$B$3)-VDB($B$2,$B$2*$B$3,$B$4,,$B$4-2,2,1))/2,)
```

运用双倍余额递减法计算折旧，需要将折旧期限分为正常折旧期和折旧期限结束前最后 2 年两个部分进行。在正常折旧期内，折旧额按折余价值逐年递减，在最后 2 年，则需要按折余价值扣减残值后进行平均折旧。可用双倍余额递减法计算固定资产折旧的函数有 DDB 函数和 VDB 函数。

1. 计算正常折旧期内的逐年递减的折旧额

```
DDB($B$2,$B$2*$B$3,$B$4,ROW(1:1),2)
```

这部分公式使用 DDB 函数，在正常折旧期内，按双倍余额递减法计算逐年的折旧额。DDB 函数有 5 个参数。

第 1 个参数为资产原值，本例中为 B2 单元格中的 650000。

第 2 个参数为资产在折旧期末的价值，即资产残值，此值可以是 0，本例中为$B$2*$B$3，计算结果为 19500。

第 3 个参数为折旧期限，有时也称作资产的使用寿命，本例中为 B4 单元格中的 10。

第 4 个参数为需要计算折旧的期间，单位要求必须与第 3 个参数相同，本例中为 ROW 函数计算的表示使用年数的序列值。

第 5 个参数为余额递减速率，本例中使用了常量 2，如果假设折旧法为双倍余额递减法时，该参数可以省略。

第 1 年的折旧额为 130000，以后逐年递减。

2. 计算最后两年的平均折旧额

($B$2*(1-$B$3)-VDB($B$2,$B$2*$B$3,$B$4,,$B$4-2,2,1))/2

这部分公式用于计算折旧年限最后 2 年的平均折旧额，公式中使用 VDB 函数计算折旧期第 1 年至倒数第 3 年之间的累计折旧额，然后再用原值扣除残值后的价值减去该累计值，再除以 2，计算出最后两年的平均折旧额。

VDB 函数使用双倍余额递减法或其他指定的方法，返回指定的任何期间内（包括部分期间）的资产折旧值。

 该函数可以在折旧大于余额递减计算值时，选择是否转用直线折旧法。但此功能并不适用于我国通行的在最后两期才转为直线折旧的计算方法。

VDB 函数共有 7 个参数，以 B15 单元格第 9 年折旧额计算为例。

第 1 个参数为资产原值，B2 单元格引用，值为 650000。

第 2 个参数为资产在折旧期末的价值，即资产残值，此值可以是 0，本例中为$B$2*$B$3，计算值为 19500。

第 3 个参数为折旧期限，也称作资产的使用寿命，本例中为 B4 单元格中的 10。

第 4 个参数为进行折旧计算的起始期间，要求单位与第 3 个参数相同，如果省略为 0，表示从第 1 个折旧年度起开始。

第 5 个参数为进行折旧计算的截止期间，要求单位与第 3 个参数相同，本例要求计算倒数第 3 个年度的累计折旧，因此使用了公式$B$4-2，值为 8。

第 6 个参数为余额递减速率（折旧因子），本例中使用常量 2，该参数在假设为双倍余额递减法时可以省略。

第 7 个参数为一逻辑值，指定当折旧大于余额递减计算值时是否转用直线折旧法，如果为TRUE，即使折旧值大于余额递减计算值，也不转用直线折旧法，如果为 FALSE 或被忽略，则将转用直线折旧法。

3. 使用年限分期判断

```
SUM(N(ROW(1:1)>ABS($B$4-{2,0})))+1
```

这部分公式根据 ROW 函数产生行序列号与使用年限进行比较，产生出 1 或 2 或 3 的常量，用于 CHOOSE 进行判断选择。如果为 1，则使用 DDB 函数的公式返回正常折旧期内逐年递减的折旧额；如果是 2，则使用 VDB 函数的公式返回最后两年的年平均折旧额；如果是 3，则返回 0 值，用于容错。

　　直线法、年数总和法、双倍余额递减法三种折旧方法计算出的固定资产，每年的折旧额各不相同，后两种为加速折旧方法，年折旧额前期多后期少。三种折旧方法下的年折旧额的变化情况如图230-4 所示。

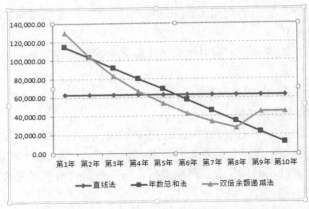

图 230-4　三种折旧方法下的年折旧额的变化情况

使用加速折旧法计算固定资产月度折旧时，通常是先按加速折旧方法计算出相应年度的折旧额，再在年度中分 12 个月平均分摊。

第五篇

高级公式技巧应用

本篇探讨 Excel 函数和公式的多种高级应用技巧，并且对如何通过学习提高函数与公式的综合运用能力进行了探讨。学习这些技巧，可以创建能够解决复杂问题的公式，使读者对 Excel 函数与公式的理解与应用达到一个新的高度。

第18章 函数公式高级技巧

本章将揭示更多关于函数公式的技术内幕。通过本章的学习，读者将了解公式的重算机制，并学会控制重算、处理公式的各类出错情况、排除和利用循环引用、查看和审核公式的运算过程以及使用名称来简化公式结构。

技巧 **231** 自动重算和手动重算

Excel 工作簿大部分工作在"自动重算"模式下，在这种运算模式下，无论是公式本身还是公式的引用源发生更改时，公式都会自动重新计算，得到新的结果。

但是，如果在工作簿中使用了大量公式，自动重算的特性就会使表格在编辑过程中大量公式的反复运算，进而引起系统资源紧张甚至造成程序长时间没有响应、死机等后果。

在 Excel 功能区上依次单击【文件】→【选项】，打开【Excel 选项】对话框，在左侧选择【公式】类别，然后在右侧勾选【手动重算】复选框，这样可以将 Excel 的计算模式设置为"手动重算"。如图 231-1 所示。

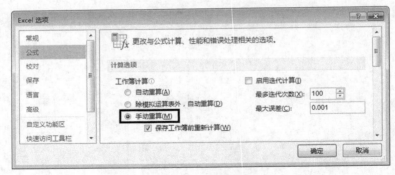

图 231-1　手动重算

选择手动重算模式后，更改公式内容或更新公式的引用内容，都不会立刻引起公式运算结果的变化，而是在需要更新公式运算结果的时候按<F9>功能键，这样就可以令当前打开的所有工作簿中的公式重算。如果仅希望当前活动工作表中的公式进行重算，可以按<Shift+F9>组合键。

 修改计算选项后，将影响到当前打开的所有工作簿以及以后打开的工作簿，因此应谨慎设置。

技巧 **232**　易失性函数

232.1　什么是易失性

有时候，用户打开一个工作簿后不做任何编辑就关闭，Excel 也会提示"是否保存对文件的更改？"这很有可能是因为该工作簿中用到了具有 Volatile 特性的函数，即"易失性函数"。

这种特性表现在：使用易失性函数后，即使没有更改公式的引用数据，而只是激活一个单元格，或者在一个单元格输入数据，甚至只是打开工作簿，具有易失性的函数都会自动重新计算。

232.2　具有易失性表现的函数

常见的易失性函数有返回随机数的 RAND 函数和 RANDBETWEEN 函数、返回当前日期的 TODAY 函数、返回当前时间的 NOW 函数、返回单元格信息的 CELL 函数和 INFO 函数以及返回引用的 OFFSET 函数和 INDIRECT 函数等。

此外，对于 SUMIF 函数与 INDEX 函数，实际应用中公式的引用区域填写不完整时，每当其他单元格被重新编辑，也会引发工作表重新计算。如：

```
=SUMIF(A2:A10,"钢笔",D2)
```

在上面的公式中，使用 SUMIF 函数进行条件求和，在常规使用中第 3 个参数应与第 1 个参数引用的单元格区域保持相同尺寸，例如 D2:D10，而这个公式采取了简写方式，只写了该区域的第 1 个单元格 D2。

这种公式书写方式虽然能正常统计运算，但由于第 3 个参数引用区域填写不完整，会在每次打开工作簿时引发重新运算。

又如：

```
=SUM(INDEX(D:D,2):INDEX(D:D,4))
```

这个公式对 D 列的第 2 行到第 4 行区域求和，采用 INDEX:INDEX 这种特殊结构实现对单元格区域的动态引用（此处引用的是 D2:D4 单元格区域，其中 INDEX 函数的参数可以是常量，也可以是变量）。这种用法也会表现出易失性。

易失性函数在许多编辑操作中都会发生自动重算，但以下情形除外：

（1）把工作簿设置为"手工重算"模式时（有关内容请参阅技巧 231）；

（2）手工设置列宽、行高时不会引发自动重算，但如果隐藏行或设置行高值为 0，则会引发重新计算；

（3）设置单元格格式或其他更改显示属性的设置时；

（4）激活单元格或编辑单元格内容但按<ESC>键取消。

232.3　易失性的利用与规避

在 Excel 2010 之前的版本中，利用易失性函数会自动重新计算的特性，可以解决一些宏表 4.0 函数不能随数据编辑自动更新的问题。例如，提取 A1 单元格内公式，可以用使用宏表 4.0 函数 GET.CELL 定义名称：

```
=GET.CELL(6,A1)&T(NOW())
```

在 Excel 2010 之前的早期版本中，使用这个宏表函数时不能随 A1 单元格的内容变化而自动更新结果，通过在这个公式中加入 NOW 函数，利用 NOW 函数的易失性，该名称返回的结果就可以随 A1 单元格中的数据编辑而自动变化了。

而在大多数情况下，易失性函数所引起的频繁重新计算会占用大量的系统资源，特别是在公式比较多的情况下，会在很大程度上影响运算速度，因此应当尽量规避这种情况。

规避的方法无外乎两个方面，一是尽量减少易失性函数的使用，采用类似功能的其他函数组合来替代，例如 INDIRECT 函数和 OFFSET 函数，有时候也可以用 INDEX 函数来替代。

二是在使用 SUMIF 函数和 INDEX 函数的时候，尽量把引用目标的地址写完整，不要采用简写方式。

如果公式的数量很多，而且易失性函数的使用也不可避免，为了提高运算效率，避免工作表在编辑过程中总是被不断刷新计算所打断，可以考虑临时将工作簿的运算模式切换到"手动重算"模式下，在需要显示最新的公式运算结果时再按<F9>功能键，触发重新计算。

技巧 233　循环引用和迭代计算

通常情况下，如果在某单元格中输入的公式中包含对其他单元格取值或运算结果的引用，无论是直接还是间接，都不能包含对其自身取值的引用，否则因为数据的引用源头和数据的运算结果发生重叠，会陷入一种运算逻辑上的死循环，产生"循环引用"错误。

例如，假定 B1 单元格中包含如下公式：

```
=C1+2
```

如果此时在 C1 单元格中输入如下公式：

```
=B1*5
```

就会产生循环引用错误，Excel 会弹出图 233-1 所示的错误告警窗口。

图 233-1　循环引用错误

需要说明的是，如果公式计算过程中与自身单元格的值无关，仅与自身单元格的行号、列标或者文件路径等属性有关，则不会产生循环引用。例如，在 A1 单元格中输入以下公式，都不会出现循环引用警告：

```
=ROW(A1)
=COLUMN(A1)
```

虽然一般情况下需要避免公式中出现循环引用，但在某些特殊的情况下，也许需要把前一次运算的结果作为后一次运算的参数代入，反复地进行"迭代"运算。在这种需求环境下，可以在图233-2 所示的公式选项中勾选【启用迭代计算】复选框，这样就可以在避免 Excel 提示循环引用错误的同时在公式中引用自身进行迭代计算。

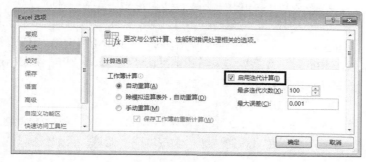

图 233-2　迭代计算选项

需要注意的是，即使启用了迭代计算模式，Excel 依然不可能无休止地永远运行在循环运算中，需要为其设定中止运算、跳出循环的条件。这个中止条件可以在公式中设定，也可以通过设定"最大迭代次数"或"最大误差"来限定。当公式重复运算的次数达到最大迭代次数，或者相邻两次运算的变化小于最大误差值，都会让循环运算中止。

 Excel 2013 支持的最大迭代次数为 32 767 次。

233.1　For…Next 循环

For…Next 循环是编程语言中很常见的一种循环结构，它的主要特点是事先约定循环的次数，并通过一个记录循环次数的计数器来控制循环的起止。使用 Excel 公式进行迭代运算的应用中，也可以构造这种方式的循环运算。

例 1：提取混合代码中的数字部分。

图 233-3 中的 A2 单元格包含了一串代码，其中包含字母数字以及汉字字符，现在需要在 B2 单元格中单独提取出这个字符串中所包含的数字部分，剔除其他字符。

图 233-3　提取代码中的数字部分

有一个思路可以实现这样的提取：

以 A2 单元格字符串中的字符个数（即字符串长度）为循环限定次数，每次循环都从字符串中提取出一个位置上的字符进行判断，如果是数字，则留下这个字符，并且与之前的提取结果相连接，否则保持原有的提取结果不变。

根据上述思路来设计循环公式，步骤如下：

Step ① 在 C2 单元格中设定循环计数器，输入如下公式：

`=C2+1`

C2 单元格的初始取值为 0，每执行一次迭代计算，都会在原有基础上累加数字 1。

Step ② 在 B2 单元格中输入如下公式：

`=IF(C2=0,"",IF(C2<=LEN(A2),IF(ISNUMBER(-MID(A2,C2,1)),`
`B2&MID(A2,C2,1),B2),B2))`

该公式包含以下几部分含义：

① IF(ISNUMBER(-MID(A2,C2,1)),B2&MID(A2,C2,1),B2)

以 C2 单元格中的计数器取值作为 A2 单元格字符串的字符提取位置，每次提取一个字符进行判断，如果是数字（ISNUMBER 函数），则将 B2 单元格中的前一个运算结果与此字符相连接（&符号用于字符串连接），否则保留 B2 单元格原有结果不变。

② IF(C2<=LEN(A2),…,B2)

限定循环的次数为 A2 单元格中字符串的长度，当 C2 单元格计数器的值小于等于字符串长度时，执行字符提取的运算，否则保持 B2 单元格的运算结果不变。

③ IF(C2=0,"",…)

设定 B2 单元格的初始状态，当 C2 单元格计数器处于初始状态时，B2 单元格为空文本。

上述两个步骤就完成了一个 For...Next 循环的构造，其中 C2 单元格就是循环次数计数，B2 单元格中设定了初始状态、循环体，并且根据 A2 单元格中的字符串长度定义了循环体的执行次数。

Step ③ 打开【Excel 选项】对话框，勾选图 233-2 中的【启用迭代计算】复选框，并设定【最多迭代次数】为 100，单击【确定】关闭对话框以后，就可以开始公式运算。

运算结果如图 233-4 所示：

	A	B	C
1	源数据	提取数字	计数器
2	编号47261ADG6512	472616512	100

图 233-4　公式运算结果

上述整个迭代计算的算法如图 233-5 所示。

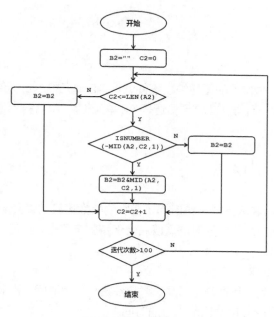

图 233-5　算法流程图

233.2　Do…While 循环

　　Do…While（或 Do…Until）循环是编程语言中的另一种循环结构，它的主要特点是事先约定一个变量的目标值，满足/达到/超出这个目标值时中止循环。同时，这个变量的取值往往会随着循环过程不断发生变化，但最终会与预先设定的目标值产生交集，否则就将陷入无休止的死循环。

　　使用 Excel 公式进行迭代运算的应用中，也可以构造这种方式的循环运算。

　　例 2：计算投资回报时间。

　　有一个投资项目，以 100 万元为起始单位，每年的投资收益为 3.4%～4.7%，除此之外，每年还可以追加投资 10 万元，与前期投资本金及收益一起计入第二年的投资本金。现在想要知道，假定每年固定追加投资 10 万元的情况下，至少要多少年以后可以让投资及收益总额达到 200 万元？

　　思路解析：求解至少需要多少年实现目标，可以采用收益率中的上限 4.7% 为依据，计算每年的投资收益。第一年结束时，投资收益为 100 万元 ×0.047，加上 100 万元的投资本金以及 10 万元的追加投资，一起计入下一年的投入，并以此往复多年，直到投资及收益总额度达到 200 万元时中止。

Step ①	在 B2 单元格中输入如下公式，作为投资年份的计数： =IF(A2>=200,B2,B2+1)
Step ②	在 A2 单元格中输入如下总金额公式： =IF(B2=0,100,IF(A2<200,A2*0.047+A2+10,A2))
Step ③	打开【Excel 选项】对话框，勾选图 233-2 中的【启用迭代计算】复选框，并设定【最多迭代次数】为 100，单击【确定】按钮，关闭对话框以后就可以开始公式运算。 运算结果如图 233-6 所示，表示投资 7 年以后总金额可以超过 200 万元。

	A	B
1	总金额	年数
2	218.6003775	7

图 233-6　计算结果

在以上例子中，Do…While 的循环终止条件就是 A2 单元格的目标值 200，当 A2 单元格的运算结果超过这个目标时，无论是 B2 单元格还是 A2 单元格，都将保持原有结果不再变化。

233.3　记录操作时间

使用 NOW 函数可以获取当前系统时间，但它的函数运算结果会随着时间的推移自动发生更新。如果希望在某个时刻记录下来的时间点以后就保持固定不变，实现类似日志的效果，可以借助迭代计算功能实现。

例 3：可以显示时间的来电记录

制作一份来电记录，其中包括来电号码、客户姓名和来电时间，要求表格的使用者只要输入客户姓名和来电号码，以后就会自动记录当时的时间。

这个表格可以考虑这样设计：A 列、B 列、C 列分别用于输入序号、电话号码和客户姓名，在 D 列用公式自动记录创建时间，在 D2 单元格中输入以下公式，并向下复制填充：

```
=IF((B2="")+(C2=""),"",IF(D2<>"",D2,NOW()))
```

以上公式有两个判断层次，首先，如果 B2 单元格中的电话号码为空或 C2 单元格中的客户姓名为空，它的返回结果也是空文本。其次，如果 D2 单元格中已经有之前记录下来的时间（D2 单元格不为空），那就保持 D2 单元格的结果不变，否则用 NOW 函数取得当前系统时间。

上述过程完成以后，打开【Excel 选项】对话框，勾选图 233-2 中的【启用迭代计算】复选框，并设定【最多迭代次数】为 100，单击【确定】按钮，关闭对话框，以后这个表格就可以正常工作了。

运行结果如图 233-7 所示：

	A	B	C	D
1	序号	电话号码	客户姓名	来电时间
2	1	13905712216	赵云	2014/7/3 23:16
3	2	13626314518	何启	2014/7/3 23:17
4	3	13315289912	金坚	2014/7/3 23:21
5	4			
6	5			
7	6			
8	7			
9	8			

图 233-7　自动记录时间

技巧 234　公式的查错

234.1　公式常见错误类型

使用 Excel 公式计算时，可能会因为某种原因而无法得到正确结果，返回一个错误值。常见的 8 种错误值如下：

◆　#####

当列宽不够显示数字，或者使用了负的日期或负的时间时，会出现此错误。例如如下公式：

```
=DATE(1900,4,6)-100
```

1900 年 4 月 6 日的日期值为 97，减 100 以后会出现负值，就会出现此错误。

◆　#VALUE!

当使用的参数或操作数类型错误时，会出现此错误。例如如下公式：

```
=SUM("Excel")
```

对文本字符串进行求和运算，就会产生这样的错误。

◆　#DIV/0!

当数字被零(0)除时，会出现此错误。例如如下公式：

```
=SUM(A1:A5)/COUNT(A1:A5)
```

这个公式原本可以计算 A1:A5 单元格区域的数值平均值，但当这个区域中不存在任何一个数值时，COUNT 函数的返回结果为 0，整个公式就会出现#DIV/0!错误。

◆　#NAME?

当 Excel 未识别公式中的字符串时，如未加载宏、定义名称或拼写出错的函数名，出现此错误。例如如下公式：

```
=LEFT(Excel,3)
```

希望在公式中使用文本字符串参数，但是没有在字符串两边添加半角双引号，Excel 就无法识别这个文本，显示此错误值。正确做法如下：

```
=LEFT("Excel",3)
```

◆　#N/A

当数值对函数或公式不可用，或数组公式中使用的参数的行数或列数与包含数组公式的区域的行数或列数不一致时，会出现此错误。例如如下公式：

```
=MATCH(3,{2,5,8,9},0)
```

使用 MATCH 函数在数组中进行精确查找，但目标数组中并不包含所要查找的数值 3，就会返回此错误值。

◆　#REF!

当单元格引用无效时，出现此错误。例如如下公式：

```
=OFFSET(A1,-1,2)
```

公式中的 OFFSET 函数引用 A1 单元格偏移位置的某个单元格，行偏移参数-1，表示向上偏移 1 行，而 A1 单元格已经是表格中的最顶行，不存在更上的一行，因此这个单元格引用无效，会出现这个错误值。

◆　#NUM!

公式或函数中使用无效数字值时，出现错误。

```
=DATEDIF("2014-4-5","2014-3-4","m")
```

DATEDIF 函数要求第一参数的日期值（起始日期）要小于第二参数的日期值（结束日期），在这个公式中使用了错误的日期值，因此会出现#NUM!错误。

◆　#NULL!

使用交叉运算符（空格）来进行单元格引用，但引用的两个区域并不存在实际的交叠区域，出现此错误。例如如下公式：

```
=SUM(A:A B:B)
```

A 列与 B 列并不存在交叠的共同区域，因此会出现此错误。

234.2　错误自动检查

当单元格中的公式显示为错误值时，单元格左上角会显示绿色三角箭头的错误标记，选中此单元格，单元格左侧会显示包含感叹号图案的“错误指示按钮”，单击此按钮，会出现如图 234-1 所示的错误提示信息。

弹出的下拉菜单包括错误的类型、关于此错误的帮助链接、显示计算步骤、忽略错误以及在公式编辑栏中编辑等选项，用户可以方便地选择下一步操作。

在下拉菜单中选择【错误检查选项】命令，可以打开【Excel 选项】对话框，在其中可以通过选项设置是否开启错误检查功能，并对检查的错误类型规则进行定义，如图 234-2 所示。

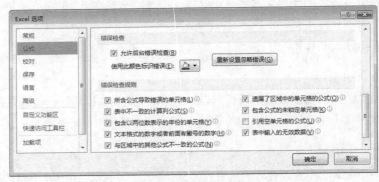

图 234-1　错误指示器　　　　　　　图 234-2　错误检查规则选项

除了检查和公式有关的错误以外，错误检查功能还能对单元格数据中的一些其他问题进行检测。例如，勾选了【文本格式的数字或者前面有撇号的数字】的复选框，就可以对单元格中的文本型数字实现自动识别。

提示　有关文本型数字的问题，可参阅技巧 155。

技巧 235　公式的审核和监控

235.1　错误检查

如果关闭了自动检查功能，还可以使用公式审核工具手动检查公式错误。

在功能区【公式】选项卡的【公式审核】中单击【错误检查】按钮，如图 235-1 所示，就可以手动开启当前工作表的错误检查。

单击【错误检查】按钮，如果当前工作表中包含错误，Excel 就会根据错误所在单元格的行列顺序依次定位到每一个错误单元格，同时显示图 235-2 所示的【错误检查】对话框。

图 235-1　公式审核工具

图 235-2　错误检查信息

【错误检查】对话框中所显示的信息包括错误的单元格及其公式、错误的类型、关于此错误的帮助链接、显示计算步骤、忽略错误以及在公式编辑栏中编辑等选项，用户可以方便地选择下一步操作，也可以继续定位到下一个错误位置。

235.2　审核和监控

除了错误检查以外，【公式审核】工具中还包括追踪引用、从属单元格、切换显示公式、公式分步求值及监视窗口等功能。

使用【追踪引用单元格】和【追踪从属单元格】命令时，将在公式与其引用或从属的单元格之间用追踪箭头连接，方便用户看清楚公式与单元格之间的关系。如图 235-3 所示：

一般情况下，追踪箭头显示为蓝色，但如果单元格中包含循环引用错误，追踪箭头就会变为红色。检查完毕后，可单击【移去箭头】命令，以恢复正常视图。

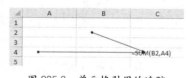

图 235-3　单元格引用的追踪

当用户关注的数据分布在一个工作簿的不同工作表或一个大型工作表中的不同位置时，一次次地切换工作表或反复滚动定位去查看这些数据，是比较麻烦的事。利用【监视窗口】功能，可以把所关注的单元格添加到一个小窗口中，随时查看这些单元格的值、公式等变动情况，就像在监控室内查看各个楼道摄像头反馈的信息一样方便。具体操作方法如下：

Step ①	单击【公式】选项卡中的【监视窗口】按钮。
Step ②	在弹出的【监视窗口】对话框中单击【添加监视】命令。
Step ③	在弹出的【添加监视点】对话框编辑栏输入需要监视的单元格或名称，或者直接单击目标单元格，并单击【添加】按钮，结束操作。 如图 235-4 所示：

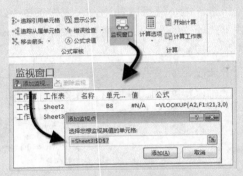

图 235-4　添加监视

添加到【监视窗口】中的单元格，其中会显示所属的工作簿、工作表、名称、单元格、值以及公式等状况，并保持实时更新。监视窗口中可以添加和显示多个目标，但每个单元格只可以添加一次。

【监视窗口】对话框还可以拖曳至工作区的边界上，形成固定的侧边栏或底边栏。

注意！　　有关【公式审核】中【公式求值】功能的详细介绍，请参阅技巧236。

技巧 236　分步查看公式结果

如果公式返回错误值，或运算结果与预期不相符合，可以在公式内部根据公式的运算顺序分步查看运算过程，以此来检查问题到底出在哪个环节上。对于包含多个函数嵌套、数组公式等比较复杂的公式，这种分步查看方式对于理解和验证公式都会很有帮助。

236.1　使用公式审核工具分步求值

在某工作表的 B2 单元格中包含以下公式：

```
=RIGHT(A2,LEN(A2)-FIND("●",A2))
```

选中 B2 单元格，单击【公式】选项卡中的【公式求值】按钮，将弹出【公式求值】对话框。如图 236-1 所示：

【公式求值】对话框的文本框内显示了当前单元格中包含的公式内容，并且根据运算顺序，会在公式当前所要进行运算的部分内容下面标记下划线。单击【求值】按钮，将依次显示各个步骤的求值计算结果，如图 236-2 所示：

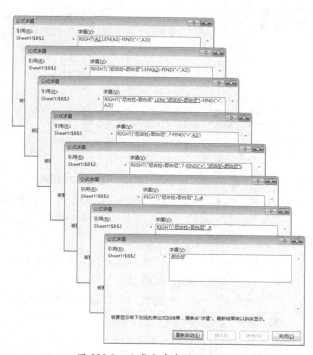

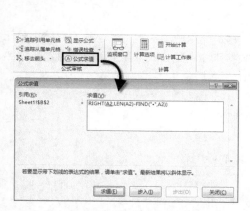

图 236-1　公式求值

图 236-2　公式分步求值的结果显示

从图 236-2 中可以看到整个公式各部分的求解运算过程，由此可以轻松地理解该公式的作用是获取当前工作表的名称。

 对多单元格数组公式使用【公式求值】时，【公式求值】对话框可能无法正确显示选定单元格的计算结果。

236.2　用 F9 键查看公式运算结果

除了使用【公式求值】工具，也可以使用<F9>功能键，在公式中直接查看运算结果。

通常情况下，<F9>功能键可用于让工作簿中的公式重新计算，除此以外，如果在单元格或编辑栏的公式编辑状态中使用<F9>功能键，还可以让公式或公式中的部分代码直接转换成运算结果。

如图 236-3 所示，在编辑栏里选中公式中的 "FIND(")",

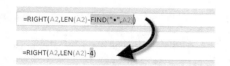

图 236-3　选中部分代码按<F9>键

CELL("filename"))"部分，按下<F9>功能键，即可在编辑栏显示该部分的计算结果。

在公式中选择需要运算的对象时，注意需要包含一个完整的运算对象代码，比如选择一个函数时，必须选定整个函数名称、左圆括号、参数和右圆括号。

按<F9>功能键之后，实质上是将公式代码转换为运算结果，此时如果确认编辑，就将以这个运算结果代替原有内容。如果仅仅只是希望查看部分公式结果而不想改变原公式，可以按<ESC>键取消转换。

如果不小心按了<Enter>键，还可以在【快速访问工具栏】上单击【撤销】按钮，或者按<Ctrl+Z>组合键取消。

技巧 237　名称的奥秘

Excel 中的名称（Names）是一类比较特殊的公式，它是由用户预先定义，但并不存储在单元格中的公式。名称与普通公式的主要区别在于：名称是被特别命名的公式，并且可以通过这个命名来调用这个公式。名称不仅仅可以通过模块化的调用使得公式更简洁，它在数据有效性、条件格式、图表等应用上也都具有广泛的用途。

从产生方式和用途上来说，名称可以分为以下几种类型：

◆　单元格或区域的直接引用

直接引用某个单元格区域，方便在公式中对这个区域的调用。

例如创建如下名称：

```
订单=$A$1:$D$20
```

要在公式中统计这个区域中的数字单元格个数，就可以使用如下公式：

```
=COUNT(订单)
```

这样不仅可以方便公式对某个单元格区域的反复调用，也可以提高公式的可读性。

需要注意的是，在名称中对单元格区域的引用同样遵循相对引用和绝对引用的原则。如果在名称中使用相对引用的书写方式，则实际引用区域会与创建名称时所选中的单元格相关联，产生相对引用关系。当在不同单元格调用此名称时，实际引用区域会发生变化。

例如，在选中 A1 单元格的情况下创建以下名称：

```
区域=B2
```

如果在 C3 单元格中输入如下公式：

```
=SUM(区域)
```

这个公式的实际作用等价于：

```
=SUM(D4)
```

名称"区域"所指代的引用对象随着公式所在单元格的位置变化而发生了改变。

◆　单元格或区域的间接引用

在名称中不直接引用单元格地址，而是通过函数进行间接引用。

例如创建如下名称：

区域=OFFSET($A$1,3,0,3,2)

这个名称的实际引用区域是 A4:B6 单元格区域。

可以在创建此类间接引用公式的同时使用变量，使引用的区域可以随变量值的改变而变化，形成动态引用。在图表数据源等不可以或不方便直接使用公式进行动态引用的场合，可以使用名称来替代。

例如创建如下名称：

动态区域=OFFSET($A$1,0,0,COUNTA($A:$A))

将这个名称作为图表的数据源，图表中会显示当前 A 列中所包含的数据。如果 A 列中的数据量有所增减，无需更改图表数据源，通过这个动态引用的名称，也能够将更新后的引用区域传递给图表。

◆　常量

要将某个常量或常量数组保存在工作簿中，但不希望占用任何单元格的位置，就可以使用名称。

例如，某公司的绩效考核评分标准为：60 分以下为"不通过"、60～69 分为"一般"、70～79 分为"尚可"、80～89 分为"优秀"、90 分以上为"杰出"。需要在工作簿中反复调用这个评分标准，就可以将其创建为如下名称：

评分标准={0,"不通过";60,"一般";70,"尚可";80,"优秀";90,"杰出"}

当在此工作簿中需要对某个绩效考核得分进行等级评定时，就可以直接调用上述名称，例如计算 78 分的考核等级，可以使用如下公式：

=LOOKUP(78,评分标准)

◆　普通公式

将普通公式保存为名称，在其他地方无需重复书写公式就能调用公式的运算结果。

例如，假定 A 列中存放了一些数字与字母混合的字符串，可以在选中 B1 单元格的情况下创建如下名称：

剔除数字=SUBSTITUTE(SUBSTITUTE(SUBSTITUTE(SUBSTITUTE(SUBSTITUTE(SUBSTITUTE(SUBSTITUTE (SUBSTITUTE (SUBSTITUTE(SUBSTITUTE($A1,0,),1,),2,),3,),4,),5,),6,),7,),8,),9,)

然后在 B 列中使用以下公式，就可以得到 A 列字符串中去除数字以后的字符串。

=剔除数字

在 C 列中使用以下公式，就可以得到 A 列字符串中数字字符的个数。

=LEN(A1)-LEN(剔除数字)

从这个例子可以看出，使用名称可以让公式变得更简洁，让公式模块化地调用和搭配不同的功能块来实现新的功能，让整个公式的可读性提升，从而更易于理解。在 2003 版本中，使用名称来替代部分公式，还可以解决公式最多 7 层嵌套的限制问题。

 有关公式的嵌套限制，详情请参阅技巧 153.2。

◆　宏表函数应用

宏表函数又称宏表 4.0 函数，是从早期版本的 Excel 中继承下来的一些隐藏函数。这些函数通常都不能直接在单元格中输入运算，而需要通过创建名称来间接运用。

例如创建如下名称：

```
页数=GET.DOCUMENT(50)
```

然后在工作表中使用以下公式，可以获取当前工作表的打印页数：

```
=页数
```

注意　使用宏表函数需要启用宏，保存工作簿时也必须保存为"启用宏的工作簿"。

◆　特殊定义

对工作表进行某些特定操作时，Excel 会自动创建一些名称。这些名称的内容是对一些特定区域的直接引用。

例如，为工作表设置顶端标题行或左端标题列时，会自动创建名称 Print_Titles；设置工作表打印区域时，会自动创建名称 Print_Area；进行高级筛选时，自动创建的名称包括引用的条件区域 Criteria、复制到的单元格区域 Extract、引用的列表区域_FilterDatabase。

◆　表格名称

在 Excel 中创建"表格"（Table）时，Excel 会自动生成以这个表格区域为引用的名称。通常会默认命名为"表 1"、"表 2"等，可以通过表格选项更改这个名称。

技巧 238　多种方法定义名称

名称是被特别命名的公式，对一个公式进行命名也就是创建名称的过程。

要创建一个名称，可以用以下几种方法。

238.1　使用"定义名称"功能

将以下公式创建为如下名称，步骤如下。

```
=OFFSET($A$1,0,0,COUNTA($A:$A))
```

Step ①	在功能区上依次单击【公式】→【定义名称】，打开【新建名称】对话框。
Step ②	在【名称】文本框中为新建的名称命名，例如"动态区域"。
Step ③	在【引用位置】编辑栏中输入公式： =OFFSET($A$1,0,0,COUNTA($A:$A))
Step ④	单击【确定】按钮，完成名称创建。如图 238-1 所示。

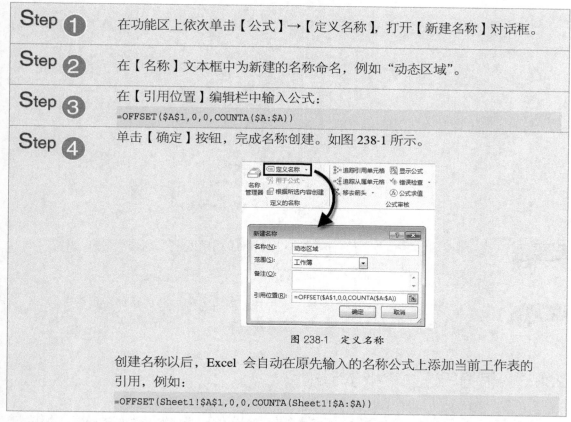

图 238-1　定义名称

创建名称以后，Excel 会自动在原先输入的名称公式上添加当前工作表的引用，例如：

=OFFSET(Sheet1!$A$1,0,0,COUNTA(Sheet1!$A:$A))

 注意 如果在名称公式中使用相对引用，需要特别留意定义名称时当前选中的单元格，名称中的引用地址会与此单元格保持相对位置关系。

238.2　使用名称框创建

如果要将某个单元格区域创建为名称，可以更方便地实现。例如，要将 A1:A20 单元格区域创建为名称"订单编号"：

Step ①	选定 A1:A20 单元格区域。
Step ②	在【编辑栏】左侧的【名称框】中输入要定义的名称"订单编号"，按<Enter>键完成名称创建。如图 238-2 所示。 Excel 会自动为"订单编号"生成绝对引用的公式： =Sheet1!$A$1:$A$20

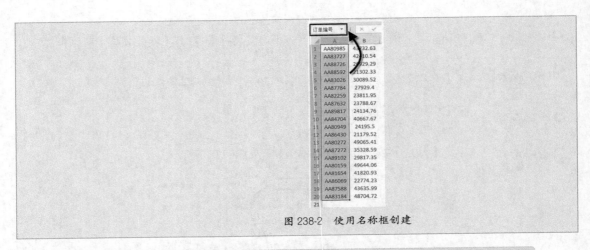

图 238-2 使用名称框创建

> **注意** 使用此方法创建名称，步骤简单，但名称的引用位置必须是固定的单元格区域，不能是常量或动态区域。

> **提示** 直接引用单元格区域的名称，在工作表视图的显示比例小于 40% 时，会在工作表区域中直接显示名称的名字。

238.3 根据所选内容批量创建

在图 238-3 所示的员工信息表中，如果要将每个字段所在的数据区域创建为名称，例如，将 A2:A16 创建为名称"员工编号"、B2:B16 创建为名称"员工姓名"等，可以这样操作：

图 238-3 员工信息表

Step ❶	选定整个单元格区域 A1:C16。
Step ❷	在功能区上依次单击【公式】→【根据所选内容创建】按钮，打开【以选定区域创建名称】对话框。
Step ❸	在对话框中勾选【首行】复选框，去除其他复选框勾选，然后单击【确定】按钮，完成名称创建。如图 238-4 所示。

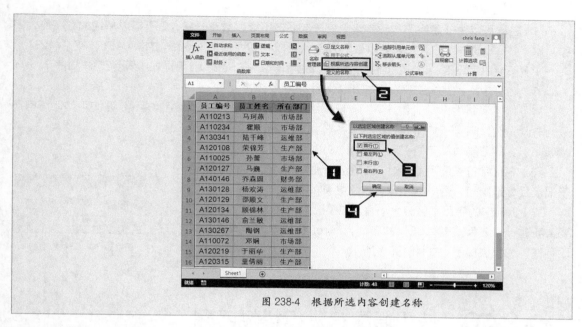

图 238-4　根据所选内容创建名称

上述操作一次性创建了 3 个名称（选定区域包含 3 个字段），按<Ctrl+F3>组合键，打开【名称管理器】对话框，可以看到这些名称的定义，如图 238-5 所示：

图 238-5　批量创建的名称

除了上述创建名称的方法以外，创建表格、定义打印标题行、定义打印区域、创建高级筛选等操作也会自动创建生成一些名称。

已经创建的名称，如果希望进行修改或删除名称，可以按<Ctrl+F3>组合键，打开【名称管理器】对话框操作。

技巧 239　名称的规范与限制

名称是被特别命名的公式，名称的命名也有一定的规范和限制：

（1）名称可以由任意字符与数字组合在一起，但不能以数字开头，更不能以单纯的数字作为名称，如"1PL"或"123"。如果要以数字开头，可以在前面加上下划线，如"_1PL"或"_123"。

（2）不能以字母 R、C、r、c 作为名称，因为 R、C 在 R1C1 引用样式中表示工作表的行、列。

（3）名称中不能包含空格，可以用下划线或点号代替。

（4）除了下划线（_）、点号（.）、反斜线（\）以及问号（?），名称中不允许使用其他任何符号。与此同时，问号不能作为名称的开头，如"?Wage"不被允许。

（5）名称不能与单元格引用（例如 A$100 或 R2C3）相同。

（6）名称字符长度不能超过 255 个。一般情况下，名称应该便于记忆且尽量简短，否则就违背了定义名称的初衷。

（7）名称中的字母不区分大小写。如果已经存在名称"range"，要再新建一个名为"RANGE"的名称，Excel 会出现"输入的名称已存在"的错误提示，如图 239-1 所示。

图 239-1　名称重复

技巧 240　使用通配符进行模糊匹配

Excel 文本字符中的半角星号"*"、问号"?"比较特殊，可以作为通配符进行模糊查询和统计。其中"*"号可以代表任何长度的字符串，包括长度为 0 的空字符，"?"号可以代表任何单个字符。除此以外，还有一个波形符"~"号，用于解除"*"或"?"号的通配符属性，恢复其普通字符身份。

例 1：包含通配符的统计公式

图 240-1 显示了一份员工名单，如果要在其中统计"孙"姓员工的数量，可以用如下公式：

```
=COUNTIF(A:A,"孙*")
```

公式结果等于 4，所有以"孙"字开头、无论后面有多少其他字符的姓名都被包含在内。

而如果用以下这个公式：

```
=COUNTIF(A:A,"孙?")
```

图 240-1　员工名单

结果却等于 1，只能找到"孙"字后面跟随唯一一个字符的那条记录，即"孙钢"。

例 2：解除通配符的通配性

图 240-2 显示了一组产品规格和数量的清单，其中产品规格的字符串当中包含了星号"*"。

如果要查询规格为"2m*3m"的产品数量，通常使用 VLOOKUP 函数的公式如下所示：

图 240-2　产品规格和数量清单

```
=VLOOKUP("2m*3m",A:B,2,0)
```

这个公式看上去毫无问题，但实际得到的结果却不正确，它的结果是 1125，查询到的并不是 "2m*3m" 这种规格的产品数量，而是 "2m*13m" 这种产品的数量。

产生这样的结果，就是因为 VLOOKUP 函数把第一参数中包含的星号 "*" 自动识别为通配符，以模糊的方式进行查询，即以 "2m" 开头、"3m" 结尾的字符串作为其查询目标，首先匹配到的项目就是 A3 单元格中的内容 "2m*13m"。

所以，如果希望上面的公式能够正确运转，需要去除星号 "*" 的通配符特性，让 Excel 只把它当做普通的字符来对待。这种情况下就可以使用 "~" 符号，它可以将跟随在它后面的那个字符去除通配特性，让 "*" 或 "?" 号恢复它们的平民身份。

把上述公式修改为下面的公式，就能得到正确结果：

```
=VLOOKUP("2m~*3m",A:B,2,0)
```

在 Excel 常用函数中，支持通配符的主要有 VLOOKUP 函数、HLOOKUP 函数、MATCH 函数、SUMIF 函数、COUNTIF 函数、SEARCH 函数、SEARCHB 函数等，而 FIND 函数、FINDB 函数、SUBSTITUTE 函数不支持通配符。

当通配符直接用于比较运算时（等于、大于、小于、不等于等），不具有通配性。

例如，假设 A1= "Excel"，B1= "E?cel"，下面的公式将返回 FALSE：

```
=A1=B1
```

此时问号 "?" 作为问号本身使用，不代表通配符。

第 19 章　典型公式应用案例

公式是数据自动化运算和处理的利器，只有在具体的应用场景中才能体现出函数公式的强大效用。本章将结合工作当中最常见和最典型的应用场景，详细介绍多种行之有效的公式解决方案，帮助读者提高工作效率，让公式真正成为有用而高效的工具

技巧 **241**　统计不重复数据个数

例 1：假设 A1 单元格中存放着一串数字 "330120198703"，要计算其中不重复的数字个数，可以使用如下数组公式：

```
{=COUNT(FIND(ROW(1:10)-1,A1))}
```

思路解析：

对于一串数字中可能出现的数字，只有 0~9 这 10 个可能情况。此公式用 FIND 函数在 A1 单元格的数字串中分别查找 0~9 这个 10 个数字，如果找到，则返回其位置，如果没有找到，则返回错误值#VALUE!。最后用 COUNT 函数忽略错误值，统计其中找到的不同数字个数，得到的结果就是字符串当中所包含的不重复数字个数。

例 2：如果上面这串数字并不是在同一个单元格当中，而是分散在不同的单元格当中，如图 241-1 所示，此时如果要统计其中数字不重复的单元格个数，可以使用如下公式：

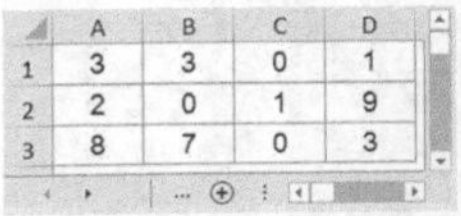

图 241-1　不重复数值的统计

```
{=SUM(1/COUNTIF(A1:D3,A1:D3))}
```

或

```
=COUNT(1/FREQUENCY(A1:D3,A1:D3))
```

思路解析：

第一个公式中的 COUNTIF(A1:D3,A1:D3)可以求得数据区域中每一个数据的出现次数。对次数求倒数以后，对于多次出现的数据，可以得到相应的次数占比。例如，对于出现 3 次的数据，分别得到 3 个 1/3，然后对这些分数进行求和运算，多次出现的数刚好可以合而为一，这样就可以得到其中不重复的数据个数。

由于在除法运算中可能出现浮点运算情况，为了保证结果为整数，可以对上述公式再使用 ROUND 函数进行取整运算，修改为如下公式：

```
{=ROUND(SUM(1/COUNTIF(A1:D3,A1:D3)),0)}
```

如果单元格中存放的不是数字，而是文字内容，此公式仍然能够统计出其中内容不重复的单元格个数。

第二个公式中的 FREQUENCY 函数可以得到各个数据的出现频次，对于多次出现的数据，只

返回一个频次数值。因此，可以通过此函数得到各不重复数字的出现次数。然后求其倒数，使得为零的数值得到错误值#DIV/0!，最后用 COUNT 函数剔除错误值，得到结果。

由于 FREQUENCY 函数仅对数值有效，因此这个公式无法用于文本内容的统计。

例 3：要在图 241-1 的数据区域中统计其中“小于 5”的不重复数字单元格的个数，可以使用以下数组公式：

```
{=COUNT(1/FREQUENCY(IF(A1:D3<5,A1:D3),A1:D3))}
```

此问题在统计不重复单元格时增加了限定条件，因此可以在 FREQUENCY 函数的第一参数中使用 IF 函数的嵌套来增加这部分条件判断。此公式同样只适用于数值型数据。

技巧 242　取排名第几的数

要在一组数据中获取其中排名第几大的数，最常用的是 LARGE 函数。例如，要在 A2:A10 当中取第三大的数，可以用如下公式：

```
=LARGE(A2:A10,3)
```

类似地，如果要取第三小的数，可以使用 SMALL 函数：

```
=SMALL(A2:A10,3)
```

这两个公式很方便使用。但是，如果这组数据当中包含相同大小的数值，就会变得有些复杂。

例如，图 242-1 中这组 A 列数据当中包含 3 个相同的 786，如果使用下面的公式，得到的结果还是 786：

```
=LARGE(A2:A10,3)
```

如果希望 Excel 排除掉其中并列大小的数，而是单纯从数值大小来考虑取出第三大的数，就需要在获取的过程中增加排除重复值的处理，例如，使用以下数组公式：

	A
1	销量
2	786
3	778
4	581
5	704
6	664
7	786
8	546
9	786
10	676

图 242-1　包含重复的数据

```
{=LARGE(IF(FREQUENCY(A2:A10,A2:A10),A2:A10),3)}
```

或：

```
{=LARGE(IF(MATCH(A2:A10,A2:A10,)=ROW(2:10)-1,A2:A10),3)}
```

这两个公式所得到的结果是 704，也就是排除重复以后，这组数据当中第三大的数。

思路解析：

第一个公式使用了 FREQUENCY 函数，可以得到每个数的出现次数，对于重复的数值，结果中只会得到一个次数，其余结果为 0。因此，利用这一特点，把这个结果作为 IF 函数的第一参数，就可以得到各个不重复的数值，然后从中求得第三大的数值。

第二个公式则使用了常用的 MATCH 函数来定位不重复数值的首次出现位置，通过位置对比，找到每个首次出现的不重复数据，也可以排除掉其中的重复值。

技巧 243　从二维区域中提取信息

TEXT 函数可以将数值转换为一些特殊格式的数字字符串，这对于需要使用 R1C1 单元格引用方式的公式具有比较大的使用价值。而 R1C1 的引用方式平时用的很少，但在二维区域向一维列表的转换、二维区域的数据提取当中会有比较多的应用。

图 243-1 所示的表格包含了一组产品销量信息，由于表格数据没有经过科学的规划，因此许多型号和销量数据分别位于不同的字段列当中。如果在不改动原始表格的情况下，从这样一份清单中提取出某款型号的各个销量数据，就涉及二维区域转换的问题。

	A	B	C	D	E	F	G	H
1	型号	销量	型号	销量	型号	销量	型号	销量
2	HLD-07	786	ASD-06	888	SMD-12	419	HLD-07	630
3	ASD-07	778	ASD-07	693	HLD-05	544	HLD-07	606
4	HLD-05	581	HLD-07	477	ASD-15	837	SMD-12	891
5	HLD-05	704	ASD-07	870	SMD-01	427	SMD-12	533
6	ASD-07	664	SMD-01	630	ASD-06	574	HLD-07	415
7	ASD-06	786	SMD-12	442	SMD-01	435	HLD-05	858
8	HLD-05	546	HLD-07	594	ASD-07	585	ASD-07	586
9	ASD-07	786	SMD-01	770	ASD-06	771	HLD-07	518
10	ASD-06	676	ASD-07	606	SMD-01	682	ASD-15	767

Sheet1

图 243-1　产品销量

假定想要提取出型号为“HLD-07”的各个销量数字，存放在一列当中，可以在这列的起始单元格中输入以下公式，然后向下填充：

```
{=INDIRECT(TEXT(SMALL(IF($A$2:$G$10="HLD-07",ROW($2:$10)*10+COLUMN($B:$H)),ROW(1:1)),"R0C0"),0)}
```

思路解析：

此公式将满足条件 $A$2:$G$10="HLD-07" 的所在单元格行号、对应销量列的列号进行组合相加，得到一组组合数据。使用 SMALL 函数排序后，其中的有效组合数据依次为 22、28、38、44、68、84、98，这几组组合数据分别代表每一个满足条件单元格的 R1C1 地址，行号在前，列号在后。具体的分别表示 HLD-07 的销量数据位于第 2 行第 2 列、第 2 行第 8 列、第 3 行第 8 列、第 4 行第 4 列等。

接下来使用 TEXT 函数，以“R0C0”作为格式参数，将上述数据进行格式转换，使数字前面能够组合上“R”和“C”两个字符，形成真正的 R1C1 引用地址，得到的结果为“R2C2”、“R2C8”、"R3C8“、”R4C4“等。

最后使用 INDIRECT 函数，对上面得到的 R1C1 单元格地址进行引用，得到单元格中的具体数据。结果显示如图 243-2 中 J 列所示：

	A	B	C	D	E	F	G	H	I	J
1	型号	销量	型号	销量	型号	销量	型号	销量		HLD-07
2	HLD-07	786	ASD-06	888	SMD-12	419	HLD-07	630		786
3	ASD-07	778	ASD-07	693	HLD-05	544	HLD-07	606		630
4	HLD-05	581	HLD-07	477	ASD-15	837	SMD-12	891		606
5	HLD-05	704	ASD-07	870	SMD-01	427	SMD-12	533		477
6	ASD-07	664	SMD-01	630	ASD-06	574	HLD-07	415		415
7	ASD-06	786	SMD-12	442	SMD-01	435	HLD-05	858		594
8	HLD-05	546	HLD-07	594	ASD-07	585	ASD-07	586		518
9	ASD-07	786	SMD-01	770	ASD-06	771	HLD-07	518		
10	ASD-06	676	ASD-07	606	SMD-01	682	ASD-15	767		

Sheet1

图 243-2　提取出销量数据

技巧 **244**　单列求取不重复值列表

在如图 244-1 所示的表格中，A 列包含了一些产品型号，但有些内容是重复的。有时候，为了处理上的需要，我们想从中提取出一份没有重复内容的清单列表，每一项都是唯一存在的产品型号，这就是典型的单列提取不重复清单的需求。

图 244-1　包含重复内容的产品型号清单

要实现这个目标，可以在旁边的空白区域，例如 D2 单元格中输入以下公式，并向下复制填充：

公式 1 如下：

```
{=INDEX(A:A,MIN(IF(COUNTIF(D$1:D1,$A$2:$A$10),2^20,ROW($2:$10))))&""}
```

思路解析：

公式 1 的特点是根据已经产生的公式结果作为后续公式的判断条件，判断还有哪些项目没有出现在当前生成的清单列表中。此公式需要根据公式输入的位置调整公式中 COUNTIF 函数中的第一参数，在某些特殊情况下可能无法使用。公式中的 2＾20 是一个非常大的数，是为了保证足够大于数据区域所在的行号。如果在 2003 版中使用此公式，可将 2＾20 替换为 2＾16。

公式 2 如下：

```
{=IFERROR(INDEX(A:A,SMALL(IF(MATCH($A$2:$A$10,$A$2:$A$10,0)=ROW($2:$10)-1,ROW($2:$10)),ROW(1:1))),"")}
```

思路解析：

公式 2 则使用了常规的 MATCH 函数方法来定位各个不重复数据首次出现的行号，然后将这些行号从小到大依次排列，并通过 INDEX 函数得到相应的单元格数据。IFERROR 函数的作用是当列表范围超出所有不重复数据的数目时，能够屏蔽其后产生的错误值。

上述两个公式的处理结果如图 244-2 中 D 列所示。

	A	B	C	D
1	型号	销量		不重复型号
2	HLD-07	786		HLD-07
3	ASD-07	778		ASD-07
4	HLD-05	581		HLD-05
5	HLD-05	704		ASD-06
6	ASD-07	664		
7	ASD-06	786		
8	HLD-05	546		
9	ASD-07	786		
10	ASD-06	676		

图 244-2　提取出的不重复型号清单

注意

使用 MATCH 函数创建数组公式取不重复数据时，目标单元格区域中不能包含空单元格，因为对真空单元格进行 MATCH 查找时，MATCH 函数会返回 #N/A 错误。如果目标单元格区域中包含空单元格，必须在公式中加入条件判断，过滤空值。

技巧 245　多行多列取不重复值列表

如果包含重复内容的数据源不位于单独一列当中，而是位于多行多列的二维区域中，如图 245-1 所示，要从中提取其中的不重复列表，就不像技巧 244 中这般轻松，但还是可以借助技巧 243 中所介绍的二维数据提取技法来实现目标。

	A	B	C	D
1	型号	型号	型号	型号
2	HLD-07	ASD-06	SMD-12	HLD-07
3	ASD-07	ASD-07	HLD-05	HLD-07
4	HLD-05	HLD-07	ASD-15	SMD-12
5	HLD-05	ASD-07	SMD-01	SMD-12
6	ASD-07	SMD-01	ASD-06	HLD-07
7	ASD-06	SMD-12	SMD-01	HLD-05
8	HLD-05	HLD-07	ASD-07	ASD-07
9	ASD-07	SMD-01	ASD-06	HLD-07
10	ASD-06	ASD-07	SMD-01	ASD-15

图 245-1　包含重复型号的多列清单

可以在旁边空白的单元格中输入下面的数组公式，并向下复制填充，得到不重复的型号清单：

```
{=IFERROR(INDIRECT(TEXT(MIN(IF(COUNTIF(F$1:F1,$A$2:$D$10)=0,ROW($2:$10)*100+COLUMN(A:D))),"r0c00"),0),"")}
```

思路解析：

与技巧 244 中的公式 1 相比，该在主体结构上与其十分相似，只是增加了构造 R1C1 二维引用的代码部分。

在这个公式中，IF(COUNTIF(F$1:F1,$A$2:$D$10)=0,ROW($2:$10)*100+COLUMN(A:D)) 这部分公式通过不重复值的判断，得到了不重复值所在位置的行号和列号的加权组合，其中行号位于高位，列号位于低位，并占据了两位有效数字。

	A	B	C	D	E	F
1	型号	型号	型号	型号		不重复型号
2	HLD-07	ASD-06	SMD-12	HLD-07		HLD-07
3	ASD-07	ASD-07	HLD-05	HLD-07		ASD-06
4	HLD-05	HLD-07	ASD-15	SMD-12		SMD-12
5	HLD-05	ASD-07	SMD-01	SMD-12		ASD-07
6	ASD-07	SMD-01	ASD-06	HLD-07		HLD-05
7	ASD-06	SMD-12	SMD-01	HLD-05		ASD-15
8	HLD-05	HLD-07	ASD-07	ASD-07		SMD-01
9	ASD-07	SMD-01	ASD-06	HLD-07		
10	ASD-06	ASD-07	SMD-01	ASD-15		

图 245-2　不重复清单的提取结果

接下来，通过 TEXT 将数字组合转换为 INDIRECT 函数中可以识别的 R1C1 引用样式，最后通过 INDIRECT 函数索引到具体的数据。提取的结果如图 245-2 中 F 列所示。

技巧 246　中国式排名的几种实现方式

在 Excel 中，有一个专门用于计算排名的 RANK 函数，但它的计算结果并不完全符合中国人的排名习惯。例如，图 246-1 所示的表格中显示了一组销售数量统计，C 列中是使用 RANK 函数得到的排名结果，C2 单元格中所使用的公式如下：

```
=RANK(B2,$B$2:$B$14)
```

	A	B	C
1	业务员	销售数量	RANK排名
2	马珂燕	696	1
3	霍顺	617	4
4	陆千峰	584	11
5	荣锦芳	570	12
6	孙蕾	593	10
7	马巍	617	4
8	乔森圆	605	7
9	杨欢涛	514	13
10	邵顺文	605	7
11	顾锦林	617	4
12	俞兰敏	633	3
13	陶钢	594	9
14	邓娴	648	2

图 246-1　RANK 排名

在这组排名中，由于存在 3 个相同的第 4 名，因此在这之后没有第 5、第 6 名，而直接出现第 7 名。类似地，第 7 名也同时存在两个，因此跳过了第 8 名，而直接出现第 9 名。这就是 RANK 函数排名的特征，相同数值在排名中具有相同的名次，并且会占据名次的数字位置。而在中国的排名习惯中，无论有几个并列第 4 名，之后的排名仍应该是第 5 名，即并列排名不占用名次，下面就介绍几种能够实现中国式排名的公式。

可以在 D2 单元格中输入以下几种公式：

公式 1：

```
{=SUM(IF($B$2:$B$14>=B2,1/(COUNTIF($B$2:$B$14,$B$2:$B$14))))}
```

公式 2：

```
{=COUNT(1/FREQUENCY(IF($B$2:$B$14>=B2,$B$2:$B$14),$B$2:$B$14))}
```

公式 3：

```
{=SUM(--IF($B$2:$B$14>=B2,MATCH($B$2:$B$14,$B$2:$B$14,)=ROW($2:$14)-1))}
```

上述公式的排名结果如图 246-2 中的 D 列所示。

思路解析：

透过现象看本质，所谓中国式排名，实质上就是在计算名次时不考虑高于自身成绩的人数，而只关注高于此成绩的不同成绩个数。因此，求取中国式排名的实质，就是求取大于等于当前成绩的不重复成绩个数。

上述三个公式是分别使用 COUNTIF 函数、FREQUENCY 函数和 MATCH 函数来求取不重复值个数的典型用法。关于求取不重复值个数的算法思路，具体请参阅技巧 244。

	A	B	C	D
1	业务员	销售数量	RANK排名	中国式排名
2	马珂燕	696	1	1
3	霍顺	617	4	4
4	陆千峰	584	11	8
5	荣锦芳	570	12	9
6	孙蕾	593	10	7
7	马巍	617	4	4
8	乔森圆	605	7	5
9	杨欢涛	514	13	10
10	邵顺文	605	7	5
11	顾锦林	617	4	4
12	俞兰敏	633	3	3
13	陶钢	594	9	6
14	邓娴	648	2	2

图 246-2　中国式排名结果

技巧 247　按百分比排名划分等级

在有些评分系统中，并不以分值的绝对值来划分等级，而是以分值在整体评分对象中所处的相对排名来进行等级划分，这样的评分标准更关注内部的差异性，便于控制合格率。

如果要将技巧 246 中图 246-1 所示的销售成绩按照前 10% 评为 A 级、11% ~ 50% 评为 B 级、50% 之后评为 C 级的原则来评定等级，可以用 PERCENTRANK 函数来解决。"PERCENT" 就是 "百分比" 的意思。

可以在 C2 单元格中输入以下公式，并向下复制填充：

```
=LOOKUP(PERCENTRANK($B$2:$B$14,B2),{0,0.5,0.9},{"C级","B级","A级"})
```

这个公式使用 PERCENTRANK 函数得到各个员工业绩积分的百分比排名，成绩最高的记为 1 即 100%，成绩最低的记为 0，这两个成绩之间的其他成绩按照各自在整体成绩中所处的百分比位置来取值。然后再用 LOOKUP 函数将百分比排名匹配到相应的等级。

这个公式当中有两处需要特别注意：

第一，PERCENTRANK 函数的参数用法和 RANK 函数不太一样，RANK 函数当中第一个参数是排名的具体数据，第二个参数是参与排名的整体数据组，而在 PERCENTRANK 函数中的参数位置正好相反：第一个参数是整个数据组，第二个参数才是需要计算排名的那个数据。

第二，LOOKUP 函数第二参数中的数组元素，必须要以升序顺序排列，也就是从小到大依次排放，相对应的第三参数中的数组元素，也要按低级到高级的顺序排放。

这个公式的运算结果如图 247-1 所示。

	A	B	C
1	业务员	销售数量	百分比等级
2	马珂燕	696	A级
3	霍顺	617	B级
4	陆千峰	584	C级
5	荣锦芳	570	C级
6	孙蕾	593	C级
7	马巍	617	B级
8	乔森圆	605	C级
9	杨欢涛	514	C级
10	邵顺文	605	C级
11	顾锦林	617	B级
12	俞兰敏	633	B级
13	陶钢	594	C级
14	邓娴	648	A级

图 247-1　百分比等级划分

技巧 248　分组内排名

图 248-1 所示的表格中显示了某公司的业务员销售情况，每个业务员分属不同的销售区域，如果希望对同一个销售区域的销售业绩进行排名，例如为业务员“马珂燕”计算排名时，只计算她在“华北”这个区域的所有业务员中的名次情况。这种排名方式就称为“分组内排名”，与一般的排名处理方法有所不同。

	A	B	C
1	业务员	销售区域	销售数量
2	马珂燕	华北	696
3	霍顺	华南	617
4	陆千峰	华北	584
5	荣锦芳	华南	570
6	孙蕾	华东	593
7	马巍	华南	617
8	乔森圆	华东	605
9	杨欢涛	华南	514
10	邵顺文	华南	605
11	顾锦林	华南	617
12	俞兰敏	华东	633
13	陶钢	华东	594
14	邓娴	华东	648

图 248-1　销售情况表

要解决这个问题，先了解一下排名算法的本质。常规的 RANK 函数排名，本质上就是计算大于当前数据的个数，如果有一个数比当前的数据更大，那当前的数据排名就是 2，如果有三个数比当前数据更大，那排名就是 4，依此类推。

因此，对于 RANK 函数的排名，也可以用另外一种公式来替代。例如，要计算 C2 单元格数值在 C2:C14 单元格区域中的排名，常规的 RANK 函数公式如下：

```
=RANK(C2,C$2:C$14)
```

用另一种公式可以写做如下内容：

```
=COUNTIF(C$2:C$14,">"&C2)+1
```

以上公式的含义就是统计大于当前数值的个数，然后在个数上加 1，就得到名次。

掌握了这种思路后，解决图 248-1 中的分组内排名问题就变得很简单，其实质上就是要统计某个销售业绩在同一个区域当中比它更大的数值个数，在个数上加 1，就能得到最终要计算的排名名次，因此公式可以写为如下内容：

```
=COUNTIFS(B$2:B$14,B2,C$2:C$14,">"&C2)+1
```

	A	B	C	D
1	业务员	销售区域	销售数量	区域内排名
2	马珂燕	华北	696	1
3	霍顺	华南	617	1
4	陆千峰	华北	584	2
5	荣锦芳	华南	570	5
6	孙蕾	华东	593	5
7	马巍	华南	617	1
8	乔森圆	华东	605	3
9	杨欢涛	华南	514	6
10	邵顺文	华南	605	4
11	顾锦林	华南	617	1
12	俞兰敏	华东	633	2
13	陶钢	华东	594	4
14	邓娴	华东	648	1

图 248-2　区域内排名

COUNTIFS 函数是 Excel 2007 以后新增的函数，它可以支持多个条件下的个数统计，而常规的 COUNTIF 函数只支持单条件统计。在这个公式中，COUNTIFS 函数包含了两个条件，第一个条件判断销售区域是否与当前业务员所属的区域相同，第二个条件判断销售业绩是否大于当前业务员的业绩，最终整个函数统计的结果是同时满足上述两个条件下的业务员个数。

在 Excel 2003 等早期版本中，如果无法使用 COUNTIFS 函数，也可以使用 SUMPRODUCT 函数来替代：

```
=SUMPRODUCT((B$2:B$14=B2)*(C$2:C$14>C2))+1
```

这个公式的运算含义与之前完全一致。

上述公式的运算结果如图 248-2 的 D 列所示，其中"华东"区域的内部排名用不同颜色进行了标记。

> 如果存在数值相同的情况，这个公式对并列名次的处理方式与
> RANK 函数一致。

技巧 249　多字段排名

同样是一份销售情况表，图 249-1 中除了包含销售数量的数据，还有一组销售利润数据。如果要同时依据这两组数据的情况来排名，其中优先参考销售数量进行排名，在销售数量相同的情况下，再以销售利润为依据进行排名。这种排名方式就是一种多个字段组合排名的方式。

对于这样的以多个字段作为排序依据、并且每个字段具有不同权重的排名问题，可以采用数学加权的方法来处理。在空白单元格内输入以下公式并向下复制填充：

```
=SUMPRODUCT((B$2:B$14*10^6+C$2:C$14>B2*10^6+C2)*1)+1
```

思路解析：

这个公式的整体算法思路上与技巧 248 中介绍的完全相同，也是通过统计大于当前数值的个数来计算排名。在此基础上，该公式还加入了数学加权的方法。公式中的"B$2:B$14*10^6 +C$2:C$14"部分就是加权组合的过程，其中 B 列字段的权值较高，而 C 列字段的权值较低。将两列数据通过数学方法组合到一起，形成一组新的数值，其中 B 列的数据位于新数值的高位，对数值大小产生决定性影响；而 C 列数据位于新数值的低位，在高位数值相同的情况下影响数值的最终大小。这样一组新数据就完全体现了两个字段的排名组合情况，用这组数据来计算排名，就得到最终的结果。

上述公式的排名结果如图 249-2 所示：

	A	B	C
1	业务员	销售数量	销售利润
2	马珂燕	696	213517
3	霍顺	617	186972
4	陆千峰	584	180858
5	荣锦芳	570	176291
6	孙雷	593	182175
7	马巍	617	190311
8	乔淼圆	605	185264
9	杨欢涛	514	157124
10	邵顺文	605	186116
11	顾锦林	617	187750
12	俞兰敏	633	191391
13	陶钢	594	182602
14	邓娴	648	196684

图 249-1　销售情况表

	A	B	C	D
1	业务员	销售数量	销售利润	组合排名
2	马珂燕	696	213517	1
3	霍顺	617	186972	6
4	陆千峰	584	180858	11
5	荣锦芳	570	176291	12
6	孙雷	593	182175	10
7	马巍	617	190311	4
8	乔淼圆	605	185264	8
9	杨欢涛	514	157124	13
10	邵顺文	605	186116	7
11	顾锦林	617	187750	5
12	俞兰敏	633	191391	3
13	陶钢	594	182602	9
14	邓娴	648	196684	2

图 249-2　多字段的组合排名

技巧 250　根据身份证提取生日

在人力资源管理当中，经常会用到身份证号码。身份证号码中包含了出生日期信息，可以很方便地直接利用公式取得这个日期，而不需要额外提供信息。

一代身份证当中是 15 位身份证号，其中包含了 6 位出生日期码，而二代身份证的 18 位身份证号码中包含了 8 位出生日期码，它们的起始位置都是身份证号码的第 7 位，如图 250-1 所示。因此，只要判别出身份证号码的长度，就可以使用公式取得人员的具体出生日期。

位置	1	2	3	4	5	6	7	8	9	10	11	12	13	14	15	16	17	18
18位身份证	2	1	0	3	4	5	1	9	8	4	0	8	0	3	2	2	7	4
15位身份证	2	1	0	3	4	5	8	4	0	8	0	3	2	2	7			

图 250-1　身份证号码中的生日信息

假定身份证号存放于 B2 单元格中，则提取出生日期的计算公式如下：

```
=TEXT(RIGHT(19&MID(B2,7,6+(LEN(B2)=18)*2),8),"0-00-00")+0
```

思路解析：

"MID(B2,7,6+(LEN(B2)=18)*2)" 的公式部分先判别身份证的长度，然后在其中取出出生日期代码，如果是 18 位身份证，则取 8 位，否则取 6 位。

如果取出的字符串是 6 位，则需要在前面补足年份，统一为 8 位日期文本，由于几乎所有一代身份证的年份前两位都是 19，因此在出生日期代码前添加 "19" 两个字符。同时，为了统一 15 位和 18 位的不同情况，使用 RIGHT 函数进行了处理。

最后使用 TEXT 函数，将 8 位日期文本转换为标准的日期格式数据。

2013 年 1 月 1 日以后，所有身份证都将统一为 18 位，提取生日日期的公式也没必要再考虑15 位的问题，公式可以变得很简单：

```
=TEXT(MID(B2,7,8),"0-00-00")+0
```

如果上述公式的结果显示为一个整数数值，可以将公式所在单元格数字格式设置为日期，就能正确显示实际日期。

技巧 251　根据身份证判别性别

在身份证号码当中，位于出生日期码之后的是 3 位数字顺序码，表示同一区域范围内、对同年同月同日出生的人员编定的顺序号。顺序码的奇数分给男性，偶数分给女性。因此，可以根据顺序码的奇偶性来判别人员的性别。

假定身份证号存放于 B2 单元格中，则判别性别的计算公式可以写作如下内容：

```
=IF(MOD(MID(B2,15+(LEN(B2)=18)*2,1),2),"男","女")
```

这个公式对身份证长度进行判别，如果是 15 位的身份证，就取其第 15 位（末位）数字，如果是 18 位身份证，就取其第 17 位数字（18 位身份证比 15 位身份证多 2 位年份数字），如图 251-1 所示。然后通过 MOD 函数来判别奇偶性，得到最终结果。

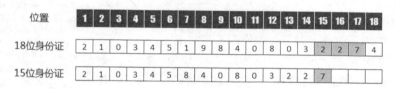

图 251-1　身份证号码中的性别信息

上述公式也可以简化为如下公式：

```
=IF(MOD(MID(B2,15,3),2),"男","女")
```

这个公式调整了 MID 函数取数的方式，对于 18 位身份证号码来说，从第 15 位开始取 3 位数，这个数会以原号码的第 17 位数字作为末位数，不影响奇偶性判断；而对于 15 位的身份证号码，MID(A2,15,3) 还是可以取出末位数字。实际的取数情况如图 251-2 所示。因此，这个公式虽然去掉了取数之前对身份证号码位数的判断，但仍可以有效工作。

图 251-2　另一种获取性别信息的方式

技巧 252　根据身份证判别所属地域

身份证号码的前 6 位为地址码，表示编码对象常住户口所在县(市、旗、区)的行政区划代码。例如，地址码的前两位标识了其所在的省级行政区，代码和相应行政区的对照关系如图 252-1 所示。

通过这样的对照表，就可以通过身份证号码取得人员的所属行政区域。假定身份证号存放于 B2 单元格中，并且定义代码对照表所在数据区域为名称 Province，则通过下面的公式查表就能得到身份证号码所属的地区：

```
=VLOOKUP(LEFT(B2,2),Province,2,0)
```

公式运行结果如图 252-2 所示：

A	B
代码	所在省级行政区
11	北京市
12	天津市
13	河北省
14	山西省
15	内蒙古自治区
21	辽宁省
22	吉林省
23	黑龙江省
31	上海市
32	江苏省
33	浙江省
34	安徽省
35	福建省
36	江西省
37	山东省
41	河南省
42	湖北省

A	B
代码	所在省级行政区
43	湖南省
44	广东省
45	广西壮族自治区
46	海南省
50	重庆市
51	四川省
52	贵州省
53	云南省
54	西藏自治区
61	陕西省
62	甘肃省
63	青海省
64	宁夏回族自治区
65	新疆维吾尔自治区
71	台湾省
81	香港特别行政区
82	澳门特别行政区

图 252-1　省级行政区划代码

	A	B	C
1	业务员	身份证号码	地域
2	霍顺	210345198408032274	辽宁省
3	马珂燕	320132195712131146	江苏省
4	孙蕾	230241197907132344	黑龙江省
5	荣锦芳	370222731106024	山东省
6	陆千峰	339005198012291312	浙江省
7	马巍	330227198306027357	浙江省
8	乔森圆	511026610309672	四川省
9	杨欢涛	339005197705293242	浙江省
10	邓娴	510321198605120043	四川省
11	俞兰敏	513902891102138	四川省
12	顾锦林	432302197502108516	湖南省
13	邵顺文	513901198610030344	四川省
14	陶钢	620102197301193418	甘肃省

图 252-2　通过查表得到所属地域

技巧 253　从混排文字中提取数值

有人使用 Excel 时，会把表格当作记事本来用，文字和数字内容混在一起，放置在同一个单元格当中，就像图 253-1 中的 A 列那样，这种使用方式不利于后续的数据统计和整理。在可能的情况下，都应该尽量把可以统计处理的数据和文字信息分离开来，单独存放。

	A	B
1	霍顺工资预支3120	3120
2	马珂燕差旅借款4500	4500
3	宏达公司汇款3124.7	3124.7
4	孙蕾销售提成1240.5	1240.5
5	荣锦芳采购包装盒345	345
6	三月份水电费7352.6	7352.6

图 253-1　提取末尾的数字

像图 253-1 中 A 列这样，数字均位于字符串的末尾，而且数字之后没有其他字符跟随的情况，也可以用公式把末尾的这串数字提取出来，生成图中 B 列这样的结果。要实现这个目的，可在 B1 单元格中输入以下公式，并向下填充：

```
=LOOKUP(9.9E+307,--RIGHT(A1,ROW($1:$99)))
```

思路解析：

这个公式通过依次提取字符串右侧的连续 1～99 个字符（99 这个数字没有特别含义，只是为了适应不同长度的字符串而保留一个比较大的余量），形成一个数组。这个数组相当于把原有的字符串切割成了许多长度不同的分段，每一段都比前一个字符串多一位字符。例如，A1 单元格的文字内容处理以后生成的数组内容如下：

```
{"0";"20";"120";"3120";"支3120";"预支3120";"资预支3120";"工资预支3120";"顺工资预支3120";"霍顺工资预支3120";"霍顺工资预支3120";…}
```

在这个数组结果之前加上两个负号，就是做一次文本到数值的转换，转换的结果就是包含文字的部分都会变成错误值，而纯数值都得以保留：

```
{0;20;120;3120;#VALUE!;#VALUE!;#VALUE!;#VALUE!;#VALUE!;#VALUE!;…}
```

然后通过 LOOKUP 函数来查询并提取这个数组中最后一个数值类型的数据，是这个数组当中位数最多的一个数值，也就是最终所要提取的结果。其中的 9.9E+307 是科学计数法的表示方式，表示 9.9 乘以 10 的 307 次方，这是 Excel 里超级大的一个数，以这个数作为 LOOKUP 函数的查询对象，目的就是为了取到前面数组当中的最后一个数值。

跟这个方法思路类似，如果连续数字都位于字符串的左侧，也可以在上述公式中将 RIGHT 函数替换成 LEFT 函数来实现提取。

事实上，这个公式还有不少局限性，如一些数学符号会对结果产生影响，超过 15 位有效数字的连续数字也不能被正确提取等。

技巧 254　从混排文字中提取连续字母

如图 254-1 中表格所示，A 列中有一些字符串，其中字符串的末尾包含了连续的英文字母，要从这样的文本字符串中提取出字母部分，形成 B 列的结果，可在 B1 单元格中输入以下数组公式，并向下填充：

```
{=RIGHT(A1,COUNT(N(INDIRECT(MID(A1,ROW($1:$99),1)&65535))))}
```

	A	B
1	梅赛德斯-奔驰benz	benz
2	三菱mitsu	mitsu
3	吉普jeep	jeep
4	道奇dodge	dodge
5	迈巴赫maybach	maybach
6	宾利Bentley	Bentley
7	兰伯基尼Lamborghini	Lamborghini
8	奥迪Audi	Audi
9	大众Volkswagen	Volkswagen
10	斯柯达Skoda	Skoda

Sheet1

图 254-1　中英文混排的情况

思路解析：

这个公式通过 MID 函数依次取出字符串中的每一个字符，然后与数值 65 535 组合在一起，形成字符串，再通过 INDIRECT 函数产生单元格地址引用。由于单元格地址都是由“字母+数字”的形式组成，因此如果取出的字符是英文字母，则引用成立，否则将返回错误值。

在引用之后所产生的结果当中使用 COUNT 函数，将错误值排除，统计出没有出错的个数，就能得到英文字母的数量，最终由 RIGHT 函数提取出具体的字母字符串。

如果英文字母全部位于字符串的左侧开头，则只需将上述公式中的 RIGHT 函数，替换为 LEFT 函数就能达到同样的目的。

技巧 255　从混排文字中提取连续中文

如图 255-1 中的表格所示，A 列中存放了一些文本字符串，其中包含连续中文字符，且中文均位于字符串的中间位置。要从这样的文本字符串中提取中文内容，形成 B 列的结果，可在 B1 单元格中输入以下数组公式，并向下 填充：

```
{=MID(A1,MATCH(1,1/(MIDB(A1,ROW($1:$99),1)<>MID(A1,ROW($1:$99),1)),0),LENB(A1)-LEN(A1))}
```

	A	B
1	1st1896雅典Greece	雅典
2	2nd1900巴黎France	巴黎
3	3rd1904圣路易斯USA	圣路易斯
4	4th1908伦敦England	伦敦
5	5th1912斯德哥尔摩Sweden	斯德哥尔摩
6	7th1920安特卫普Belgium	安特卫普
7	8th1924巴黎France	巴黎
8	9th1928阿姆斯特丹Netherlands	阿姆斯特丹
9	10th1932洛杉矶USA	洛杉矶
10	11th1936柏林Germany	柏林

Sheet1

图 255-1　从混排字符串中提取连续中文

思路解析：

在这个公式中，用于区分中文字符和其他字符的方式是通过判断字符是否为双字节字符，在目标字符串中不包含其他全角字符的情况下，可以使用这种判别方式。

MIDB 函数以字节方式提取字符串中的字符，遇到中文就会发生 MIDB 函数的提取结果与 MID 函数结果不一致的情况。与此类似，LENB 函数以字节的形式统计字符串的长度，中文是双字节字符，其长度会比 LEN 函数的统计结果增加 1 倍。使用 LENB(A1)-LEN(A1)就可以计算得到 A1 单元格中包含的中文字符个数。

在英文系统环境下，**LENB** 函数和 **MIDB** 函数可能无法得到正确的结果。

技巧 256　多个工作表中相同位置汇总

图 256-1 显示了某公司 4 个季度的营业情况，每个季度的营业数据分别位于 4 张不同的工作表中，工作表的名称分别为 "1 季度"、"2 季度"、"3 季度" 和 "4 季度"。每张工作表中都包含 5 个区域每个月的营业数据，并且对各区域的数据进行了合计。现在需要在 "汇总表" 中的 B2:B6 单元格中编写公式，将 4 个季度表格当中各区域的统计数据汇总成全年合计值。

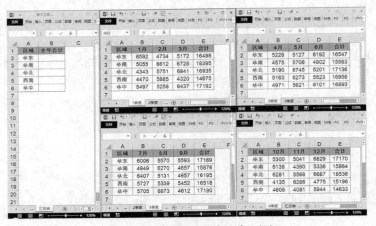

图 256-1　各季度不同区域的营业数据

在这个例子中，各个区域在不同季度表格中的排列顺序完全一致，并且与汇总表中的排列顺序也保持一致，这种相同位置上的多表汇总，只需要简单的求和汇总就能实现。

可以在汇总表的 B2 单元格中输入以下公式，并向下填充得到结果：

```
=SUM('1 季度:4 季度'!E2)
```

公式中的 "1 季度" 和 "4 季度" 是需要汇总的 4 个工作表中分别位于首尾的两个工作表的名称。在其他案例中，使用这个公式时也必须注意要和工作表的名称相对应，并且需要留意几个工作表的排放顺序。

上面这个公式还有一种方法可以简化输入过程，在编辑栏中输入下面的内容，然后按回车键，Excel 将自动把公式内容转换成上面的公式。

```
=SUM('*'!E2)
```

这样的输入方法不需要关心工作表的具体名称。

如果希望汇总公式不受工作表排放顺序的限制影响，也可以使用以下公式：

```
=SUM(N(INDIRECT({1,2,3,4}&"季度!E"&ROW())))
```

思路解析：

这个公式利用了各个工作表名称中包含连续数字的特殊性，使用 INDIRECT 函数与数字数组相结合，生成对各个季度工作表中 E 列单元格的三维引用，然后通过 N 函数转化为一维数组，最后通过 SUM 函数求得合计结果。

如果不借助各季度分表中的 E 列合计数据，直接从 B:D 列中获取原始数据进行计算，则可以使用以下公式：

```
=SUM(SUBTOTAL(9,INDIRECT({1,2,3,4}&"季度!RC2:RC4",0)))
```

此公式使用 INDIRECT 函数的 R1C1 引用方式，在多表的 B:D 列区域中形成三维引用，然后通过 SUBTOTAL 函数可以支持三维引用的特性求得各季度的合计数，再通过 SUM 函数汇总求和。

上述公式的统计结果如图 256-2 所示。

	A	B
1	区域	全年合计
2	华东	67384
3	华北	66749
4	华南	67271
5	西南	63348
6	华中	65908

图 256-2　相同位置的多表汇总

技巧 257　多个工作表中相同类别汇总

在有些情况下，多个分表中的各项分类并非都像技巧 256 例子中这样规则工整，每张工作表中的区域排放顺序也许是不完全一致的，如图 257-1 中所示的情况。

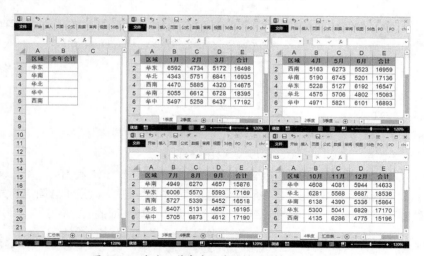

图 257-1　各个工作表中区域的排列顺序各不相同

在这种情况下，就不能单纯地按照单元格位置直接进行求和汇总统计，而是需要根据 A 列的区域分类情况，在匹配的基础上有条件地进行汇总。比较常用的汇总方法是使用 SUMIF 函数与三维引用的结合，可以在"汇总表"的 B2 单元格中输入以下公式，并向下填充：

```
=SUM(SUMIF(INDIRECT({1,2,3,4}&"季度!A2:A6"),A2,INDIRECT({1,2,3,4}&"季度!E2:E6")))
```

思路解析：

与前面的公式类似，使用 INDIRECT 函数生成三维引用，然后通过 SUMIF 函数对三维引用进行条件汇总，得到各区域各季度业绩数据的一维数组，最后用 SUM 函数求得合计。

如果不借助各季度分表中的 E 列合计数据，直接从 B:D 列中获取原始数据进行计算，则可以使用以下公式：

```
=SUM(SUMIF(INDIRECT({1,2,3,4}&"季度!A2:A6"),A2,OFFSET(INDIRECT({1,2,3,4}&"季度!A2:A6"),,{1;2;3})))
```

以上公式包含了 OFFSET 函数与 INDIRECT 函数相结合的三维引用方式，其中 OFFSET 函数的引用基点是由 INDIRECT 函数产生的。以"华东"为例，SUMIF 函数的求和结果是一个三行四列的二维数组，如图 257-2 所示，最后通过 SUM 函数求得合计结果。

	1季度	2季度	3季度	4季度
B列	6592	5228	6006	5300
C列	4734	5127	5570	5041
D列	5172	6192	5593	6829

图 257-2　SUMIF 函数部分生成的二维数组

技巧258　人民币金额大写公式

财务人员经常需要将计算所得的金额数字转换为中文大写的人民币金额，Excel 中虽然没有可以直接用于转换人民币大写金额的函数，但通过一些函数组合，还是可以很好地解决以上问题。

假定需要转换的数值存放于 A2 单元格中，要求在转换中进行四舍五入保留两位小数。可以使用以下公式：

```
=SUBSTITUTE(SUBSTITUTE(IF(ROUND(A2,2),TEXT(A2,";负")&TEXT(INT(ABS(A2)+0.5%),"[dbnum2]G/通用格式圆;;")&TEXT(RIGHT(TEXT(A2,".00"),2),"[dbnum2]0角0分;;整"),),"零角",IF(A2^2<1,,"零")),"零分","整")
```

思路解析：

公式分为以下几个主要部分：

1. TEXT(A2,";负")

判断数值是否小于 0，如果小于零，需要在中文字符前添加"负"字。

2. TEXT(INT(ABS(A2)+0.5%),"[dbnum2]G/通用格式圆;;")

这部分公式对四舍五入保留两位小数以后的整数部分进行中文大写转换，其中INT(ABS(A2)+0.5%)部分比较巧妙，既排除了数值正负符号的干扰，又用十分简洁的方式提取到舍入以后的整数部分。如果用一般思路来解读这部分内容，则与下面的公式等价：

```
=TEXT(INT(ROUND(ABS(A2),2)),"[dbnum2]G/通用格式圆;;")
```

3. TEXT(RIGHT(TEXT(A2,".00"),2),"[dbnum2]0 角 0 分;;整")

这部分公式对四舍五入保留两位小数以后的小数部分进行了中文大写转换。

这三部分主要公式构成了一组大写中文圆角分字符串，其中在某些特殊情况下可能会出现多余的字符，因此需要使用SUBSTITUTE 函数等进行进一步修正。

公式转换的效果如图 258-1 所示。

对于这个公式中使用到的保留两位小数的四舍五入运算，中文版 Excel 中还有一个 RMB 函数可以适用此类运算。

RMB 函数可以按数值的绝对值进行四舍五入，进位后生成一个以符号 "￥" 为首的字符串。与 ROUND 函数有所区别的是，RMB 可以在舍入进位后保留指定的有效数字个数，而ROUND 函数则不再保留末尾无意义的数字 0。

因此，如果在这个公式中使用 RMB 函数，可以将公式简化为如下内容：

```
=SUBSTITUTE(SUBSTITUTE(IF(-RMB(A2,2),TEXT(A2,";负")&TEXT(INT(ABS(A2)+0.5%),"[dbnum2]G/通用格式圆;;")&TEXT(RIGHT(RMB(A2,2),2),"[dbnum2]0角0分;;整"),),"零角",IF(A2^2<1,,"零")),"零分","整")
```

	A	B
1	数值	中文大写金额
2	4200.127	肆仟贰佰圆壹角叁分
3	-1458	负壹仟肆佰伍拾捌圆整
4	-812.825	负捌佰壹拾贰圆捌角叁分
5	5.04	伍圆零肆分
6	315803102	叁亿壹仟伍佰捌拾万叁仟壹佰零贰圆整
7	-15.9999	负壹拾陆圆整
8	6.02	陆圆零贰分
9	0.051	伍分
10	-605.05	负陆佰零伍圆零伍分
11	-735.42	负柒佰叁拾伍圆肆角贰分
12	-3000.99	负叁仟圆玖角玖分
13	212.56	贰佰壹拾贰圆伍角陆分
14	521.565	伍佰贰拾壹圆伍角柒分
15	-150.1234	负壹佰伍拾圆壹角贰分
16	-3400.125	负叁仟肆佰圆壹角叁分
17	0.399	肆角整
18	9.099	玖圆壹角整
19	0.099	壹角整

图 258-1　金额数值转换成中文大写

注意　RMB 函数通常只适用于中文版 Excel 中。

技巧 259　批量生成工资条

每个月发工资时，许多企业的人力资源部门会根据工资表生成指定格式的个人工资明细。在明细表中，通常每个人的工资数据都包含一个标题行，不同人员之间还有空行间隔，这样方便打印后剪裁成工资条，发放给不同的人员。

在 Excel 中，有很多方法可以完成这项任务，下面介绍其中一个利用函数与公式实现的方法。

如图 259-1 所示为某企业员工工资数据表，要求根据此表生成个人工资条，每名员工的工资条包含一行标题和一行数据，各员工之间以空行间隔。

可在另一张工作表中同时选中 A1:F1 单元格区域，然后输入以下多单元格联合数组公式：

```
{=CHOOSE(MOD(ROW(1:1),3)+1,"",Sheet1!$A$1:$H$1,OFFSET(Sheet1!$A$1:$H$1,INT(ROW(1:1)/3)+1,))}
```

公式中的 "Sheet1" 指的是工资数据表所在的工作表名称。

将上述公式向下复制填充，得到如图 259-2 所示的工资条表格。把这样的表格打印出来，再分开裁剪，就可以单独分发给每位员工。

思路解析：

在表格形式上，工资条每三行对应一条工资记录，每三行形成一个固定格式的循环体。由 MOD 函数根据所在行号计算得到 1 到 3 的循环序列数，以此作为 CHOOSE 函数的第一参数，分别对应生成工资条的标题行、员工工资记录、间隔空行，并且实现每三行循环。

同时，引用员工工资记录的部分中使用 INT(ROW(1:1)/3)+1 作为 OFFSET 函数的第二参数，可以实现公式所在行每隔三行引用源表的 OFFSET 函数行偏移，只下移一行，由此可以按固定行间隔连续引用工资表中的各条记录，生成完整的个人工资条。

图 259-1　员工工资数据表

图 259-2　个人工资条

技巧 260　考勤相关统计

越来越多的企业开始实行电子化上下班考勤，考勤机中的数据通常都需要导出后再次进行人工整理。虽然不同的考勤设备导出的数据格式有所区别，但在使用 Excel 进行考勤数据分析处理的思路和方法都是相似的。

图 260-1 中的表格是从公司考勤系统中筛选出来的某位员工某段时间的考勤记录情况，希望通过这张表来统计这位员工在 2014 年 6 月 2 日至 9 日间的出勤情况。

假定公司规定的正常上班时间为早上 8:00，下午下班时间为 17:00，周六周日放假。每天分成上下半天统计出勤情况，以中午 12 点为界。最终要生成图 260-2 中所示的统计表格，通过公式，根据考勤数据自动判断并且标识出"正常出勤"、"迟到"、"早退"、"缺勤"和"假期"等各种信息。

图 260-1　打卡考勤数据

图 260-2　出勤情况统计表

要实现这个目标，可以参考以下方法来操作。首先，在 G2 单元格输入以下公式，并向下填充，生成"星期"信息：

```
=WEEKDAY(F2,2)
```

星期列以数字 1~7 分别代表星期一~星期日，由此可以判断假期和工作日情况。

在 H2 单元格中使用以下数组公式统计上午出勤情况：

```
{=IF(G2>5,"假期",LOOKUP(MIN(IF(INT(D$2:D$13)>=F2,D$2:D$13)),{0,8,12}/24+F2,{"正常出勤","迟到","缺勤"}))}
```

思路解析：

"MIN(IF(INT(D$2:D$13)>=F2,D$2:D$13))" 这部分公式可以取得打卡记录中当天 0 点之后开始的最早一条打卡记录时间。这条记录如果早于当天的 8 点，属于"正常出勤"；如果在 8 点到 12 点之间，属于"迟到"；如果超过中午 12 点都没有打卡记录，则上午半天属于"缺勤"。这三种情况可以通过 LOOKUP 函数进行查询匹配。

公式中的 "{0,8,12}/24+F2" 部分生成了 3 个时间点，分别是当天的 0 点、早上 8 点和中午 12 点，以此作为 LOOKUP 函数查询的基准分隔点。在不同公司中使用这个公式，就可以根据各自规定的上班时间来修改这里的参数值。

与此类似，I2 单元格中可以使用以下数组公式：

```
{=IF(G2>5,"假期",LOOKUP(MAX(F2,IF(INT(D$2:D$13)<=F2,D$2:D$13)),{0,12,17}/24+F2,{"缺勤","早退","正常出勤"}))}
```

这个公式使用 "MAX(F2,IF(INT(D$2:D$13)<=F2,D$2:D$13))" 取得当天 24 点之前最晚一条打卡记录时间，然后根据这个时间判断当天下午半天的出勤情况。为了避免当天完全没有考勤记录，LOOKUP 查询出错，在 MAX 函数当中添加了 F2 作为参数，以此作为当天时间的临界限制。

公式中的 "{0,12,17}/24+F2" 部分也生成了 3 个时间点，分别是当天的 0 点、中午 12 点和晚上 24 点，修改这里的参数值就可以适应不同的场景变化。

将上述两个公式向下填充，就能得到这位员工每天的考勤情况，最终得到图 260-2 中的结果。

技巧 **261**　个人所得税计算

自 2011 年 9 月以后，个人所得税的计税规则由原有的 9 级税率调整为 7 级，各级征税区间和相应税率如表 261-1 所示：

表 261-1　　　　　　　　　　　　个税 7 级税率表

级　别	下　　限	上　　限	税　　率
1	0	1500	3%
2	1500	4500	10%
3	4500	9000	20%
4	9000	35000	25%
5	35000	55000	30%
6	55000	80000	35%
7	80000	80000+	45%

个税采用超额累进的计算方式，每个区间只以超额部分征收相应税费，不重复征税。

例如，某员工应纳税收入在减去起征点的免税额之后为 15 000 元，位于 9000～35000 的区间内，计算所得税时，要将 15000 按照 1～4 级的区间宽度进行拆分，拆分成：

```
15000=1500+3000+4500+6000
```

然后再将拆分后的数值与相应区间中的税率相乘再求和：

```
=1500*3%+3000*10%+4500*20%+6000*25%
=2745
```

在实际计算中，直接采用上述计算方式会比较复杂，因此通常采用速算扣除数的算法。每一级都有对应的速算扣除数，计算个税时，将应纳税收入乘以所在区间的税率，然后减去相应的速算扣除数，就能得到结果。各级速算扣除数如表 261-2 所示：

表 261-2　　　　　　　　　　　　速算扣除数

级　别	下　　限	上　　限	税　　率	速算扣除数
1	0	1500	3%	0
2	1500	4500	10%	105
3	4500	9000	20%	555
4	9000	35000	25%	1005
5	35000	55000	30%	2755
6	55000	80000	35%	5505
7	80000	80000+	45%	13505

仍以前述的 15000 元为例来计算个税，只需要找到其对应的 9000～35000 这档当中的税率和速算扣除数，就能直接计算：

```
=15000*25%-1005
=2745
```

如果使用 Excel 公式来计算个税，可以把前面的查表过程由人工转化为自动实现，更加高效。假定应纳税收入位于 A2 单元格中，可以使用下面的公式来计算，其中 3500 指的是个税起征点：

```
=LOOKUP(B2-3500,{0,1500,4500,9000,35000,55000,80000},(B2-3500)*{3,10,20,25,30,35,45}%-{0,105,555,1005,2755,5505,13505})
```

以上公式通过收入所在区间匹配到相应的税率和速算扣除数，然后依照之前提到的算法进行计算。

 注意　　　当应纳税收入小于 3500 的起征点时，此公式无法计算。

通过数学上的算法简化，上述公式可以优化为如下内容：

```
=MAX((B2-3500)*{3,10,20,25,30,35,45}%-5*{0,21,111,201,551,1101,2701},0)
```

以上优化后的公式在应纳税收入小于 3500 起征点时也能正常工作。

如果要计算年终奖的个人所得税，情况又有所不同。

计算年终奖个税时，要以应税收入除以 12 以后的金额来查表，得到对应的税率和扣除数，然后再进行税费计算。

以年终奖应纳税额为 24000 为例（假定当月工资薪金所得已经超过免税额），先要将 24000 除以 12，得到 2000，然后在表 261-2 中找到 2000 位于第二档 1500～4500 的范围内，取得相应的税率为 10%，速算扣除数为 105，然后再计算税金：

```
=24000*10%-105
=2295
```

根据这个计算方法，可以改造一下原有的个税计算公式，得到年终奖的个人所得税计算公式：

```
=MAX((B2>6000*{0,3,9,18,70,110,160})*(B2*{3,10,20,25,30,35,45}%-{0,105,555,1005,2755,5505,13505}),)
```

其中，"6000*{0,3,9,18,70,110,160}" 这部分得到的结果就是表 261-2 中各级下限的数值。

第 20 章　函数与公式综合能力提升

要用好函数公式，除了掌握基本的函数公式技巧套路外，还要学会从公式的角度思考问题。思路往往决定出路，还决定了函数公式的设计效率。本章将介绍一些函数公式设计中常用的巧妙思路和方法，帮助读者学会有技巧地使用函数公式，少走弯路，进一步提高函数公式的运用水平。

技巧 262　使用逻辑思维方式

262.1　去除多余判断

IF 函数的语法为：IF(logical_test,value_if_true,value_if_false)

IF 函数的第一参数用于判定真假，需要提供一个逻辑值（数值也能替代逻辑值）。逻辑值的来源可以是逻辑函数的运算结果，也可以是比较运算符的比较结果。由于编程语言上的习惯，有些用户常常会使用与下面两个公式相类似的公式：

```
=IF((A1=B1)=TRUE,"相同","不同")
=IF(ISNUMBER(B1)=TRUE,"数字","非数字")
```

实际上，公式中的 "=TRUE" 部分是多余的，A1=B1 本身就是一个逻辑等式，返回的就是逻辑值 TRUE 或 FALSE，无需再判断是否等于 TRUE。

公式可以简化为如下内容：

```
=IF(A1=B1,"相同","不同")
```

当 A1 和 B1 都是数值时，甚至可以是如下内容：

```
=IF(A1-B1,"不同","相同")
```

262.2　理清嵌套中的逻辑关系

当 IF 函数的第一参数为真时，返回第二参数，为假返回第三参数，如果第二、三参数包含了另外的逻辑判断嵌套，这时新的逻辑判断是在执行原有判断的基础上进行的。

例如，要根据绩效考评分划定等级，考评分低于 60 分为 "不可接受"，60~79 分为 "待改进"，80~89 分为 "良"，90~100 分为 "优"，假定考评分位于 A1 单元格中，以下有两种使用 IF 函数返回结果的方法：

（1）简单地堆积条件。分数在 60~79 分段时，表达为 AND(A1>=60,A1<80)，其他分数段类似。得到如下公式：

```
=IF(A1<60,"不可接受",IF(AND(A1>=60,A1<80),"待改进",IF(AND(A1>=80,A1<90),"良",IF(AND(A1>=90,A1<=100),"优"))))
```

这个公式虽然没有错误，但具有多个冗余嵌套判断。

（2）进行归纳整理。如果 A1 小于 60 条件不成立，即第一参数为假，则已经包含 A1>=60 为真的判定，因而第二参数中嵌套的 AND 函数的第 1 个条件是恒成立的，可以省去，简化的公式表达如下：

```
=IF(A1<60,"不可接受",IF(A1<80,"待改进",IF(A1<90,"良","优")))
```

从这个实例对比中可以看出，有效利用逻辑关系的嵌套可以合理简化公式。

262.3　预防逻辑关系嵌套错误

如果在公式算法的设计上就隐含错误，虽然算法能够被正确地运算，不会出现错误值，但运行后得不到正确的结果。常见的有以下几种情况：

（1）逻辑嵌套关系错乱，内层的逻辑条件包含于外层的逻辑条件中时，无法返回嵌套部分的结果。

例如，在上面的例子中，如果针对 A1 单元格中的绩效考评分写出下面的公式，将永远不会返回结果"通过"：

```
=IF(A1>=0,"不可接受",IF(A1>=60,"通过",""))
```

其中，第 1 个 IF 的判断条件 A1>=0 的逻辑范围包含了嵌套层中的 IF 条件 A1>=60，因而当 A1 单元格中的数值大于等于 0 时，均返回"不可接受"，而无法再进入内层嵌套进行条件判断。正确的公式应该如下：

```
=IF(A1>=60,"通过",IF(A1>=0,"不可接受",""))
```

（2）逻辑条件不完全封闭，对于未包含在现有逻辑判断中的条件没有给予相应的结果设定，导致返回计划外的结果。

例如，在上面的例子中，下面的公式就属于逻辑条件不完整的公式：

```
=IF(A1<60,"不可接受",IF(A1>=90,"优"))
```

公式未考虑 A1 单元格数值介于 60 ~ 90 之间的情况，如果 A1 数值在这个区间内，公式就会返回逻辑值 FALSE。如果不希望得到这样的结果，就要为这种情况设定相应的取值。假定要让这个区间的成绩显示结果为"其他"，就要修改公式如下：

```
=IF(A1<60,"不可接受",IF(A1>=90,"优","其他"))
```

262.4　逻辑关系巧变换

IF 函数往往用于判断"非此即彼、非彼即此"的问题，因此相同的逻辑表达可能存在两种不同的公式组织方式。

例如，如果 A1 单元格不大于 3，就返回 B1 的值，否则返回空文本。

据此可以写出如下公式：

```
=IF(A1<=3,B1,"")
```

也可以使用如下公式：

```
=IF(A1>3,"",B1)
```

第二个公式的含义是对原有表述的引申表达：大于 3 时返回空文本，否则返回 B1 的值。

再例如，如果 A1 单元格不大于 3，并且 B1 单元格的值大于 4，就返回 B1 的值，否则返回空文本。

据此可以写出如下公式：

```
=IF((A1<=3)*(B1>4),B1,"")
```

根据上面的逻辑表示，也可以引申为：如果 A1 大于 3，或者 B1 小于等于 4，就返回空文本，否则返回 B1 的值，由此可得如下公式：

```
=IF((A1>3)+(B1<=4),"",B1)
```

262.5　善用数据特性判断

例 1：当 A1、B1 都输入数据且不为 0 时，返回 A1/B1 的结果，否则返回空文本。可以得到如下公式：

```
=IF(AND(A1<>0,B1<>0),A1/B1,"")
```

根据其中的逻辑特性，以上公式可以简化为：

```
=IF(A1*B1,A1/B1,"")
```

思路解析：

第 1 个公式是根据题目表述的直接表达，而第 2 个公式则利用了两数乘积如果不为 0，必然两数都不为 0 的规律，再利用数值与逻辑值转换的规则，将 A1 与 B1 的乘积作为逻辑判断条件。

例 2：以 C1 单元格的值为关键字，在 A:B 列进行精确查找。常用如下公式：

```
=VLOOKUP(C1,A:B,2,0)
```

为了避免 A 列中没包含 C1 单元格值而返回 #N/A 错误的情况，通常可用如下公式：

```
=IF(ISNA(VLOOKUP(C1,A:B,2,0)),"",VLOOKUP(C1,A:B,2,0))
```

也可以简化成以下公式：

```
=IF(COUNTIF(A:A,C1),VLOOKUP(C1,A:B,2,0),"")
```

思路解析：如果 A 列中存在 C1 的值，COUNTIF 函数的结果就会大于 0，利用数值与逻辑值转换规则，就可以直接利用 COUNTIF 函数的运算结果作为 IF 函数的条件判断，来排除错误情况。

技巧 **263**　选择合适的函数组合

Excel 2013 中的内置函数多达 400 多个，就像一个庞大的工具库，但并非所有工具都适合解决眼前遇到的问题，选择合适的函数是公式设计者的首要任务之一。在面对问题时，对函数与公式比较熟练的用户总是会自觉想到对应的特定函数。

例如，排序问题经常要用到 SMALL、LARGE、RANK、COUNTIF 函数；多条件求和或计数通常会使用 SUMPRODUCT 函数；连续出现或频率计算通常都会用到 FREQUENCY 函数或 MODE 函数；不重复值的处理问题最常用的是 MATCH 函数和 COUNTIF 函数；三维引用和筛选状态下的公式处理通常都会使用 SUBTOTAL 函数；多个分支条件的选择处理则会用到 LOOKUP 函数或 CHOOSE 函数；数值的条件转换比较常用的是 TEXT 函数等。

要用这些函数编写正确且高效的公式，拥有良好的思维习惯和大局观远比熟练的函数技巧来得重要。

养成良好的思维习惯，可以抓住问题的关键，把握住解决问题的主要方向。而良好的大局观则可以选择合适的函数来高效地组合公式。

例 1：要在字符串"Microsoft Excel"中计算字母"c"出现的次数。以常规的思路考虑，可以通过 MID 函数依次取得字符串中的各个字符，然后统计其中字符为"c"的个数。

假定字符串位于 A1 单元格中，依照以上思考可以创建以下公式：

```
{=COUNT(1/(MID(A1,ROW(INDIRECT("1:"&LEN(A1))),1)="c"))}
```

如果换个角度考虑，将字符串中的所有字母"c"全部清除，然后将剩余的字符串长度与原字符串长度进行比较，所得的差值就是字符"c"的实际出现次数。

照此思路，则可以写出以下公式：

```
=LEN(A1)-LEN(SUBSTITUTE(A1,"c",""))
```

显然，这比前一个公式简洁了许多。

例 2：经纬度换算，要把 119.3624 度转换为度分秒的形式。

以常规思路考虑，这是一个 10 进制转换为 60 进制的数学换算问题。将小数部分乘以 60，所得的整数部分为"分"，剩余的小数部分再乘以 60，所得的整数部分为"秒"。

假定经纬度数据存放在 A1 单元格中，以上述思路可以写出以下转换公式：

```
=INT(A1)&"度"&INT((A1-INT(A1))*60)&"分"&ROUND(((A1-INT(A1))*60-INT((A1-INT(A1))*60))*60,2)&"秒"
```

以上公式虽然思路并不复杂，但编写较为繁琐。如果换个思路，考虑到时间的分秒也是 60 进制，可以借助时间序列值的格式转换实现 10 进制与 60 进制的换算。

按照以上思路，可以写出以下转换公式：

```
=TEXT(A1/24,"[h]度m分s.00秒")
```

以上公式将经纬度数据视为日期时间序列值，整数部分表示天数，小数部分为时间。将其用 TEXT 函数转换为时间格式，则可以表示为"×天×小时×分×秒"。如果将数值除以 24 小时，再用 TEXT 函数转换，则变化为"×小时×分×秒"，此格式与度分秒的进制一致，在格式代码中进行相应文字替换，就可以得到最终的转换结果。

例3：假定在 A1 单元格中存放着一个字符串"ZH-3124age(高级)-001H"，其中包含各类字符，要统计其中英文字母的个数。

以常规思路来考虑，Excel 中没有可以直接判断字符是否为字母的函数，要判断单元格中存放的是否为英文字母，通常会通过与字母 A 和字母 Z 进行比较得到结果。

依照这个思路可以写出如下公式：

```
=SUMPRODUCT((UPPER(MID(A1,ROW(1:99),1))<="Z")*(UPPER(MID(A1,ROW(1:99),1))>="A"))
```

其中 MID(A1,ROW(1:99),1) 部分用于依次取得 A1 字符串中的各个字符（包含冗余量），然后用 UPPER 函数将字母转换为大写字母，再分别与字母 A 和 Z 比较大小，在此区间内的即为字母。

除了这种常规思路外，还可以用另外一种更巧妙的方法：

```
{=COUNT(N(INDIRECT(MID(A1,ROW(1:99),1)&2^20)))}
```

或

```
{=COUNT(N(INDIRECT(MID(A1,ROW(1:99),1)&ROW()+1)))}
```

这个公式利用了 Excel 中的单元格地址引用方式。单元格地址的 A1 引用方式为字母和数字的组合，字母表示列标，数字表示行号。将单元格中的字符与数字进行组合，然后使用 INDIRECT 函数进行地址的引用，如果没有返回错误值，即可认为原单元格中的字符为字母。

 提示 ！　公式中的 2^20 是为避免产生循环引用而采用的冗余用法，如果在 Excel 2003 版中使用此公式，可将 2^20 替换为 2^16。

技巧 264　巧用逆向思维

俗话说，"上山容易下山难"，虽然走的是同一条道，但由于作用力的方式不同，造成了不同方向上的难易差距。人的思维方式也有类似的特点，正向思维通常都比逆向思维轻松且容易理解。但有些问题使用常规的正向思维不容易解决，而采用逆向的思维方法却往往可以找到捷径。

例1：图 264-1 的表格中包含了两行数据，要统计第一行中任意一个数据与第二行中任意一个数据相加以后的值为 100 的情况共有多少对。

	A	B	C	D	E	F	G	H	I	J	K
1	36	15	58	36	15	76	75	38	13	31	7
2	25	14	44	86	84	62	98	85	20	84	31

图 264-1　两组数据

如果用常规的思路去考虑这个问题，涉及数组元素两两组合的问题，可能会比较复杂。如果换个思路，从结果出发，假定两个数的和值为 100，那么用和值 100 减去其中的一个数，必定等于另一个数。

根据这个思路，利用 COUNTIF 函数可以很容易地写出以下这个公式：

```
{=SUM(COUNTIF(A1:K1,100-A2:K2))}
```

利用 COUNTIF 函数可以很方便地定位到满足组合要求的各数据位置。

例 2：统计从 1920～2014 年之间共有多少个闰年。

从常规的正向思维考虑，可以逐个判断 1920～2014 年间的年份是否为闰年，然后进行个数统计。例如，以下公式就是使用了这种思路，其中判断闰年的方法采用了最简单的方法之一：

```
{=COUNT(-(ROW(1920:2014)&"-2-29"))}
```

如果采用逆向思维，首先不考虑如何判断闰年，而是从结果出发，想到闰年的结果就是比普通的年份多了一天。通过计算这段时间内的总天数，除以 365 以后得到的余数就是多出来的天数，即闰年的个数。可以写出下面的计算公式：

```
=MOD("2015-1"-"1920-1",365)
```

例 3：在图 264-2 所示的进货清单表中，包含了"货品"、"产地"和"数量"3 个字段。现在要统计其中产地为"山东"、"新疆"和"山西"的苹果总共有多少数量。

	A	B	C
1	货品	产地	数量
2	苹果	山东	174
3	菠萝	海南	101
4	香蕉	海南	288
5	菠萝	广西	251
6	苹果	新疆	193
7	苹果	河南	282
8	香蕉	广东	180
9	苹果	山西	241
10	香蕉	福建	257
11	香蕉	广西	145

图 264-2　进货清单

用常规的思路来解决这个问题，通常都是使用 SUMPRODUCT 函数，将各条件依次整理为其中的参数，形成以下公式，结果为 608：

```
=SUMPRODUCT((A2:A11="苹果")*((B2:B11="山东")+(B2:B11="新疆")+(B2:B11="山西"))*C2:C11)
```

如果采用逆向的思维另辟蹊径，将满足以上条件的货品和产地进行组合，将可能产生的组合种类在原数据区域中进行查询就可以找到能够满足这些条件的组合。

根据这个思路，可以写出以下数组公式：

```
{=SUM(N(OFFSET(C1,MATCH("苹果"&{"山东";"新疆";"山西"},A2:A11&B2:B11,0),)))}
```

这个公式将各个字段的匹配条件组合在一起，从公式结构上看更加清晰，在公式修改维护上也更加简单。

 提示！　在 Excel 2007 以上版本中，也可以使用 SUMIFS 函数来解决这个多条件求和问题：

```
{=SUM(SUMIFS(C2:C11,A2:A11,"苹果",B2:B11,{"山东","新疆","山西"}))}
```

以上举了 3 个简单例子说明逆向思维在解决实际问题中的巧妙应用。要培养这样一种思维方法，学会使用逆向思维解决问题，仅凭学习这几个简单例子是远远不够的。

在实际问题面前，与其一味地套用固定模式去寻求解决方案，不如更多地尝试跳出局限、开拓思路，以积极思考的良好思维习惯作为开渠辟路的利器。

技巧 265　条条大路通罗马

Excel 2013 中可供选择的函数有 400 多个，不同函数的组合方式又千变万化。很多时候，解决一个问题的方法并不是唯一的，有许多不同的函数与公式组合可以达到相同的目的，正所谓"条条大路通罗马"。

265.1　功能类似的函数或组合

Excel 中的不少函数具有相似的功能，有些情况下可以相互替代。例如：

（1）在大多数情况下，RAND 函数可以替代 RANDBETWEEN 函数。取 10~100 之间的随机整数，可以分别用这两个函数设计公式：

```
=RANDBETWEEN(10,100)
=INT(RAND()*91+10)
```

（2）在大多数情况下，CEILING 函数可以替代 ROUNDUP 函数。将 A1 单元格中的数值沿绝对值增大方向进位到小数后两位，可以分别用这两个函数设计效果相同的公式：

```
=ROUNDUP(A1,2)
=CEILING(A1,0.01)
```

如果 A1 单元格中的数值可能存在负数的情况，则可以使用以下公式：

```
=CEILING(A1,SIGN(A1)*0.01)
```

与此类似，FLOOR 函数在大多数情况下也可以替代 ROUNDDOWN 函数。例如，在 A1 单元格只有正数的情况下，下面这两个公式效果相同：

```
=ROUNDDOWN(A1,2)
=FLOOR(A1,0.01)
```

而 TRUNC 函数的作用几乎与 ROUNDDOWN 函数完全一样。例如，下面这两个公式的效果完全相同：

```
=ROUNDDOWN(A1,3)
=TRUNC(A1,3)
```

TEXT 函数在许多情况下也可以替代 ROUND 函数的舍入进位功能。例如：

```
=--TEXT(A1,"0.00")
```

效果等价于：

```
=ROUND(A1,2)
```

FIXED 函数在大多数情况下也可以替代 ROUND 函数。例如：

```
=--FIXED(A1,3)
```

效果等价于

```
=ROUND(A1,3)
```

（3）进行条件求和条件计数运算时，SUMPRODUCT 函数在很多情况下可以替代 SUMIFS 函数和 COUNTIFS 函数。

例如，在图 265-1 所示的员工信息表中，如果要求所有考核成绩在 70～90 之间的经理们的基本工资总和，那么用 SUMIFS 函数设计公式，可以参考以下公式：

```
=SUMIFS(E2:E14,C2:C14,"经理",D2:D14,">=70",D2:D14,"<=90")
```

图 265-1　员工信息表

而如果用 SUMPRODUCT 函数来替代，则公式可以写作如下内容：

```
=SUMPRODUCT((C2:C14="经理")*(D2:D14>=70)*(D2:D14<=90),E2:E14)
```

如果要在此图中统计"销售部"当中考核成绩大于 70 的人数，使用 COUNTIFS 函数，可以使用以下公式：

```
=COUNTIFS(B2:B14,"销售部",D2:D14,">70")
```

如果用 SUMPRODUCT 函数来替代，公式可以写作以下内容：

```
=SUMPRODUCT((B2:B14="销售部")*(D2:D14>70)*1)
```

（4）SUMIF 函数的条件求和功能，在很多情况下也可以用 SUM+IF 函数组合的数组公式来替代。例如，要在图 265-1 中统计"市场部"的基本工资总和，可以使用以下公式：

```
=SUMIF(B2:B14,"市场部",E2:E14)
```

如果使用 SUM 函数+IF 函数的组合，可以写成以下数组公式：

```
{=SUM(IF(B2:B14="市场部",E2:E14))}
```

类似地，AVERAGEIF 函数在很多情况下也可以使用 AVERAGE+IF 函数组合的数组公式来替代。例如，要在图 265-1 中统计"助理"们的平均考核成绩，可以使用以下公式：

```
=AVERAGEIF(C2:C14,"助理",D2:D14)
```

如果要使用 AVERAGE +IF 函数的组合，可以写成以下数组公式：

```
{=AVERAGE(IF(C2:C14="助理",D2:D14))}
```

（5）EDATE 函数、EOMONTH 函数的功能，也可以用 DATE 函数来实现。

（6）MAX 函数、MIN 函数的功能，可以用 LARGE 函数、SMALL 函数、QUARTILE 函数来实现。

（7）IF 函数的功能，有时也可以用 CHOOSE 函数来实现。

诸如此类的情况还有很多，Excel 函数的使用相当灵活。

265.2　完成相同功能的公式组合

对于相同的问题，出于不同的思路或是使用类似功能的函数，也可以构造出不同的公式来解决。

要对图 265-1 中 D 列的绩效考核成绩进行排名，可以在旁边的空白单元格中输入公式，然后向下填充，至少有以下几种公式适用：

```
=RANK(D2,D$2:D$14)

=COUNTIF(D$2:D$14,">"&D2)+1

{=SUM(N(D$2:D$14>D2))+1}

=SUMPRODUCT((D$2:D$14>D2)*1)+1

=COUNT(D$2:D$14)-FREQUENCY(D$2:D$14,D2)+1
```

	A	B	C	D	E	J
1	姓名	部门	职位	绩效考核	基本工资	绩效排名
2	霍顺	人事部	经理	93	7500	2
3	马珂燕	人事部	助理	92	4000	3
4	孙蕾	财务部	经理	88	7500	6
5	荣锦芳	财务部	主管	79	5000	9
6	陆千峰	行政部	经理	91	7500	4
7	马魏	行政部	助理	85	4000	7
8	乔森圆	市场部	经理	89	7500	5
9	杨欢涛	市场部	主管	62	5000	12
10	邓娴	市场部	助理	79	4000	9
11	俞兰敏	销售部	经理	95	5000	1
12	顾锦林	销售部	经理	82	5000	8
13	邵顺文	销售部	经理	65	5000	11
14	陶钢	销售部	主管	55	3000	13

图 265-2　绩效排名

排名结果如图 265-2 中的 J 列所示。

条条大路通罗马，同样的问题可以用不同方法来解决，这就意味着只要想到其中的一种方法就可以有办法解决。遇到难题时，不妨多尝试使用不同的方法，说不定其中就有一条合适的解决之道。

技巧 266　错误值的利用

由于某些计算原因，Excel 公式无法返回正确结果，会返回错误值。错误值一般有 8 种，包括 #####、#DIV/0!、#N/A、#NAME?、#NULL!、#NUM!、#REF!和#VALUE!。

错误值被许多人视为洪水猛兽，坚决规避错误值的出现。其实在很多时候，公式运算的中间过程中出现错误值并不可怕，相反，有些时候还可以利用错误值进行一些特殊的运算处理。

例 1：A1:A10 单元格中存放着一些数值，要统计其中不重复的数值个数，可以使用如下公式：

```
=COUNT(1/FREQUENCY(A1:A10,A1:A10))
```

在这个公式中，FREQUENCY 函数所产生的数组结果中，不为零的项目个数即为最终所求的结果。为了取得其中不为零的数据个数，将此结果求其倒数，使得其中为零的项产生错误值#DIV/0!，然后利用 COUNT 函数可以忽略错误值的特性，得到其中不为零的项目数。

例 2：计算 1920 年~2014 年间的闰年数量，可以使用以下数组公式：

```
{=COUNT(--(ROW(1920:2014)&"-2-29"))}
```

以上公式利用了日期值进行数学运算时会自动转换为序列值的特性。通过文本连接形成日期形式的字符串，对于确实存在的闰年日期，使用两个连续的负号 "--" 可以将其转换为日期序列值；而对于非闰年中不存在的 2 月 29 日，则因为文本型数据不能参与数学运算而返回错误值#VALUE!。最后通过 COUNT 函数忽略其中的错误值，提取出闰年的个数。

例 3：要在图 266-1 所示的销售记录表中查找"马珂燕"最后一笔订单的订购日期，可以使用以下公式：

```
=LOOKUP(1,0/(A2:A14="马珂燕"),B2:B14)
```

LOOKUP 函数通常要求其第二参数按升序排列才能有效地进行查询。而在这个例子中，通过以(A2:A16="王海")作为除法运算中的除数，使得 A 列中不是王海的所在行返回#DIV/0!的错误值，利用这个错误值来排除不匹配数据的干扰，只留下满足匹配条件的数据，再利用 LOOKUP 的查询算法特性，就能找到最后一项满足匹配条件的对应项。

例 4：技巧 254 中介绍了一种判断字符是否为英文字母的特殊方法，假设要计算 A1 单元格的字符串中包含多少个英文字母，即可用以下数组公式计算：

```
{=COUNT(N(INDIRECT(MID(A1,ROW(1:99),1)&2^20)))}
```

	A	B	C
1	业务员	订购日期	订单量
2	马珂燕	2014/3/5	111
3	马珂燕	2014/3/13	180
4	陆千峰	2014/3/22	264
5	马珂燕	2014/4/1	107
6	霍顺	2014/4/7	184
7	荣锦芳	2014/4/11	206
8	马珂燕	2014/4/20	117
9	马珂燕	2014/4/27	230
10	荣锦芳	2014/5/2	112
11	陆千峰	2014/5/12	191
12	霍顺	2014/5/20	189
13	马珂燕	2014/5/30	109
14	霍顺	2014/6/11	126

图 266-1　销售记录表

字母&数字的组合可以形成单元格的地址，使用 INDIRECT 函数可以引用到具体的单元格，形成返回值。而对于非字母的情况，INDIRECT 函数则会返回错误值#REF!。由这两种不同结果就可以区分字符串中的各个字符是否为英文字母。

> 公式中的 2^20 是为避免产生循环引用而采用的冗余用法，如果在 Excel 2003 版中使用此公式，可将 2^20 替换为 2^16。

技巧 267　冗余数据的运用

所谓"冗余数据"，是指为了避免公式中可能出现的错误或异常数据，而人为设置的余量数据或超大数据。使用冗余数据后，可以使公式在一定条件范围下保证通用性和容错性，避免或减轻额外增加公式排错处理的麻烦。

例 1：如图 267-1 所示，A 列中包含了一组字符串，其中都包含数字，如果要将字符串中第一个数字左侧的字符串提取出来，生成 B 列结果，通常的方法是使用 FIND 函数，从 0～9 依次查找每个数字在字符串中出现的位置，其中的最小值就是最早出现数字的位置，然后使用 LEFT 函数提取字符串。B2 单元格的公式可以写作如下内容：

	A	B
1	编码	提取数字前的字符串
2	浙A3142D	浙A
3	GB230145FGR	GB
4	ISBN31245672	ISBN
5	TPLINK1825CU	TPLINK
6	GPU8421.5G	GPU

图 267-1　提取数字前的字符串

```
{=LEFT(A2,MIN(IF(ISNUMBER(FIND(ROW($1:$10)-1,A2)),FIND(ROW($1:$10)-1,A2)))-1)}
```

因为字符串当中有些数字不存在，因此使用 FIND 函数依次查找 0～9 的时候会产生错误值，所以需要使用 ISNUMBER 函数进行错误值的排除处理，公式比较繁琐。如果引入冗余数据，可以先在字符串末尾增加 0～9 这 10 个数字，使得 FIND 函数不会产生错误值，而且也不影响最早出现数字的位置判断，修改公式如下：

```
{=LEFT(A2,MIN(FIND(ROW($1:$10)-1,A2&"0123456789"))-1)}
```

这个公式就比原公式简单了不少。其中的字符串"0123456789"还可以用5＾19或1/17来替代，其原理是这两个数值运算结果中都包含了0～9全部10个数字，用以下两个表达式来替代，可以缩短公式的长度：

```
{=LEFT(A2,MIN(FIND(ROW($1:$10)-1,A2&1/17))-1)}
```

或

```
{=LEFT(A2,MIN(FIND(ROW($1:$10)-1,A2&5^19))-1)}
```

要获取字符串当中首次出现数字的位置，还有一种思路是依次提取字符串中的每一个字符，然后用 ISNUMBER 函数或其他方法判断是否为数字，再用 MATCH 函数找到其中最早出现的那个位置。

例如，在以上例子中，也可以使用以下公式：

```
{=LEFT(A2,MATCH(TRUE,ISNUMBER(-MID(A2,ROW($1:$99),1)),0)-1)}
```

以上公式中的 ROW($1:$99)表示依次提取字符串中第1～99个字符，这里的数值99也是一种冗余数据的用法，其假设前提是 A2 单元格中的字符串长度不超过99个字符。如果有必要，也可以将这个数字预留得更大，以容纳 A2 单元格字符串长度更长的情况出现。

这种冗余数据用法也是字符串提取公式当中的常用方法，使用这样的虚数冗余，不再需要事先判断字符串的实际长度。

例2：图 267-2 的 A 列中显示了一组部门清单，其中有些部门重复出现。如果希望用公式提取出其中的不重复清单列表，生成 C 列的结果，以下是一种常用的公式做法，C2 单元格中的公式如下：

```
{=INDEX(A:A,MIN(IF(COUNTIF(C$1:C1,$A$2:$A$13),2^20,ROW($2:$13)
)))&""}
```

以上公式通过 C 列的清单与 A 列中的数据源相对比，每次提取其中尚未出现过的数据。当公式向下填充到 C7 单元格时，此时 C 列当中的所有不重复数据都已提取完毕，MIN 函数的结果就是公式中的冗余数据2＾20。

图 267-2　不重复清单的提取

2＾20 的运算结果为 1048576，就是 Excel 2013 中的最大行号，这个公式的假设前提就是 A1048576 单元格中不含数据内容（使用到表格最末一行的机会非常小），此时 INDEX 函数的引用对象就是这个 A 列当中的最末单元格，与空文本使用&符号连接以后可以返回一个空白单元格。这样就不会在 C7 单元格中出现异常数据，而是显示空白，公式继续向下填充时，结果同样如此。

如果在 Excel 2003 中使用这个公式，由于 2003 所支持的最大行号为 65536，因此公式中需要把2＾20替换为2＾16，即 65 536。

在公式中，如果出现 65 536、2＾16 或 2＾20 等数值，通常都是运用了此类冗余数据的做法。

这个例子还有一种做法，是在 C2 单元格中使用以下数组公式并向下填充：

```
{=INDEX(A:A,1+MATCH(0,COUNTIF(C$1:C1,$A$2:$A$14),0))&""}
```

以上公式使用 MATCH 函数依次查找 A 列当中尚未出现在 C 列的数据。其中，A 列数据源的引用中使用了$A$2:$A$14 而非实际数据所在区域$A$2:$A$13，这也是一种冗余数据的用法，其假设前提是 A14 单元格是空白单元格。这样，引用区域的末尾增加一个空白单元格，使得当公式即使填充到 C7 单元格以下，COUNTIF 函数的返回结果始终能够包含数值 0（COUNTIF 函数能区分"真空"单元格和包含空文本的单元格），然后通过 MATCH 函数的查询和 INDEX 函数的引用，就能定位到这个 A14 空白单元格，在公式返回结果中显示空白。

例 3：图 267-3 的 A 列中包含了一些英文语句，如果希望用公式将其中的每一个英文单词依次提取出来，形成 B:H 列这样的结果。可以在 B2 单元格中输入以下公式并向右向下填充公式：

```
=TRIM(MID(SUBSTITUTE($A2," ",REPT(" ",99)),99*COLUMN(A1)-98,99))
```

字符串	分段提取						
Laughter is the shortest distance between people	Laughter	is	the	shortest	distance	between	people
Today is an opportunity to get better	Today	is	an	opportunity	to	get	better
I am my own worst enemy	I	am	my	own	worst	enemy	

图 267-3　字符串分段提取

以上公式中也使用了一种比较特殊的冗余方法。要根据字符串中的空格分段提取空格之间的各个单词。由于单词长短不一，很难直接定位。在这个公式的解法中，将单个空格替换为大量连续的空格（99 个空格，其假设前提是单词的长度远小于 99），这些空格起到隔离保护的作用。然后按照每段长度为 99，将其中的字符串提取出来，这样分段提取的位置绝大多数情况下会落在用于保护的空格之间，而非单词的字母中间。提取出来的字符串中包含了大量的连续空格，再用 TRIM 函数清理掉多余的空格，剩下最终需要提取的目标文本。

技巧 268　加权和组合的运用

在不少公式中，经常会出现一组数据与 10 的 n 次幂相乘的片段，大多数情况下，这表示这些公式中运用了加权组合的技巧。所谓的"加权"，指的就是在几组不同的变量因素中人为加入一些比例系数，使其中某些变量因素对最终排名的影响力发生改变，而"权值"指的就是加入到变量中能够改变其比例轻重的系数。

在 Excel 中，加权的算法主要用于将优先级各有高低的多组条件合成为一组条件，形成排序以后再进行拆分。通常运用于多条件排序、二维区域查询等场景中。加权技巧的关键包含两部分内容，一是权值的确定，即各变量优先级的确定；二是加权的组合和分离。

例 1：图 268-1 所示的销售数据清单中包括每个销售人员的销售数量和销售利润两组数据。现在希望对人员的销售业绩进行排名，排名的规则是先看销售数量的多少进行排名，在数量相同的情况下，再根据销售利润的多少来决定名次。算出排名后，希望在旁边的空白列中根据排名大小情况依次罗列各个业务员姓名。

	A	B	C
1	业务员	销售数量	销售利润
2	马珂燕	696	23281
3	霍顺	617	19084
4	陆千峰	584	19171
5	荣锦芳	570	17402
6	孙蕾	593	18325
7	马巍	617	21673
8	乔森圆	605	20023
9	杨欢涛	514	16315
10	邵顺文	605	22806
11	顾锦林	617	21316
12	俞兰敏	633	23898
13	陶钢	594	18871
14	邓娴	648	21663

图 268-1　销售数据清单

这是一个典型的多条件排序问题，可以在旁边空白列的第二行中输入以下数组公式，然后向下填充：

```
{=INDEX(A:A,RIGHT(LARGE(B$2:B$14*10^7+C$2:C$14*10^2+ROW($2:$14),ROW(1:1)),2))}
```

公式运算结果如图 268-2 中的 E 列所示：

以上公式中的"B$2:B$14*10^7+C$2:C$14*10^2+ROW($2:$14)"部分就是其中的加权组合部分。

其中 B 列的销售数量排序优先级最高，因此权重也最高，乘以最大的系数；C 列的销售额排序优先级较低，权重较低，所乘的系数也较小；最后的加权部分是这组数据所在的行号，用于获取 A 列中的人员姓名。

这三个加权部分在与权值进行乘法运算时，需要根据本身所占的数字位数相互隔离，避免产生干扰。例如，这个例子中的行号没有超过两位数，因此 C 列与行号的权值位数差设为 2，只要把 C 列的数值乘上 10 的 2 次方，再与行号进行组合，就不会产生互相干扰问题。同样道理，C 列的销售利润没有超过 5 位数的，因此 B 列的权值与 C 列的权值位数差可以设为 5，B 列只要乘以 10 的 7 次方（7=2+5）就能与 C 列进行加权组合。

	A	B	C	D	E
1	业务员	销售数量	销售利润		综合排名
2	马珂燕	696	23281		马珂燕
3	霍顺	617	19084		邓娴
4	陆千峰	584	19171		俞兰敏
5	荣锦芳	570	17402		马巍
6	孙蕾	593	18325		顾锦林
7	马巍	617	21673		霍顺
8	乔淼圆	605	20023		邵顺文
9	杨欢涛	514	16315		乔淼圆
10	邵顺文	605	22806		陶钢
11	顾锦林	617	21316		孙蕾
12	俞兰敏	633	23898		陆千峰
13	陶钢	594	18871		荣锦芳
14	邓娴	648	21663		杨欢涛

图 268-2　业务员综合排名

同时，需要注意的是，所有数据与权值组合后，总的数据位数不能超过 15 位有效数字，否则某些数据将会在后续运算中被遗漏，而影响结果。

公式中的 RIGHT 函数用于将权值组合按大小排序以后的数据进行分离，得到其中的行号部分，用来索引到具体的销售人员姓名。使用加权的技巧通常都会包含组合和分离这两个关键的组成部分，组合用于将多源的信息进行迭加，而分离则可以取得其中关键的有用信息。

注意 与以上加权组合用法类似的是用在计算排名名次的场合中，具体可以参阅技巧 249。

另外，还有一种与多条件加权的用法比较相似的方法，就是通过将行号和列号进行加权组合，再使用 TEXT 函数转换为 R1C1 引用的样式，最后通过 INDIRECT 函数索引到相应的单元格位置。例如下面这个例子。

例 2：在图 268-3 所示的绩效分统计表当中，人员和绩效分分成多列存放。如果要用公式获取其中绩效排名前五的人员姓名，可以在空白单元格中输入以下数组公式，然后向下填充：

```
{=INDIRECT(TEXT(RIGHT(LARGE(IF(B$2:F$7<"A",B$2:F$7)*100+ROW($2:$7)*10+COLUMN(B:F)-1,ROW(1:1)),2),"R0C0"),0)}
```

在这个公式中，"IF(B$2:F$7<"A",B$2:F$7)"部分利用了数字在 ASCII 码中比"A"小的特性，可以取得所有的绩效分，这部分权重最高，是排序的首要依据；然后将这个数据与行号及列号进行组合，形成一组编码，其中行号和列号位于编码的最低位。接下来，用 LARGE 函数就可以依次取得前五个最大的组合数据，其末两位所带的编码就是相应人员所在的单元格行列号。使用 RIGHT 函数取得这两位编码，再用 TEXT 函数将其转换为 INDIRECT 函数可以引用的 R1C1 单元格地址形

式，就可以最终取得相应的人员姓名。

公式结果如图 268-4 中的 H 列所示：

	A	B	C	D	E	F
1	市场部	绩效分	财务部	绩效分	研发部	绩效分
2	马珂燕	64	马巍	98	俞兰敏	86
3	霍顺	62	乔森圆	51	陶钢	68
4	陆千峰	69	杨欢涛	89	邓娴	59
5	荣锦芳	99	邵顺文	61	苏桥	97
6	孙蕾	66	顾锦林	88	谢兰丽	67
7	王海	64	金汪洋	51	关鸿鸣	52

图 268-3　多列数据查询

	A	B	C	D	E	F	G	H
1	市场部	绩效分	财务部	绩效分	研发部	绩效分		前五名
2	马珂燕	64	马巍	98	俞兰敏	86		荣锦芳
3	霍顺	62	乔森圆	51	陶钢	68		马巍
4	陆千峰	69	杨欢涛	89	邓娴	59		苏桥
5	荣锦芳	99	邵顺文	61	苏桥	97		杨欢涛
6	孙蕾	66	顾锦林	88	谢兰丽	67		顾锦林
7	王海	64	金汪洋	51	关鸿鸣	52		

图 268-4　前五位排名结果

在此类公式中，由于 R1C1 引用样式总是行号在前列号在后，因此在进行组合时总是将行号数据放在高位，将列号数据放在低位。

技巧 269　使用辅助操作简化问题

在本书的大部分技巧中，都只使用了单个公式来解决问题，但在实际工作应用中，许多情况下并没有限制用户只能使用单个公式来完成操作。写出又长又复杂的公式也许可以体现出函数与公式的水平，但面对实际问题，快速而高效地解决问题才是最为重要的目标。在许多情况下，使用辅助单元格和辅助公式比使用单个公式求解要简单容易得多。

例如如图 269-1 所示的身份证号码清单，技巧 250 中介绍了使用单个公式提取出生日期的方法，但如果对不太能够理解和掌握那种方法，也可以分解成更为简单易懂的多步操作来实现：

	A	B
1	业务员	身份证号码
2	霍顺	210345198408032274
3	马珂燕	320132195712131146
4	孙蕾	230241197907132344
5	荣锦芳	370222731106024
6	陆千峰	339005198012291312
7	马巍	330227198306027357
8	乔森圆	511026610309672
9	杨欢涛	339005197705293242
10	邓娴	510321198605120043
11	俞兰敏	513902891102138
12	顾锦林	432302197502108516
13	邵顺文	513901198610030344
14	陶钢	620102197301193418

图 269-1　身份证号

Step 1　在 C 列当中，先对身份证号码的位数进行判断：

```
=LEN(B2)
```

Step 2　在 D 列提取出 18 位号码的生日信息：

```
=MID(B2,7,8)
```

Step 3　在 E 列提取出 15 位号码的生日信息：

```
=19&MID(B2,7,6)
```

Step 4　在 F 列，根据 C 列中的位数来提取 D 列或 E 列的结果：

```
=IF(C2=18,D2,E2)
```

Step 5　将 F 列提取的结果转换为真正的日期数据：

```
=--TEXT(F2,"0-00-00")
```

上述 5 个步骤完成后，形成图 269-2 所示的表格，其中 G 列就是最终所要的结果。

	A	B	C	D	E	F	G
			1	2	3	4	5
1	业务员	身份证号码	位数	18位的情况	15位的情况	自动判断	转换
2	霍顺	210345198408032274	18	19840803	19198408	19840803	1984/8/3
3	马珂燕	320132195712131146	18	19571213	19195712	19571213	1957/12/13
4	孙蕾	230241197907132344	18	19790713	19197907	19790713	1979/7/13
5	荣锦芳	370222731106024	15	73110602	19731106	19731106	1973/11/6
6	陆千峰	339005198012291312	18	19801229	19198012	19801229	1980/12/29
7	马巍	330227198306027357	18	19830602	19198306	19830602	1983/6/2
8	乔森圆	511026610309672	15	61030967	19610309	19610309	1961/3/9
9	杨欢涛	339005197705293242	18	19770529	19197705	19770529	1977/5/29
10	邓娴	510321198605120043	18	19860512	19198605	19860512	1986/5/12
11	俞兰敏	513902891102138	15	89110213	19891102	19891102	1989/11/2
12	顾锦林	432302197502108516	18	19750210	19197502	19750210	1975/2/10
13	邵顺文	513901198610030344	18	19861003	19198610	19861003	1986/10/3
14	陶钢	620102197301193418	18	19730119	19197301	19730119	1973/1/19

Sheet1

图 269-2　通过多个步骤得到最终结果

上面的过程虽然步骤不少，但是每次用到的公式基本上只有一个函数构成，十分简单易懂，对公式技能水平的要求不高，只要用户简单掌握几个关键函数就能解决问题。

这种方法为初级用户编写和理解公式都提供了便利，也是初级用户在学习函数公式过程中的有益桥梁。逐步熟悉这些函数的应用之后，如果想要编写一个独立的函数公式来一步到位地实现结果，只需要将几个步骤中的公式合理地组合起来即可。

第六篇

数据可视化技术

大数据时代来临，如何将纷杂、枯燥的数据以图形的形式表现出来，并从不同的维度观察和分析，显得有尤为重要。本篇将重点介绍数据可视化技术：Excel 的条件格式功能和强大的 Excel 图表功能。

第 21 章　使用智能格式化表达数据分析结果

使用 Excel 的条件格式功能，可以预先设置一种单元格格式或图形效果，并在指定的某种条件被满足时自动应用于目标单元格。如果单元格的值发生变化，则其对应的格式也会根据情况自动改变。本章主要讲述使用“数据条”、“色阶”、“图标集”等图形化功能来展示数据分析的结果，以及用预定义格式来快速标记包含重复值、特定日期或特定文本的单元格的技巧。

技巧 270　用“数据条”样式指示业务指标缺口

如图 270-1 所示，左侧是一张普通的数据表格，右侧是使用条件格式“数据条”样式后的效果。使用“数据条”样式达到了简易图表的效果，使数据更直观地呈现。参照以下步骤操作可以实现这样的效果。

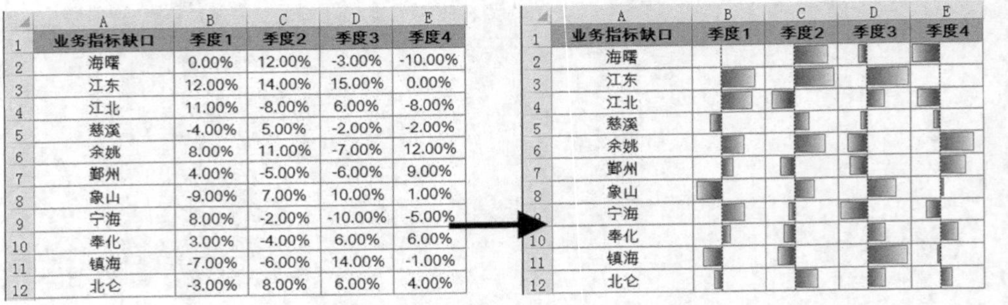

	A	B	C	D	E
1	业务指标缺口	季度1	季度2	季度3	季度4
2	海曙	0.00%	12.00%	-3.00%	-10.00%
3	江东	12.00%	14.00%	15.00%	0.00%
4	江北	11.00%	-8.00%	6.00%	-8.00%
5	慈溪	-4.00%	5.00%	-2.00%	-2.00%
6	余姚	8.00%	11.00%	-7.00%	12.00%
7	鄞州	4.00%	-5.00%	-6.00%	9.00%
8	象山	-9.00%	7.00%	10.00%	1.00%
9	宁海	8.00%	-2.00%	-10.00%	-5.00%
10	奉化	3.00%	-4.00%	6.00%	6.00%
11	镇海	-7.00%	-6.00%	14.00%	-1.00%
12	北仑	-3.00%	8.00%	6.00%	4.00%

图 270-1　数据表格使用“数据条”样式前后对比

Step 1	选中 B2:E12 单元格区域。
Step 2	在【开始】选项卡中依次单击【条件格式】→【数据条】→【浅蓝色数据条】选项，如图 270-2 所示。 此时，B2:E12 单元格区域应用了“数据条”样式，并同时保留有数值数据。如果需要隐藏其中的数值显示而仅保留“数据条”样式，需要进一步设置。
Step 3	保持 B2:E12 单元格区域处于选中状态，然后在【开始】选项卡中依次单击【条件格式】→【管理规则】选项，打开【条件格式规则管理器】对话框。
Step 4	选中现有的“数据条”规则，然后单击【编辑规则】按钮，打开【编辑格式规则】对话框，勾选【仅显示数据条】复选框，单击【确定】按钮，关闭【编辑格式规则】对话框。

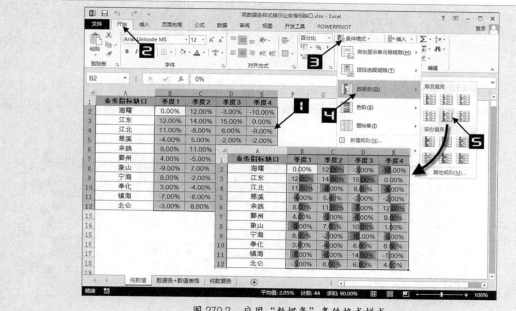

图 270-2　应用"数据条"条件格式样式

Step ⑤　单击【确定】按钮，关闭【条件格式规则管理器】对话框，如图 270-3 所示。

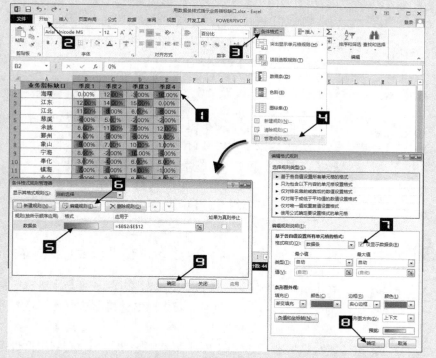

图 270-3　仅显示数据条

此时，B2:E12 单元格区域的数值数据已不再显示，仅保留"数据条"样式，其中浅蓝色数据条代表正数，红色数据条代表负数。

技巧 **271**　双向标记与平均值的偏离值

故障修复平均时长是考核一个网络服务提供商售后服务质量的重要指标。图 271-1 中的右图对"与市平均历时比较"字段使用了"数据条"样式，直观呈现了各部门与市平均历时之间的差距。具体操作步骤如下。

	A	B	C	D
1	部门	障碍数	平均修复时长	与市平均历时比较
2	定陶	187	11.28	0.13
3	彭城	165	14.38	3.23
4	沛县	157	7.42	-3.73
5	咸阳	726	8.76	-2.39
6	荥阳	155	12.97	1.82
7	栗城	1456	12.30	1.15
8	茂县	541	11.99	0.84
9	陀城	254	8.65	-2.50
10	麋阳	265	8.60	-2.55
11	岚署	232	10.56	-0.59
12	巨鹿	145	12.53	1.38
13	石堰	541	12.30	1.15
14	全市	4824	11.15	-

	A	B	C	D
1	部门	障碍数	平均历时	与市平均历时比较
2	定陶	187	11.28	0.13
3	彭城	165	14.38	3.23
4	沛县	157	7.42	-3.73
5	咸阳	726	8.76	-2.39
6	荥阳	155	12.97	1.82
7	栗城	1456	12.30	1.15
8	茂县	541	11.99	0.84
9	陀城	254	8.65	-2.50
10	麋阳	265	8.60	-2.55
11	岚署	232	10.56	-0.59
12	巨鹿	145	12.53	1.38
13	石堰	541	12.30	1.15
14	全市	4824	11.15	-

图 271-1　使用数据条样式前后效果对比

Step **①**	选中 D2:D13 单元格区域，在【开始】选项卡中依次单击【条件格式】→【新建规则】选项，打开【新建格式规则】对话框。
Step **②**	选择【基于各自值设置所有单元格的格式】规则类型，然后在【格式样式】下拉列表中选择【数据条】选项。
Step **③**	将【最小值】设置为"数字-4"，将【最大值】设置为"数字 6"。
Step **④**	在【条形图外观】区域的【填充】下拉列表中选择【实心填充】选项，并在【颜色】下拉列表中选择"红色"，保持默认的【无边框】设置，然后在【条形图方向】下拉列表中选择【从左到右】。 "正值"表示"修障平均历时"大于"市平均历时"，因此设置为"红色"比较合适。【条形图方向】设置为"从左到右"，意味着负值条形图在左侧，正值条形图在右侧。
Step **⑤**	单击【负值和坐标轴】按钮，打开【负值和坐标轴设置】对话框。
Step **⑥**	在【负值条形图填充颜色】区域选择【填充颜色】单选项，并将颜色设置为"绿色"，在【坐标轴设置】区域保持默认设置，即选择【自动（基于负值显示在可变位置）】选项。
Step **⑦**	【坐标轴设置】选择【自动】，意味着坐标轴位置将根据步骤 3 设置的【最小值】和【最大值】的绝对值，按比例来确定位置。
Step **⑧**	单击【确定】按钮，关闭【负值和坐标轴设置】对话框，单击【确定】按钮，关闭【新建格式规则】对话框，如图 271-2 所示。

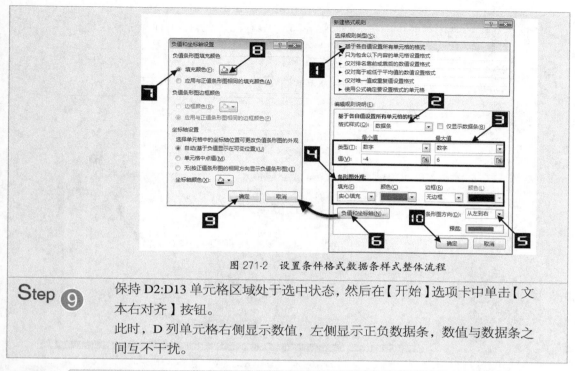

图 271-2　设置条件格式数据条样式整体流程

Step ⑨ 保持 D2:D13 单元格区域处于选中状态，然后在【开始】选项卡中单击【文本右对齐】按钮。

此时，D 列单元格右侧显示数值，左侧显示正负数据条，数值与数据条之间互不干扰。

提示！ 在本例中，设置【最小值】和【最大值】的目的在于压缩数据条，将【最大值】设置为 6，远大于实际的最大值 3.23，于是为右侧数值的显示争取了空间。

技巧 272　用"色阶"样式指示财务数据状态

如图 272-1 所示，左侧是普通的数据表格，右侧是使用条件格式"色阶"样式后的效果。使用"色阶"样式后，数值的大小可以直接通过颜色表现出来，用于标示当前数据处于警戒状态还是良好状态，既美观又直接。要想给数据区域应用"色阶"样式，可以按照以下步骤操作。

	A	B	C
1	支局	业务收入/万元	营销费用/万元
2	月湖支局	3454.88	1451.0496
3	鼓楼支局	3525.49	1551.2156
4	江夏支局	4622.03	2079.9135
5	文教支局	4503.42	1531.1628
6	明楼支局	4979.46	2141.1678
7	白云支局	4299.92	1504.972
8	孝文支局	3042.52	1156.1576
9	紫鹏支局	4841.59	2081.8837
10	黄鹤支局	2262.14	836.9918
11	坎墩支局	2086.44	730.254

	A	B	C
1	支局	业务收入/万元	营销费用/万元
2	月湖支局	3454.88	1451.0496
3	鼓楼支局	3525.49	1551.2156
4	江夏支局	4622.03	2079.9135
5	文教支局	4503.42	1531.1628
6	明楼支局	4979.46	2141.1678
7	白云支局	4299.92	1504.972
8	孝文支局	3042.52	1156.1576
9	紫鹏支局	4841.59	2081.8837
10	黄鹤支局	2262.14	836.9918
11	坎墩支局	2086.44	730.254

图 272-1　数据表格使用"色阶"样式前后的对比

Step ① 选中需要应用"色阶"样式的单元格区域，如 **B2:B11** 单元格区域。

Step ② 在【开始】选项卡中依次单击【条件格式】→【色阶】→【绿-黄-红色阶】
选项，对选中区域应用"色阶"样式，如图 272-2 所示。

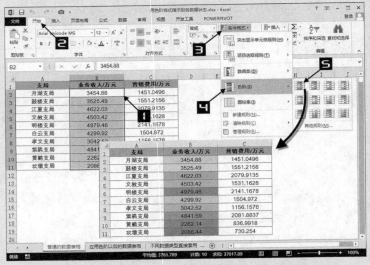

图 272-2　为数据表设置"色阶"样式

"绿-黄-红色阶"样式，即数值大的显示绿色，数值小的显示红色，应用于
"业务收入/万元"字段，标示数据处于良好状态还是警戒状态非常合适。

Step ③ 参照步骤 1、步骤 2，为 **C2:C11** 单元格区域应用【红-黄-绿色阶】样式，
最后效果如图 272-1 右侧图所示。
"红-黄-绿色阶"样式，即数值大的显示红色，数值小的显示绿色，应用于
"营销费用/万元"字段非常合适。

支局	业务收入/万元	营销费用/万元
月湖支局	3454.88	1451.0496
鼓楼支局	3525.49	1551.2156
江夏支局	4622.03	2079.9135
文教支局	4503.42	1531.1628
明楼支局	4979.46	2141.1678
白云支局	4299.92	1504.972
孝文支局	3042.52	1156.1576
紫鹏支局	4841.59	2081.8837
黄鹏支局	2262.14	836.9918
坎墩支局	2086.44	730.254

图 272-3　为不同数据类型数据应用同一"色阶"样式

 注意！ 设置"数据条"样式或"色阶"样式时，选中的数据区域应该是
同类型的数据。否则，可能会因为不同类型数据之间数值大小偏
差过大而仅能区分数据的类型，并不能凸显同类型数据中各数据
的相对大小。如图 272-3 所示，对"业务收入/万元"、"营销费用/
万元"两种不同的数据应用了同一条"色阶"条件格式，无法有
效凸显同列数据间的大小差异。

技巧 **273**　用 "红绿灯" 指示财务数据状态

　　如图 273-1 所示，左侧是普通数据表格，右侧是应用 "三色交通灯（无边框）" 图标集样式后的效果，规则是将大于等于 85 的数据标记为绿色交通灯，小于 85 且大于等于 60 的数据标记为黄色交通灯，小于 60 的数据标记为红色交通灯。这样借助颜色可以快速把握数据的整体统计特性，也能直观反映单个数据的指标高低。要实现该效果，具体操作步骤如下。

	A	B	C	D	E	F
1	支行	存款	贷款	卡业务	结算业务	其他业务
2	月湖支行	100	87	70	61	75
3	江夏支行	68	82	72	68	86
4	镇明支行	56	62	83	77	80
5	白云支行	56	64	64	98	80
6	联丰支行	80	55	82	63	55
7	芝兰支行	67	60	85	73	93
8	文教支行	98	54	75	58	63
9	鼓楼支行	83	76	78	98	88
10	灵桥支行	95	92	95	76	85

图 273-1　数据表格应用 "三色交通灯" 图标集样式前后对比

Step ❶	选中 B2:F10 单元格区域，在【开始】选项卡中依次单击【条件格式】→【新建规则】选项，打开【新建格式规则】对话框。
Step ❷	选择【基于各自值设置所有单元格的格式】规则类型，然后在【格式样式】下拉列表中选择【图标集】选项，在【图标样式】下拉列表中选择 "三色交通灯（无边框）" 样式● ○ ●。
Step ❸	在对话框下方【根据以下规则显示各个图标】的区域设置规则，将逻辑设置为 "当值是 >= 85 时显示 "绿灯" ●；当 < 85 且 >= 60 时显示 "黄灯" ○；当 < 60 时显示 "红灯" ●"。
Step ❹	单击【确定】按钮，关闭【新建格式规则】对话框，如图 273-2 所示。

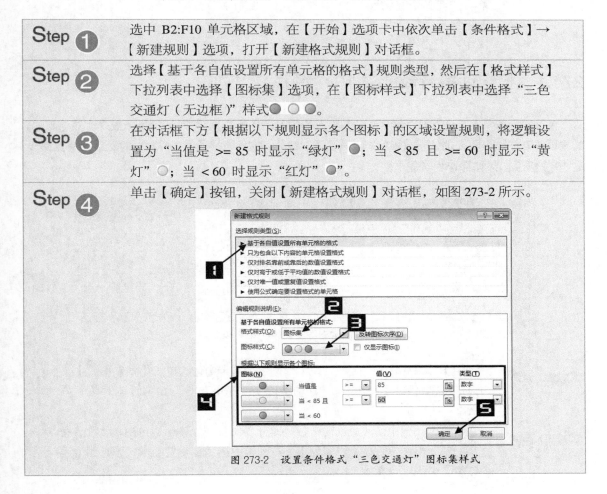

图 273-2　设置条件格式 "三色交通灯" 图标集样式

提示！ 在【新建格式规则】对话框【根据以下规则显示各个图标】区域设置规则时，在【值】编辑框中可以直接引用目标单元格。如图 273-3 所示，假设【值】编辑框直接引用了 K2、K3 单元格，那么修改 K2、K3 单元格的数字就能快速修改规则。

	A	B	C	D	E	F
1	支行	存款	贷款	卡业务	结算业务	其他业务
2	月湖支行	100	87	70	61	75
3	江夏支行	68	82	72	68	86
4	镇明支行	56	62	83	77	80
5	白云支行	56	64	64	98	80
6	联丰支行	80	55	82	63	55
7	芝兰支行	67	60	85	73	93
8	文教支行	98	54	75	58	63
9	鼓楼支行	83	76	78	98	88
10	灵桥支行	95	92	95	76	85

H	I	J	K	L
图标				类型
	当值是	>=	85	数字
	当 < 85 且	>=	60	数字
	当 < 60			

图 273-3　直接在单元格中修改条件格式规则

技巧 274　超标数据预警

274.1　标记话务量最低的 10 个频点

图274-1展示了某城市市区重要基站各频点的忙时话务量数据。忙时话务量一般是比较稳定的，如果骤降，往往表明基站处于故障状态，需要及时抢修。右侧表格通过条件格式标记了话务量最低的 10 个频点。具体操作步骤如下。

	A	B	C	D	E	F	G
1	扇区	第1扇区		第2扇区		第3扇区	
2	频点	1	2	3	4	5	6
3	甬宁徐路	10.22	10.31	11.22	11.08	0.06	0.08
4	海天大厦	10.20	10.19	5.26	5.40	11.49	9.39
5	时代大厦	7.23	8.23	9.44	9.95	7.87	7.54
6	甬大剧院	10.55	10.54	2.13	2.17	10.14	10.22
7	甬槐树路	7.81	8.50	8.52	8.41	11.50	9.76
8	天一广场	6.09	5.42	6.11	10.59	1.79	1.23
9	天宁大厦	10.61	10.29	6.59	6.84	6.46	9.07
10	建设大厦	8.97	10.54	8.62	10.39	7.43	6.48
11	兴宁桥东	10.24	10.24	10.92	8.55	8.15	9.85
12	甬波波城	6.76	11.86	6.64	6.73	9.19	9.81
13	北岸琴森	7.15	11.92	6.56	7.37	7.13	10.91
14	甬新芝路	0.00	0.00	6.65	6.54	0.00	0.00

→

	A	B	C	D	E	F	G
1	扇区	第1扇区		第2扇区		第3扇区	
2	频点	1	2	3	4	5	6
3	甬宁徐路	10.22	10.31	11.22	11.08	0.06	0.08
4	海天大厦	10.20	10.19	5.26	5.40	11.49	9.39
5	时代大厦	7.23	8.23	9.44	9.95	7.87	7.54
6	甬大剧院	10.55	10.54	2.13	2.17	10.14	10.22
7	甬槐树路	7.81	8.50	8.52	8.41	11.50	9.76
8	天一广场	6.09	5.42	6.11	10.59	1.79	1.23
9	天宁大厦	10.61	10.29	6.59	6.84	6.46	9.07
10	建设大厦	8.97	10.54	8.62	10.39	7.43	6.48
11	兴宁桥东	10.24	10.24	10.92	8.55	8.15	9.85
12	甬波波城	6.76	11.86	6.64	6.73	9.19	9.81
13	北岸琴森	7.15	11.92	6.56	7.37	7.13	10.91
14	甬新芝路	0.00	0.00	6.65	6.54	0.00	0.00

图 274-1　标记话务量最低的 10 个频点

Step 1　选中 B3:G14 单元格区域，在【开始】选项卡中依次单击【条件格式】→【项目选取规则】→【最后 10 项】选项，打开【最后 10 项】对话框，如图 274-2 所示。

Step 2　在右侧微调框中修改最小的个数，比如“10”，表示标识出前 10 项数值最小的单元格，然后在【设置为】下拉列表中选择预定义的格式，比如【浅红填充色深红色文本】。

Step ③　单击【确定】按钮，关闭【最后 10 项】对话框。

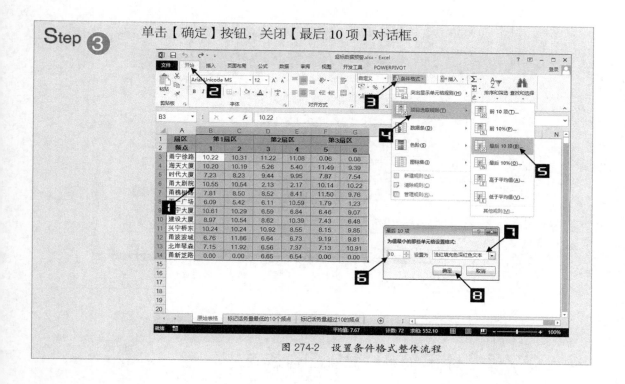

图 274-2　设置条件格式整体流程

274.2　标记话务量超过 10 的频点

正常情况下，同扇区下的话务量是由同扇区的频点均衡分担的。如果扇区下的各频点忙时话务量均大于 10，则表明该扇区需要扩容；如果同扇区下的各频点忙时话务量只有一个超过 10，则表明负荷分担不均匀，存在隐患。因此，标记话务量大于 10 的频点为扩容和优化提供了依据，如图274-3 所示。具体操作步骤如下。

图 274-3　标记话务量超过 10 的频点

Step ❶	选中 B3:G14 单元格区域，在【开始】选项卡中依次单击【条件格式】→【突出显示单元格规则】→【大于】选项，打开【大于】对话框。
Step ❷	在【为大于以下值的单元格设置格式】编辑框中输入 10，然后在【设置为】下拉列表中选择合适的格式，比如【浅红填充色深红色文本】。
Step ❸	单击【确定】按钮，关闭【大于】对话框，具体操作步骤如图 274-4 所示。

图 274-4　设置条件格式整体流程

技巧 275　标记低于平均值的数据

蓄电池组中个别电池的性能恶化会极大影响整组电池的供电时长，因此必须定期对蓄电池组进行放电测试，及时发现性能劣化的蓄电池（落后电池）。如图 275-1 所示，使用条件格式，将放电测试结束时端电压落后平均端电压 0.1 伏的电池标记为落后电池。具体操作步骤如下。

	A	B	C	D	E	F	G
1	电池	端电压		测试日期	2014/1/1		
2	1#电池	✔ 2.07					
3	2#电池	✔ 2.01		落后平均值	0.1	伏特	
4	3#电池	✔ 2.05					
5	4#电池	✔ 2.08					
6	5#电池	✘ 1.80					
7	6#电池	✔ 2.01					
8	7#电池	✔ 2.01					
9	8#电池	✔ 2.01					
10	9#电池	✔ 2.00					
11	10#电池	✔ 2.03					
12	11#电池	✔ 2.01					
13	12#电池	✔ 2.02					
14	13#电池	✘ 1.86					

图 275-1　标记性能恶化的蓄电池

Step ❶	选中 B2:B25 单元格区域，在【开始】选项卡中依次单击【条件格式】→【新建规则】选项，打开【新建格式规则】对话框。
Step ❷	选择【基于各自值设置所有单元格的格式】规则类型，然后在【格式样式】下拉列表中选择【图标集】，在【图标样式】下拉列表中选择 ✔ ! ✘ 。
Step ❸	在【根据以下规则显示各个图标】区域设置规则，将【类型】均设置为【公式】，并且在第 1 条规则和第 2 条规则的【值】编辑框中输入以下同一公式。

=AVERAGE($B$2:$B$25)-$E$3

AVERAGE 函数返回平均端电压，E3 单元格为设定的门限值。

由于第 1 条规则具有较高的优先级，因此在两条规则的【值】编辑框中输入同一公式，实际上屏蔽了第 2 条规则。最后效果为大于等于该公式的单元格标记✔，小于该公式的单元格标记✘。

Step ④　单击【确定】按钮，关闭【新建格式规则】对话框，如图 275-2 所示。

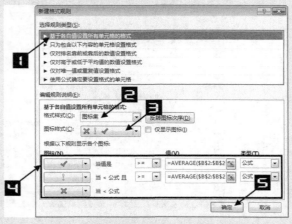

图 275-2　使用条件格式标记落后电池整体流程

技巧 **276**　标记下月生日的员工清单

公司某部门为了体现"以人为本，关爱员工"的企业文化，每年员工生日当天都会给员工准备一只生日蛋糕和一束鲜花。因此，需要在每个月底之前提交下月生日的员工清单给礼品店。通过条件格式可以动态标记下个月的日期数据，如图 276-1 所示。具体操作步骤如下。

	B	C	D	E
1	姓名	性别	身份证	本年度生日
2	员工A	男	564227198902166506	2014/02/16
3	员工B	男	564225198903114027	2014/03/11
4	员工C	男	564227199206252501	2014/06/25
5	员工D	女	440582198208246641	2014/08/24
6	员工E	男	564227198201136347	2014/01/13
7	员工F	男	564282199110281740	2014/10/28
8	员工G	女	56422719861003822X	2014/10/03
9	员工H	女	564226199009115288	2014/09/11
10	员工I	男	564521198902190547	2014/02/19
11	员工J	女	564602198910034524	2014/10/03
12	员工K	男	564282198908209246	2014/08/20
13	员工L	女	56422519890601315X	2014/06/01
14	员工M	男	564903198906092513	2014/06/09

图 276-1　标记下月生日的员工

Step ①　在 E2 单元格输入以下公式，并拖动填充至 E24 单元格，从身份证中获取员工本年度的生日日期。

=DATE(YEAR(TODAY()),MID(D2,11,2),MID(D2,13,2))

Step ②　选中 E2:E24 单元格区域，在【开始】选项卡中依次单击【条件格式】→【突出显示单元格规则】→【发生日期】选项，打开【发生日期】对话框。

Step 3　在【为包含以下日期的单元格设置格式】下拉列表中选择【下个月】，然后在【设置为】下拉列表中选择预定义的格式，比如【浅红填充色深红色文本】。

Step 4　单击【确定】按钮，关闭【发生日期】对话框，如图 276-2 所示。

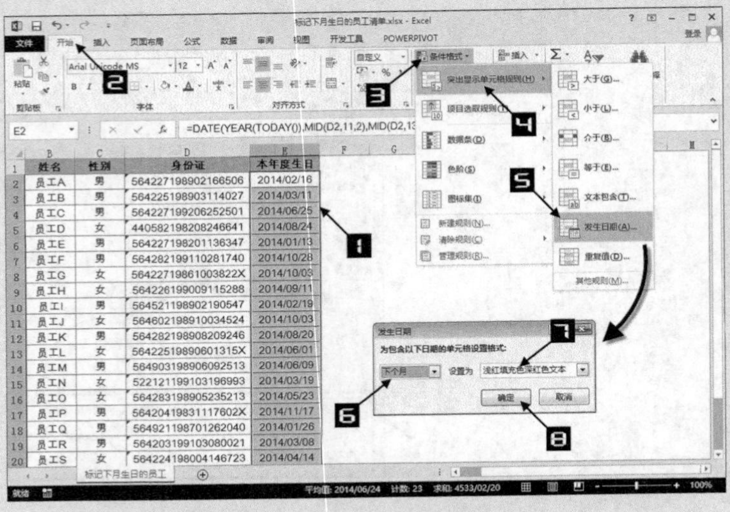

图 276-2　设置条件格式整体流程

提示!　在【发生日期】对话框中可以选择丰富的日期选项，比如"昨天、今天、明天、最近 7 天……"，这些选项都会随系统日期动态更新。

技巧 277　使用多种图标凸显极值

某电信公司需要对各县市分公司的故障修复及时率进行考核并进行通报。利用图标标记前 3 名或末 3 名能增强这种激励效果。图 277-1 展示了用条件格式图标样式进行反向激励和双向激励的效果。具体操作步骤如下。

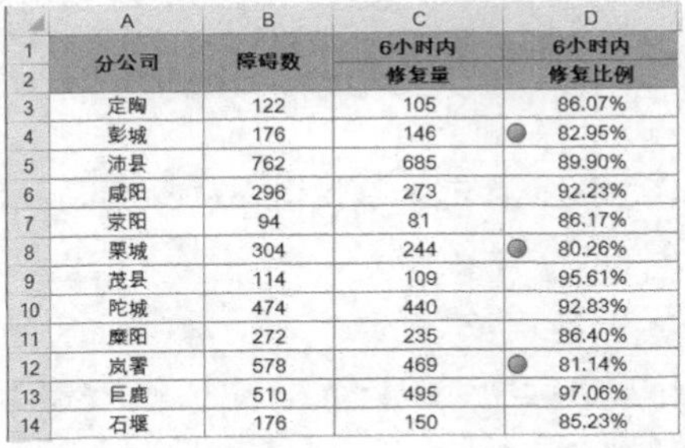

分公司	障碍数	6小时内修复量	6小时内修复比例
定陶	122	105	86.07%
彭城	176	146	● 82.95%
沛县	762	685	89.90%
咸阳	296	273	92.23%
荥阳	94	81	86.17%
栗城	304	244	● 80.26%
茂县	114	109	95.61%
陀城	474	440	92.83%
糜阳	272	235	86.40%
岚署	578	469	● 81.14%
巨鹿	510	495	97.06%
石堰	176	150	85.23%

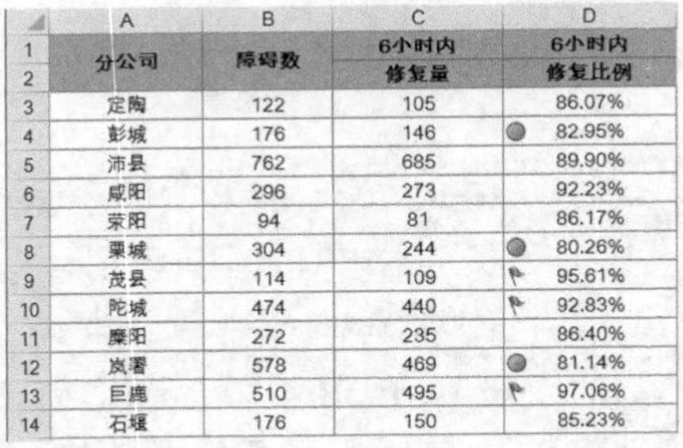

分公司	障碍数	6小时内修复量	6小时内修复比例
定陶	122	105	86.07%
彭城	176	146	● 82.95%
沛县	762	685	89.90%
咸阳	296	273	92.23%
荥阳	94	81	86.17%
栗城	304	244	● 80.26%
茂县	114	109	⚑ 95.61%
陀城	474	440	⚑ 92.83%
糜阳	272	235	86.40%
岚署	578	469	● 81.14%
巨鹿	510	495	⚑ 97.06%
石堰	176	150	85.23%

图 277-1　反向激励和双向激励

Step ❶

选中 D3:D14 单元格区域，在【开始】选项卡中依次单击【条件格式】→
【新建规则】选项，打开【新建格式规则】对话框，如图 277-2 所示。

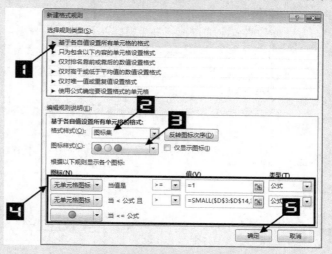

图 277-2　使用图标样式进行反向激励

Step ❷

选择【基于各自值设置所有单元格的格式】规则类型，在【格式样式】下
拉列表中选择【图标集】，在【图标样式】下拉列表中选择"三色交通灯
（无边框）"样式 ● ○ ●。

Step ❸

在【根据以下规则显示各个图标】区域设置规则，具体如下。

当值是 >= 公式 =1 时 显示"无单元格图标"；

当 < 公式 =1 且 > 公式 =SMALL($D$3:$D$14,3) 时 显示"无单元格图标"；

当 <= 公式 =SMALL($D$3:$D$14,3) 时 显示"红灯" ●。

详见原理解析。

Step ❹

单击【确定】按钮，关闭【新建格式规则】对话框。

如果要进行双向激励，即同时标记前 3 名和末 3 名，那么只要在步骤 3 按
以下方式设置规则，如图 277-3 所示。

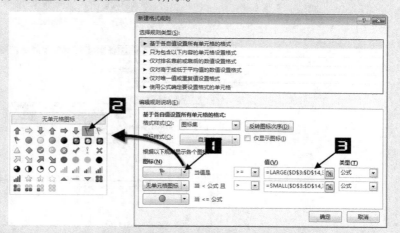

图 277-3　设置第二条激励条件格式规则

当值是 >= 公式 =LARGE($D$3:$D$14,3) 时 显示"绿旗" ▶；

当 < 公式 =LARGE($D$3:$D$14,3) 且 > 公式 =SMALL($D$3:$D$14,3) 时 显示 "无单元格图标"；

当 <= 公式 =SMALL($D$3:$D$14,3) 时 显示 "红灯" 🔴。

原理解析：

【新建格式规则】对话框的【根据以下规则显示各个图标】区域包含 3 条规则，处于上方的规则具有较高的优先级。步骤 3 将第 1 条规则的条件设置成 "当值是 >= 公式 =1"，是为了排除第 1 条规则对第 3 条规则的干扰。

=LARGE($D$3:$D$14,3)

D3:D14 单元格区域中第 3 大的数据，如果不考虑重复值，则大于等于该公式就代表是前 3 名。

=SMALL($D$3:$D$14,3)

D3:D14 单元格区域中第 3 小的数据，如果不考虑重复值，则小于等于该公式就代表是末 3 名。

技巧 278　用 "三向箭头" 样式标记数据发展趋势

市公司为各分公司指定了投诉工单的月基准值，可以用本月实际投诉量与月基准值的差值在月基准值中的占比来衡量数据发展趋势。如果比例大于 33%，则表明数据在恶化；如果小于-33%，则表明情况在好转；其余则表明处于维持状态。图 278-1 展示了用三向箭头标记数据发展趋势的效果，具体操作步骤如下。

	A	B	C	D
1	县市分公司	月基准值	本月投诉量	比例
2	定陶	38	19	⬆ -50.00%
3	鄄城	30	23	➡ -23.33%
4	沛县	45	39	➡ -13.33%
5	咸阳	43	28	⬆ -34.88%
6	枣阳	65	41	⬆ -36.92%
7	栗城	37	28	➡ -24.32%
8	茌县	32	15	⬆ -53.13%
9	陀城	79	86	➡ 8.86%
10	麇阳	39	55	⬇ 41.03%
11	岚署	86	63	➡ -26.74%
12	巨鹿	46	7	⬆ -84.78%
13	石塘	12	16	⬇ 33.33%
14	全市	550	417	➡ -24.18%

图 278-1　用三向箭头标记数据发展趋势

Step ① 选中 D2:D14 单元格区域，在【开始】选项卡中依次单击【条件格式】→【新建格式】选项，打开【新建格式规则】对话框，如图 278-2 所示。

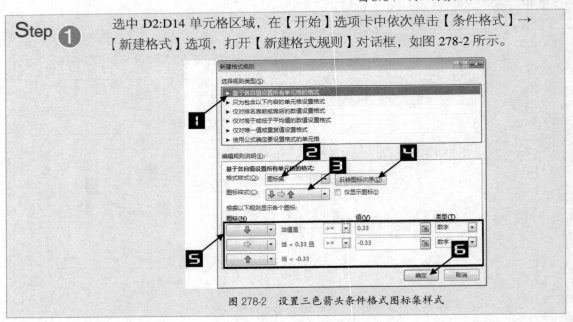

图 278-2　设置三色箭头条件格式图标集样式

Step ②	选择【基于各自值设置所有单元格的格式】规则类型，在【格式样式】下拉列表中选择【图标集】，在【图标样式】下拉列表中选择"三向箭头"样式 ↑ ⇨ ↓，然后单击【反转图标次序】按钮。 用绿色向上箭头标示数据正良性发展，用红色向下箭头标示数据正恶化，用黄色横向向右箭头标示数据处于维持状态，比较符合一般认知。
Step ③	在【根据以下规则显示各个图标】区域设置规则，将逻辑设置为"当值是 >= 0.33 时显示红色向下箭头↓；当值 < 0.33 且 >= -0.33 时显示黄色向右箭头⇨。"
Step ④	单击【确定】按钮，关闭【新建格式规则】对话框。

技巧 279　用"5 个框"等级图标标记资源利用率

网络是必须动态维护的，根据资源利用率对网络进行扩容或优化，是其中的重要组成部分。图 279-1 展示了用"5 个框"等级图标标记传输设备 2M 端口的利用率，非常直观。具体操作步骤如下。

	A	B	C	D
1	传输设备	2M端口配置	实际使用	使用率
2	100-白云	252	146	57.94%
3	1-枢纽楼	378	246	65.08%
4	23-坎墩	189	100	52.91%
5	24-大契	189	69	36.51%
6	25-白沙	252	98	38.89%
7	2-天宁大厦	126	100	79.37%
8	32-正大	252	206	81.75%
9	34-紫鹃	63	50	79.37%
10	35-综合楼	189	160	84.66%
11	3-福明	252	150	59.52%
12	4-正大	189	95	50.26%
13	54-高新区	378	0	0.00%
14	56-定陶六楼	252	189	75.00%
15	57-明楼	252	248	98.41%
16	63-北岸琴森	126	100	79.37%
17	65-甬江新区	252	135	53.57%
18	96-芝兰	378	254	67.20%
19	98-定陶六楼	126	120	95.24%

图 279-1　使用"5 个框"图标标记资源利用率

Step ①	选中 D2:D19 单元格区域，在【开始】选项卡中依次单击【条件格式】→【新建格式】选项，打开【新建格式规则】对话框。
Step ②	选择【基于各自值设置所有单元格的格式】规则类型，在【格式样式】下拉列表中选择【图标集】，在【图标样式】下拉列表中选择"5 个框"等级图标样式▫▫ ▪▫ ▪▪ ▪▪ ▪▪。
Step ③	在【根据以下规则显示各个图标】区域设置规则，将逻辑设置为"当值是 >= 0.8 时显示▪▪；当值 < 0.8 且 >= 0.6 时显示▪▪；当值 < 0.6 且 >= 0.4

时显示⊞；当值 < 0.4 且 >= 0.2 时显示⊞。"

Step ④ 单击【确定】按钮，关闭【新建格式规则】对话框，如图 279-2 所示。

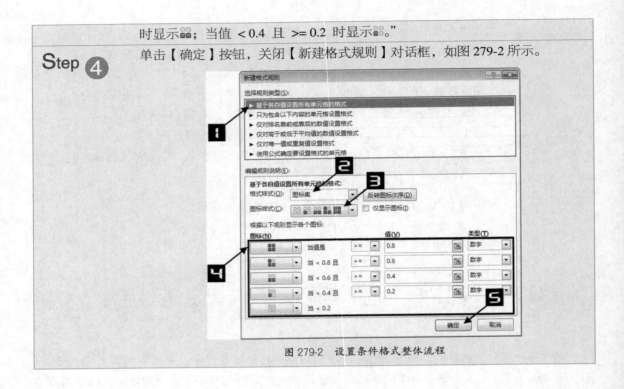

图 279-2　设置条件格式整体流程

技巧 280　条件自定义格式标记晋升结果

　　图 280-1 展示的是一份员工岗位晋升考试的成绩表，最后根据"综合成绩"排名取前 30% 的员工。下面介绍使用条件格式在"是否晋升"字段快速标记晋升结果的方法。

图 280-1　用条件自定义格式标记晋升结果

Step ①	将 E2:E95 单元格区域的"综合成绩"复制-粘贴至 F2:F95 单元格区域。
Step ②	保持 F2:F95 单元格区域处于选中状态，在【开始】选项卡中依次单击【条件格式】→【新建规则】选项，打开【新建格式规则】对话框。
Step ③	选择【仅对排名靠前或靠后的数值设置格式】规则类型，然后将规则设置成"前29"，单击【格式】按钮，打开【设置单元格格式】对话框。

Step ④ 激活【数字】选项卡，选择【自定义】类别，然后在【类型】文本框中输入"岗位晋升"，单击【确定】按钮，关闭【设置单元格格式】对话框，再次单击【确定】按钮，关闭【新建格式规则】对话框，如图 280-2 所示。

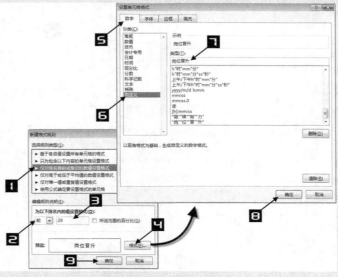

图 280-2　设置条件格式整体流程

Step ⑤ 重复步骤 2~步骤 4，为排名"后 65"的单元格设置条件格式。其中，在【新建格式规则】对话框中将规则设置成"后 65"，在【设置单元格格式】对话框的【类型】文本框中输入"继续努力"。

 使用条件格式，使得在同一个单元格区域可以多次应用自定义数字格式，充分发挥了自定义数字格式的威力。

技巧 281　轻松屏蔽公式返回的错误值

使用公式过程中，会由于各种原因返回错误值，比如使用 VLOOKUP 函数时查找值不存在，就会返回 #N/A。使用条件格式可以轻松屏蔽错误值，效果如图 281-1 所示。具体操作步骤如下。

	A	B	C	D	E	F
1	姓名	身高	臂围	胸围	肩	尺码
2	刘立华	165	93	94	35	40
3	章苏娜	165	94	96	35	39
4	廖晓锋	172	102	102	39	40
5	李翠菁	169	98	89	33	39
6	李林	#N/A	#N/A	#N/A	#N/A	#N/A
7	顾伟菁	171	95	93	32	38
8	张小乔	#N/A	#N/A	#N/A	#N/A	#N/A
9	曹梦强	173	93	89	36	39
10	孙维超	170	91	85	33	40
11	孙伟娜	171	91	103	33	38

	A	B	C	D	E	F
1	姓名	身高	臂围	胸围	肩	尺码
2	刘立华	165	93	94	35	40
3	章苏娜	165	94	96	35	39
4	廖晓锋	172	102	102	39	40
5	李翠菁	169	98	89	33	39
6	李林					
7	顾伟菁	171	95	93	32	38
8	张小乔					
9	曹梦强	173	93	89	36	39
10	孙维超	170	91	85	33	40
11	孙伟娜	171	91	103	33	38

图 281-1　使用条件格式屏蔽错误值的显示

Step **1** 选中 B2:F11 单元格区域,在【开始】选项卡中依次单击【条件格式】→【新建规则】选项,打开【新建格式规则】对话框,如图 281-2 所示。

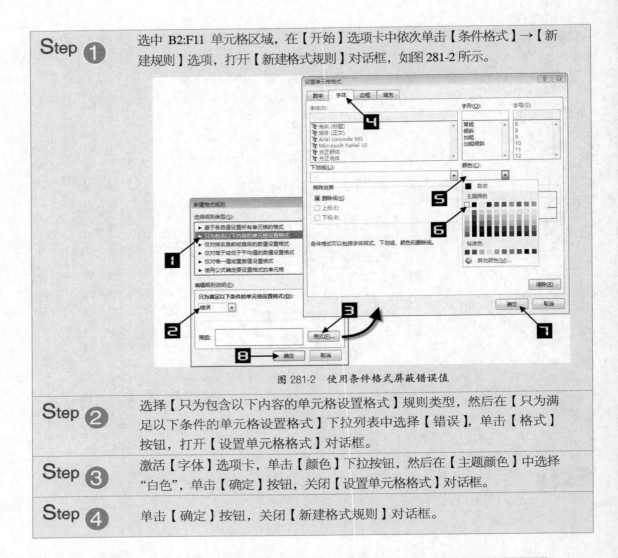

图 281-2 使用条件格式屏蔽错误值

Step **2** 选择【只为包含以下内容的单元格设置格式】规则类型,然后在【只为满足以下条件的单元格设置格式】下拉列表中选择【错误】,单击【格式】按钮,打开【设置单元格格式】对话框。

Step **3** 激活【字体】选项卡,单击【颜色】下拉按钮,然后在【主题颜色】中选择"白色",单击【确定】按钮,关闭【设置单元格格式】对话框。

Step **4** 单击【确定】按钮,关闭【新建格式规则】对话框。

> 提示! 本技巧不仅能屏蔽公式返回的错误值,也能屏蔽常量错误值,但本技巧所谓的屏蔽仅仅指视觉上看不到单元格内容,并没有真正清除单元格中的错误值。

技巧 **282** 标记带"时钟"或"卫星"字样的告警

时钟是设备正常运行的关键部件之一,并且时钟告警往往具有预警的作用,加强对时钟告警的管控,可以避免很多无谓的故障。该告警在"告警名称"中包含"时钟"或"卫星"字样,通过条件格式可以快速对其进行标记,如图 282-1 所示。具体操作步骤如下。

	A	B	C	F
1	告警流水号	告警名称	基站名称	告警来源
2	22902	BBU单板维护链路异常告警	镇化工区	BTS
3	22989	BBU单板维护链路异常告警	镇海蟹浦	BTS
4	23096	主处理模块星卡卫星天线连接开路	S甬均盛科技1	BTS
5	23113	主处理模块星卡卫星天线连接开路	S甬均盛科技1	BTS
6	24552	射频单元维护链路异常告警	镇金塘大桥	BTS
7	24699	BBU光模块接收异常告警	S甬江局BBU5	BTS
8	24965	主处理模块星卡卫星天线连接开路	S甬均盛科技1	BTS
9	25154	拉远射频单元维护链路异常告警	S庄桥局BBU3	BTS
10	25905	基站时钟保持超过8小时告警	涌江新区	BTS
11	26049	主处理模块星卡卫星天线连接开路	S甬均盛科技1	BTS
12	26298	射频单元维护链路异常告警	骆驼青湖	BTS
13	27241	射频单元驻波告警	S甬江局BBU18	BTS
14	27833	射频单元维护链路异常告警	贵驷沙河	BTS
15	27889	射频单元维护链路异常告警	镇海大市堰	BTS
16	28335	主处理模块星卡卫星天线连接开路	S甬均盛科技1	BTS
17	28790	主处理模块星卡卫星天线连接开路	S甬均盛科技1	BTS
18	30875	主处理模块星卡卫星天线连接开路	S甬均盛科技1	BTS
19	31351	主处理模块星卡卫星天线连接开路	S甬均盛科技1	BTS
20	31460	射频单元维护链路异常告警	镇海贵泗	BTS

图 282-1　标记带"时钟"或"卫星"字样的告警

Step ❶ 选中"告警名称"字段，然后在【开始】选项卡中依次单击【条件格式】
→【突出显示单元格规则】→【文本包含】选项，打开【文本中包含】对
话框，如图 282-2 所示。

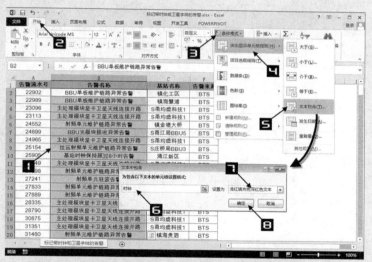

图 282-2　标记带"时钟"字样的告警名称

Step ❷ 在【为包含以下文本的单元格设置格式】编辑框中输入"时钟"，然后在
【设置为】下拉列表中选择合适的格式，比如【浅红填充色深红色文本】。

Step ❸ 单击【确定】按钮，关闭【文本中包含】对话框，完成对包含"时钟"字
样告警名称的标记。

Step ❹ 参照步骤1~步骤3，完成对包含"卫星"字样告警名称的标记。其中在【文
本中包含】对话框的【为包含以下文本的单元格设置格式】编辑框中输入
"卫星"即可。

因为标记的告警同属时钟类告警，因此在【文本中包含】对话框中设置了相同的格式。

技巧 283　点菜式控制条件格式规则

图 283-1 所示是一份有关各城市的气象预报，并且在 F2 单元格指定不同的 "天气状况" 时，对应 "天气状况" 的城市记录就会被标记绿色背景填充色。要获得该效果，可以按照以下具体步骤操作。

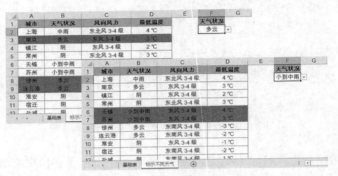

图 283-1　标示指定 "天气状况" 的记录

Step ❶	在 "标示不同天气" 工作表中选中 F2 单元格，单击【数据】选项卡的【数据验证】按钮，打开【数据验证】对话框，将 "基础表" 的 A2:A11 单元格区域作为其 "数据验证-序列" 的数据源，如图 283-2 所示。

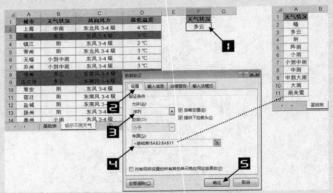

图 283-2　为 F2 单元格设置 "数据验证-序列" 功能

有关 "数据验证-序列" 的详细内容，请参阅第 5 章。

Step ❷	选中 A2:D85 单元格区域，并使 A2 成为活动单元格，在【开始】选项卡中依次单击【条件格式】→【新建格式】选项，打开【新建格式规则】对话框。
Step ❸	选择规则类型为【使用公式确定要设置格式的单元格】，然后在【为符合此公式的值设置格式】编辑框中输入以下公式。 =$B2=$F$2
Step ❹	单击【格式】按钮，打开【设置单元格格式】对话框，激活【填充】选项卡，选择填充色为 "绿色"，单击【确定】按钮，关闭【设置单元格格式】对话框。

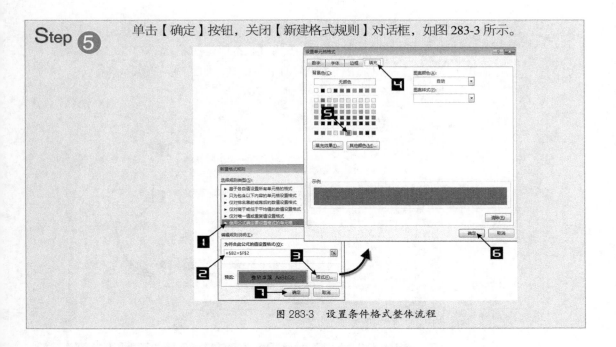

Step ⑤　单击【确定】按钮，关闭【新建格式规则】对话框，如图 283-3 所示。

图 283-3　设置条件格式整体流程

技巧 284　标记单字段重复记录

图 284-1 展示了一份某公司员工饭卡充值采集表。为防止对同一员工进行重复充值，使用条件格式对重复的姓名进行了标记。左侧表格仅标记了"姓名"字段，这可以通过预定义的命令快速实现，右侧表格对整行进行了标记，这可以通过使用公式设定条件格式规则来实现，下面介绍具体的操作步骤。

	A	B	C	D
1	姓名	充值金额	卡类型	员工类别
2	阮建锋	1440	小黑卡	A类
3	沈志鹏	1440	小黑卡	A类
4	梅川群	800	智能电子卡	C类
5	赵云	1080	智能电子卡	B类
6	魔角	800	小黑卡	C类
7	张艳梅	1080	智能电子卡	B类
8	张雨	800	智能电子卡	C类
9	关羽	1440	小圆卡	A类
10	赵云	1080	智能电子卡	B类
11	仙道	1080	小圆卡	B类
12	蓝玉	1440	小圆卡	A类
13	关羽	1440	小圆卡	A类
14	王娜	1440	小圆卡	A类
15	鲍秋水	800	智能电子卡	C类

图 284-1　标记重复值的两种方式

284.1　预定义方式

Step ①　选中 A2:A21 单元格区域，然后在【开始】选项卡中依次单击【条件格式】→【突出显示单元格规则】→【重复值】选项，打开【重复值】对话框。

Step ②	在【为包含以下类型值的单元格设置格式】下拉列表中选择【重复】，然后在【设置为】下拉列表中指定格式，比如【浅红填充色深红色文本】选项。
Step ③	单击【确定】按钮，关闭【重复值】对话框，如图284-2所示。

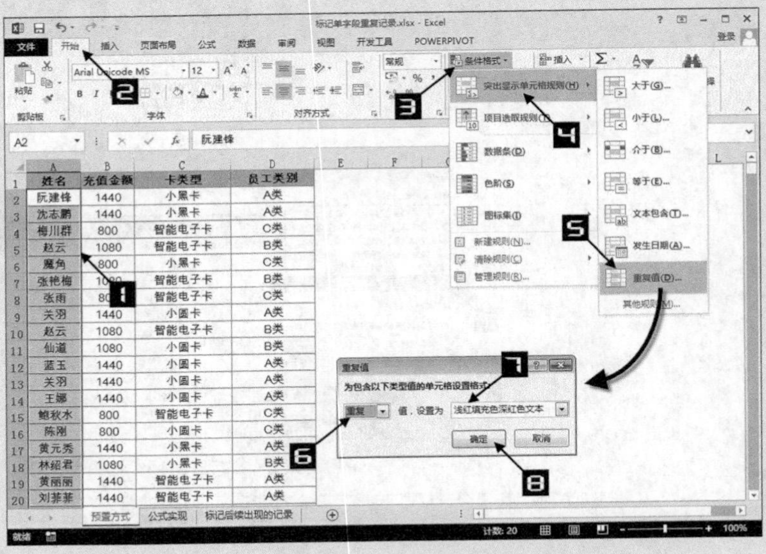

图 284-2　预定义方式设置"重复值"条件格式

此时，重复的姓名即被标记出来，但这种方式只能标记姓名字段，无法对整行记录进行标记。

284.2　使用公式标记整行

Step ①	选中 A2:D21 单元格区域，并使 A2 成为活动单元格，然后在【开始】选项卡中依次单击【条件格式】→【新建规则】选项，打开【新建格式规则】对话框。
Step ②	选择规则类型为【使用公式确定要设置格式的单元格】，然后在【为符合此公式的值设置格式】编辑框中输入以下公式。 `=COUNTIF($A:$A,$A2)>1` 由于公式中所有引用的列标都带有$符号，这意味着同一行中的单元格所对应的条件格式规则公式都是相同的。
Step ③	单击【格式】按钮，打开【设置单元格格式】对话框，然后在【填充】选项卡中选择填充颜色为"橙色"，单击【确定】按钮，关闭【设置单元格格式】对话框。
Step ④	单击【确定】按钮，关闭【新建格式规则】对话框。 如果只要标记后续出现的记录，那么用以下公式替换步骤2中的公式即可。 `=COUNTIF($A$1:$A1,$A2)>0` 其计算原理为判断当前行的姓名在 A 列上方区域是否已经出现过。

技巧 **285**　标记多条件重复记录

　　如图 285-1 所示，表格中登记的医药用品的唯一性由"材料名称"和"规格"两项共同决定。为了检查是否存在重复录入情况，可以对数据表区域设置条件格式，对重复录入的记录进行标记。要实现这样的效果，具体操作步骤如下。

	A	B	C	D
1	序号	材料名称	规格	计量单位
2	001	除热原吸头2	96支/盒 1000VL	盒
3	002	化学制剂		批
4	003	人HGHelisa试剂盒		只
5	004	氢氧化钠	500g AR	瓶
6	005	冰乙酸	500ml AR	瓶
7	006	乳胶手套	7#	双
8	007	活性碳	粉状1kg	包
9	008	消泡剂		kg
10	009	酵母浸出粉		千克
11	010	Q-琼脂糖微球FF	11	L
12	011	P805胨		kg
13	012	定制肽	74059	mg
14	013	化学试剂		批
15	014	4-甲基二苯早酮		千克
16	015	5000ml本色小口塑料瓶		箱
17	016	定制肽	56212	ml
18	017	定制肽	74059	ml
19	018	定制肽	52189	ml
20	019	Q-琼脂糖微球FF	11	300/L
21	020	D-甘露醇	1000g装	瓶
22	021	超滤膜片		支
23	022	活性碳	粉状1kg	吨

图 285-1　标记"材料名称"和"规格"两字
段重复的记录

Step ❶	选中 A2:D23 单元格区域并使 A2 成为活动单元格，然后在【开始】选项卡中依次单击【条件格式】→【新建规则】选项，打开【新建格式规则】对话框。

Step ❷	选择规则类型为【使用公式确定要设置格式的单元格】，然后在【为符合此公式的值设置格式】编辑框中输入以下公式。
	`=COUNTIFS($B:$B,$B2,$C:$C,$C2)>1`
	COUNTIFS 函数每两个参数为一对，用以表达一组条件，本例用了 4 个参数，实现了双条件计数统计。如果要将"计量单位"一并考虑，则可以使用下面的公式。更多条件亦可以此类推。
	`=COUNTIFS($B:$B,$B2,$C:$C,$C2,$D:$D,$D2)>1`

Step ❸	单击【格式】按钮，打开【设置单元格格式】对话框，然后在【填充】选项卡中选择填充颜色为"橙色"，单击【确定】按钮，关闭【设置单元格格式】对话框。

Step ❹	单击【确定】按钮，关闭【新建格式规则】对话框。
	如果只要标记后续出现的记录，只要用以下公式替换步骤2中的公式即可。
	`=COUNTIFS($B$1:$B1,$B2,$C$1:$C1,$C2)>0`
	逻辑为在当前行之前的区域中已经出现过当前行"材料名称"和"规格"的组合条件。
	本例条件格式规则亦可用以下两个数组公式来实现。
	标记重复记录。
	`=SUM(($B$1:$B$23=$B2)*($C$1:$C$23=$C2))>1`
	标记后续出现的记录。
	`=SUM(($B$1:$B1=$B2)*($C$1:$C1=$C2))>0`

技巧 286　标记出错的身份证号码

图 286-1 展示了某公司为员工统一办理加油卡的信息采集表。由于涉及日后加油卡挂失、补办等业务，需要确保身份证输入正确无误，因此希望将出错的记录标记为橙色背景填充色。

一般情况下，身份证号码的验证规则包括长度必须为 15位或 18 位、15 位身份证号码必须全部为数字、18 位身份证号码的前 17 位必须为数字、并且最后 1 位是验证码、与前17 位数字存在既定的数学对应关系。具体操作步骤如下。

图 286-1　标记出错的身份证号码

	A	B	C	D	E
1	姓名	性别	身份证号码	车牌号	驾龄
2	张飞	男	330246197011183366	浙B 5962A5	1
3	刘备	男	330232197801301833	浙B 12A076	16
4	李琳	男	330253691103449	浙B 365A67	15
5	赵云	男	330235860325800	浙B A35063	12
6	关羽	男	330217720308377	浙B A77949	12
7	张兰	男	330292196911059444	浙B 5077A9	8
8	伭道	男	330230197512191213	浙B A35197	9
9	流川枫	男	330273197408221163	浙B 8274A6	17
10	麋角	男	330226197307288524	浙B 559A36	4
11	邹根	男	330216197807169385	浙B A13294	1
12	李娟	女	330212196401271146X	浙B 5620A7	19
13	陈虎	女	330254196610241391	浙B 8212A5	19
14	鲍叔牙	男	330300198109141536	浙B 87213A	3
15	张翠山	男	330267198303038212	浙B 9603A3	8
16	黄元秀	男	330304198109121020	浙B 6A0835	14
17	董龄	男	330285198705055659	浙B 7A9964	3
18	黄丽丽	女	330263195408052898	浙B 6643A9	19

Step ❶　选中 C2 单元格，然后定义以下名称。

号码=最终表格!$C2

长度=LEN(号码)

生日=DATEVALUE(TEXT(IF(LEN(号码)=15,19&MID(号码,7,6),MID(号码,7,8)),"0000-00-00"))

根据号码长度，分两种情况从号码中提取生日信息，然后通过 **TEXT** 函数转换为文本日期格式，最后通过 **DATEVALUE** 函数转换为真正的日期值。

验证码=MID("10X98765432",MOD(SUM(MID(号码,ROW(INDIRECT("1:17")),1)

*2^(18-ROW(INDIRECT("1:17")))),11)+1,1)

根据 18 位身份证号码的前 17 位数字计算第 18 位字符，用于校验 18 位身份证号码的最后一位是否正确。

Step ❷　选中 A2:E18 单元格区域，并使 A2 成为活动单元格，然后在【开始】选项卡中依次单击【条件格式】→【新建规则】选项，打开【新建格式规则】对话框。

Step ❸　选择规则类型为【使用公式确定要设置格式的单元格】，然后在【为符合此公式的值设置格式】编辑框中输入以下公式。

=IFERROR(NOT(AND(OR(长度=15,长度=18),生日<TODAY(),IF(长度=18,验证码

=RIGHT(号码),COUNT(-MID(号码,ROW($1:$15),1))=15))),1)

Step ❹　单击【格式】按钮，打开【设置单元格格式】对话框，然后在【填充】选项卡中选择填充颜色为"橙色"，单击【确定】按钮，关闭【设置单元格格式】对话框。

单击【确定】按钮，关闭【新建格式规则】对话框。

公式解释如下：

=OR(长度=15,长度=18)

身份证号码长度必须为 15 位或 18 位。

=生日<TODAY()

身份证号码的生日日期不能早于当前日期。

=IF(长度=18,验证码=RIGHT(号码),COUNT(-MID(号码,ROW($1:$15),1))=15)

如果身份证号码长度是 18 位，则用公式 "验证码=RIGHT(号码)" 验证号码的最后 1 位是否等于验证码。

如果身份证号码是 15 位，则用公式 "COUNT(-MID(号码，ROW($1:$15)，1))=15" 验证 15 位字符是否都是数字。

由于身份证号码要满足以上 3 个公式，于是用 AND 函数对其进行逻辑与运算，如以下公式所示。

`=AND(OR(长度=15,长度=18),生日<TODAY(),IF(长度=18,验证码=RIGHT(号码),COUNT(-MID(号码,ROW($1:$15),1))=15))`

又因为本例是要标记出错的身份证号码，因此需要在外层加一个 NOT 函数。此外，以上公式是用来验证正确的身份证号码的，如果输入不正确的身份证号码，则公式可能返回各种错误。因此需要对错误进行处理，如果发生错误，则意味着输入的是不正确的身份证号码。于是，最后公式如下所示。

`=IFERROR(NOT(AND(OR(长度=15,长度=18),生日<TODAY(),IF(长度=18,验证码=RIGHT(号码),COUNT(-MID(号码,ROW($1:$15),1))=15))),1)`

技巧 287　清除或屏蔽条件格式

不再需要条件格式或不希望条件格式产生作用时，可以清除条件格式或屏蔽条件格式。

287.1　批量清除

如果要整体清除选中单元格区域或整个工作表中的条件格式，可以直接使用菜单命令实现。具体操作步骤如下。

选中目标单元格区域，然后在【开始】选项卡中依次单击【条件格式】→【清除规则】→【清除所选单元格的规则】选项，就可以快速清除所选单元格区域的条件格式。如果要清除整个工作表的条件格式，可以在最后一步选择【清除整个工作表的规则】命令，如图 287-1 所示。

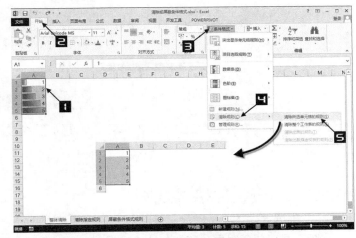

图 287-1　清除选中区域的条件格式

287.2　清除指定的条件格式规则

如果要精确清除指定的条件格式规则，可以借助"条件格式规则管理器"来实现，图287-2展示精确清除数据条样式的效果，具体操作如下。

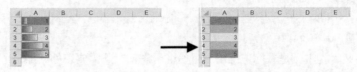

图287-2　精确清除数据条样式

Step ①	选中应用了【条件格式】的一个单元格或整个区域，然后在【开始】选项卡中依次单击【条件格式】→【管理规则】选项，打开【条件格式规则管理器】。
Step ②	在【显示其格式规则】下拉列表中选择【当前工作表】选项，然后选中具体的规则，如应用于A1:A5单元格区域的"数据条"规则，单击【删除规则】按钮进行删除。
Step ③	单击【确定】按钮，关闭对话框，如图287-3所示。

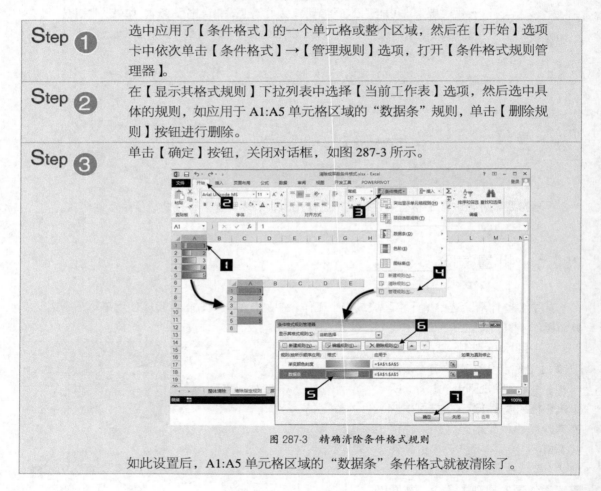

图287-3　精确清除条件格式规则

如此设置后，A1:A5单元格区域的"数据条"条件格式就被清除了。

287.3　屏蔽条件格式规则

如果只是希望暂时屏蔽某个条件格式规则，那么无论是整体清除还是清除指定的条件格式规则，都不是最理想的。下面介绍一种屏蔽条件格式规则的巧妙方法，具体操作步骤如下。

Step ①	选中目标单元格区域，如 A1:A5 单元格区域，然后在【开始】选项卡中依次单击【条件格式】→【新建规则】选项，打开【新建格式规则】对话框。
Step ②	选择规则类型为【使用公式确定要设置格式的单元格】，然后在【为符合此公式的值设置格式】编辑框中输入以下公式。 =1 直接输入=1 意味着所有单元格都符合该公式。
Step ③	保留默认的"未设定格式"状态，单击【确定】按钮，关闭【新建格式规则】对话框。
Step ④	保持 A1:A5 单元格区域处于选中状态，在【开始】选项卡中依次单击【条件格式】→【管理规则】选项，打开【条件格式规则管理器】对话框。
Step ⑤	勾选"公式：=1"规则对应的【如果为真则停止】复习框，单击【确定】按钮，关闭【条件格式规则管理器】对话框，此时 A1:A5 单元格区域的条件格式就被屏蔽了，如图 287-4 所示。

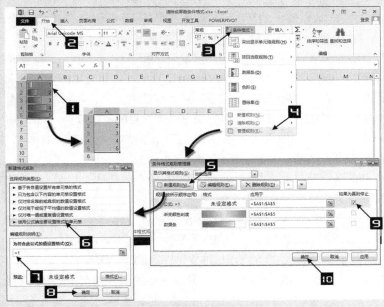

图 287-4　屏蔽条件格式规则

 打开图 287-4 所示【条件格式规则管理器】的对话框，通过上移下移"公式：=1"规则可以灵活控制需要屏蔽的条件格式规则。

第 22 章　数据图表常用技巧

数据是图表的基础，图表是数据的可视化表现形式。本章主要介绍在 Excel 2013 中绘制数据图表的各种常用技巧，包括图表格式、数据系列、坐标轴、趋势线等设置技巧，以及迷你图、组合图和常用图表的绘制技巧。

技巧 288　选择合适的图表类型

Excel 2013 对图表类型进行了精简，由 11 种基本图表类型（73 种子图表类型）精简合并为 9 种基本图表类型（49 种子图表类型）：柱形图、折线图、饼图（圆环图）、条形图、面积图、XY 散点图（气泡图）、股价图、曲面图和雷达图。另外，Excel 2013 新增了组合图的概念，即可以自定义组合两种或两种以上的基本图表类型，绘制在同一个图表中。

柱形图是最常用的图表类型，也是 Excel 的默认图表类型，主要表现数据之间的差异。其子图表类型堆积柱形图还可以表现数据构成明细，百分比堆积柱形图可以表现数据构成比例。柱形图旋转 90 度则为条形图，条形图主要按顺序显示数据的大小，并可以使用较长的说明文字。

折线图、面积图、XY 散点折线图均可表现数据的变化趋势，折线图向下填充即为面积图，XY 散点折线图则可以灵活地显示数据的横向变化或纵向变化。柱形图和折线图一般可以互相转换使用，也可以在同一图表中组合使用。

饼图和圆环图都是展现数据构成比例的图表，与饼图只能展现一组数据不同的是，圆环图可以同时展现多组数据。

因为可以同时设置 XY 两个坐标轴的坐标，XY 散点图和气泡图越来越多地应用到高级图表中。而股价图、曲面图和雷达图则更多地应用在专业图表领域。

随着扁平化设计风格的流行，三维立体图表的应用略有减少。

根据不同的应用范围，ExcelHome 建议采用的图表类型如图 288-1 所示。

应用范围	柱形图	折线图	饼图（圆环图）	条形图	面积图	XY散点图（气泡图）	其他图表
数据差异							
数据变化趋势							
数据构成比例							
数据相关关系							
部分数据明细							
立体图表							

图 288-1　建议采用的图表类型

技巧 **289**　设置合理的图表布局

Excel 2013 默认的图表为长 12.7 厘米、宽 7.62 厘米的矩形，宽度与长度之比接近 0.618 的黄金分割比例。根据排版的需要，图表的长宽比建议选择 0.6、1、1.6 等 3 种常用比例。例如，条形图选择长宽比为 0.6 矩形，饼图和雷达图则选择长宽比等于 1 的正方形。

图表布局是指图表元素（坐标轴、坐标轴标题、图表标题、数据标签、数据表、误差线、网格线、图例、趋势线等）在矩形图表区的组合运用。Excel 2013 为不同图表类型提供了多种预定义布局样式，如果预定义布局不能满足使用的需求，还可以手动设置图表元素的布局。

| Step ❶ | 选中柱形图，在【图表工具】的【设计】选项卡中单击【快速布局】下拉按钮，显示 11 种预定义布局。单击【布局 9】，将布局样式应用到所选的图表，如图 289-1 所示。 |

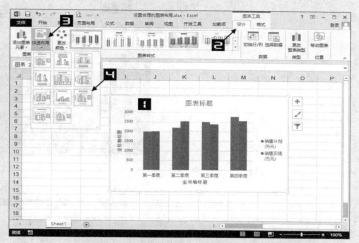

图 289-1　快速布局

| Step ❷ | 选中图表，单击【图表元素】快速微调按钮，在【图表元素】列表中依次选择【数据标签】→【数据标签外】选项，为图表添加数据标签，如图 289-2 所示。 |

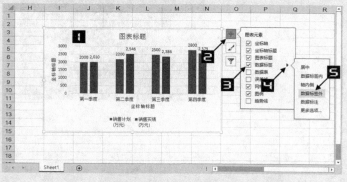

图 289-2　添加数据标签

技巧 **290**　快速应用图表样式

　　图表样式是指图表元素的格式，包括填充样式、边框样式、阴影和三维格式等的组合运用，Excel 2013 提供了多种预定义样式。如果预定义样式不能满足使用需求，也可以手动更改图表元素的格式，进一步设置图表。

Step ❶　选中柱形图，在【图表工具】的【设计】选项卡中单击【图表样式】下拉按钮，显示 14 种预定义样式。单击【样式 8】，将图表样式应用到所选的图表，如图 290-1 所示。

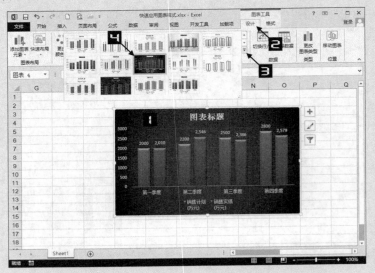

图 290-1　图表样式

Step ❷　选中图表，单击【图表样式】快速微调按钮，在打开的选项窗格中单击【颜色】命令，切换到【颜色】列表，选择【彩色】区域中的【颜色 4】选项，更改数据系列颜色，如图 290-2 所示。

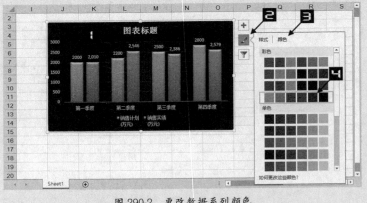

图 290-2　更改数据系列颜色

Step ③　选中图表，在【图表工具】的【格式】选项卡中单击【形状样式】下拉按钮，显示 42 种预定义样式。单击【彩色轮廓-蓝色，强调颜色 1】，完成图表区样式设置，将图表设置为白底黑字蓝色框线，如图 290-3 所示。

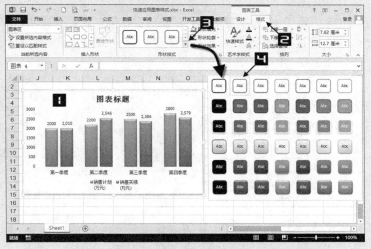

图 290-3　设置图表区样式

技巧 291　图表字体的使用原则

图表字体的属性包括字体、大小、颜色等。图表字体的使用原则就是对不同字体属性的组合与匹配，以达到图表清晰美观的显示效果。

简化原则：图表中需要体现的文字有汉字、英文和数字，字体和颜色的种类繁多。字体可以归纳为 3 类：以宋体和 Times New Roman 为代表的印刷字体，以黑体和 Arial 为代表的广告字体，以楷体隶书为代表的手写字体。颜色可以归纳为黑色、白色、灰色、深色、浅色等 5 种。在同一个图表内，尽量使用相同的字体和颜色，推荐使用微软雅黑字体，不建议在图表中使用手写字体。

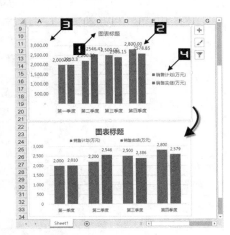

主次原则：图表标题及需要突出表示的数据等，可以设置加大加粗的字体，以突出显示图表的主题。字体颜色与背景颜色尽可能对比强一些，深色背景浅色字体时应加粗字体。

疏密原则：根据图表绘图区留白的大小和位置，设置图例的位置，调整数字小数点后的位数，移动并对齐文字。

如图 291-1 所示，设置图表标题为微软雅黑 16 号字体，调整坐标轴标签和数据标签的小数位数为 0，移动图例到绘图区上方。

图 291-1　调整图表字体

技巧 292　巧用主题统一图表风格

　　Excel 2013 内置了 14 套主题，只要单击一次鼠标，就能改变文档的整个外观。文档的主题由三个部分组成：颜色、字体和效果（对于图形对象）。使用主题的优点是帮助非专业用户方便快捷地创建一个整体美观、协调一致的文档。

Step ❶　单击【页面布局】选项卡中的【主题】下拉按钮，在打开的主题列表中移动光标到【切片】主题上，可以在工作表中预览主题效果。单击【切片】主题，应用颜色、字体、图形到整个工作表。除了不能改变图表的图形效果，图表的主要颜色变为深蓝、字体变为幼圆体，如图 292-1 所示。

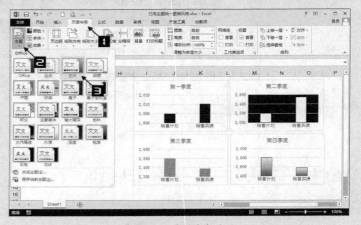

图 292-1　使用文档主题

Step ❷　单击【页面布局】选项卡中的【颜色】下拉按钮，在打开的主题颜色列表中移动光标到【绿色】主题颜色上，可以在工作表中预览主题颜色效果。单击【绿色】主题颜色，应用绿色主题颜色到整个工作表，图表的主要颜色也变更为绿色，如图 292-2 所示。

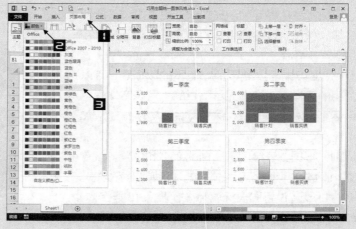

图 292-2　应用主题颜色

Step ❸　单击【页面布局】选项卡中的【字体】下拉按钮，在打开的主题字体列表中移动光标到【微软雅黑】主题字体上，可以在工作表中预览主题字体效果。单击【微软雅黑】主题字体，应用微软雅黑主题字体到整个工作表，图表的字体也变更为微软雅黑，如图 292-3 所示。

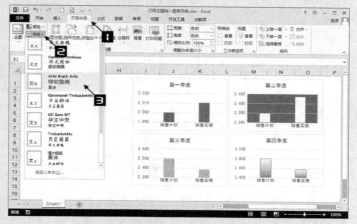

图 292-3　应用主题字体

在图表中应用主题字体的前提条件，是选中图表中，在【开始】选项卡中将【字体】下拉列表中的【主题字体】区域选择为"标题"或"正文"字体。

一旦应用了主题，将会影响工作簿内的所有工作表。

技巧 **293**　保存和使用图表模板

如果需要经常使用已经设置好的图表格式，可以在 Excel 2013 中保存和使用自定义图表模板。

Step ❶　在 Excel 2013 中设置好图表格式，在图表的绘图区右击，打开快捷菜单，单击【另存为模板】命令，如图 293-1 所示。

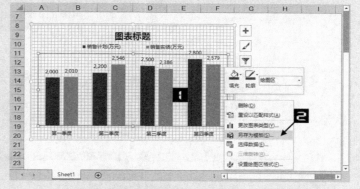

图 293-1　另存为模板

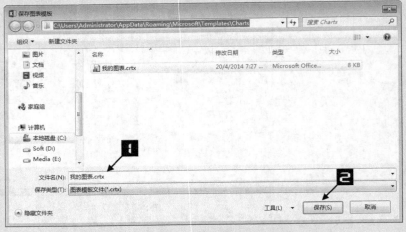

Step ② 打开【保存图表模板】对话框，自动切换文件目录到 "C:\Users\<用户名>\AppData\Roaming\Microsoft\Templates\Charts\"，其中<用户名>指 Windows 7 操作系统中当前所使用的用户名。输入文件名为【我的图表】，保存类型为【图表模板文件(*.crtx)】，单击【保存】按钮，保存图表模板，如图 293-2 所示。

图 293-2 保存图表模板

Step ③ 在 Excel 2013 中应用图表模板。单击数据区域中的任意一个单元格，在【插入】选项卡中单击【图表】组的对话框启动器按钮，打开【插入图表】对话框，切换到【所有图表】→【模板】选项卡，在【我的模板】列表中选择【我的模板】，单击【确定】按钮，完成绘制图表，新图表与图表模板的格式完全相同，如图 293-3 所示。

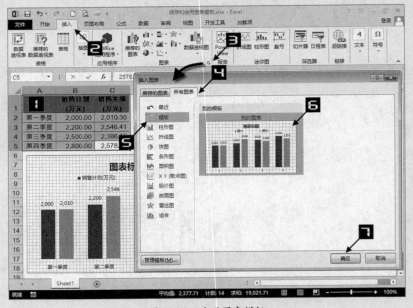

图 293-3 应用图表模板

技巧 294　复制图表格式

在制作多个相同格式的图表时，除了使用图表模板的方法，Excel 还提供了另一种简单的方法：
复制图表格式。

Step ①　根据示例文件中的数据创建一个柱形图和一个折线图，并将两个图表的图
表元素设置为不同的格式。选中柱形图，单击【开始】选项卡中的【复制】
命令，或者按 <Ctrl+C> 组合键，如图 294-1 所示。

图 294-1　复制图表格式

Step ②　选中折线图，在【开始】选项卡中单击【粘贴】下拉按钮，在其扩展列表
中单击【选择性粘贴】命令，打开【选择性粘贴】对话框，选择【格式】
选项，单击【确定】按钮，完成粘贴图表格式，如图 294-2 所示。

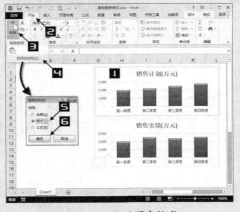

图 294-2　粘贴图表格式

利用选择性粘贴的方法复制图表格式，一次只能设置一个图表。对于多个图表的格式复制，需
要通过多次操作来完成。

技巧 295　组合图

Excel 2013 提供了全新的组合图设置方法，可以方便地设置不同图表类型的组合图，以及选择一个或几个数据系列的图表绘制在次坐标轴上。

Step ❶　根据示例数据绘制的柱形图，因为数据系列"完成率"的数值比较小，图表中几乎看不到柱体。若要设置组合图，则先选中图表，再依次单击【图表工具】的【设计】→【更改图表类型】命令，如图 295-1 所示。

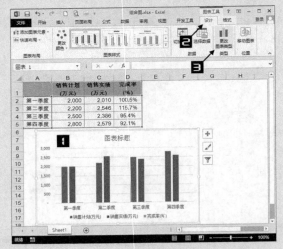

图 295-1　更改图表类型

Step ❷　在打开的【更改图表类型】对话框中切换到【所有图表】→【组合】选项卡，在数据系列"完成率"右侧的图表类型下拉列表中选择【折线图】，并勾选【次坐标轴】的复选框，完成自定义组合图之柱线组合图，如图 295-2 所示。

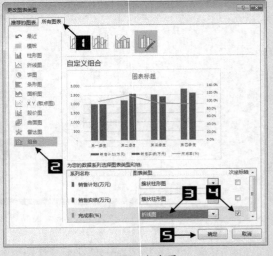

图 295-2　组合图

技巧 296　迷你图

迷你图是 Excel 2013 工作表单元格中的一个微型图表。与传统 Excel 图表相比，迷你图具有鲜明的特点：迷你图是单元格背景中的一个微型图表，传统 Excel 图表是嵌入工作表中的一个图形对象。使用迷你图的单元格可以输入文字和设置填充色。迷你图可以像填充公式一样方便地创建一组图表。迷你图仅提供三种常用图表类型：折线图、柱形图和盈亏图，并且不能制作两种以上图表类型的组合图。

Step ❶ 单击 F2 单元格，单击【插入】选项卡中的【迷你图】→【柱形图】命令，打开【创建迷你图】对话框，将光标定位到【数据范围】编辑框内，选择工作表中的 B2:E2 单元格区域，单击【确定】按钮，即可在 F2 单元格中插入一个迷你柱形图，如图 296-1 所示。

图 296-1　迷你图

Step ❷ 选择 F2 单元格，将光标定位到单元格右下角的填充点上，按住鼠标左键向下填充到 F3 单元格，完成一组迷你图。然后在【迷你图工具】中依次单击【设计】→【坐标轴】→【纵坐标轴的最小值选项】的【自定义值】命令，打开【迷你图垂直轴设置】对话框，在【输入垂直轴的最小值】文本框中输入数字 1000，单击【确定】按钮，完成一组迷你图的垂直轴设置，如图 296-2 所示。

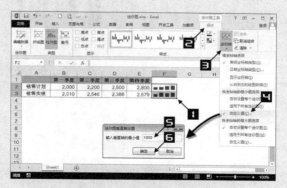

图 296-2　迷你图垂直轴设置

技巧 **297**   快速添加数据系列

数据系列是图表的重要组成部分之一,在日常应用中经常会遇到添加、删除和修改数据系列的情况。下面介绍 3 种添加数据系列的方法。

297.1   鼠标拖放法

Step ①   选中图表,在工作表中显示引用数据区域。如图 297-1 所示,**A2:A5** 单元格区域显示紫色框线,表示分类轴标签。**B2** 单元格显示红色框线,表示数据系列名称。**B2:B5** 单元格区域显示蓝色框线,表示数据系列值。

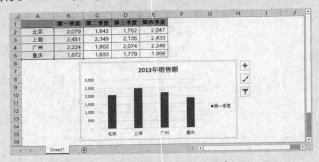

图 297-1   显示引用数据区域

Step ②   将光标定位到蓝色框的右下角,当光标变更为双向箭头形状时,按住鼠标左键向右拖动到 **C5** 单元格,松开鼠标按键,即可在图表中添加一个名为"第二季度"的数据系列,如图 297-2 所示。

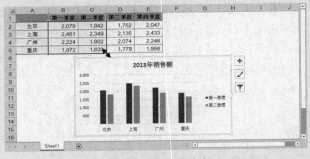

图 297-2   鼠标拖放法

297.2   复制粘贴法

Step ①   选取要添加的数据系列所对应的数据列 **D1:D5** 单元格区域,单击【开始】选项卡中的【复制】命令,或者按<Ctrl+C>组合键。

Step ② 选中图表，单击【开始】选项卡中的【粘贴】命令，或者按<Ctrl+V>组合键，即可在图表中添加一个名为"第三季度"的数据系列，如图 297-3 所示。

图 297-3　复制粘贴法

 不使用【粘贴】，而使用【选择性粘贴】命令，可以选择添加数据系列或数据点。

297.3　编辑数据系列法

Step ① 选中图表，在【图表工具】的【设计】选项卡中单击【选择数据】命令，打开【选择数据源】对话框。

Step ② 单击【选择数据源】对话框中的【添加】按钮，打开【编辑数据系列】对话框，选择【系列名称】的引用单元格为"=Sheet1!$E$1"，选择【系列值】的引用单元格区域为"=Sheet1!$E$2:$E$5"，如图 297-4 所示。单击【确定】按钮，关闭【编辑数据系列】对话框，再次单击【确定】按钮，完成添加名为"第四季度"的数据系列。

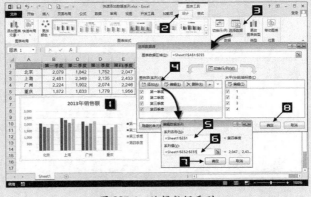

图 297-4　编辑数据系列

技巧 **298**　换个方向看 XY 散点图

　　XY 散点折线图与折线图的最大不同在于：XY 散点折线图两个坐标轴都是数值轴，而折线图只有 Y 轴是数值轴。基于 XY 散点折线图这个特点，可以改变 X 轴和 Y 轴的方向。

Step ❶　单击选中图表中的 **XY 散点折线**，其函数关系为 **Y=F(X)**，在公式编辑栏显示 SERIES 公式：

=SERIES(Sheet1!$B$1,Sheet1!$A$2:$A$7,Sheet1!$B$2:$B$7,1)

如图 298-1 所示。

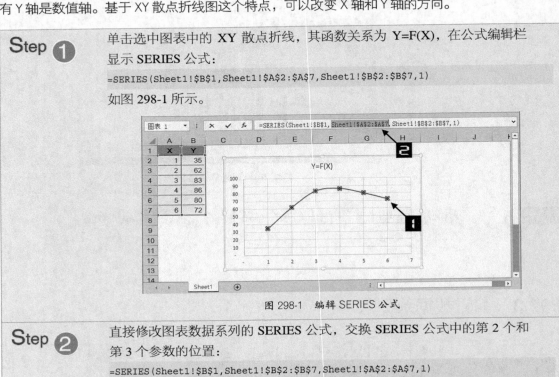

图 298-1　编辑 SERIES 公式

Step ❷　直接修改图表数据系列的 **SERIES** 公式，交换 **SERIES** 公式中的第 2 个和第 3 个参数的位置：

=SERIES(Sheet1!$B$1,Sheet1!$B$2:$B$7,Sheet1!$A$2:$A$7,1)

其函数关系变更为 **X=F(Y)**，完成改变方向的 **XY 散点折线图**，如图 298-2 所示。

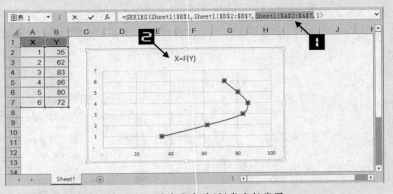

图 298-2　改变方向的 XY 散点折线图

 若要改变折线图的方向，必须先更改图表类型为 **XY 散点折线图**。

技巧 **299**　隐藏数据也能创建图表

在实际工作中，用户常常发现：一旦手动隐藏了图表的数据源区域，图表中的部分或全部数据系列会消失。如图 299-1 所示，隐藏了第 4 行数据，则图表中对应的数据点也不再显示。

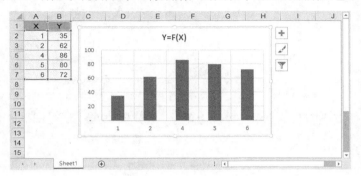

图 299-1　隐藏数据的柱形图

事实上，在 Excel 图表中可以选择是否绘制隐藏数据，操作步骤如下。

Step ❶ 选中图表，在【图表工具】的【设计】选项卡中单击【选择数据】按钮，打开【选择数据源】对话框，单击【隐藏的单元格和空单元格】按钮，如图 299-2 所示。

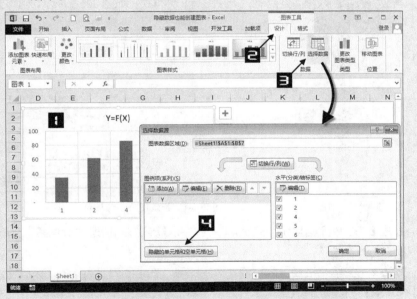

图 299-2　隐藏的单元格和空单元格

Step ❷ 打开【隐藏和空单元格设置】对话框，勾选【显示隐藏行列中的数据】的复选框，单击【确定】按钮，如图 299-3 所示。关闭【隐藏和空单元格设置】对话框，再单击【确定】按钮，关闭【选择数据源】对话框。通过以上设置，可以使隐藏单元格的数据也能显示在图表中。

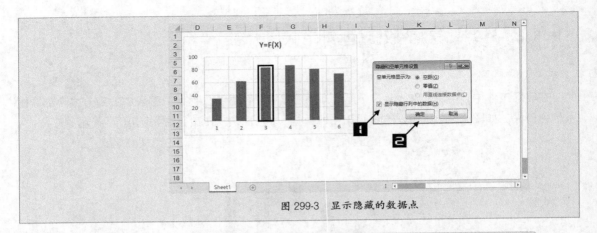

图 299-3　显示隐藏的数据点

提示！　另一种简便的方法是设置行高为 1 或其他较小的数字。即眼睛看不到单元格数据，而图表可以显示全部数据的图形。

技巧 300　空单元格的三种折线图样式

当数据表中的数据有空白时，折线图有 3 种样式，如图 300-1 所示，可以满足不同使用者的需要。

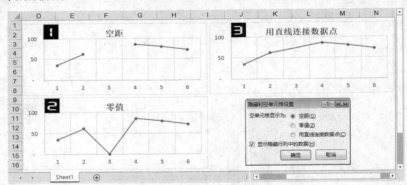

图 300-1　折线图的 3 种样式

方法 1　空单元格显示为空距。Excel 中以默认方式创建的折线图，空单元格的点是不绘制的，形成断点。

方法 2　空单元格显示为零值。选中图表，在【图表工具】的【设计】选项卡中单击【选择数据】命令，打开【选择数据源】对话框，单击【隐藏的单元格和空单元格】按钮，打开【隐藏和空单元格设置】对话框，选取空单元格显示为【零值】选项。此时，Excel 将空单元格作为零值处理，对于零值的数据点，折线跌落至零值。

方法 3　用直线连接数据点。在【隐藏和空单元格设置】对话框中选取空单元格显示为【用直线连接数据点】选项。此时，Excel 以内插值代替空单元格，在图表中用直线连接空单元格前后两个数据点。

技巧 301　将图表复制到 PPT 中

实际工作中，经常需要将 Excel 图表复制到 PPT 中使用。归纳起来，Excel 图表复制到 PPT 中有 4 种表现形式。

Step 1　选择 Excel 中的图表，并按<Ctrl+C>组合键，或单击【插入】选项卡中的【复制】命令，将图表复制到剪贴板中，如图 301-1 所示。

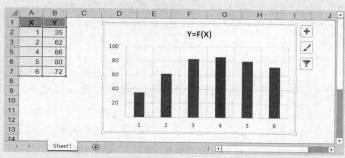

图 301-1　Excel 图表

Step 2　在 PPT 中按<Ctrl+Alt+V>组合键，或单击【粘贴】下拉按钮→【选择性粘贴】命令，打开【选择性粘贴】对话框，如图 301-2 所示。

图 301-2　选择性粘贴

Step 3　选择不同的粘贴类型，可以得到 4 类不同效果的 PPT 图表，如图 301-3 所示。

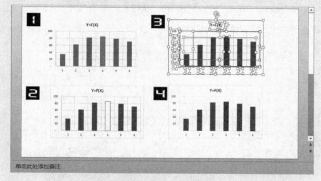

图 301-3　PPT 图表

◆　Microsoft Office 图形对象：是一个不带数据表的 Excel 图表，可以在 PPT 中编辑图表，修改数据时需要打开原 Excel 文件。

◆　Microsoft Excel 图表对象：插入的是整个 Excel 工作簿。若同时选择【粘贴链接】选项，则与 Microsoft Office 图形对象类似，只是打开 PPT 时会提示更新数据。

◆　图片（增强型图元文件）：将 PPT 中的图片执行 2 次【取消组合】命令后，转换为图形组合的图表。

◆　图片：位图、JPEG、GIF、PNG 等各种格式的图片，不可编辑。

技巧 302　妙用坐标轴交叉点

设置不同的坐标轴交叉点，可以显示不同的图表效果，如图 302-1 所示，为 4 种不同的坐标轴交点。

如果纵坐标是数值轴，则双击纵坐标，打开【设置坐标轴格式】任务窗格，再单击【坐标轴选项】图标，在【横坐标轴交叉】的【坐标轴值】文本框中输入数字 1.5（纵坐标显示的最大值），如图 302-2 所示，则横坐标交叉于纵坐标的最上方。

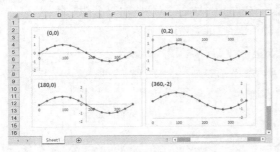

图 302-1　坐标轴交叉点

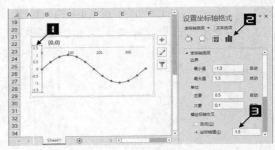

图 302-2　纵坐标轴格式

如果横坐标是数值轴，则双击横坐标，打开【设置坐标轴格式】任务窗格，再单击【坐标轴选项】图标，在【纵坐标轴交叉】的【坐标轴值】文本框中输入数字 360，如图 302-3 所示，则纵坐标交叉于横坐标为数值 360 的位置。

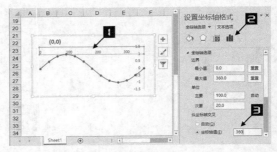

图 302-3　横坐标轴格式

技巧 303　多层分类轴

一般图表的坐标轴刻度线标签为一行或者一列。如果坐标轴刻度线标签需要分类，使用两行显示标签，可以参照下面的方法。

Step ① 设置数据表，属于同一个车间的单元格使用【开始】选项卡中的【合并后居中】命令，分别合并 A2:A4 单元格区域、A5:A7 单元格区域、A8:A10 单元格区域。再选择 A1:C10 单元格区域，创建图表，即可显示多层的分类轴标签，如图 303-1 所示。

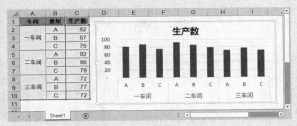

图 303-1　多层分类轴

Step ② 若因为数据表的关系不能显示多层的分类轴标签，可以尝试修改数据源中【水平（分类）轴标签】的引用单元格区域，单击【编辑】按钮，打开【轴标签】对话框，设置【轴标签区域】引用多行或多列文本 "=Sheet1! $A$2:$B$10" 即可，如图 303-2 所示。

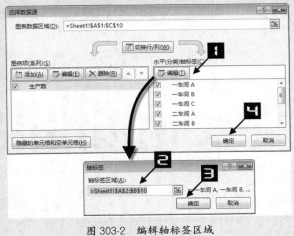

图 303-2　编辑轴标签区域

技巧 304　巧设时间刻度单位

304.1　以天为单位

若数据表中日期所在的单元格数字格式为日期，则以此为数据源的图表自动设置为日期坐标轴。若单元格格式为文本，则图表也为文本坐标轴。但日期坐标轴可以转换为文本坐标轴，反之则不可以转换。

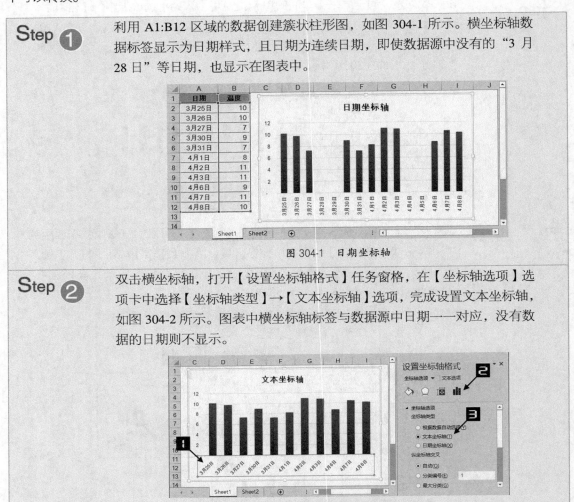

Step ① 利用 **A1:B12** 区域的数据创建簇状柱形图，如图 **304-1** 所示。横坐标轴数据标签显示为日期样式，且日期为连续日期，即使数据源中没有的"3 月28 日"等日期，也显示在图表中。

图 304-1　日期坐标轴

Step ② 双击横坐标轴，打开【设置坐标轴格式】任务窗格，在【坐标轴选项】选项卡中选择【坐标轴类型】→【文本坐标轴】选项，完成设置文本坐标轴，如图 304-2 所示。图表中横坐标轴标签与数据源中日期一一对应，没有数据的日期则不显示。

图 304-2　设置坐标轴类型

304.2　以小时为单位

Excel 并未提供以小时为单位的时间刻度，而根据时间与数值的换算，通过散点图可以方便地实现以小时为单位的坐标轴刻度。在 Excel 中，1 天对应的数值为 1，1 小时等于 1/24，1 分钟等于 1/24/60，1 秒钟等于 1/24/3600，图表的时间刻度单位即以此数值为基础。

 Step ① 选择数据所在的任意一个单元格（如 A1），在【插入】选项卡上单击【散点图】的下拉按钮，在其扩展列表中选择【带平滑线和数据标记的散点图】，绘制散点折线图。横坐标轴数据标签显示为时间样式，但并不是整点时间，如图 304-3 所示。

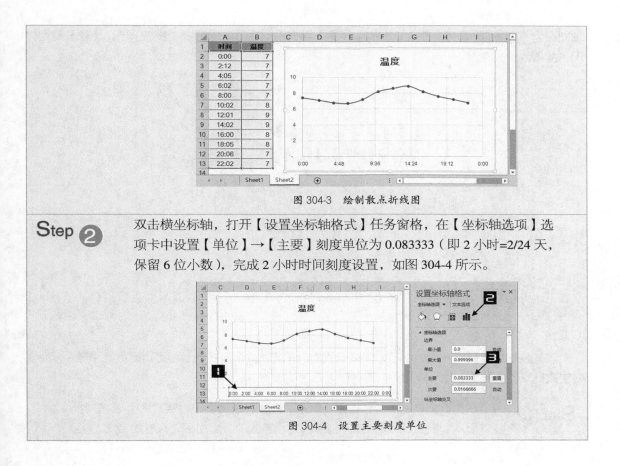

图 304-3　绘制散点折线图

Step ②　双击横坐标轴，打开【设置坐标轴格式】任务窗格，在【坐标轴选项】选项卡中设置【单位】→【主要】刻度单位为 0.083333（即 2 小时=2/24 天，保留 6 位小数），完成 2 小时时间刻度设置，如图 304-4 所示。

图 304-4　设置主要刻度单位

技巧 305　适时使用对数刻度

当两个数据系列的数值差异较大（特别是大于 10 倍）时，数据较小的数据系列在图表中基本不能看清数值的变化，如图 305-1 所示。此时可以考虑使用对数刻度显示两列数据。

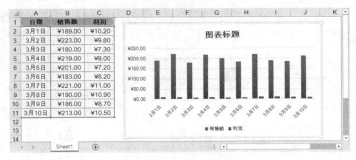

图 305-1　数据相差较大

双击垂直轴，打开【设置坐标轴格式】任务窗格，在【坐标轴选项】选项卡中勾选【对数刻】的复选框。对数的【基准】自动设置为 10，也可以根据实际应用调整，如图 305-2 所示。Y 轴坐标轴刻度为 10 的等比数列，数值较小的【利润】数据系列柱形比原图中"长高"了，比较清楚地体现了数据的变化情况。

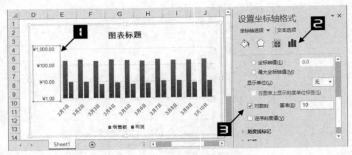

图 305-2　设置对数刻度

技巧 306　为图表添加误差线

误差线是从数据点开始的水平方向或垂直方向的直线，误差线的长短可以是标准偏差、标准误差或数据点的百分比，也可以自定义数据。

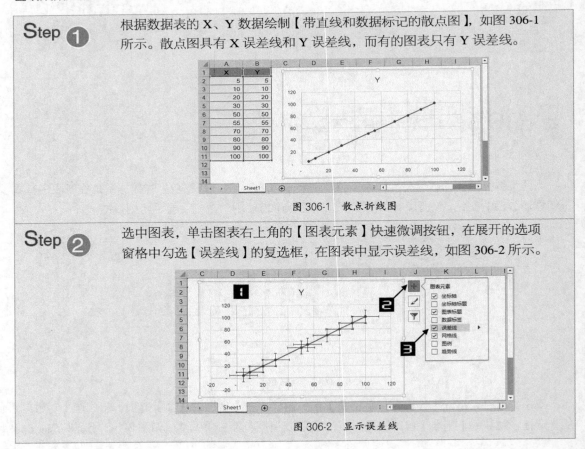

Step ❶　根据数据表的 X、Y 数据绘制【带直线和数据标记的散点图】，如图 306-1 所示。散点图具有 X 误差线和 Y 误差线，而有的图表只有 Y 误差线。

图 306-1　散点折线图

Step ❷　选中图表，单击图表右上角的【图表元素】快速微调按钮，在展开的选项窗格中勾选【误差线】的复选框，在图表中显示误差线，如图 306-2 所示。

图 306-2　显示误差线

Step ❸ 双击图表中的水平误差线，打开【设置误差线格式】任务窗格，在【误差线选项】选项卡中选择【方向】→【负偏差】选项，【末端样式】→【无线端】选项，然后在【误差量】组中选中【自定】选项，并单击【指定值】按钮，打开【自定义错误栏】对话框，设置【负误差值】为引用单元格区域 "=Sheet1!$A$2:$A$11"，单击【确定】按钮，如图 306-3 所示。

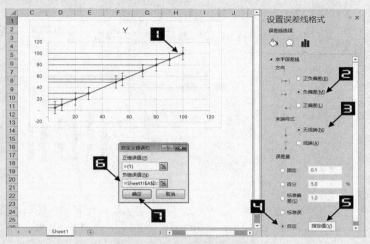

图 306-3　设置水平误差线

Step ❹ 双击图表中的垂直误差线，打开【设置误差线格式】任务窗格，在【误差线选项】选项卡中选择【方向】→【负偏差】选项、【末端样式】→【无线端】选项，然后在【误差量】组中选中【自定】选项，并单击【指定值】按钮，打开【自定义错误栏】对话框，设置【负误差值】为引用单元格区域 "=Sheet1!$B$2:$B$11"，单击【确定】按钮，如图 306-4 所示。

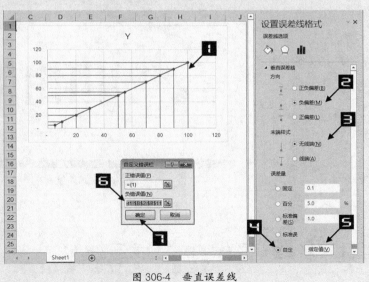

图 306-4　垂直误差线

　　水平误差线和垂直误差线分别指向 X 轴和 Y 轴相应的刻度，与图表的数据点相对应。从某种意义上说，误差线可以代替图表的网格线。

技巧 307　为图表添加系列线

Excel 图表中的二维堆积柱形图和堆积条形图可以通过显示系列线来突出显示数据的变化方向。另外，复合饼图或复合条饼图中也可以显示系列线，但仅用来表示图形的联系。

Step ①　利用 A1:C11 区域的数据绘制堆积柱形图，并设置图表格式，如图 307-1 所示。

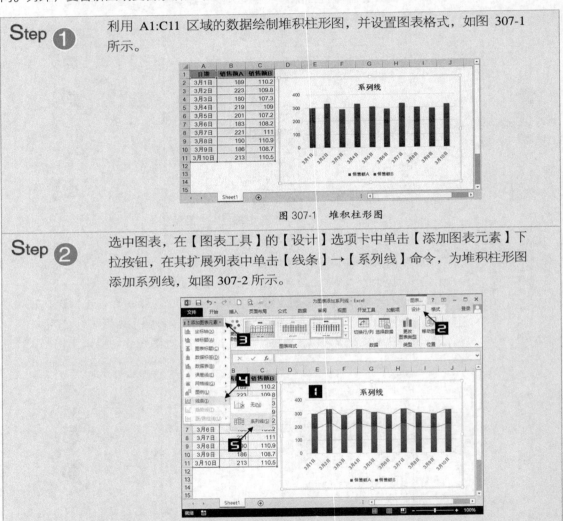

图 307-1　堆积柱形图

Step ②　选中图表，在【图表工具】的【设计】选项卡中单击【添加图表元素】下拉按钮，在其扩展列表中单击【线条】→【系列线】命令，为堆积柱形图添加系列线，如图 307-2 所示。

图 307-2　添加系列线

技巧 308　垂直线与高低点连线

在折线图中，可以通过设置垂直线或高低点连线表示数据的大小或差异。而在散点图中则不可以设置。

Step ①

利用 **B1:C11** 单元格区域数据绘制带数据标记的折线图，在工作表中绘制包含两个系列的折线图，并设置图表格式，如图 308-1 所示。

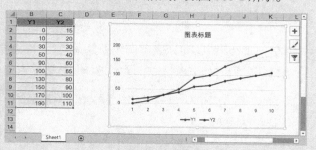

图 308-1　折线图

Step ②

选中图表，在【图表工具】的【设计】选项卡中单击【添加图表元素】下拉按钮，在其扩展列表中单击【线条】→【垂直线】命令，为折线图添加垂直线，如图 308-2 所示。

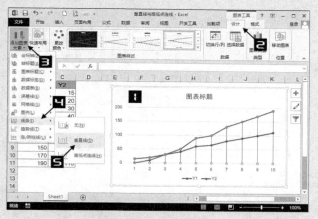

图 308-2　添加垂直线

Step ③

选中图表，在【图表工具】的【设计】选项卡中单击【添加图表元素】下拉按钮，在其扩展列表中单击【线条】→【高低点连线】命令，为折线图添加高低点连线，如图 308-3 所示。

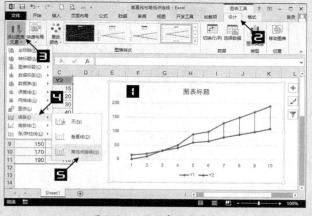

图 308-3　添加高低点连线

技巧 309　使用涨跌柱线凸显差异

涨跌柱线与高低点连线相似，可以表现折线图数据点之间的差异，股价图也是使用涨跌柱线来实现的。本技巧将介绍如何添加涨跌柱线，及标注涨跌柱线的大小。

Step ❶　如图 309-1 所示，根据 A1:C11 单元格区域的数据绘制含有二个数据系列的折线图。

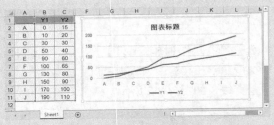

图 309-1　折线图

Step ❷　选中图表，单击图表右上角的【图表元素】快速微调按钮，在展开的选项窗格中勾选【涨/跌柱线】复选框，添加涨跌柱线，如图 309-2 所示。

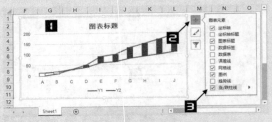

图 309-2　涨跌柱线

Step ❸　选择横坐标中"A"对应的涨跌柱线，在【图表工具】→【格式】选项卡中单击【形状填充】下拉按钮，在颜色下拉列表中选择【红色，着色 2】，完成设置涨跌柱线颜色，如图 309-3 所示，设置涨跌柱线颜色所示。

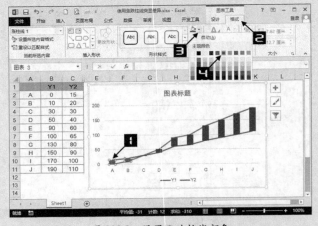

图 309-3　设置涨跌柱线颜色

Step 4 在 D1 单元格输入 "数据标签"，在 D2 单元格设置公式 "=C2-B2"，再填充公式到 D2:D11 单元格。选中图表中的【Y1】折线图，右击，在打开的扩展菜单中单击【添加数据标签】→【添加数据标签】命令，为所选的折线图添加数据标签，如图 309-4 所示。

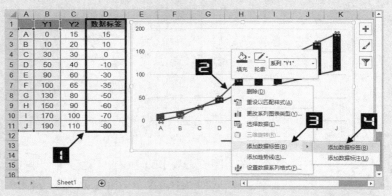

图 309-4　添加数据标签

Step 5 双击数据标签，打开【设置数据标签格式】任务窗格，在【标签选项】选项卡中选择【标签包括】→【单元格中的值】选项，单击【选择范围】按钮，打开【选择数据标签区域】对话框，设置引用【=Sheet1!$D$2:$D$11】单元格区域，单击【确定】按钮，关闭对话框。然后在任务窗格中取消勾选【标签包括】→【值】选项，并选择【标签位置】→【靠上】选项，完成修改涨跌柱线的数据标签，如图 309-5 所示。

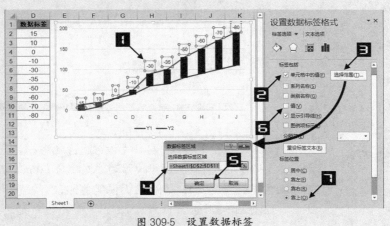

图 309-5　设置数据标签

技巧 310　使用移动平均线进行趋势预估

移动平均是指在一定周期内数据的算术平均，移动平均线可以消除曲线的短期变化，使曲线变得更为平滑，有利于趋势的判定。

Step 1　选择工作表中的 **A1:B13** 单元格区域，绘制带数据标记的折线图，如图 310-1 所示。其中 **B12:B13** 为空单元格，可以利用图表的移动平均线进行趋势预估。

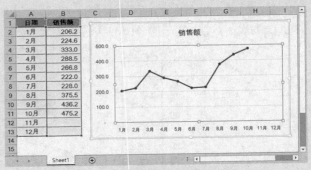

图 310-1　折线图

Step 2　选中图表，在【图表工具】的【设计】选项卡上单击【添加图表元素】下拉按钮，在其扩展列表中依次单击【趋势线】→【移动平均】命令，添加一条名为【2 per.Mov.Avg(销售额)】的 2 个周期移动平均线，该移动平均线预估了 11 月的销售额，如图 310-2 所示。

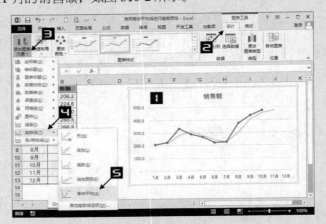

图 310-2　移动平均线

Step 3　双击图表中的移动平均线，打开【设置趋势线格式】任务窗格，设置【移动平均】→【周期】为 3，修改移动平均线为【3 per.Mov.Avg(销售额)】，该移动平均线预估了 11 月和 12 月的销售额，比 2 个周期的移动平均线更平滑，如图 310-3 所示。

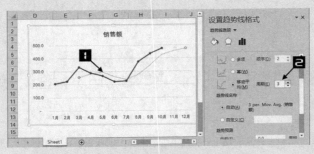

图 310-3　移动平均线趋势预估

技巧 **311** 使用趋势线进行各种预测

Excel 提供了多种趋势线样式：指数、线性、对数、多项式和幂等。使用趋势线可以获取拟合曲线的方程式，并可预测未来的趋势，本技巧将演示多项式趋势线的用法。

Step ❶　选中图表，单击图表右上角的【图表元素】快速微调按钮，在展开的选项窗格中勾选【趋势线】选项，添加一条线性趋势线，如图 311-1 所示。

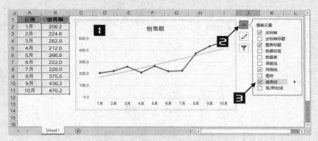

图 311-1　添加趋势线

Step ❷　双击图表中的趋势线，打开【设置趋势线格式】任务窗格，选择趋势线类型为【多项式】，设置多项式的顺序为 "2"，添加二次多项式趋势线，并设置趋势线的颜色和线型，如图 311-2 所示。

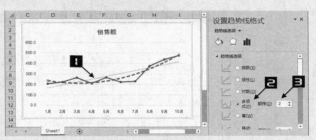

图 311-2　趋势线类型

Step ❸　在【设置趋势线格式】任务窗格中设置【趋势预测】→【前推】为 "2" 个周期，则图表中的趋势线自动延长 2 个分类刻度值，表示预测销售额的变化。然后勾选【显示公式】和【显示 R 平方值】复选框，在图表中显示趋势线公式为 "$y = 5.6682 x - 35.269 x + 266.69$"，"$R = 0.8598$"，$R^2$ 越接近于 1，表示曲线拟合越好，如图 311-3 所示。

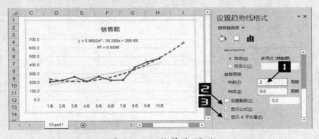

图 311-3　趋势线预测

技巧 **312**　图片美化图表背景

Excel 默认的图表背景是由单一颜色填充的，此颜色可以进行调整，甚至还可以使用贴合图表内容的图片来美化。

Step ❶　选择 A1:B11 单元格区域，绘制柱形图。然后单击【图表工具】的【设计】选项卡上的【图表样式】→【样式 4】，设置柱形图样式，如图 312-1 所示。

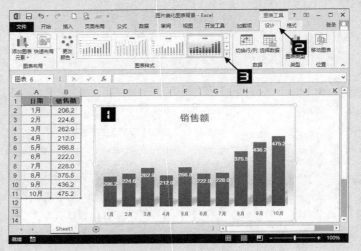

图 312-1　设置图表样式

Step ❷　双击图表区，打开【设置图表区格式】任务窗格，选择【填充】→【图片或纹理填充】选项按钮，在图片浏览工具中复制图片后，单击【插入图片来自】→【剪贴板】按钮，将图片填充到图表区，如图 312-2 所示。也可以单击【文件】按钮，选择一幅与数据相关的图片填充图表区。

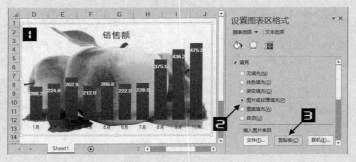

图 312-2　图表区格式

Step ❸　在【设置图表区格式】任务窗格中，将右侧滚动条向下移动，设置【透明度】为 50%，使图片背景适当虚化，突出柱形图，完成图片美化图表，如图 312-3 所示。

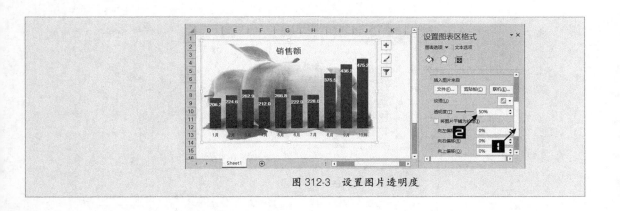

图 312-3　设置图片透明度

技巧 313　图片美化数据点

除了使用传统的填充色外，图表的数据点还可以使用图片填充。图片图表具有数据形象、特点鲜明等优点。

Step ❶　在工作表中插入一张与图表内容相关的图片，并调整图片大小到高度和宽度均为 0.5cm，如图 313-1 所示。

图 313-1　设置图片

Step ❷　选中该图片并按<Ctrl+C>组合键进行复制，再选中折线图的数据系列，按<Ctrl+V>组合键粘贴到图表中，效果如图 313-2 所示。

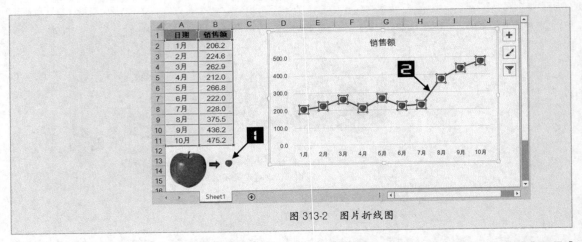

图 313-2　图片折线图

在柱形图中的设置方法也与上述步骤类似，只是在图表的柱形中插入图片后，再选择【层叠】选项，完成图片柱形图，如图 313-3 所示。也可以选择【层叠并缩放】选项，并设置【Units/Pictrue】为垂直轴主要刻度的倍数即可。

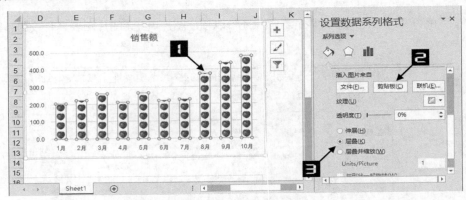

图 313-3　图片柱形图

技巧 314　按条件显示颜色的图表

图表的数据系列颜色通常是固定的，如果需要让其按数据的变化显示不同颜色，可以参照以下步骤。

 Step ❶ 通过计算，将数据分成 3 组，在单元格 C2 中输入公式 "=IF(A2<100, A2,)"，D2 中输入公式 "=IF(AND (A2>= 100,A2 < 200), A2,)"，E2 中输入公式 "=IF(A2> =200,A2,)"，然后复制 C2:E2 单元格公式，向下填充到 C11:E11，以 C1:E11 单元格区域为数据源作柱形图，生成 3 个数据系列的柱形图，如图 314-1 所示。

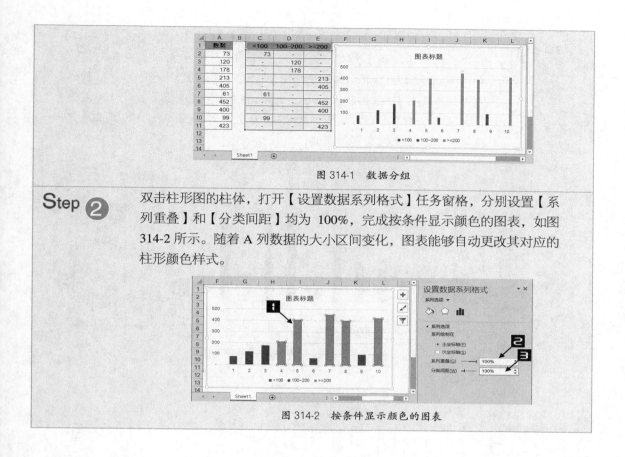

图 314-1　数据分组

Step ② 双击柱形图的柱体，打开【设置数据系列格式】任务窗格，分别设置【系列重叠】和【分类间距】均为 100%，完成按条件显示颜色的图表，如图 314-2 所示。随着 A 列数据的大小区间变化，图表能够自动更改其对应的柱形颜色样式。

图 314-2　按条件显示颜色的图表

技巧 **315**　条件格式标签

通过设置数据标签的自定义数字格式，可以达到按条件设置标签文字格式的目的。

Step ① 选择 A1:A11 单元格区域，绘制柱形图，再单击图表右上角的【图表元素】快速微调按钮，勾选【数据标签】选项，添加数据标签，如图 315-1 所示。

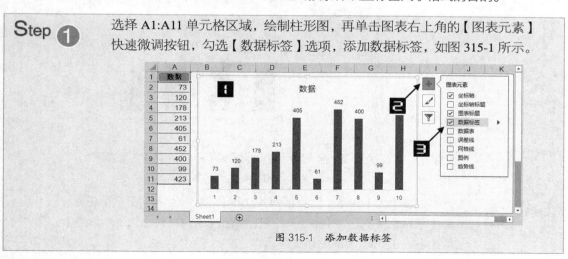

图 315-1　添加数据标签

Step ② 双击数据系列标签，打开【设置数据标签格式】任务窗格，切换到【数字】选项，选择【类别】为"自定义"，在【格式代码】文本框中输入"[蓝色][<100]"A"#;[红色][>=200]"C"#;"B"#"，单击【添加】按钮，将格式代码增加到【类型】列表中，如图 315-2 所示的数据标签效果。小于 100 的为蓝色 A 开头的文字，大于等于 200 的为红色 C 开头的文字，100 到 200 之间为黑色 B 开头的文字。

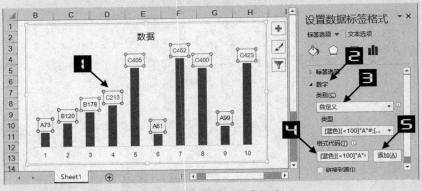

图 315-2　设置条件格式标签

技巧 316　温度计图

温度计图就是温度计样式的柱形图，一般用来表现计划或目标完成的情况。

Step ① 选择 A1:C5 单元格区域，绘制柱形图，如图 316-1 所示。

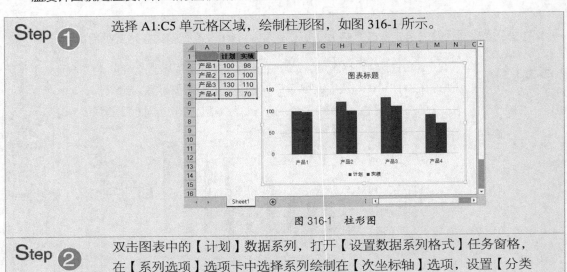

图 316-1　柱形图

Step ② 双击图表中的【计划】数据系列，打开【设置数据系列格式】任务窗格，在【系列选项】选项卡中选择系列绘制在【次坐标轴】选项，设置【分类间距】为 150%，如图 316-2 所示。

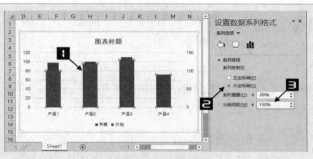

图 316-2　次坐标

Step ③　双击图表左侧的垂直轴，打开【设置坐标轴格式】任务窗格，在【坐标轴选项】选项卡中设置【最大值】为 150，使之与图表右侧的次坐标轴相同，如图 316-3 所示。

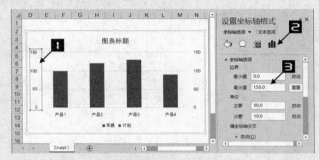

图 316-3　坐标轴选项

Step ④　选择图表中的"计划"数据系列，在【图表工具】的【格式】选项卡中设置【形状样式】为【彩色轮廓-蓝色，强调颜色 1】，再单击【形状填充】下拉按钮，在展开的下拉列表中单击【无填充颜色】命令，完成温度计图，如图 316-4 所示。

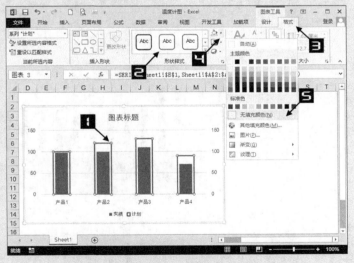

图 316-4　温度计图

技巧 317　瀑布图

瀑布图是利用图表的隐藏技术形成的看似瀑布的柱形图。瀑布图能够在反映数据多少的同时直观地反映出数据的增减变化。

Step 1

准备作图数据表，添加“辅助列”、“减少”和“增加”3 列数据，分别在 C3、D2、E2 单元格设置如下公式：

```
=SUM($B$2:B3)-E3
=IF(B2<0,-B2,)
=IF(B2>0,B2,)
```

然后分别填充公式到 C4:C13、D3:D14、E3:E14 单元格，完成后的数据列表如图 317-1 所示。

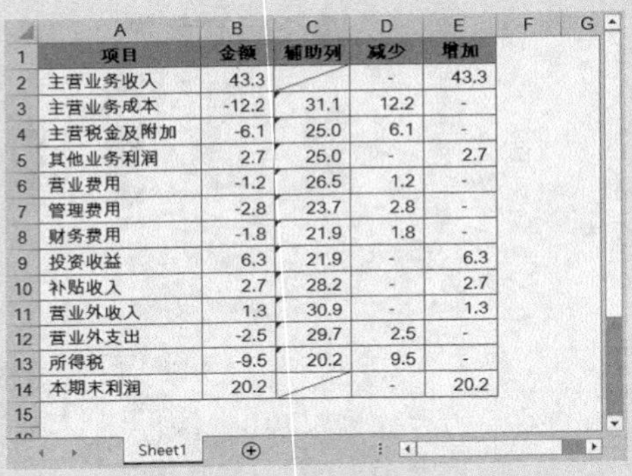

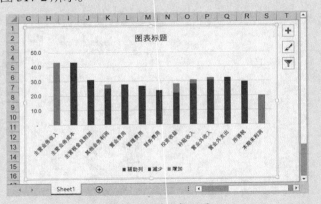

	A	B	C	D	E
1	项目	金额	辅助列	减少	增加
2	主营业务收入	43.3		-	43.3
3	主营业务成本	-12.2	31.1	12.2	-
4	主营税金及附加	-6.1	25.0	6.1	-
5	其他业务利润	2.7	25.0	-	2.7
6	营业费用	-1.2	26.5	1.2	-
7	管理费用	-2.8	23.7	2.8	-
8	财务费用	-1.8	21.9	1.8	-
9	投资收益	6.3	21.9	-	6.3
10	补贴收入	2.7	28.2	-	2.7
11	营业外收入	1.3	30.9	-	1.3
12	营业外支出	-2.5	29.7	2.5	-
13	所得税	-9.5	20.2	9.5	-
14	本期末利润	20.2		-	20.2

图 317-1　数据表

Step 2

按住 Ctrl 键的同时，选择 A1:A14 和 C1:E14 单元格，依次单击【插入】选项卡中的【插入柱形图】→【堆积柱形图】命令，在工作表插入一个堆积柱形图，如图 317-2 所示。

图 317-2　堆积柱形图

Step 3

双击图表中的【辅助列】数据系列，打开【设置数据系列格式】任务窗格，在【填充线条】选项卡中选择【无填充】和【无线条】选项，完成瀑布图，如图 317-3 所示。

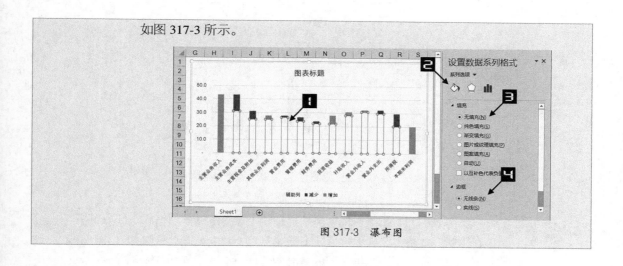

图 317-3　瀑布图

技巧 318　断层图

若柱形图中的数据点与其他数据点相比差异特别大时，图表刻度就会自动适应较大的数据点，使图表中较小的数据点不能很好地显示。通过图表组合和坐标刻度的设置，可以绘制断层图来解决这个问题。

 Step ❶ 准备作图数据表，添加下、断层、上 3 列，分别在 D2、E2、F2 单元格设置如下公式：

```
=IF(B2<20,B2,20)
=IF(B2>20,2,)
=IF(B2>50,B2-50,)
```

然后填充公式到 D3:F12 单元格，完成后的数据列表如图 318-1 所示。

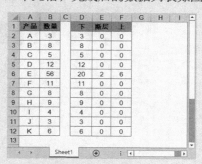

图 318-1　数据表

Step ❷ 按住 Ctrl 键的同时，选择 A1:A12 和 D1:F12 单元格，依次单击【插入】选项卡中的【插入柱形图】→【堆积柱形图】命令，在工作表插入一个堆积柱形图，如图 318-2 所示。

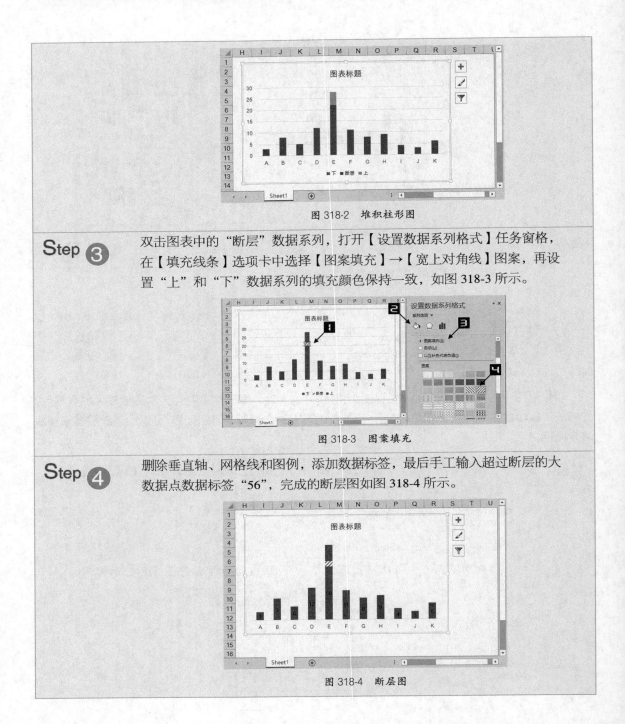

图 318-2　堆积柱形图

Step ❸　双击图表中的"断层"数据系列，打开【设置数据系列格式】任务窗格，在【填充线条】选项卡中选择【图案填充】→【宽上对角线】图案，再设置"上"和"下"数据系列的填充颜色保持一致，如图 318-3 所示。

图 318-3　图案填充

Step ❹　删除垂直轴、网格线和图例，添加数据标签，最后手工输入超过断层的大数据点数据标签"56"，完成的断层图如图 318-4 所示。

图 318-4　断层图

技巧 **319**　旋风图

旋风图也称成对条形图或金字塔图，即以左右对称形式表示两类数据的条形图。

Step ①

在工作表的 B 列插入一列辅助列，然后在 B2 单元格设置公式"=25000-C2"，并填充公式到 B3:B6 单元格，如图 319-1 所示。其中 25000 为图表的对称点。

	A	B	C	D
1	年份	辅助列	进口	出口
2	2009年	14,941	10,059	12,016
3	2010年	11,038	13,962	15,778
4	2011年	7,565	17,435	18,984
5	2012年	6,816	18,184	20,487
6	2013年	5,496	19,504	22,096
7				

图 319-1　插入辅助列

Step ②

选择 A1:D6 单元格区域，在【插入】选项卡中依次单击【插入条形图】→【堆积条形图】命令，在工作表中插入一个堆积条形图，如图 319-2 所示。

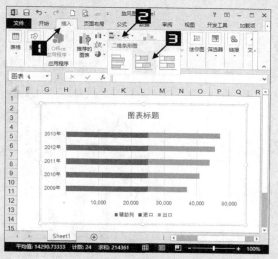

图 319-2　堆积条形图

Step ③

双击图表中的【辅助列】数据系列，打开【设置数据系列格式】任务窗格，在【填充线条】选项卡中选择【无填充】和【无线条】选项，并添加数据标签，删除横坐标轴，删除"辅助列"图例项，并将图例拖动至图表标题的下方，完成后的旋风图如图 319-3 所示。

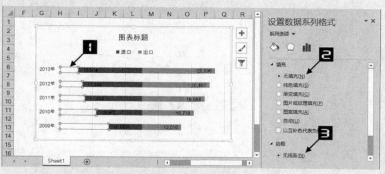

图 319-3　旋风图

技巧 320　帕累托图

帕累托图又叫排列图，是按照发生频率大小顺序绘制的柱形图，是与根据累计百分比绘制的折线图相结合的组合图。

Step ①　根据不良数计算累计不良率，在 C2 单元格设置公式"=SUM（$B$2:B2）/ SUM（$B$2:$B$7）"，并填充公式到 C3:C7 单元格，如图 320-1 所示。

图 320-1　数据表

Step ②　选择 A1:C7 单元格区域，单击【插入】选项卡中的【插入组合图】→【簇状柱形图-折线图】命令，在工作表中插入一个线柱组合图，如图 320-2 所示。

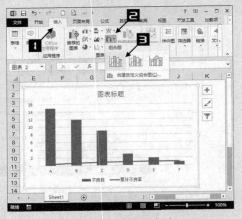

图 320-2　线柱组合图

Step ③　双击图表中的折线图，打开【设置数据系列格式】任务窗格，在【系列选项】选项卡中选择系列绘制在【次坐标轴】选项。调整图表右侧垂直轴最大刻度为 100%，删除网格线，添加数据标签，完成帕累托图，如图 320-3 所示。

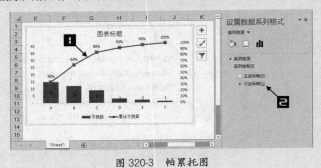

图 320-3　帕累托图

技巧 321　控制图

控制图就是在折线图的基础上设置控制界限的图表。可以用一组相同的数值绘制直线来表示控制图的上限或下限。

Step ❶　在数据表中设置控制界限的数据：上限和下限。以上限、下限和测量值 3 列数据 B1:D11 为数据系列作折线图，如图 321-1 所示。

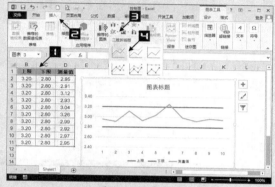

图 321-1　折线图

Step ❷　选中折线图中的"测量值"系列，单击图表右上角的【图表元素】快速微调按钮，再依次勾选【数据标签】的复选框→【居中】选项，添加数据标签，如图 321-2 所示。

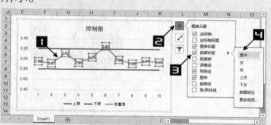

图 321-2　添加数据标签

Step ❸　双击折线图中的"测量值"系列，打开【设置数据系列格式】任务窗格，依次单击【填充线条】→【标记】，切换到【数据标记选项】选项卡，设置数据标记为【内置】，【类型】为"●"，【大小】为"18"，添加图表标题，完成控制图的制作，如图 321-3 所示。

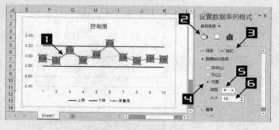

图 321-3　控制图

技巧 322　复合条饼图

复合条饼图是将数值较小的扇区从主饼图中提取出来，并组合到堆积条形图中的饼图。

Step ①　选中 A2:C5 单元格区域，在【插入】选项卡中依次单击【饼图】→【复合条饼图】命令，创建复合条饼图，如图 322-1 所示。

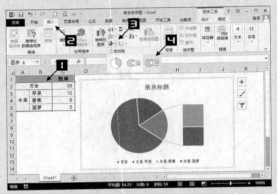

图 322-1　创建复合条饼图

Step ②　双击饼图中的数据系列，打开【设置数据系列格式】任务窗格，在【系列选项】选项卡中设置【第二绘图区中的值】为"3"，如图 322-2 所示。

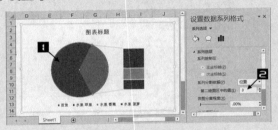

图 322-2　设置第二绘图区

Step ③　选择饼图，在【图表工具】的【设计】选项卡中单击【添加图表元素】→【数据标签】→【最佳匹配】命令，添加数据标签。

Step ④　双击图表中的数据标签，打开【设置数据标签格式】任务窗格，在【标签选项】选项卡中勾选【类别名称】和【百分比】的复选框，取消对【值】的勾选，完成复合条饼图，如图 322-3 所示。

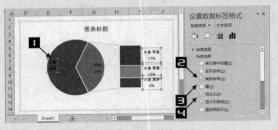

图 322-3　复合条饼图

技巧 **323**　双层饼图

双层饼图类似圆环图，但是没有圆环图中间的空白圆圈。

Step **1**　选中 **A1:E3** 单元格区域，在【插入】选项卡中单击【饼图】下拉按钮，在其扩展列表中选择【饼图】命令，创建包含两个系列的饼图，如图 323-1 所示。

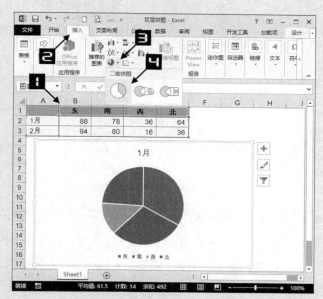

图 323-1　饼图

Step **2**　双击饼图的数据系列，打开【设置数据系列格式】任务窗格，设置【系列绘制在】→【次坐标轴】，【饼图分离程度】为【50%】，如图 323-2 所示。

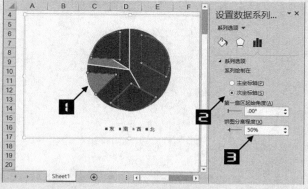

图 323-2　饼图分离程度

Step **3**　单击分离出来的一个扇区，将其拖放到饼图的圆心，逐个完成所有扇区后组合成一个小的饼图。最后设置显示数据标签，添加图表标题，完成双层饼图，如图 323-3 所示。

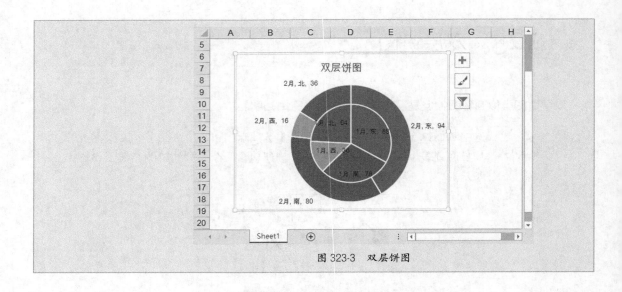

图 323-3　双层饼图

技巧 324　股价与指数组合图

股价与指数组合图使用指数数据代替成交量数据，使股价与指数显示在同一个图表中。

Step ❶　以 A:F 列为数据源，在【插入】选项卡中单击【推荐的图表】命令，打开【插入图表】对话框，切换到【所有图表】选项卡，选择【股价图】→【成交量-开盘-盘高-盘低-收盘图】，单击确定【按钮】，绘制股价图，如图 324-1 所示。

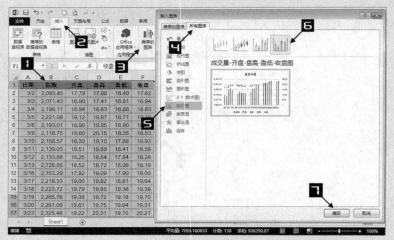

图 324-1　股价图

Step ❷　双击水平轴，打开【设置坐标轴格式】任务窗格，在【坐标轴选项】选项卡中设置坐标轴类型为【文本坐标轴】，去除图表中空白数据所对应的日期刻度，如图 324-2 所示。

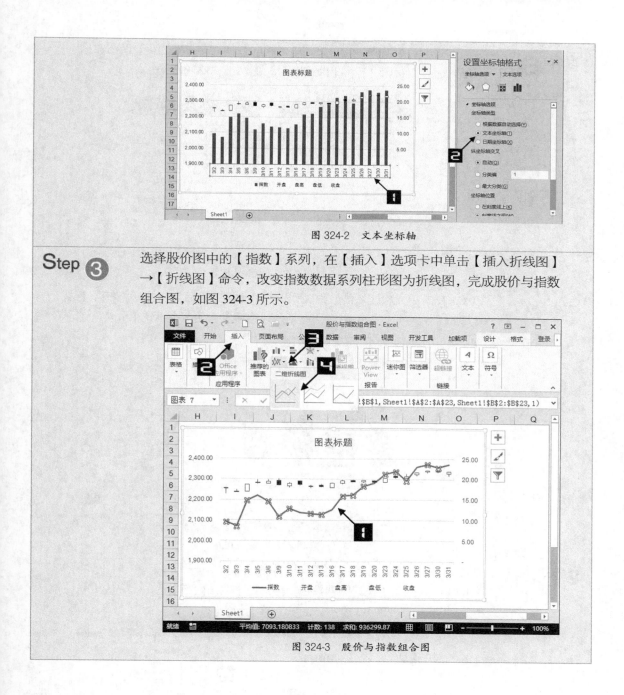

图 324-2　文本坐标轴

Step ③　选择股价图中的【指数】系列，在【插入】选项卡中单击【插入折线图】→【折线图】命令，改变指数数据系列柱形图为折线图，完成股价与指数组合图，如图 324-3 所示。

图 324-3　股价与指数组合图

技巧 325　堆积柱状对比图

堆积柱形图中的每一层对应一行（或一列）数据，若一行全部为空，则显示为间距。根据这个特点，可以通过重排数据表实现堆积柱状对比图。

Step 1　在工作表中对数据表进行重排，要对比的数据放在相邻的行，两组数据之间插入一行空行，并在 G3 单元格输入 0，如图 325-1 所示。

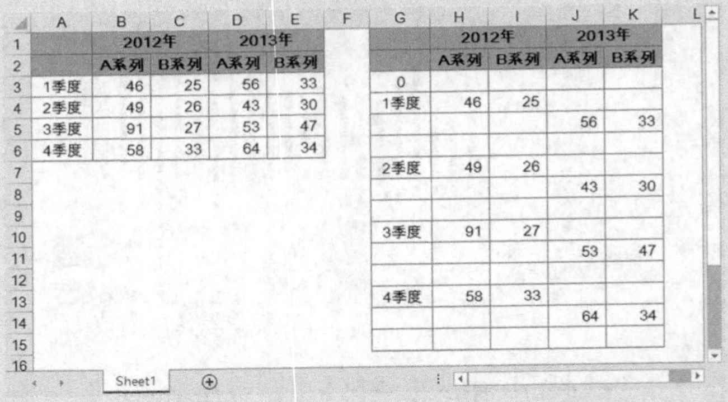

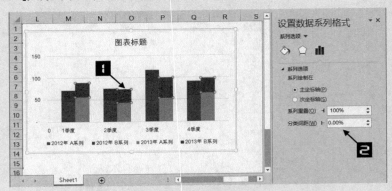

	2012年		2013年	
	A系列	B系列	A系列	B系列
1季度	46	25	56	33
2季度	49	26	43	30
3季度	91	27	53	47
4季度	58	33	64	34

	2012年		2013年	
	A系列	B系列	A系列	B系列
0				
1季度	46	25		
			56	33
2季度	49	26		
			43	30
3季度	91	27		
			53	47
4季度	58	33		
			64	34

图 325-1　数据表重排

Step 2　以 G1:K15 单元格区域的数据表作堆积柱形图，然后双击柱形，打开【设置数据系列格式】任务窗格，在【系列选项】选项卡中设置【分类间距】为【0%】，得到堆积柱状图，如图 325-2 所示。

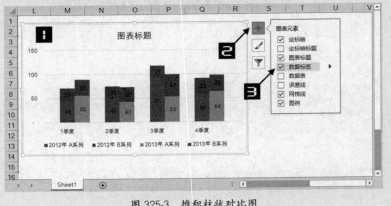

图 325-2　分类间距

Step 3　删除 G3 单元格中的 0，去除图表横坐标上的 0。选择图表，单击图表右上角的【图表元素】快速微调按钮，再勾选【数据标签】选项，完成堆积柱状对比图，如图 325-3 所示。

图 325-3　堆积柱状对比图

技巧 326　排列对比柱形图

多个具有相同横坐标轴的柱形图可以绘制在一个图表中。利用堆积柱形图的叠加特点，并设置部分柱体为无填充色，即绘制成排列对比柱形图。

Step 1 准备数据表，在每一列之间插入一列空白列，在 I2 单元格输入公式“=100-H2”，其中 100 是比数据列最大值更大的一个整数。复制 I2 单元格的公式到 I3:I11、K2:K11、M2:M11 单元格区域，完成辅助表格 G1:N11，如图 326-1 所示。

	A	B	C	D	E	F	G	H	I	J	K	L	M	N
1		东	南	西	北			东		南		西		北
2	1月	88	78	36	64		1月	88	12	78	22	36	64	64
3	2月	94	80	16	36		2月	94	6	80	20	16	84	36
4	3月	87	93	39	48		3月	87	13	93	7	39	61	48
5	4月	84	83	16	33		4月	84	16	83	17	16	84	33
6	5月	95	74	17	37		5月	95	5	74	26	17	83	37
7	6月	86	78	15	68		6月	86	14	78	22	15	85	68
8	7月	80	78	33	58		7月	80	20	78	22	33	67	58
9	8月	94	73	38	57		8月	94	6	73	27	38	62	57
10	9月	84	95	29	68		9月	84	16	95	5	29	71	68
11	10月	87	82	28	42		10月	87	13	82	18	28	72	42

图 326-1　辅助表格

Step 2 选中 G1:N11 单元格数据，单击【插入】选项卡中的【插入柱形图】→【堆积柱形图】命令，绘制堆积柱形图，如图 326-2 所示。

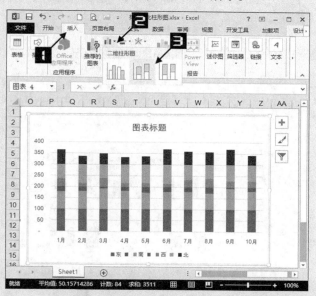

图 326-2　堆积柱形图

Step 3 在堆积柱形图中选择辅助系列“系列 6”，在【图表工具】的【格式】选项卡中单击【形状填充】下拉按钮，在其扩展列表中选择【无填充颜色】命令，隐藏该柱体。使用同样的方法，将【系列 2】和【系列 4】也设置为无填充颜色。最后设置删除垂直轴，显示数据标签，完成排列对比柱形图，如图 326-3 所示。

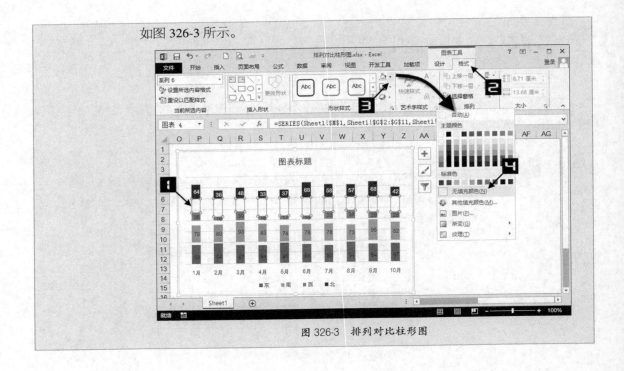

图 326-3　排列对比柱形图

技巧 **327**　M 行 N 列对比图

在图表数量较多的工作表中，可以将图表排列整齐，形成 M 行 N 列对比图。

Step ❶　有若干个图表，先将图表拖放到大致合适的位置，比如 3 行 3 列，如图 327-1 所示。

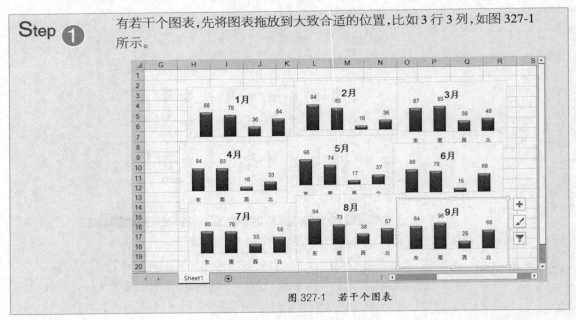

图 327-1　若干个图表

Step 2 按住<Shift>键的同时，用鼠标同时选取"1 月"、"2 月"两个图表，在【绘图工具】的【格式】选项卡中依次单击【对齐】→【对齐网格】命令。再将图表逐个移动到对应单元格的左上角，图表即吸附于单元格位置，完成 M 行 N 列对比图，如图 327-2 所示。

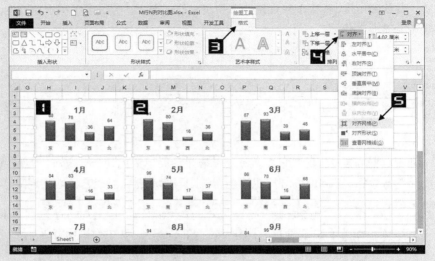

图 327-2　M 行 N 列对比图

第 23 章　动态图表与图表自动化

动态图表是利用 Excel 的函数、名称、控件等功能实现的交互展示图表。图表自动化是通过录制宏（或编写 VBA 代码）来批量处理图表对象。本章将通过多个实例技巧说明如何制作动态图表及实现图表自动化。

技巧 328　筛选法动态图表

利用数据的自动筛选功能实现动态图表是最简单实用的一种方法，但缺点是只能筛选列数据，不能筛选行数据。Excel 2013 提供了全新的图表筛选器，可以方便地实现筛选数据系列和数据点。

Step ①　选中数据表所在的 **A1:E7** 单元格区域，在【插入】选项卡中依次单击【插入柱形图】→【簇状柱形图】命令，在工作表中插入一个簇状柱形图，其数据系列为每一列一个数据系列，如图 328-1 所示。

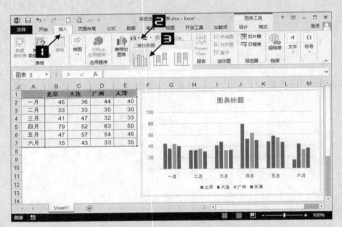

图 328-1　簇状柱形图

Step ②　在图表【图表工具】的【设计】选项卡中单击【切换行/列】命令，将数据系列改为每一行一个数据系列，如图 328-2 所示。

Step ③　双击图表的图表区，打开【设置图表区格式】任务窗格，切换到【大小属性】选项卡，选择【大小和位置均固定】选项，如图 328-3 所示。此项设置是为了防止数据筛选后图表尺寸变小。

Step ④　选择 **A1** 单元格，在【数据】选项卡中单击【筛选】命令，为数据表设置自动筛选功能。单击 **A1** 单元格的筛选按钮，打开数据筛选下拉列表，取消勾选"（全选）"选项，选择"五月"和"六月"选项，单击【确定】按钮，关闭下拉列表，筛选出两行数据，图表也同时动态改变，只显示筛选后的数据系列，如图 328-4 所示。

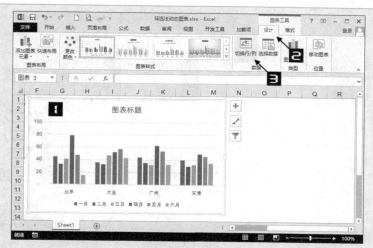

图 328-2　行列切换

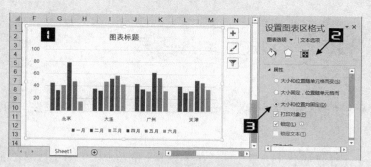

图 328-3　固定图表大小和位置

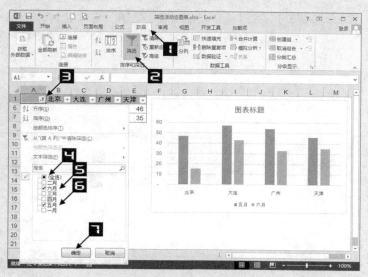

图 328-4　筛选法动态图表

Step ⑤　选中图表，单击图表右上角的【图表筛选器】快速微调按钮，打开图表筛选器快速选项卡，取消勾选"(全选)"选项，选择"北京"和"广州"选项，单击【应用】按钮，完成筛选后的动态图表，如图 328-5 所示。

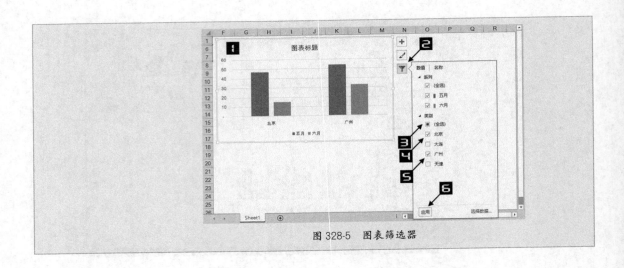

图 328-5　图表筛选器

技巧 329　公式法动态图表

公式法动态图表是利用数据验证（早期版本也称数据有效性）和设置了公式的辅助列来实现的。

Step 1　选择 G1 单元格，在【数据】选项卡中单击【数据验证】按钮，打开【数据验证】对话框，在【设置】选项卡中依次设置【验证条件】→【允许】→【序列】，【来源】为 "=$B$1:$E$1" 单元格区域，如图 329-1 所示。单击【确定】按钮，关闭对话框，完成 G1 单元格的数据有效性设置。

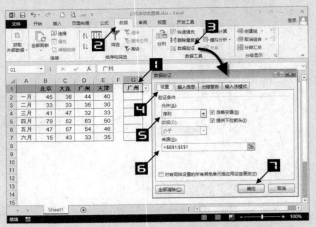

图 329-1　设置数据有效性

Step 2　在 G2 单元格中输入公式 "=OFFSET(A2,,MATCH ($G$1,$B$1: $E$1))"，并向下填充至 G3:G7 单元格区域。当选择 G1 单元格中的城市时，G2:G7 单元格数据会自动变化，如图 329-2 所示。

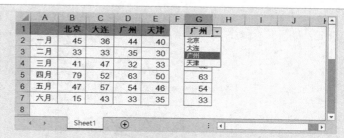

图 329-2　设置公式

Step ③ 按住<Ctrl>键同时选择 A1:A7 和 G1:G7 单元格区域，在【插入】选项卡中单击【插入条形图】→【簇状条形图】命令，在工作表中创建一个簇状条形图。选择 G1 单元格数据有效性下拉列表中的城市，即可实现动态显示所选城市的图表，如图 329-3 所示。

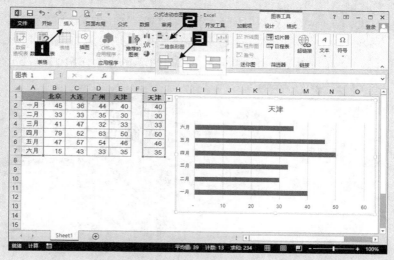

图 329-3　公式法动态图表

技巧 330　定义名称法动态图表

定义名称法动态图表是利用表单控件和定义名称相结合的方法实现动态图表。

Step ① 添加组合框。在【开发工具】选项卡中单击【插入】→【表单控件】→【组合框(窗体控件)】命令，在工作表中画一个组合框。
选中组合框并右击，在弹出的快捷菜单中单击【设置控件格式】命令，弹出【设置控件格式】对话框，在【控制】选项卡中设置【数据源区域】为"$A$2:$A$15"，设置【单元格链接】为"$G$1"，如图 330-1 所示。单击【确定】按钮，关闭对话框，完成组合框设置。

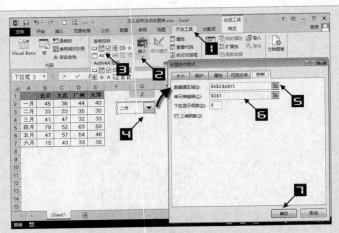

图 330-1　添加组合框

Step ② 定义名称。在【公式】选项卡中单击【定义名称】按钮，打开【新建名称】对话框，在【名称】文本框中输入"数据"，选择【范围】为"Sheet1"，设置【引用位置】为"=OFFSET(Sheet1!$B$1:$E$1, Sheet1!$G$1,)"，如图330-2 所示。

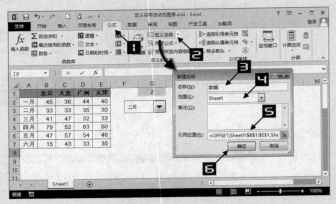

图 330-2　定义名称

使用同样的方法定义名称"月份"，【范围】为"Sheet1"，【引用位置】为"=OFFSET(Sheet1!$A$1,Sheet1!$G$1,)"，单击【确定】按钮，关闭对话框，完成定义名称。

Step ③ 编辑数据系列。选中一个空白单元格，在【插入】选项卡中单击【柱形图】→【簇状柱形图】命令，在工作表中创建一个空白的簇状柱形图。

选中图表，在【图表工具】的【设计】选项卡中单击【选择数据】按钮，打开【选择数据源】对话框，单击【添加】按钮，打开【编辑数据系列】对话框，在【系列名称】编辑框中输入定义的名称"=Sheet1!月份"，在【系列值】编辑框中输入定义的名称"=Sheet1!数据"，单击【确定】按钮，关闭【编辑数据系列】对话框。

然后单击【选择数据源】对话框中【水平（分类）轴标签】的【编辑】按钮，打开【轴标签】对话框，设置【轴标签区域】为"=Sheet1!$B$1:$E$1"，

如图 330-3 所示。单击【确定】按钮，关闭【轴标签】对话框，最后单击
【确定】按钮，关闭【选择数据源】对话框，完成编辑数据系列。

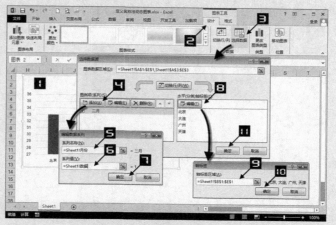

图 330-3　编辑数据系列

Step ④　在组合框的下拉列表中选择"五月"选项，柱形图中会显示五月的数据图
形，实现定义名称法动态图表，如图 330-4 所示。

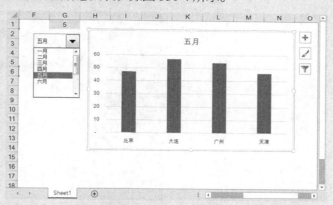

图 330-4　定义名称法动态图表

技巧 331　动态选择数据系列

动态选择数据系列也是利用表单控件和定义名称相结合的方法实现动态图表，与定义名称法动
态图表不同之处，在于数据系列为列数据，而定义名称法动态图表数据系列为行数据。

Step ①　添加组合框。先复制 B1:E1 单元格，选中 G1 单元格，右击，在弹出的快
捷菜单中选择【选择性粘贴】命令，打开【选择性粘贴】对话框，勾选【转
置】复选框，然后单击【确定】按钮，粘贴到 G1:G4 单元格区域中。
在工作表中插入一个组合框，在组合框上右击，在弹出的快捷菜单中单击

【设置控件格式】命令，弹出【设置控件格式】对话框，在【控制】选项卡中设置【数据源区域】为"$G$1:$G$4"，设置【单元格链接】为"$H$1"，如图331-1所示。单击【确定】按钮，关闭对话框，完成组合框设置。

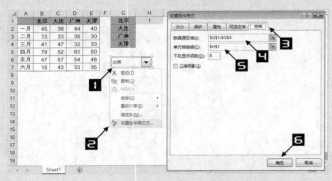

图 331-1　组合框

Step ②　定义名称。"数据"为"=OFFSET(Sheet1!$A$2:$A$7,, Sheet1!$H$1)"，"城市"为"=OFFSET(Sheet1!$A$1,,Sheet1!$H$1)"，如图331-2所示。

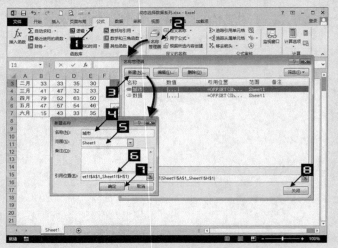

图 331-2　定义名称

Step ③　创建图表。选中一个空白单元格，在【插入】选项卡中单击【柱形图】→【簇状柱形图】命令，在工作表中创建一个空白的簇状柱形图。

选中图表，在【图表工具】的【设计】选项卡中单击【选择数据】按钮，打开【选择数据源】对话框，单击【添加】按钮，打开【编辑数据系列】对话框，在【系列名称】编辑框中输入定义的名称"=Sheet1!城市"，在【系列值】编辑框中输入定义的名称"=Sheet1!数据"，单击【确定】按钮，关闭【编辑数据系列】对话框。

然后单击【选择数据源】对话框中【水平（分类）轴标签】的【编辑】按钮，打开【轴标签】对话框，设置【轴标签区域】为"=Sheet1!$A$2:$A$7"，如图331-3所示。单击【确定】按钮，关闭【轴标签】对话框，再单击【确定】按钮，关闭【选择数据源】对话框。

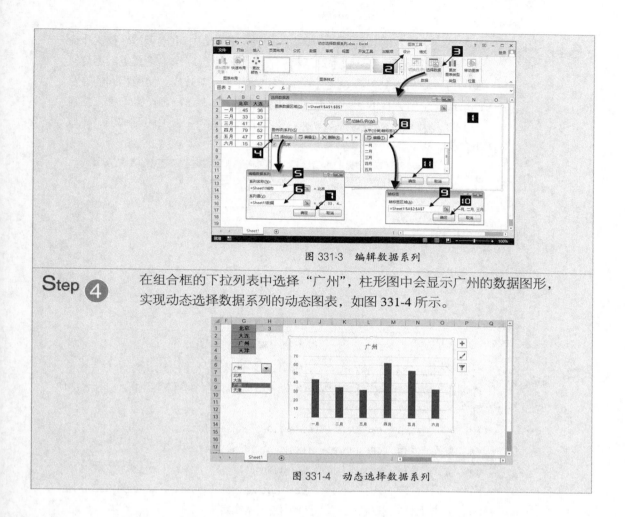

图 331-3　编辑数据系列

Step ④ 在组合框的下拉列表中选择"广州",柱形图中会显示广州的数据图形,实现动态选择数据系列的动态图表,如图 331-4 所示。

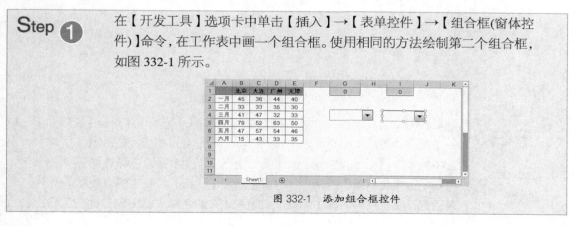

图 331-4　动态选择数据系列

技巧 332　动态对比图

动态对比图是利用二个组合框控件动态选择不同的数据系列,在图表中显示数据对比的图形。

Step ① 在【开发工具】选项卡中单击【插入】→【表单控件】→【组合框(窗体控件)】命令,在工作表中画一个组合框。使用相同的方法绘制第二个组合框,如图 332-1 所示。

图 332-1　添加组合框控件

Step 2　选中第一个组合框并右击，在弹出的快捷菜单中单击【设置控件格式】命令，弹出【设置控件格式】对话框，在【控制】选项卡中设置【数据源区域】为 "$A$2:$A$7"，设置【单元格链接】为 "$G$1"。使用相同的方法设置第二个组合框的【数据源区域】为 "$A$2: $A$7"，设置【单元格链接】为 "$I$1"，如图 332-2 所示。单击【确定】按钮，关闭对话框，完成组合框设置。

图 332-2　设置控件格式

Step 3　定义名称。在【公式】选项卡中单击【名称管理器】按钮，打开【名称管理器】对话框，单击【新建】按钮，打开【新建名称】对话框，分别添加如下 4 个名称：
名称 "数据 1" 引用 "=OFFSET(Sheet1!$B$1:$E$1,Sheet1!$G$1,)"，
名称 "数据 2" 引用 "=OFFSET(Sheet1!$B$1:$E$1,Sheet1!$I$1,)"，
名称 "月份 1" 引用 "=OFFSET(Sheet1!$A$1,Sheet1!$G$1,)"，
名称 "月份 2" 引用 "=OFFSET(Sheet1!$A$1,Sheet1!$I$1,)"，如图 332-3 所示。单击【关闭】按钮，关闭对话框，完成定义名称。

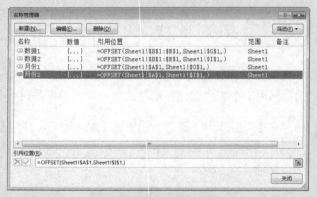

图 332-3　定义名称

Step 4　编辑数据系列。选中一个空白单元格，在【插入】选项卡中单击【柱形图】→【簇状柱形图】命令，在工作表中创建一个空白的簇状柱形图。
选中图表，在【图表工具】的【设计】选项卡中单击【选择数据】按钮，打开【选择数据源】对话框，单击【添加】按钮，打开【编辑数据系列】对话框，在【系列名称】编辑框中输入定义的名称 "=Sheet1!月份 1"，在

【系列值】编辑框中输入定义的名称"=Sheet1!数据 1"。再单击【添加】按钮,打开【编辑数据系列】对话框,在【系列名称】编辑框中输入定义的名称"=Sheet1!月份 2",在【系列值】编辑框中输入定义的名称"=Sheet1!数据 2",单击【确定】按钮,关闭【编辑数据系列】对话框。

然后单击【选择数据源】对话框中水平轴标签的【编辑】按钮,打开【轴标签】对话框,设置【轴标签区域】为"=Sheet1!\$B\$1:\$E\$1",如图 332-4 所示。单击【确定】按钮,关闭【轴标签】对话框,再单击【确定】按钮,关闭【选择数据源】对话框,完成设置数据源。

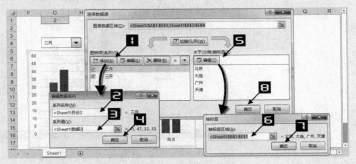

图 332-4　设置数据源

Step ⑤　在【组合框 1】的下拉列表中选择"五月",在【组合框 2】的下拉列表中选择"六月",柱形图中将分别显示"五月"和"六月"的对比数据图形,实现动态对比图,如图 332-5 所示。

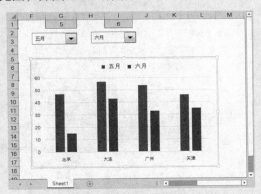

图 332-5　动态对比图

技巧 **333**　动态扩展数据点

动态扩展数据点是利用定义名称的方法自动取得数据源所在的单元格区域,随着数据的增加或减少,图表的数据点也随之增加或减少。

Step ❶ 插入图表。选中 **A1:B8** 单元格区域，在【插入】选项卡中单击【柱形图】→【簇状柱形图】命令，在工作表中插入一个簇状柱形图，如图 333-1 所示。

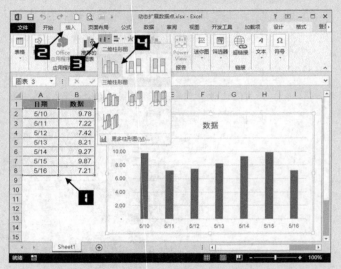

图 333-1 插入图表

Step ❷ 定义名称。在【公式】选项卡中单击【名称管理器】按钮，打开【名称管理器】对话框，单击【新建】按钮，打开【新建名称】对话框，分别添加如下 2 个名称：

名称 "数据" 引用 "=OFFSET(Sheet1!$B$1,1,0,COUNT(Sheet1!$B:$B))"，

名称 "日期" 引用 "=OFFSET(Sheet1!$A$1,1,0, COUNT(Sheet1! $A:$A))"，如图 333-2 所示。

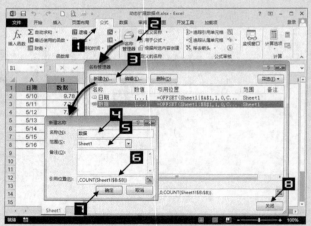

图 333-2 定义名称

Step ❸ 选择数据源。在【图表工具】的【设计】选项卡中单击【选择数据】按钮，打开【选择数据源】对话框，单击【添加】按钮，打开【编辑数据系列】对话框，在【系列值】编辑框中输入定义的名称 "=Sheet1!数据"，单击【确定】按钮，关闭【编辑数据系列】对话框。

再单击【选择数据源】对话框中水平轴标签的【编辑】按钮，打开【轴标

签】对话框，设置【轴标签区域】为"=Sheet1!日期"，如图 333-3 所示。
单击【确定】按钮，关闭【轴标签】对话框，再单击【确定】按钮，关闭
【选择数据源】对话框，完成设置数据源。

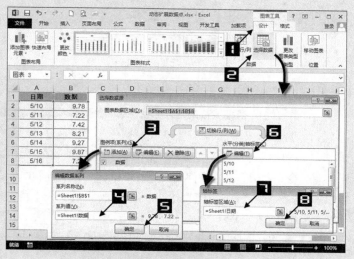

图 333-3　设置数据源

Step ④ 在 A9 和 B9 单元格输入新的数据，柱形图中即时显示出新的数据点，如
图 333-4 所示。

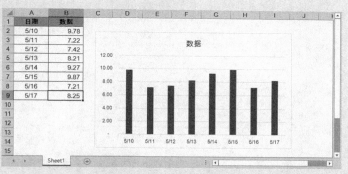

图 333-4　动态扩展数据点

技巧 334　动态移动数据点

动态移动数据点是通过两个滚动条控件控制数据点区域的起始点和数据点数量，从而在图表中
显示任意一段连续数据点。

Step ① 在【开发工具】选项卡中单击【插入】→【表单控件】→【滚动条(窗体控
件)】命令，在工作表中画一个滚动条。使用相同的方法绘制第二个滚动条，
如图 334-1 所示。

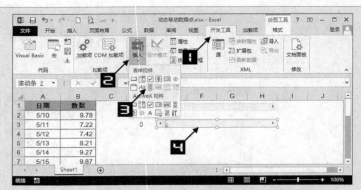

图 334-1　添加滚动条控件

Step ②　选中第一个滚动条并右击，在弹出的快捷菜单中单击【设置控件格式】命令，弹出【设置控件格式】对话框，在【控制】页中设置【最小值】为"0"，【最大值】为"100"，【步长】为1，【页步长】为"10"，设置【单元格链接】为"$D$1"。使用相同的方法设置第二个组合框的【单元格链接】为"$D$3"，如图 334-2 所示。单击【确定】按钮，关闭对话框，完成设置控件格式。单击滚动条右侧的按钮可以调整对应单元格中的数据。

图 334-2　设置控件格式

Step ③　定义名称。在【公式】选项卡中单击【名称管理器】按钮，打开【名称管理器】对话框，单击【新建】按钮，打开【新建名称】对话框，分别添加如下 2 个名称：

名称"数据"引用"=OFFSET(Sheet1!$B$1,Sheet1!$D$1,,Sheet1!$D$3)"，

名称"日期"引用"=OFFSET(Sheet1!$A$1,Sheet1! $D$1,,Sheet1!$ D$3)"，如图 334-3 所示。

Step ④　编辑数据系列。选中一个空白单元格，在【插入】选项卡中单击【柱形图】→【簇状柱形图】命令，在工作表中插入一个空白的簇状柱形图。

选中图表，在【图表工具】的【设计】选项卡中单击【选择数据】按钮，打开【选择数据源】对话框，单击【添加】按钮，打开【编辑数据系列】对话框，在【系列名称】编辑框中输入　"=Sheet1!$B$1"，【系列值】编辑框中输入定义的名称"=Sheet1!数据"，单击【确定】按钮，关闭【编辑数据系列】对话框。再单击【选择数据源】对话框中水平轴标签的【编辑】

按钮，打开【轴标签】对话框，设置【轴标签区域】为 "=Sheet1!日期"，如图 334-4 所示。单击【确定】按钮，关闭【轴标签】对话框，再单击【确定】按钮，关闭【选择数据源】对话框，完成设置数据源。

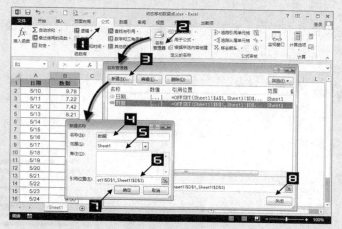

图 334-3　定义名称

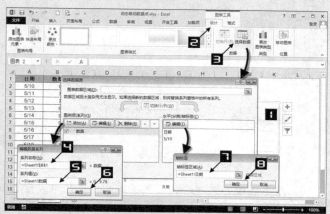

图 334-4　设置数据源

Step ⑤ 单击第一个滚动条右侧的箭头按钮，D1 单元格的数字随之变化，柱形图的起始点也随之变化。单击第二个滚动条右侧的箭头按钮，D3 单元格的数字随之变化，柱形图的数据点数量也随之增加，实现动态移动数据点，如图 334-5 所示。

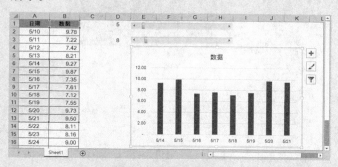

图 334-5　动态移动数据点

335 工程进度图（甘特图）

工程进度图是利用两个数据系列的条形图来实现的，其中一个数据系列显示工程的进度计划，另一个数据系列显示到指定日期的进度。

 Step **①**

选中 A1:D9 单元格区域，在【插入】选项卡中单击【条形图】→【堆积条形图】命令，在工作表中插入一个条形图，如图 335-1 所示。

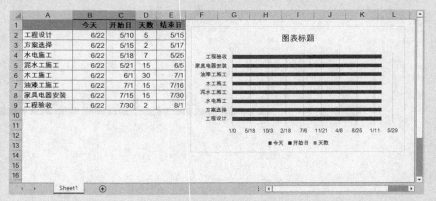

图 335-1 条形图

> **注意！** 表格中的日期必须是日期格式的数值，不可以使用文本。"今天"的日期可以用公式"=TODAY()"来取得，也可以手工输入。

Step **②**　双击图表中的"今天"数据系列，打开【设置数据系列格式】任务窗格，在【系列选项】选项卡中选择【系列绘制在】→【次坐标轴】选项，设置【分类间距】为"0%"，如图 335-2 所示。

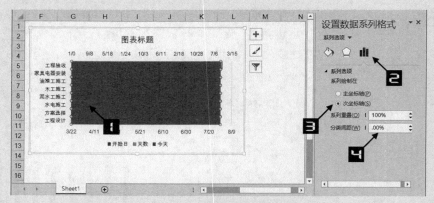

图 335-2　设置数据系列格式

Step **③**　在【设置数据系列格式】任务窗格中切换到【填充线条】选项卡，选择【纯色填充】选项，设置【透明度】为"60%"，如图 335-3 所示。

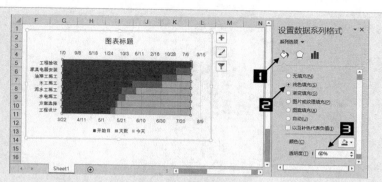

图 335-3　设置透明度

Step ④　双击条形图上方的【次坐标轴 水平(值)轴】，打开【设置坐标轴格式】任务窗格，在【坐标轴选项】选项卡中设置【最小值】为 2014 年 5 月 1 日的数值 41760，【最大值】为 2014 年 8 月 9 日的数值 41860，如图 335-4 所示。使用相同的方法，设置条形图下方的【水平(值)轴】的格式与【次坐标轴 水平(值)轴】一样，以保证图表中水平轴的日期一致。

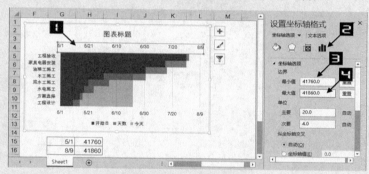

图 335-4　设置坐标轴格式

Step ⑤　双击图表中的"开始日"数据系列，打开【设置数据系列格式】任务窗格，在【填充线条】选项卡中选择【无填充】选项，如图 335-5 所示。

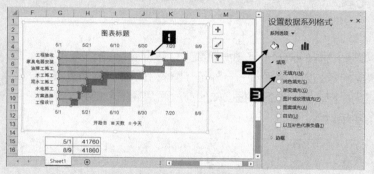

图 335-5　设置无填充的数据系列

Step ⑥　双击条形图中的"垂直(类别)轴"，打开【设置坐标轴格式】任务窗格，在【坐标轴选项】选项卡中选择【逆序类别】复选框，如图 335-6 所示。此选项可以使图表的垂直轴的分类标签与表格中的顺序一致。

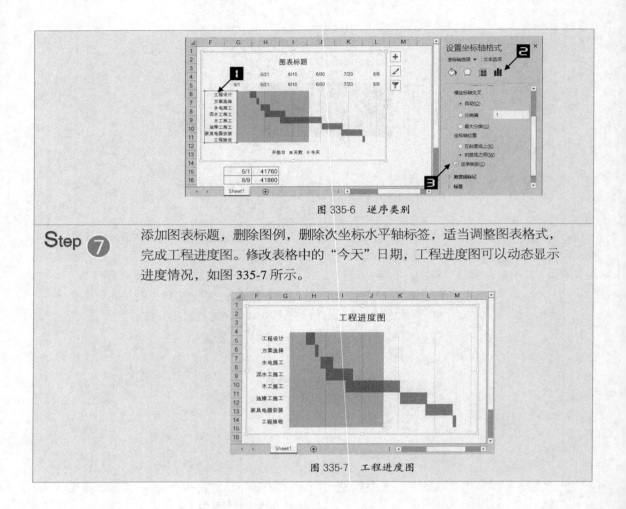

图 335-6　逆序类别

Step 7　添加图表标题，删除图例，删除次坐标水平轴标签，适当调整图表格式，完成工程进度图。修改表格中的"今天"日期，工程进度图可以动态显示进度情况，如图 335-7 所示。

图 335-7　工程进度图

技巧 336　求任意点的坐标

经常遇到这样的问题：已知一组数据，并据此绘制了 XY 散点折线图，求曲线上任意一点的坐标。解决此问题的方法有两种：一种是在图表中添加一条趋势线，设置显示趋势线的公式，再根据公式求点的坐标。另一种是根据已知的前后两个数据点坐标计算出中间的对应坐标。下面介绍后一种方法的实现过程：

Step 1　设置公式计算数据点坐标。先设置任意点的坐标，在 E2 单元格输入 1，再设置如下 5 个公式：

E3 单元格公式：=TREND(F7:F8,E7:E8,E2)

E7 单元格公式：=INDEX($A$1:$A$11,MATCH($E$2,$A$1:$A$11),)

E8 单元格公式：=INDEX($A$1:$A$11,MATCH($E$2,$A$1:$A$11)+1,)

F7 单元格公式：=INDEX($B$1:$B$11,MATCH($E$2,$A$1:$A$11),)

F8 单元格公式：=INDEX($B$1:$B$11,MATCH($E$2,$A$1:$A$11)+1,)

完成后如图 336-1 所示。

图 336-1　计算数据点坐标

Step ②　添加滚动条控件。在【开发工具】选项卡中单击【插入】→【表单控件】→【滚动条】命令，在工作表中画一个滚动条。选中滚动条并右击，在弹出的快捷菜单中单击【设置控件格式】命令，弹出【设置控件格式】对话框，在【控制】选项卡中设置【最小值】为"1"，【最大值】为"100"，【步长】为"1"，【页步长】为"10"，设置【单元格链接】为"$E$2"，如图 336-2 所示。单击【确定】按钮，关闭对话框，完成设置滚动条控件。

图 336-2　滚动条控件

Step ③　选中 A1:B11 单元格区域，在【插入】选项卡中单击【插入散点图(X,Y)或气泡图】→【带平滑线和数据标记的散点图】命令，在工作表中绘制曲线图，如图 336-3 所示。

Step ④　选中图表，在【图表工具】的【设计】选项卡中单击【选择数据】命令，打开【选择数据源】对话框，单击【添加】按钮，打开【编辑数据系列】对话框，设置【系列名称】为"=Sheet1!$D$1"，【X 轴系列值】为"=Sheet1!$E$2"，【Y 轴系列值】为"=Sheet1!$E$3"，单击【确定】按钮，关闭对话框，完成添加一个点的数据系列，如图 336-4 所示。

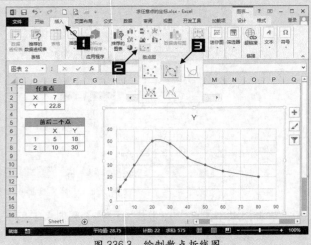

图 336-3　绘制散点折线图

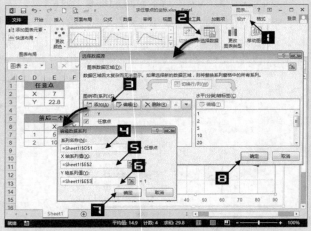

图 336-4　添加任意点

Step 5 选择图表中新添加的点，右击，在弹出的快捷菜单中单击【添加数据标签】命令，在图表中显示该点的数据标签。双击数据标签，打开【设置数据标签格式】任务窗格，在【标签选项】选项卡中选择标签包括【X值】和【Y值】，完成数据标签设置。单击滚动条控件的箭头按钮或移动其滑块，图表中的数据点将随之沿曲线移动，成为曲线图上的任意数据点，并可在其数据标签中显示所对应的坐标，如图 336-5 所示。

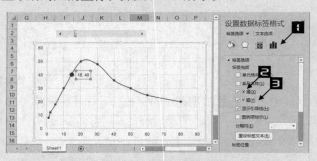

图 336-5　曲线图上的任意点

技巧 337 任意函数曲线图

函数曲线有着广泛应用，在 Excel 中根据多个数据点坐标绘制散点，即可得到函数曲线图。若要输入任意函数公式就能得到函数曲线图，则需要通过 Excel4.0 宏表函数 EVALUATE 来实现函数的自动计算。

Step 1 在 A 列设置 X 坐标，在 A2 单元格输入 100，在 A3 单元格输入 95，采用等差数列填充数据到 A42 单元格，数据范围为 100 到 -100。在 D2 单元格输入 "Y="，在 E2 单元格输入函数式 "x^2-6*x+123"，如图 337-1 所示。

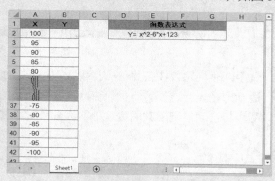

图 337-1 设置 X 坐标

Step 2 使用宏表函数 EVALUATE 定义名称。选中 A2 单元格，按<Ctrl+F3>组合键，打开【名称管理器】对话框，单击【新建】按钮，打开【新建名称】对话框，分别添加 2 个名称：名称 "x" 的引用位置为 "=Sheet1!$A2"，名称 "y" 引用位置中输入公式 "=EVALUATE (Sheet1!$E$2)"，如图 337-2 所示。

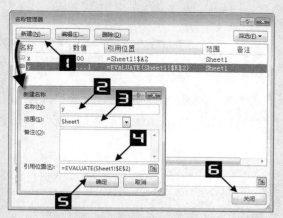

图 337-2 定义名称

Step 3 在 B 列计算 Y 坐标的值。在 B2:B42 单元格都输入公式 "=y"。选择 A1:B42 单元格区域，在【插入】选项卡中单击【插入散点图(X,Y)或气泡图】→【带平滑线和数据标记的散点图】命令，在工作表中绘制函数 "Y=

x^2-6*x+123"的曲线图,如图 337-3 所示。

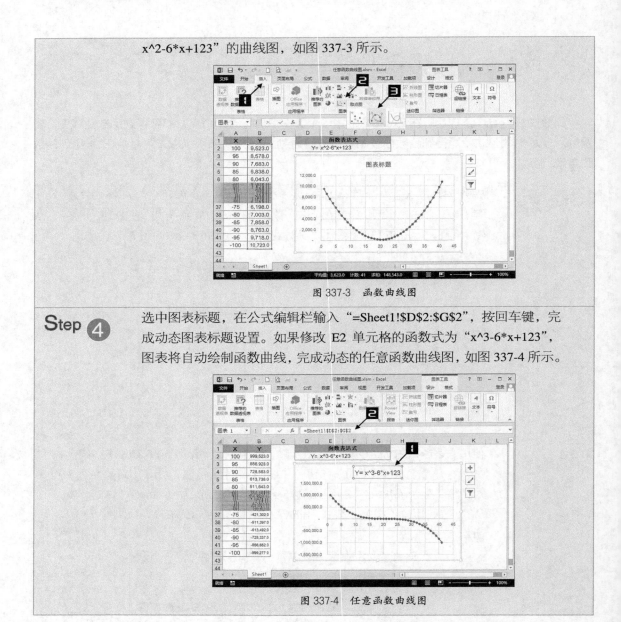

图 337-3　函数曲线图

Step ④ 选中图表标题,在公式编辑栏输入"=Sheet1!\$D\$2:\$G\$2",按回车键,完成动态图表标题设置。如果修改 E2 单元格的函数式为"x^3-6*x+123",图表将自动绘制函数曲线,完成动态的任意函数曲线图,如图 337-4 所示。

图 337-4　任意函数曲线图

注意 因为定义名称时使用了 Excel 4.0 宏表函数 EVALUATE,工作簿应保存为"启用宏的 Excel 工作簿",否则关闭工作簿后将不能再正常计算。

技巧338　批量绘图

在某些情况下,需要创建一批类似的图表,如果用手工插入图表的方法,则费时费力、效率低下。借助 VBA 代码可以实现单击一个命令,以每一列或每一行的数据绘制一批图表。

Step **1**　在【开发工具】选项卡中单击【Visual Basic】按钮（或者按<Alt+F11>组合键），打开 VBA 编辑器。在 VBA 编辑器的菜单栏上依次单击【插入】→【模块】命令，默认情况下添加一个名为"模块 1"的标准模块。在左侧【工程】窗口中双击"模块 1"，在右侧代码窗口中输入以下宏代码，如图 338-1 所示。

图 338-1　VBA 编辑器

```vba
'定义模块内变量
Dim R, C


Sub 按行批量绘图()
Call 批量删图
    Dim i, sh
    '定义变量 sh 为当前工作表名
    sh = ActiveSheet.Name
    '开始循环，从第两行到最后一行
    For i = 2 To ActiveSheet.Range("A1048576").End(xlUp).Row
        '增加一个图表
        Charts.Add
        '设置图表类型为柱形图
        ActiveChart.ChartType = xlColumnClustered
        '设置图表的数据源
        ActiveChart.SetSourceData Source:=Sheets(sh).Range("A1:" & Chr(64 + C) & "1," & "A" & i
& ":" & Chr(64 + C) & i), PlotBy:=xlRows
        '设置图表的位置为当前工作表中
        ActiveChart.Location Where:=xlLocationAsObject, Name:=sh
        '设置图表的上下间隔为 210 磅，左侧与 A 列对齐，高度为 200 磅
        ActiveChart.Parent.Top = Sheets(sh).UsedRange.Height + 210 * (i - 2)
        ActiveChart.Parent.Left = 0
        ActiveChart.Parent.Height = 200
```

```
        '继续循环
    Next i
        '选择 A1 单元格
    ActiveSheet.Range("A1").Select
End Sub


Private Sub 批量删图()
    Dim ch As ChartObject
        '在当前工作表的所有图表中循环
    For Each ch In ActiveSheet.ChartObjects
            '删除图表对象
        ch.Delete
    Next
    '计算最下一行 R 和最右一列 C
    R = ActiveSheet.Range("A1048576").End(xlUp).Row
    C = ActiveSheet.Range("XFD1").End(xlToLeft).Column
End Sub


Sub 按列批量绘图()
Call 批量删图
    Dim i, sh, t
        '定义变量 sh 为当前工作表名
    sh = ActiveSheet.Name
        '开始循环，从第两行到最后一行
    For i = 2 To ActiveSheet.Range("XFD1").End(xlToLeft).Column
            '增加一个图表
        Charts.Add
            '设置图表类型为柱形图
        ActiveChart.ChartType = xlColumnClustered
            '设置图表的数据源
        ActiveChart.SetSourceData Source:=Sheets(sh).Range("A1:A" & R & "," & Chr(64 + i) & "1:"
& Chr(64 + i) & R), PlotBy:=xlColumns
            '设置图表的位置为当前工作表中
        ActiveChart.Location Where:=xlLocationAsObject, Name:=sh
            '设置图表的上下间隔为 210 磅,左侧与 A 列对齐,高度为 200 磅
        ActiveChart.Parent.Top = Sheets(sh).UsedRange.Height + 210 * (i - 2)
        ActiveChart.Parent.Left = 0
        ActiveChart.Parent.Height = 200
        '继续循环
    Next i
```

```
'选择 A1 单元格
    ActiveSheet.Range("A1").Select
End Sub
```

Step ❷　关闭 VBA 编辑器，在【开发工具】选项卡中单击【宏】按钮（或者按<Alt+
F8>组合键），打开【宏】对话框，选择宏名列表中的【按行批量绘图】选
项，单击【执行】命令，运行 VBA 代码，自动生成 6 个以行数据为数据
源的柱形图，如图 338-2 所示。

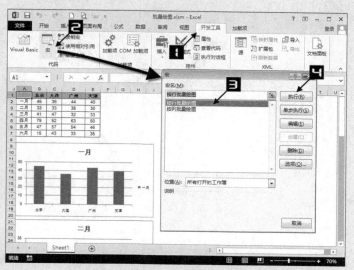

图 338-2　按行批量绘图

Step ❸　在【开发工具】选项卡中单击 【宏】按钮，打开【宏】对话框，选择宏
名列表中的【按列批量绘图】，单击【执行】命令，运行 VBA 代码，自动
生成 4 个以列数据为数据源的柱形图，如图 338-3 所示。

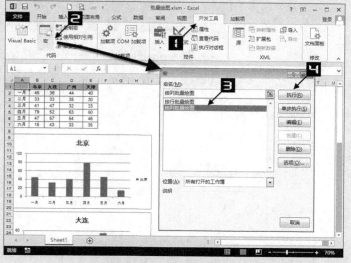

图 338-3　按列批量绘图

技巧 339　南丁格尔玫瑰图

南丁格尔玫瑰图又名极区图，其实质为柱形图的变形。利用 VBA 对多层圆环图进行不同的颜色填充，可以模拟实现南丁格尔玫瑰图。

Step ❶　选择 A1:B8 单元格区域，在【插入】选项卡中单击【插入饼图或圆环图】→【圆环图】命令，在工作表中绘制一个圆环图，如图 339-1 所示。

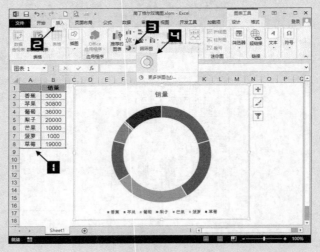

图 339-1　圆环图

Step ❷　在【开发工具】选项卡中单击【Visual Basic】按钮（或者按<Alt+F11>组合键），打开 VBA 编辑器。在 VBA 编辑器的菜单栏上依次单击【插入】→【模块】命令，默认情况下添加一个名为"模块 1"的标准模块。在左侧【工程】窗口中双击"模块 1"，在右侧代码窗口中输入以下宏代码，如图 339-2 所示。

图 339-2　宏代码

```
Sub 南丁格尔玫瑰图()
Dim i, j, F  '定义循环变量及新的数据系列公式
Dim p, pmax  '定义数据点数值和最大值
On Error Resume Next
'设置圆环图内径为 10%
ActiveChart.ChartGroups(1).DoughnutHoleSize = 10
With ActiveChart.FullSeriesCollection(1)
    '显示数据标签
    .ApplyDataLabels
    .DataLabels.ShowPercentage = True
    .DataLabels.ShowValue = False
    .Format.Line.Weight = 0

    '设置数据系列公式
    F = "={1"
    For i = 2 To .DataLabels.Count
    F = F & ",1"
    Next i
    F = F & "}"

    '添加 20 个数据系列
    For i = 2 To 20
    ActiveChart.SeriesCollection.NewSeries
    ActiveChart.FullSeriesCollection(i).Values = F
    Next i

    '计算数据最大值
    For i = 1 To .DataLabels.Count
    p = Val(.DataLabels(i).Text)
     If pmax < p Then pmax = p
    Next i

    '比较数据大小，大于指标值则无填充色
    For i = 1 To .DataLabels.Count
     p = Val(.DataLabels(i).Text)
    For j = 1 To 20
      ActiveChart.SeriesCollection(j).Select
      ActiveChart.FullSeriesCollection(i).Format.Line.Weight = 0
      ActiveChart.SeriesCollection(j).Points(i).Select
      If j > p * 20 / pmax Then
```

```
        Selection.Format.Fill.Visible = msoFalse
    End If
  Next j
  Next i


  '将数据标签设置到圆环图最外层
  .DataLabels.ShowValue = True
  .DataLabels.ShowPercentage = False
  .DataLabels.ShowCategoryName = True
  ActiveChart.SeriesCollection(20).ApplyDataLabels
  For i = 1 To .DataLabels.Count
    ActiveChart.SeriesCollection(20).DataLabels(i).Text = .DataLabels(i).Text
  Next i
  .DataLabels.Delete
  ActiveChart.Legend.Delete
End With
End Sub
```

Step ③　关闭 VBA 编辑器，选择圆环图，然后在【开发工具】选项卡中单击【宏】命令（或者按<Alt+F8>组合键），打开【宏】对话框，选择宏名列表中的【南丁格尔玫瑰图】，单击【执行】命令，运行 VBA 代码，自动将圆环图转换成南丁格尔玫瑰图，如图 339-3 所示。

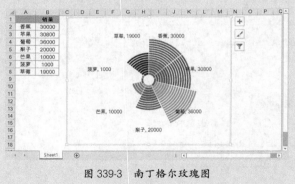

图 339-3　南丁格尔玫瑰图

技巧 340　利用加载宏输出图表

Excel 内置了一些常用的加载宏，利用它们可以方便地实现特定功能，比如绘制直方图。

Step ①　单击【开发工具】选项卡中的【加载项】命令，打开【加载宏】对话框，勾选【分析工具库】的复选框，单击【确定】按钮，完成加载分析工具库，如图 340-1 所示。

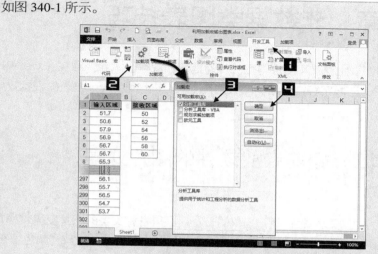

图 340-1　加载分析工具库

Step ②

在【数据】选项卡中单击【数据分析】按钮，打开【数据分析】对话框，选择【直方图】分析工具，单击【确定】按钮，打开【直方图】对话框，设置【输入区域】为 "$A$2:$A$301"，【接收区域】为 "$C$2:$C$7"，【输出区域】为 "$F$2"，并勾选【柏拉图】、【累积百分率】和【图表输出】3个选项，如图 340-2 所示。

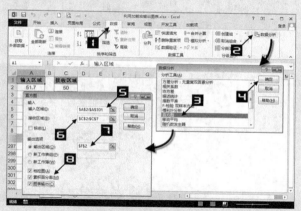

图 340-2　直方图选项

Step ③

单击【直方图】对话框中的【确定】按钮，Excel 自动计算数据并绘制直方图，如图 340-3 所示。

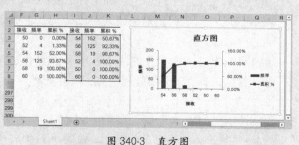

图 340-3　直方图

第 24 章　非数据类图表技巧

非数据类图表主要使用图形与图片传递信息和观点。本章介绍在 Excel 中使用形状、图片、SmartArt 图形、艺术字等技巧绘制非数据类图表，以增强 Excel 报表的视觉效果。

技巧 **341**　媲美专业软件的图片处理

随着智能手机、数码相机和扫描仪的普及，获得各种类型的图片变得越来越容易。Excel 虽然比不上专业图片处理软件的功能，但也提供了实用的删除背景、裁剪和颜色填充等功能，能够快速地处理图片，以适合文档或图表的使用。

Step ①　选择图片，在【图片工具】的【格式】选项卡中单击【删除背景】命令，删除大部分背景，并使图片中删除背景的部分透明化，如图 341-1 所示。

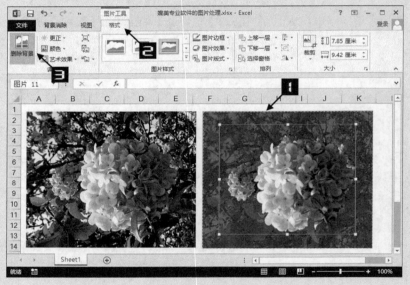

图 341-1　删除背景

Step ②　单击【背景消除】选项卡中的【标记要删除的区域】命令，然后在图片中要删除的对象与保留对象之间画出标记线，Excel 自动删除较小的对象，如图 341-2 所示。

Step ③　单击【图片工具】的【格式】选项卡中的【裁剪】命令，在图片四周显示 8 个裁剪点，用鼠标拖放裁剪点，即可从不同方向裁掉图片的边角。在【图片工具】的【格式】选项卡中单击【大小】对话框启动器按钮，打开【设置图片格式】任务窗格，在【填充线条】选项卡中选择【纯色填充】选项，为图片填充蓝色背景，完成图片处理的抠图效果，如图 341-3 所示。

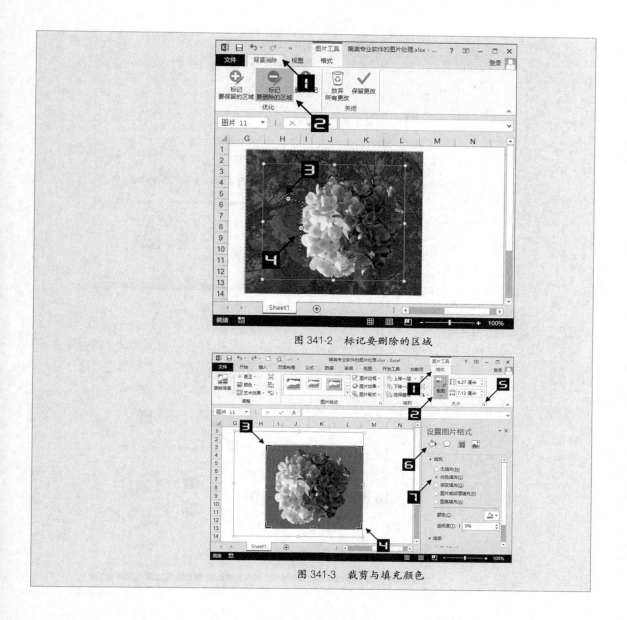

图 341-2　标记要删除的区域

图 341-3　裁剪与填充颜色

剪贴画组合图表

剪贴画就是常用的小尺寸图片或图形的组合，多数是矢量格式。Excel 2013 需要联网连接微软网站获得剪贴画，通过对剪贴画的组合绘制形象的图表。

Step ❶　在【插入】选项卡中单击【联机图片】按钮，打开【插入图片】对话框，在【Office.com 剪贴画】右侧的搜索框中输入关键词"电视"，按回车键或单击搜索按钮，如果弹出【是否只查看安全传送的网页内容】的安全警告对话框，单击【否】按钮，可以搜索到 99 个相关剪贴画，选择一个合适的剪贴画，单击【插入】按钮，在工作表插入一个电视剪贴画，如图 342-1 所示。

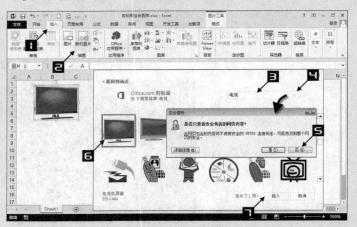

图 342-1　插入剪贴画

Step ②　调整剪贴画大小与单元格宽度差不多，并复制粘贴 5 个剪贴画到右侧单元格。按住<Shift>键同时选中 6 个剪贴画，再单击【图片工具】的【格式】选项卡中的【对齐对象】下拉按钮，在展开的下列表中分别单击【顶端对齐】和【横向分布】命令，完成剪贴画对齐和排列，如图 342-2 所示。

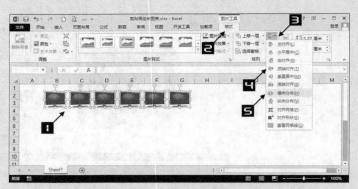

图 342-2　排列剪贴画

Step ③　使用相同的方法，插入并排列 4 个"笔记本电脑"剪贴画和 9 个"手机"剪贴画，并输入文字说明，完成剪贴画组合图表，如图 342-3 所示。

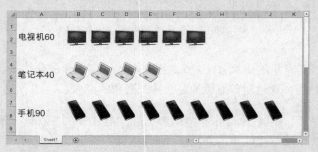

图 342-3　剪贴画组合图表

技巧 343   文本框美化图表

文本框是一种嵌入工作表的文本输入形状，可以作为图表或图片的说明性文字组合在一起使用。

Step ①   在工作表中插入一排电视机的剪贴画，依次单击【插入】选项卡中的【插图】→【形状】→【泪滴形】命令，按住<Shift>键，在工作表中画一个正泪滴形，如图 343-1 所示。

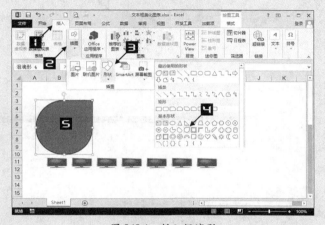

图 343-1   插入泪滴形

Step ②   选择泪滴形，将光标定位到旋转控制点，按住<Shift>键，转动泪滴形的尖端到正下方。然后在【格式】选项卡的【形状样式】库中单击【强烈效果-橄榄色，强调颜色 3】样式，再按住<Ctrl>键复制一个泪滴形到右侧，在【格式】选项卡中单击【大小】的对话框启动器按钮，打开【设置形状格式】任务窗格，在【大小属性】选项卡中设置【缩放高度】和【缩放宽度】均为 80%。使用相同的方法，复制粘贴第 3 个泪滴形，并设置缩放大小为50%，完成设置形状格式，如图 343-2 所示。

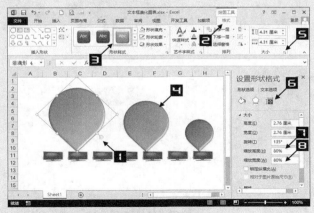

图 343-2   设置形状格式

Step ③ 在【插入】选项卡中依次单击【文本】→【文本框】→【横排文本框】命令，在工作表的泪滴形上绘制一个文本框，并输入相应文字"北京 1230台"，设置文本框的边框和填充色为无，设置字体为 20 号。使用相同的方法插入"上海 980 台"和"广州 620 台"两个文本框，完成文本框美化图表，如图 343-3 所示。

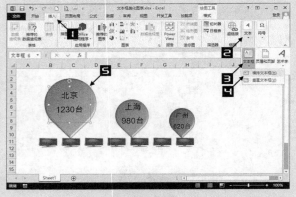

图 343-3　添加文本框

技巧 344　绘制形状流程图

　　Excel 形状（Shapes）包括线条、矩形、基本形状、箭头总汇、公式形状、流程图、星与旗帜和标注等 8 大类，其中流程图形状是专门为绘制流程图而设计的。

Step ① 在【插入】选项卡中依次单击【形状】下拉按钮→【流程图】形状组中的【流程图：准备】命令，在工作表中画一个"准备"形状，如图 344-1 所示。

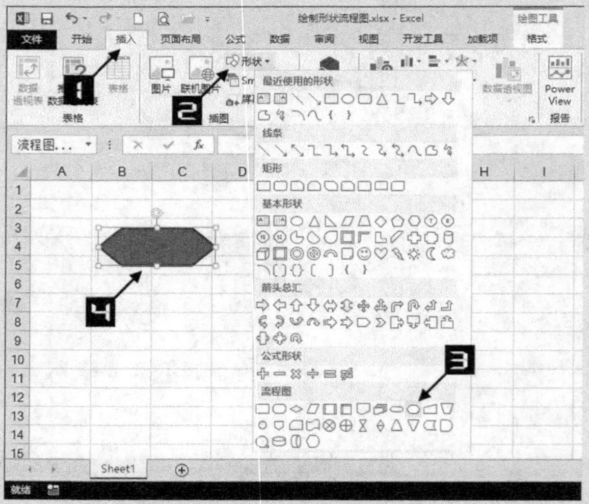

图 344-1　插入形状

Step ② 选中插入的形状，在【绘图工具】的【格式】选项卡中单击【对齐】→【对齐网格】命令。再移动并调整形状的大小，使形状对齐到 B3:C4 单元格，如图 344-2 所示。

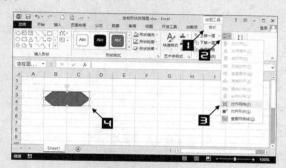

图 344-2　对齐网格

Step ③ 在工作表中继续插入"过程"、"决策"、"终止"和"可选过程"等流程图形状，并输入相应文字。按<Alt>键的同时移动"可选过程"与"决策"形状对齐，如图 344-3 所示。

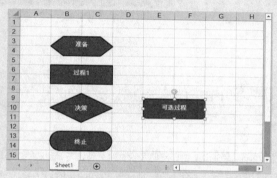

图 344-3　流程图形状

Step ④ 单击【插入】→【形状】→【箭头】连接直线相连的形状，再单击【插入】→【形状】→【肘形箭头连接符】连接转角相连的图形，如图 344-4 所示。

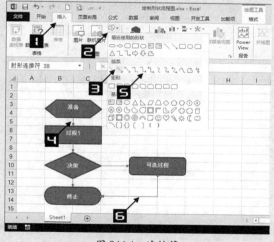

图 344-4　连接符

Step ⑤ 按<F5>功能键，打开【定位】对话框，单击【定位条件】按钮，打开【定位条件】对话框，选择【对象】选项按钮，单击【确定】按钮，同时选中所有的形状对象。在【绘图工具】的【格式】选项卡中单击【组合】→【组合】命令，将所有选择的形状组合成一个图形，如图 344-5 所示。

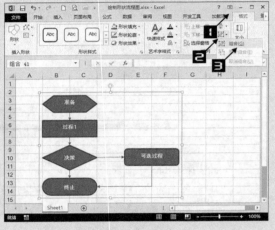

图 344-5　形状流程图

技巧 345　SmartArt 组织结构图

SmartArt 图形是信息和观点的视觉表示形式，包括列表、流程、循环、层次结构、关系、矩阵和棱锥图等多种逻辑图示。组织结构图是最常用的层次结构 SmartArt 图形之一。

Step ① 在【插入】选项卡中单击【SmartArt】按钮，打开【选择 SmartArt 图形】对话框，选择【层次结构】类型中的【组织结构图】选项，单击【确定】按钮，在工作表中插入一个组织结构图，如图 345-1 所示。

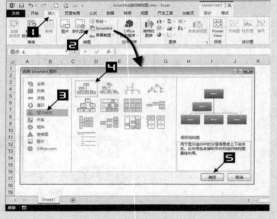

图 345-1　插入组织结构图

Step ❷　选择一个要添加下属部门的文本框，在【SMARTART 工具】的【设计】选项卡中依次单击【添加形状】→【在下方添加形状】命令，添加一个下属部门。重复以上动作，再添加另一个下属部门，如图 345-2 所示。

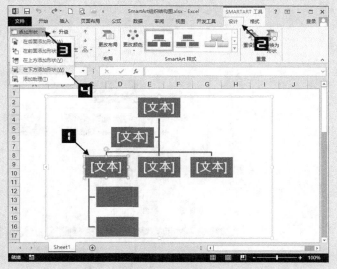

图 345-2　添加下属部门

Step ❸　在【SMARTART 工具】的【设计】选项卡中依次单击【组织结构图布局】→【标准】命令，改变下属部门排列的位置，如图 345-3 所示。

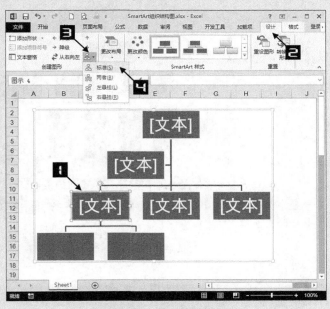

图 345-3　组织结构图布局

Step ❹　按住<Shift>键同时选择两个下属部门，在【SMARTART 工具】的【格式】选项卡中单击【大小】下拉按钮，设置高度为 3.2cm，宽度为 1.5cm，使文本框呈竖排形状，如图 345-4 所示。使用相同的方法，添加设置另一个部门的下属部门。

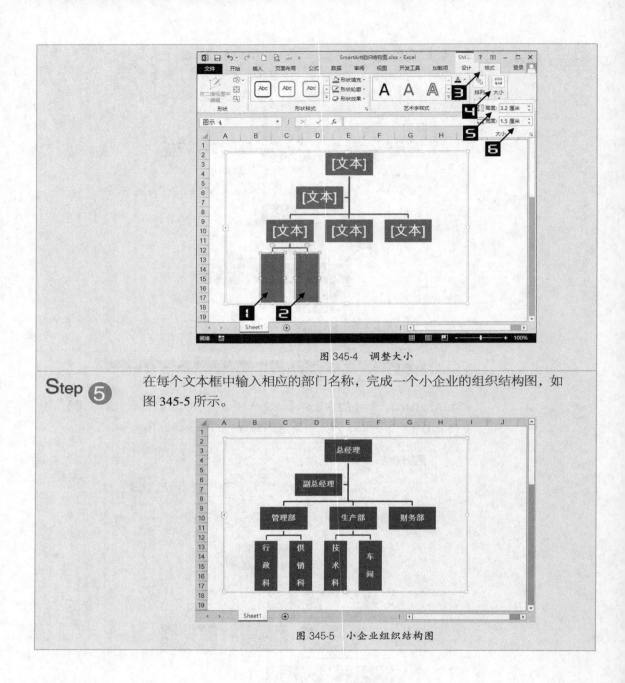

图 345-4　调整大小

Step **5**　在每个文本框中输入相应的部门名称，完成一个小企业的组织结构图，如图 345-5 所示。

图 345-5　小企业组织结构图

技巧 **346**　SmartArt 时间线图

利用 SmartArt 的流程图形，辅之以图片和说明文字，可以绘制简单的时间线图。

Step **1**　在【插入】选项卡中单击【SmartArt】命令，打开【选择 SmartArt 图形】对话框，选择【流程】类型中的【升序图片重点流程】，单击【确定】按钮，在工作表中插入一个 SmartArt 图形，如图 346-1 所示。

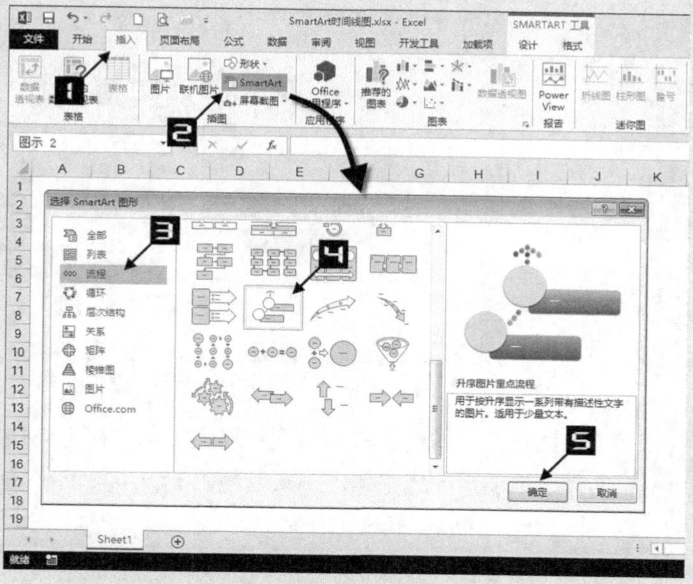

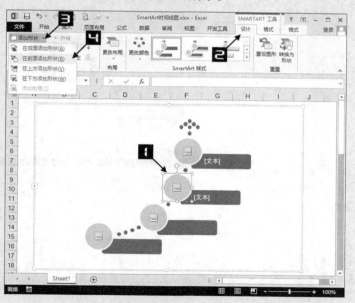

图 346-1　升序图片重点流程

Step ②　选择其中一个图片框，在【SMARTART 工具】的【设计】选项卡中依次单击【添加形状】→【在前面添加形状】命令，添加一个图片框。重复以上动作，再添加一个图片框，如图 346-2 所示。

图 346-2　添加形状

Step ③　选择一个图片框，右击，在展开的快捷菜单中单击【设置形状格式】命令，打开【设置图片格式】任务窗格，在【填充线条】选项卡的【填充】中选择【图片或纹理填充】选项，单击【文件】按钮，选择一张图片插入到所选的图片框，如图 346-3 所示。

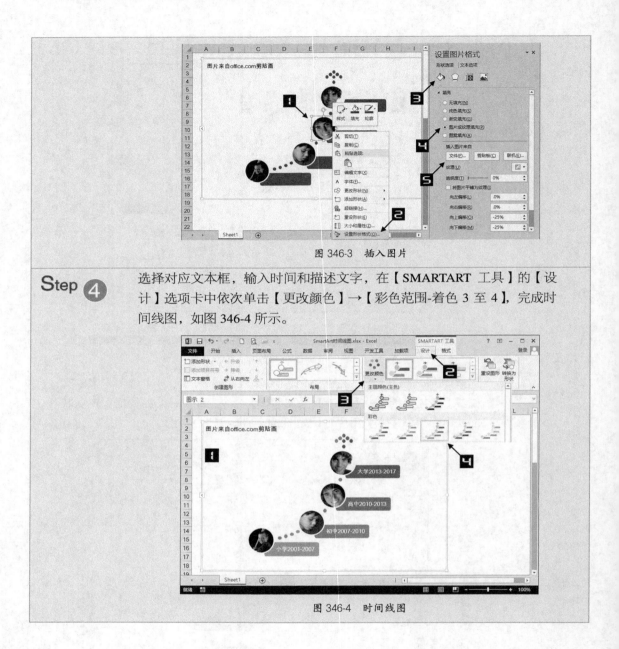

图 346-3　插入图片

Step 4 选择对应文本框，输入时间和描述文字，在【SMARTART 工具】的【设计】选项卡中依次单击【更改颜色】→【彩色范围-着色 3 至 4】，完成时间线图，如图 346-4 所示。

图 346-4　时间线图

技巧 347　SmartArt 照片墙

利用 SmartArt 或其他形状的组合图形，可以方便快捷地绘制分割照片墙。

Step 1 在【插入】选项卡中单击【SmartArt】命令，打开【选择 SmartArt 图形】对话框，选择【列表】类型中的【交替六边形】，单击【确定】按钮，在工作表中插入一个 SmartArt 图形，如图 347-1 所示。

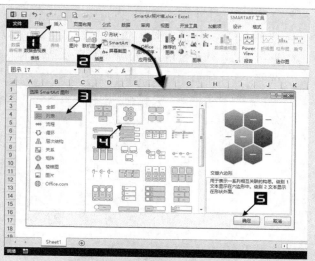

图 347-1   交替六边形

Step ② 在 SmartArt 图形的边框上右击，在展开的快捷菜单中单击【组合】→【取消组合】命令，将 SmartArt 图形转换为图形。再重复以上动作，取消图形组合，如图 347-2 所示。

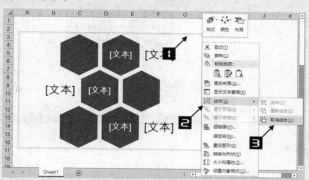

图 347-2   取消组合

Step ③ 复制一个六边形，粘贴到空白处，按<Shift>键的同时选择全部六边形，再右击，在展开的快捷菜单中单击【组合】→【组合】命令，将 7 个六边形组合为一个图形，如图 347-3 所示。

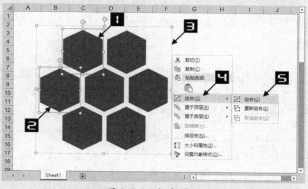

图 347-3   组合图形

Step ④ 准备一张合适的图片并复制图片到剪贴板。选择组合图形，单击【绘图工具】的【格式】选项卡中的【形状样式】对话框启动器按钮，打开【设置形状格式】任务窗格，在【填充线条】选项卡中选择【图片或纹理填充】选项，单击【剪贴板】按钮，将图片应用到组合图形中。再勾选【将图片平铺为纹理】选项，适当调整偏移量，使照片主要部分不会被切割，完成分割照片墙，如图 347-4 所示。

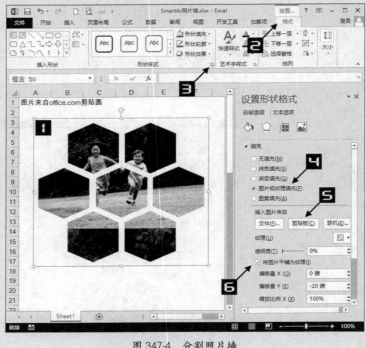

图 347-4　分割照片墙

技巧 348　无线信号形状图表

环形图可以方便地转换成 WIFI 无线信号形状，结合 SmartArt 图片列表形状，组合成无线信号形状的信息图表。

Step ① 在 A1:J8 单元格区域全部输入数字 1，并以此为数据源绘制圆环图。双击圆环图任意一个数据系列，打开【设置数据系列格式】任务窗格，在【系列选项】选项卡中设置【圆环图内径大小】为 15%，如图 348-1 所示。

Step ② 选择圆环图，按<Ctrl+C>组合键复制图表，然后选择一个空白单元格，在【开始】选项卡中依次单击【粘贴】→【选择性粘贴】命令，打开【选择性粘贴】对话框，选择【图片（增强型图元文件）】选项，再单击【确定】按钮，工作表中生成一个图表转换的图片，如图 348-2 所示。

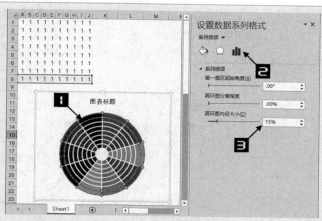

图 348-1 圆环图

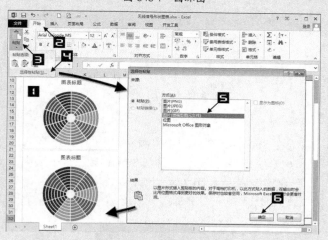

图 348-2 复制粘贴为图片

Step ❸ 选择图片，右击，然后在展开的快捷菜单中依次单击【组合】→【取消组合】命令，弹出【这是一张导入的图片，而不是组合。是否将其转换为 Microsoft office 图形对象？】警告对话框，单击【是】按钮，将图片转换为组合图形。再次重复执行上述动作，取消图形组合，如图 348-3 所示。

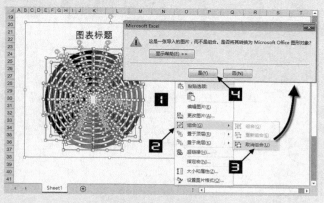

图 348-3 取消组合

Step 4　依次单击【插入】选项卡中的【插图】→【SmartArt】命令，打开【选择 SmartArt 图形】对话框，选择【图片】类型中的【图片重点列表】样式，单击【确定】按钮，在工作表中插入一个图片列表 SmartArt，如图 348-4 所示。

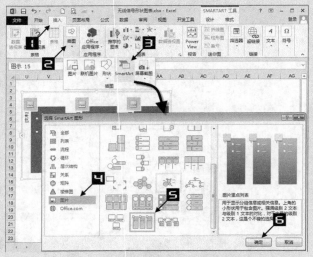

图 348-4　图片重点列表

Step 5　在 SmartArt 图片列表中输入相应的文字，插入合适的剪贴画。再选择准备好的圆环图图形，移动到 SmartArt 图片列表中，调整位置，完成无线信号形状图表，如图 348-5 所示。

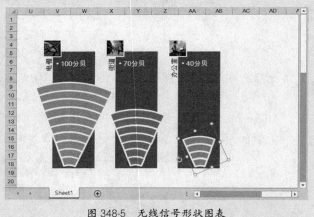

图 348-5　无线信号形状图表

技巧 349　艺术字图表

设置不同的艺术字立体效果，可以组合成艺术字柱形图。

Step ① 在【插入】选项卡中依次单击【文本】→【艺术字】下拉按钮，打开艺术字样式库，选择第一个【填充-黑色，文本 1，阴影】样式，在工作表插入一个艺术字框，输入字母"A"，如图 349-1 所示。

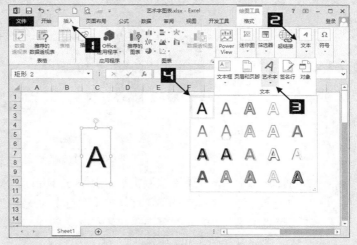

图 349-1　插入艺术字

Step ② 选择艺术字并右击，在展开的快捷菜单中单击【设置形状格式】命令，打开【设置形状格式】任务窗格，切换到【文本选项】→【文本效果】选项卡，在【三维格式】区域设置深度的颜色为【黑色，文字 1，淡色 25%】，【大小】为 100 磅，在【三维旋转】区域设置【Y 旋转】为 300°，如图 349-2 所示。

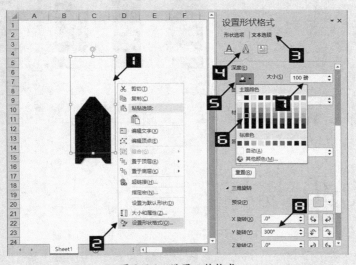

图 349-2　设置三维格式

Step ③ 选择艺术字 A，按住<Ctrl>键同时用鼠标拖放复制 2 个艺术字，分别修改文字为 B 和 C，然后在任务窗格的【文本效果】选项卡中设置三维深度【大小】分别为 135 和 80，如图 349-3 所示。

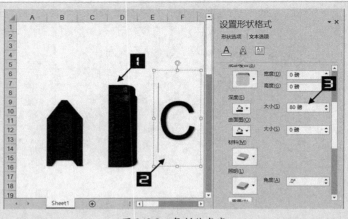

图 349-3　复制艺术字

Step ④ 选择艺术字 C，在【设置形状格式】任务窗格的【文本填充轮廓】选项卡中选择【纯色】填充选项，并设置【颜色】为浅蓝色。使用相同的方法设置艺术字 A 和 B 的颜色，并在艺术字下方输入相应的说明文字，完成艺术字图表，如图 349-4 所示。

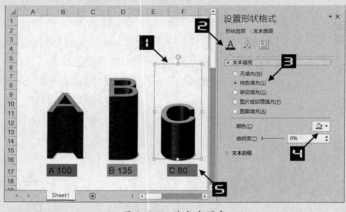

图 349-4　艺术字图表

技巧 350　条形码

电脑中安装了 Microsoft Office 2013 中的 Access 组件后，便可以在 Excel 中使用条形码了。Microsoft Office 条形码提供包括 EAN-13、Code-39 和 Code-128 等 11 种类型的条形码。

Step ① 在【开发工具】选项卡中单击【插入】按钮，在其扩展列表中选择【ActiveX 控件】组的【其他控件】命令，打开【其他控件】对话框，在列表中选择【Microsoft BarCode Control 15.0】控件，单击【确定】按钮，在工作表绘制一个条形码控件，如图 350-1 所示。

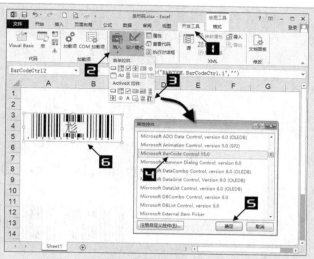

图 350-1　插入条形码控件

Step 2　选中条形码控件，右击，在弹出的快捷菜单中依次单击【Microsoft BarCode Control 15.0 对象】→【属性】命令，打开【Microsoft BarCode Control 15.0 属性】对话框，在【常规】选项卡中设置条形码【样式】为 "7-Code-128"，单击【确定】按钮，关闭对话框，如图 350-2 所示。

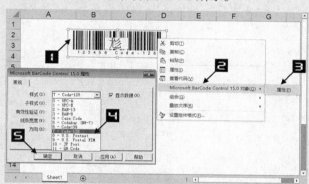

图 350-2　条形码控件样式

Step 3　选中条形码控件，右击，在弹出的快捷菜单中单击【属性】命令，打开【属性】对话框，设置【LinkedCell】属性为 "A1"，如图 350-3 所示。

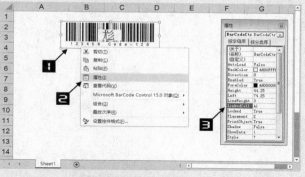

图 350-3　条形码控件属性

Step ④　关闭【属性】对话框，在 A1 单元格输入文本"Excel2013"，在【开发工具】选项卡中单击【设计模式】按钮，退出控件的设计模式，完成 Code128 条形码，如图 350-4 所示。若改变 A1 单元格的文本，条形码自动变更为新输入的文本。

图 350-4　条形码

第七篇

VBA 实例与技巧

VBA（全称为 Visual Basic for Applications）为广大用户提供了对 Excel 功能进行二次开发的平台。用户借助 VBA 可以完成许多仅凭基本操作和函数公式无法或者很难实现的功能，并且可以实现工作自动化，提高工作效率。本篇将介绍 VBA 和宏的使用环境和使用方法，并且结合一些具体实例讲解通过 VBA 来控制 Excel 的方法。通过本篇的学习，读者将对 VBA 和宏的使用有初步的了解和认识，为进一步学习 VBA 开发打下一定的基础。

第 25 章　借助 VBA 大幅提高工作效率

全面掌握 Excel 2013 中 VBA 的工作环境

俗话说"工欲善其事，必先利其器"，只有先充分掌握使用 Excel 2013 中 VBA 的工作环境，才能为学习和应用 VBA 奠定良好的基础。下面将介绍使用 Excel 2013 中与 VBA 相关的设置。

351.1　【开发工具】选项卡

利用【开发工具】选项卡提供的相关功能，可以非常方便地使用与宏相关的功能。然而在 Excel 2013 的默认设置中，功能区中并不显示【开发工具】选项卡。

在功能区中显示【开发工具】选项卡的步骤如下：

Step ❶	单击【文件】选项卡中的【选项】命令，打开【Excel 选项】对话框。
Step ❷	在打开的【Excel 选项】对话框中单击【自定义功能区】选项卡。
Step ❸	在右侧列表框中勾选【开发工具】复选框，单击【确定】按钮，关闭【Excel 选项】对话框。
Step ❹	单击功能区中的【开发工具】选项卡，如图 351-1 所示。

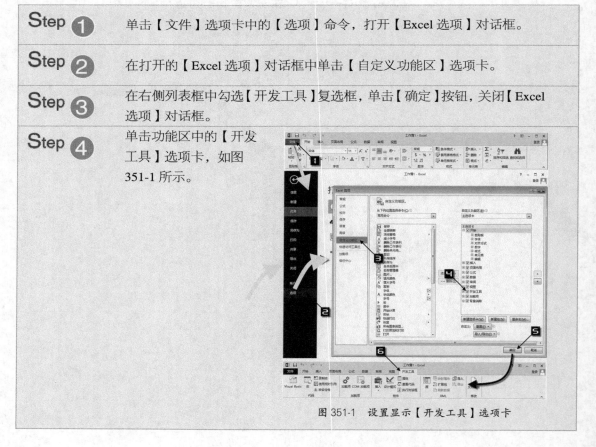

图 351-1　设置显示【开发工具】选项卡

　　【开发工具】选项卡的功能按钮分为 5 个组：【代码】组、【加载项】组、【控件】组、【XML】组和【修改】组。【开发工具】选项卡中按钮的功能如表 351-1 所示。

表 351-1　　　　　　　　　　【开发工具】选项卡中的按钮功能

组	按 钮 名 称	按 钮 功 能
代码	Visual Basic	打开 Visual Basic 编辑器
	宏	查看宏列表，可在该列表中运行、创建或者删除宏
	录制宏	开始录制新的宏
	使用相对引用	录制宏时切换单元格引用方式（绝对引用/相对引用）
	宏安全性	自定义宏安全性设置
加载项	加载项	管理可用于此文件的加载项
	COM 加载项	管理可用的 COM 加载项
控件	插入	在工作表中插入表单控件或者 ActiveX 控件
	设计模式	启用或者退出设计模式
	属性	查看和修改所选控件属性
	查看代码	编辑处于设计模式的控件或者活动工作表对象的 Visual Basic 代码
	执行对话框	执行自定义对话框
XML	源	打开【XML 源】任务窗格
	映射属性	查看或修改 XML 映射属性
	扩展包	管理附加到此文档的 XML 扩展包，或者附加新的扩展包
	刷新数据	刷新工作簿中的 XML 数据
	导入	导入 XML 数据文件
	导出	导出 XML 数据文件
修改	文档面板	指定要在 Office 兼容程序中显示的文档信息面板模板的类型

　　在开始录制宏之后，【代码】组中的【录制宏】按钮将变成【停止录制】按钮，如图 351-2 所示。

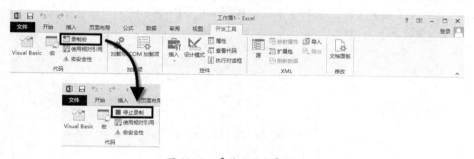

图 351-2　【停止录制】按钮

　　【XML】组提供了在 Excel 中操作 XML 文件的相关功能，使用这部分功能需要具备一定的 XML 基础知识，限于篇幅，本书不对此部分内容进行讲解。

　　在低版本 Excel（指 Excel 2003 及其以前版本）中与宏相关的组合键在 Excel 2013 中仍然可以继续使用。例如，按<Alt＋F8>组合键显示【宏】对话框，按<Alt＋F11>组合键打开 VBA 编辑器窗口等。

351.2　【视图】选项卡中的【宏】按钮

对于【开发工具】选项卡【代码】组中的【宏】、【录制宏】和【使用相对引用】按钮所实现的功能，【视图】选项卡中也提供了相同功能的命令。在【视图】选项卡中单击【宏】下拉按钮，弹出的下拉列表如图 351-3 所示。

图 351-3　【视图】选项卡中【宏】按钮

开始录制宏之后，下拉列表中的【录制宏】将变为【停止录制】，如图 351-4 所示。

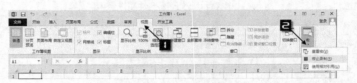

图 351-4　【视图】选项卡中的【停止录制】命令

351.3　状态栏上的新功能

对于广大用户来说，位于 Excel 窗口底部的状态栏并不陌生，但是大家也许并没有注意到，Excel 2013 状态栏左部有一个【宏录制】按钮。单击【宏录制】按钮，将弹出【宏录制】对话框，此时状态栏上的按钮变为【停止录制】按钮，如图 351-5 所示。

图 351-5　状态栏上的【宏录制】按钮和【停止录制】按钮

如果 Excel 2013 窗口状态栏左部没有【宏录制】按钮，可以执行下述操作步骤，使其显示在状态栏上。

Step ❶	在 Excel 窗口的状态栏上右击。
Step ❷	在弹出的快捷菜单上勾选【宏录制（M）】。
Step ❸	单击 Excel 窗口中的任意位置，将关闭快捷菜单。

此时，【宏录制】按钮将显示在状态栏左部，如图 351-6 所示。

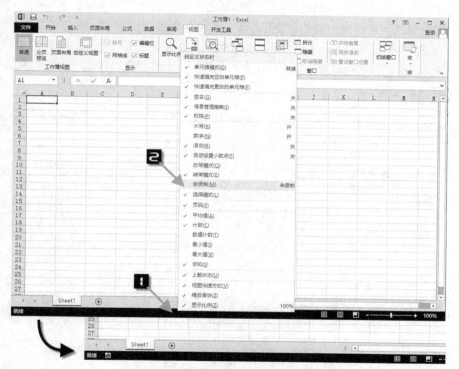

图 351-6 启用状态栏上的【宏录制】按钮

 注意 本章节后续讲解中将使用【代码】组中的【录制宏】按钮进行相关操作。

351.4 控件

在【开发工具】选项卡【控件组】中单击【插入】下拉按钮，弹出的下拉列表中包括【表单控件】和【ActiveX 控件】两部分，如图 351-7 所示。Excel 2013 工作表中控件的使用方法与以前版本完全相同。

图 351-7　【插入】按钮的下拉列表

351.5　宏安全性设置

宏主要用来实现日常工作中 Excel 任务的自动化。宏在为广大用户带来极大便利的同时，也带来了潜在的安全风险。这是由于宏的功能并不仅仅局限于重复用户在 Excel 中的简单操作。使用 VBA 代码可以控制或者运行 Microsoft Office 之外的应用程序，这些强大的功能可以被用来制作计算机病毒。因此，用户非常有必要了解 Excel 中的相关宏安全性设置，合理使用这些设置可以有效地降低使用宏的安全风险。

Step ①　单击【开发工具】选项卡中的【宏安全性】按钮，打开【信任中心】对话框。

> **注意！**　在【文件】选项卡中依次单击【选项】→【信任中心】→【信任中心设置】→【宏设置】，也可以打开相同的【信任中心】对话框。

Step ②　在【宏设置】选项卡中选中【禁用所有宏，并发出通知】单选按钮。

Step ③　单击【确定】按钮，关闭【信任中心】对话框，如图 351-8 所示。

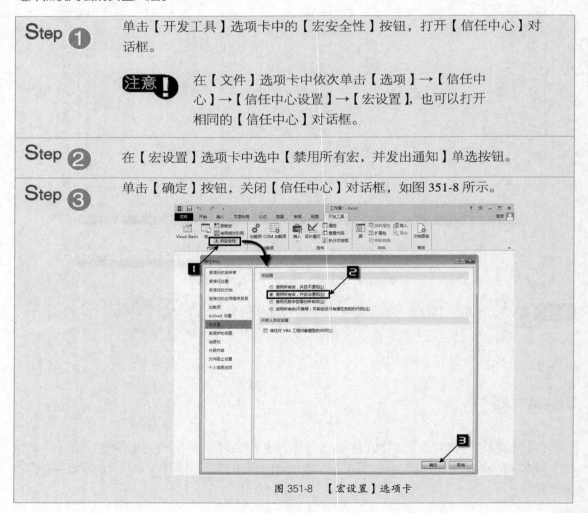

图 351-8　【宏设置】选项卡

一般情况下，推荐大家使用 "禁用所有宏，并发出通知" 选项。启用该选项后，打开保存在非受信任位置的包含宏的工作簿时，在 Excel 功能区下方将显示【安全警告】消息栏，提醒用户该工作簿中的宏已经被禁用，具体使用方法请参阅技巧 351.6。

351.6　启用工作簿中的宏

在宏安全性设置中选用 "禁用所有宏，并发出通知" 选项后，打开包含代码的工作簿时，功能区和编辑栏之间将出现如图 351-9 所示的【安全警告】消息栏。如果用户信任该文件的来源，可以单击【安全警告】消息栏上的【启用内容】按钮，【安全警告】消息栏将自动关闭，如图 351-9 所示。此时，工作簿的宏功能已经被启用，可以运行工作簿的宏代码。

> **注意！**
>
> Excel 窗口中出现【安全警告】消息栏时，用户的某些操作（例如：添加一个新的工作表）将导致该消息栏自动关闭，此时 Excel 已经禁用了工作簿中的宏。在此之后，如果希望运行该工作簿中的宏代码，只能先关闭该工作簿，然后再次打开该工作簿，并单击【安全警告】消息栏上的【启用内容】按钮。

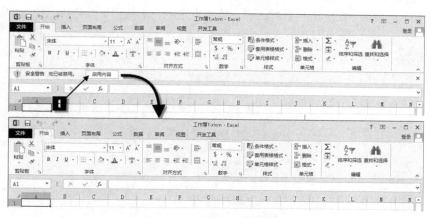

图 351-9　启用工作簿中的宏

上述操作之后，该文档将成为受信任的文档。Excel 再次打开该文件时，将不再显示【安全警告】消息栏。值得注意的是，Excel 的这个 "智能" 功能可能会给用户带来潜在的危害。如果恶意代码被人为地添加到这些受信任的文档中，并且原有文件名保持不变，那么再次打开该文档时，将不会出现任何安全警示，而直接激活其中包含恶意代码的宏程序，这将对计算机安全造成危害。因此，如果需要进一步提高文档的安全性，可以考虑为文档添加数字签名和证书，或按照如下步骤禁用 "受信任文档" 功能。

Step ❶	单击【开发工具】选项卡中的【宏安全性】按钮，打开【信任中心】对话框，激活【受信任的文档】选项卡。
Step ❷	勾选【禁用受信任的文档】复选框。

Step ③　　单击【确定】按钮，关闭对话框，如图 351-10 所示。

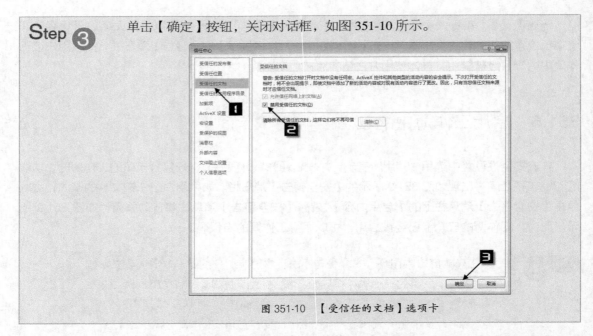

图 351-10　　【受信任的文档】选项卡

"受信任的文档"是从 Excel 2010 开始新增的功能，Excel 2007 和 Excel 2003 并不支持此功能。

如果打开包含宏代码的工作簿之前已经打开了 VBA 编辑器窗口，那么 Excel 将显示如图 351-11 所示的【Microsoft Excel 安全声明】对话框，单击【启用宏】按钮可以启用工作簿中的宏。

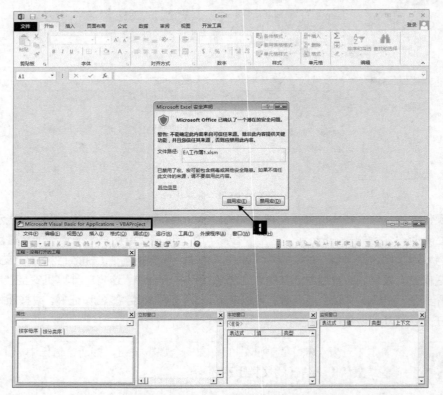

图 351-11　　【Microsoft Excel 安全声明】对话框

351.7　受信任位置

对于广大 Excel 用户来说，为了提高安全性，打开任何包含宏的工作簿都需要手工启用宏，这样操作确实有些烦琐。利用 Excel 2013 中的"受信任位置"功能，可以在不修改安全性设置的前提下，方便快捷地打开文件，并启用工作簿中的宏。

Step ①	打开【信任中心】对话框，具体步骤请参阅技巧 351.4。
Step ②	单击选中【受信任位置】选项卡，单击【添加新位置】按钮。
Step ③	在弹出的【Microsoft Office 受信任位置】对话框中输入路径，或者使用【浏览】按钮，选择要添加的目录。
Step ④	勾选【同时信任此位置的子文件夹】复选框。
Step ⑤	在【说明】文本框中输入说明信息，此步骤也可以省略。
Step ⑥	单击【确定】按钮，关闭对话框，如图 351-12 所示。

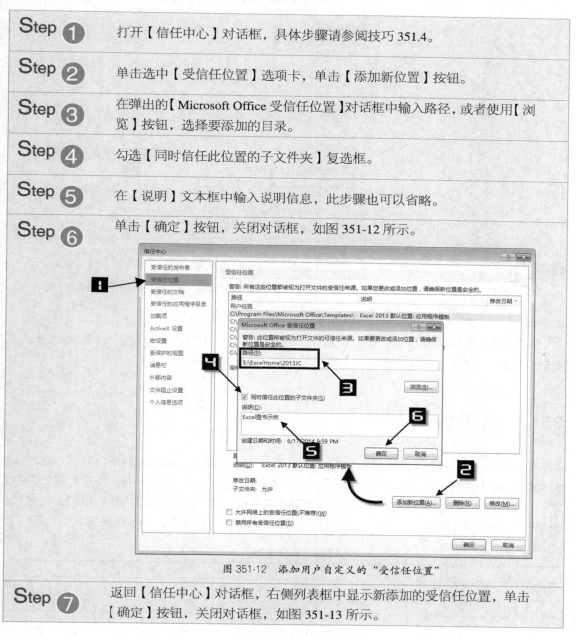

图 351-12　添加用户自定义的"受信任位置"

Step ⑦	返回【信任中心】对话框，右侧列表框中显示新添加的受信任位置，单击【确定】按钮，关闭对话框，如图 351-13 所示。

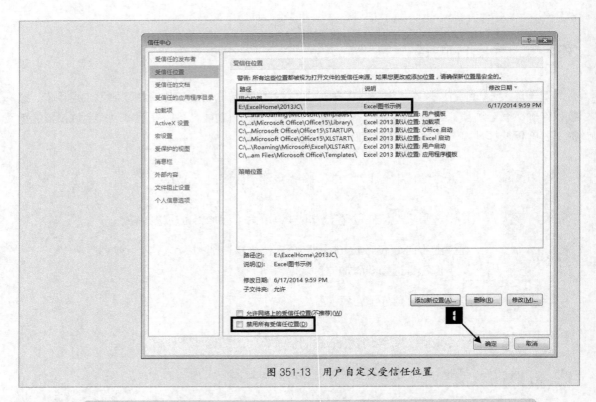

图 351-13　用户自定义受信任位置

注意 如果在如图 351-13 所示【信任中心】对话框的【受信任位置】选项卡中勾选了【禁用所有受信任位置】复选框，那么所有的受信任位置都将失效。

此后，打开保存于受信任位置（E:\ExcelHome\2013JC）中包含宏的任何工作簿时，Excel 将自动启用宏，而不再显示【安全警告】提示消息栏。

351.8　文件格式

Microsoft Office 2013 支持使用 Office Open XML 格式的文件，具体到 Excel，除了*.xls，*.xla 和*.xlt 兼容格式之外，Excel 2013 支持更多的存储格式，如*.xlsx，*.xlsm 等。在众多新文件格式之中，二进制工作簿和扩展名以字母 "m" 结尾的文件格式才可以用于保存 VBA 代码和 Excel 4.0 宏工作表（通常被简称为 "宏表"）。可以用于保存宏代码的文件类型，请参阅表 351-2。

表 351-2　　　　　　　　　　　　　　　支持宏的文件类型

扩　展　名	文　件　类　型
xlsm	启用宏的工作簿
xlsb	二进制工作簿
xltm	启用宏的模板
xlam	加载宏

在 Excel 2013 中，为了兼容 Excel 2003 或者更早版本而保留的文件格式（*.xls，*.xla 和*.xlt），仍然可以用于保存 VBA 代码和 Excel 4.0 宏工作表。

如果试图将包含 VBA 代码或 Excel 4.0 宏工作表的工作簿保存为某种无法支持宏功能的文件类型，Excel 将显示如图 351-14 所示的提示对话框。由对话框可以看出，将要保存的工作簿中既有 VBA 代码，也有 Excel 4.0 宏表。

图 351-14　保存工作簿时的提示信息

此时如果单击【是】按钮，工作簿将被保存为用户选择的文件类型，工作簿中的 VBA 代码将被删除，Excel 4.0 宏表将被转换普通的工作表。

 如果意外地将文件保存为某种无法支持宏功能的文件类型，关闭该工作簿之前，仍然可以将该工作簿另存为支持宏代码的文件格式，此时工作簿中的 VBA 代码和 Excel 4.0 宏表并不会丢失。但是关闭文件后，重新打开该工作簿，将无法恢复原工作簿中的 VBA 代码和 Excel 4.0 宏表。

351.9　VBA 编辑环境的设置

在 Excel 窗口中按<Alt＋F11>组合键，将打开 VBA 编辑器窗口（通常简称为 VBE 窗口），在 VBE 窗口中依次单击菜单【工具】→【选项】，弹出的【选项】对话框中有 4 个选项卡，如图 351-15 所示。

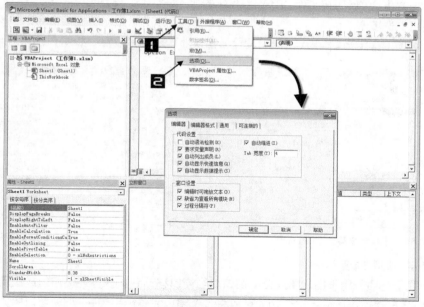

图 351-15　【选项】对话框

1.【编辑器】选项卡

【编辑器】选项卡用于指定【代码】窗口的相关设置，如图 351-16 所示。

勾选【要求声明变量】复选框，将会在任何一个新建模块的开始处添加 Option Explicit 语句，此语句要求该模块中的所有变量使用前都必须加以声明。

勾选【自动缩进】复选框，则新代码行的定位点与其相邻的上面一句代码相同，即新代码行与其之上的代码保持相同的缩进量。如果新一行代码需要增加缩进量，例如图 351-17 中的"If .Count=1 Then"，自动缩进功能并不能自动识别代码的逻辑关系而增加缩进量，此时仍需要手工按<Tab>键增加缩进量。

使用缩进格式的好处并不仅仅局限于代码外观的漂亮，更重要的意义在于缩进格式有助于调试和维护代码。对于图 351-17 所示的使用缩进格式的代码，比较容易发现代码的配对错误，如 If 判断语句缺少 End If；如果代码并未使用缩进格式，那么定位错误代码可能要花费较多时间。

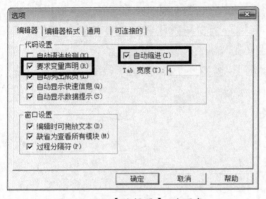

图 351-16　【编辑器】选项卡

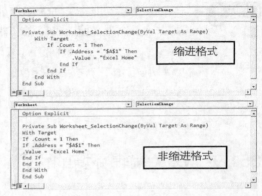

图 351-17　使用缩进格式的代码

2.【编辑器格式】选项卡

【编辑器格式】选项卡用于指定 VBA 代码的外观，如图 351-18 所示。

3.【通用】选项卡

【通用】选项卡指定当前 VBA 工程的设置、错误处理及编译设置，如图 351-19 所示。

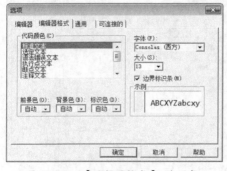

图 351-18　【编辑器格式】选项卡

图 351-19　【通用】选项卡

4.【可连接的】选项卡

【可连接的】选项卡用于指定要连接的窗口。当窗口移动到其他可连接窗口或应用程序窗口的边缘时，窗口将自动连接，使用这个功能可以将多个窗口完美地平铺在 VBE 窗口中，而不会杂乱地重叠在一起，如图 351-20 所示。

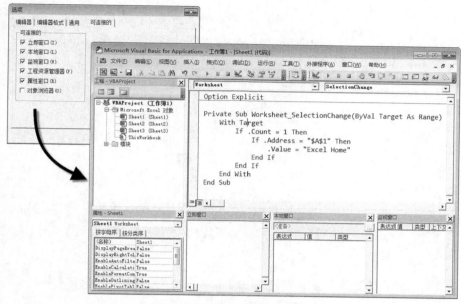

图 351-20　【可连接的】选项卡

限于篇幅，本节只讲解几个最常用的设置，在 Excel 联机帮助中可以查阅其他设置选项的具体使用方法。

技巧 352　快速学会录制宏和运行宏

352.1　录制新宏

对于 VBA 初学者来说，最困难的事往往是想要实现一个功能，却不知道代码从何写起，录制宏可以很好地帮助大家。

在日常工作中，经常需要在 Excel 中重复执行某个任务，这时可以通过录制一个宏来快速地自动执行这些任务。按照如下步骤操作，将在 Excel 2013 中开始录制一个新宏。

> **Step ❶**　单击【开发工具】选项卡中【代码】组的【录制宏】按钮，开始录制新宏，在弹出的【录制宏】对话框中设置宏名（FormatTitle）、快捷键（<Ctrl+Q>）、保存位置和添加说明，单击【确定】按钮，关闭【录制宏】对话框，并开始录制一个新的宏，如图 352-1 所示。
>
> 开始录制宏后，用户在 Excel 中的绝大部分操作将被记录为 VBA 代码。

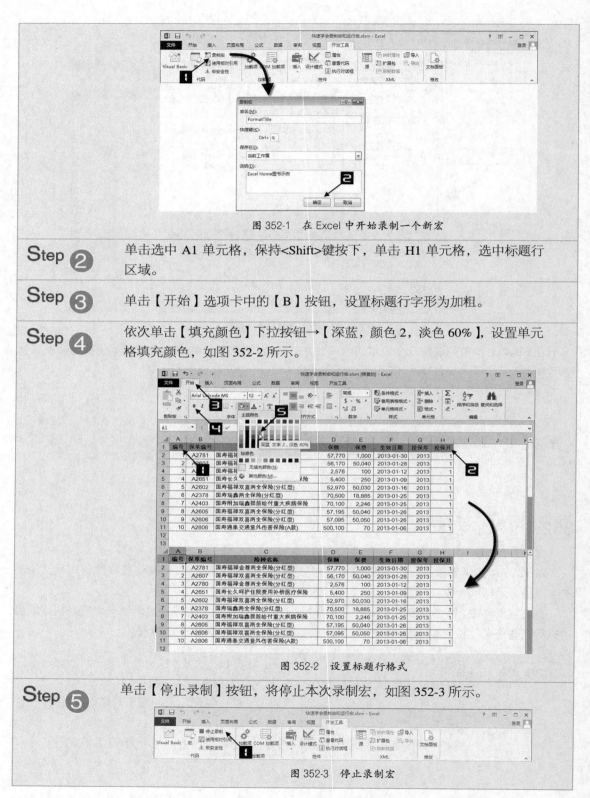

图 352-1　在 Excel 中开始录制一个新宏

Step ②	单击选中 A1 单元格，保持<Shift>键按下，单击 H1 单元格，选中标题行区域。
Step ③	单击【开始】选项卡中的【B】按钮，设置标题行字形为加粗。
Step ④	依次单击【填充颜色】下拉按钮→【深蓝，颜色 2，淡色 60%】，设置单元格填充颜色，如图 352-2 所示。

图 352-2　设置标题行格式

Step ⑤	单击【停止录制】按钮，将停止本次录制宏，如图 352-3 所示。

图 352-3　停止录制宏

录制宏时，Excel 提供的默认名称为"宏"加数字序号的形式（Excel 英文版本中为"Macro"

加数字序号），如"宏 1"、"宏 2"等。其中的数字序号由 Excel 自动生成，通常情况下数字序号依次增大。

宏的名称可以包含英文字母、中文字符、数字和下划线，但是第一个字符必须是英文字母或中文字符，如"1Macro"不是合法的宏名称。为了使宏代码具有更好的通用性，尽量不要在宏名称中使用中文字符，否则在非中文版本的 Excel 中应用该宏代码时，可能会出现兼容性问题。除此之外，还应尽量使用能够代表代码功能的宏名称，便于日后的使用维护与升级。

注意！　如果宏名称为英文字母加数字的形式，那么需要注意，与单元格引用相同的字符串不能作为宏名称，即"A1"至"XFD1048576"不可以作为宏名称使用。例如，在图 352-1 所示的【录制新宏】对话框中输入"ABC168"作为宏名，单击【确定】按钮，将出现如图 352-4 所示的错误消息框。但是"ABC"或者"ABC1048577"就可以作为合法的宏名称，因为 Excel 2010 工作表中不可能出现引用名称为"ABC"或者"ABC1048577"的单元格。

图 352-4 的消息框中给出的第一个可能原因"名称未以字母或下划线开头"，表述不完全正确，因为下划线不可以作为宏名称的首个字符，即宏名的第一个字符必须是英文字母或中文字符。

图 352-4　无效的宏名称

单击【开发工具】选项卡【代码】组中的【Visual Basic】按钮，或者直接按<Alt+F11>组合键，将打开 VBE（Visual Basic Editor，即 VBA 集成开发环境）窗口，在代码窗口中可以看到刚才录制的宏代码。

在 Excel 中进行操作的同时录制宏，就可以获得整个操作过程所对应的 VBA 代码。请注意，这只是一个"半成品"，经过必要的修改才得到更高效、更智能、更通用的代码。

352.2　运行宏

在 Excel 中，可采用多种方法运行宏，它们可以是在录制宏时由 Excel 生成的代码，也可以是由 VBA 开发人员编写的代码。

1. 快捷键

Step ❶	打开示例文件，单击工作表标签，选择"快捷键"工作表。
Step ❷	按快捷键<Ctrl+Q>运行宏，设置标题行效果，如图 352-5 所示。

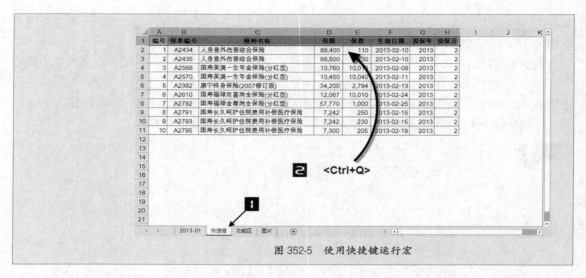

图 352-5　使用快捷键运行宏

　　本章将使用多种方法调用执行相同的宏代码，因此后续几种方法不再提供代码运行效果截图。

2. 功能区按钮

Step ①	打开示例文件，单击工作表标签，选择"功能区"工作表。
Step ②	单击【开发工具】选项卡中的【宏】按钮。
Step ③	在弹出【宏】对话框中选中"FormatTitle"，单击【执行】按钮运行宏。
Step ④	单击【取消】按钮，关闭对话框，如图 352-6 所示。

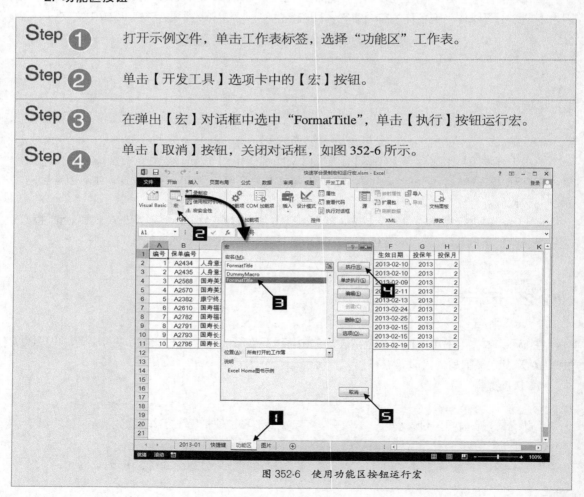

图 352-6　使用功能区按钮运行宏

3. 图片

Step ①　打开示例文件，单击工作表标签选择"图片"工作表。

Step ②　单击【插入】选项卡中的【图片】按钮，在弹出的【插入图片】对话框中选中图片文件"excelhome_logom.png"，单击【插入】按钮，如图 352-7 所示。

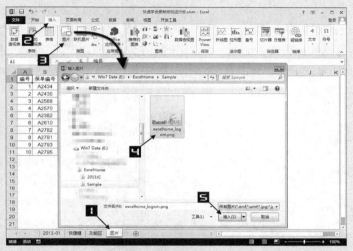

图 352-7　在工作表中插入图片

Step ③　在图片上右击，选择【指定宏】命令。

Step ④　在弹出的【指定宏】对话框中选中"FormatTitle"，单击【确定】按钮，关闭对话框，如图 352-8 所示。在工作表中单击新插入的图片，将运行 **FormatTitle** 过程设置标题行格式。

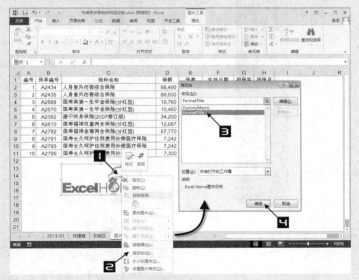

图 352-8　为图片指定宏

在工作表中使用"形状"(【插入】选项卡中的【形状】下拉按钮)或者"按钮(窗体控件)"(【开发工具】选项卡中的【插入】下拉按钮),也可以实现类似的关联运行宏代码的效果。

技巧 353　批量转换 03 工作簿为新格式文件

从 Office 2007 开始,微软使用了新的基于 XML 的压缩文件格式取代以前版本的默认文件格式。Excel 新文件格式具有诸多优点,如占用硬盘空间更小、单个工作表支持更多的单元格等。

按照如下步骤操作,可以在 Excel 2013 中将已经打开的 Excel 2003 工作簿文件(如扩展名为 xls 的文件)转换为.xlsx 文件。

Step ❶	依次单击【文件】→【另存为】。
Step ❷	单击当前文件夹,在弹出的【另存为】对话框的【保存类型】下拉列表中选择"Excel 工作簿(*.xlsx)"。
Step ❸	单击【保存】按钮,关闭对话框,如图 353-1 所示。

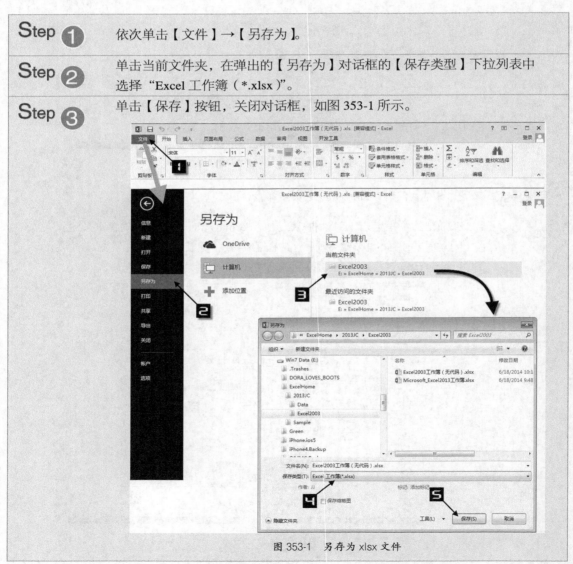

图 353-1　另存为 xlsx 文件

　　如果电脑中有很多需要进行格式转换的文件，上述手工操作将耗费大量时间。本示例代码可以自动批量完成文件转换任务。

Step ①	打开示例文件，运行 sConvertXLS 过程。
Step ②	在弹出的【浏览】对话框中指定查找文件的目录，例如 "E:\ExcelHome\Excel2003" 目录。
Step ③	单击【确定】按钮，关闭【浏览】对话框，文件转换完成后将显示提示消息框，如图 353-2 所示。

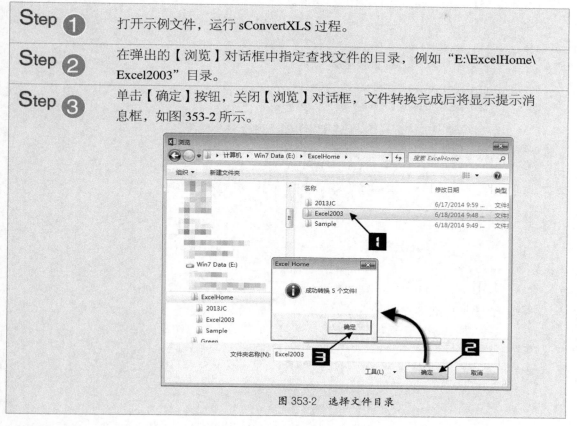

图 353-2　选择文件目录

转换完成后，目录中的文件列表如图 353-3 所示。

图 353-3　文件列表

示例文件中的代码如下。

```
#001  Sub sConvertXLS()
#002    Dim sPath As String
```

```
#003        Dim sName As String
#004        Dim sFile As String
#005        Dim sExt As String
#006        Dim sNewExt As String
#007        Dim sFirstFile As String
#008        Dim objWorkbook As Workbook
#009        Dim iFormat As Integer
#010        Dim lFileCount As Long
#011        With Application.FileDialog(msoFileDialogFolderPicker)
#012            .Show
#013            If .SelectedItems.Count = 0 Then
#014                MsgBox "请选择文件目录!", vbInformation, "Excel Home"
#015                Exit Sub
#016            End If
#017            sPath = .SelectedItems(1) & "\"
#018        End With
#019        sName = Dir(sPath & "*.xl*")
#020        If Len(sName) > 0 Then
#021            Application.DisplayAlerts = False
#022            Application.ScreenUpdating = False
#023            sFirstFile = sName
#024            Do
#025                sExt = UCase(Right(sName, 4))
#026                Select Case sExt
#027                Case ".XLS", ".XLA", ".XLT"
#028                    Set objWorkbook = Workbooks.Open(sPath & sName)
#029                    sFile = Left(sName, Len(sName) - 4)
#030                    Select Case sExt
#031                    Case ".XLS"
#032                        If fWorkbookWithCode(objWorkbook) Then
#033                            sNewExt = ".xlsm"
#034                            iFormat = xlOpenXMLWorkbookMacroEnabled
#035                        Else
#036                            sNewExt = ".xlsx"
#037                            iFormat = xlOpenXMLWorkbook
#038                        End If
#039                    Case ".XLA"
#040                        sNewExt = ".xlam"
#041                        iFormat = xlOpenXMLAddIn
#042                    Case ".XLT"
```

```
#043              If fWorkbookWithCode(objWorkbook) Then
#044                  sNewExt = ".xltm"
#045                  iFormat = xlOpenXMLTemplateMacroEnabled
#046              Else
#047                  sNewExt = ".xltx"
#048                  iFormat = xlOpenXMLTemplate
#049              End If
#050          End Select
#051          If Not objWorkbook Is Nothing Then
#052              With objWorkbook
#053                  .SaveAs sPath & sFile & sNewExt, iFormat
#054                  .Close
#055                  lFileCount = lFileCount + 1
#056              End With
#057          End If
#058          Set objWorkbook = Nothing
#059        End Select
#060        sName = Dir
#061      Loop While Len(sName) > 0 And sName <> sFirstFile
#062      Application.DisplayAlerts = True
#063      Application.ScreenUpdating = True
#064      If lFileCount > 0 Then
#065          MsgBox "成功转换 " & lFileCount & " 个文件!", _
                    vbInformation, "Excel Home"
#066      Else
#067          MsgBox "没有需要转换的文件!", vbInformation, "Excel Home"
#068      End If
#069    Else
#070      MsgBox "没有 Excel 文件!", vbInformation, "Excel Home"
#071    End If
#072    Set objWorkbook = Nothing
#073 End Sub
#074 Function fWorkbookWithCode(objWb As Workbook) As Boolean
#075    Dim objVBC As Object
#076    Dim lCodeLines As Long
#077    For Each objVBC In objWb.VBProject.VBComponents
#078        lCodeLines = lCodeLines + _
                    objVBC.CodeModule.CountOfLines
#079    Next
#080    fWorkbookWithCode = (lCodeLines > 0)
```

#081 End Function

代码解析：

第 1 行到第 73 行代码是 sConvertXLS 过程，用于转换文件格式。

第 2 行到第 10 行代码声明变量。

第 12 行代码显示【浏览】对话框。

第 13 行代码根据 SelectedItems.Count 判断是否已经选中某个目录。如果直接单击【取消】按钮关闭【浏览】对话框，则返回值为 0，那么第 14 行代码将显示如图 353-4 所示的消息对话框，第 15 行代码结束代码的执行。

第 17 行代码中使用 SelectedItems(1)获取选中的目录，并在目录字符串最后附加目录分隔符 "\"。

图 353-4　消息对话框

第 19 行代码使用 Dir 函数查找扩展名为 "xl*" 的文件。

第 20 行代码判断 Dir 函数返回结果是否为空。

第 21 行代码禁止显示警告和消息，避免代码执行被中断。

第 22 行代码禁止屏幕刷新，提升代码执行效率。

第 23 行将 Dir 函数查找到的首个文件名保存在变量 sFirstFile 中。

第 24 行到第 61 行代码使用 Do…Loop 循环遍历所有文件。

第 25 行代码获取文件名右侧 4 个字符，并转换为大写字母。

第 27 行代码 Case 语句匹配 3 种 Excel 2003 文件扩展名：xls、xla 和 xlt。

第 28 行代码打开 Excel 2003 工作簿文件。

第 29 行代码获取文件名（不包含扩展名），保存在变量 sFile 中。

第 30 行到第 50 行代码使用 Select Case 结构，根据不同文件类型设置相关格式转换参数。

第 32 行到第 38 行代码利用 fWorkbookWithCode 函数判断 xls 文件是否包含代码。对于包含代码的文件，将执行第 33 行代码，设置新文件扩展名为 xlsm，否则扩展名为 xlsx。

对于 xla 文件，第 40 行代码设置新文件扩展名为 xlam。

第 43 行到第 49 行代码利用 fWorkbookWithCode 函数判断 xlt 文件中是否包含代码。对于包含代码的文件，将执行第 44 行代码，设置新文件扩展名为 xltm，否则扩展名为 xltx。

第 34 行、第 37 代码、第 41 行、第 45 行和第 48 行代码分别设置新文件的格式，用于指定 SaveAs 方法的 FileFormat 参数值。

第 53 行代码使用 SaveAs 方法，将文件另存为新格式的文件。

第 54 行代码关闭工作簿文件。

第 55 行代码中文件计数变量 lFileCount 加 1，记录已经转换的文件个数。

第 60 行代码再次调用 Dir 函数查找下一个文件。

第 61 行代码设置 Do…Loop 循环的条件。

第 62 行和第 63 行代码恢复系统设置。

第 64 行到第 68 行代码根据变量 lFileCount 的值显示相应的消息对话框。如果 lFileCount 值为 0，说明没有转换任何文件。

第 72 行代码释放对象变量 objWorkbook。

第 74 行到第 81 行代码是 fWorkbookWithCode 函数，用于判断工作簿中是否包含代码。

第 77 行到第 79 行代码使用 For Each 循环，统计工作簿文件全部模块中的代码总行数。

第 78 行代码中的 CodeModule.CountOfLines 返回指定代码模块中代码的总行数。

运行示例代码之前，请按照如下步骤在 Excel 中启用"信任对 VBA 工程对象模型的访问"，否则 fWorkbook WithCode 函数将产生运行时错误 1004，如图 353-5 所示。

图 353-5　运行时错误

Step ①	单击【开发工具】选项卡中的【宏安全性】按钮，打开【信任中心】对话框。
Step ②	在【宏设置】选项卡中勾选【信任对 VBA 工程对象模型的访问】复选框。
Step ③	单击【确定】按钮，关闭【信任中心】对话框，如图 353-6 所示。

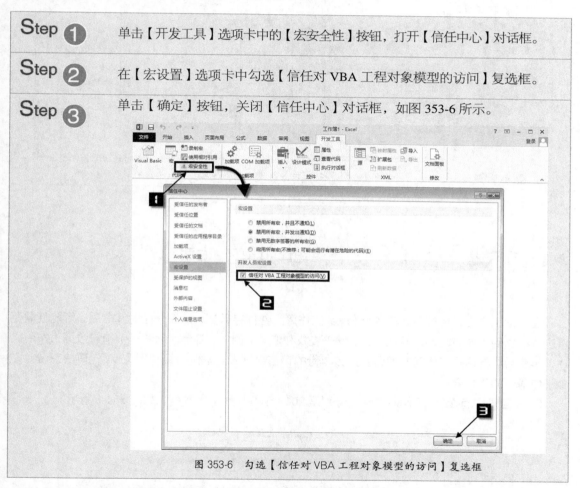

图 353-6　勾选【信任对 VBA 工程对象模型的访问】复选框

如果在 VBE 中启用了"要求变量声明"选项，那么打开任何一个模块时，Excel 都会自动在代码窗口中插入一行代码：Option Explicit，这将导致 fWorkbookWithCode 函数返回值为 True。因此，为了确保 fWorkbookWithCode 函数可以正确判断工作簿文件中是否存在代码，请按照如下步骤禁用"要求声明变量"选项。

Step ①	在 VBE 窗口中依次单击菜单【工具】→【选项】，在弹出的【选项】对话框中去除勾选【要求变量声明】复选框。
Step ②	单击【确定】按钮，关闭【选项】对话框，如图 353-7 所示。

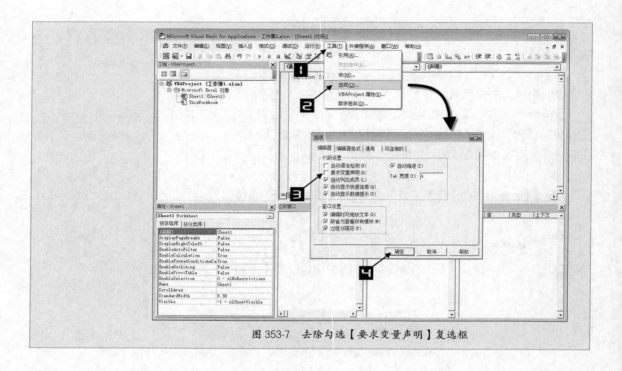

图 353-7　去除勾选【要求变量声明】复选框

技巧 354　合并多个工作簿中的工作表

在日常工作中，经常会创建多个 Excel 工作簿文件保存数据，然而一段时间之后，可能就需要将这些独立的工作簿文件合并在一起，便于查找和汇总。例如，每个月创建一个销售数据工作簿文件，年底需要将这些工作簿文件合并为该年份的销售数据表。本例介绍利用 VBA 代码快速合并多个工作簿中的工作表。

Data 目录中有 12 个工作簿文件，分别是 2013 年每月的销售数据，如图 354-1 所示。

图 354-1　2013 年月度销售数据

Step ❶	打开示例文件，运行 sMergeWorkBook 过程。
Step ❷	在弹出的【浏览】对话框中指定查找文件的目录，例如 "E:\Excel Home\Data" 目录。
Step ❸	单击【确定】按钮，关闭【浏览】对话框。
Step ❹	在弹出的输入对话框中输入合并方式，单击【确定】按钮，关闭对话框。

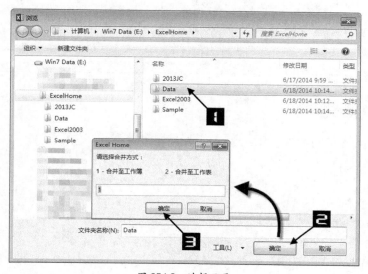

图 354-2　选择目录

"1" 代表将多个工作簿中的工作表合并到一个工作簿中，合并结果如图 354-3 所示。

	A	B	C	D	E	F	G	H
1	编号	保单编号	险种名称	保额	保费	生效日期	投保年	投保月
2	1	A2781	国寿福禄金尊两全保险(分红型)	57,770	1,000	2013-01-30	2013	1
3	2	A2607	国寿福禄双喜两全保险(分红型)	56,170	50,040	2013-01-28	2013	1
4	3	A2780	国寿福禄金尊两全保险(分红型)	2,576	100	2013-01-12	2013	1
5	4	A2651	国寿长久呵护住院费用补偿医疗保险	5,400	250	2013-01-09	2013	1
6	5	A2602	国寿福禄双喜两全保险(分红型)	52,970	50,030	2013-01-16	2013	1
7	6	A2378	国寿瑞鑫两全保险(分红型)	70,500	18,885	2013-01-25	2013	1
8	7	A2403	国寿附加瑞鑫提前给付重大疾病保险	70,100	2,246	2013-01-25	2013	1
9	8	A2605	国寿福禄双喜两全保险(分红型)	57,195	50,040	2013-01-26	2013	1
10	9	A2606	国寿福禄双喜两全保险(分红型)	57,095	50,050	2013-01-26	2013	1
11	10	A2806	国寿通泰交通意外伤害保险(A款)	500,100	70	2013-01-06	2013	1
12	11	A2808	国寿通泰交通意外伤害保险(A款)	500,300	100	2013-01-06	2013	1
13	12	A2812	国寿综合意外伤害保险	63,300	140	2013-01-06	2013	1
14	13	A2599	国寿福禄双喜两全保险(分红型)	11,416	10,020	2013-01-09	2013	1
15	14	A2600	国寿福禄双喜两全保险(分红型)	11,516	10,040	2013-01-12	2013	1
16	15	A2674	国寿学生儿童定期寿险(A款)	10,200	45	2013-01-09	2013	1
17	16	A2692	国寿附加学生儿童住院费用补偿医疗保险(A款)	60,200	30	2013-01-09	2013	1
18	17	A2712	国寿附加学生儿童意外伤害费用补偿医疗保险(A款)	5,400	65	2013-01-09	2013	1
19	18	A2657	国寿长久呵护住院费用补偿医疗保险	6,823	225	2013-01-04	2013	1
20	19	A2777	国寿福禄双喜两全保险(分红型)	233,120	200,020	2013-01-29	2013	1
21	20	A2652	国寿长久呵护住院费用补偿医疗保险	5,500	155	2013-01-13	2013	1

2013-10　2013-09　2013-08　2013-07　2013-06　2013-05　2013-04　2013-03　2013-02　2013-01

图 354-3　合并至工作簿

"2" 代表将多个工作簿中的数据合并到一个工作表中，结果如图 354-4 所示。

图 354-4　合并至工作表

示例文件中的代码如下。

```
#001   Sub sMergeWorkBook()
#002       Dim sPath As String
#003       Dim sName As String
#004       Dim sMsg As String
#005       Dim sMode As String
#006       Dim sFirstFile As String
#007       Dim lFileCount As Long
#008       Dim lRow As Long
#009       Dim iCol As Integer
#010       Dim objWorkbook As Workbook
#011       Dim objSumWk As Workbook
#012       Dim objSumSht As Worksheet
#013       Dim objRng As Range
#014       With Application.FileDialog(msoFileDialogFolderPicker)
#015           .Show
#016           If .SelectedItems.Count = 0 Then
#017               MsgBox "请选择文件目录!", vbInformation, "Excel Home"
#018               Exit Sub
#019           End If
#020           sPath = .SelectedItems(1) & "\"
#021       End With
#022       Application.DisplayAlerts = False
#023       If Len(Dir(sPath & "Summary.xlsx")) > 0 Then
#024           Kill sPath & "Summary.xlsx"
#025       End If
```

```
#026        Application.DisplayAlerts = True
#027        sName = Dir(sPath & "*.xlsx")
#028        If Len(sName) > 0 Then
#029            sMsg = "请选择合并方式: " & vbNewLine & vbNewLine & _
                    "1 - 合并至工作簿" & vbTab & _
                    "2 - 合并至工作表" & vbNewLine & vbNewLine
#030            sMode = Application.InputBox(sMsg, "Excel Home", "1")
#031            If Not (sMode = "1" Or sMode = "2") Then
#032                MsgBox "合并方式错误! ", vbInformation, "Excel Home"
#033                Exit Sub
#034            End If
#035            Application.ScreenUpdating = False
#036            sFirstFile = sName
#037            Do
#038                lFileCount = lFileCount + 1
#039                Set objWorkbook = Workbooks.Open(sPath & sName)
#040                If objSumWk Is Nothing Then
#041                    objWorkbook.ActiveSheet.Copy
#042                    Set objSumWk = ActiveWorkbook
#043                    If sMode = "2" Then
#044                        Set objSumSht = objSumWk.ActiveSheet
#045                        objSumSht.Name = "汇总数据"
#046                    End If
#047                Else
#048                    If sMode = "1" Then
#049                objWorkbook.ActiveSheet.Copy before:=objSumWk.Sheets(1)
#050                    Else
#051                        With objWorkbook.ActiveSheet
#052                            lRow = .Cells(1048576, 1).End(xlUp).Row
#053                            iCol = .Cells(1, 16384).End(xlToLeft).Column
#054                            If lRow > 1 Then
#055                                .Cells(2, 1).Resize(lRow - 1, iCol).Copy _
                        objSumSht.Cells(1048576, 1).End(xlUp).Offset(1, 0)
#056                                Application.CutCopyMode = False
#057                            End If
#058                        End With
#059                    End If
#060                End If
#061                objWorkbook.Close False
#062                sName = Dir
```

```
#063            Loop While Len(sName) > 0 And sName <> sFirstFile
#064            If Not objSumWk Is Nothing Then
#065                With objSumWk
#066                    If sMode = "2" Then
#067                        With objSumSht
#068                            lRow = .Cells(1048576, 1).End(xlUp).Row
#069                            Set objRng = .Cells(2, 1).Resize(lRow - 1, 1)
#070                        End With
#071                        objRng.Formula = "=ROW()-1"
#072                        objRng.Formula = objRng.Value
#073                    End If
#074                    .SaveAs sPath & "Summary.xlsx"
#075                    .Close
#076                End With
#077            End If
#078            Application.ScreenUpdating = True
#079            If lFileCount > 0 Then
#080                MsgBox "成功合并 " & lFileCount & " 个数据文件!", _
                        vbInformation, "Excel Home"
#081            End If
#082        Else
#083            MsgBox "没有 Excel 文件!", vbInformation, "Excel Home"
#084        End If
#085        Set objRng = Nothing
#086        Set objSumSht = Nothing
#087        Set objWorkbook = Nothing
#088        Set objSumWk = Nothing
#089 End Sub
```

代码解析:

第 2 行到第 13 行代码声明变量。

第 4 行到第 21 行代码使用【浏览】对话框选择文件目录,代码讲解请参阅技巧 353。

第 23 行代码使用 Dir 函数判断在指定目录中是否已经存在文件名为 Summary.xlsx 的工作簿,数据合并结果将保存在汇总工作簿 Summary.xlsx 中。如果文件已经存在,第 24 行代码将删除此文件。

第 27 行代码使用 Dir 函数查找指定目录中的 xlsx 文件。

第 29 行到第 31 行代码使用 InputBox 函数获取用户输入,选择文件合并方式。

第 31 行代码判断用户的输入合法性,如果用户输入内容不是 "1" 或者 "2",则第 33 行代码结束整个过程的执行。

第 35 行代码禁止屏幕更新,以提升代码运行效率。

第 37 行到第 63 行代码使用 Do…Loop 循环处理指定目录中的 xlsx 文件。

第 38 行代码使用变量 lFileCount 记录被合并的工作簿个数。

第 39 行代码打开被合并的工作簿文件（以下简称为数据工作簿）。

第 40 行代码判断汇总工作簿是否已经存在，如果不存在，则执行第 41 行到第 46 行代码，创建汇总工作簿。

第 41 行和第 42 行代码将数据工作簿活动工作表复制到一个新的工作簿中（即汇总工作簿），并将新建工作簿的引用保存在对象变量 objSumWk 中。

如果用户选择的合作模式为 "2"，第 44 行代码将汇总工作簿中活动工作表的引用保存在对象变量 objSumSht 中，第 45 行代码修改活动工作表的名称为 "汇总数据"。

如果汇总工作簿对象（objSumWk 代表的对象）已经存在，则执行第 48 行到第 59 行代码，将数据文件合并至汇总工作簿。

如果使用的是 "合并至工作簿" 模式，第 49 行代码将数据工作簿的活动工作表拷贝到汇总工作簿中。

如果使用的是 "合并至工作表" 模式，则执行第 51 行到第 58 行代码，将数据文件内容合并至汇总工作簿的活动工作表中。

第 52 行和第 53 行代码获取数据区域的行数和列数，并分别保存在变量 lRow 和 lCol 中。

如果 lRow 大于 1，说明工作表中包含数据记录，第 55 行代码将数据区域（不包含标题行）拷贝到汇总工作簿活动工作表中的已有数据区域之下。

第 56 行代码取消粘贴或复制模式。

第 61 行代码不保存并且关闭数据工作簿。

第 62 行代码再次调用 Dir 函数查找数据文件。

第 63 行代码设置循环条件为如果 Dir 函数返回的文件名不为空，并且该文件名不等于首个被查找到的文件名。第二个判断条件是为了避免数据工作簿被多次合并而产生重复数据。

如果使用 "合并至工作簿" 模式，第 64 行到第 76 行代码将更新汇总工作簿中第一列的序号。

第 68 行代码获取汇总工作表最后数据行的行号。

第 69 行代码将数据区域的第一列赋值给对象变量 objRng。

第 70 行代码设置第一列的公式。

第 71 行代码将第一列的公式转换为静态数据。

第 74 行代码将汇总工作簿保存在数据文件所在目录中，文件名称为 Summary.xlsx。

第 75 行代码关闭汇总工作簿文件。

第 78 行代码恢复屏幕更新。

第 79 行到第 81 行代码根据变量 lFileCount 的值显示消息对话框，如图 354-5 所示。如果 lFileCount 值为 0，说明没有合并任何文件。

图 354-5　消息框显示汇总结果

第 85 行到第 88 行代码释放对象变量。

技巧 **355**　自动用邮件发送数据报告

Excel 是非常优秀的分析数据和制作数据报告的工具，邮件发送是报告制作完成之后进行分享的必要步骤。通常的做法是：打开邮件客户端程序，填写收件人和邮件标题，撰写正文，添加附件并发送邮件。如果有大量的邮件需要发送，就不得不多次重复这个过程。本示例使用 VBA 代码，可以实现自动用邮件发送数据报告。

如下代码利用工作簿对象的 SendMail 方法直接发送邮件。

```
ActiveWorkbook.SendMail "138@139.com", "xx公司销售统计(SendMail)"
```

SendMail 方法的语法格式如下。

```
SendMail(Recipients, Subject, ReturnReceipt)
```

其中，参数 Recipients 必须至少指定一个收件人，参数值以文本形式指定收件人电子邮箱地址，如果有多个收件人，则以文本字符串数组的形式指定此参数。

参数 Subject 指定邮件主题，如果省略此参数，则使用文档名称作为邮件主题。

如果参数 ReturnReceipt 为 True，则请求邮件回执，默认值为 False。

用 SendMail 方法发送邮件时，将弹出如图 355-1 所示的安全警告对话框，单击【允许】按钮才能发送邮件。而且此方法只能简单地设置文件标题，如果借助 Outlook 对象模型，就可以对邮件进行更多的个性化操作。

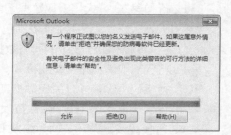

图 355-1　安全警告对话框

打开示例文件，运行 sExcel2Outlook 过程，结果如图 355-2 所示。

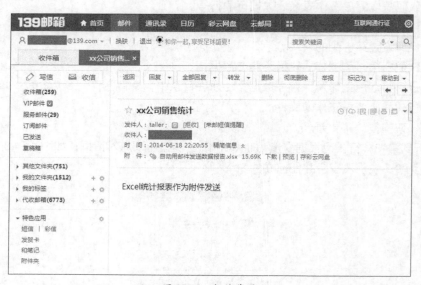

图 355-2　邮件截图

注意

运行代码之前，必须在 VBE 中引用
"Microsoft Outlook 15.0 Object Library"，
否则将出现如图 355-3 所示的编译错误
消息框。

图 355-3　编译错误消息框

在 VBE 中引用 "Microsoft Outlook 15.0 Object Library" 的步骤如下。

Step ① 在 VBE 窗口中依次单击【工具】→【引用】选项。

Step ② 在弹出的【引用 – VBAProject】对话框中勾选【可以使用的引用】列表框
中的 "Microsoft Outlook 15.0 Object Library"。

Step ③ 单击【确定】按钮，关闭对话框，如图 355-4 所示。

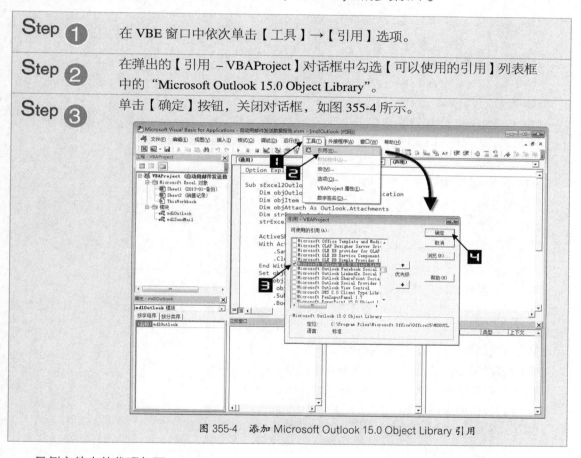

图 355-4　添加 Microsoft Outlook 15.0 Object Library 引用

示例文件中的代码如下。

```
#001  Sub sExcel2Outlook()
#002      Dim objOutlookApp As Outlook.Application
#003      Dim objItem As Outlook.MailItem
#004      Dim objAttach As Outlook.Attachments
#005      Dim strExcel As String
#006      strExcel = Replace(ThisWorkbook.FullName, _
                       "xlsm", "xlsx")
```

```
#007     ActiveSheet.Copy
#008     With ActiveWorkbook
#009        .SaveAs strExcel
#010        .Close
#011     End With
#012     Set objOutlookApp = New Outlook.Application
#013     Set objItem = objOutlookApp.CreateItem(olMailItem)
#014     With objItem
#015        .Subject = "xx 公司销售统计"
#016        .Body = "Excel 统计报表作为附件发送"
#017        .To = "138@139.com"
#018        Set objAttach = .Attachments
#019        objAttach.Add strExcel, olByValue, 1
#020        .Send
#021     End With
#022     objOutlookApp.Quit
#023     Kill strExcel
#024     Set objAttach = Nothing
#025     Set objItem = Nothing
#026     Set objOutlookApp = Nothing
#027 End Sub
```

代码解析：

第 2 行到第 5 行代码声明变量。

第 6 行代码将文件名字符串中的扩展名替换为 xlsx，并保存在变量 strExcel 中，将其作为邮件附件的文件名。

第 7 行代码复制活动工作表到新的工作簿。

第 9 行和第 10 行代码保存并关闭新建工作簿（邮件附件）。

第 12 行代码使用关键字 New 新建一个 Outlook 对象。

第 13 行代码新建一个邮件。

第 15 行代码设置邮件标题为 "xx 公司销售统计"。

第 16 行代码设置邮件正文内容。

第 17 行代码设置收件人邮箱。

第 18 行和第 19 行代码添加 Excel 文件作为附件。

第 20 行代码发送邮件。

第 22 行代码关闭 Outlook 应用程序。

第 23 行代码删除作为邮件附件的临时工作簿文件。

第 24 行到第 26 行代码释放对象变量。

技巧 356　自动将数据输出到 Word 文档

　　Word 和 Excel 是 Microsoft Office 中最常用的两个组件，二者各有特色。Word 作为当前最流行的文字处理程序，是创建和制作精美的专业文档必不可少的软件。Word 文档中经常会使用 Excel 数据和图表作为内容，本示例使用 VBA 代码，自动将 Excel 中的数据输出到 Word 文档中。

　　打开示例文件，运行 sExcel2Word 过程，结果如图 356-1 所示。

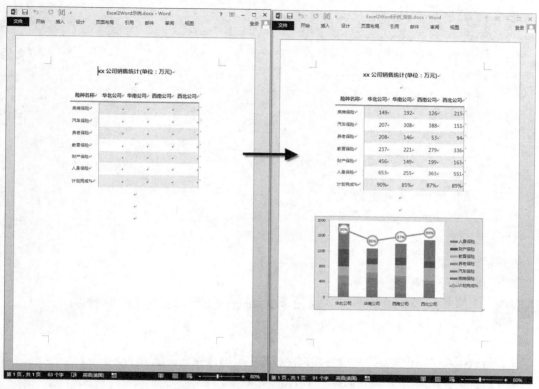

图 356-1　在 Word 文档中插入数据和图表

　　在运行代码之前，必须在 VBE 中引用 "Microsoft Word 15.0 Object Library"。

示例文件中的代码如下。

```
#001  Sub sExcel2Word()
#002      Dim objWordApp As Word.Application
#003      Dim objDoc As Word.Document
#004      Dim objRange As Word.Range
#005      Dim c As Range
#006      Dim i As Integer
#007      Dim strWord As String
```

```
#008        strWord = ThisWorkbook.Path & "\Excel2Word示例.docx"
#009        Set objWordApp = New Word.Application
#010        objWordApp.Visible = True
#011        Set objDoc = objWordApp.Documents.Open(strWord)
#012        Set objRange = objDoc.Tables(1).Range
#013        i = 1
#014        For Each c In Worksheets("销售记录").[a1].CurrentRegion
#015            objRange.Cells(i).Range.Text = c.Text
#016         i = i + 1
#017        Next
#018        Worksheets("销售记录").ChartObjects(1).Copy
#019        With objDoc
#020            .Range(.Content.End - 1, .Content.End - 1).Paste
#021            .Save
#022        End With
#023        objWordApp.Quit
#024        Set objRange = Nothing
#025        Set objDoc = Nothing
#026        Set objWordApp = Nothing
#027  End Sub
```

代码解析：

第 2 行到第 7 行代码声明变量。

> **注意**
>
> 第 4 行代码声明的是 Word 中的 Range 对象，而第 5 行代码声明的
> 是 Excel 中的 Range 对象。

第 8 行代码将 Word 文件的目录名和文件名的字符串保存在变量 strWord 中。

第 9 行代码使用关键字 New 新建一个 Word 对象。

第 10 行代码设置 Word 对象可见，默认情况下新建的 Word 对象处于隐藏状态。此代码只是为了在调试代码过程中可以查看 Word 文档内容的变化。正式发布代码时，可以将此代码变为注释行，这样可以提高代码的运行效率。

第 11 行代码打开 Word 文件 "Excel2Word 示例.docx"。

第 12 行代码将 Word 文件中第一个表格的 Range 对象赋值给对象变量 objRange。

第 14 行到第 16 行代码循环遍历 "销售记录" 工作表的数据区域。

第 14 行代码中的[a1].CurrentRegion 代表 A1 单元格开始的连续单元格区域。

第 15 行代码将 Excel 工作表单元格的内容写入 Word 表格单元格中。

第 16 行代码中变量 i 用于指定被更新的 Word 表格单元格的序号。

第 18 行代码拷贝 "销售记录" 工作表中的图表。

第 20 行代码将图表粘贴到 Word 文档的最后位置，其中 Range(.Content.End - 1, .Content.End - 1)用于定位文档的末尾。

第 21 行代码保存 Word 文档。

第 23 行代码关闭 Word 应用程序。

第 24 行到第 26 行代码释放对象变量。

技巧 357　自动将数据报表输出到 PowerPoint

PowerPoint 是工作中最常用的演示文稿软件，幻灯片文档不仅可以在投影仪上演示，也可以打印出来，以便于应用到其他领域中。本示例使用 VBA 代码，自动将 Excel 中的数据输出到 PowerPoint 幻灯片文档中。

打开示例文件，运行 sExcel2PPT 过程，结果如图 357-1 所示。

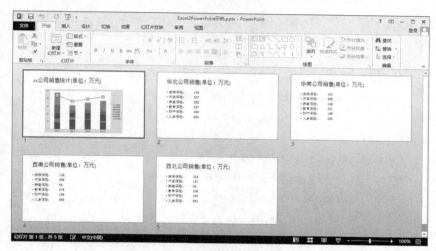

图 357-1　在幻灯片中插入数据和图表

 注意　运行代码之前，必须在 **VBE** 中引用 "**Microsoft PowerPoint 15.0 Object Library**"。

示例文件中的代码如下。

```
#001  Sub sExcel2PPT()
#002      Dim objWsh As Worksheet
#003      Dim objPptApp As PowerPoint.Application
#004      Dim objPres As PowerPoint.Presentation
#005      Dim i As Integer
#006      Dim j As Integer
#007      Dim aData
#008      Dim strTxt As String
#009      Dim strPpt As String
```

```
#010     Dim strGIF As String
#011     strPpt = ThisWorkbook.Path & "\Excel2PowerPoint 示例.pptx"
#012     strGIF = ThisWorkbook.Path & "\Chart.GIF"
#013     Set objWsh = Worksheets("销售记录")
#014     aData = objWsh.[a1].CurrentRegion.Value
#015     Set objPptApp = New PowerPoint.Application
#016     Set objPres = objPptApp.Presentations.Add
#017     With objPres
#018         Application.CutCopyMode = False
#019         objWsh.ChartObjects(1).Select
#020         ActiveChart.Export strGIF, "GIF"
#021         .Slides.Add(Index:=1, Layout:=ppLayoutText).Shapes _
                 .Title.TextFrame.TextRange = "xx 公司销售统计(单位：万元)"
#022         objPptApp.ActiveWindow.Selection.SlideRange.Shapes. _
                     AddPicture(strGIF, 0, -1, 170, 150).Select
#023         For i = 1 To 4
#024           For j = 1 To 6
#025             strTxt = strTxt & vbNewLine & aData(j + 1, 1) & _
                     "：" & vbTab & aData(j + 1, i + 1)
#026           Next j
#027           With .Slides.Add(Index:=i + 1, _
                       Layout:=ppLayoutText).Shapes
#028             .Title.TextFrame.TextRange = aData(1, i + 1) & _
                     "销售(单位：万元)"
#029             .Range(2).TextFrame.TextRange = Mid$(strTxt, 3)
#030           End With
#031           strTxt = ""
#032         Next i
#033         .SaveAs strPpt
#034         .Close
#035     End With
#036     objPptApp.Quit
#037     Set objPres = Nothing
#038     Set objPptApp = Nothing
#039     Set objWsh = Nothing
#040 End Sub
```

代码解析：

第 2 行到第 10 行代码声明变量。

第 11 行代码将 PowerPoint 文件的目录名和文件名字符串保存在变量 strPpt 中。

第 12 行代码将 GIF 文件的目录名和文件名字符串保存在变量 strGIF 中。

第 13 行代码将 "销售记录" 工作表 A1 单元格开始的连续单元格区域内容读入数组 aData 中。

第 15 行代码使用关键字 New 新建一个 PowerPoint 对象。

第 16 行代码新建一个幻灯片文档。

第 19 行和第 20 行代码选中工作表中的图表，并导出为 GIF 图片。

第 21 行代码新建一张幻灯片，并设置标题文字为 "xx 公司销售统计(单位：万元)"。

第 22 行代码将 GIF 图片插入到第一张幻灯片中。

第 23 行到第 32 行代码循环创建 4 张幻灯片。

第 24 行到第 26 行代码将某个公司（例如华北公司）的数据组合成为一个字符串，其中 vbNewLine 代表换行，vbTab 代表制表符。

第 27 行代码新建一张幻灯片。

第 28 行代码设置幻灯片标题文字。

第 29 行代码将公司的销售数据字符串写入幻灯片的文本框中，使用 Mid 函数可以剔除变量 strTxt 开始位置处的换行符。

第 31 行代码初始化字符变量 strTxt。

第 33 行和第 34 行代码保存并关闭 PowerPoint 文档。

第 36 行代码关闭 PowerPoint 应用程序。

第 37 行到第 39 行代码释放对象变量。

技巧 **358**　快速创建文件列表

很多 VBA 开发者已经习惯使用 FileSearch 功能查找文件，但是 Excel 2013 VBA 不再支持 FileSearch。然而，FileSearch 并不是 VBA 中查找文件的唯一方法，组合使用 Dir 函数和 FileSysteObject 对象（通常简称为 FSO 对象），同样可以实现遍历查找文件的功能。

在示例文件中按照以下操作可以快速创建文件列表。

Step ❶	打开示例文件，单击 "文件列表" 工作表中的【演示】按钮。
Step ❷	在弹出的【浏览】对话框中指定查找文件的目录，例如 "E:\Excel Home\2013JC\Data" 目录。
Step ❸	单击【确定】按钮，关闭【浏览】对话框。
Step ❹	在弹出的【文件类型】对话框中输入希望搜索的文件类型，默认文件类型为 "*.*"，即搜索全部文件。
Step ❺	单击【确定】按钮，关闭对话框，如图 358-1 所示。

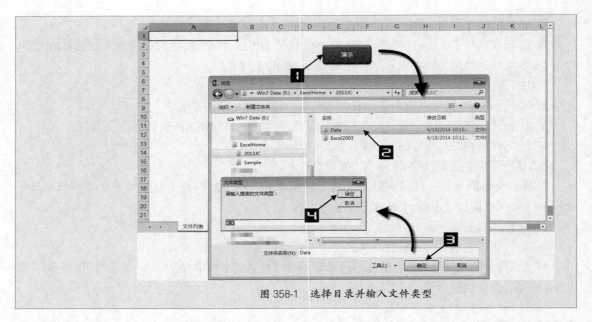

图 358-1　选择目录并输入文件类型

　　"文件列表"工作表的 A 列将罗列出指定目录中的全部文件，并添加相应的超链接。鼠标悬停在单元格上时，将显示提示信息框，如图 358-2 所示。单击单元格中的超链接，将在 Excel 中打开相应文件。

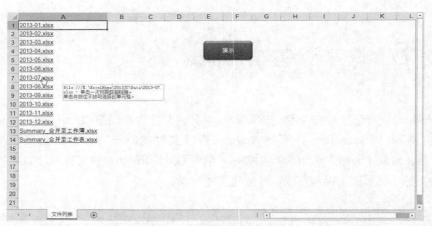

图 358-2　工作表中的文件列表

注意　　运行代码之前，必须在 VBE 中引用 "Microsoft Scripting Runtime"。

示例文件中的代码如下。

```
#001  Dim Fso As New FileSystemObject
#002  Dim Fld As Folder
#003  Dim sRow As Single
#004  Sub FileSearchTools()
#005      Dim SrchDir As String, SrchString As String
#006      Dim fDialog As FileDialog
```

```
#007        sRow = 0
#008        Set fDialog = Application.FileDialog( _
                    msoFileDialogFolderPicker)
#009        If fDialog.Show = -1 Then
#010            SrchDir = fDialog.SelectedItems(1)
#011        Else
#012            MsgBox "没有选择任何目标文件夹！", _
                    vbCritical, "文件搜索工具"
#013            Exit Sub
#014        End If
#015        SrchString = InputBox("请输入搜索的文件类型：", _
                    "文件类型", "*.*")
#016        If Len(SrchString) = 0 Then SrchString = "*.*"
#017        With ActiveSheet.Columns(1)
#018            .Cells.Clear
#019            Call FileFind(SrchDir, SrchString)
#020            .AutoFit
#021        End With
#022    End Sub
#023    Private Sub FileFind(ByVal SrchFld As String, _
                        SrchFile As String, _
                        Optional SrchDir As Boolean = True)
#024        Dim tFld As Folder
#025        Dim dirFName As String
#026        On Error GoTo ErrHandle
#027        Set Fld = Fso.GetFolder(SrchFld)
#028        dirFName = Dir(Fso.BuildPath(Fld.Path, SrchFile), _
                vbNormal Or vbHidden Or vbSystem Or vbReadOnly)
#029        While Len(dirFName) <> 0
#030            sRow = sRow + 1
#031            With ActiveSheet
#032                .Hyperlinks.Add Anchor:=.Cells(sRow, 1), _
                    Address:=Fso.BuildPath(Fld.Path, dirFName), _
                    TextToDisplay:=dirFName
#033            End With
#034            dirFName = Dir()
#035        Wend
#036        If Fld.SubFolders.Count > 0 And SrchDir Then
#037            For Each tFld In Fld.SubFolders
#038                Call FileFind(tFld.Path, SrchFile)
```

```
#039          Next
#040      End If
#041      Exit Sub
#042  ErrHandle:
#043      MsgBox "运行错误!", vbCritical, "文件搜索工具"
#044  End Sub
```

代码解析：

第 1 行到第 3 行代码用于声明模块级别变量。

第 4 行到第 22 行代码为 FileSearchTools 过程。

第 7 行代码设置变量 sRow 的初始值为 0。

第 8 行代码将 FileDialog 对象赋值给对象变量 fDialog。

第 9 行到第 14 行代码用于选取查找文件的目标文件夹。

如果用户选中某个文件夹，并单击【确定】按钮，则 FileDialog 对象的返回值为 -1，将执行第 10 行代码，将目标文件夹路径保存在变量 SrchDir 中。

如果单击【确定】按钮之前并没有选中任何文件夹，或者单击【取消】按钮关闭【浏览】对话框，将执行第 12 行和第 13 行代码。

第 12 行代码显示如图 358-3 所示的错误提示消息框。

图 358-3　错误提示消息框

第 13 行代码将结束程序的执行。

第 15 行代码显示【文件类型】输入对话框，并将用户输入的字符串保存在变量 SrchString 中。

第 16 行代码用于处理用户没有任何输入字符的情况，此时将使用 "*.*" 作为文件类型字符串，即搜索全部文件。

第 18 行代码清空活动工作表的第 1 列单元格。

第 19 行代码调用 FileFind 过程。

第 20 行代码调整活动工作表中第 1 列单元格的列宽以达到最佳匹配。

第 23 行到第 44 行代码为 FileFind 过程，用于实现文件查找功能。此过程具有如下 3 个参数：

必选参数 SrchFld 为目标文件夹名称；

必选参数 SrchFile 为将要搜索的文件类型；

可选参数 SrchDir 为标志变量，其值为 True 时，将搜索目标文件夹中的全部子目录，否则只搜索目标文件夹下的文件。

第 26 行代码设置错误处理程序，如果程序运行过程中出现错误将跳转到 ErrHandle。

第 27 行代码使用 GetFolder 方法返回 SrchFld 中文件夹路径相对应的 Folder 对象。

第 28 行代码使用 Dir 函数查找目标文件夹下的指定类型文件。其中 BuildPath 方法将追加 SrchFile 到 Fld 对象的目录，本示例中的返回值为 "E:\ExcelHome\2013JC\Data*.*"。

Dir 函数第 2 个参数值的含义如表 358-1 所示。

表 358-1　　　　　　　　　　　　　**Dir 函数的参数值**

常　　数	含　　义
vbNormal	没有属性的文件
vbReadOnly	无属性的只读文件
vbHidden	无属性的隐藏文件
VbSystem	无属性的系统文件

第 29 行到第 35 行代码使用 While 循环查找目录下的全部文件，并将查找结果保存在活动工作表中。

第 29 行代码使用 Len 函数判断变量 dirFName 的字符串长度，如果长度为 0，说明目标目录下没有任何文件。

目录中不包含任何文件，并不一定是空目录，该目录中可能会有子目录。

第 30 行代码将变量 sRow 加 1，用于指定活动工作表中用于保存数据的单元格的行号。

第 32 行代码在相应单元格添加文件的超链接，其中参数 Anchor 指定超链接在工作表中单元格的位置，参数 Address 设置超链接的地址，参数 TextToDisplay 为显示在单元格中的超链接文本。

第 34 行代码将查找下一个符合条件的文件。

第 36 行代码中的 SubFolders.Count 可以返回 Folder 对象的子目录个数，布尔变量 SrchDir 用于标识是否搜索子目录。

第 37 行到第 39 行代码使用 For Each 循环遍历 Fld 对象的子目录，第 38 行代码将再次调用 FileFind 过程搜索相应子目录下的指定类型文件。

注意！　**FileFind** 过程是一个递归调用过程，这是编程中一种特殊的嵌套调用方式，过程中包含再次调用自身过程的代码。如果希望学习更多的关于递归调用的知识，请参考相关编程书籍。

第 42 行代码为错误处理程序的行号标识。

第 43 行代码将显示如图 358-4 所示的错误提示消息框。

图 358-4　错误提示消息框

技巧 **359**　人民币大写转换自定义函数

中国 Excel 用户有一个常见的需求，希望能快速地把阿拉伯数字转换成人民币大写，例如把

123.45 转换为"壹佰贰拾叁元肆角伍分"。尽管中文版的 Excel 可以用单元格格式把数字显示为中文大写数字，但并不符合中国财务人员的使用习惯。而如果利用现有的工作表函数转换计算，过程又会较为复杂。

许多 Excel VBA 爱好者都曾经利用编写自定义函数的方法来实现这个功能，代码各不相同，但都能较好地解决这个问题。下面这段代码摘自 ExcelHome 论坛中 Idy 版主的发帖，仅仅使用一行代码就可以实现这个自定义函数功能。

```
Function RMBDX(M)

    RMBDX = IIf(Abs(M) < 0.005, a, Replace(Replace(Replace(Join(Application.Text(Split(Format(M, " 0.0
0")), Split(" [DBnum2] [DBnum2]圆0角;;圆零 [DBnum2]0分;;整")), a), "零圆零", a), "零圆", a), "零整", "整"))

    End Function
```

在工作表中使用自定义函数的方法与使用 Excel 内置函数一样，在 B2 单元格输入如下公式：

```
=RMBDX(A2)
```

将 B2 单元格的公式向下填充 B13 单元格，结果如图 359-1 所示。

	A	B	C
1	金额	大写金额	
2	￥ 0.01	壹分	
3	￥ 0.12	壹角贰分	
4	￥ 1.23	壹圆贰角叁分	
5	￥ 12.34	壹拾贰圆叁角肆分	
6	￥ 123.45	壹佰贰拾叁圆肆角伍分	
7	￥ 1,234.56	壹仟贰佰叁拾肆圆伍角陆分	
8	￥ 12,345.67	壹万贰仟叁佰肆拾伍圆陆角柒分	
9	￥ 123,456.78	壹拾贰万叁仟肆佰伍拾陆圆柒角捌分	
10	￥ 1,234,567.89	壹佰贰拾叁万肆仟伍佰陆拾柒圆捌角玖分	
11	￥ 12,345,678.90	壹仟贰佰叁拾肆万伍仟陆佰柒拾捌圆玖角	
12	￥ 123,456,789.01	壹亿贰仟叁佰肆拾伍万陆仟柒佰捌拾玖圆零壹分	
13	￥ 987,654,321.09	玖亿捌仟柒佰陆拾伍万肆仟叁佰贰拾壹圆零玖分	

图 359-1　人民币大写转换

 自定义函数代码应该放置于标准模块中，否则无法在工作表使用该自定义函数。

技巧 360　自动定时读取数据库

虽然 Excel 2013 的单个工作表能够支持的单元格数量巨大，但是当数据量较大时，Excel 的处理效率会明显下降。通常，企业会将业务系统产生的大量数据保存在数据库中，而使用 Excel 读取数据库中的相关数据，并进行分析和报表展现。数据库中的数据会随时刷新，使用 Excel 获取数据成为经常的重复任务。本示例使用 VBA 实现自动定时读取数据库。

Access 示例数据库（"保险销售数据库"）中的销售数据如图 360-1 所示。

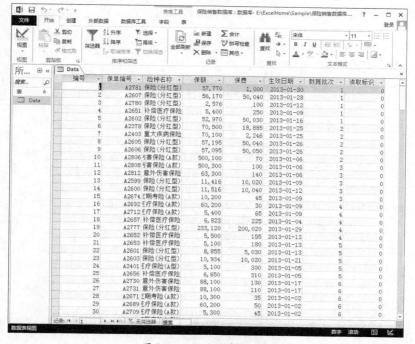

图 360-1　保险销售数据库

其中，"数据批次"字段用于模拟业务系统在不同时间段写入数据库的数据记录。例如：第一次写入数据库的数据记录（前 5 行记录），其数据批次字段都为 1。为了实现增量读取数据，使用"读取标识"标记数据记录是否已经被读取过，以确保数据读取"不重不漏"，"读取标识"在读取之后被设置为-1。

打开示例文件，运行"sAutoGetData"过程，每隔 10s，Excel 会把最新的 Access 数据导入示例文件中，如图 360-2 所示。

	A	B	C	D	E	F	G	H
1	编号	保单编号	险种名称	保额	保费	生效日期	数据批次	读取时间
2	1	A2781	国寿福禄金尊两全保险(分红型)	57,770	1,000	1/30/2013	1	2014-06-25 21:59:15
3	2	A2607	国寿福禄双喜两全保险(分红型)	56,170	50,040	1/28/2013	1	2014-06-25 21:59:15
4	3	A2780	国寿福禄金尊两全保险(分红型)	2,576	100	1/12/2013	1	2014-06-25 21:59:15
5	4	A2651	国寿长久呵护住院费用补偿医疗保险	5,400	250	1/9/2013	1	2014-06-25 21:59:15
6	5	A2602	国寿福禄双喜两全保险(分红型)	52,970	50,030	1/16/2013	1	2014-06-25 21:59:15
7	6	A2378	国寿瑞鑫两全保险(分红型)	70,500	18,885	1/25/2013	2	2014-06-25 21:59:25
8	7	A2403	国寿附加瑞鑫提前给付重大疾病保险	70,100	2,246	1/25/2013	2	2014-06-25 21:59:25
9	8	A2605	国寿福禄双喜两全保险(分红型)	57,195	50,040	1/26/2013	2	2014-06-25 21:59:25
10	9	A2606	国寿福禄双喜两全保险(分红型)	57,095	50,050	1/26/2013	2	2014-06-25 21:59:25
11	10	A2806	国寿通泰交通意外伤害保险(A款)	500,100	70	1/6/2013	2	2014-06-25 21:59:25
12	11	A2808	国寿通泰交通意外伤害保险(A款)	500,300	100	1/6/2013	3	2014-06-25 21:59:35
13	12	A2812	国寿综合意外伤害保险	63,300	140	1/6/2013	3	2014-06-25 21:59:35
14	13	A2599	国寿福禄双喜两全保险(分红型)	11,416	10,020	1/9/2013	3	2014-06-25 21:59:35
15	14	A2600	国寿福禄双喜两全保险(分红型)	11,516	10,040	1/12/2013	3	2014-06-25 21:59:35
16	15	A2674	国寿学生儿童定期寿险(A款)	10,200	45	1/9/2013	3	2014-06-25 21:59:35
17								
18								
19								
20								
21								

图 360-2　数据导入 Excel

为了便于查看演示效果，这里使用较短的数据刷新周期，在示例代码中可以修改此时间间隔。

运行 sCancalTimer 过程可以停止自动读取数据任务。

　注意　运行代码之前，必须在 VBE 中引用"Microsoft ActiveX Data Objects 2.7 Library"。

```
#001  Public dTime As Date
#002  Sub sGetMdbData()
#003      Dim objConn As New ADODB.Connection
#004      Dim objRst As New ADODB.Recordset
#005      Dim strPath As String
#006      Dim strSQL As String
#007      Dim lRow As Long
#008      strPath = ThisWorkbook.Path & "\保险销售数据库.accdb"
#009      objConn.Open "Provider=Microsoft.ACE.OLEDB.12.0;" & _
                  "Data Source=" & strPath
#010      strSQL = "SELECT * FROM data " & _
                  "WHERE 数据批次 = ( " & _
                  "SELECT min(数据批次) FROM data " & _
                  "WHERE 读取标识 = 0); "
#011      objRst.Open strSQL, objConn, adOpenKeyset, adLockOptimistic
#012      If objRst.RecordCount = 0 Then
#013          MsgBox "没有新数据! ", , "Excel Home"
#014      Else
#015          With Sheets("销售数据")
#016              lRow = .Cells(2 ^ 20, 1).End(xlUp).Row
#017              .Cells(lRow + 1, 1).CopyFromRecordset objRst
#018              .Cells(lRow + 1, 8).Resize(objRst.RecordCount, 1) _
                          .Value = Now()
#019          End With
#020          objRst.Close
#021          strSQL = "UPDATE Data SET 读取标识 = - 1 " & _
                  "WHERE 数据批次 = ( " & _
                  "SELECT min(数据批次) FROM data " & _
                  "WHERE 读取标识 = 0);"
#022          objConn.Execute strSQL
#023      End If
#024      objConn.Close
#025      Set objRst = Nothing
#026      Set objConn = Nothing
#027  End Sub
#028  Sub sAutoGetData()
```

```
#029        Call sGetMdbData
#030        dTime = Now + TimeValue("00:00:10")
#031        Application.OnTime dTime, "sAutoGetData"
#032    End Sub
#033    Sub sCancalTimer()
#034        On Error Resume Next
#035        Application.OnTime dTime, "sAutoGetData", , False
#036        On Error GoTo 0
#037    End Sub
#038    Sub sReset()
#039        Dim objConn As New ADODB.Connection
#040        Dim objRst As New ADODB.Recordset
#041        Dim strPath As String
#042        Dim strSQL As String
#043        Application.DisplayAlerts = False
#044        On Error Resume Next
#045        strPath = ThisWorkbook.Path & "\保险销售数据库.accdb"
#046        objConn.Open "Provider=Microsoft.ACE.OLEDB.12.0;" & _
                    "Data Source=" & strPath
#047        strSQL = "UPDATE Data SET 读取标识 = 0;"
#048        objConn.Execute strSQL
#049        objConn.Close
#050        Set objConn = Nothing
#051        Sheets("销售数据").[a1].CurrentRegion.Offset(1, 0).ClearContents
#052        On Error GoTo 0
#053        Application.DisplayAlerts = True
#054    End Sub
```

代码解析：

第 1 行代码声明模块级别公用变量保存 sGetMdbData 过程被执行的时间点。

第 2 行到第 27 行代码为 sGetMdbData 过程，用于读取 Access 数据库文件，并写入 Excel 工作表。

第 3 行到第 7 行代码声明变量。

第 8 行代码将示例数据库的目录名和文件名保存在变量 strPath 中。

第 9 行代码使用 ACE 引擎连接 Access 示例数据库。

第 10 行代码生成 ADO 查询语句字符串，读取新数据记录中 "数据批次" 字段值最小的记录。"读取标识" 字段为 0，代表该数据记录尚未为读取到 Excel 中。限于篇幅，SQL 查询语言的具体含义和用法不再详细讲解，感兴趣的读者可以参考相关资料。

第 11 行代码将数据集读取到对象变量 objRst 中。

第 12 行代码判断 ADO 查询返回数据集的记录数量。如果为 0，则给出 "没有新数据" 的提示消息框。

第 16 行代码获取工作表中 A 列最后一个非空单元格的行号。

第 17 行代码将 ADO 查询返回的数据集写入工作表中。

第 18 行代码将数据读取时间写入工作表，替换数据记录中的"读取标识"字段。

第 20 行代码关闭数据记录集。

第 21 行代码生成 ADO 查询语句字符串，Access 数据库中已经被读取数据记录的"读取标识"更新为-1，避免下次被重复读取。

第 22 行代码执行 SQL 语句，更新数据库。

第 25 行和 26 行代码释放系统变量。

第 28 行到 32 行代码为 sAutoGetData 过程，实现自动定时读取数据功能。

第 29 行代码调用 sGetMdbData 过程读取数据，并写入 Excel 工作表中。

第 30 行代码设置下次读取数据的时间点，其中 Now 代表运行代码时的系统时间，TimeValue("00:00:10")代表 10s。

第 31 行代码使用 OnTime 方法设置在 dTime 时间点运行 sAutoGetData 过程代码，实现的效果是等待 10 秒钟后再次进行数据读取。

第 33 行到 37 行代码为 sCancalTimer 过程，用于取消自动定时读取数据。

第 35 行代码取消最后一次尚未执行的任务，此代码与第 31 行代码的区别在于将 Schedule 参数设置为 False。

第 38 行到第 54 行代码为 sReset 过程，用于重置 Access 数据库，并且清除 Excel 工作表中的数据。

第 47 行代码生成更新数据库的 ADO 查询语句字符串。

第 48 行代码执行 SQL 语句更新数据库，设置"读取标识"字段为 0。

第 51 行代码清除 Excel 工作表中的数据。

附录

附录 A　Excel 2013 规范与限制

表 A-1　工作表和工作簿规范与限制

功　能	最　大　限　制
打开的工作簿个数	受可用内存和系统资源的限制
工作表大小	1 048 576 行 × 16 384 列
列宽	255 个字符
行高	409 磅
分页符个数	水平方向和垂直方向各 1 026 个
单元格可以包含的字符总数	32 767 个字符。单元格中能显示的字符个数由单元格大小与字符的字体决定；而编辑栏中可以显示全部字符
工作簿中的工作表个数	受可用内存的限制（默认值为 1 个工作表）
工作簿中的颜色数	1 600 万种颜色（32 位，具有到 24 位色谱的完整通道）
唯一单元格格式个数/单元格样式个数	64 000
填充样式个数	256
线条粗细和样式个数	256
唯一字型个数	1 024 个全局字体可供使用；每个工作簿 512 个
工作簿中的数字格式数	200 和 250 之间，取决于所安装的 Excel 的语言版本
工作簿中的命名视图个数	受可用内存限制
自定义数字格式种类	200 和 250 之间，取决于所安装的 Excel 的语言版本
工作簿中的名称个数	受可用内存限制
工作簿中的窗口个数	受可用内存限制
窗口中的窗格个数	4
连结的工作表个数	受可用内存限制
方案个数	受可用内存限制；汇总报表只显示前 251 个方案
方案中的可变单元格个数	32
规划求解中的可调单元格个数	200
筛选下拉列表中专案数	10 000
自定义函数个数	受可用内存限制
缩放范围	10% ~ 400%
报表个数	受可用内存限制
排序关键字个数	单个排序中为 64。如果使用连续排序，则没有限制
条件格式包含条件数	64
撤销次数	100
页眉或页脚中的字符数	255
数据表单中的字段个数	32
工作簿参数个数	每个工作簿 255 个参数
可选的非连续单元格个数	2 147 483 648 个单元格
数据模型工作簿的内存存储和文件大小的最大限制	32 位环境限制为同一进程内运行的 Excel、工作簿和加载项最多共享 2 千兆字节(GB)虚拟地址空间。数据模型的地址空间共享可能最多运行 500 – 700 MB，如果加载其他数据模型和加载项则可能会减少。 64 位环境对档大小不作硬性限制。工作簿大小仅受可用内存和系统资源的限制

表 A-2　共享工作簿规范与限制

功　　能	最　大　限　制
共享工作簿的同时使用用户数	256
共享工作簿中的个人视图个数	受可用内存限制
修订记录保留的天数	32 767（默认为 30 天）
可一次合并的工作簿个数	受可用内存限制
共享工作簿中突出显示的单元格数	32 767
标识不同使用者所作修订的颜色种类	32（每个使用者用一种颜色标识。当前用户所做的更改用深蓝色突出显示）
共享工作簿中的 Excel 表格	0（含有一个或多个 Excel 表格的工作簿无法共享）

表 A-3　计算规范和限制

功　　能	最　大　限　制
数字精度	15 位
最大正数	9.99999999999999E+307
最小正数	2.2251E-308
最小负数	-2.2251E-308
最大负数	-9.99999999999999E+307
公式允许的最大正数	1.7976931348623158e+308
公式允许的最大负数	-1.7976931348623158e+308
公式内容的长度	8 192 个字符
公式的内部长度	16 384 个字节
迭代次数	32 767
工作表数组个数	受可用内存限制
选定区域个数	2 048
函数的参数个数	255
函数的嵌套层数	64
数组公式中引用的行数	无限制
自定义函数类别个数	255
操作数堆栈的大小	1 024
交叉工作表相关性	64 000 个可以引用其他工作表的工作表
交叉工作表数组公式相关性	受可用内存限制
区域相关性	受可用内存限制
每个工作表的区域相关性	受可用内存限制
对单个单元格的依赖性	40 亿个可以依赖单个单元格的公式
已关闭的工作簿中的连结单元格内容长度	32 767
计算允许的最早日期	1900 年 1 月 1 日（如果使用 1904 年日期系统，则为 1904 年 1 月 1 日）
计算允许的最晚日期	9999 年 12 月 31 日
可以输入的最长时间	9999:59:59

表 A-4　数据透视表规范和限制

功　　能	最 大 限 制
数据透视表中的页字段个数	256（可能会受可用内存限制）
数据透视表中的数值字段个数	256
工作表上的数据透视表个数	受可用内存限制
每个字段中唯一项的个数	1 048 576
数据透视表中的个数	受可用内存限制
数据透视表中的报表过滤器个数	256（可能会受可用内存限制）
数据透视表中的数值字段个数	256
数据透视表中的计算项公式个数	受可用内存限制
数据透视图中的报表筛选个数	256（可能会受可用内存限制）
数据透视图中的数值字段个数	256
数据透视图中的计算项公式个数	受可用内存限制
数据透视表项目的 MDX 名称的长度	32 767
关系数据透视表字符串的长度	32 767
筛选下拉列表中显示的项目个数	10 000

表 A-5　图表规范和限制

功　　能	最 大 限 制
与工作表链接的图表个数	受可用内存限制
图表引用的工作表个数	255
图表中的数据系列个数	255
二维图表的数据系列中数据点个数	受可用内存限制
三维图表的数据系列中数据点个数	受可用内存限制
图表中所有数据系列的数据点个数	受可用内存限制

附录 B Excel 2013 常用快捷键

表 B Excel 常用快捷键

序 号	执 行 操 作	快捷键组合
	在工作表中移动和滚动	
1	向上、下、左或右移动单元格	箭头键
2	移动到当前数据区域的边缘	Ctrl+箭头键
3	移动到行首	Home
4	移动到窗口左上角的单元格	Ctrl+Home
5	移动到工作表的最后一个单元格	Ctrl+End
6	向下移动一屏	Page Down
7	向上移动一屏	Page Up
8	向右移动一屏	Alt+Page Down
9	向左移动一屏	Alt+Page Up
10	移动到工作簿中下一个工作表	Ctrl+Page Down
11	移动到工作簿中前一个工作表	Ctrl+Page Up
12	移动到下一工作簿或窗口	Ctrl+F6 或 Ctrl+Tab
13	移动到前一工作簿或窗口	Ctrl+Shift+F6
14	移动到已拆分工作簿中的下一个窗格	F6
15	移动到被拆分的工作簿中的上一个窗格	Shift+F6
16	滚动并显示活动单元格	Ctrl+BackSpace
17	显示"定位"对话框	F5
18	显示"查找"对话框	Shift+F5
19	重复上一次"查找"操作	Shift+F4
20	在保护工作表中的非锁定单元格之间移动	Tab
21	最小化窗口	Ctrl+F9
22	最大化窗口	Ctrl+F10
	处于"结束模式"时在工作表中移动	
23	打开或关闭"结束模式"	End
24	在一行或列内以数据块为单位移动	End, 箭头键
25	移动到工作表的最后一个单元格	End, Home
26	在当前行中向右移动到最后一个非空白单元格	End, Enter
	处于"滚动锁定"模式时在工作表中移动	
27	打开或关闭"滚动锁定"模式	Scroll Lock
28	移动到窗口中左上角处的单元格	Home
29	移动到窗口中右下角处的单元格	End
30	向上或向下滚动一行	上箭头键或下箭头键
31	向左或向右滚动一列	左箭头键或右箭头键
	预览和打印文档	
32	显示"打印内容"对话框	Ctrl+P

续表

序　号	执 行 操 作	快捷键组合
	在打印预览中时	
33	当放大显示时，在文文件中移动	箭头键
34	当缩小显示时，在文文件中每次滚动一页	Page UP
35	当缩小显示时，滚动到第一页	Ctrl+上箭头键
36	当缩小显示时，滚动到最后一页	Ctrl+下箭头键
	工作表、图表和宏	
37	插入新工作表	Shift+F11
38	创建使用当前区域数据的图表	F11 或 Alt+F1
39	显示"宏"对话框	Alt+F8
40	显示"Visual Basic 编辑器"	Alt+F11
41	插入 Microsoft Excel 4.0 宏工作表	Ctrl+F11
42	移动到工作簿中的下一个工作表	Ctrl+Page Down
43	移动到工作簿中的上一个工作表	Ctrl+Page UP
44	选择工作簿中当前和下一个工作表	Shift+Ctrl+Page Down
45	选择当前工作簿或上一个工作簿	Shift+Ctrl+Page Up
	在工作表中输入数据	
46	完成单元格输入并在选定区域中下移	Enter
47	在单元格中换行	Alt+Enter
48	用当前输入项填充选定的单元格区域	Ctrl+Enter
49	完成单元格输入并在选定区域中上移	Shift+Enter
50	完成单元格输入并在选定区域中右移	Tab
51	完成单元格输入并在选定区域中左移	Shift+Tab
52	取消单元格输入	Esc
53	删除插入点左边的字符，或删除选定区域	BackSpace
54	删除插入点右边的字符，或删除选定区域	Delete
55	删除插入点到行末的文本	Ctrl+Delete
56	向上下左右移动一个字符	箭头键
57	移到行首	Home
58	重复最后一次操作	F4 或 Ctrl+Y
59	编辑单元格批注	Shift+F2
60	由行或列标志创建名称	Ctrl+Shift+F3
61	向下填充	Ctrl+D
62	向右填充	Ctrl+R
63	定义名称	Ctrl+F3
	设置数据格式	
64	显示"样式"对话框	Alt+'（撇号）
65	显示"单元格格式"对话框	Ctrl+1
66	应用"常规"数字格式	Ctrl+Shift+ ~
67	应用带两个小数字的"贷币"格式	Ctrl+Shift+$
68	应用不带小数字的"百分比"格式	Ctrl+Shift+%
69	应用带两个小数字的"科学记数"数字格式	Ctrl+Shift+ ^

序 号	执 行 操 作	快捷键组合
70	应用年月日"日期"格式	Ctrl+Shift+#
71	应用小时和分钟"时间"格式，并标明上午或下午	Ctrl+Shift+@
72	应用具有千位分隔符且负数用负号（－）表示	Ctrl+Shift+!
73	应用外边框	Ctrl+Shift+&
74	删除外边框	Ctrl+Shift+_
75	应用或取消字体加粗格式	Ctrl+B
76	应用或取消字体倾斜格式	Ctrl+I
77	应用或取消底线格式	Ctrl+U
78	应用或取消删除线格式	Ctrl+5
79	隐藏行	Ctrl+9
80	取消隐藏行	Ctrl+Shift+9
81	隐藏列	Ctrl+0（零）
82	取消隐藏列	Ctrl+Shift+0
编辑数据		
83	编辑活动单元格，并将插入点移至单元格内容末尾	F2
84	取消单元格或编辑栏中的输入项	Esc
85	编辑活动单元格并清除其中原有的内容	BackSpace
86	将定义的名称粘贴到公式中	F3
87	完成单元格输入	Enter
88	将公式作为数组公式输入	Ctrl+Shift+Enter
89	在公式中键入函数名之后，显示公式选项板	Ctrl+A
90	在公式中键入函数名后为该函数插入变量名和括号	Ctrl+Shift+A
91	显示"拼写检查"对话框	F7
插入、删除和复制选中区域		
92	复制选定区域	Ctrl+C
93	剪切选定区域	Ctrl+X
94	粘贴选定区域	Ctrl+V
95	清除选定区域的内容	Delete
96	删除选定区域	Ctrl+-（短横线）
97	撤销最后一次操作	Ctrl+Z
98	插入空白单元格	Ctrl+Shift+=
在选中区域内移动		
99	在选定区域内由上往下移动	Enter
100	在选定区域内由下往上移动	Shift+Enter
101	在选定区域内由左往右移动	Tab
102	在选定区域内由右往左移动	Shift+Tab
103	按顺时针方向移动到选定区域的下一个角	Ctrl+.（句号）
104	右移到非相邻的选定区域	Ctrl+Alt+右箭头键
105	左移到非相邻的选定区域	Ctrl+Alt+左箭头键
选择单元格、列或行		
106	选定当前单元格周围的区域	Ctrl+Shift+*（星号）

续表

序　号	执 行 操 作	快捷键组合
107	将选定区域扩展一个单元格宽度	Shift+箭头键
108	选定区域扩展到单元格同行同列的最后非空单元格	Ctrl+Shift+箭头键
109	将选定区域扩展到行首	Shift+Home
110	将选定区域扩展到工作表的开始	Ctrl+Shift+Home
111	将选定区域扩展到工作表的最后一个使用的单元格	Ctrl+Shift+End
112*	选定整列	Ctrl+空格
113*	选定整行	Shift+空格
114	选定活动单元格所在的当前区域	Ctrl+A
115	如果选定了多个单元格则只选定其中的活动单元格	Shift+BackSpace
116	将选定区域向下扩展一屏	Shift+Page Down
117	将选定区域向上扩展一屏	Shift+Page Up
118	选定了一个对象，选定工作表上的所有对象	Ctrl+Shift+空格
119	在隐藏对象、显示对象之间切换	Ctrl+6
120	使用箭头键启动扩展选中区域的功能	F8
121	将其他区域中的单元格添加到选中区域中	Shift+F8
122	将选定区域扩展到窗口左上角的单元格	ScrollLock, Shift+Home
123	将选定区域扩展到窗口右下角的单元格	ScrollLock, Shift+End
处于"结束模式"时扩展选中区域		
124	打开或关闭"结束模式"	End
125	将选定区域扩展到单元格同列同行的最后非空单元格	End, Shift+ 箭头键
126	将选定区域扩展到工作表上包含数据的最后一个单元格	End, Shift+Home
127	将选定区域扩展到当前行中的最后一个单元格	End, Shift+Enter
128	选中活动单元格周围的当前区域	Ctrl+Shift+*（星号）
129	选中当前数组，此数组是活动单元格所属的数组	Ctrl+/
130	选定所有带批注的单元格	Ctrl+Shift+O（字母O）
131	选择行中不与该行内活动单元格的值相匹配的单元格	Ctrl+\
132	选中列中不与该列内活动单元格的值相匹配的单元格	Ctrl+Shift+|（竖线）
133	选定当前选定区域中公式的直接引用单元格	Ctrl+[（左方括号）
134	选定当前选定区域中公式直接或间接引用的所有单元格	Ctrl+Shift+{　（左大括号）
135	只选定直接引用当前单元格的公式所在的单元格	Ctrl+]（右方括号）
136	选定所有带有公式的单元格，这些公式直接或间接引用当前单元格	Ctrl+Shift+}　（右大括号）
137	只选定当前选定区域中的可视单元格	Alt+;（分号）

部分组合键可能与 Windows 系统快捷键或其他常用软件快捷键（如输入法）冲突，如果遇到无法使用某组合键的情况，需要调整 Windows 系统快捷键或其他常用软件快捷键。

附录 C　　Excel 2013 简繁英文词汇对照表

表 C　 Excel 2013 简繁英文词汇对照表

简 体 中 文	繁 体 中 文	English
Tab	索引標籤	Tab
Visual Basic 编辑器	Visual Basic 編輯器	Visual Basic Editor
帮助	說明	Help
边框	外框	Border
编辑	編輯	Edit
变数	變數	Variable
标签	標籤	Label
标准	一般	General
表达式	陳述式	Statement
饼图	圓形圖	Pie Chart
参数	引數/參數	Parameter
插入	插入	Insert
查看	檢視	View
查询	查詢	Query
常数	常數	Constant
超级连结	超連結	Hyperlink
成员	成員	Member
程序	程式	Program
窗口	視窗	Window
窗体	表單	Form
从属	從屬	Dependent
粗体	粗體	Bold
代码	程式碼	Code
单击	單按	Single-click (on mouse)
单精度浮点数	單精度浮點數	Single
单元格	儲存格	Cell
地址	地址	Address
电子邮件	電郵/電子郵件	Electronic Mail / Email
对话框	對話方塊	Dialog Box
对象	物件	Object
对象浏览器	瀏覽物件	Object Browser
方法	方法	Method
高级	進階	Advanced
格式	格式	Format
工程	專案	Project
工具	工具	Tools

续表

简 体 中 文	繁 體 中 文	English
工具栏	工作列	Toolbar
工作表	工作表	Worksheet
工作簿	活頁簿	Workbook
功能区	功能區	Ribbon
规划求解	規劃求解	Solver
滚动条	捲軸	Scroll Bar
过程	程序	Program/Subroutine
函数	函數	Function
行	列	Row
宏	巨集	Macro
活动单元格	現存儲存格	Active Cell
加载宏	增益集	Add-in
监视	監看式	Watch
剪切	剪下	Cut
剪贴画	美工圖案	Clip Art
绝对引用	絕對參照	Absolute Referencing
立即窗口	即時運算視窗	Immediate Window
连结	連結	Link
列	欄	Column
流程图	流程圖	Flowchart
路径	路徑（檔案的）	Path
迷你图	走勢圖	Sparklines
命令	指令	Command
范本	範本	Template
模块	模組	Module
模拟分析	模擬分析	What-If Analysis
排序	排序	Sort
批注	註解	Comment
切片器	交叉分析篩選器	Slicer
区域	範圍	Range
趋势线	趨勢線	Trendline
散点图	散佈圖	Scatter Chart
色阶	色階	Color Scales
筛选	篩選	Filter
删除线	刪除線	Strikethrough Line
上标	上標	Superscript
审核	稽核	Audit
声明	宣告	Declare
事件	事件	Event
视图	檢視	View
属性	屬性	Property

续表

简 体 中 文	繁 體 中 文	English
鼠标指针	游標	Cursor
数据	數據 / 資料	Data
数据类型	資料型態	Data Type
数据条	資料橫條	Data Bars
数据透视表	樞紐分析表	PivotTable
数字格式	數位格式	Number Format
数组	陣列	Array
数组公式	陣列公式	Array Formula
双击	雙按	Double-click (on mouse)
双精度浮点数	雙精度浮點數	Double
缩进	縮排	Indent
填充	填滿	Fill
条件	條件	Condition
条形图	橫條圖	Bar Chart
调试	偵錯	Debug
通配符	萬用字元	Wildcards（＊或？）
图示集	圖示集	Icon Sets
拖曳	拖曳	Drag
微调按钮	微調按鈕	Spinner
文本	文字	Text
文件	檔案	File
下标	下標	Subscript
底线	底線	Underline
下拉列表框	清單方塊	Drop-down Box
相对引用	相對參照	Relative Referencing
斜体	斜體	Italic
信息	資訊	Info
选项	選項	Options
选择	選取	Select
循环	迴圈	Loop
循环引用	循環參照	Circular Reference
页边距	邊界	Margins
页脚	頁尾	Footer
页眉	頁首	Header
硬拷贝	硬本	Hard Copy
数据验证	驗證	Data Validation
右击	右按	Right-click (on mouse)
粘贴	貼上	Paste
折线图	折線圖	Line Chart
执行	執行	Execute
指针	浮標	Cursor

续表

简 体 中 文	繁 體 中 文	English
智能标记	智慧標籤	Smart Tag
注释	註解	Comment
柱形图	直條圖	Column Chart
转置	轉置	Transpose
字符串	字串	String
盈亏	輸贏分析	Win/Loss
日程表	時間表	Timeline
屏幕截图	熒幕擷取畫面	Screenshot
签名行	簽名欄	Signature Line
艺术字	文字藝術師	WordArt
快速分析	快速分析	Quick Analysis
快速填充	快速填入	Flash Fill
主题	佈景主題	Themes
背景	背景	Background
连接	連線	Connections
删除重复项	移除重複	Remove Duplicates
合并计算	合併運算	Consolidate
冻结窗格	凍結窗格	Freeze Panes
数据模型	資料模型	Data Model
KPI	KPI	KPIs
向上钻取	向上切入	Drill Up
向下钻取	向下切入	Drill Down
镶边行	帶狀列	Banded Rows
镶边列	帶狀欄	Banded Columns
条件格式	設定格式化的條件	Conditional Formatting